高等院校数学立体化教材

微积分学学习辅导

主　编　毕志伟　吴　洁

华中科技大学出版社
中国·武汉

内 容 提 要

本书是依据微积分学(或高等数学)教学基本要求,为帮助学生深入学习微积分学知识而编写的一本辅导教材.每章内容包括基本要求、知识点解析、解题指导、知识扩展、习题、部分答案与提示.

本书侧重于对学生学习过程中常见的疑难问题以问答方式进行剖析解答,对典型题型的解题方法和策略进行归纳总结,选题范围广、梯度大,注重基础性与综合性相结合,例题分析详尽、易懂,尽可能一题多解,注重归纳与提高.本书是作者在长期教学积累上的总结.阅读此书,必将加深对概念、理论的理解,开阔解题思路,提高分析问题、解决问题及应试的能力.

本书适合正在学习微积分学的学生使用,对准备参加研究生入学考试的学生也是一本很好的参考书,同时也可以作为教学参考书和习题课教材.

图书在版编目(CIP)数据

微积分学学习辅导/毕志伟,吴洁主编.—武汉:华中科技大学出版社,2022.9(2024.8重印)
ISBN 978-7-5680-8590-8

Ⅰ.①微… Ⅱ.①毕… ②吴… Ⅲ.①微积分-高等学校-教学参考资料 Ⅳ.①O172

中国版本图书馆 CIP 数据核字(2022)第 154941 号

微积分学学习辅导   毕志伟 吴 洁 主编
Weijifenxue Xuexi Fudao

策划编辑:周芬娜   陈舒淇
责任编辑:周芬娜
封面设计:原色设计
责任监印:周治超
出版发行:华中科技大学出版社(中国·武汉)   电话:(027)81321913
         武汉市东湖新技术开发区华工科技园   邮编:430223
录   排:武汉市洪山区佳年华文印部
印   刷:武汉科源印刷设计有限公司
开   本:710mm×1000mm   1/16
印   张:23
字   数:510 千字
版   次:2024 年 8 月第 1 版第 3 次印刷
定   价:68.00 元

网络增值服务

使用说明

欢迎使用华中科技大学出版社图书资源网

教师使用流程

① **登录网址：bookcenter.hustp.com**（注册时请选择教师用户）

注册 —— 登录 —— 完善个人信息 —— 等待审核

② **审核通过后，您可以在网站使用以下功能：**

浏览教学资源　　开设课程　　管理学生/班级　　查询学生学习记录

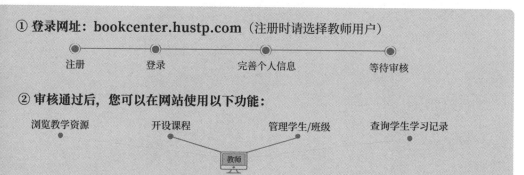

学生使用流程

PC端操作说明

① **登录网址：bookcenter.hustp.com**（注册时请选择学生用户）

注册 —— 登录 —— 完善个人信息

② **使用数字资源**

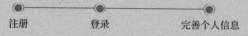

直接扫码观看或搜索教材 ➡ 进入教材详情页 ➡ 查看教材的网络学习资源

注意：
- 公开的网络学习资源可以直接点击观看
- 非公开的网络学习资源，需要激活学习码后方可观看

③ **学生加入课程完成学习**（如老师不要求进入课程学习可忽略此步）

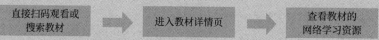

教材详情页 ➡ 加入课程 ➡ 绑定班级 ➡ 学习/做题/学习记录留存

手机端操作说明

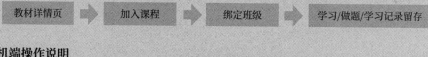

手机扫码 ➡ 登录 ➡ 查看学习资源　　注册

非公开资源需要先激活学习码

线上作业交流群（QQ群号）：611286938

前　言

　　本书是为正在学习微积分学(或高等数学)课程的大学本科生编写的一本同步辅导书.它可作为习题课教学参考教材,也适合于复习高等数学课程,同时,还可以作为研究生数学入学考试的备考参考书.

　　本书内容紧扣教学大纲和考试大纲,编排次序与教学实际一致.内容包括函数、极限与连续、一元微积分、无穷级数、矢量与空间解析几何、多元微积分、微分方程.

　　本书以章为基本单位,每一章分为四个部分:基本要求、知识点解析、解题指导和知识扩展.各部分的编写特点如下.

　　基本要求:列举了教育部理工类课程教学大纲规定的教学要求.

　　知识点解析:点拨重要的知识点,归纳概念或结论之间的内在关系,解答学习过程中常见的疑难问题.

　　解题指导:通过典型题型来介绍解题方法和策略,以提高学习的效率.在典型题型中通过若干例子来介绍解题方法和策略的应用.例题选择在确保基本知识的基础上,注重启发性和综合性.例题解答注重分析和引导,详细易懂.

　　知识扩展:提供了适当的相关知识和结论.

　　学习数学的有效方法便是做题.为了检验解题能力,书中提供了相应的习题.这些习题分为 A、B 两类,供不同要求的读者使用.

　　书中视频编号采用如下格式:×-×-×,即×(章节习题)-×(A 类或 B 类习题)-×(习题编号),如 3-A-1(2),其中 3 指习题 3,A 指习题 3 中 A 类习题,1(2)指第 1 题中(2)小题.

　　本书由华中科技大学数学与统计学院微积分课程组组织编写,参编人员有毕志伟、何涛、金建华、罗德斌、刘蔚萍、梅正阳、王德荣、吴洁、俞小清、周军等.统稿工作由毕志伟和吴洁负责.习题选讲视频由吴洁制作.

　　在本书编写过程中参考了原课程组编写的《微积分学习题课教程》(华中科技大学出版社出版)及大量的国内外参考文献,引用了全国硕士研究生入学统一考试的数学试题,特此说明.

编　者

2022 年 4 月

目　　录

第1章 函　　数

1.1　基本要求

1. 理解函数的概念.
2. 了解函数的奇偶性、单调性、周期性和有界性.
3. 了解反函数的概念,理解复合函数的概念.
4. 掌握基本初等函数的性质及其图形.
5. 学会建立简单实际问题中的函数关系式.

1.2　知识点解析

【1-1】　函数概念的理解

函数是本课程的研究对象。函数的本质就是变量之间的对应关系,其对应规则 f 有以下常见形式:

（1）**解析式**　用表示运算类型和运算次序的符号将数和字母连接而成的表达式.

在初等数学中,涉及的运算有两类:一类是代数运算,包括加、减、乘、除四则运算,正整数次乘方、开方、有理数次乘方;另一类是超越运算,包括无理数次乘方、指数、对数、三角、反三角运算等.例如,

$$f(x)=3(x+1)^2, \quad f(x)=\frac{\sin x^2}{x}, \quad f(x)=\begin{cases} x, x\leqslant 0 \\ \ln x, x>0 \end{cases}$$

就是函数的解析式.在高等数学中,运算的类型可以扩大到极限、导数、积分、无穷级数等.于是,

$$f(x)=(x+\sin x^2)', \quad f(x)=\int_0^x \frac{t}{1+t}\mathrm{d}t,$$

$$f(x)=\lim_{n\to\infty}\frac{x}{1+x^n}, \quad f(x)=x+\frac{x^2}{2}+\frac{x^3}{3}+\cdots$$

也是函数的解析式.解析式便于理论研究和应用,是函数的基本形式.

（2）**几何式**　在平面直角坐标系中,由函数的自变量 x 和对应的函数值 $f(x)$ 构成的点 $(x,f(x))$ 形成的几何图像便是函数的几何形式.它可以直观表达函数 f 的许多重要属性,例如单调性、周期性、奇偶性和有界性,是否有零点、极值点,等等.

（3）**表格式**　表格法就是通过表格中行或者列来表示函数的自变量与因变量的对应关系.例如在中学用过的平方根表、对数表等.由表格式可以直接查出函数值,方便实用.由于表格的容量有限,仅适合于自变量取值为有限数集的情形.

【1-2】 反函数的记号与图像

当 $y=f(x)$ 为可逆函数时,可以构造其反函数,记作 $x=f^{-1}(y)$. 它满足以下关系:
$$f^{-1}(f(x))=x, \quad f(f^{-1}(y))=y.$$

函数 $y=f(x)$ 与其反函数 $x=f^{-1}(y)$ 表现的是同一个对应关系,因此两者的图像是重合的. 如果将函数 $x=f^{-1}(y)$ 记作 $y=f^{-1}(x)$,则由于 x,y 的互换,使得函数 $y=f(x)$ 与函数 $y=f^{-1}(x)$ 的图像不一定重合,而是关于直线 $y=x$ 对称.

【1-3】 如何围绕函数的初等运算探索函数性质

函数的初等运算是指有限次四则运算、复合和求反函数. 通过对给定的函数作初等运算,能够构建一系列新的函数.

考虑新构建的函数是否继承原有函数的性质是一种基本的思维方式,按照这一方式可以产生许多有意思的研究课题. 举例如下:

(1) 如果函数 $y=f(x)$ 有反函数 $y=g(x)$,那么当 $f(x)$ 是奇函数(或单调增函数)时,反函数 $g(x)$ 是否还是奇函数(或单调增函数)?

(2) 如果函数 $y=f(x)$ 与函数 $y=g(x)$ 均是奇函数(或偶函数,或单调增函数),那么它们的和 $f(x)+g(x)$ 与积 $f(x)g(x)$ 是否也是奇函数(或偶函数,或单调增函数)?

(3) 如果函数 $y=f(x)$ 与函数 $y=g(x)$ 的导数能够求得,那么如何计算由它们的初等运算构建的函数的导数? 对这一问题的研究便产生了导数计算规则.

(4) 如果函数 $y=f(x)$ 与函数 $y=g(x)$ 均为连续函数,那么它们的初等运算是否还是连续函数?

在大学阶段的学习中,培养学习的主动性和研究性是比掌握和理解知识更为重要的任务. 而主动性和研究性的习惯是在一门门课程中,在一个个小问题中逐步养成的. 希望读者在学习过程中积极主动,多探索,常质疑,使自己的提问能力和研究能力得到提升.

1.3 解 题 指 导

【题型 1-1】 求解不等式

应对 解不等式是本课程的一个基本要求. 例如,确定函数的定义域,判定函数的单调性、凸凹性等问题中都需要求解不等式,因此必须熟练掌握.

初等数学课程中介绍过解不等式的各种方法. 例如,当分母不取零时,不等式 "$\dfrac{f(x)}{g(x)}>0$" 等价于不等式 "$f(x)g(x)>0$" 的 "转换法";解绝对值不等式的 "平方法" 和 "分段讨论法";判定一元多项式 $p(x)$ 符号的 "求根法"($p(x)$ 在偶次重根两侧同号,奇次重根两侧异号);等等.

例 1-1 求解下列函数不等式:

(1) $(x-1)(x-2)^2(x-3)^3 \geqslant 0$; (2) $\dfrac{2(x+1)(x-2)}{3x-1}>0$; (3) $\log_{1/e}\left(1-\dfrac{1}{x}\right)>1$.

解 (1) 记 $p(x)=(x-1)(x-2)^2(x-3)^3$,直接看出,函数 $p(x)$ 在 $x>3$ 时取正,三个零点分别是 $x=1,2,3$.如图 1-1 所示,从 $x=3$ 的右边开始向左,遵循偶次重根两侧同号,奇次重根两侧异号的符号规则,可以绘出曲线 $y=p(x)$ 的草图,从中可得到所求不等式的解:$x\leqslant 1$ 或 $x\geqslant 3$ 或 $x=2$.

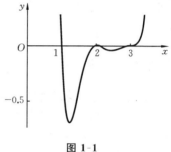

图 1-1

当然,也可以在去掉非负因子 $(x-2)^2(x-3)^2$ 后将问题归结到求解 $(x-1)(x-3)>0$.

(2) 定义域是 $x\neq 1/3$.将不等式转换为等价的乘积形式

$$(x+1)\left(x-\frac{1}{3}\right)(x-2)>0,$$

在坐标轴上标出三个实根 $-1,\frac{1}{3},2$,然后绘制曲线 $y=(x+1)\left(x-\frac{1}{3}\right)(x-2)$ 的草图,便可得到不等式的解:

$$-1<x<\frac{1}{3} \quad \text{或} \quad x>2.$$

(3) 考虑函数的定义域,有不等式 $1-\frac{1}{x}=\frac{x-1}{x}>0$,亦即 $x(x-1)>0$,其解为 $x<0$ 或 $x>1$;其次因 $\frac{1}{e}<1$,对数函数 $\log_{1/e}x$ 为单调减,故有

$$\log_{1/e}\left(1-\frac{1}{x}\right)>1\Leftrightarrow 1-\frac{1}{x}<\frac{1}{e},$$

求解 $1-\frac{1}{e}<\frac{1}{x}$ 得 $0<x<\frac{1}{1-1/e}$.结合定义域要求,所求不等式的解为 $1<x<\frac{e}{e-1}$.

例 1-2 求解下列绝对值不等式:

(1) $|x-5|<8$. (2) $|x-2|\geqslant 5$. (3) $\left|\dfrac{x}{1+x}\right|>1$. (4) $|x+1|-|x-1|<1$.

解 (1) 由绝对值定义知,不等式 $|x-5|<8$ 等价于 $-8<x-5<8$,移项后即得其解为 $-3<x<13$.

(2) 由绝对值定义知,不等式 $|x-2|\geqslant 5$ 等价于 $x-2\leqslant -5$ 或 $x-2\geqslant 5$,移项后即得其解为 $x\leqslant -3$ 或 $x\geqslant 7$.

(3) 注意到 $|u(x)|>c\Leftrightarrow u(x)^2>c^2(c>0)$,所论不等式等价于 $\dfrac{x^2}{(1+x)^2}>1$,亦即 $0>1+2x$. 于是,所求不等式的解为 $x<-\dfrac{1}{2}$ 且 $x\neq -1$.

(4) 对包含多个绝对值的不等式,还可以对 x 所处位置分段讨论.

当 $x<-1$ 时,$|x+1|=-x-1$,$|x-1|=-x+1$,所论不等式为 $-x-1-1+x=-2<1$,恒成立;

当 $-1<x<1$ 时,$|x+1|=x+1$,$|x-1|=-x+1$,所论不等式为 $x+1-1+x<$

1,即 $2x<1$,其解为 $x<\dfrac{1}{2}$;

当 $x>1$ 时,$|x+1|=x+1$,$|x-1|=x-1$,所论不等式为 $x+1+1-x<1$,无解.

综合即知,所求不等式的解为 $x<\dfrac{1}{2}$.

【题型 1-2】 确定函数的定义域

应对 求函数的定义域的关键在于了解函数的解析式对自变量 x 的范围限制,因此要求熟悉基本初等函数的定义域.例如:

（ⅰ）对于分式 $\dfrac{v(x)}{u(x)}$,应当使 $u(x)\neq 0$;

（ⅱ）对于偶次方根,如 $\sqrt{u(x)}$,应当使 $u(x)\geqslant 0$;

（ⅲ）对于对数函数 $\log_a u(x)$,应当使 $u(x)>0$;

（ⅳ）对于反三角函数 $\arcsin u(x)$ 或 $\arccos u(x)$,应当使 $|u(x)|\leqslant 1$;

（ⅴ）若函数 $f(x)$ 是 $u(x)$、$v(x)$ 的和或者积,则它的定义域是 $u(x)$ 及 $v(x)$ 的定义域之交集.

例 1-3 求以下函数的定义域:

(1) $y=\dfrac{x^2}{1+x}$.

(2) $y=(x-2)\sqrt{\dfrac{1+x}{1-x}}$.

(3) $y=\arcsin(1-x)+\ln(\ln x)$.

(4) $y=\begin{cases}\dfrac{\sin x}{x}, & x\neq 0,\\ 1, & x=0.\end{cases}$

解 (1) 作为分式函数,应使分母 $1+x\neq 0$,故定义域为 $(-\infty,-1)$ 与 $(-1,+\infty)$.

(2) 函数中含有平方根,故应使 $\dfrac{1+x}{1-x}\geqslant 0$,亦即 $(x+1)(x-1)\leqslant 0$,绘制 $y=(x+1)(x-1)$ 的草图便看出其解为 $-1\leqslant x\leqslant 1$,此外分母不能为零,去掉 $x=1$,故定义域为 $[-1,1)$.

(3) 根据反三角函数和对数函数的要求,必须同时有 $|1-x|\leqslant 1$,$\ln x>0$ 及 $x>0$.亦即 $0\leqslant x\leqslant 2$,$x>1$ 及 $x>0$.联立即得所求定义域为 $(1,2]$.

(4) 无论 x 取何值,函数均有定义,故定义域是 $(-\infty,+\infty)$.

【题型 1-3】 求可逆函数的反函数

应对 一个函数 $y=f(x)$ 可逆(即存在反函数)的充分必要条件是在其定义域上 $f(x)$ 将不同的 x 对应着不同的 y;或者说,如果 $f(u)=f(v)$,则 $u=v$.通常,反函数可以从所给函数 $y=f(x)$ 中解出自变量 $x=g(y)$ 而得到,写成 $x=g(y)$ 或 $y=g(x)$ 都可以.

例 1-4 求下列函数的反函数:

(1) $y=x^3+1$;

(2) $y=\dfrac{1-x}{1+x}\ (x\neq -1)$;

(3) $y=x^2\ (x\leqslant 0)$;

(4) $y=\begin{cases}\ln x, & x\geqslant 1,\\ x-1, & x<1.\end{cases}$

解 (1) 由 $y=x^3+1$ 解出 $x=(y-1)^{\frac{1}{3}}$,此即所求反函数.

(2) 同样可解出 $x = \dfrac{1-y}{1+y}$ $(y \neq -1)$ 为其反函数.

(3) 等式两边开方,得 $|x| = \sqrt{y}$,因 $x \leqslant 0$,故得反函数为 $x = -\sqrt{y}$.

(4) 分段考虑. 当 $x \geqslant 1$ 时,由 $y = \ln x$ 得 $x = \mathrm{e}^y$(此时 $y \geqslant 0$);当 $x < 1$ 时,由 $y = x - 1$ 得 $x = y + 1$(此时 $y < 0$). 故所求反函数为 $x = \begin{cases} \mathrm{e}^y, & y \geqslant 0, \\ 1+y, & y < 0. \end{cases}$

【题型 1-4】 求函数的复合以及分析复合函数的构成

应对 复合函数 $f(h(x))$ 的定义域包含在内层函数 $h(x)$ 的定义域内,由使得 $h(x)$ 落入函数 f 的定义域中的 x 构成. 此部分的问题包含两个方面:

(1) 给出两个函数 $h(x)$ 和 $f(x)$,求其复合函数 $f(h(x))$;

(2) 给出复合函数 $f(h(x))$ 以及一个构成复合的函数(例如 $h(x)$),求另一个函数.

例 1-5 设 $f(x) = \dfrac{1}{1-x}$ $(x \neq 1)$,求以下复合函数:

(1) $f\left(\dfrac{1}{x}\right)$;   (2) $f(f(x))$;   (3) $f(f(f(x)))$.

解 (1) 内层函数 $h(x) = \dfrac{1}{x}$ 自身的定义域是 $x \neq 0$,考虑到外层函数 f 的定义域特点,还需要 $h(x) \neq 1$ 即 $x \neq 1$ 才可复合. 于是此复合函数的定义域为 $x \neq 0$ 及 $x \neq 1$. 为求复合函数的解析形式,以 $\dfrac{1}{x}$ 替换函数 $f(x) = \dfrac{1}{1-x}$ 中的 x,即得

$$f\left(\frac{1}{x}\right) = \frac{1}{1-\frac{1}{x}} = \frac{x}{x-1} \quad (x \neq 0, x \neq 1).$$

(2) 内层函数 $f(x) = \dfrac{1}{1-x}$ 的定义域是 $x \neq 1$,根据外层函数的定义域特点,还需要 $f(x) \neq 1$,此即 $x \neq 0$. 于是此复合函数 $f(f(x))$ 的定义域为 $x \neq 1$ 及 $x \neq 0$. 为求复合函数的解析形式,以 $f(x)$ 替换函数 $f(x) = \dfrac{1}{1-x}$ 中的 x,便得所求:

$$f(f(x)) = \frac{1}{1-f(x)} = \frac{1}{1-(1/(1-x))} = \frac{1-x}{(1-x)-1} = \frac{x-1}{x} \quad (x \neq 0, x \neq 1).$$

(3) 由上一小题,内层函数 $f(f(x))$ 的定义域是 $x \neq 1$ 及 $x \neq 0$,由于 $f(f(x)) \neq 1$ 总能满足,故此复合函数 $f(f(f(x)))$ 的定义域是 $x \neq 0, x \neq 1$. 复合结果为

$$f(f(f(x))) = \frac{1}{1-(x-1)/x} = x \quad (x \neq 0, x \neq 1).$$

例 1-6 设 $f(x) = \begin{cases} 1+x, & x \leqslant 0, \\ x, & x > 0; \end{cases}$ $g(x) = \begin{cases} x, & x \leqslant 0, \\ -x, & x > 0. \end{cases}$ 求复合函数 $f(g(x))$ 及 $g(f(x))$.

解 求 $f(g(x))$. 把对应规则 $f(x)$ 中所有的 x 都换作 $g(x)$,并做适当化简,得

$$f(g(x)) = \begin{cases} 1+g(x), & g(x) \leqslant 0 \\ g(x), & g(x) > 0 \end{cases}$$

$$= 1+g(x), \quad -\infty < x < +\infty (\text{因对所有 } x, g(x) \leqslant 0)$$

$$= \begin{cases} 1-x, & x>0, \\ 1+x, & x\leqslant 0 \end{cases} \quad (\text{代入 } g(x) \text{ 的表达式}).$$

同理,可求得

$$g(f(x)) = \begin{cases} f(x), & f(x)\leqslant 0, \\ -f(x), & f(x)>0 \end{cases}$$

$$= \begin{cases} f(x), & x\leqslant -1 \\ -f(x), & x>-1 \end{cases} \left(\begin{array}{l} f(x)\leqslant 0 \text{ 即 } 1+x\leqslant 0 \\ f(x)>0 \text{ 即 } 1+x>0 \end{array} \right)$$

$$= \begin{cases} 1+x, & x\leqslant -1, \\ -1-x, & -1<x\leqslant 0, \\ -x, & x>0 \end{cases} \left(\begin{array}{l} \text{代入 } f(x) \text{ 时,} x>-1 \\ \text{应分为两段} \end{array} \right).$$

例 1-7 设复合后的函数为 $f\left(\dfrac{1}{x+1}\right)=\dfrac{1+x}{2+x}$,求 $f(x)$.

解 采用换元法求解. 令 $t=\dfrac{1}{x+1}$,得 $x=\dfrac{1}{t}-1$,代入所给函数关系式中得

$$f(t)=\frac{1+\dfrac{1}{t}-1}{2+\dfrac{1}{t}-1}=\frac{1}{1+t},$$

用 x 代替 t,便得 $f(x)=\dfrac{1}{1+x}$.

例 1-8 将下列复合函数按照基本初等函数进行拆分:

(1) $y=(1+x)^{2/3}$; (2) $y=\sin\sqrt{2x}$; (3) $y=e^{1/x}$; (4) $y=\arctan\ln 3x$.

解 引进一些中间变量,有利于表示复合顺序.

(1) 由 $y=u^{2/3}, u=1+x$ 复合而成.

(2) 由 $y=\sin u, u=\sqrt{v}, v=2x$ 复合而成.

(3) 由 $y=e^u, u=\dfrac{1}{x}$ 复合而成.

(4) 由 $y=\arctan u, u=\ln v, v=3x$ 复合而成.

【题型 1-5】 确定函数所具备的几何性质

应对 几何性质是指奇偶性、周期性、单调性和有界性. 通常有两种判定方法:一是直接依据定义验证;二是利用相关的规则来判断. 以下是一些常用的规则.

(1) 偶函数的和与积还是偶函数,偶函数与奇函数的积是奇函数.

(2) 对于在对称区间上定义的任意函数 $h(x)$,$y=h(x)+h(-x)$ 是偶函数,$y=h(x)-h(-x)$ 是奇函数.

(3) 两个非负单调增函数的和与积还是单调增函数.

(4) 若函数 $f(x)$ 有周期 T,则复合函数 $f(ax+b)$ $(a\neq 0)$ 有周期 T/a.

(5) 区间 $(-\infty,+\infty)$ 上的严格单调函数不是周期函数.

(6) 若两个周期函数的周期有最小公倍数,则其和函数也是周期函数.

(7) 若有区间 I 内的数列 x_n 使得数列 $|f(x_n)|$ 无界(例如 $|f(x_n)|\geqslant n, n$ 为任意

然数),则 $f(x)$ 在区间 I 上无界.

例 1-9 讨论下列函数的奇偶性:

(1) $f(x)=\mathrm{e}^x+\mathrm{e}^{-x}$;   (2) $f(x)=x(x-1)(x+1)$;

(3) $f(x)=x^3+\sin x$;   (4) $f(x)=\arccos x$.

解 (1) $f(-x)=\mathrm{e}^{-x}+\mathrm{e}^x=\mathrm{e}^x+\mathrm{e}^{-x}=f(x)$,故 $f(x)$ 是偶函数.或者依据规则(2)判定出结果.

(2) $f(x)=x(x^2-1)$ 是奇函数 x 与偶函数 x^2-1 之积,故 $f(x)$ 是奇函数.

(3) $f(x)$ 是奇函数 x^3 与奇函数 $\sin x$ 之和,故 $f(x)$ 还是奇函数.

(4) 虽然 $\cos x$ 是偶函数,但其反函数 $y=\arccos x$ 却不是偶函数,也不是奇函数.这是因为 $\arccos 1=0$,$\arccos(-1)=\pi$.

例 1-10 讨论下列函数的周期性:

(1) $f(x)=\cos 3x$;   (2) $f(x)=\cos^2 x$;   (3) $f(x)=\sin\dfrac{x}{2}+\cos 3x$;

(4) $f(x)=\sin x+\mathrm{D}(x)$ ($\mathrm{D}(x)$ 指狄利克雷函数,它在无理点取 0,在有理点取 1).

解 (1) 因为 $\cos x$ 是以 2π 为周期的函数,故由规则(4)知,$\cos 3x$ 是以 $2\pi/3$ 为周期的函数.

(2) $f(x)=\cos^2 x$ 的图形显示,函数以 π 为周期,依定义验证如下:
$$f(x+\pi)=[\cos(x+\pi)]^2=[-\cos x]^2=\cos^2 x=f(x).$$
或由 $\cos^2 x=\dfrac{1+\cos 2x}{2}$ 中的 $\cos 2x$ 看出其周期为 π.

(3) $\sin\dfrac{x}{2}$ 的周期为 4π,$\cos 3x$ 的周期为 $2\pi/3$,这两个周期有最小公倍数 4π,故 $f(x)=\sin\dfrac{x}{2}+\cos 3x$ 以 4π 为周期.

(4) 直接验证可知,狄利克雷函数 $\mathrm{D}(x)$ 以任何正有理数为周期.而 $\sin x$ 是以无理数 2π 为周期,两周期没有最小公倍数,因此不能确定 $f(x)=\sin x+\mathrm{D}(x)$ 是周期函数.以下采用反证法说明它的确不是周期函数.

假若 $f(x)=\sin x+\mathrm{D}(x)$ 有周期 T,则当 T 为有理数时,由 $f(T)=f(0)$ 可推出 $\sin T=0$,从而 $T=k\pi$,由于它是无理数,与前提设定矛盾而不可能;但是若 T 为无理数,则由 $f(T)=f(0)=f(-T)$ 又推出 $\sin T=1=-\sin T$,也不可能!于是由这些矛盾说明,$f(x)=\sin x+\mathrm{D}(x)$ 不是周期函数.

例 1-11 判定下列函数在所指定区间上的有界性:

(1) $f(x)=x^2+1$ $(-\infty<x<+\infty)$;   (2) $f(x)=x^2+1$ $(-1<x<2)$;

(3) $f(x)=\begin{cases}\dfrac{1}{x}, & 0<x\leqslant 1, \\ 1, & x=0;\end{cases}$ (4) $f(x)=\dfrac{2x}{1+x^2}$ $(-\infty<x<+\infty)$.

解 (1) 无界.取 $x_n=n$,则易知 $f(x_n)=n^2+1>n$.由基本规则(7)知,函数无界.

(2) 有界.因为 $x\in(-1,2)$,故 $|f(x)|=x^2+1\leqslant 4+1=5$.

(3) 无界.取 $x_n=\dfrac{1}{n}$,便有 $f(x_n)\geqslant n$.由规则(7)知,函数无界.

（4）有界. 由均值不等式 $|ab| \leqslant \dfrac{a^2+b^2}{2}$，可推得 $|f(x)| \leqslant 1$.

1.4 知识扩展

1. 如何表述命题的否命题？

命题与其否命题只能有一个正确，也必须有一个正确. 在逆否命题表述使用反证法时，均需要明确概念和命题的否定含义，故在此补充一些有关命题及其否命题的知识.

本课程中的简单命题是指表达事物（变量、方程、函数或数列）是什么，具备哪些属性的一个陈述句，其中关系判断词有"$=,<,\leqslant,\in,\subset$"，描写命题中变量范围的量词则是"$\forall,\exists$"（"$\forall$"表示"对任意一个"，"$\exists$"表示"存在一个"）. 记号"$\neg p$"表示命题 p 的否命题.

（1）**简单命题之否定** 对判断词和量词做出相应变动即可. 例如，"$=$"的否定是"$\neq$"，"$>$"的否定是"$\leqslant$"，而"$\forall$"的否定是"$\exists$"，"$\exists$"的否定是"$\forall$"等，如表 1-1 所示.

表 1-1

命题 p	否命题 $\neg p$
$x<1$	$x \geqslant 1$
$x+y=z$	$x+y \neq z$
$\forall x \in A: x^2+x \geqslant 1$	$\exists x \in A: x^2+x<1$
$\exists M>0, \forall x \in D: \|f(x)\| \leqslant M$（有界函数）	$\forall M>0, \exists x \in D: \|f(x)\|>M$（无界函数）

（2）**复合命题之否定** 将简单命题 p,q 用逻辑关系词"$\Rightarrow$（推出、蕴含）""$\vee$（或者）"及"$\wedge$（并且）"连接便形成复合命题，其否命题的构成方式如表 1-2 所示.

表 1-2

命 题	否 命 题
条件命题 $p \Rightarrow q$（例如：如果张三发言，我便发言）	$p \wedge \neg q$（例如：张三发言了，但我却没发言）
选择命题 $p \vee q$（例如：或者天晴，或者车晚点）	$\neg p \wedge \neg q$（例如：天没有晴，同时车未晚点）
联合命题 $p \wedge q$（例如：$f(x)$ 既是周期函数，也是偶函数）	$\neg p \vee \neg q$（例如：$f(x)$ 或者不是周期函数，或者不是偶函数）

2. 曲线的参数方程

在平面直角坐标系中，如果曲线上任意一点的坐标 x,y 都是某个变量 t 的函数，且满足方程组 $\begin{cases} x=g(t) \\ y=f(t) \end{cases}$，而且对于 t 每一个允许值，由方程组所确定的点 $M(x,y)$ 都在这条曲线上，那么该方程组就叫做这条曲线的参数方程. 联系 x,y 之间关系的变数 t 叫做参变量，简称参数.

常见曲线的参数方程（括号中是对应的直角坐标方程）如下.

直线：$\begin{cases} x=x_0+t\cos\theta, \\ y=y_0+t\sin\theta, \end{cases} \quad -\infty<t<+\infty \quad (y-y_0=\tan\theta(x-x_0))$

圆：
$$\begin{cases} x = x_0 + R\cos t, \\ y = y_0 + R\sin t, \end{cases} \quad 0 \leqslant t \leqslant 2\pi \quad ((x-x_0)^2 + (y-y_0)^2 = R^2)$$

星形线：
$$\begin{cases} x = R\cos^3 t, \\ y = R\sin^3 t, \end{cases} \quad 0 \leqslant t \leqslant 2\pi \quad (x^{\frac{2}{3}} + y^{\frac{2}{3}} = R^{\frac{2}{3}})$$

注意到,同一曲线的参数方程可以有多种形式,例如 $y = f(x)$ 也可以写成参数形式：$\begin{cases} x = t, \\ y = f(t). \end{cases}$

例 1-12 通过代换 $y = tx$ 将笛卡尔曲线直角坐标方程 $x^3 + y^3 - 3axy = 0$ 化作参数方程.

解 将 $y = tx$ 代入,得 $x^3 + t^3x^3 - 3atx^2 = 0$,求解此方程便得到参数方程为
$$x = \frac{3at}{1+t^3}, \quad y = \frac{3at^2}{1+t^3}.$$

进一步可以定义空间曲线的参数方程为 $\begin{cases} x = g(t), \\ y = f(t), \\ z = h(t), \end{cases} a \leqslant t \leqslant b.$ 详细内容参见第 8 章.

3. 极坐标

在平面内由一个定点 O(叫做极点)引一条指向正东(即平面直角坐标系中的 Ox 轴正向)的带有长度单位的射线(叫做极轴),便可构成一个极坐标系.对于该平面内的任意一点 M,用 r 表示线段 OM 的长度,用 θ 表示从极轴到 OM 的角(沿逆时针方向度量),称 r 为点 M 的极径,θ 为点 M 的极角,有序数对 (r, θ) 就叫做点 M 的极坐标.

依据定义,极径的范围为 $0 \leqslant r < +\infty$,为了使平面上的点与其极坐标一一对应,本课程中要求极角的范围为 $[0, 2\pi)$ 或者 $(-\pi, \pi]$,θ 取负值表示从极轴顺时针的度量值.

若平面上同时采用直角坐标与以上描述的极坐标,则点的两种坐标之间有如下转化公式：
$$\begin{cases} x = r\cos\theta, \\ y = r\sin\theta, \end{cases} \quad \text{以及} \quad \begin{cases} r = \sqrt{x^2 + y^2}, \\ \theta = \arctan\dfrac{y}{x}. \end{cases}$$

通过以上坐标变换,直角坐标系下的曲线方程均可以转换为极坐标方程.例如：

圆 $x^2 + y^2 = R^2$ 的极坐标方程为 $r = R(0 \leqslant \theta < 2\pi)$;

圆 $(x-R)^2 + y^2 = R^2$ 的极坐标方程为 $r = 2R\cos\theta \left(-\dfrac{\pi}{2} \leqslant \theta \leqslant \dfrac{\pi}{2}\right)$;

圆 $x^2 + (y-R)^2 = R^2$ 的极坐标方程为 $r = 2R\sin\theta (0 \leqslant \theta \leqslant \pi)$;

线段 $x + y = 1(x, y \geqslant 0)$ 的极坐标方程为 $r = \dfrac{1}{\sin\theta + \cos\theta}(0 \leqslant \theta < \pi/2)$.

以下是几种常用的极坐标方程(见图 1-2)：

心形线：$r = R(1 + \cos\theta)$;双纽线：$r^2 = R^2\cos 2\theta$;三叶玫瑰线：$r = R\cos 3\theta$.

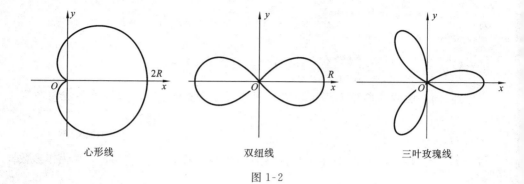

心形线   双纽线   三叶玫瑰线

图 1-2

习 题 1

（A）

1. 求解下列不等式：

(1) $|x-1|<2$；(2) $|x-2|\geqslant 1$；(3) $\left|5-\dfrac{1}{x}\right|<1$；(4) $|x+2|+|x-2|\leqslant 12$.

2. 求下列函数的定义域：

(1) $y=\ln\sqrt{x-x^2}$；(2) $y=\arcsin\lg\dfrac{x}{10}$；(3) $y=\arccos\dfrac{2x}{1+x}$；(4) $y=\dfrac{1}{\sqrt{x^2-1}}$.

3. 求下列函数的反函数：

(1) $y=\ln(1+x)$；(2) $y=\sqrt{x^3-1}$；(3) $y=1+\dfrac{1}{x}$；(4) $y=\begin{cases} x, & x<1, \\ x^2, & x\geqslant 1. \end{cases}$

4. 设函数 $f(x-2)=x^2-1$，$g(f(x))=\dfrac{1+x}{1-x}$，计算 $g(3)$.

5. 设 $f(x)=\dfrac{x}{x-1}$ $(x\neq 1)$，求 $f(2)$，$f\left(\dfrac{1}{x}\right)$，$\dfrac{1}{f(x)}$.

6. 设 $f(x-1)=x(x-1)$，求 $f(x)$ 及 $f(\ln x)$.

7. 设 $f(x)=\begin{cases} 1+x, & x\leqslant 0, \\ 4-x, & x>0, \end{cases}$ $g(x)=1-x$，求 $f(g(x))$.

8. 设 $f(x)=\sin x$，$f(g(x))=1-x^2$，求 $g(x)$.

9. 指明下列函数由哪几个基本初等函数复合而成：

(1) $y=(\sin 2x)^{\frac{1}{3}}$；(2) $y=\sin 2x^{\frac{1}{3}}$；(3) $y=e^{\cos(1/x)}$；(4) $y=(1+x)^2$.

10. 指出下列函数中的奇函数与偶函数：

(1) $f(x)=\ln\dfrac{1-x}{1+x}$；   (2) $f(x)=\dfrac{1+x}{1+x^2}$；

(3) $f(x)=x(1+\sin^2 x)$；   (4) $f(x)=\cos x+x$.

11. 判断下列函数在所给区间上的有界性：

(1) $y=\sin x$ $(-\infty<x<+\infty)$；   (2) $y=\dfrac{1}{x}$ $(1\leqslant x\leqslant 2)$；

(3) $y = e^x \ (x < 1)$；　　　　　　(4) $y = \ln x \ (0 < x < 1)$.

12. 设函数 $f(x)$ 的定义域为全体实数，若有非零的实数 c，使得对任意 x，有 $f(x+c) = -f(x)$（例如，$\sin(x+\pi) = -\sin x$）．证明：函数 $f(x)$ 为周期函数．

13. 证明以下函数不是周期函数：

(1) $f(x) = x\cos x$；　　　　　　(2) $f(x) = \sin x^2$.

(B)

1. 判别 $f(x) = x\cos x$ 于 $(-\infty, +\infty)$ 是否有界.

2. 判别 $f(x) = x\left(\dfrac{1}{2} + \dfrac{1}{2^x - 1}\right)$ 的奇偶性.

3. 设 $f\left(x + \dfrac{1}{x}\right) = x^2 + \dfrac{1}{x^2}$，求 $f(x)$.

1-B-1

4. 设 $f(x)$ 以 T 为周期，证明 $f(ax)\ (a>0)$ 以 T/a 为周期的函数，并由此求下列函数的周期：

(1) $y = \sin 3x$；　　(2) $y = \tan\dfrac{x}{2}$；　　(3) $y = \sin x + \dfrac{1}{2}\sin 2x + \dfrac{1}{3}\sin 3x$.

5. 证明 $y = \dfrac{1}{2}(e^x - e^{-x})$ 的反函数是 $x = \ln(y + \sqrt{1+y^2})$.

6. 构造一个二次函数 $f(x) = ax^2 + bx + c \ (a \neq 0)$ 满足以下条件：$f(-1) = 5$，$f(0) = 2$，$f(1) = 7$.

7. 半径为 R 的球形容器，液体深度为 h，液面的面积为 A，试求函数关系 $A = A(h)$.

8. 国民生产总值的年增长率 α 定义为 $\alpha = \dfrac{m_t - m_l}{m_l}$，其中 m_l, m_t 依次为去年及今年的国民生产总值．设某年的产值是 m_0，其后第 n 年的产值是 m_n，且 α 保持为常数．试列出 m_n 与 n 的函数关系．

9. 上题中若要求在 50 年间，生产总值翻两番，α 应当不小于多少？

10. 已知 $f(x) = e^{x^2}$，$f(\varphi(x)) = 1 - x$，$\varphi(x) \geqslant 0$，求 $\varphi(x)$ 并写出其定义域．

11. 一旅行者由美国去加拿大度假．在将美元换成加元时，币面数值增加了 12%，旅行结束后再将加元换成美元，币面数值减少了 12%．设他有 x 美元，换成加元后未有花费，于是又换回美元，求换回美元数值 y 与 x 的关系．

部分答案与提示

(A)

1. (1) $(-1,3)$；　(2) $(-\infty,1]$ 及 $[3,+\infty)$；　(3) $\left(\dfrac{1}{6},\dfrac{1}{4}\right)$；　(4) $[-6,6]$.

2. (1) $(0,1)$；　(2) $[1,100]$；　(3) $\left[-\dfrac{1}{3},1\right]$；　(4) $(-\infty,-1)$ 及 $(1,+\infty)$.

3. (1) $x = e^y - 1$；　(2) $x = (y^2+1)^{1/3}$；　(3) $x = \dfrac{1}{y-1}$；　(4) $x = \begin{cases} y, & y < 1, \\ \sqrt{y}, & y \geqslant 1. \end{cases}$

4. 1 或者 $-\dfrac{3}{5}$.　　**5.** $f(2)=2,f\left(\dfrac{1}{x}\right)=\dfrac{1}{1-x}\ (x\neq0,x\neq1),\dfrac{1}{f(x)}=\dfrac{x-1}{x}\ (x\neq0,x\neq1)$.

6. $f(x)=x^2+x,f(\ln x)=\ln^2 x+\ln x$.　　**7.** $f(g(x))=\begin{cases}2-x, & x\geqslant1,\\ 3+x, & x<1.\end{cases}$

8. $g(x)=\arcsin(1-x^2)$,定义域为$\left[-\sqrt{2},\sqrt{2}\right]$.

9. (1) $y=u^{1/3},u=\sin v,v=2x$;　(2) $y=\sin u,u=2v,v=x^{1/3}$;　(3) $y=\mathrm{e}^u,u=\cos v,v=\dfrac{1}{x}$;

(4) $y=u^2,u=1+x$.

10. (1) 奇；　(2) 非奇非偶；　(3) 奇；　(4) 非奇非偶.

11. (1) 有界；　(2) 有界；　(3) 有界；　(4) 无界.

12. 直接验证知,$T=2c$ 是其周期.

13. (1) 设所论函数以 $T>0$ 为周期,则对任何实数 x,有$(x+T)\cos(x+T)=x\cos x$.分别取 $x=0,x=\pi/2$,便可以推出 $\sin T=\cos T=0$,这显然不能成立.

(2) 周期函数的零点应当均匀分布.但是由 $\sin x^2=0$ 得知,其正根为 $x_n=\sqrt{n\pi}\,(n=1,2,\cdots)$,相邻零点的距离不相等.

(B)

1. 无界.可以考虑函数在 $x=2n\pi(n=1,2,\cdots)$ 上的值.　　**2.** 偶函数.　　**3.** $f(x)=x^2-2$.

4. (1) $\dfrac{2\pi}{3}$；　(2) 2π；　(3) 2π.　　**6.** $f(x)=4x^2+x+2$.　　**7.** $A=\pi h(2R-h)$.

8. $m_n=m_0(1+\alpha)^n$.　　**9.** $m_{50}=4m_0;\alpha\approx2.8\%$.　　**10.** $\varphi(x)=\sqrt{\ln(1-x)},x\leqslant0$.

11. $y=0.9856x$.

第 2 章 极限与连续

2.1 基本要求

1. 理解极限的概念.
2. 掌握极限的四则运算法则.
3. 了解极限存在准则.
4. 掌握无穷小概念及方法,能利用无穷小代换求极限.
5. 理解连续与间断的概念,能判断间断点的类型.
6. 了解初等函数的连续性和闭区间上连续函数的重要性质.
7. 能用介值定理研究函数方程的根的问题.

2.2 知识点解析

【2-1】 理解数列极限的定义

(1) 给定 $\varepsilon > 0$,对应的 N 是否唯一确定?

不唯一. 因为若第 N 项之后的 x_n 满足 $|x_n - a| < \varepsilon$,则第 $N+1,N+2$ 项等之后的 x_n 也满足同样的不等式. 这种不唯一性说明 N 虽然与 ε 相关,但却不是 ε 的函数.

(2) 定义是否要求 x_n 与 a 的距离 $|x_n - a|$ 单调减少并趋于零?

不要求单调减少. 例如,数列

$$\frac{1}{2}, 1, \frac{1}{4}, \frac{1}{3}, \frac{1}{6}, \frac{1}{5}, \cdots, \frac{1}{2n}, \frac{1}{2n-1}, \cdots$$

以 0 为极限,但是 $|x_n - 0| = x_n$ 并非单调减.

(3) 能否将 $\lim\limits_{n \to \infty} x_n = a$ 的定义改为"$\forall \varepsilon \in (0,1), \exists N > 0, \forall n > N: |x_n - a| \leqslant \varepsilon$"?

可以. 因为以上表述与极限定义等价. 其理由如下:

首先,因为 $\varepsilon \in (0,1)$ 满足 $\varepsilon > 0$,故极限定义推出以上表述成立;

其次,$\forall \varepsilon > 0$,若数列 x_n 满足以上表述,则对 $\varepsilon_1 = \dfrac{\varepsilon}{\varepsilon+1} \in (0,1), \exists N > 0$,当 $n > N$ 时,有 $|x_n - a| \leqslant \varepsilon_1 < \varepsilon$,符合极限定义,故 $\lim\limits_{n \to \infty} x_n = a$.

(4) 如何理解 $\lim\limits_{n \to \infty} x_n \neq a$ 的含义?

依据否命题构成法则(参见第 1 章知识点解析),$\lim\limits_{n \to \infty} x_n \neq a$ 的逻辑表示式为

$$\exists \varepsilon > 0, \quad \forall N > 0, \quad \exists n_1 > N: |x_{n_1} - a| \geqslant \varepsilon.$$

可以解读为:存在某个正数 $\varepsilon > 0$,无论 N 多么大,第 N 项之后总存在 x_n,不在 a 的邻域 $(a-\varepsilon, a+\varepsilon)$ 内. 于是,数列 x_n 中就可以找出一个位于邻域 $(a-\varepsilon, a+\varepsilon)$ 之外的子列.

【2-2】 判定变量的极限存在的常用方法

(1) 当数列 $\{x_n\}$ 满足以下条件之一时,极限 $\lim\limits_{n\to\infty}x_n$ 存在:

① 数列 $\{x_n\}$ 是单调增加有上界或单调减少有下界;

② 数列 $\{x_n\}$ 被两个收敛到同一极限的数列所"夹挤":

$$a_n\leqslant x_n\leqslant b_n \ (n=1,2,\cdots), \quad \text{且} \quad \lim\limits_{n\to\infty}a_n=\lim\limits_{n\to\infty}b_n=l.$$

(2) 当函数 $f(x)$ 满足以下条件之一时,极限 $\lim\limits_{x\to x_0}f(x)$ 存在:

① 左极限 $\lim\limits_{x\to x_0^-}f(x)$ 与右极限 $\lim\limits_{x\to x_0^+}f(x)$ 都存在且相等;

② 对任何趋于 x_0 的数列 $\{x_n\}$(要求 $x_n\neq x_0$),$\lim\limits_{n\to\infty}f(x_n)$ 都存在且相等.

(3) 当函数 $f(x)$ 满足以下条件时,右极限 $\lim\limits_{x\to x_0^+}f(x)$ 存在:

存在 $\delta>0$,在区间 $(x_0,x_0+\delta)$ 上,函数 $f(x)$ 单调有界.

对左极限亦有类似的结果.

【2-3】 判定变量的极限不存在的常用方法

(1) 当数列 $\{x_n\}$ 满足以下条件之一时,极限 $\lim\limits_{n\to\infty}x_n$ 不存在:

① 数列为无界数列;

② 数列有两个子列分别收敛到不同的极限值.

(2) 当函数 $f(x)$ 满足以下条件之一时,极限 $\lim\limits_{x\to x_0}f(x)$ 不存在:

① 左极限 $\lim\limits_{x\to x_0^-}f(x)$ 与右极限 $\lim\limits_{x\to x_0^+}f(x)$ 至少有一个不存在;

② 左极限 $\lim\limits_{x\to x_0^-}f(x)$ 与右极限 $\lim\limits_{x\to x_0^+}f(x)$ 都存在,但不相等.

(3) 有收敛于 x_0 的数列 x_n 和 $y_n(x_n,y_n\neq x_0)$,使得数列 $f(x_n)$ 与 $f(y_n)$ 至少有一个不存在,或者都存在但是不相等.

【2-4】 收敛数列是否一定是单调有界数列

收敛数列一定是有界数列,但不一定是单调数列,例如,数列 $x_n=(-1)^n\dfrac{1}{n}$ 不是单调数列,但是收敛到 0.

【2-5】 数列在增加、减少或改变有限项之后是否会改变其敛散性

不会. 这是由于数列是否收敛完全取决于其最终的整体属性,因此可以忽略前面任意有限项的表现. 我们在考虑数列的敛散性时可以从中间某个位置开始分析.

类似的解释也适合于函数极限. 例如,在考察函数极限 $\lim\limits_{x\to a}f(x)$ 时,可以只考虑在 a 的某个空心邻域上函数 $f(x)$ 的属性.

【2-6】 使用极限四则运算法则时注意前提条件

极限四则运算法则要求涉及的极限必须存在,商规则中还要求分母不为零,而且参与运算的变量个数必须是固定的有限个. 以下演算过程因违背法则的前提条件而导致运算错误:

$$\lim\limits_{n\to\infty}\left(\frac{1}{n^2}+\frac{2}{n^2}+\cdots+\frac{n}{n^2}\right)=\lim\limits_{n\to\infty}\frac{1}{n^2}+\lim\limits_{n\to\infty}\frac{2}{n^2}+\cdots+\lim\limits_{n\to\infty}\frac{n}{n^2}=0;$$

$$\lim_{n\to\infty}\left(1+\frac{1}{n}\right)^n=\left[\lim_{n\to\infty}\left(1+\frac{1}{n}\right)\right]^n=1;$$

$$\lim_{n\to\infty}\left(\frac{1}{n}\sin n\right)=\lim_{n\to\infty}\frac{1}{n}\lim_{n\to\infty}\sin n=0;$$

$$\lim_{n\to\infty}(\sqrt{n+1}-\sqrt{n})=\lim_{n\to\infty}\sqrt{n+1}-\lim_{n\to\infty}\sqrt{n}=0.$$

【2-7】 注意归纳特殊函数所承载的性质

当我们理解函数的性质时,常常借助一些函数例子来体现.学习过程中要注意归纳.例如:

(1) 狄利克雷函数 $D(x)$ 是有界函数,以任何正有理数为周期,没有最小正周期.该函数处处有定义,但是却处处无极限.

(2) 函数 $f(x)=\begin{cases}x^2, & x\text{ 取有理数},\\ 0, & x\text{ 取无理数}\end{cases}$ 只在原点连续.由此可以得出结论:函数在某点连续,推不出函数在该点附近的区间内连续.

(3) 函数 $f(x)=\begin{cases}1/x, & 0<x\leqslant 1,\\ 1, & x=0\end{cases}$ 在闭区间 $[0,1]$ 上处处有定义,但却在 $[0,1]$ 上无上界.这个例子对于体会"闭区间上的连续函数一定有界"的定理是重要的.

类似的例子需要大家留心观察.

【2-8】 如何论述数列或函数的无界性

(1) 对于数列,可以直接依据定义来表述.亦即:

$$\{x_n\}\text{无界}\Leftrightarrow\text{任给 }M>0,\text{存在 }x_m,\text{使得 }|x_m|>M.$$

(2) 对于函数在指定区间上的无界性,可以利用数列的无界性来描述:

$$f(x)\text{在区间}(a,b)\text{上无界}\Leftrightarrow\text{存在数列 }x_n\in(a,b),\text{使得}\{f(x_n)\}\text{无界}.$$

例如,函数 $f(x)=\dfrac{1}{x}$ 在区间 $(0,1)$ 上无界.因为取数列 $x_n=\dfrac{1}{n},n>1$,便可以看出数列 $f(x_n)=n$ 为无界数列.

【2-9】 无界变量与无穷大量的区别

无界数列 $\{x_n\}$ 要求,对任给正数 M,数列中有一项满足 $|x_n|>M$;

无穷大量数列 $\{x_n\}$ 要求,对任给正数 M,数列自某项之后将均满足 $|x_n|>M$.

可见无穷大量一定是无界量,反之不然.例如,数列

$$1,\frac{1}{2},3,\frac{1}{4},\cdots,2k-1,\frac{1}{2k},\cdots$$

是无界数列,但是由于其偶数项不能够任意大,该数列不是无穷大量.

【2-10】 等价代换与函数运算的关系归纳

根据一些基本的等价公式便可以推得较多的等价关系.这些关系在极限计算、变量大小估计、无穷级数敛散性判定的问题中十分有用.

设 u,v 是同一极限过程中的无穷小量,它们分别与无穷小量 $\bar{u},\bar{v}$ 等价,则

(1) 若 $v=o(u)$,则 $u+v\sim u$;

(2) 若 u 与 v 为同阶无穷小量,且 $\lim(u/v)\neq-1$,则 $u+v\sim\bar{u}+\bar{v}$;

(3) 若 $w\to A\neq 0$,则 $wu\sim Au$;

(4) $uv \sim \overline{u}\,\overline{v}, u/v \sim \overline{u}/\overline{v}$ (此时要求 u/v 还是无穷小量,且分母不为零).

例如,当 $x \to 0$ 时,有

$$\sin 3x + x^2 \sim 3x, \quad \sin x + 2\ln(1+x) \sim x + 2x = 3x, \quad \sqrt{4+x^2}\sin x \sim 2x,$$

$$(\sqrt{1+x}-1)\sin x \sim \frac{x^2}{2}, \quad \frac{1-\cos x}{\ln(1+x)} \sim \frac{x^2/2}{x} = \frac{x}{2}.$$

需要注意的是,违背条件可能导致错误. 例如:虽然 $\sin x \sim \tan x (x \to 0)$,但是 $\sin x - x \sim \tan x - x$ 不正确.

2.3 解题指导

【题型 2-1】 依据定义或性质论证极限结果

应对 以数列极限为例,验证极限的关键点如下.

(1) 化简 $|x_n - a|$:经过恒等变形、去绝对值符号、适当放大等步骤,得到一个简化的含 n 的无穷小量 $g(n)$;

(2) 由 $g(n) < \varepsilon$ 解出 $n > h(\varepsilon)$,选取正整数 $N \geqslant [h(\varepsilon)]$.

例 2-1 依据定义验证以下极限结果:

(1) $\lim\limits_{n \to \infty} \sqrt[n]{n} = 1$; (2) $\lim\limits_{x \to 2} x^2 = 4$.

证 (1) 依据定义,需要对任给 $\varepsilon > 0$,从不等式 $|\sqrt[n]{n} - 1| < \varepsilon$ 中得到形如 $n > N$ 的解. 由于 $|\sqrt[n]{n} - 1| < \varepsilon$ 不易求解,故考虑将绝对值作适当的放大简化.

记 $\alpha_n = |\sqrt[n]{n} - 1| = \sqrt[n]{n} - 1$,当 $n > 2$ 时,由二项式展开公式得

$$n = (1+\alpha_n)^n = 1 + n\alpha_n + \frac{n(n-1)}{2}\alpha_n^2 + \cdots + \alpha_n^n > \frac{n(n-1)}{2}\alpha_n^2,$$

故得到绝对值的估计式为 $|\sqrt[n]{n} - 1| < \sqrt{\dfrac{2}{n-1}}$ $(n > 2)$. 由于

$$\sqrt{\frac{2}{n-1}} < \varepsilon \Leftrightarrow n > 1 + \frac{2}{\varepsilon^2},$$

于是,只要取 $N = 1 + \left[\dfrac{2}{\varepsilon^2}\right]$,则当 $n > N$ 时,便有

$$|\sqrt[n]{n} - 1| < \sqrt{\frac{2}{n-1}} < \varepsilon.$$

依照定义,$\lim\limits_{n \to \infty} \sqrt[n]{n} = 1$ 得证.

(2) 由于极限过程是 $x \to 2$,故可以只在点 $x = 2$ 附近考虑问题. 不妨设 $1 < x < 3$(即 $|x-2| < 1$),于是对任给 $\varepsilon > 0$,首先放大简化目标绝对值:

$$|x^2 - 4| = (x+2)|x-2| < 5|x-2| \quad (\text{此处需要 } |x-2| < 1).$$

由于

$$5|x-2| < \varepsilon \Leftrightarrow |x-2| < \frac{\varepsilon}{5},$$

故只要取 $\delta = \min\left(1, \dfrac{\varepsilon}{5}\right)$,则当 $0 < |x-2| < \delta$ 时,便有

$$|x^2-4|<5|x-2|<\varepsilon.$$

依照定义, $\lim\limits_{x\to 2}x^2=4$ 得证.

例 2-2 证明下列函数极限不存在:

(1) $\lim\limits_{x\to 0}e^{1/x}$;   (2) $\lim\limits_{x\to +\infty}\sin x$.

证 (1) 当 $x\to 0^+$ 时, $\dfrac{1}{x}\to +\infty$, 从而 $e^{1/x}\to +\infty$; 当 $x\to 0^-$ 时, $\dfrac{1}{x}\to -\infty$, 从而 $e^{1/x}$

$\to 0$. 由于左、右极限不相同(或者根据右极限是 $+\infty$), 故此极限不存在.

(2) 选取 $x_n=2n\pi$, $y_n=2n\pi+\dfrac{\pi}{2}$, 显然 x_n, $y_n\to +\infty$, 由于

$$\lim_{n\to\infty}\sin x_n=\lim_{n\to\infty}\sin 2n\pi=0, \quad \lim_{n\to\infty}\sin y_n=\lim_{n\to\infty}\sin\left(2n\pi+\frac{\pi}{2}\right)=1,$$

这说明 x 以不同方式趋向 $+\infty$ 时, $\sin x$ 的极限不同, 故极限 $\lim\limits_{x\to +\infty}\sin x$ 不存在.

【题型 2-2】 有通项公式的数列极限计算

应对 (1) 通过等式变形化简通项, 然后借助四则运算法则归结到已知的极限;

(2) 通过不等式变形估计通项, 然后按照夹挤准则归结到已知的极限.

已经证明过的极限结果都可以引用. 例如:

① $\lim\limits_{n\to\infty}\dfrac{y_n}{x_n}=0$, 如果 $\lim\limits_{n\to\infty}x_n=\infty$, 而 y_n 有界. 如 $\lim\limits_{n\to\infty}\dfrac{1+(-1)^n}{n}=0$;

② $\lim\limits_{n\to\infty}x_n y_n=0$, 如果 $\lim\limits_{n\to\infty}x_n=0$, 而 y_n 有界. 如 $\lim\limits_{n\to\infty}\dfrac{\sin n}{n}=0$;

③ $\lim\limits_{n\to\infty}\sqrt[n]{a}=1$ $(a>0)$;

④ $\lim\limits_{n\to\infty}\sqrt[n]{n}=1$;

⑤ $\lim\limits_{n\to\infty}\sqrt[n]{a^n+b^n}=\max(a,b)$ $(a,b>0)$.

例 2-3 计算下列数列的极限.

(1) $x_n=\dfrac{n+(-1)^n}{n+1}$;   (2) $x_n=\sqrt{n+1}-\sqrt{n}$;

(3) $x_n=\dfrac{1+2+\cdots+n}{n^2}$;   (4) $x_n=\left(1-\dfrac{1}{2}\right)\left(1-\dfrac{1}{3}\right)\cdots\left(1-\dfrac{1}{n}\right)$.

解 (1) 分项之后应用和的极限法则, 归结为简单极限求解:

$$\lim_{n\to\infty}x_n=\lim_{n\to\infty}\left[1+\frac{-1+(-1)^n}{n+1}\right]=1+\lim_{n\to\infty}\frac{(-1)^n-1}{n+1}=1.$$

(2) 采用有理化方法化简:

$$x_n=\frac{(\sqrt{n+1}-\sqrt{n})(\sqrt{n+1}+\sqrt{n})}{\sqrt{n+1}+\sqrt{n}}=\frac{1}{\sqrt{n+1}+\sqrt{n}},$$

故 $\lim\limits_{n\to\infty}x_n=\lim\limits_{n\to\infty}\dfrac{1}{\sqrt{n+1}+\sqrt{n}}=0.$

(3) 分子合并后化简得

$$x_n=\frac{1}{n^2}(1+2+3+\cdots+n)=\frac{1}{n^2}\frac{n(1+n)}{2}=\frac{1+n}{2n},$$

于是 $\lim\limits_{n\to\infty}x_n=\lim\limits_{n\to\infty}\dfrac{1+n}{2n}=\lim\limits_{n\to\infty}\left(\dfrac{1}{2n}+\dfrac{1}{2}\right)=\dfrac{1}{2}$.

(4) $x_n=\dfrac{1}{2}\cdot\dfrac{2}{3}\cdot\dfrac{3}{4}\cdot\cdots\cdot\dfrac{n-1}{n}=\dfrac{1}{n}$，故 $\lim\limits_{n\to\infty}x_n=0$.

例 2-4 计算下列数列的极限.

(1) $x_n=\dfrac{1}{n+1}+\dfrac{1}{n+\sqrt{2}}+\cdots+\dfrac{1}{n+\sqrt{n}}$；　　(2) $x_n=\dfrac{n!}{n^n}$；

(3) $x_n=\sqrt[n]{1+x^n}\ (x>0)$；　　(4) $x_n=\sqrt[n]{1+\dfrac{1}{2}+\cdots+\dfrac{1}{n}}$.

解 (1) 和式中的被加项无法相加，转而考虑不等式变形. 由于

$$\frac{n}{n+\sqrt{n}}<x_n=\frac{1}{n+1}+\frac{1}{n+\sqrt{2}}+\cdots+\frac{1}{n+\sqrt{n}}<\frac{n}{n+1},$$

$$\lim_{n\to\infty}\frac{n}{n+\sqrt{n}}=\lim_{n\to\infty}\frac{1}{1+1/\sqrt{n}}=1,\quad \lim_{n\to\infty}\frac{n}{n+1}=1,$$

由夹挤准则得 $\lim\limits_{n\to\infty}x_n=1$.

(2) 考虑不等式变形，由于

$$0<x_n=\frac{n!}{n^n}=\frac{1\cdot2\cdot3\cdot\cdots\cdot n}{n^n}\leqslant\frac{1}{n},$$

且 $\lim\limits_{n\to\infty}\dfrac{1}{n}=0$，由夹挤准则得 $\lim\limits_{n\to\infty}x_n=0$.

(3) 由于 $x_n=\sqrt[n]{1^n+x^n}$，直接调用已知的基本极限

$$\lim_{n\to\infty}\sqrt[n]{a^n+b^n}=\max(a,b)\ (a,b>0),$$

可知 $\lim\limits_{n\to\infty}x_n=\max(1,x)\ (x>0)$.

(4) 由于　$1<x_n=\sqrt[n]{1+\dfrac{1}{2}+\cdots+\dfrac{1}{n}}<\sqrt[n]{1+1+\cdots+1}=\sqrt[n]{n}$，

结合基本极限 $\lim\limits_{n\to\infty}\sqrt[n]{n}=1$，由夹挤准则得 $\lim\limits_{n\to\infty}x_n=1$.

例 2-5 设 $x_n=\dfrac{1\cdot3\cdot5\cdot\cdots\cdot(2n-1)}{2\cdot4\cdot6\cdot\cdots\cdot2n}$，求 $l=\lim\limits_{n\to\infty}x_n$.

解 由于 $\dfrac{k}{k+1}<\dfrac{k+1}{k+2}\ (k=1,2,\cdots)$，故

$$0<x_n=\frac{1\cdot3\cdot5\cdot\cdots\cdot(2n-1)}{2\cdot4\cdot6\cdot\cdots\cdot2n}<\frac{2\cdot4\cdot6\cdot\cdots\cdot2n}{3\cdot5\cdot7\cdot\cdots\cdot(2n+1)},$$

于是　$0<x_n^2<\dfrac{1\cdot3\cdot5\cdot\cdots\cdot(2n-1)}{2\cdot4\cdot6\cdot\cdots\cdot2n}\times\dfrac{2\cdot4\cdot6\cdot\cdots\cdot2n}{3\cdot5\cdot7\cdot\cdots\cdot(2n+1)}=\dfrac{1}{2n+1}$，

即 $0<x_n<\dfrac{1}{\sqrt{2n+1}}$，从而由夹挤准则得 $l=\lim\limits_{n\to\infty}x_n=0$.

【题型 2-3】 递归方式定义的数列的极限计算

应对 依据单调有界数列必定收敛的准则，检验所给数列的单调性和有界性，以确定其收敛性，然后在数列递归公式中取极限，便可以求得极限值.

例 2-6 讨论下列数列的收敛性,并在收敛时计算其极限.

(1) $x_1=1, x_{n+1}=\dfrac{1+2x_n}{1+x_n}\ (n=1,2,\cdots)$;

(2) 设 $0<x_1<3, x_{n+1}=\sqrt{x_n(3-x_n)}\ (n=1,2,\cdots)$.

证 (1) 首先直接看出 $x_n>0$,再由

$$x_{n+1}=\frac{2+2x_n-1}{1+x_n}=2-\frac{1}{1+x_n}<2$$

得知数列是有界数列. 由于 $x_2=\dfrac{3}{2}>x_2$,设 $n>2$ 时有 $x_n-x_{n-1}>0$,则依数学归纳法从

$$x_{n+1}-x_n=\frac{1+2x_n}{1+x_n}-\frac{1+2x_{n-1}}{1+x_{n-1}}=\frac{x_n-x_{n-1}}{(1+x_{n-1})(1+x_n)}>0$$

推出数列是单调增加数列. 依据单调有界数列必定收敛的准则知,所给数列收敛. 设 x_n 的极限为 l,注意到 $l=\lim\limits_{n\to\infty}x_{n+1}$,在递归公式 $x_{n+1}=2-\dfrac{1}{1+x_n}$ 两边取极限,得

$$l=\lim_{n\to\infty}x_{n+1}=2-\frac{1}{1+\lim\limits_{n\to\infty}x_n}=2-\frac{1}{1+l},$$

解得 $l=\dfrac{1+\sqrt{5}}{2}$,即为所求极限.

(2) 由于 $0<x_1<3$,故 $x_2=\sqrt{x_1(3-x_1)}\leqslant\dfrac{x_1+3-x_1}{2}=\dfrac{3}{2}$,即 $0<x_2\leqslant\dfrac{3}{2}$. 于是设 $0<x_n\leqslant\dfrac{3}{2}$,便可推出

$$x_{n+1}=\sqrt{x_n(3-x_n)}\leqslant\frac{x_n+3-x_n}{2}=\frac{3}{2},$$

由归纳法知数列有界,即 $0<x_n\leqslant\dfrac{3}{2}\ (n>1)$.

其次,当 $n>1$ 时,有 $\dfrac{x_{n+1}}{x_n}=\dfrac{\sqrt{x_n(3-x_n)}}{x_n}=\sqrt{\dfrac{3}{x_n}-1}\geqslant\sqrt{2-1}=1$,这说明该数列单调增加,于是所论数列收敛. 设其极限为 l,在递归公式 $x_{n+1}=\sqrt{x_n(3-x_n)}$ 两边取极限,得

$$l=\lim_{n\to\infty}x_{n+1}=\sqrt{\lim_{n\to\infty}x_n\left(3-\lim_{n\to\infty}x_n\right)}=\sqrt{l(3-l)},$$

解得 $l=\dfrac{3}{2}$,即为所求极限.

例 2-7 设函数 $f(x)$ 是 $[0,+\infty)$ 上的单调增加非负函数,且 $b=f(b)>0,0\leqslant x_1\leqslant b, x_{n+1}=f(x_n)(n\geqslant 1)$,证明数列 $\{x_n\}$ 收敛.

证 当 $0\leqslant x\leqslant b$ 时,由函数的单增性和非负性知 $0\leqslant f(x)\leqslant f(b)=b$,因此 $x_{n+1}=f(x_n)$ 是有界数列. 其次,如果 $x_2=f(x_1)\geqslant x_1$,则由函数的单调性知 $x_3=f(x_2)\geqslant f(x_1)=x_2$,以及 $x_4=f(x_3)\geqslant f(x_2)=x_3$,等等,从而数列 $\{x_n\}$ 单调增加.

类似地可以证明,如果 $x_2=f(x_1)\leqslant x_1$,则可推出数列 $\{x_n\}$ 单调减少. 总之,所论数列是单调有界数列,故收敛.

【题型 2-4】 确定无穷小量的主部

应对 当 $x \to a$ 时,称 $x-a$ 为基本无穷小量. 当 $x \to a$ 时,若 $u \sim c(x-a)^k(c \neq 0, k > 0)$,则称 $c(x-a)^k$ 为无穷小量 u 的主部.

寻求无穷小量的主部的基本方法是从常用等价代换公式出发,通过因式分解,结合四则运算的等价替换规则(参见本节知识点解析【2-10】)进行. 此外,第 4 章的泰勒公式也是确定无穷小量的主部的利器.

常用的等价代换公式有以下几种($u \to 0$):

$\sin u \sim u$;$\tan u \sim u$;$\mathrm{e}^u - 1 \sim u$;$a^u - 1 \sim u \ln a$;$\arcsin u \sim u$,$\arctan u \sim u$;

$\ln(1+u) \sim u$;$(1+u)^\alpha - 1 \sim \alpha u(\alpha \neq 0)$;$1 - \cos u \sim \dfrac{1}{2}u^2$,$\tan u - \sin u \sim \dfrac{1}{2}u^3$.

说明:以上等价公式中的 u 可以是数列或函数.例如,$u = \dfrac{1}{n}(n \to \infty)$ 或 $u = 1 - \cos x$ ($x \to 0$).

例 2-8 求下列无穷小量的主部(均设 $x \to 0$):

(1) $\sqrt[4]{1+\sin x} - 1$; (2) $\tan x - 2\sin x$; (3) $\ln \cos x$; (4) $\sqrt{1+x} - \sqrt{1-x}$.

解 (1) 因 $u = \sin x \to 0$,利用公式 $\sqrt[4]{1+u} - 1 \sim \dfrac{1}{4}u$ 得 $\sqrt[4]{1+\sin x} - 1 \sim \dfrac{1}{4}\sin x$,而 $\sin x \sim x$,故原式等价于 $\dfrac{1}{4}x$,主部为 $\dfrac{1}{4}x$.

(2) 直接使用等价代换的运算规则得 $\tan x - 2\sin x \sim x - 2x = -x$,故主部为 $-x$.

(3) 因 $\ln \cos x = \ln(1 + \cos x - 1)$,而 $u = \cos x - 1 \to 0$,故由公式 $\ln(1+u) \sim u$ 知,原式等价于 $\cos x - 1 \sim -\dfrac{1}{2}x^2$,主部是 $-\dfrac{1}{2}x^2$.

(4) 考虑根式有理化方法,注意最后一步用到 $\sqrt{1+x} + \sqrt{1-x} \to 2$,即

$$\sqrt{1+x} - \sqrt{1-x} = (\sqrt{1+x} - \sqrt{1-x})\frac{\sqrt{1+x} + \sqrt{1-x}}{\sqrt{1+x} + \sqrt{1-x}} = \frac{1+x-(1-x)}{\sqrt{1+x} + \sqrt{1-x}}$$

$$= \frac{2x}{\sqrt{1+x} + \sqrt{1-x}} \sim \frac{2x}{2} = x,$$

故主部为 x.

【题型 2-5】 使用无穷小量因式替换求函数极限

应对 在计算极限 $\lim f(x)$ 时,如果 $f(x)$ 可以写成若干个因式的乘积或商(例如 $f(x) = \dfrac{a(x)b(x)}{m(x)n(x)}$),则以下两种化简方法保持极限 $\lim f(x)$ 不变.

(1) 将其中趋于 0 的因式替换为与之等价的主部;

(2) 将其中收敛于非零实数 a 的因式替换为它的极限值 a.

用好无穷小量替换,对极限计算会带来很大便利,但是若不注意替换的条件,则可能导致错误.

例 2-9 计算以下极限:

(1) $l = \lim\limits_{x \to a} \tan \dfrac{\pi x}{2a} \cdot \ln\left(2 - \dfrac{x}{a}\right)$ ($a \neq 0$); (2) $l = \lim\limits_{x \to 0} \dfrac{1 - \sqrt{\cos x}}{x(1 - \cos \sqrt{x})}$;

(3) $l=\lim\limits_{x\to 0}\dfrac{\ln(\mathrm{e}^{\sin x}+x^2)}{x}$;

(4) $l=\lim\limits_{x\to 0}\dfrac{1-\cos x\sqrt{\cos 2x}}{x^2}$.

解 (1) 当 $x\to a$ 时,有
$$\ln\left(2-\dfrac{x}{a}\right)=\ln\left(1+1-\dfrac{x}{a}\right)\sim 1-\dfrac{x}{a},$$

$$\tan\dfrac{\pi x}{2a}=\dfrac{\sin\dfrac{\pi x}{2a}}{\cos\dfrac{\pi x}{2a}}\sim\dfrac{1}{\cos\dfrac{\pi x}{2a}}=\dfrac{1}{\sin\left(\dfrac{\pi}{2}-\dfrac{\pi x}{2a}\right)}\sim\dfrac{1}{\dfrac{\pi}{2}\left(1-\dfrac{x}{a}\right)},$$

于是
$$l=\lim\limits_{x\to a}\tan\dfrac{\pi x}{2a}\cdot\ln\left(2-\dfrac{x}{a}\right)=\lim\limits_{x\to a}\left(1-\dfrac{x}{a}\right)\Big/\dfrac{\pi}{2}\left(1-\dfrac{x}{a}\right)=\dfrac{2}{\pi}.$$

(2) 当 $x\to 0$ 时,有
$$1-\sqrt{\cos x}=\dfrac{1-\cos x}{1+\sqrt{\cos x}}\sim\dfrac{1-\cos x}{2}\sim\dfrac{1}{4}x^2,\quad 1-\cos\sqrt{x}\sim\dfrac{x}{2},$$

于是
$$l=\lim\limits_{x\to 0}\dfrac{1-\sqrt{\cos x}}{x(1-\cos\sqrt{x})}=\lim\limits_{x\to 0}\dfrac{x^2/4}{x^2/2}=\dfrac{1}{2}.$$

(3) 当 $x\to 0$ 时,有
$$\ln(\mathrm{e}^{\sin x}+x^2)=\ln(1+\mathrm{e}^{\sin x}+x^2-1)\sim \mathrm{e}^{\sin x}-1+x^2\sim\sin x+x^2\sim x,$$

于是
$$l=\lim\limits_{x\to 0}\dfrac{\ln(\mathrm{e}^{\sin x}+x^2)}{x}=\lim\limits_{x\to 0}\dfrac{x}{x}=1.$$

(4) 分式拆开处理也是一个办法. 当 $x\to 0$ 时,有
$$\dfrac{1-\cos x\sqrt{\cos 2x}}{x^2}=\dfrac{1-\cos x+\cos x-\cos x\sqrt{\cos 2x}}{x^2}=\dfrac{1-\cos x}{x^2}+\dfrac{1-\sqrt{\cos 2x}}{x^2}\cos x,$$

应用和的极限规则,由本例(2)知,$1-\sqrt{\cos 2x}\sim x^2$,故
$$l=\lim\limits_{x\to 0}\dfrac{1-\cos x\sqrt{\cos 2x}}{x^2}=\lim\limits_{x\to 0}\dfrac{1-\cos x}{x^2}+\lim\limits_{x\to 0}\dfrac{1-\sqrt{\cos 2x}}{x^2}\lim\limits_{x\to 0}\cos x=\dfrac{1}{2}+\lim\limits_{x\to 0}\dfrac{x^2}{x^2}=\dfrac{3}{2}.$$

例 2-10 计算 $\lim\limits_{x\to 0}\dfrac{x\cos x-h(x)}{x^3}$,其中 $h(x)=x-x^3+o(x^3)$ $(x\to 0)$.

解 将 $h(x)=x-x^3+o(x^3)$ 代入,再分项计算,得
$$\lim\limits_{x\to 0}\dfrac{x\cos x-h(x)}{x^3}=\lim\limits_{x\to 0}\dfrac{x\cos x-x+x^3+o(x^3)}{x^3}=\lim\limits_{x\to 0}\dfrac{\cos x-1}{x^2}+\lim\limits_{x\to 0}\dfrac{x^3}{x^3}+\lim\limits_{x\to 0}\dfrac{o(x^3)}{x^3}$$
$$=-\dfrac{1}{2}+1+0=\dfrac{1}{2}.$$

注 以下两种解法说明不遵循被替换者必须是因式的条件就会导致错误.

错解 1 因 $h(x)\sim x$,用 x 替换 $h(x)$,则
$$\lim\limits_{x\to 0}\dfrac{x\cos x-h(x)}{x^3}=\lim\limits_{x\to 0}\dfrac{x\cos x-x}{x^3}=\lim\limits_{x\to 0}\dfrac{\cos x-1}{x^2}=-\dfrac{1}{2}.$$

错解 2 因 $\cos x\to 1$,用 1 替换 $\cos x$,则
$$\lim\limits_{x\to 0}\dfrac{x\cos x-h(x)}{x^3}=\lim\limits_{x\to 0}\dfrac{x-h(x)}{x^3}=\lim\limits_{x\to 0}\dfrac{x^3+o(x^3)}{x^3}=1.$$

【题型 2-6】 求幂指型变量 u^v 的极限

应对 (1) 若 $u\to a,v\to b$ $(a>0)$,则利用指数函数的连续性推出

$$\lim u^v = \lim e^{v\ln u} = e^{\lim(v\ln u)} = e^{\lim v \lim \ln u} = e^{b\ln a} = a^b.$$

(2) 当 $u \to 1, v \to \infty$ 时,若 $\lim v(u-1) = A$,则依据重要极限和以上结果,有

$$\lim u^v = \lim \left[(1+u-1)^{\frac{1}{u-1}} \right]^{v(u-1)} = e^A.$$

注 依其结构,(2)中极限称为 1^∞ 型.还有其他几种不同的结构(例如 $0^0, \infty^0$)的极限将在第 4 章中学习.

例 2-11 套用以上策略计算下列极限:

(1) $\displaystyle\lim_{x \to +\infty} \left(\frac{2x}{1+x} \right)^{\arctan x}$;

(2) $\displaystyle\lim_{n \to \infty} \left(1 + \frac{2}{n} + \frac{2}{n^2} \right)^n$;

(3) $\displaystyle\lim_{n \to \infty} \left(\frac{\sqrt[n]{5} + \sqrt[n]{7}}{2} \right)^n$;

(4) $\displaystyle\lim_{x \to 0} (\cos x)^{1/\ln(1+x^2)}$.

解 (1) 因为 $\displaystyle\lim_{x \to +\infty} \frac{2x}{1+x} = 2, \lim_{x \to +\infty} \arctan x = \frac{\pi}{2}$,故原式 $= 2^{\pi/2}$.

(2) 极限为 1^∞ 型.取 $v = n, u = 1 + \dfrac{2}{n} + \dfrac{2}{n^2}$,因为 $\displaystyle\lim_{n \to \infty} v(u-1) = \lim_{n \to \infty} n \left(\frac{2}{n} + \frac{2}{n^2} \right) = 2$,
故原式 $= e^2$.

(3) 极限为 1^∞ 型.由等价公式 $a^u - 1 \sim u\ln a \, (u \to 0)$ 得

$$\sqrt[n]{5} - 1 \sim \frac{1}{n}\ln 5, \quad \sqrt[n]{7} - 1 \sim \frac{1}{n}\ln 7 \ (n \to \infty),$$

于是
$$\lim_{n \to \infty} v(u-1) = \lim_{n \to \infty} n \left(\frac{\sqrt[n]{5} + \sqrt[n]{7}}{2} - 1 \right) = \lim_{n \to \infty} \frac{\sqrt[n]{5} - 1}{2/n} + \lim_{n \to \infty} \frac{\sqrt[n]{7} - 1}{2/n}$$

$$= \lim_{n \to \infty} \frac{(\ln 5)/n}{2/n} + \lim_{n \to \infty} \frac{(\ln 7)/n}{2/n} = \frac{\ln 5 + \ln 7}{2} = \ln\sqrt{35},$$

故 原式 $= e^{\ln\sqrt{35}} = \sqrt{35}$.

(4) 极限为 1^∞ 型.因为 $\cos x - 1 \sim -\dfrac{1}{2}x^2, \ln(1+x^2) \sim x^2$,且

$$\lim_{x \to 0} v(u-1) = \lim_{x \to 0} \frac{\cos x - 1}{\ln(1+x^2)} = \lim_{x \to 0} \frac{\cos x - 1}{x^2} = -\frac{1}{2},$$

故 原式 $= e^{-1/2} = \dfrac{1}{\sqrt{e}}$.

【题型 2-7】 根据极限相关条件确定待定参数问题

应对 结合条件,分析变量中各部分(通常是分子分母)的收敛性,求出待定参数.

例 2-12 结合极限结果,求常数 a, b.

(1) $\displaystyle\lim_{x \to -1} \frac{ax^2 - x - 3}{x+1} = b$; (2) $\displaystyle\lim_{x \to \infty} \left(\frac{x^2}{1+x} - ax - b \right) = 0$.

解 (1) 当 $x \to -1$ 时,分母 $x+1 \to 0$,分子 $ax^2 - x - 3 \to a - 2$.若 $a \neq 2$,则分式的极限是 ∞,这与题意“b 是常数”不符,故 $a = 2$.因此,当 $a = 2$ 时,有

$$b = \lim_{x \to -1} \frac{2x^2 - x - 3}{x+1} = \lim_{x \to -1} \frac{(x+1)(2x-3)}{x+1} = \lim_{x \to -1} (2x-3) = -5,$$

故 $a = 2, b = -5$.

(2) 首先化为分式 $\dfrac{x^2}{1+x} - ax - b = \dfrac{(1-a)x^2 - (a+b)x - b}{1+x}$,当 $x \to \infty$ 时,若 $a \neq 1$,

则所给函数趋于无穷大，与条件矛盾，故 $a=1$. 于是

$$\lim_{x\to\infty}\left(\frac{x^2}{1+x}-ax-b\right)=\lim_{x\to\infty}\frac{-(1+b)x-b}{1+x}=-(1+b)=0,$$

故 $a=1,b=-1$.

例 2-13 若当 $x\to0$ 时，$\sqrt[4]{1-ax^2}-1\sim x\sin x$，求 a.

解 直接寻找无穷小量的主部便可以求解. 当 $x\to0$ 时，有 $x\sin x\sim x^2$，且

$$\sqrt[4]{1-ax^2}-1\sim\frac{1}{4}(-ax^2)=-\frac{1}{4}ax^2,$$

故有 $-\frac{1}{4}a=1$，即 $a=-4$.

【题型 2-8】 判断函数的连续性

应对 函数 $f(x)$ 在点 x_0 处连续等价于以下极限算式成立：

$$\lim_{\Delta x\to0}f(x_0+\Delta x)=f(x_0)\quad\text{或}\quad\lim_{x\to x_0}f(x)=f(x_0)\quad\text{或}\quad\lim_{\Delta x\to0}\Delta y=0.$$

若 $f(x)$ 为分段函数，则分段点 x_0 的连续性等价于以下极限算式成立：

$$\lim_{x\to x_0^-}f(x)=\lim_{x\to x_0^+}f(x)=f(x_0).$$

例 2-14 研究函数 $f(x)=\lim\limits_{n\to\infty}\dfrac{x+x^2\mathrm{e}^{nx}}{1+\mathrm{e}^{nx}}$ 的连续性.

解 首先，需要通过数列极限计算，将 $f(x)$ 的表达式写出来.

(1) 当 $x>0$ 时，$\mathrm{e}^{nx}\to+\infty$ $(n\to\infty)$，因此 $\lim\limits_{n\to\infty}\dfrac{x+x^2\mathrm{e}^{nx}}{1+\mathrm{e}^{nx}}=x^2$.

(2) 当 $x<0$ 时，$\mathrm{e}^{nx}\to0$ $(n\to\infty)$，因此 $\lim\limits_{n\to\infty}\dfrac{x+x^2\mathrm{e}^{nx}}{1+\mathrm{e}^{nx}}=x$.

(3) 当 $x=0$ 时，$\lim\limits_{n\to\infty}\dfrac{x+x^2\mathrm{e}^{nx}}{1+\mathrm{e}^{nx}}=0$，因此 $f(x)=\begin{cases}x^2, & x>0,\\ x, & x\leqslant0.\end{cases}$

当 $x\neq0$ 时，$f(x)=x^2$ 及 $f(x)=x$ 均为幂函数，处处连续.

当 $x=0$ 时，$\lim\limits_{x\to0^+}f(x)=0=\lim\limits_{x\to0^-}f(x)$，且 $f(0)=0$，故 $f(x)$ 在点 $x=0$ 处连续，从而 $f(x)$ 在 $(-\infty,+\infty)$ 上处处连续.

例 2-15 设函数 $f(x)$ 对一切 x,y 满足 $f(x+y)=f(x)+f(y)$，并且 $f(x)$ 在点 $x=0$ 处连续，证明函数 $f(x)$ 在任意点 x_0 处连续.

证 在 $f(x+y)=f(x)+f(y)$ 中取 $x=y=0$，得函数值 $f(0)=0$. 对任意的点 x_0 与 Δx，由于 $\lim\limits_{\Delta x\to0}f(x_0+\Delta x)=\lim\limits_{\Delta x\to0}\left[f(x_0)+f(\Delta x)\right]=f(x_0)+f(0)=f(x_0)$，故函数 $f(x)$ 在点 x_0 处连续.

例 2-16 设 $f(x)=\begin{cases}2\mathrm{e}^x, & x\leqslant0,\\ 3x+a, & x>0\end{cases}$ 在点 $x=0$ 处连续，求 a.

解 此类题属于连续性的逆推问题，比较常见.

因为 $f(x)$ 在分段点 $x=0$ 处连续，故 $f(0^-)=f(0^+)=f(0)$，于是

$$f(0^-)=\lim_{x\to0^-}2\mathrm{e}^x=2,\quad f(0^+)=\lim_{x\to0^+}(3x+a)=a,$$

故 $a=2$.

【题型 2-9】 函数的间断点确定与类型识别

应对 先找出使 $f(x)$ 无定义的点 x 或分段点,然后求这些点的单侧极限,再对照下述间断点定义进行判别(见表 2-1).

表 2-1

类型	第一类间断点		第二类间断点
名称	可去	跳跃	无穷或振荡
特征	极限存在,但是不等于函数值或函数无定义	左右极限存在,但是不相等	至少有一个单侧极限不存在

例 2-17 求下列函数的间断点并判断类型:

(1) $f(x)=\dfrac{x^2-1}{x^2-3x+2}$;

(2) $f(x)=\dfrac{x}{\sin x}$;

(3) $f(x)=\begin{cases} (1+x)^{1/x}, & x\neq 0, \\ e, & x=0; \end{cases}$

(4) $f(x)=(1-e^{x/(1-x)})^{-1}$.

解 (1) $f(x)$ 是初等函数,因此在其定义区间 $(-\infty,1),(1,2),(2,+\infty)$ 内为连续,在无定义的点 $x=1,2$ 处为间断. 由于

$$\lim_{x\to 1}f(x)=\lim_{x\to 1}\frac{(x-1)(x+1)}{(x-1)(x-2)}=-2, \quad \lim_{x\to 2}f(x)=\lim_{x\to 2}\frac{(x-1)(x+1)}{(x-1)(x-2)}=\infty,$$

故 $x=1$ 是可去间断点,$x=2$ 是第二类间断点.

(2) 由 $\sin x=0$ 知,所论函数在 $x=k\pi(k=0,\pm 1,\pm 2,\cdots)$ 处无定义,从而这些点是间断点. 又由于

$$\lim_{x\to 0}f(x)=\lim_{x\to 0}\frac{x}{\sin x}=1, \quad \lim_{x\to k\pi}f(x)=\lim_{x\to k\pi}\frac{x}{\sin x}=\infty \quad (k\neq 0),$$

故点 $x=0$ 是可去间断点,$x=k\pi(k=\pm 1,\pm 2,\cdots)$ 是第二类间断点.

(3) $f(x)$ 在分段点 $x=0$ 之处是初等函数而连续. 因

$$\lim_{x\to 0}f(x)=\lim_{x\to 0}(1+x)^{\frac{1}{x}}=e=f(0),$$

故 $f(x)$ 在分段点 $x=0$ 处连续,因此 $f(x)$ 处处连续.

(4) 考虑分母为零,得无定义的点 $x=1$ 及 $x=0$. 因为

$$\lim_{x\to 0}f(x)=\frac{1}{\lim_{x\to 0}(1-e^{x/(1-x)})}=\infty,$$

故点 $x=0$ 是 $f(x)$ 的无穷间断点. 又由于

$$f(1^-)=\frac{1}{\lim_{x\to 1^-}(1-e^{x/(1-x)})}=0, \quad f(1^+)=\frac{1}{\lim_{x\to 1^+}(1-e^{x/(1-x)})}=1,$$

故点 $x=1$ 是 $f(x)$ 的跳跃间断点.

【题型 2-10】 连续函数的介值问题

应对 先把问题归结为求某个连续函数 $g(x)$ 的根的问题:存在 $\xi\in(a,b)$ 使 $g(\xi)=0$,再计算 $g(a)$ 与 $g(b)$ 并验明 $g(a),g(b)$ 异号,然后引用零点存在定理或介值定理即可.

例 2-18 讨论以下根问题:

(1) 证明三次方程 $x^3 + px^2 + qx + r = 0$ 有实根;

(2) 证明方程 $x = 2\sin x + 3$ 在区间 $(0,5]$ 内至少有一个根.

证 (1) 记 $g(x) = x^3 + px^2 + qx + r$,易知 $g(+\infty) = +\infty$,从而由极限定义知,存在 $b > 0$ 使 $g(b) > 0$.类似地,由 $g(-\infty) = -\infty$ 知,存在 $a < 0$ 使 $g(a) < 0$.因为 $g(x)$ 在 $[a,b]$ 上连续,而 $g(a)$ 与 $g(b)$ 异号,故存在 $\xi \in (a,b)$ 使 $g(\xi) = 0$,即三次方程必有实根.

(2) 记 $g(x) = x - 2\sin x - 3$,可看出 $g(0) = -3$,$g(5) = 2(1 - \sin 5) \geqslant 0$.若 $g(5) = 0$,则 $x = 5$ 是一个根;若 $g(5) > 0$,则 $g(0)$ 与 $g(5)$ 异号,从而 $g(x)$ 在区间 $(0,5)$ 内至少有一个根.综上所述,$x = 2\sin x + 3$ 在区间 $(0,5]$ 上至少有一个根.

例 2-19 设 $f(x)$ 在区间 $[0,1]$ 上连续,且 $f(0) < 0$,$f(1) > 1$,证明在区间 $(0,1)$ 内有一数 ξ 使 $f(\xi) = \xi$.

解 由于 $f(\xi) = \xi$ 等价于 $f(\xi) - \xi = 0$,记 $g(x) = f(x) - x$,则 $g(0) = f(0) - 0 < 0$,$g(1) = f(1) - 1 > 0$.由于 $f(x)$ 在区间 $[0,1]$ 上连续,故 $g(x)$ 也在区间 $[0,1]$ 上连续,从而存在 $\xi \in (0,1)$ 使 $g(\xi) = 0$,即 $f(\xi) = \xi$.

例 2-20 设 $f(x)$ 在区间 $[a,b]$ 上连续,且 $x_1, x_2 \in [a,b]$.证明:存在 $\xi \in [a,b]$,使 $f(\xi) = \frac{1}{2}(f(x_1) + f(x_2))$.

证一 目标方程可以写成 $f(\xi) - \frac{1}{2}(f(x_1) + f(x_2)) = 0$,故只要记 $g(x) = f(x) - \frac{1}{2}(f(x_1) + f(x_2))$,则问题就转化为寻找 $\xi \in [a,b]$,使 $g(\xi) = 0$.由于

$$g(x_1) = \frac{1}{2}(f(x_1) - f(x_2)), \quad g(x_2) = \frac{1}{2}(f(x_2) - f(x_1)),$$

所以下面只需判断 $f(x_1)$ 与 $f(x_2)$ 的关系.

若 $f(x_1) = f(x_2)$,则取 $\xi = x_1$,结论便成立;若 $f(x_1) \neq f(x_2)$,则 $g(x_1)$ 与 $g(x_2)$ 异号,从而在 x_1, x_2 之间存在 ξ 使 $g(\xi) = 0$,即存在 $\xi \in [a,b]$ 使结论成立.

证二 本题也可以直接引用介值定理证明.由于 $f(x)$ 在区间 $[x_1, x_2]$(不妨设 $x_1 < x_2$)上连续,而 $\frac{1}{2}(f(x_1) + f(x_2))$ 是 $f(x_1)$ 和 $f(x_2)$ 的平均值,它应当介于 $f(x_1)$ 与 $f(x_2)$ 之间(可能相等).由介值定理知,$f(x_1)$ 与 $f(x_2)$ 之间的任何实数均能被 $f(x)$ 所取到,因而存在 $\xi \in [x_1, x_2]$,使 $f(\xi) = \frac{1}{2}(f(x_1) + f(x_2))$.

注 一般地,连续函数的 k 个函数值的算术平均值一定在函数的值域中,从而与某个函数值相等.

例 2-21 设函数 $f(x)$ 在闭区间 $[0,1]$ 上连续,$f(0) = f(1)$,证明存在 $x_0 \in [0,1]$,使得 $f(x_0) = f\left(x_0 + \frac{1}{3}\right)$.

证 令 $g(x) = f(x) - f\left(x + \frac{1}{3}\right) \left(0 \leqslant x \leqslant \frac{2}{3}\right)$,则由 $f(x)$ 的连续性知,它在定义区间 $\left[0, \frac{2}{3}\right]$ 上连续.直接计算得

$$\frac{1}{3}\left[g(0)+g\left(\frac{1}{3}\right)+g\left(\frac{2}{3}\right)\right]=\frac{1}{3}\left[f(0)-f\left(\frac{1}{3}\right)+f\left(\frac{1}{3}\right)-f\left(\frac{2}{3}\right)+f\left(\frac{2}{3}\right)-f(1)\right]=0,$$

故由连续函数的介值定理知,在区间$\left[0,\frac{2}{3}\right]$上$g(x)$必能取到均值 0,亦即存在 $x_0\in$ $[0,1]$,使得$f(x_0)=f\left(x_0+\frac{1}{3}\right)$.

【题型 2-11】 与连续有关的其他问题

例 2-22 设 $f(x)$在点 $x=1$ 处连续,且 $f(x)=f(\sqrt{x})$ ($x>0$),证明 $f(x)$ 是常数.

证 对任意 $x>0$,$f(x)=f(\sqrt{x})=f(x^{1/4})=\cdots=f(x^{1/2n})$. 令 $n\to\infty$,利用 $x^{1/2n}\to1$ 及连续性条件知

$$f(x)=\lim_{n\to\infty}f(x^{1/2n})=f(\lim_{n\to\infty}x^{1/2n})=f(1),$$

即 $f(x)$恒等于 $f(1)$.

例 2-23 设 $f(x)$在区间 $[a,b)$ 上连续,且 $f(b^-)=1$,则 $f(x)$ 在区间 $[a,b)$ 上有界.

证 由 $\lim\limits_{x\to b^-}f(x)=1$ 知,$f(x)$ 在某个区间 $(b-\delta,b)$ $(a\leqslant b-\delta)$ 上有界(局部有界性质),而在连续区间 $[a,b)$ 的闭子区间 $[a,b-\delta]$ 上连续,故 $f(x)$ 在闭子区间 $[a,b-\delta]$ 上有界. 综上所述,$f(x)$ 在区间 $[a,b)$ 上有界.

类似地可以证明:若 $f(x)$在区间 $[a,+\infty)$ 上连续,且 $f(+\infty)$ 存在,则 $f(x)$ 在区间 $[a,+\infty)$ 上有界.

2.4 知 识 扩 展

掌握变量的三种变形手段

在数列和函数问题中,经常要考虑变量形式的改变,主要有以下三种,我们应该学会并掌握它.

(1) **等式变形** 等式变形包括合并、因式分解、根式化简、变量替换和公式转换. 其优点是恒等变化,可以在任何环境下实施,无条件操作. 当然,其缺点也是明显的:由于大小不改变,化简的效率便不够明显.

(2) **不等式变形** 根据变量的基本信息或已知的不等式对目标变量的变化范围给出估计,包括单向或双向估计、常量或变量估计. 举例如下.

根据基本性质,对正弦函数的估计有 $-1\leqslant\sin x\leqslant1$;根据均值不等式,对数列的估计有 $\sqrt[n]{a}<1+\frac{a-1}{n}$ $(a>1)$.

不等式变形的优点是化简力度大,效果明显. 但是由于估计的范围不唯一,可松可紧,需要使用一定的技巧.

(3) **等价变形** 与前两种关系成立的环境不同的是,等价变形需要与极限过程关联. 不可以说"在某个区间上 $\sin x\sim x$",而只能说"当 $x\to0$ 时,$\sin x\sim x$". 此外,操作对象必须是无穷小量,从而只适合于极限过程中的变量的化简. 由于使用时有一系列基本等价公式和规则,并且化简的力度较大,因此也非常有用.

值得注意的是,应用时必须依据等价替换规则的条件来变形,否则会导致错误.

习 题 2

(A)

1. 选择题

(1) 函数 $f(x)=10^{-x}\sin x$ 在区间 $[0,+\infty)$ 内是（   ）.

(A) 偶函数　　　　　(B) 奇函数　　　　　(C) 单调函数　　　　　(D) 有界函数

(2) 设 $f(x)=\begin{cases}1, & |x|\leqslant 1,\\ 0, & |x|>1,\end{cases}$ 则 $f\{f[f(x)]\}=$（   ）.

(A) 0　　　　　(B) 1　　　　　(C) $\begin{cases}1, & |x|\leqslant 1\\ 0, & |x|>1\end{cases}$　　(D) $\begin{cases}0, & |x|\leqslant 1\\ 1, & |x|>1\end{cases}$

(3) 设数列 $\{x_n\}$ 与 $\{y_n\}$ 满足 $\lim\limits_{n\to\infty}x_ny_n=0$，则下列命题正确的是（   ）.

2-A-1(3)

(A) 若 $\{x_n\}$ 发散，则 $\{y_n\}$ 必发散

(B) 若 $\{x_n\}$ 无界，则 $\{y_n\}$ 必有界

(C) 若 $\{x_n\}$ 有界，则 $\{y_n\}$ 为无穷小

(D) 若 $\left\{\dfrac{1}{x_n}\right\}$ 为无穷小，则 $\{y_n\}$ 必为无穷小

(4) 下列结果不成立的是（   ）.

(A) $\lim\limits_{x\to\frac{\pi}{2}}\dfrac{\cos x}{x-\dfrac{\pi}{2}}=1$　　　　　(B) $\lim\limits_{x\to\infty}x\sin\dfrac{1}{x}=1$

(C) $\lim\limits_{x\to 0}\dfrac{\tan x}{\sin x}=1$　　　　　(D) $\lim\limits_{x\to 0}\dfrac{\sin(\tan x)}{x}=1$

(5) 设对任意的 x，总有 $\varphi(x)\leqslant f(x)\leqslant g(x)$，且 $\lim\limits_{x\to\infty}[g(x)-\varphi(x)]=0$，则 $\lim\limits_{x\to\infty}f(x)$（   ）.

2-A-1(5)

(A) 存在且等于零　　　　　(B) 存在但不一定为零

(C) 一定不存在　　　　　(D) 不一定存在

(6) 若 $f(x)$ 在区间 (a,b) 内单调有界，则 $f(x)$ 在区间 (a,b) 内间断点的类型只能是（   ）.

(A) 第一类间断点　　　　　　　　　　(B) 第二类间断点

(C) 既有第一类间断点，也有第二类间断点　　(D) 结论不确定

(7) 设 $f(x)$ 在区间 $(-\infty,+\infty)$ 内有定义，且 $\lim\limits_{x\to\infty}f(x)=a$，$g(x)=\begin{cases}f\left(\dfrac{1}{x}\right), & x\neq 0,\\ 0, & x=0,\end{cases}$ 则（   ）.

(A) $x=0$ 必是 $g(x)$ 的第一类间断点

(B) $x=0$ 必是 $g(x)$ 的第二类间断点

(C) $x=0$ 必是 $g(x)$ 的连续点

(D) $g(x)$ 在点 $x=0$ 处的连续性与 a 的取值有关

(8) 当 $x\to 0^+$ 时，与 $\sqrt{x}$ 等价的无穷小量是（   ）.

(A) $1-e^{\sqrt{x}}$ (B) $\ln(1+\sqrt{x})$ (C) $\sqrt{1+\sqrt{x}}-1$ (D) $1-\cos\sqrt{x}$

(9) 设 $y=f(x)$ 在区间 (a,b) 内连续,则 $f(x)$ 在区间 (a,b) 内( ).

(A) 有界

(B) 无界

(C) 存在最大值与最小值

(D) 不一定有界

2-A-1(9)

(10) 函数 $f(x)=\dfrac{|x|\sin(x-2)}{x(x-1)(x-2)^2}$ 在区间( )内有界.

(A) $(-1,0)$

(B) $(0,1)$

(C) $(1,2)$

(D) $(2,3)$

2-A-1(10)

2. 计算下列数列的极限:

(1) $\lim\limits_{n\to\infty}(\sqrt{n+2}-\sqrt{n})$;

(2) $\lim\limits_{n\to\infty}\dfrac{\sin n}{\sqrt{n}}$;

(3) $\lim\limits_{n\to\infty}\dfrac{(n+1)(n+2)}{2n^2}$;

(4) $\lim\limits_{n\to\infty}\left(1+\dfrac{1}{2}+\dfrac{1}{4}+\cdots+\dfrac{1}{2^n}\right)$;

(5) $\lim\limits_{n\to\infty}n\left(\dfrac{1}{n^2+1}+\dfrac{1}{n^2+2}+\cdots+\dfrac{1}{n^2+n}\right)$;

(6) $\lim\limits_{n\to\infty}\ln(1+\sqrt[n]{n})$.

3. 求下列数列的极限 $l=\lim\limits_{n\to\infty}x_n$:

(1) $x_n=\dfrac{1}{3}+\dfrac{1}{15}+\dfrac{1}{35}+\cdots+\dfrac{1}{4n^2-1}$;

(2) $x_n=\dfrac{1}{1+2}+\dfrac{1}{1+2+3}+\cdots+\dfrac{1}{1+2+\cdots+n}$;

(3) $x_n=\dfrac{1}{n^2+n+1}+\dfrac{2}{n^2+n+2}+\cdots+\dfrac{n}{n^2+n+n}$;

(4) $x_n=\dfrac{11\cdot 12\cdot 13\cdots(n+10)}{2\cdot 5\cdot 8\cdots(3n-1)}$.

4. 证明下列递归数列 $\{x_n\}$ 收敛,并求其极限.

(1) 设 $x_1=a,x_2=b,x_{n+2}=\dfrac{x_{n+1}+x_n}{2}$ $(n=1,2,\cdots)$;

(2) 设 $x_1=a>0,x_2=b>0,x_{n+2}=\sqrt{x_{n+1}x_n}$ $(n=1,2,\cdots)$;

(3) 设 $x_1=1,x_{n+1}=1+\dfrac{1}{x_n}$ $(n=1,2,\cdots)$.

2-A-4

5. 计算下列函数的极限:

(1) $\lim\limits_{x\to 0}x\sin\dfrac{1}{x}$; (2) $\lim\limits_{x\to\infty}x\sin\dfrac{1}{x}$; (3) $\lim\limits_{x\to+\infty}\dfrac{1}{x}[x]$; (4) $\lim\limits_{x\to 0^+}\dfrac{1}{x}[x]$.

6. 求下列极限:

(1) $\lim\limits_{x\to 4}\dfrac{\sqrt{1+2x}-3}{\sqrt{x}-2}$;

(2) $\lim\limits_{x\to 1}\left(\dfrac{1}{1-x}-\dfrac{3}{1-x^3}\right)$;

(3) $\lim\limits_{x\to\infty}\dfrac{x^2-6x+8}{x^2-5x+4}$;

(4) $\lim\limits_{x\to 0}\left(\dfrac{x}{\cos x}+\cos x\right)$.

7. 求下列极限:

(1) $\lim\limits_{x\to\infty}\left(\dfrac{2+x}{1+x}\right)^x$; (2) $\lim\limits_{x\to 0}(1+3x)^{\frac{1}{x}}$; (3) $\lim\limits_{x\to\pi/2}(1+\cos x)^{2\sec x}$; (4) $\lim\limits_{x\to 0}\dfrac{\sin 3x}{\tan 2x}$.

8. 求下列无穷小量的主部:

(1) $\sqrt[3]{1+\tan x}-1\ (x\to 0)$;   (2) $1-\cos x^2\ (x\to 0)$;   (3) $\sqrt[3]{x}-1\ (x\to 1)$;

(4) $\ln x^2\ (x\to 1)$;   (5) $2x+\sqrt{x}\ (x\to 0^+)$;   (6) $\tan x+\sin x\ (x\to 0)$.

9. 求下列极限:

(1) $\displaystyle\lim_{x\to 0^+}\frac{1-\cos\sqrt{x}}{2x}$;   (2) $\displaystyle\lim_{x\to 0}\frac{\tan 3x}{\ln(1+2x)}\cdot 2^x$;   (3) $\displaystyle\lim_{x\to 0}\frac{\mathrm{e}^{2x}-\mathrm{e}^x}{\sin x}$;

(4) $\displaystyle\lim_{x\to 1}\frac{\ln x}{x^2-1}$;   (5) $\displaystyle\lim_{x\to 0}\frac{\sin(\tan x)-\tan(\tan x)}{x^3}$;   (6) $\displaystyle\lim_{x\to 2}\frac{\sqrt[100]{x-1}-1}{x-2}$.

10. 确定下列函数的间断点及间断类型:

(1) $f(x)=\begin{cases}\dfrac{\sin x}{x}, & x\neq 0,\\[2mm] 1, & x=0;\end{cases}$ (2) $f(x)=\dfrac{\sin x}{x(x-1)}$;

(3) $f(x)=\displaystyle\lim_{n\to\infty}\frac{x^n}{1+x^n}$;   (4) $f(x)=\displaystyle\lim_{t\to +\infty}\frac{x+\mathrm{e}^{tx}}{1+\mathrm{e}^{tx}}$;

2-A-10(4)

11. 确定下列问题中的参数值:

(1) 设 $f(x)=\begin{cases}\sin 2x, & x\geqslant\dfrac{\pi}{4},\\[3mm] a+x, & x<\dfrac{\pi}{4}\end{cases}$ 在点 $x=\dfrac{\pi}{4}$ 处连续,求 a;

(2) 设 $\displaystyle\lim_{x\to\infty}\frac{ax^2+bx-1}{x+1}=2$,求 a,b;

(3) 设 $b=\displaystyle\lim_{x\to 0}\frac{x+a\cos x-2}{\ln(1+x)}$ 为常数,求 a,b.

12. 证明方程 $x\cdot 2^x=1$ 在区间 $(0,1)$ 内至少有一个根.

13. 设 $f(x)$ 在区间 $[a,b]$ 上连续,$x_1,x_2,\cdots,x_n\in[a,b]$. 证明:存在 $\xi\in[a,b]$,使
$$f(\xi)=[f(x_1)+f(x_2)+\cdots+f(x_n)]/n.$$

14. 设函数 $f(x)$ 在区间 $[0,1]$ 上连续,且 $f(0)=f(1)$,证明存在 $x_0\in\left[0,\dfrac{1}{2}\right]$,使得
$$f(x_0)=f\left(x_0+\frac{1}{2}\right).$$

15. 设 $f(x)$ 在区间 $[a,+\infty)$ 上连续,且 $f(+\infty)=1$,则 $f(x)$ 在区间 $[a,+\infty)$ 上有界.

(B)

1. 由定义证明下列极限:

(1) $\displaystyle\lim_{x\to\pi}\sqrt{x}=\sqrt{\pi}$;   (2) $\displaystyle\lim_{n\to\infty}2^n=+\infty$.

2. 求极限 $\displaystyle\lim_{x\to 0}\frac{2\mathrm{e}^{1/x}+3}{3\mathrm{e}^{1/x}+2}$.

3. 设 $x_n=\dfrac{5}{1}\cdot\dfrac{6}{3}\cdot\cdots\cdot\dfrac{n+4}{2n-1}$,证明 x_n 收敛并求其极限.

4. 设 $x_n=\sqrt{a+\sqrt{a+\cdots+\sqrt{a}}}$ (n 个根式,$a>0$),证明 x_n 收敛于

$\dfrac{1}{2}(1+\sqrt{1+4a})$.

2-B-4

5. 设函数 $f(x)$ 在点 $x=0$ 处连续,且对任意实数 x,有 $f(2x)=f(x)$,

证明 $f(x)$ 是常数函数.

6. 设 $f(x)$ 在区间 $[a,b]$ 上连续，$x_1,x_2,\cdots,x_n\in[a,b]$，$\lambda_1,\lambda_2,\cdots,\lambda_n$ 均为正数且其和为 1，证明：存在 $\xi\in[a,b]$，使 $f(\xi)=\lambda_1 f(x_1)+\lambda_2 f(x_2)+\cdots+\lambda_n f(x_n)$.

7. 若数列 $\{x_n\}$ 的两个子列 x_{2k} 及 x_{2k-1} 均收敛于同一常数 a，证明 x_n 也收敛于 a.

8. 设 $f(x),\varphi(x)$ 在区间 $(-\infty,+\infty)$ 内有定义，且 $f(x)\neq0$ 为连续函数，$\varphi(x)$ 有间断点，问下列函数中哪一个一定有间断点？

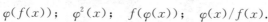

$$\varphi(f(x)); \quad \varphi^2(x); \quad f(\varphi(x)); \quad \varphi(x)/f(x).$$

2-B-8

9. 设 $\lim\limits_{x\to\infty}\left(\dfrac{x+2a}{x-a}\right)^x=8$，求 a.

10. 设 $f(x)=a^x\,(a>0,a\neq1)$，求 $l=\lim\limits_{n\to\infty}\dfrac{1}{n^2}\ln[f(1)f(2)\cdots f(n)]$.

部分答案与提示

（A）

1. (1) (D)；　(2) (B)；　(3) (D)；　(4) (A)；　(5) (D)；　(6) (A)；　(7) (D)；　(8) (B)；
(9) (D)；　(10) (A).

2. (1) 0；　(2) 0；　(3) 1/2；　(4) 2；　(5) 1；　(6) ln2.

3. (1) $\dfrac{1}{2}$ $\left(x_n=\dfrac{1}{2}\left(1-\dfrac{1}{3}+\dfrac{1}{3}-\dfrac{1}{5}+\cdots+\dfrac{1}{2n-1}-\dfrac{1}{2n+1}\right)=\dfrac{1}{2}\left(1-\dfrac{1}{2n+1}\right)\right)$；

(2) 1 $\left(x_n=2\left(\dfrac{1}{2\cdot3}+\dfrac{1}{3\cdot4}+\cdots+\dfrac{1}{n(n+1)}\right),\dfrac{1}{n(n+1)}=\dfrac{1}{n}-\dfrac{1}{n+1}\right)$；

(3) $\dfrac{1}{2}$ $\left(\text{不等式估计}\dfrac{1+2+\cdots+n}{n^2+n+n}<x_n<\dfrac{1+2+\cdots+n}{n^2+n+1}\right)$；

(4) 0 $\left(\text{数列单调减少，有下界. 在通项 }x_n=\dfrac{n+10}{3n-1}x_{n-1}\text{两边取极限}\right)$.

4. (1) $\dfrac{a+2b}{3}$；　(2) $\sqrt[3]{ab^2}$；　(3) $\dfrac{1+\sqrt{5}}{2}$.　　**5.** (1) 0；　(2) 1；　(3) 1；　(4) 0.

6. (1) 4/3；　(2) -1；　(3) 1；　(4) 1.　　**7.** (1) e；　(2) e^3；　(3) e^2；　(4) 3/2.

8. (1) $\dfrac{1}{3}x$；　(2) $\dfrac{1}{2}x^4$；　(3) $\dfrac{1}{3}(x-1)$；　(4) $2(x-1)$；　(5) $\sqrt{x}$；　(6) $2x$.

9. (1) 1/4；　(2) 3/2；　(3) 1；　(4) 1/2；　(5) $-1/2$；　(6) 1/100.

10. (1) 无间断点；　(2) $x=0$ 是可去间断点，$x=1$ 是无穷间断点；

(3) $f(x)=\begin{cases}1, & |x|>1,\\ 1/2, & |x|=1,\ f(x)\text{在}x=-1\text{处无定义，}x=\pm1\text{都是跳跃间断点；}\\ 0, & |x|<1,\end{cases}$

(4) $f(x)=\begin{cases}1, & x>0,\\ 1/2, & x=0,\ x=0\text{是间断点.}\\ x, & x<0,\end{cases}$

11. (1) $a=1-\dfrac{\pi}{4}$；　(2) $a=0,b=2$；　(3) $a=2,b=1$.

（B）

2. 不存在.　　**3.** $\lim\limits_{n\to\infty}x_n=0$.　　**8.** $\varphi(x)/f(x)$.　　**9.** $a=\ln2$.　　**10.** $l=\dfrac{1}{2}\ln a$.

第3章 导数与微分

3.1 基本要求

1. 理解函数在一点处导数的几种不同形式的等价定义及导数的几何意义,学会用导数表示某些量;理解微分的概念及可导与可微之间的关系.

2. 牢记基本初等函数的导数(微分)公式,掌握导数和微分的运算法则.

3. 掌握复合函数求导、隐函数求导、参数方程所确定的函数的一阶和二阶导数,会求反函数的一阶和二阶导数.

4. 掌握对数求导法,学会利用一阶微分形式的不变性求函数的导数和微分.

5. 了解高阶导数的概念,学会求某些特殊函数的 n 阶导数.

3.2 知识点解析

【3-1】 学习导数的重要意义

导数与微分是一元微分学的核心内容,深刻理解导数与微分的概念及熟练掌握求导数与微分的方法,一方面有利于学习利用导数研究函数的性质(单调性、极值、曲线的凹凸性等)和积分学,另一方面有利于学习多元函数的偏导数计算.

导数就是变化率. $\dfrac{\Delta y}{\Delta x} = \dfrac{f(x_0 + \Delta x) - f(x_0)}{\Delta x}$ 反映了函数 $f(x)$ 在区间 $[x_0, x_0 + \Delta x]$ 上的平均变化快慢,而导数 $f'(x_0) = \lim\limits_{\Delta x \to 0} \dfrac{\Delta y}{\Delta x}$ 反映了函数 $f(x)$ 在点 x_0 处瞬时变化的快慢(比率),所以也称导数为变化率.

变化率问题在实际中经常遇到.最典型的有:速度 $v(t)$ 是距离 $s(t)$ 对时间 t 的变化率;加速度 $a(t)$ 是速度 $v(t)$ 对时间 t 的变化率;电流强度 $I(t)$ 是电量 $Q(t)$ 对时间 t 的变化率;放射性元素质量的衰变率是质量 $m(t)$ 对时间 t 的变化率;密度(包括线、面、体密度)是质量对计量单位(长度、面积、体积)的变化率;经济学中的边际成本 $C'(Q)$、边际收益 $R'(Q)$、边际利润 $L'(Q)$ 分别是成本函数 $C(Q)$、总收益函数 $R(Q)$、利润函数 $L(Q)$ 对产量 Q 的变化率;等等.

【3-2】 几对容易混淆的导数记号

(1) $f'(x_0)$ 与 $[f(x_0)]'$: $f'(x_0)$ 表示 $f(x)$ 在给定点 x_0 处的导数,即导函数 $f'(x)$ 在点 x_0 处的值(先求导,后求值),$f'(x_0)$ 不一定为 0.而 $[f(x_0)]'$ 表示函数 $f(x)$ 在给定点 x_0 处的函数值 $f(x_0)$ 的导数(先求值,后求导),从而它一定是零,即 $[f(x_0)]' = 0$.

(2) $f'(u)$ 与 $[f(u)]'$: $f'(u)$ 表示 $f(u)$ 对 u 求导, $[f(u)]'$ 表示 $f(u)$ 对其自变量求导. 因此, 当 u 就是自变量时, 有 $f'(u)=[f(u)]'$; 当 u 为中间变量, 例如 $u=\varphi(x)$ 时, 则有 $[f(u)]'=f'(u)\varphi'(x)$. 例如当 $f(u)=\sin u$, $u=x^2$ 时, 有 $f'(u)=\cos u$, 而 $[f(u)]'=(\sin x^2)'=2x\cos u$.

(3) $f'_{\pm}(x_0)$ 与 $f'(x_0\pm 0)$: $f'_+(x_0)$ 表示 $f(x)$ 在点 x_0 处的右导数, 而 $f'(x_0+0)$ 表示导函数 $f'(x)$ 在点 x_0 处的右极限. 可以证明(参见本章知识扩展), 当导函数 $f'(x)$ 在点 x_0 处右连续时, $f'_+(x_0)$ 与 $f'(x_0+0)$ 相同, 否则有可能不同.

例如, 函数
$$f(x)=\begin{cases} x^2\sin\dfrac{1}{x}, & x>0, \\ 0, & x=0, \end{cases}$$

满足
$$f'(x)=2x\sin\frac{1}{x}-\cos\frac{1}{x}, \quad x>0,$$

故 $f'(0+0)=\lim\limits_{x\to 0^+}f'(x)=\lim\limits_{x\to 0^+}\left(2x\sin\dfrac{1}{x}-\cos\dfrac{1}{x}\right)$ 不存在.

但是, 由于 $f'_+(0)=\lim\limits_{x\to 0^+}\dfrac{x^2\sin\dfrac{1}{x}-0}{x-0}=0$, 所以 $f'_+(x_0)$ 与 $f'(x_0+0)$ 会不相同.

类似地, 可以说明左导数 $f'_-(x_0)$ 与导函数的左极限 $f'(x_0-0)$ 之间的差别.

【3-3】 在一点连续但不可导的函数

因为可导可以推出连续, 所以函数在不连续点处不可导. 要注意的是, 函数在连续点处也有可能不可导, 主要有以下几种类型.

(1) 左右导数均存在但是不相等. 例如, 函数 $y=|x|$ 在原点处(见图 3-1).

(2) 左右导数至少有一个不存在. 例如, 函数 $y=\sqrt[3]{x}$ 在原点处为无穷型不可导, 且有垂直切线(见图 3-2), 再如函数 $y=\begin{cases} x\sin\dfrac{1}{x}, & x\neq 0, \\ 0, & x=0 \end{cases}$ 在原点处为震荡型不可导(见图 3-3).

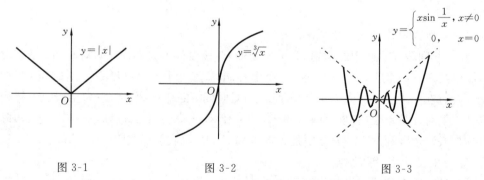

图 3-1   图 3-2   图 3-3

【3-4】 一点处可导与一点附近可导的区别

类似于函数在一点连续不能推出该函数在该点处附近(指包含该点的一个小区间)连续, 函数在一点可导也不能推出函数在该点附近可导. 例如, 函数
$$f(x)=\begin{cases} 1+x^2, & x\ \text{是无理数}, \\ 1, & x\ \text{是有理数} \end{cases}$$

仅仅在点 $x=0$ 处可导,导数 $f'(0)=0$(利用导数定义求得),在其他点 $x(x\neq 0)$ 处均不连续,且不可导.

【3-5】 导数概念与微分概念的比较

导数与微分是完全不同的两个概念,但是也存在一些共性和联系. 例如存在性是一致的,即"$f(x)$ 在点 x 处可导 $\Leftrightarrow f(x)$ 在点 x 处可微". 又由于导数与微分有联系,就使得两者的计算可以互相转化:

$$\mathrm{d}f(x)=f'(x)\mathrm{d}x \Leftrightarrow f'(x)=\frac{\mathrm{d}f(x)}{\mathrm{d}x},$$

因此导数与微分的四则运算法则、初等函数的导数公式与微分公式也十分类似. 但是两者的区别还是比较明显的,主要体现在以下几个方面.

(1) 从取值上看:函数 $f(x)$ 在点 x_0 处的导数 $f'(x_0)$ 是一个常数,由函数 $f(x)$ 和点 x_0 完全确定;而函数 $f(x)$ 在点 x_0 处的微分 $\mathrm{d}f(x_0)=f'(x_0)\Delta x=f'(x_0)(x-x_0)$ 不是常数,其大小还会受变量 x 的影响.

(2) 从几何上看:导数 $f'(x_0)$ 是曲线 $y=f(x)$ 在点 $P(x_0,f(x_0))$ 处的切线的斜率,而微分 $\mathrm{d}f(x_0)=f'(x_0)\Delta x$ 是曲线 $y=f(x)$ 在点 $P(x_0,f(x_0))$ 处的切线在对应点 $x=x_0+\Delta x$ 处纵坐标的改变量.

(3) 从应用上看:导数一般用于函数性质(如单调性、极值性、曲线的凹凸性等)的研究,而微分主要用于近似计算和寻找原函数(参见积分学).

【3-6】 何时需要依据定义求函数在一点的导数

利用基本初等函数的求导公式和求导法则,可以计算大多数初等函数的导数,而在下列情况下,则需要依据导数的定义,通过极限运算来求导数.

(1) 分段函数 $f(x)$ 在分段点 x_0 处的导数. 注意,若 $f(x)$ 在分段点 x_0 处的左、右表达式相同,则有时可以将左、右导数一次考虑,但有时还是需要分侧考虑.

(2) 函数 $f(x)$ 在定义区间端点的单侧导数.

(3) 可导性不明确的函数,例如抽象函数.

(4) 依据公式和规则求导显得比较麻烦的初等函数,例如满足 $f(x_0)=0$ 的点 x_0(参见例 3-1).

【3-7】 复合函数导数的链法则与复合函数微分的链法则

(1) 设 $y=f(u)$ 在点 u 处可导,$u=\varphi(x)$ 在点 x 处可导,则由求导的链法则知,复合函数 $y=f(\varphi(x))$ 在点 x 处可导,且

$$\frac{\mathrm{d}y}{\mathrm{d}x}=\frac{\mathrm{d}y}{\mathrm{d}u}\cdot\frac{\mathrm{d}u}{\mathrm{d}x}=f'(\varphi(x))\cdot\varphi'(x).$$

这说明:复合函数的导数是参加复合的每层函数的导数的乘积.

(2) 设 $y=f(u)$ 在点 u 处可导,$u=\varphi(x)$ 在点 x 处可导,则由微分的链法则知,复合函数 $y=f(\varphi(x))$ 在点 x 处可微,且

$$\mathrm{d}y=f'(\varphi(x))\cdot\varphi'(x)\mathrm{d}x=f'(u)\mathrm{d}u \quad (\text{因为 } \mathrm{d}u=\varphi'(x)\mathrm{d}x).$$

这说明:可以将中间变量 $u=\varphi(x)$ 当做自变量来计算微分,只要接着计算 $\mathrm{d}u$ 便可以. 这一特征给复合函数的微分计算带来了方便,并且在复合函数、隐函数、参数方程所

确定函数的求导计算中得到应用.

【3-8】 导函数的周期性与奇偶性

函数的几何性质经过求导之后的变化有如下一些规律.

(1) 设函数 $f(x)$ 在一个对称区间上处处可导,则当 $f(x)$ 是奇函数时,$f'(x)$ 是偶函数;当 $f(x)$ 是偶函数时,$f'(x)$ 是奇函数.

(2) 设函数 $f(x)$ 在区间 $(-\infty,+\infty)$ 内处处可导,则当 $f(x)$ 有周期 T 时,$f'(x)$ 也是周期为 T 的函数.

证 (1) 在 $f(-x)=-f(x)$ 两边求导,得 $-f'(-x)=-f'(x)$,此即说明 $f'(x)$ 是偶函数.同样,可以证明后面的命题.

(2) 在 $f(x+T)=f(x)$ 两边求导,得 $f'(x+T)=f'(x)$,故命题得证.

注 (1) 如果没有处处可导的条件,仅知道 $f(x)$ 在点 x_0 处可导,则可以利用导数定义推出 $f(x)$ 在点 $-x_0$ 或 x_0+T 处的可导性和相应的结果.例如当 $f(x)$ 有周期 T 时,还是有

$$f'(x_0+T)=\lim_{h\to 0}\frac{f(x_0+T+h)-f(x_0+T)}{h}=\lim_{h\to 0}\frac{f(x_0+h)-f(x_0)}{h}=f'(x_0).$$

(2) 当导函数 $f'(x)$ 形式比 $f(x)$ 的更简单时,可以利用以上性质分析函数的特征.例如,导函数 $y'=2x\cos x^2$ 由于无界可以判定其不是周期函数(处处连续的周期函数一定有界),从而可以断定 $y=\sin x^2$ 不是周期函数,这比使用定义判定要容易不少.

【3-9】 绝对值函数的可导性

我们知道,函数 $y=x$ 处处可导,但是 $y=|x|$ 却在 $x=0$ 处不可导.一般地,函数 $y=f(x)$ 与其绝对值 $y=|f(x)|$ 的导数有以下关系.

命题 1 设函数 $f(x)$ 在点 x_0 处可导,则

(1) 当 $f(x_0)>0$ 时,$|f(x)|$ 在点 x_0 处可导,且导数等于 $f'(x_0)$;

(2) 当 $f(x_0)<0$ 时,$|f(x)|$ 在点 x_0 处可导,且导数等于 $-f'(x_0)$;

(3) 当 $f(x_0)=0$ 时,$f'(x_0)=0 \Leftrightarrow |f(x)|$ 在点 x_0 处可导,且 $|f(x)|$ 在点 x_0 处的导数也等于 0.

证 由于函数可导推出函数连续,故当 $\lim\limits_{x\to x_0}f(x)=f(x_0)\neq 0$ 时,借助极限的保号性可以推出,在 x_0 的某个邻域上,$|f(x)|$ 或者等于 $f(x)$(若 $f(x_0)>0$),或者等于 $-f(x)$(若 $f(x_0)<0$),于是推出结论(1)和(2),下面证明(3).

当 $f(x_0)=0$ 时,因 $f'(x_0)=\lim\limits_{x\to x_0}\dfrac{f(x)}{x-x_0}$,记 $F(x)=|f(x)|$,则

$$F'_+(x_0)=\lim_{x\to x_0^+}\frac{|f(x)|-|f(x_0)|}{x-x_0}=\lim_{x\to x_0^+}\frac{|f(x)|}{x-x_0}=\lim_{x\to x_0^+}\left|\frac{f(x)}{x-x_0}\right|=|f'(x_0)|,$$

$$F'_-(x_0)=\lim_{x\to x_0^-}\frac{|f(x)|-|f(x_0)|}{x-x_0}=\lim_{x\to x_0^-}\frac{|f(x)|}{x-x_0}=-\lim_{x\to x_0^-}\left|\frac{f(x)}{x-x_0}\right|=-|f'(x_0)|.$$

于是

$|f(x)|$ 在点 x_0 处可导 $\Leftrightarrow F'_+(x_0)=F'_-(x_0)\Leftrightarrow |f'(x_0)|=-|f'(x_0)|\Leftrightarrow f'(x_0)=0$,故结论(3)成立.

命题 2 若 $|f(x)|$ 在点 x_0 处可导，$f(x)$ 在点 x_0 处连续，则 $f(x)$ 在点 x_0 处可导.

证 (1) 若 $f(x_0) \neq 0$，由连续性知在 x_0 的某邻域内，$f(x)$ 与 $f(x_0)$ 同号，即在该邻域内恒有 $f(x) = |f(x)|$ 或 $f(x) = -|f(x)|$. 由 $|f(x)|$ 在点 x_0 处可导知，$f(x)$ 在点 x_0 处可导.

(2) 若 $f(x_0) = 0$，则 x_0 是 $|f(x)|$ 的一个最小值点，故 $|f(x)|'\big|_{x=x_0} = 0$（见本章知识扩展中引理的引用），即

$$0 = \lim_{x \to x_0} \frac{|f(x)| - |f(x_0)|}{x - x_0} = \lim_{x \to x_0} \frac{|f(x)|}{x - x_0},$$

上式已说明 $f'(x_0) = 0$.

需要指出的是：如果仅有条件 $|f(x)|$ 在点 x_0 处可导，结论不成立.

例如，函数 $f(x) = \begin{cases} 1 - x^2, & 0 \leqslant x < 1, \\ x^2 - 1, & -1 < x < 0, \end{cases}$ $|f(x)| = 1 - x^2$ 在点 $x = 0$ 处可导，但 $f(x)$ 在点 $x = 0$ 处不可导，甚至不连续.

【3-10】 与导数定义等价的几个极限式

设 $f(x)$ 在点 x_0 的某邻域内有定义，若极限 $\lim\limits_{\Delta x \to 0} \dfrac{f(x_0 + \Delta x) - f(x_0)}{\Delta x}$ 存在，就说 $f(x)$ 在点 x_0 处可导，称该极限是 $f(x)$ 在点 x_0 处的导数，记作 $f'(x_0)$.

为方便起见，该极限式常常采用几种等价的写法：

$$f'(x_0) = \lim_{\Delta x \to 0} \frac{f(x_0 + \Delta x) - f(x_0)}{\Delta x} = \lim_{\Delta x \to 0} \frac{f(x_0) - f(x_0 - \Delta x)}{\Delta x}$$

$$= \lim_{x \to x_0} \frac{f(x) - f(x_0)}{x - x_0} = \lim_{\Delta x \to 0} \frac{\Delta y}{\Delta x} \quad (\text{其中 } \Delta y = f(x_0 + \Delta x) - f(x_0)).$$

注意，极限式 $\lim\limits_{h \to 0} \dfrac{f(x_0 + h) - f(x_0 - h)}{2h}$ 不可以替代 $\lim\limits_{\Delta x \to 0} \dfrac{f(x_0 + \Delta x) - f(x_0)}{\Delta x}$. 当 $f(x)$ 在点 x_0 处可导时，因为

$$\lim_{h \to 0} \frac{f(x_0 + h) - f(x_0 - h)}{2h} = \lim_{h \to 0} \frac{f(x_0 + h) - f(x_0) - (f(x_0 - h) - f(x_0))}{2h}$$

$$= \frac{1}{2} \lim_{h \to 0} \frac{f(x_0 + h) - f(x_0)}{h} + \frac{1}{2} \lim_{h \to 0} \frac{f(x_0 - h) - f(x_0)}{-h}$$

$$= f'(x_0),$$

所以极限 $\lim\limits_{h \to 0} \dfrac{f(x_0 + h) - f(x_0 - h)}{2h}$ 存在且等于 $f'(x_0)$. 但是反过来，当极限 $\lim\limits_{h \to 0} \dfrac{f(x_0 + h) - f(x_0 - h)}{2h}$ 存在时却推不出 $f(x)$ 在点 x_0 处可导.

3.3 解题指导

【题型 3-1】 依据导数定义判定函数在某点的可导性及计算导数

应对 注意运用适当形式的导数定义式. 详见知识点 3-10.

例 3-1 设 $f(x) = (x-1)(x+2)(x-3)(x+4) \cdots (x+100)$，求 $f'(1)$.

解 多项式函数处处可导,可以按照乘积求导规则计算导数,但是写起来比较麻烦,注意到 $f(1)=0$,故按照定义计算:

$$f'(1)=\lim_{x\to1}\frac{f(x)-f(1)}{x-1}=\lim_{x\to1}\frac{(x-1)(x+2)(x-3)\cdots(x+100)}{x-1}$$

$$=\lim_{x\to1}(x+2)(x-3)\cdots(x+100)$$

$$=3\times(-2)\times5\times(-4)\times\cdots\times99\times(-98)\times101=-\frac{101!}{100}.$$

例 3-2 设 $f(x)=g(a+bx)-g(a-bx)$,$g'(a)$ 存在,求 $f'(0)$.

解 由题设条件推出极限 $\lim\limits_{h\to0}\dfrac{g(a+h)-g(a)}{h}=g'(a)$ 存在,于是

$$f'(0)=\lim_{x\to0}\frac{f(x)-f(0)}{x}=\lim_{x\to0}\frac{f(x)}{x}=\lim_{x\to0}\frac{g(a+bx)-g(a-bx)}{x}$$

$$=\lim_{x\to0}\frac{[g(a+bx)-g(a)]-[g(a-bx)-g(a)]}{x}$$

$$=b\lim_{x\to0}\frac{g(a+bx)-g(a)}{bx}+b\lim_{x\to0}\frac{g(a-bx)-g(a)}{-bx}$$

$$=2bg'(a)\quad(\text{分别取 }h=bx,h=-bx).$$

注 如果使用求导规则,先求出 $f'(x)=bg'(a+bx)+bg'(a-bx)$,然后令 $x=0$ 来得到 $f'(0)=2bg'(a)$,虽然结果正确,但是由于其过程需要 $g'(a+bx)$,$g'(a-bx)$ 的存在,而由条件仅知 $g'(x)$ 在点 $x=a$ 处存在,故不可取.

例 3-3 设 $f(x)$ 对任意 x 满足 $f(1+x)=af(x)$,且 $f'(0)=b$,其中 a,b 为非零常数,则( ).

(A) $f(x)$ 在点 $x=1$ 处可导,且 $f'(1)=a$

(B) $f(x)$ 在点 $x=1$ 处可导,且 $f'(1)=b$

(C) $f(x)$ 在点 $x=1$ 处可导,且 $f'(1)=ab$

(D) $f(x)$ 在点 $x=1$ 处不可导

解 由条件知极限 $\lim\limits_{x\to0}\dfrac{f(x)-f(0)}{x}=f'(0)=b$ 存在,由于 $f(1)=f(1+0)=af(0)$,依据导数定义知

$$f'(1)=\lim_{x\to0}\frac{f(1+x)-f(1)}{x}=\lim_{x\to0}\frac{af(x)-af(0)}{x}$$

$$=a\lim_{x\to0}\frac{f(x)-f(0)}{x}=af'(0)=ab,$$

故选(C).

例 3-4 设函数 $f(x)$ 在点 $x=0$ 处连续,且 $\lim\limits_{h\to0}\dfrac{f(h^2)}{h^2}=1$,则( ).

(A) $f(0)=0$ 且 $f'_-(0)=1$ (B) $f(0)=0$ 且 $f'_+(0)=1$

(C) $f(0)=1$ 且 $f'_-(0)=1$ (D) $f(0)=1$ 且 $f'_+(0)=1$

解 由 $\lim\limits_{h\to0}\dfrac{f(h^2)}{h^2}=1$ 推知 $\lim\limits_{h\to0}f(h^2)=0$.又因 $f(x)$ 在点 $x=0$ 处连续,从而 $f(0)=$

$\lim\limits_{h\to 0}f(h^2)=0$. 因此(C)、(D)不对. 又

$$f'_+(0)=\lim_{h^2\to 0}\frac{f(0+h^2)-f(0)}{h^2}=\lim_{h\to 0}\frac{f(h^2)}{h^2}=1,\qquad\qquad(*)$$

故(B)正确.

注 $(*)$式不能保证 $f'_-(0)$ 存在,故(A)错误.

例 3-5 若 $f(0)=0$,证明 $\lim\limits_{x\to 0}\dfrac{f(x)}{x}=A$ 存在的充要条件是 $f(x)$ 在点 $x=0$ 处可导,且 $f'(0)=A$.

证 先证必要性. $f'(0)=\lim\limits_{x\to 0}\dfrac{f(x)-f(0)}{x}=\lim\limits_{x\to 0}\dfrac{f(x)}{x}=A$.

再证充分性. $\lim\limits_{x\to 0}\dfrac{f(x)}{x}=\lim\limits_{x\to 0}\dfrac{f(x)-f(0)}{x}=f'(0)=A$.

例 3-6 设 $f(x)=\begin{cases}\varphi(x)\cos\dfrac{1}{x}, & x\neq 0,\\ 0, & x=0,\end{cases}$ 且 $\varphi(0)=\varphi'(0)=0$,求 $f'(0)$.

解 $f'(0)=\lim\limits_{x\to 0}\dfrac{f(x)-f(0)}{x}=\lim\limits_{x\to 0}\dfrac{\varphi(x)\cos\dfrac{1}{x}}{x}=\lim\limits_{x\to 0}\dfrac{\varphi(x)-\varphi(0)}{x}\cdot\cos\dfrac{1}{x}$,

因为 $\varphi'(0)=\lim\limits_{x\to 0}\dfrac{\varphi(x)-\varphi(0)}{x}=0$, $\left|\cos\dfrac{1}{x}\right|\leqslant 1$,所以 $f'(0)=0$.

例 3-7 讨论函数 $f(x)=\begin{cases}3x-\ln x, & 0<x<1,\\ 3x+\ln x, & x\geqslant 1,\end{cases}$ 在点 $x=1$ 处的可导性.

解 因为在分段点两侧函数的表达式不同,故分别考虑其左右导数.

$$f'_-(1)=\lim_{x\to 1^-}\frac{f(x)-f(1)}{x-1}=\lim_{x\to 1^-}\frac{3x-\ln x-3}{x-1}=\lim_{x\to 1^-}\frac{3(x-1)}{x-1}-\lim_{x\to 1^-}\frac{\ln x}{x-1}$$

$$=3-\lim_{x\to 1^-}\frac{\ln[1+(x-1)]}{x-1}=2\ (\text{利用 }\ln(1+u)\sim u,\quad u\to 0),$$

$$f'_+(1)=\lim_{x\to 1^+}\frac{f(x)-f(1)}{x-1}=\lim_{x\to 1^+}\frac{3x+\ln x-3}{x-1}=\lim_{x\to 1^+}\frac{3(x-1)}{x-1}+\lim_{x\to 1^+}\frac{\ln x}{x-1}$$

$$=3+\lim_{x\to 1^+}\frac{\ln[1+(x-1)]}{x-1}=4,$$

可见 $f'_-(1)\neq f'_+(1)$,故 $f(x)$ 在点 $x=1$ 处不可导.

【题型 3-2】 由可导性确定函数中的待定参数

应对 若函数在点 x_0 处可导,则一定连续,于是可以得出函数在该点左右极限相等的关系式 $f(x_0-0)=f(x_0+0)=f(x_0)$ 和左右导数相等的关系式 $f'_-(x_0)=f'_+(x_0)$,从这些方程中便可以求出待定参数.

例 3-8 试确定常数 a,b 之值,使函数 $f(x)=\begin{cases}\mathrm{e}^x, & x\leqslant 0,\\ a+bx, & x>0\end{cases}$ 在点 $x=0$ 处可导.

解 要使 $f(x)$ 在点 $x=0$ 处可导,则 $f(x)$ 在点 $x=0$ 处应当连续. 由于

$$f(0-0)=\lim_{x\to 0^-}f(x)=\lim_{x\to 0^-}\mathrm{e}^x=1,\quad f(0+0)=\lim_{x\to 0^+}f(x)=\lim_{x\to 0^+}(a+bx)=a,$$

故 $f(0-0)=f(0+0)$，于是 $a=1$. 又因

$$f'_-(0)=\lim_{x\to 0^-}\frac{f(x)-f(0)}{x-0}=\lim_{x\to 0^-}\frac{e^x-1}{x}=1,$$

$$f'_+(0)=\lim_{x\to 0^+}\frac{f(x)-f(0)}{x-0}=\lim_{x\to 0^+}\frac{a+bx-1}{x}=b,$$

故 $f'_-(0)=f'_+(0)$，于是 $b=1$.

例 3-9 设 $f(x)=\begin{cases}ax^2+bx+c, & x<0,\\ \ln(1+x), & x\geqslant 0,\end{cases}$ 问 a,b,c 为何值时 $f''(0)$ 存在？

解 要使 $f''(0)$ 存在，则应当有 $f'_-(0)=f'_+(0)$ 及 $f'(x)$ 在点 $x=0$ 处连续，从而 $f'(0)$ 存在，进而 $f(x)$ 在点 $x=0$ 处连续.

由 $f(x)$ 在点 $x=0$ 处连续，便有 $\lim_{x\to 0}f(x)=f(0)=0$，于是得 $c=0$. 由于 $f'(0)$ 存在，应有 $f'_-(0)=f'_+(0)$. 因

$$f'_+(0)=\lim_{x\to 0^+}\frac{f(x)-f(0)}{x-0}=\lim_{x\to 0^+}\frac{\ln(1+x)-0}{x-0}=1,$$

$$f'_-(0)=\lim_{x\to 0^-}\frac{f(x)-f(0)}{x-0}=\lim_{x\to 0^-}\frac{ax^2+bx-0}{x-0}=b,$$

故 $b=1=f'(0)$，因此 $\quad f'(x)=\begin{cases}2ax+1, & x<0,\\ \dfrac{1}{1+x}, & x\geqslant 0.\end{cases}$

由于 $f''(0)$ 存在，故 $f''_-(0)=f''_+(0)$，因

$$f''_+(0)=\lim_{x\to 0^+}\frac{f'(x)-f'(0)}{x-0}=\lim_{x\to 0^+}\frac{\dfrac{1}{1+x}-1}{x}=-1,$$

$$f''_-(0)=\lim_{x\to 0^-}\frac{f'(x)-f'(0)}{x-0}=\lim_{x\to 0^-}\frac{2ax+1-1}{x}=2a,$$

从而 $2a=-1$，即 $a=-\dfrac{1}{2}$. 故当 $a=-\dfrac{1}{2},b=1,c=0$ 时，$f''(0)$ 存在.

【题型 3-3】 讨论导函数在一点的连续性

应对 先利用求导公式和规则计算 $f'(x)(x\neq x_0)$，用导数定义计算 $f'(x_0)$，再根据定义判定是否有 $\lim_{x\to x_0}f'(x)=f'(x_0)$.

例 3-10 设 $f(x)=\begin{cases}x\arctan\dfrac{1}{x^2}, & x\neq 0,\\ 0, & x=0,\end{cases}$ 试讨论 $f'(x)$ 在点 $x=0$ 处的连续性.

解 当 $x\neq 0$ 时，$f'(x)=\arctan\dfrac{1}{x^2}+x\cdot\dfrac{-2/x^3}{1+1/x^4}=\arctan\dfrac{1}{x^2}-\dfrac{2x^2}{1+x^4}$；

当 $x=0$ 时，$f'(0)=\lim_{x\to 0}\dfrac{f(x)-f(0)}{x-0}=\lim_{x\to 0}\dfrac{x\arctan\dfrac{1}{x^2}-0}{x}=\dfrac{\pi}{2}$.

因为 $\quad\lim_{x\to 0}f'(x)=\lim_{x\to 0}\left(\arctan\dfrac{1}{x^2}-\dfrac{2x^2}{1+x^4}\right)=\dfrac{\pi}{2}=f'(0)$，

所以 $f'(x)$ 在点 $x=0$ 处连续.

【题型 3-4】　一类可以转化为函数在某点的导数的极限

应对　当所求函数极限类似于导数定义式时,可以转化为相应的导数求出.

例 3-11　设 $f(0)=0,f'(0)=1$,求 $\lim\limits_{x\to0}\dfrac{f(1-\cos x)}{\tan^2 x}$.

解　条件 $f'(0)=1$ 意味着 $\lim\limits_{h\to0}\dfrac{f(0+h)-f(0)}{h}=1$,其中 h 可以是任何趋近于零的变量(选择 h 需要适当的想象力).

$$\lim_{x\to0}\frac{f(1-\cos x)}{\tan^2 x}=\lim_{x\to0}\frac{f[0+(1-\cos x)]-f(0)}{1-\cos x}\cdot\frac{1-\cos x}{\tan^2 x}$$

$$=\lim_{x\to0}\frac{f[0+(1-\cos x)]-f(0)}{1-\cos x}\cdot\lim_{x\to0}\frac{1-\cos x}{\tan^2 x}$$

$$=f'(0)\lim_{x\to0}\frac{1-\cos x}{\tan^2 x}=f'(0)\lim_{x\to0}\frac{\frac{1}{2}x^2}{x^2}=\frac{1}{2}f'(0)=\frac{1}{2}.$$

例 3-12　曲线 $y=f(x)$ 在原点与曲线 $y=\sin x$ 相切,求 $\lim\limits_{n\to\infty}\sqrt{n}\cdot\sqrt{f\left(\dfrac{2}{n}\right)}$.

解　因为曲线 $y=\sin x$ 在原点 $(0,0)$ 处的切线的斜率为 $y'(0)=\cos x|_{x=0}=1$,所以条件相当于 $f(0)=0,f'(0)=\lim\limits_{h\to0}\dfrac{f(0+h)-f(0)}{h}=1$. 于是取 $h=\dfrac{2}{n}$,便有

$$\lim_{n\to\infty}\sqrt{n}\cdot\sqrt{f\left(\frac{2}{n}\right)}=\lim_{n\to\infty}\left[\frac{f\left(\frac{2}{n}\right)-f(0)}{\frac{1}{n}}\right]^{\frac{1}{2}}=\lim_{n\to\infty}\left[2\frac{f\left(\frac{2}{n}\right)-f(0)}{\frac{2}{n}-0}\right]^{\frac{1}{2}}$$

$$=\left[2\lim_{n\to\infty}\frac{f\left(\frac{2}{n}\right)-f(0)}{\frac{2}{n}-0}\right]^{\frac{1}{2}}=\sqrt{2f'(0)}=\sqrt{2}.$$

【题型 3-5】　含绝对值因式的函数的可导性

应对　无论是使用基本方法还是使用导数定义处理,以下两个命题都应该记住.

命题 3　设 $g(x)$ 在点 $x=a$ 处连续,则 $f(x)=|x-a|g(x)$ 在点 $x=a$ 处可导的充分必要条件是 $g(a)=0$,在可导时有 $f'(a)=0$.

证　类似于知识点解析【3-9】中(2)的证明,证明细节从略.

命题 4　设 k 为正整数,则 $f(x)=(x-a)^k|x-a|$ 在点 $x=a$ 处 k 阶可导,但 $k+1$ 阶导数不存在.

证　设 $k=1$,由命题 3 知 $f(x)=(x-a)|x-a|$ 在点 $x=a$ 处可导,且有 $f'(a)=0$,于是

$$f(x)=\begin{cases}(x-a)^2, & x>a,\\ -(x-a)^2, & x<a;\end{cases}\qquad f'(x)=\begin{cases}2(x-a), & x>a,\\ -2(x-a), & x<a.\end{cases}$$

注意到 $f'(x)=2|x-a|$,故再次由命题 3 知 $f'(x)$ 在点 $x=a$ 处不可导,亦即 $f(x)$ 在点 $x=a$ 的二阶导数不存在. 当 k 为 2,3 等情形时,可以类似证明(略).

例 3-13　设 $y=|1-x^2|$,求 y'.

解 采用知识点解析【3-9】的方法求解. 令 $f(x)=1-x^2$, 则 $f(x)=1-x^2$ 是处处可导的, 于是

(1) 当 $|x|<1$ 时, $f(x)=1-x^2>0$, $f'(x)=-2x$, 故 $y'=f'(x)=-2x$;

(2) 当 $|x|>1$ 时, $f(x)=1-x^2<0$, $f'(x)=-2x$, 故 $y'=-f'(x)=2x$;

(3) 当 $x=\pm 1$ 时, $f(\pm 1)=0$, $f'(\pm 1)=(-2x)|_{x=\pm 1}\neq 0$, 故 $y=|1-x^2|$ 在点 $x=\pm 1$ 处不可导.

综上所述, $y'=\begin{cases} -2x, & |x|<1, \\ 2x, & |x|>1. \end{cases}$

例 3-14 设 $f(x)=3x^3+x^2|x|$, 则使 $f^{(n)}(0)$ 存在的最高阶数为( ).

(A) 0   (B) 1   (C) 2   (D) 3

解 因 $3x^3$ 在点 $x=0$ 处各阶导数都存在, 而由命题 4 知 $x^2|x|$ 在点 $x=0$ 处的二阶导数存在, 但三阶导数不存在, 故(C)正确.

例 3-15 函数 $f(x)=(x^2-x-2)|x^3-x|$ 不可导点的个数为( ).

(A) 3   (B) 2   (C) 1   (D) 0

解 因 $f(x)=(x^2-x-2)\cdot|x|\cdot|x-1|\cdot|x+1|$, 所以不可导的点可能为 $x=-1,0,1$.

令 $g_1(x)=(x^2-x-2)|x|\cdot|x-1|$, 因 $g_1(x)$ 在点 $x=-1$ 处连续, $g_1(-1)=0$, 由命题 3 知 $f(x)$ 在点 $x=-1$ 处可导.

令 $g_2(x)=(x^2-x-2)|x|\cdot|x+1|$, 因 $g_2(x)$ 在点 $x=1$ 处连续, $g_2(1)\neq 0$, 由命题 3 知 $f(x)$ 在点 $x=1$ 处不可导.

令 $g_3(x)=(x^2-x-2)|x-1|\cdot|x+1|$, 因 $g_3(x)$ 在点 $x=0$ 处连续, $g_3(0)\neq 0$, 由命题 3 知 $f(x)$ 在点 $x=0$ 处不可导.

综上所述, 可知(B)正确.

注 若将 $f(x)$ 写成分段函数逐点求左、右导数, 则比较烦琐.

【题型 3-6】 依据求导法则和公式计算初等函数的导数

应对 依据初等函数求导公式和规则计算初等函数的导数, 其中使用分项法可以减少计算量.

例 3-16 求下列函数的导数:

(1) $y=x^4+\sin e$; (2) $y=\dfrac{1}{x}\ln\left(\dfrac{x}{e^{2x}}\right)$; (3) $y=\dfrac{1+x+x^2}{\sqrt{x}}$; (4) $y=\sqrt{x+\sqrt{x+\sqrt{x}}}$;

(5) 设 $y=f\left(\dfrac{3x-2}{3x+2}\right)$, $f'(x)=\arctan x^2$, 求 $\dfrac{\mathrm{d}y}{\mathrm{d}x}\Big|_{x=0}$;

(6) 设 $y=f(f(x))$, $f(x)=\sin(1+x)$, 且 $f(x)$ 可导.

解 (1) 常数 $\sin e$ 的导数是零, 故 $y'=4x^3$.

(2) 分项得 $y=\dfrac{1}{x}(\ln x-\ln e^{2x})=\dfrac{\ln x}{x}-2$, 于是 $y'=\dfrac{x\cdot\dfrac{1}{x}-\ln x}{x^2}=\dfrac{1-\ln x}{x^2}$.

(3) 分项得 $y=x^{-1/2}+\sqrt{x}+x^{3/2}$, 于是 $y'=-\dfrac{1}{2}x^{-3/2}+\dfrac{1}{2\sqrt{x}}+\dfrac{3}{2}\sqrt{x}$.

(4) $y' = \dfrac{1}{2\sqrt{x+\sqrt{x+\sqrt{x}}}}(x+\sqrt{x+\sqrt{x}})'$

$= \dfrac{1}{2\sqrt{x+\sqrt{x+\sqrt{x}}}}\left[1+\dfrac{1}{2\sqrt{x+\sqrt{x}}}(x+\sqrt{x})'\right]$

$= \dfrac{1}{2\sqrt{x+\sqrt{x+\sqrt{x}}}}\left[1+\dfrac{1}{2\sqrt{x+\sqrt{x}}}\left(1+\dfrac{1}{2\sqrt{x}}\right)\right].$

(5) 因 $\dfrac{dy}{dx}=f'\left(\dfrac{3x-2}{3x+2}\right)\cdot\left(\dfrac{3x-2}{3x+2}\right)'=\arctan\left(\dfrac{3x-2}{3x+2}\right)^2\cdot\left(1-\dfrac{4}{3x+2}\right)'$

$=\arctan\left(\dfrac{3x-2}{3x+2}\right)^2\cdot\dfrac{12}{(3x+2)^2},$

故 $\dfrac{dy}{dx}\Big|_{x=0}=\arctan(-1)^2\times 3=\dfrac{3\pi}{4}.$

(6) $y'=f'(f(x))\cdot f'(x)=\cos(1+\sin(1+x))\cdot\cos(1+x).$

例 3-17 设 f 具有二阶导数,求下列函数的二阶导数:

(1) $y=f(\ln x)+\ln f(x),f(x)>0;$ (2) $y=x^2 f\left(\sin\dfrac{1}{x}\right).$

解 (1) 因为 $y'=\dfrac{1}{x}f'(\ln x)+\dfrac{f'(x)}{f(x)}$,所以

$$y''=\dfrac{xf''(\ln x)\cdot\dfrac{1}{x}-f'(\ln x)}{x^2}+\dfrac{f(x)f''(x)-f'^2(x)}{f^2(x)}$$

$$=\dfrac{f''(\ln x)-f'(\ln x)}{x^2}+\dfrac{f(x)f''(x)-f'^2(x)}{f^2(x)}.$$

(2) 因为 $y'=2xf\left(\sin\dfrac{1}{x}\right)+x^2 f'\left(\sin\dfrac{1}{x}\right)\cdot\left(\cos\dfrac{1}{x}\right)\left(\dfrac{1}{x}\right)'$

$$=2xf\left(\sin\dfrac{1}{x}\right)-f'\left(\sin\dfrac{1}{x}\right)\cdot\left(\cos\dfrac{1}{x}\right),$$

所以

$y''=2f\left(\sin\dfrac{1}{x}\right)+2xf'\left(\sin\dfrac{1}{x}\right)\cdot\left(\cos\dfrac{1}{x}\right)\left(-\dfrac{1}{x^2}\right)-f''\left(\sin\dfrac{1}{x}\right)\cdot\left(\cos^2\dfrac{1}{x}\right)\left(-\dfrac{1}{x^2}\right)$

$\qquad -f'\left(\sin\dfrac{1}{x}\right)\left(-\sin\dfrac{1}{x}\right)\left(-\dfrac{1}{x^2}\right)$

$=2f\left(\sin\dfrac{1}{x}\right)-\dfrac{1}{x^2}f'\left(\sin\dfrac{1}{x}\right)\left(2x\cos\dfrac{1}{x}+\sin\dfrac{1}{x}\right)+\dfrac{1}{x^2}\cos^2\dfrac{1}{x}f''\left(\sin\dfrac{1}{x}\right).$

【题型 3-7】 求反函数的导数

应对 依据反函数求导规则 $\dfrac{dx}{dy}=\dfrac{1}{dy/dx}=\dfrac{1}{y'}$ 计算.

例 3-18 设 $y=e^x+\ln x\ (x>0)$,求其反函数 $x=x(y)$ 的导数.

解 因为 $\dfrac{dy}{dx}=e^x+\dfrac{1}{x}$,所以 $\dfrac{dx}{dy}=\dfrac{1}{e^x+\dfrac{1}{x}}=\dfrac{x}{xe^x+1}.$

例 3-19 设 $y=y(x)$ 和它的反函数均存在三阶导数,试推导如下的导数公式:

$$\frac{\mathrm{d}^2 x}{\mathrm{d} y^2}=-\frac{y''}{(y')^3}, \qquad \frac{\mathrm{d}^3 x}{\mathrm{d} y^3}=-\frac{3(y'')^2-y'y'''}{(y')^5}.$$

解 在 $\dfrac{\mathrm{d}x}{\mathrm{d}y}=\dfrac{1}{y'}$ 两边对 y 求导,注意链导法则的应用,有

$$\frac{\mathrm{d}^2 x}{\mathrm{d} y^2}=\frac{\mathrm{d}}{\mathrm{d}y}\left(\frac{\mathrm{d}x}{\mathrm{d}y}\right)=\frac{\mathrm{d}}{\mathrm{d}y}\left(\frac{1}{y'}\right)=\frac{\mathrm{d}}{\mathrm{d}x}\left(\frac{1}{y'}\right)\cdot\frac{\mathrm{d}x}{\mathrm{d}y}=-\frac{y''}{(y')^2}\cdot\frac{1}{y'}=-\frac{y''}{(y')^3},$$

$$\frac{\mathrm{d}^3 x}{\mathrm{d} y^3}=\frac{\mathrm{d}}{\mathrm{d}y}\left(\frac{\mathrm{d}^2 x}{\mathrm{d} y^2}\right)=\frac{\mathrm{d}}{\mathrm{d}x}\left(-\frac{y''}{(y')^3}\right)\cdot\frac{\mathrm{d}x}{\mathrm{d}y}=-\frac{(y')^3 y'''-y''\cdot 3(y')^2\cdot y''}{(y')^6}\cdot\frac{1}{y'}$$

$$=-\frac{3(y'')^2-y'y'''}{(y')^5}.$$

例 3-20 设 $y=f(x)$ 是定义在区间 $[-1,1]$ 上的二阶可导函数,且满足方程

$$(1-x^2)\frac{\mathrm{d}^2 y}{\mathrm{d} x^2}-x\frac{\mathrm{d}y}{\mathrm{d}x}+a^2 y=0.$$

作变量替换 $x=\sin t$ 后,试证明函数 y 满足方程 $\dfrac{\mathrm{d}^2 y}{\mathrm{d} t^2}+a^2 y=0$.

证一 将 y 对 t 的导数用 y 对 x 导数来表示.

$$\frac{\mathrm{d}y}{\mathrm{d}t}=\frac{\mathrm{d}y}{\mathrm{d}x}\cdot\frac{\mathrm{d}x}{\mathrm{d}t}=\cos t\frac{\mathrm{d}y}{\mathrm{d}x},$$

$$\frac{\mathrm{d}^2 y}{\mathrm{d} t^2}=-\sin t\frac{\mathrm{d}y}{\mathrm{d}x}+\cos t\frac{\mathrm{d}}{\mathrm{d}t}\left(\frac{\mathrm{d}y}{\mathrm{d}x}\right)=-\sin t\frac{\mathrm{d}y}{\mathrm{d}x}+\cos t\frac{\mathrm{d}}{\mathrm{d}x}\left(\frac{\mathrm{d}y}{\mathrm{d}x}\right)\cdot\frac{\mathrm{d}x}{\mathrm{d}t}=-\sin t\frac{\mathrm{d}y}{\mathrm{d}x}+\cos^2 t\frac{\mathrm{d}^2 y}{\mathrm{d} x^2}$$

$$=(1-\sin^2 t)\frac{\mathrm{d}^2 y}{\mathrm{d} x^2}-\sin t\frac{\mathrm{d}y}{\mathrm{d}x}=(1-x^2)\frac{\mathrm{d}^2 y}{\mathrm{d} x^2}-x\frac{\mathrm{d}y}{\mathrm{d}x}=-a^2 y,$$

所以 $\dfrac{\mathrm{d}^2 y}{\mathrm{d} t^2}+a^2 y=0.$

证二 将 y 对 x 的导数用 y 对 t 的导数来表示.

因 $x=\sin t$,则 $t=\arcsin x$,$\dfrac{\mathrm{d}t}{\mathrm{d}x}=\dfrac{1}{\sqrt{1-x^2}}$. 又因

$$\frac{\mathrm{d}y}{\mathrm{d}x}=\frac{\mathrm{d}y}{\mathrm{d}t}\cdot\frac{\mathrm{d}t}{\mathrm{d}x}=\frac{1}{\sqrt{1-x^2}}\frac{\mathrm{d}y}{\mathrm{d}t},$$

$$\frac{\mathrm{d}^2 y}{\mathrm{d} x^2}=-\frac{1}{2}\frac{1}{\sqrt{(1-x^2)^3}}(-2x)\frac{\mathrm{d}y}{\mathrm{d}t}+\frac{1}{\sqrt{1-x^2}}\frac{\mathrm{d}}{\mathrm{d}x}\left(\frac{\mathrm{d}y}{\mathrm{d}t}\right)=\frac{x}{\sqrt{(1-x^2)^3}}\frac{\mathrm{d}y}{\mathrm{d}t}+\frac{1}{1-x^2}\frac{\mathrm{d}^2 y}{\mathrm{d} t^2},$$

于是 $(1-x^2)\dfrac{\mathrm{d}^2 y}{\mathrm{d} x^2}-x\dfrac{\mathrm{d}y}{\mathrm{d}x}+a^2 y$

$$=(1-x^2)\left[\frac{x}{\sqrt{(1-x^2)^3}}\frac{\mathrm{d}y}{\mathrm{d}t}+\frac{1}{1-x^2}\frac{\mathrm{d}^2 y}{\mathrm{d} t^2}\right]-\frac{x}{\sqrt{1-x^2}}\frac{\mathrm{d}y}{\mathrm{d}t}+a^2 y=\frac{\mathrm{d}^2 y}{\mathrm{d} t^2}+a^2 y.$$

故原方程化为 $\dfrac{\mathrm{d}^2 y}{\mathrm{d} t^2}+a^2 y=0.$

【题型 3-8】 求隐函数的导数

应对 某些由变量 x,y 所满足的方程式 $F(x,y)=0$ 可以确定函数关系 $y=y(x)$,当该函数可导时,可以通过方程式 $F(x,y)=0$ 两边同时对自变量 x 求导或者两边同时

求微分,产生新的方程式,然后解出所需要的导数 y' 或者微商 $\dfrac{\mathrm{d}y}{\mathrm{d}x}$ 即可.

例 3-21 求解下列隐函数的导数问题:

(1) 设 $y=f(x)$ 由方程 $e^{xy}+\tan\dfrac{x}{y}=y$ 确定,求 $y'(0)$;

(2) 设 $y=f(x)$ 由方程 $y=f(x+y)$ 确定,f'' 存在,$f'(x)\neq1$,求 y''.

解 (1) 方法一 将 y 视为 x 的函数,在所给方程两边对 x 求导得

$$e^{xy}(y+xy')+\sec^2\left(\frac{x}{y}\right)\cdot\frac{y-xy'}{y^2}=y',$$

又因当 $x=0$ 时,$y=1$,代入上式得 $y'(0)=2$.

方法二 在所给方程两边求微分,然后利用微分的商来构建导数.

$$\mathrm{d}\left[e^{xy}+\tan\left(\frac{x}{y}\right)\right]=\mathrm{d}(e^{xy})+\mathrm{d}\left(\tan\left(\frac{x}{y}\right)\right)=e^{xy}\mathrm{d}(xy)+\sec^2\left(\frac{x}{y}\right)\mathrm{d}\left(\frac{x}{y}\right)$$

$$=e^{xy}(y\mathrm{d}x+x\mathrm{d}y)+\sec^2\left(\frac{x}{y}\right)\cdot\frac{y\mathrm{d}x-x\mathrm{d}y}{y^2}=\mathrm{d}y,$$

于是

$$\mathrm{d}y=\frac{ye^{xy}+\dfrac{1}{y}\sec^2\left(\dfrac{x}{y}\right)}{1+\dfrac{x}{y^2}\sec^2\left(\dfrac{x}{y}\right)-xe^{xy}}\mathrm{d}x,$$

故

$$\frac{\mathrm{d}y}{\mathrm{d}x}=\frac{ye^{xy}+\dfrac{1}{y}\sec^2\left(\dfrac{x}{y}\right)}{1+\dfrac{x}{y^2}\sec^2\left(\dfrac{x}{y}\right)-xe^{xy}}.$$

同样,可得 $y'(0)=2$.

(2) 方程两边对 x 求导得

$$y'=f'(x+y)\cdot(x+y)'=f'(x+y)\cdot(1+y'),$$

两边对 x 再求导,得

$$y''=f''(x+y)\cdot(1+y')^2+f'(x+y)\cdot y'',$$

所以

$$y''=\frac{(1+y')^2f''(x+y)}{1-f'(x+y)}\quad(f'(x+y)\neq1).$$

将 $y'=\dfrac{f'(x+y)}{1-f'(x+y)}$ 代入整理得

$$y''=\frac{f''(x+y)}{[1-f'(x+y)]^3}.$$

【题型 3-9】 求由参数方程所确定的函数的导数

应对 借助参变量 t 所联系的方程组 $x=x(t),y=y(t)$ 也可以确定函数关系 $y=y(x)$,当该函数可导时,可以通过将 t 看作中间变量来求出导数 y' 和 y'':

$$\frac{\mathrm{d}y}{\mathrm{d}x}=\frac{y'(t)}{x'(t)},\quad\frac{\mathrm{d}^2y}{\mathrm{d}x^2}=\frac{x'(t)y''(t)-y'(t)x''(t)}{[x'(t)]^3}.$$

例 3-22 求解下列由参数方程所确定的函数的导数:

(1) 设 $\begin{cases}x=\ln t,\\ y=t^3,\end{cases}$ 求 $\dfrac{\mathrm{d}y}{\mathrm{d}x}$ 和 $\dfrac{\mathrm{d}^2y}{\mathrm{d}x^2}$; (2) 设 $\begin{cases}x=te^t,\\ ty+e^y=e,\end{cases}$ 求 $\dfrac{\mathrm{d}^2y}{\mathrm{d}x^2}\Big|_{t=0}$.

解 (1) 方法一 套用公式可得

$$\frac{\mathrm{d}y}{\mathrm{d}x}=\frac{y'(t)}{x'(t)}=\frac{3t^2}{1/t}=3t^3,$$

$$\frac{\mathrm{d}^2y}{\mathrm{d}x^2}=\frac{x'(t)y''(t)-x''(t)y'(t)}{[x'(t)]^3}=\frac{(1/t)\cdot 6t-(-1/t^2)\cdot 3t^2}{(1/t)^3}=9t^3.$$

方法二 视参变量 t 为中间变量，利用导数的链法则计算得

$$\frac{\mathrm{d}y}{\mathrm{d}x}=\frac{\mathrm{d}y}{\mathrm{d}t}\frac{\mathrm{d}t}{\mathrm{d}x}=\frac{\frac{\mathrm{d}y}{\mathrm{d}t}}{\frac{\mathrm{d}x}{\mathrm{d}t}}=\frac{3t^2}{1/t}=3t^3, \qquad \frac{\mathrm{d}^2y}{\mathrm{d}x^2}=\frac{\mathrm{d}\frac{\mathrm{d}y}{\mathrm{d}x}}{\mathrm{d}x}=\frac{\mathrm{d}\frac{\mathrm{d}y}{\mathrm{d}x}}{\mathrm{d}t}\frac{1}{\frac{\mathrm{d}x}{\mathrm{d}t}}=\frac{\mathrm{d}(3t^3)}{\mathrm{d}t}\frac{1}{1/t}=9t^3.$$

（2）套用公式可得

$$\left.\frac{\mathrm{d}^2y}{\mathrm{d}x^2}\right|_{t=0}=\left.\frac{x'(t)y''(t)-y'(t)x''(t)}{[x'(t)]^3}\right|_{t=0}.$$

首先，直接求得 $x'(t)=\mathrm{e}^t(1+t)$，$x''(t)=2\mathrm{e}^t+t\mathrm{e}^t$，故 $x'(0)=1$，$x''(0)=2$.

依据隐函数求导法，在方程 $ty+\mathrm{e}^y=\mathrm{e}$ 两边对 t 求导得

$$y+t\frac{\mathrm{d}y}{\mathrm{d}t}+\mathrm{e}^y\frac{\mathrm{d}y}{\mathrm{d}t}=0,$$

两边对 t 再求导得
$$2\frac{\mathrm{d}y}{\mathrm{d}t}+t\frac{\mathrm{d}^2y}{\mathrm{d}t^2}+\mathrm{e}^y\left(\frac{\mathrm{d}y}{\mathrm{d}t}\right)^2+\frac{\mathrm{d}^2y}{\mathrm{d}t^2}\mathrm{e}^y=0.$$

注意到当 $t=0$ 时，$x=0$，$y=1$，故从以上结果中可以解出

$$\left.\frac{\mathrm{d}y}{\mathrm{d}t}\right|_{t=0}=-\frac{1}{\mathrm{e}}, \qquad \left.\frac{\mathrm{d}^2y}{\mathrm{d}t^2}\right|_{t=0}=\frac{1}{\mathrm{e}^2},$$

所以
$$\left.\frac{\mathrm{d}^2y}{\mathrm{d}x^2}\right|_{t=0}=\frac{1\times\frac{1}{\mathrm{e}^2}-\frac{-1}{\mathrm{e}}\times 2}{1}=\frac{1}{\mathrm{e}^2}+\frac{2}{\mathrm{e}}.$$

【题型 3-10】 求由极坐标方程所确定函数的导数

应对 借助于直角坐标与极坐标之间的关系 $x=r\cos\theta$，$y=r\sin\theta$，将极坐标方程 $r=r(\theta)$ 化为参数方程 $x=r(\theta)\cos\theta$，$y=r(\theta)\sin\theta$，从而确定函数关系 $y=y(x)$. 当该函数可导时，可以通过视 θ 为中间变量来求出导数 y'：

$$\frac{\mathrm{d}y}{\mathrm{d}x}=\frac{r'(\theta)\sin\theta+r(\theta)\cos\theta}{r'(\theta)\cos\theta-r(\theta)\sin\theta}.$$

例 3-23 求心形线 $r=3(1-\cos\theta)$ 在对应于 $\theta=\frac{\pi}{2}$ 的点处的切线方程.

解 套用上面的公式，可得心形线在对应于 $\theta=\frac{\pi}{2}$ 的点处切线的斜率为

$$\left.\frac{\mathrm{d}y}{\mathrm{d}x}\right|_{\theta=\frac{\pi}{2}}=\left.\frac{3\sin^2\theta+3\cos\theta(1-\cos\theta)}{3\cos\theta\sin\theta-3\sin\theta(1-\cos\theta)}\right|_{\theta=\frac{\pi}{2}}=-1,$$

当 $\theta=\frac{\pi}{2}$ 时，对应的切点为 $\left(x\left(\frac{\pi}{2}\right),y\left(\frac{\pi}{2}\right)\right)=(0,3)$，故所求切线方程为

$$y-3=-(x-0) \quad \text{或} \quad x+y-3=0.$$

【题型 3-11】 求幂指函数与连续积商函数的导数

应对 对幂指函数 $f(x)^{g(x)}$ 或由多个"因子"的积、商，或由根式组成的函数求导时常采用"对数求导法"：$y'=y(\ln y)'$.

例 3-24 求下列函数的导数 $\dfrac{\mathrm{d}y}{\mathrm{d}x}$：

(1) $y=\left(\dfrac{a}{b}\right)^{x}\left(\dfrac{b}{x}\right)^{a}\left(\dfrac{x}{a}\right)^{b}$ $(a,b>0)$；   (2) $y=\sqrt[3]{\dfrac{(x-2)^{2}}{(1-2x)(1+x)}}$；

(3) $y=x(\sin x)^{\cos x}$.

解 (1) 此题可以使用求导的四则运算法则，但是比较麻烦，而取完对数后再求导就比较简单. 由于 $(\ln|x|)'=\dfrac{1}{x}$，所以在对函数取对数时，可以不写绝对值号. 于是

$$\ln y=x\ln\frac{a}{b}+a(\ln b-\ln x)+b(\ln x-\ln a),\quad (\ln y)'=\ln\frac{a}{b}-\frac{a}{x}+\frac{b}{x},$$

所以　　　　　　　$y'=y(\ln y)'=\left(\dfrac{a}{b}\right)^{x}\left(\dfrac{b}{x}\right)^{a}\left(\dfrac{x}{a}\right)^{b}\left(\ln\dfrac{a}{b}-\dfrac{a}{x}+\dfrac{b}{x}\right).$

(2) 采用对数求导法. 因为

$$\ln y=\frac{1}{3}\bigl[2\ln(x-2)-\ln(1-2x)-\ln(1+x)\bigr],$$

两边对 x 求导得　　　　$\dfrac{1}{y}\cdot y'=\dfrac{1}{3}\left(\dfrac{2}{x-2}+\dfrac{2}{1-2x}-\dfrac{1}{1+x}\right),$

所以　　　　$y'=\dfrac{1}{3}\sqrt[3]{\dfrac{(x-2)^{2}}{(1-2x)(1+x)}}\left(\dfrac{2}{x-2}+\dfrac{2}{1-2x}-\dfrac{1}{1+x}\right).$

(3) 采用对数求导法. 因为 $\ln y=\ln x+\cos x\ln\sin x$，两边对 x 求导得

$$\frac{1}{y}\cdot y'=\frac{1}{x}-\sin x\ln\sin x+\frac{\cos^{2}x}{\sin x}=\frac{1}{x}-\sin x\ln\sin x+\cos x\cot x,$$

所以　　　　$y'=x(\sin x)^{\cos x}\left(\dfrac{1}{x}-\sin x\ln\sin x+\cos x\cot x\right).$

【题型 3-12】 微分的计算与应用

应对 计算微分可以直接使用微分计算规则和公式（称为微分法），但是考虑到我们对导数计算已经十分熟悉，因此求出导数，然后乘以 $\mathrm{d}x$ 也可以（称为求导法），亦即 $\mathrm{d}y=y'(x)\mathrm{d}x$. 微分的应用方面，本章只要求利用

$$y(x)-y(x_{0})=y'(x_{0})(x-x_{0})+o(x-x_{0})\approx y'(x_{0})(x-x_{0})$$

构建简单的近似计算公式.

例 3-25 (1) 设 $y=\ln(1+\sin^{2}x)$，求 $\mathrm{d}y$；

(2) 设 $y=f(x)$ 由方程 $x=y^{y}$ 确定，求 $\mathrm{d}y$；

(3) 设 $y=f(x)$ 由方程 $2^{xy}=x+y$ 确定，求 $\mathrm{d}y\big|_{x=0}$.

解 (1) 方法一　求导法. 因

$$y'=\frac{1}{1+\sin^{2}x}(1+\sin^{2}x)'=\frac{2\sin x\cos x}{1+\sin^{2}x}=\frac{\sin 2x}{1+\sin^{2}x},$$

故 $\mathrm{d}y=\dfrac{\sin 2x}{1+\sin^{2}x}\mathrm{d}x.$

方法二　微分法.

$$\mathrm{d}y=\frac{1}{1+\sin^{2}x}\mathrm{d}(1+\sin^{2}x)=\frac{2\sin x\mathrm{d}\sin x}{1+\sin^{2}x}=\frac{2\sin x\cos x}{1+\sin^{2}x}\mathrm{d}x=\frac{\sin 2x}{1+\sin^{2}x}\mathrm{d}x.$$

(2) 方法一　求导法. 首先将方程式取对数, 得 $\ln x = y\ln y$, 两边对 x 求导得

$$\frac{1}{x} = y'\ln y + y \cdot \frac{1}{y} \cdot y' = y'\ln y + y',$$

于是 $y' = \dfrac{1}{x(1+\ln y)}$, 故 $\mathrm{d}y = \dfrac{1}{x(1+\ln y)}\mathrm{d}x$.

方法二　微分法. 首先将方程式取对数, 然后两边取微分, 得

$$\frac{1}{x}\mathrm{d}x = \mathrm{d}y \cdot \ln y + y \cdot \frac{1}{y}\mathrm{d}y = (\ln y+1)\mathrm{d}y,$$

故 $\mathrm{d}y = \dfrac{1}{x(1+\ln y)}\mathrm{d}x$.

(3) 两边对 $2^{xy} = x + y$ 求微分, 得

$$\mathrm{d}(2^{xy}) = 2^{xy}(\ln 2)\mathrm{d}(xy) = 2^{xy}(\ln 2)(x\mathrm{d}y + y\mathrm{d}x) = \mathrm{d}x + \mathrm{d}y,$$

解得 $\mathrm{d}y = \dfrac{1-y2^{xy}\ln 2}{x2^{xy}\ln 2 - 1}\mathrm{d}x = \dfrac{1-y(x+y)\ln 2}{x(x+y)\ln 2 - 1}\mathrm{d}x$.

又因当 $x=0$ 时, $y=1$, 故 $\mathrm{d}y|_{x=0} = (\ln 2-1)\mathrm{d}x$.

例 3-26　(1) 设 $y=\cos(x^2)$, 求 $\dfrac{\mathrm{d}y}{\mathrm{d}x}, \dfrac{\mathrm{d}y}{\mathrm{d}x^2}, \dfrac{\mathrm{d}y}{\mathrm{d}x^3}$; (2) 求 $\dfrac{\mathrm{d}\left(\dfrac{\cos x}{x}\right)}{\mathrm{d}x^2}$.

解　(1) 令 $u=x^2$, 则 $\dfrac{\mathrm{d}y}{\mathrm{d}x}$ 是复合函数 $y=\cos x^2$ 对自变量 x 求导, 故

$$\frac{\mathrm{d}y}{\mathrm{d}x} = -\sin x^2 \cdot (x^2)' = -2x\sin x^2.$$

$\dfrac{\mathrm{d}y}{\mathrm{d}x^2}$ 是函数 $y=\cos x^2$ 对中间变量 $u=x^2$ 求导, 于是 $\dfrac{\mathrm{d}y}{\mathrm{d}x^2} = -\sin x^2$.

为了求 $\dfrac{\mathrm{d}y}{\mathrm{d}x^3}$, 我们用两种方法计算.

方法一　利用复合函数求导公式计算. 令 $x^3 = t$, 则 $y = \cos t^{\frac{2}{3}}$, 于是

$$\frac{\mathrm{d}y}{\mathrm{d}x^3} = \frac{\mathrm{d}y}{\mathrm{d}t} = -\sin t^{\frac{2}{3}} \cdot (t^{\frac{2}{3}})' = -\frac{2}{3}t^{-\frac{1}{3}}\sin t^{\frac{2}{3}},$$

代回原变量, 得 $\dfrac{\mathrm{d}y}{\mathrm{d}x^3} = -\dfrac{2}{3x}\sin x^2$.

方法二　利用微分计算. 因为 $\dfrac{\mathrm{d}y}{\mathrm{d}x^3}$ 是 y 的微分与 x^3 的微分之商, 即

$$\frac{\mathrm{d}y}{\mathrm{d}x^3} = \frac{\mathrm{d}\cos x^2}{\mathrm{d}x^3} = \frac{-2x\sin x^2 \mathrm{d}x}{3x^2 \mathrm{d}x} = -\frac{2}{3x}\sin x^2.$$

从方法二的解法可以看出, 利用微分之商构建导数方便快捷.

(2) 直接利用微分的商构建导数.

$$\frac{\mathrm{d}\left(\dfrac{\cos x}{x}\right)}{\mathrm{d}x^2} = \frac{\left(\dfrac{\cos x}{x}\right)'\mathrm{d}x}{(x^2)'\mathrm{d}x} = \frac{\dfrac{-x\sin x - \cos x}{x^2}\mathrm{d}x}{2x\mathrm{d}x} = -\frac{x\sin x + \cos x}{2x^3}.$$

例 3-27　利用微分近似公式计算 $\arctan 1.02$ 的近似值.

解　设 $y = \arctan x$, 取 $x=1.02, x_0=1$, 则依微分近似公式, 有

$$y(1.02) - y(1) \approx y'(x_0)(x-x_0) = \frac{1}{2}\times 0.02 = 0.01,$$

故 $\arctan 1.02 \approx \dfrac{\pi}{4} + 0.01 \approx 0.7954$.

【题型 3-13】 求函数的 n 阶导数

应对 求 n 阶导数的主要方法有以下几种:① 将目标函数转化为已知 n 阶导数公式的函数;② 先求 y',y'',y''',$\cdots$ 等,找出规律,从而求出 n 阶导数;③利用泰勒公式,参见第 4 章.

几个常用的公式如下.

(1) $(x^n)^{(m)} = \begin{cases} n!, & m=n, \\ 0, & m>n \end{cases}$ (m,n 为正整数).

(2) $(x^a)^{(n)} = \alpha(\alpha-1)(\alpha-2)\cdots(\alpha-n+1)x^{a-n}$ ($n=1,2,\cdots$).

(3) $(a^x)^{(n)} = a^x \ln^n a$,特别地,$(e^x)^{(n)} = e^x$ ($n=1,2,\cdots$).

(4) $\left(\dfrac{1}{ax+b}\right)^{(n)} = \dfrac{(-1)^n a^n n!}{(ax+b)^{n+1}}$ ($n=1,2,\cdots$).

(5) $(\ln(1+x))^{(n)} = \dfrac{(-1)^{n-1}(n-1)!}{(1+x)^n}$ ($n=1,2,\cdots$).

(6) $(\sin x)^{(n)} = \sin\left(x+\dfrac{n\pi}{2}\right)$ ($n=1,2,\cdots$).

(7) $(\cos x)^{(n)} = \cos\left(x+\dfrac{n\pi}{2}\right)$ ($n=1,2,\cdots$).

(8) $[u(ax+b)]^{(n)} = a^n u^{(n)}(ax+b)$ ($n=1,2,\cdots$).

(9) $(uv)^{(n)} = \displaystyle\sum_{k=0}^{n} C_n^k u^{(n-k)} v^{(k)}$ ($n=1,2,\cdots$)(莱布尼兹公式).

例 3-28 求 $y = \dfrac{1}{2}\sin\dfrac{x}{2} - 3\cos 2x$ 的 n 阶导数.

解 利用公式(6)~(8)(注意 $\sin\dfrac{x}{2}$ 中的 $\dfrac{x}{2}$ 和 $\cos 2x$ 中的 $2x$ 是中间变量),有

$$y^{(n)} = \dfrac{1}{2} \cdot \left(\dfrac{1}{2}\right)^n \sin\left(\dfrac{x}{2}+\dfrac{n\pi}{2}\right) - 3 \cdot 2^n \cos\left(2x+\dfrac{n\pi}{2}\right)$$

$$= \dfrac{1}{2^{n+1}}\sin\left(\dfrac{x}{2}+\dfrac{n\pi}{2}\right) - 3 \cdot 2^n \cos\left(2x+\dfrac{n\pi}{2}\right).$$

例 3-29 求 $y = \dfrac{x^3}{x^2-3x+2}$ 的 $n(n\geqslant 2)$ 阶导数.

解 将有理函数化为部分分式,然后用公式(4).因为

$$y = \dfrac{x^3}{x^2-3x+2} = (x+3) + \dfrac{7x-6}{(x-2)(x-1)} = x+3 + \dfrac{8}{x-2} - \dfrac{1}{x-1},$$

所以

$$y^{(n)} = (x+3)^{(n)} + \left(\dfrac{8}{x-2}\right)^{(n)} - \left(\dfrac{1}{x-1}\right)^{(n)}$$

$$= 0 + (-1)^n \cdot 8 \cdot n! \cdot \dfrac{1}{(x-2)^{n+1}} - (-1)^n \cdot n! \cdot \dfrac{1}{(x-1)^{n+1}}$$

$$= (-1)^n n!\left[\dfrac{8}{(x-2)^{n+1}} - \dfrac{1}{(x-1)^{n+1}}\right], \quad n=1,2,\cdots.$$

例 3-30 求 $y = e^x \sin x$ 的 n 阶导数.

解 先按乘积求导法则求出 $y',y'',y''',\cdots$，然后总结规律求 $y^{(n)}$. 因为

$$y'=e^x(\sin x+\cos x)=\sqrt{2}e^x\sin\left(x+\frac{\pi}{4}\right),$$

$$y''=\sqrt{2}e^x\left[\sin\left(x+\frac{\pi}{4}\right)+\cos\left(x+\frac{\pi}{4}\right)\right]=(\sqrt{2})^2e^x\sin\left(x+\frac{2\pi}{4}\right),$$

用数学归纳法得 $$y^{(n)}=(\sqrt{2})^n e^x\sin\left(x+\frac{n\pi}{4}\right)\quad(n=1,2,\cdots).$$

例 3-31 求 $y=x^2\ln(1+x)$ 在点 $x=0$ 处的 n 阶导数 $(n\geqslant3)$.

解 取 $v(x)=x^2$，它的三阶以上的导数为零，且由公式(5)得

$$u^{(k)}(x)=[\ln(1+x)]^{(k)}=\frac{(-1)^{k-1}(k-1)!}{(1+x)^k}\quad(k=1,2,\cdots).$$

用莱布尼兹公式得

$$y^{(n)}=x^2\frac{(-1)^{n-1}(n-1)!}{(1+x)^n}+2nx\frac{(-1)^{n-2}(n-2)!}{(1+x)^{n-1}}+n(n-1)\frac{(-1)^{n-3}(n-3)!}{(1+x)^{n-2}}.$$

所以 $$y^{(n)}(0)=(-1)^{n-3}n(n-1)(n-3)!=\frac{(-1)^{n-1}n!}{(n-2)}.$$

【题型 3-14】 求相关变化率

应对 多个相互依赖的变化率称为相关变化率. 根据实际问题，列出各变量之间的等式，然后对等式两边求导，由已知变化率即可求出未知变化率.

例 3-32 如果以每秒 $50\ \mathrm{cm}^2$ 匀速地给一个气球充气，假设气球内的气压保持常值且形状始终为球形，问当气球的半径为 $5\ \mathrm{cm}$ 时，半径增加的速率是多少？

解 设 t 时刻气球的半径为 r，体积为 V，显然 V 和 r 都是 t 的函数，且 $V=\frac{4}{3}\pi r^3$.

将该式两边对 t 求导得 $\dfrac{dV}{dt}=\dfrac{dV}{dr}\dfrac{dr}{dt}=4\pi r^2\dfrac{dr}{dt}$，将 $\dfrac{dV}{dt}=50,r=5$ 代入上式解得 $\dfrac{dr}{dt}=$

$\dfrac{50}{4\pi\times5^2}=\dfrac{1}{2\pi}\approx0.159.$ 故当气球半径为 $5\ \mathrm{cm}$ 时，半径的增加速率为每秒 $0.159\ \mathrm{cm}$.

【题型 3-15】 导数的几何应用

应对 函数 $f(x)$ 在点 x_0 处的导数 $f'(x_0)$ 是曲线 $y=f(x)$ 在点 $(x_0,f(x_0))$ 处切线的斜率，于是曲线 $y=f(x)$ 在点 $(x_0,f(x_0))$ 处的切、法线方程依次为

$$y-y_0=f'(x_0)(x-x_0),\quad y-y_0=-\frac{1}{f'(x_0)}(x-x_0).$$

例 3-33 求以下曲线符合指定特征的切线：

(1) 曲线 $y=\ln x$ 的切线，该切线通过原点；

(2) 曲线 $\begin{cases}x=\dfrac{1+t}{t^3},\\ y=\dfrac{3}{2t^2}+\dfrac{1}{2t}\end{cases}$ 在 $t=1$ 对应的点的切线.

解 (1) 设切点为 $A(a,\ln a)$，则由通过原点的条件得，切点处的导数满足

$$k=(\ln x)'|_{x=a}=\frac{1}{a}=\frac{\ln a}{a},$$

解得 $a=e,k=\dfrac{1}{e}$，故所求切线为 $y-1=\dfrac{1}{e}(x-e).$

(2) 当 $t=1$ 时,对应曲线上的点为 $(2,2)$. 由于

$$x'(t)=\frac{t^3-(1+t)3t^2}{t^6}=-\frac{2t+3}{t^4}, \quad x'(1)=-5,$$

$$y'(t)=-\frac{3}{t^3}-\frac{1}{2t^2}, \quad y'(1)=-\frac{7}{2},$$

故切点处的斜率为 $\qquad k=\dfrac{\mathrm{d}y}{\mathrm{d}x}\Big|_{t=1}=\dfrac{y'(t)}{x'(t)}\Big|_{t=1}=\dfrac{-\dfrac{7}{2}}{-5}=\dfrac{7}{10}.$

所求切线方程为 $\qquad y-2=\dfrac{7}{10}(x-2)$ 或 $7x-10y+6=0$.

例 3-34 设 $f(x)$ 是周期为 5 的连续函数,在点 $x=1$ 处可导,在点 $x=0$ 附近满足关系式 $f(1+\sin x)-3f(1-\sin x)=8x+\alpha(x)$,其中 $\alpha(x)=o(x)(x\to 0)$,求曲线 $y=f(x)$ 在点 $(6,f(6))$ 处的切线方程.

解 由周期性得 $f(6)=f(1+5)=f(1)$,$f'(6)=f'(1)$,故问题归结为求 $f(1)$ 和 $f'(1)$. 因为 $f(x)$ 在点 $x=1$ 处可导,则 $f(x)$ 在点 $x=1$ 处连续,所以

$$\lim_{x\to 0}[f(1+\sin x)-3f(1-\sin x)]=f(1)-3f(1)=-2f(1).$$

结合 $\lim_{x\to 0}[8x+\alpha(x)]=0$,便有 $f(1)=0$,从而 $f(6)=0$. 又因

$$\lim_{x\to 0}\frac{f(1+\sin x)-3f(1-\sin x)}{\sin x}=\lim_{x\to 0}\left(\frac{8x}{\sin x}+\frac{\alpha(x)}{x}\cdot\frac{x}{\sin x}\right)=8,$$

令 $t=\sin x$,注意到 $f(1)=0$,则有

$$8=\lim_{t\to 0}\frac{f(1+t)-3f(1-t)}{t}=\lim_{t\to 0}\frac{[f(1+t)-f(1)]-[3f(1-t)-f(1)]}{t}$$

$$=\lim_{t\to 0}\frac{f(1+t)-f(1)}{t}+3\lim_{t\to 0}\frac{f(1-t)-f(1)}{-t}=f'(1)+3f'(1)=4f'(1),$$

从而 $f'(6)=f'(1)=2$,故所求切线方程为 $y-0=2(x-6)$,即 $2x-y-12=0$.

3.4 知识扩展

1. 分段函数在分段点导数的间接计算法

前面介绍了根据定义直接计算分段函数 $f(x)$ 在分段点 x_0 处的导数,下面给出一个利用分段点两侧的导函数的极限来计算 $f'(x_0)$ 的方法. 尽管需要满足一些条件,但是导数计算比较简便.

定理 1 设函数 $f(x)$ 在点 x_0 处连续,在去心邻域 $\mathring{N}(x_0)$ 内可导,且极限 $\lim\limits_{x\to x_0}f'(x)$ 存在,则 $f(x)$ 在点 x_0 处可导,且 $f'(x_0)=\lim\limits_{x\to x_0}f'(x)$.

注 此定理的证明需要用到第 4 章的知识,请读者参见第 4 章知识点解析. 并且当极限 $\lim\limits_{x\to x_0}f'(x)$ 不存在时,仍需要使用导数定义来证明. 下面举例说明如何来使用它.

例 3-35 求分段函数 $f(x)=\begin{cases} x+\sin x^2, & x\leqslant 0, \\ \ln(1+x), & x>0 \end{cases}$ 的导数.

解 由于导数 $f'(x)$ 完全依赖于函数 $f(x)$ 在点 x 的某个邻域内的形态,故当 $x>0$ 时,$f'(x)$ 就是 $\ln(1+x)$ 的导数;当 $x<0$ 时,$f'(x)$ 就是 $x+\sin x^2$ 的导数. 由此得出

$$f'(x)=\begin{cases} 1+2x\cos x^2, & x<0, \\[2mm] \dfrac{1}{1+x}, & x>0. \end{cases}$$

下面讨论 $f(x)$ 在点 $x=0$ 处的可导性. 由于

$$\lim_{x\to 0^+}f(x)=\lim_{x\to 0^+}\ln(1+x)=0=f(0), \quad \lim_{x\to 0^-}f(x)=\lim_{x\to 0^-}(x+\sin x^2)=0=f(0),$$

因此 $f(x)$ 在点 $x=0$ 处连续. 又因

$$f'(0-0)=\lim_{x\to 0^-}(1+2x\cos x^2)=1, \quad f'(0+0)=\lim_{x\to 0^+}\frac{1}{1+x}=1,$$

所以 $\lim_{x\to 0}f'(x)=1.$ 由定理 1 知 $f(x)$ 在点 $x=0$ 处可导,且 $f'(0)=1.$ 故

$$f'(x)=\begin{cases} 1+2x\cos x^2, & x<0, \\[2mm] \dfrac{1}{1+x}, & x\geqslant 0. \end{cases}$$

2. 导函数的介值定理

由连续函数的介值定理可以推出,如果导函数 $f'(x)$ 也连续,则介值定理也成立,但是以下定理 2 表明:对于导函数来说,连续的条件并非必要. 为此,需要以下引理.

引理(费马定理) 若函数 $f(x)$ 点 $x=x_0$($x\in(a,b)$)处取得最大(最小)值,且 $f'(x_0)$ 存在,则 $f'(x_0)=0$.

证 不妨设 $f(x_0)$ 为最小值,则存在区间 $(x_0-\delta,x_0+\delta)$($\delta>0$),在其上 $f(x)\geqslant f(x_0)$. 于是由可导性和以下两式可推出 $f'(x_0)=0$.

$$f'(x_0)=f'_+(x_0)=\lim_{x\to x_0^+}\frac{f(x)-f(x_0)}{x-x_0}\geqslant 0, \quad f'(x_0)=f'_-(x_0)=\lim_{x\to x_0^-}\frac{f(x)-f(x_0)}{x-x_0}\leqslant 0.$$

定理 2(导函数的介值定理或达布定理) 若函数 $f(x)$ 在 $[a,b]$ 上可导,则

(1) 若 $f'_+(a),f'_-(b)$ 异号,则存在 $c\in(a,b)$ 使得 $f'(c)=0$;

(2) 若 $f'_+(a)\neq f'_-(b)$,k 为介于 $f'_+(a)$ 与 $f'_-(b)$ 之间的任一实数,则至少存在一点 $c\in(a,b)$,使得 $f'(c)=k$.

证 (1) 不妨设 $f'_+(a)>0,f'_-(b)<0$,则由 $f'_+(a)=\lim_{x\to a_0^+}\dfrac{f(x)-f(a)}{x-a}>0$ 及极限的保号性推知,在区间 (a,b) 内存在 $x_1>a$ 使得 $f(x_1)>f(a)$;类似地,由 $f'_-(b)<0$ 推知,在区间 (a,b) 内存在 $x_2<b$ 使得 $f(x_2)>f(b)$. 这就说明连续函数 $f(x)$ 在区间 $[a,b]$ 上的最大值(可导推出连续,而闭区间上连续函数的最值一定存在)不在端点取得,结合引理便知,存在 $c\in(a,b)$ 使得 $f'(c)=0$.

(2) 不妨设 $f'_+(a)>k>f'_-(b)$. 构造辅助函数 $\varphi(x)=f(x)-kx$,则它在区间 $[a,b]$ 上可导且 $\varphi'(x)=f'(x)-k$. 因 $\varphi'_+(a)=f'_+(a)-k>0$,$\varphi'_-(b)=f'_-(b)-k<0$,故由上面所证明的结论知,存在一点 $c\in(a,b)$ 使得 $\varphi'(c)=f'(c)-k=0$,即 $f'(c)=k$.

注 介值定理的一个重要推论便是,一个不满足介值性质的函数不可能是某个函数的导函数. 例如,不可能有一个处处可导的函数,其导数等于符号函数:

$$\operatorname{sgn}(x) = \begin{cases} 1, & x > 0, \\ 0, & x = 0, \\ -1, & x < 0. \end{cases}$$

其次,如果在某个区间上导函数 $f'(x)$ 处处存在且无零点,则由于 $f'(x)$ 不会改变符号,函数 $f(x)$ 便一定是该区间上的严格单调函数.

3. 处处连续而处处不可导函数

我们知道,若函数 $f(x)$ 在 x 处可导,则 $f(x)$ 在 x 处连续,但是,反之不成立.既然 $f(x)$ 在 x 处连续但不一定可导,那么,是否存在这样的函数,它处处连续而处处不可导呢? 回答是肯定的,并且这样的函数在连续函数中占"大多数".历史上第一个构造无处可导的连续函数,一般认为是大约在 1875 年由魏尔斯特拉斯(Weierstrass)所给出.下面给出连续而不可导函数的几种情况.

(1) 仅在已知点 $x_1, x_2, \cdots, x_n$ 处不可导的连续函数:

函数 $$f(x) = (x - x_1)^{\frac{2}{3}} (x - x_2)^{\frac{2}{3}} \cdots (x - x_n)^{\frac{2}{3}}$$

为 $(-\infty, +\infty)$ 上的连续函数,仅在 $x_1, x_2, \cdots, x_n$ 处不可导.

(2) 仅在已知点 $x_1, x_2, \cdots, x_n$ 处可导且连续的函数:

函数 $$f(x) = (x - x_1)^2 (x - x_2)^2 \cdots (x - x_n)^2 D(x)$$

仅在点 $x_1, x_2, \cdots, x_n$ 处可导,且 $f'(x_i) = 0 (i = 1, 2, \cdots, n)$. 这里

$$D(x) = \begin{cases} 1, & x \text{ 为有理数}, \\ 0, & x \text{ 为无理数}. \end{cases}$$

(3) 无处可导的连续函数(构造这种函数有较大的困难且需要相当的技巧),下面的例子是魏尔斯特拉斯用级数给出的:

函数 $$f(x) = \sum_{n=0}^{\infty} a^n \cos(b^n \pi x)$$

在 $(-\infty, +\infty)$ 上处处连续但处处不可导.这里 $0 < a < 1, b$ 是奇整数,且 $ab > 1 + \dfrac{3}{2}\pi$.

习 题 3

(A)

1. 选择题

(1) 设函数 $f(x)$ 在点 $x = a$ 处可导,则 $\lim\limits_{x \to 0} \dfrac{f(a+x) - f(a-x)}{x}$ 等于(　　).

(A) $f'(a)$ 　　(B) $2f'(a)$ 　　(C) 0 　　(D) $f'(2a)$

(2) 设函数 $f(x)$ 在 $x = a$ 的某个邻域内有定义,则 $f(x)$ 在点 $x = a$ 处可导的一个充分条件是(　　).

3-A-1(2)

(A) $\lim\limits_{h \to +\infty} h\left[f\left(a + \dfrac{1}{h}\right) - f(a)\right]$ 存在　　(B) $\lim\limits_{h \to 0} \dfrac{f(a+2h) - f(a+h)}{h}$ 存在

(C) $\lim\limits_{h \to 0} \dfrac{f(a+h) - f(a-h)}{h}$ 存在　　(D) $\lim\limits_{h \to 0} \dfrac{f(a) - f(a-h)}{h}$ 存在

(3) 设 $f(x)=\begin{cases}\dfrac{|x^2-1|}{x-1}, & x\neq1,\\ 2, & x=1,\end{cases}$ 则在点 $x=1$ 处函数 $f(x)($).

(A) 不连续

(B) 连续但不可导

(C) 可导但导数不连续

(D) 可导且导数连续

(4) 设 $f(x)=\begin{cases}\dfrac{2}{3}x^3, & x\leqslant1,\\ x^2, & x>1,\end{cases}$ 则 $f(x)$ 在点 $x=1$ 处的(   ).

(A) 左、右导数都存在

(B) 左导数存在,但右导数不存在

(C) 左导数不存在,但右导数存在

(D) 左、右导数都不存在

(5) 函数 $f(x)=\dfrac{1}{3}x^3+\dfrac{1}{2}x^2+6x+1$ 的图形在点 $(0,1)$ 处的切线与 x 轴相交的坐标是(   ).

(A) $\left(-\dfrac{1}{6},0\right)$ (B) $(-1,0)$ (C) $\left(\dfrac{1}{6},0\right)$ (D) $(1,0)$

(6) 设 $f(x)=2^x+|x|x^3$,则使 $f^{(n)}(0)$ 存在的最高阶数 n 为(   ).

(A) 1   (B) 2   (C) 3   (D) 4

(7) 设 $f(x)=\begin{cases}\dfrac{1}{2}x^2, & x\leqslant2,\\ ax+b, & x>2,\end{cases}$ 且 $f(x)$ 在点 $x=2$ 处可导,则必有(   ).

(A) $a=b=2$ (B) $a=2,b=-2$ (C) $a=1,b=2$ (D) $a=3,b=2$

(8) 设函数 $f(x)$ 具有一阶连续导数,$F(x)=f(x)(1+|\sin x|)$,则 $f(0)=0$ 是 $F(x)$ 在点 $x=0$ 处可导的(   ).

(A) 充分必要条件

(B) 充分条件但非必要条件

(C) 必要条件但非充分条件

(D) 既非充分又非必要条件

3-A-1(8)

(9) 设函数 $f(x)$ 在 $N(0,\delta)$ 内有定义,当 $x\in N(0,\delta)$ 时,恒有 $|f(x)|\leqslant x^2$,则 $x=0$ 是 $f(x)$ 的(   ).

(A) 间断点

(B) 连续但不可导的点

(C) 可导的点,且 $f'(0)=0$

(D) 可导的点,且 $f'(0)\neq0$

3-A-1(9)

(10) 函数 $f(x)=\ln|x-1|$ 在点 $x\neq1$ 处的导数是(   ).

(A) $f'(x)=\dfrac{1}{|x-1|}$ (B) $f'(x)=\dfrac{1}{x-1}$

(C) $f'(x)=\dfrac{1}{1-x}$ (D) $f'(x)=\begin{cases}\dfrac{1}{x-1}, & x>1,\\ \dfrac{1}{1-x}, & x<1\end{cases}$

2. 填空题

(1) 已知 $f'(x_0)=-1$,则 $\lim\limits_{x\to0}\dfrac{x}{f(x_0-3x)-f(x_0-2x)}=$ _____;

(2) 设 $y=\ln(1+3^{-x})$,则 $dy=$ _____;

(3) 设 $\tan y = x + y$，则 $\mathrm{d}y =$＿＿＿＿＿；

(4) 设 $y = \ln(1 + ax)$，其中 a 为非零常数，则 y'＿＿＿＿＿，$y'' =$＿＿＿＿＿；

(5) 曲线 $x = \cos^3 t$，$y = \sin^3 t$ 上对应于点 $t = \dfrac{\pi}{6}$ 处的法线方程为＿＿＿＿＿；

(6) 设 $y = (x + \mathrm{e}^{-\frac{x}{2}})^{\frac{2}{3}}$，则 $y'|_{x=0} =$＿＿＿＿＿；

(7) 设 $y = \cos x^2 \sin^2 \dfrac{1}{x}$，则 $y' =$＿＿＿＿＿；

(8) 函数 $y = y(x)$ 由方程 $\sin(x^2 + y^2) + \mathrm{e}^x - xy^2 = 0$ 所确定，则 $\dfrac{\mathrm{d}y}{\mathrm{d}x} =$＿＿＿＿＿；

(9) 设 $\begin{cases} x = f(t) - \pi, \\ y = f(\mathrm{e}^{3t} - 1), \end{cases}$ 其中 f 可导，且 $f'(0) \neq 0$，则 $\dfrac{\mathrm{d}y}{\mathrm{d}x}\Big|_{t=0} =$＿＿＿＿＿；

(10) 设 $f(x) = x(x+1)(x+2)\cdots(x+n)$，则 $f'(0) =$＿＿＿＿＿；

(11) 设函数 $y = y(x)$ 由参数方程 $\begin{cases} x = t - \ln(1+t), \\ y = t^3 + t^2 \end{cases}$ 所确定，则 $\dfrac{\mathrm{d}^2 y}{\mathrm{d}x^2} =$＿＿＿＿＿；

(12) 设曲线 $y = f(x) = x^3 + ax$ 与 $y = g(x) = bx^2 + c$ 都通过点 $(-1,0)$，且在点 $(-1,0)$ 处有公共切线，则 $a =$＿＿＿＿＿，$b =$＿＿＿＿＿，$c =$＿＿＿＿＿；

(13) 函数 $y = 5^{\ln \tan x}$ 在 $x_0 = \dfrac{\pi}{4}$，$\Delta x = 0.01$ 时的微分 $\mathrm{d}y =$＿＿＿＿＿；

(14) 设 $F(x) = \max\{f_1(x), f_2(x)\}$ 的定义域为 $(-1,1)$，其中 $f_1(x) = x + 1$，$f_2(x) = (x+1)^2$，则在定义域内 $F'(x) =$＿＿＿＿＿.

3. 求下列函数的导数：

(1) 设 $f(x) = \begin{cases} (x-1)^2 \arctan \dfrac{1}{x-1}, & x > 1, \\ 2^{|x|}, & x \leqslant 1, \end{cases}$ 求 $f'(x)$；

(2) 设 $f(x) = \begin{cases} x, & x \leqslant 0, \\ x^2 \cos \dfrac{1}{x}, & 0 < x < 2, \end{cases}$ 讨论 $f(x)$ 在点 $x = 0$ 及 $x = 1$ 处的连续性与可导性；

(3) $y = x^3 \log_3 x$；　(4) $y = x^{x^x}$；　(5) $y = \ln(\ln^2(\ln^3 x))$；　(6) $y = x^{\tan x}$；

(7) $y = f(\mathrm{e}^x)\mathrm{e}^{f(x)}$；　(8) $y = \sin\left[\dfrac{x}{\sin \dfrac{x}{\sin x}}\right]$；　(9) $y = \arctan \mathrm{e}^x - \ln\sqrt{\dfrac{\mathrm{e}^{2x}}{\mathrm{e}^{2x}-1}}$；

(10) $y = \arcsin \mathrm{e}^{-\sqrt{x}}$.

4. 已知 $y = 1 + x\mathrm{e}^{xy}$，求 $\dfrac{\mathrm{d}y}{\mathrm{d}x}\Big|_{x=0}$.

5. 已知 $y - x\mathrm{e}^y = 1$，求 $\dfrac{\mathrm{d}^2 y}{\mathrm{d}x^2}\Big|_{x=0}$.

6. 已知 g 是可导函数，a 为实数，求下列函数 f 的导数：

(1) $f(x) = g(x + g(a))$；　　　(2) $f(x) = g(x + g(x))$；

(3) $f(x) = g(xg(a))$；　　　　(4) $f(x) = g(xg(x))$.

7. 设 $y=\sqrt{x\sin x\sqrt{e^x-1}}$ $(0<x<\pi)$,求导数 y'.

8. 设函数 $y(x)$ 由参数方程 $\begin{cases} x=\ln\cos t, \\ y=\ln\sin t \end{cases}$ $\left(0<t<\dfrac{\pi}{2}\right)$ 确定,求 $\dfrac{dy}{dx}$,$\dfrac{d^2y}{dx^2}$.

9. 证明曲线 $\begin{cases} x=a(\cos t+t\sin t), \\ y=a(\sin t-t\cos t) \end{cases}$ 在任一点的法线到原点的距离等于 a $(a>0)$.

10. 设函数 $y(x)$ 由参数方程 $\begin{cases} x=\arctan t, \\ 2y-ty^2+e^t=5 \end{cases}$ 确定,求 $\dfrac{dy}{dx}$.

11. 设函数 $f(x)$ 在点 $x=1$ 处二阶可导,证明:若 $f'(1)=0$,$f''(1)=0$,则在点 $x=1$ 处有 $\dfrac{d}{dx}f(x^2)=\dfrac{d^2}{dx^2}f^2(x)$.

3-A-11

12. 设函数 $f(x)$ 在点 $x=1$ 处有连续的一阶导数,且 $f'(1)=2$,求 $\lim\limits_{x\to1^+}\dfrac{d}{dx}f(\cos\sqrt{x-1})$.

13. 设 $f(x)$ 是可导函数,且 $f'(x)=\sin^2[\sin(x+1)]$,$f(0)=4$,求 $f(x)$ 的反函数 $x=\varphi(y)$ 在点 $y=4$ 处的导数值.

14. 若 $f(1)=1$,$xf'(x)+2f(x)=0$,求 $f(2)$.

15. 设 $y=\dfrac{\cos x}{x^2}$,求 $\dfrac{dy}{dx}$,$\dfrac{dy}{d(x^2)}$,$\dfrac{dy}{d(\cos x)}$.

16. 若 $f(x)=x\sin|x|$,讨论 $f(x)$ 在点 $x=0$ 处是否二阶可导.

(B)

1. 设 $f(x)=\lim\limits_{t\to+\infty}\dfrac{x}{2+x^2-e^{tx}}$,讨论 $f(x)$ 的可导性,并在可导点处求 $f'(x)$.

2. 设 $f(x)=\begin{cases} x^n\cos\dfrac{1}{x}, & x\neq0, \\ 0, & x=0, \end{cases}$ 其导函数在点 $x=0$ 处连续,则正整数 n 的取值范围为 _____.

3-B-2

3. 求下列函数 y 的导数 y':

(1) $y=\sin\ln(1+3x^2)$;　　　　(2) $y=x^3\ln(2x+1)$.

4. 设函数 $f(x)$ 在区间 $(-\infty,+\infty)$ 上有定义,且满足

(1) $f(x+y)=f(x)f(y)$,$\forall x,y\in(-\infty,+\infty)$;

(2) $f(0)=1$,$f'(0)$ 存在.

证明:$\forall x\in(-\infty,+\infty)$,有 $f'(x)=f'(0)f(x)$.

3-B-4

5. 设 $f(x)=\begin{cases} \dfrac{e^x-1}{x}, & x<0, \\ 1, & x=0,\ \text{求}\ f'(x). \\ \dfrac{1-\cos x}{x^2}, & x>0, \end{cases}$

6. 设函数 $g(x)=\dfrac{2x}{3}$,$f(x)=2x-|x|$,试问 $f[g(x)]$ 在点 $x=0$ 处是否连续?是否可导?

7. 设函数 $f(x)$ 在点 $x=a$ 处可导，且 $f(a) \neq 0$，求 $\lim\limits_{x \to \infty}\left[\dfrac{f(a+1/x)}{f(a)}\right]^x$.

8. 设由方程 $\sin(xy) - \ln\dfrac{x+1}{y} = 1$ 确定函数 $y = y(x)$，求 $\dfrac{dy}{dx}\Big|_{x=0}$.

9. 设 $\varphi(x)$ 在点 $x=0$ 处连续，试求 $f(x) = x\varphi(x)$ 在点 $x=0$ 处的微分.

10. 已知 $y = y(x)$ 由方程 $e^y + 6xy + x^2 - 1 = 0$ 确定，求 $y''(0)$.

11. 设 $\begin{cases} x = \cos t + \tan\dfrac{t}{2}, \\ y = 2^t + \arcsin t^2, \end{cases}$ 求 $\dfrac{dy}{dx}\Big|_{t=0}$.

12. 已知曲线的极坐标方程是 $r = 1 - \cos\theta$，求该曲线上对应于 $\theta = \dfrac{\pi}{6}$ 处   3-B-13

的切线与法线的直角坐标方程.

13. 设 $y = \dfrac{2x-1}{(x-1)(x^2-x-2)}$，求 $y^{(5)}(x)$.

14. 设 $f(x) = x(x-1)(x-2)\cdots(x-n)$，求 $f'(0)$ 及 $f^{(n+1)}(x)$.

15. 设 $f(x) = x^2\sin x$，$g(x) = x^3\sin x$，求 $f^{99}(0)$ 与 $g^{99}(0)$.   3-B-15

部分答案与提示

（A）

1. (1) (B)； (2) (D)； (3) (A)； (4) (B)； (5) (A)； (6) (C)； (7) (B)； (8) (A)；

(9) (C)； (10) (B).

2. (1) 提示：用导数定义计算，原式 $=1$； (2) $dy = -\dfrac{3^{-x}\ln 3}{1+3^{-x}}dx$； (3) $dy = \dfrac{1}{(x+y)^2}dx$；

(4) $y' = \dfrac{a}{1+ax}$， $y'' = \dfrac{-a^2}{(1+ax)^2}$； (5) $y - \dfrac{1}{8} = -\dfrac{3}{\sqrt{3}}\left(x - \dfrac{3\sqrt{3}}{8}\right)$，即 $y = \sqrt{3}x - 1$；

(6) $y'|_{x=0} = \dfrac{1}{3}$； (7) $y' = -2x\sin x^2\sin^2\dfrac{1}{x} - \dfrac{1}{x^2}\cdot\cos x^2\sin\dfrac{2}{x}$；

(8) $\dfrac{dy}{dx} = \dfrac{y^2 - e^x - 2xy\cos(x^2+y^2)}{2y\cos(x^2+y^2) - 2xy}$； (9) $\dfrac{dy}{dx}\Big|_{t=0} = 3$； (10) $f'(0) = n!$；

(11) $\dfrac{d^2y}{dx^2} = \dfrac{(6t+5)(t+1)}{t}$； (12) $a = -1, b = -1, c = 1$； (13) $dy|_{x_0} = 0.02\ln 5$；

(14) $F'(x) = \begin{cases} 1, & -1 < x < 0, \\ 2(1+x), & 0 < x < 1. \end{cases}$

3. (1) $f'(x) = \begin{cases} 2(x-1)\arctan\dfrac{1}{x-1} - \dfrac{x^2-2x+1}{x^2-2x+2}, & x > 1, \\ 2^x\ln 2, & 0 < x < 1, \\ -2^{-x}\ln 2, & x < 0; \end{cases}$

(2) $f(x)$ 在点 $x=0$ 处连续，但 $f(x)$ 在点 $x=0$ 处不可导，$f(x)$ 在点 $x=1$ 处连续且可导；

(3) $y' = 3x^2\log_3 x + \dfrac{x^2}{\ln 3}$； (4) $y' = x^{x^x}\cdot x^x\left(\dfrac{1}{x} + \ln x + \ln^2 x\right)$； (5) $y' = \dfrac{6}{x\ln(\ln^3 x)}\cdot\dfrac{1}{\ln x}$；

(6) $y' = x^{\tan x}\left(\sec^2 x\ln x + \dfrac{\tan x}{x}\right)$； (7) $y' = e^{f(x)}[f'(e^x)e^x + f(e^x)f'(x)]$；

(8) $y' = \cos\dfrac{x}{\sin\left(\dfrac{x}{\sin x}\right)} \cdot \dfrac{\sin^2 x \sin\left(\dfrac{x}{\sin x}\right) - x \cos\left(\dfrac{x}{\sin x}\right) \cdot \sin x - x \cos x}{\sin^2 x \sin^2\left(\dfrac{x}{\sin x}\right)}$;

(9) $y' = \dfrac{e^x}{1+e^{2x}} - \dfrac{1}{2}\left(2 - \dfrac{2e^{2x}}{e^{2x}-1}\right)$;　(10) $y' = -\dfrac{e^{-\sqrt{x}}}{2\sqrt{x(1-e^{-2\sqrt{x}})}}$.

4. $y'|_{x=0} = 1$.　　**5.** $y''|_{x=0} = 2e^2$.

6. (1) $f'(x) = g'(x+g(a))$;　　(2) $f'(x) = g'(x+g(x))(1+g'(x))$;

(3) $f'(x) = g(a)g'(xg(a))$;　(4) $f'(x) = g'(xg(x))(g(x)+xg'(x))$.

7. $y' = \dfrac{1}{2}\sqrt{x\sin x\sqrt{1-e^x}}\left[\dfrac{1}{x} + \cot x - \dfrac{e^x}{2(1-e^x)}\right]$.　　**8.** $\dfrac{dy}{dx} = -\cot^2 t$,　$\dfrac{d^2y}{dx^2} = -\dfrac{2\cos^2 t}{\sin^4 t}$.

9. 曲线上任一点处的法线方程为 $x\cos t + y\sin t = a$,距离为 a.　　**10.** $\dfrac{dy}{dx} = \dfrac{(y^2-e^t)(1+t^2)}{2(1-ty)}$.

11. 提示:由题设知,$f'(x)$在 $x=1$ 处可导,从而 $f'(x)$ 在 $x=1$ 附近有定义,$f(x)$ 在 $x=1$ 附近连续.

12. -1.　　**13.** $\varphi'(y)|_{y=4} = \dfrac{1}{\sin^2 \sin 1}$.　　**14.** $f(2) = \dfrac{1}{4}$.

15. $\dfrac{dy}{dx} = -\dfrac{x\sin x + 2\cos x}{x^3}$,　$\dfrac{dy}{d(x^2)} = -\dfrac{x\sin x + 2\cos x}{2x^4}$,　$\dfrac{dy}{d(\cos x)} = \dfrac{1}{x^2} + \dfrac{2\cot x}{x^3}$.

16. 提示:因 $2 = f'_+(0) \neq f''_-(0) = -2$,故 $f''(0)$ 不存在.

(B)

1. $f'(x) = \begin{cases} 0, & x > 0, \\ \dfrac{2-x^2}{(2+x^2)^2}, & x < 0, \end{cases}$　f 在点 $x=0$ 处不可导.　　**2.** $\lambda > 2$.

3. (1) $y' = \dfrac{6x}{1+3x^2}\cos[\ln(1+3x^2)]$;　(2) $y' = 3x^2\ln(2x+1) + \dfrac{2x^3}{2x+1}$.

5. $f(x)$ 在 $x=0$ 处不可导,$f'(x) = \begin{cases} \dfrac{xe^x - e^x + 1}{x^2}, & x < 0, \\ \dfrac{x\sin x + 2\cos x - 2}{x^3}, & x > 0. \end{cases}$

6. $f[g(x)]$ 在点 $x=0$ 处连续,不可导.　　**7.** $e^{f'(a)/f(a)}$.　　**8.** $\dfrac{dy}{dx}\Big|_{x=0} = e(1-e)$.

9. $df(x) = \varphi(0)dx$.　　**10.** $y''(0) = -2$.　　**11.** $\dfrac{dy}{dx}\Big|_{t=0} = 2\ln 2$.

12. 切线 $x - y - \dfrac{3}{4}\sqrt{3} + \dfrac{5}{4} = 0$,法线 $x + y - \dfrac{1}{4}\sqrt{3} + \dfrac{1}{4} = 0$.

13. $y^{(5)}(x) = \dfrac{5!}{2(x-1)^6} + \dfrac{5!}{2(x+1)^6} - \dfrac{5!}{(x-2)^6}$.

14. $f'(0) = (-1)^n n!$,　$f^{(n+1)}(x) = (n+1)!$.　　**15.** $98 \times 99, 0$.

第4章 微分中值定理·应用

4.1 基本要求

1. 理解罗尔定理、拉格朗日中值定理、柯西中值定理的条件与结论,掌握它们的应用.
2. 理解泰勒公式并学会基本的应用.
3. 熟练掌握洛必达法则及利用该法则求极限的方法.
4. 理解函数的极值概念,掌握求函数极值的方法.
5. 掌握函数的单调性和凹凸性的判别法及求函数图形的拐点的方法.
6. 会解最大值、最小值的应用题.
7. 会求函数的水平、铅直和斜渐近线,能描绘函数的图形.
8. 了解曲率和曲率半径的概念,并会计算曲率和曲率半径.

4.2 知识点解析

【4-1】 本章的脉络和主要思想方法

本章通过对一个简单的几何现象的代数描写和深入刻画,得到了一系列形式不同的微分中值定理:罗尔定理、拉格朗日中值定理、柯西中值定理与泰勒定理(指带有拉格朗日余项的泰勒公式).然后进一步发掘这些结果在函数极限计算、函数曲线特征刻画、函数的极值与最值确定方面的应用.一方面我们要学习这些定理和应用的方法和细节,另一方面要体会如何从几何角度发现函数的性质,以及如何推广和扩展所得到的结果.后者对于提升读者的研究能力尤为重要.

本章的一系列微分中值定理的逻辑关系如下.

$$\text{罗尔定理} \xrightleftharpoons[f(a)=f(b)]{\text{推广}} \text{拉格朗日中值定理} \xrightleftharpoons[\text{分母}=x]{\text{推广}} \text{柯西定理}$$

$$\text{拉格朗日中值定理} \underset{n=0}{\overset{\text{推广}}{\big\|}} \text{泰勒定理}$$

本章的难点在于将微分中值定理应用于根问题、等式和不等式问题,因此列举的例题较多.其他如单调性、凸凹性判定、计算渐近线、绘制图形等问题则有固定的模式可套,难度不大而没有过多讨论.

【4-2】 拉格朗日中值公式的等价形式及意义

拉格朗日中值公式有许多不同的应用,但是需要选择适当的形式.

(1) $\dfrac{f(b)-f(a)}{b-a}=f'(\xi)$,$\xi$ 在 a 与 b 之间.

含义:曲线 $y=f(x)$ 在 $[a,b]$ 上的弦的斜率 $\dfrac{f(b)-f(a)}{b-a}$ 等于曲线上某点切线的斜率.

(2) $\qquad f(x+\Delta x)-f(x)=f'(x+\theta\Delta x)\Delta x, \quad 0<\theta<1;$

$\qquad\qquad f(x_2)-f(x_1)=f'(\xi)(x_2-x_1), \quad x_1<\xi<x_2.$

含义:用导数估计函数的改变量或同名函数在两点的差值.

(3) $f(x)=f(x_0)+f'(\xi)(x-x_0)$,$\xi$ 在 x 与 x_0 之间.

含义:用特殊点的函数值与导数来表达任意一点的函数值.

【4-3】 柯西中值定理的下述证法对吗

对函数 $f(x)$ 与 $g(x)$ 分别应用拉格朗日中值定理,得

$$f(b)-f(a)=f'(\xi)(b-a), \quad \xi\in(a,b);$$
$$g(b)-g(a)=g'(\xi)(b-a), \quad \xi\in(a,b).$$

以上两式相除即得柯西中值定理:

$$\frac{f(b)-f(a)}{g(b)-g(a)}=\frac{f'(\xi)}{g'(\xi)}, \quad \xi\in(a,b).$$

错.因为对不同的两个函数 $f(x)$ 与 $g(x)$ 分别应用拉格朗日中值定理时,其中的两个中值点 ξ_1,ξ_2 不一定相同,写成同样的 ξ 是不可以的.在使用微分中值定理时,一定要注意中值点 ξ 与函数、区间均有关系,不注意区分,可能会导致错误.

【4-4】 正确理解微分中值定理的条件

微分中值定理对函数设立了一系列的重要条件.值得注意的是:一方面如果没有这些条件,结论不一定成立;另一方面如果缺少这些条件,结论也可能还是成立的.下面以罗尔定理为例来加以说明.

罗尔定理 设函数 $f(x)$ 满足条件(1)在 $[a,b]$ 上连续,(2)在 (a,b) 内可导,(3)$f(a)=f(b)$,则存在 $\xi\in(a,b)$ 使得 $f'(\xi)=0$.

图 4-1 中的三条曲线对应的函数分别不满足罗尔定理的条件之一,以至于结论不成立.

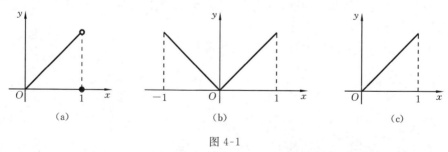

图 4-1

(a) 不满足条件(1); (b) 不满足条件(2); (c) 不满足条件(3)

而以下函数则说明,当条件不满足时,结论也可能成立.

图 4-2 表示,函数 $y=x^3$ 不满足两点等高 $f(a)=f(b)$ 的条件,但是依然有 $\xi=0$,使得 $f'(\xi)=0$.

【4-5】 选用微分中值定理的一般原则和思路

解题时究竟使用哪一个微分中值定理作为切入点,对初学者是比较困难的.需要认

真地分析例题,多做习题才能有所体会.根据问题的任务和给出的条件大体上可以遵循以下原则:

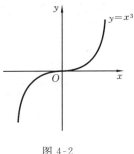

(1) 证明含中值的等式或方程根的存在性问题,可考虑用罗尔定理(或者连续函数的介值定理);

(2) 若结论中涉及含中值的两个不同函数,可考虑用柯西中值定理;

(3) 若条件中函数有高阶导数,多考虑用泰勒定理,或者连续使用罗尔定理;

图 4-2

(4) 不等式或估计大小的问题,多考虑用拉格朗日中值定理.

在解题指导中,我们会结合题型给出更加明确的归纳和范例.

【4-6】 洛必达法则使用要点

由于有些函数的导函数相比求导之前的函数要简单一些,故使用洛必达法则,通过 $\dfrac{f'(x)}{g'(x)}$ 的极限来计算 $\dfrac{f(x)}{g(x)}$ 的极限能够提高效率,但是初学者在使用中也会出现一些问题.因此要特别强调以下几点.

(1) 洛必达法则的使用前提.极限 $\lim\dfrac{f(x)}{g(x)}$ 必须是 $\dfrac{0}{0}$ 型(即分子、分母在指定过程中同时趋于 0)或者是 $\dfrac{\infty}{\infty}$ 型(即分子分母在指定过程中同时趋于 ∞),函数的导数必须存在.

(2) 洛必达法则的适用环境.极限 $\lim\dfrac{f'(x)}{g'(x)}=l$($l$ 可以是 ∞)比较容易计算出来,此时便有 $\lim\dfrac{f(x)}{g(x)}=l$.如果 $\lim\dfrac{f'(x)}{g'(x)}$ 比较麻烦,或者为振荡型发散,则不适合使用该法则.

例如 $\lim\limits_{x\to\infty}\dfrac{x+\sin x}{x}$,虽属 $\dfrac{\infty}{\infty}$ 型不定式,但是 $\lim\limits_{x\to\infty}\dfrac{(x+\sin x)'}{x'}=\lim\limits_{x\to\infty}(1+\cos x)$ 为振荡型发散,洛必达法则对其失效.而直接按极限性质计算可以获得成功:

$$\lim_{x\to\infty}\frac{x+\sin x}{x}=\lim_{x\to\infty}\left(1+\frac{1}{x}\sin x\right)=1.$$

(3) 洛必达法则的得当使用.避免将洛必达法则视为未定型极限的首选和通用方法.事实上,洛必达法则只是化简极限的手段之一,一方面它有如(2)所提的盲点,另一方面,其化简的力度并不比无穷小量等价代换法更强.因此最明智的策略便是,扬长避短,结合多种化简方法和计算规则,借助已知极限结果来完成极限计算.具体的灵活运用参见解题指导.

(4) 洛必达法则的延伸使用.其他类型的未定型($0\cdot\infty$ 型,$\infty-\infty$ 型,0^0 型,1^∞ 型,∞^0 型等)可以通过合并、取对数等方法化为 $\dfrac{0}{0}$ 型或 $\dfrac{\infty}{\infty}$ 型后,再用洛必达法则计算.

【4-7】 函数的驻点与函数的极值点关系

驻点不一定是极值点.例如函数 $f(x)=x^3$,显然 $f'(0)=0$,但点 $x=0$ 不是 $f(x)$ 的极值点.这说明驻点不一定是极值点.反过来,极值点也不一定是驻点.例如函数 $f(x)=|x|$,易知点 $x=0$ 是 $f(x)$ 的极小值点,但 $f'(0)$ 不存在.

【4-8】 极值与最值的区别与联系是什么

以极大值与最大值为例来说明极值与最值之间的区别和联系,如表 4-1 所示.

表 4-1

	极 大 值	最 大 值
区别	局部概念	整体概念
	可以不唯一	一定唯一
	不一定大于极小值	一定不小于最小值
	只能在驻点或不可导点取得	除在驻点和不可导点取得外,还可以在区间的端点取得
联系	极大值不一定是最大值,区间内可微函数唯一的极大值一定是最大值	

【4-9】 曲线渐近线

(1) 水平渐近线

若 $\lim\limits_{x \to +\infty} f(x) = b$(或者 $\lim\limits_{x \to -\infty} f(x) = b$),则曲线 $y = f(x)$ 有水平渐近线 $y = b$.

(2) 铅直渐近线

若 $\lim\limits_{x \to x_0^+} f(x) = \infty$(或者 $\lim\limits_{x \to x_0^-} f(x) = \infty$),则曲线 $y = f(x)$ 有铅直渐近线 $x = x_0$.

(3) 斜渐近线

若 $\lim\limits_{x \to +\infty} \dfrac{f(x)}{x} = k$(或者 $\lim\limits_{x \to -\infty} \dfrac{f(x)}{x} = k$),并且 $\lim\limits_{x \to +\infty} [f(x) - kx] = b$(或者 $\lim\limits_{x \to -\infty} [f(x) - kx] = b$),则曲线 $y = f(x)$ 有斜渐近线 $y = kx + b$.

【4-10】 泰勒公式的重要性和典型用途归纳

在函数的性质分析和典型计算等问题中,泰勒公式

$$f(x) = f(x_0) + f'(x_0)(x - x_0) + \cdots + \frac{1}{n!} f^{(n)}(x)(x - x_0)^n + R_n(x_0, x, \xi)$$

是一个非常重要的工具.在本课程中主要能解决以下问题.

(1) 证明函数或重要的数值的不等式:去掉保持为定号的余项即可.

(2) 证明函数的导数的中值问题:保留余项,代入适当的点即可.

(3) 计算函数的极限:用带有余项的泰勒多项式替代函数.

(4) 确定无穷小量的主部或阶数:去掉余项即可.

(5) 计算函数在展开点的 n 阶导数:利用泰勒多项式的系数公式.

(6) 函数值近似计算,方程近似求解:估计余项即可.

我们将问题(1)、(2)、(3)放在相应的题型中,而将其他的归在同一个问题中,以便于查找.

4.3 解 题 指 导

【题型 4-1】 方程的根问题

应对 所谓根问题,是指函数方程 $F(x) = 0$ 在某个区间内存在实根,也可以理解为中值问题的特殊形式.通常利用连续函数的介值定理或罗尔定理证明根的存在性,而利用单调性证明根的唯一性.

例 4-1 证明方程 $x\cos x+\sin x=0$ 在区间 $(0,\pi)$ 内有根.

证一 记 $f(x)=x\cos x+\sin x$，直接验算得 $f\left(\dfrac{\pi}{2}\right)=1>0$，$f(\pi)=-\pi<0$，由于 $f(x)$ 在区间 $[0,\pi]$ 上连续，故由连续函数的介值定理知，存在 $\xi\in(0,\pi)$ 使得 $f(\xi)=0$，即方程 $x\cos x+\sin x=0$ 在 $(0,\pi)$ 内有根.

证二 记 $f(x)=x\cos x+\sin x$，为使用罗尔定理，需要找到一个函数 $F(x)$，使得 $F'(x)=f(x)$，于是逆向应用积的求导规则并验算知，可以取 $F(x)=x\sin x$，接下去易知 $F(0)=F(\pi)$，且 $F(x)$ 在区间 $(0,\pi)$ 内可导，在区间 $[0,\pi]$ 上连续，满足罗尔定理的条件，故存在 $\xi\in(0,\pi)$ 使得 $F'(\xi)=f(\xi)=0$.

例 4-2 证明方程 $2^x=1+x^2$ 的实根恰有三个.

证 直接验算知 $x=0$，$x=1$ 是方程的根. 设 $f(x)=2^x-1-x^2$，则由于
$$f(4)=2^4-1-4^2=-1,\quad f(5)=2^5-1-5^2=6,$$
由连续函数的介值定理知，$f(x)=0$ 在区间 $(4,5)$ 内至少存在一根，从而方程至少有三个不同的根. 如果 $f(x)=0$ 有四个不同的根，则根据罗尔定理 $f'(x)=0$ 至少有三个根，$f''(x)=0$ 至少有两个根，$f'''(x)=0$ 至少有一个根. 但是由于 $f'''(x)=2^x(\ln 2)^3>0$ 没有根，故方程 $2^x=1+x^2$ 的实根恰有三个.

例 4-3 设 $f(x)$ 在区间 $[a,+\infty)$ 上连续，在区间 $(a,+\infty)$ 内可导，且 $f'(x)>k$（k 为正常数），又设 $f(a)<0$，试证方程 $f(x)=0$ 在 $\left(a,a-\dfrac{f(a)}{k}\right)$ 内有唯一根.

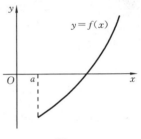

图 4-3

证 本例属于方程的根问题. $f'(x)>k>0$ 说明函数 $f(x)$ 在区间 $(a,+\infty)$ 内严格单调递增，方程有根必唯一（见图 4-3）. 又因 $f(a)<0$，故由连续函数的介值定理知，只需论证 $f\left(a-\dfrac{f(a)}{k}\right)>0$. 由拉格朗日中值定理及条件 $f'(\xi)>k>0$ 得

$$f\left(a-\frac{f(a)}{k}\right)=f(a)+f'(\xi)\left(-\frac{f(a)}{k}\right)\quad\left(a<\xi<a-\frac{f(a)}{k}\right)=f(a)\left(1-\frac{f'(\xi)}{k}\right)>0,$$

于是方程 $f(x)=0$ 在区间 $\left(a,a-\dfrac{f(a)}{k}\right)$ 内有且仅有一个根.

例 4-4 研究方程 $x\ln x+A=0$ 实根的个数.

解 令 $f(x)=x\ln x+A$，则 $f(x)$ 在区间 $(0,+\infty)$ 内可导，且 $f'(x)=\ln x+1$. 由 $f'(x)=0$ 解得 $x=\dfrac{1}{e}$，于是得到 $f(x)$ 的单调区间，其分布如表 4-2 所示.

表 4-2

x	$\left(0,\dfrac{1}{e}\right)$	$\dfrac{1}{e}$	$\left(\dfrac{1}{e},+\infty\right)$
$f'(x)$	$-$	0	$+$
$f(x)$	严格单调减	极小值 $A-\dfrac{1}{e}$	严格单调增

由于 $\lim\limits_{x\to 0^+}f(x)=A$，$f\left(\dfrac{1}{e}\right)=A-\dfrac{1}{e}$，$\lim\limits_{x\to+\infty}f(x)=+\infty$，因此：

(1) 若 $A\leqslant 0$，则 $f(x)=0$ 在区间 $\left(0,\dfrac{1}{e}\right)$ 内无根，在区间 $\left(\dfrac{1}{e},+\infty\right)$ 内有唯一根；

(2) 若 $0<A<\dfrac{1}{e}$，则 $f(x)=0$ 在区间 $\left(0,\dfrac{1}{e}\right)$ 与 $\left(\dfrac{1}{e},+\infty\right)$ 内各有一根；

(3) 若 $A=\dfrac{1}{e}$，则极小值 $f\left(\dfrac{1}{e}\right)=0$，于是对任意 $x\in(0,+\infty)$ 且 $x\neq\dfrac{1}{e}$，有 $f(x)>0$，所以 $f(x)=0$ 在区间 $(0,+\infty)$ 内有唯一根 $x=\dfrac{1}{e}$；

(4) 若 $A>\dfrac{1}{e}$，则极小值 $f\left(\dfrac{1}{e}\right)>0$，于是对任意 $x\in(0,+\infty)$，有 $f(x)>0$，所以 $f(x)=0$ 在区间 $(0,+\infty)$ 内无解.

【题型 4-2】 函数的中值问题(或表现为方程的根问题)

应对 所谓函数的中值问题，是在一定条件下推断存在"中值" $\xi\in(a,b)$ 使得含 ξ 的某个函数等式 $\varphi(a,b,\xi)=0$ 成立，其中 φ 与某个已给的函数 f(或 g)有关.

本章主要考虑使用微分中值定理解决这些问题.

设 $f(x),g(x)$ 在 $[a,b]$ 上连续，在区间 (a,b) 内可导，且 $g'(x)\neq 0$ $(a<x<b)$，所用定理列举如下.

(1) 罗尔定理：$f(a)=f(b)\Rightarrow\exists\xi\in(a,b)$ 使 $f'(\xi)=0$.

(2) 拉格朗日中值定理：$\exists\xi\in(a,b)$，使 $f(b)-f(a)=f'(\xi)(b-a)$.

(3) 柯西中值定理：$\exists\xi\in(a,b)$，使 $\dfrac{f(b)-f(a)}{g(b)-g(a)}=\dfrac{f'(\xi)}{g'(\xi)}$.

(4) 一阶泰勒公式：$f(x)=f(x_0)+f'(x_0)(x-x_0)+\dfrac{1}{2}f''(\xi)(x-x_0)^2$，其中 $f(x)$ 在区间 $[x_0,x]$ 或 $[x,x_0]$ 上连续，在对应的开区间内二阶可导，且 ξ 在开区间之内.

尽管中值问题的解答在构建辅助函数时具有较大的难度，但是在条件分析、结论变形等方面还是有一些规律. 为了使大家掌握以上方法，我们在解答中将尽可能地写出问题的分析过程，指明解题的关键步骤.

1. 单中值问题

例 4-5 设函数 $f(x)$ 在区间 $[0,\pi]$ 上连续，在区间 $(0,\pi)$ 内可导，证明存在 $\xi\in(0,\pi)$，使 $f'(\xi)=-f(\xi)\cot\xi$.

分析 将目标式变形为 $f'(\xi)\sin\xi+f(\xi)\cos\xi=0$，它等价于函数方程 $f'(x)\sin x+f(x)\cos x=0$ 在区间 $(0,\pi)$ 内有根. 由于问题与导函数相关，故考虑用罗尔定理，为此必须找到一个函数 $F(x)$，使得

$$F'(x)=f'(x)\sin x+f(x)\cos x.$$

由积的求导规则，可以验证 $F(x)=f(x)\sin x$ 满足要求.

证 设 $F(x)=f(x)\sin x$，由于 $F(x)$ 在区间 $[0,\pi]$ 上连续，在区间 $(0,\pi)$ 内可导，且 $F(0)=F(\pi)=0$，故存在一点 $\xi\in(0,\pi)$，使 $F'(\xi)=0$，即 $f'(\xi)=-f(\xi)\cot\xi$.

注 应用罗尔定理的过程中，关键是构造函数 $F(x)$. 常用的几种类型如表 4-3 所示.

表 4-3

目 标 方 程	构 造 函 数 $F(x)$
$xf'(x)+f(x)=0$	$F(x)=xf(x)$
$f'(x)g(x)+g'(x)f(x)=0$	$F(x)=f(x)g(x)$
$xf'(x)-f(x)=0$	$F(x)=f(x)/x$
$f'(x)g(x)-g'(x)f(x)=0$	$F(x)=f(x)/g(x)$
$f(x)+f'(x)=0$	$F(x)=\mathrm{e}^{x}f(x)$
$kf(x)+f'(x)=0$	$F(x)=\mathrm{e}^{kx}f(x)$
$f(x)g''(x)-g(x)f''(x)=0$	$F(x)=f(x)g'(x)-f'(x)g(x)$

例 4-6 假设 $f(x)$ 和 $g(x)$ 在区间 $[a,b]$ 上存在二阶导数,并且 $g''(x)\neq0, f(a)=f(b)=g(a)=g(b)=0$,试证:

(1) 在区间 (a,b) 内,$g(x)\neq0$; (2) 在 (a,b) 内有一点 ξ 使 $\dfrac{f(\xi)}{g(\xi)}=\dfrac{f''(\xi)}{g''(\xi)}$.

证 (1) 用反证法.假设存在 $c\in(a,b)$,使 $g(c)=0$.则对函数 $g(x)$ 分别在区间 $[a,c]$ 和 $[c,b]$ 上使用罗尔定理知,存在 $\xi_1\in(a,c)$ 使 $g'(\xi_1)=0$,存在 $\xi_2\in(c,b)$ 使 $g'(\xi_2)=0$.再对 $g'(x)$ 在区间 $[\xi_1,\xi_2]$ 上使用罗尔定理知,存在 $\xi_3\in(\xi_1,\xi_2)\subset(a,b)$ 使 $g''(\xi_3)=0$,这与题给条件矛盾.故在 (a,b) 内,$g(x)\neq0$.

(2) 将 $\dfrac{f(\xi)}{g(\xi)}=\dfrac{f''(\xi)}{g''(\xi)}$ 变形为 $f(\xi)g''(\xi)-g(\xi)f''(\xi)=0$,即知问题等价于证明方程 $f(x)g''(x)-g(x)f''(x)=0$ 有根.于是由表 4-3,可设 $F(x)=f(x)g'(x)-g(x)f'(x)$.

由题设条件知,$F(x)$ 在 $[a,b]$ 上可导,且

$$F(a)=f(a)g'(a)-g(a)f'(a)=0, \quad F(b)=f(b)g'(b)-g(b)f'(b)=0,$$

故由罗尔定理知,存在 $\xi\in(a,b)$,使 $F'(\xi)=0$,即 $\dfrac{f(\xi)}{g(\xi)}=\dfrac{f''(\xi)}{g''(\xi)}$.

例 4-7 设 $f(x)$ 在区间 $[a,b]$ 上连续,在区间 (a,b) 内可导,证明:在区间 (a,b) 存在一点 ξ,使 $\dfrac{bf(b)-af(a)}{b-a}=f(\xi)+\xi f'(\xi)$.

证一 记 $\dfrac{bf(b)-af(a)}{b-a}=k$,则中值问题等价于方程 $f(x)+xf'(x)-k=0$ 在区间 (a,b) 内有根.根据表 4-3,可设 $F(x)=xf(x)-kx$,显然 $F(x)$ 在区间 $[a,b]$ 上连续,在区间 (a,b) 内可导,直接验证知

$$F(b)-F(a)=bf(b)-af(a)-k(b-a)=0,$$

故由罗尔定理知,存在 $\xi\in(a,b)$ 使 $F'(\xi)=0$,亦即 $\dfrac{bf(b)-af(a)}{b-a}=f(\xi)+\xi f'(\xi)$.

证二 设 $F(x)=xf(x)$,则 $F(x)$ 在 $[a,b]$ 上连续,在 (a,b) 内可导,且

$$\dfrac{bf(b)-af(a)}{b-a}=\dfrac{F(b)-F(a)}{b-a}, \quad F'(x)=f(x)+xf'(x),$$

于是利用拉格朗日中值定理便得到结果:

$$\frac{bf(b)-af(a)}{b-a}=f(\xi)+\xi f'(\xi),\quad \xi\in(a,b).$$

例 4-8 设 $f(x),g(x)$ 在区间 $[a,b]$ 上连续,在区间 (a,b) 内具有二阶导数且存在相等的最大值,且 $f(a)=g(a),f(b)=g(b)$. 证明:存在 $\xi\in(a,b)$ 使 $f''(\xi)=g''(\xi)$.

证 令 $h(x)=f(x)-g(x)$,则 $h(x)$ 在 $[a,b]$ 上连续,在 (a,b) 内二阶可导,$h(a)=h(b)=0$. 设 $f(x),g(x)$ 在区间 (a,b) 内的最大值 M 分别在 $\alpha\in(a,b),\beta\in(a,b)$ 取得.

当 $\alpha=\beta$ 时,取 $\eta=\alpha$,则 $h(\eta)=0$. 当 $\alpha\neq\beta$ 时,有

$$h(\alpha)=f(\alpha)-g(\alpha)=M-g(\alpha)>0,\quad h(\beta)=f(\beta)-g(\beta)=f(\beta)-M<0.$$

由介值定理知,存在介于 α 与 β 之间的点 η,使得 $h(\eta)=0$.

综上所述,存在 $\eta\in(a,b)$ 使得 $h(\eta)=0$.

于是,由罗尔定理可知,存在 $\xi_1\in(a,\eta),\xi_2\in(\eta,b)$ 使得 $h'(\xi_1)=h'(\xi_2)=0$. 再在区间 $[\xi_1,\xi_2]$ 上对 $h'(x)$ 使用罗尔定理推知,存在 $\xi\in(\xi_1,\xi_2)\subset(a,b)$,使得 $h''(\xi)=0$,即 $f''(\xi)=g''(\xi)$.

例 4-9 设 $x_2>x_1>0$,试证 $x_1 e^{x_2}-x_2 e^{x_1}=(1-\xi)e^{\xi}(x_1-x_2)$,其中 ξ 在 x_1 与 x_2 之间.

分析 目标式 $x_1 e^{x_2}-x_2 e^{x_1}=(1-\xi)e^{\xi}(x_1-x_2)$ 的右边与拉格朗日中值定理类似,但是左边不是 $f(x_2)-f(x_1)$ 形式,无法套用该定理. 为了分离 x_1,x_2,等式两边除以 $x_1 x_2$($x_2>x_1>0$ 保证可行性),再将含 ξ 的量留在右端,得

$$\frac{e^{x_2}/x_2-e^{x_1}/x_1}{1/x_2-1/x_1}=(1-\xi)e^{\xi}.$$

上式左边与柯西中值定理类似(右边暂且不管),于是取 $f(x)=\dfrac{e^x}{x},g(x)=\dfrac{1}{x}$.

证 取 $f(x)=\dfrac{e^x}{x},g(x)=\dfrac{1}{x}$,则 $f(x),g(x)$ 在 $[x_1,x]$ 上可导,且

$$f'(x)=\frac{xe^x-e^x}{x^2},\quad g'(x)=-\frac{1}{x^2}\neq 0,$$

于是由柯西中值定理,存在 $\xi\in(x_1,x_2)$ 使得

$$\frac{e^{x_2}/x_2-e^{x_1}/x_1}{1/x_2-1/x_1}=\frac{(\xi e^{\xi}-e^{\xi})/\xi^2}{-1/\xi^2}=(1-\xi)e^{\xi}.$$

上式左端分子、分母同乘以 $x_1 x_2$,化简后即得所证.

例 4-10 设 $f(x)$ 在区间 $(-\infty,+\infty)$ 内有界,且二阶可导,试证至少存在一点 ξ 使 $f''(\xi)=0$.

证 当 $f'(x)\equiv 0$ 时,命题显然成立,否则可取 $x=x_0$ 使 $f'(x_0)\neq 0$. 下面使用反证法证之.

设没有点 ξ 使 $f''(\xi)=0$,则恒有 $f''(x)>0$(或 $f''(x)<0$). 于是由泰勒公式知

$$f(x)=f(x_0)+f'(x_0)(x-x_0)+\frac{1}{2}f''(\eta)(x-x_0)^2>f(x_0)+f'(x_0)(x-x_0).$$

当 $f'(x_0)>0$ 时,令 $x\to+\infty$,得 $f(x)>f(x_0)+f'(x_0)(x-x_0)\to+\infty$.

当 $f'(x_0)<0$ 时,令 $x\to-\infty$,得 $f(x)>f(x_0)+f'(x_0)(x-x_0)\to+\infty$.

这些均与 $f(x)$ 在区间 $(-\infty,+\infty)$ 内有界相矛盾.同理可证,当 $f''(x)<0$ 时也将引起矛盾.于是至少存在一点 ξ 使 $f''(\xi)=0$.

例 4-11 设 $f(x)$ 在区间 $[a,b]$ 上具有连续的三阶导数,证明:存在 $\xi\in(a,b)$,使得

$$f(b)=f(a)+f'\left(\frac{a+b}{2}\right)(b-a)+\frac{1}{24}(b-a)^3 f'''(\xi).$$

证 由于出现 $f'\left(\frac{a+b}{2}\right)$,故考虑将 $f(x)$ 在点 $x_0=\frac{a+b}{2}$ 处展开成二阶泰勒公式,并分别令 $x=b$ 和 $x=a$,得

$$f(b)=f\left(\frac{a+b}{2}\right)+f'\left(\frac{a+b}{2}\right)\left(b-\frac{a+b}{2}\right)+\frac{1}{2!}f''\left(\frac{a+b}{2}\right)\left(b-\frac{a+b}{2}\right)^2+\frac{1}{3!}f'''(\xi_1)\left(b-\frac{a+b}{2}\right)^3,$$

$$f(a)=f\left(\frac{a+b}{2}\right)+f'\left(\frac{a+b}{2}\right)\left(a-\frac{a+b}{2}\right)+\frac{1}{2!}f''\left(\frac{a+b}{2}\right)\left(a-\frac{a+b}{2}\right)^2+\frac{1}{3!}f'''(\xi_2)\left(a-\frac{a+b}{2}\right)^3,$$

其中 $\xi_1,\xi_2\in(a,b)$.两式相减得

$$f(b)-f(a)=f'\left(\frac{a+b}{2}\right)(b-a)+\frac{1}{48}[f'''(\xi_1)+f'''(\xi_2)](b-a)^3,$$

注意到 $\frac{1}{2}[f'''(\xi_1)+f'''(\xi_2)]$ 介于连续函数 $f'''(x)$ 的函数值 $f'''(\xi_1)$ 与 $f'''(\xi_2)$ 之间,故由介值定理知,存在 $\xi\in(a,b)$,使得 $f'''(\xi)=\dfrac{f'''(\xi_1)+f'''(\xi_2)}{2}$.因此

$$f(b)=f(a)+f'\left(\frac{a+b}{2}\right)(b-a)+\frac{1}{24}(b-a)^3 f'''(\xi).$$

例 4-12 设 $f(x)$ 在 $x=0$ 的邻域内具有 n 阶导数,且 $f(0)=f'(0)=\cdots=f^{(n-1)}(0)=0$,试证 $\dfrac{f(x)}{x^n}=\dfrac{f^{(n)}(\theta x)}{n!}$ $(0<\theta<1)$.

证 用泰勒公式将 $f(x)$ 在点 $x=0$ 处展开:

$$f(x)=f(0)+f'(0)x+\cdots+\frac{f^{(n-1)}(0)}{(n-1)!}x^{n-1}+\frac{f^{(n)}(\theta x)}{n!}x^n \quad (0<\theta<1).$$

将 $f(0)=f'(0)=\cdots=f^{(n-1)}(0)=0$ 代入上式可得

$$\frac{f(x)}{x^n}=\frac{f^{(n)}(\theta x)}{n!} \quad (0<\theta<1).$$

2. 双(多)中值问题

例 4-13 设函数 $f(x)$ 在区间 $[a,b]$ 上连续,在区间 (a,b) 内可导,且 $f'(x)\neq 0$.试证存在 $\xi,\eta\in(a,b)$,使得

$$\frac{f'(\xi)}{f'(\eta)}=\frac{e^b-e^a}{b-a}e^{-\eta}.$$

提示 同一区间含两个中值点的问题需要对两个函数分别应用微分中值定理,而要使得两个中值关联,就必须有一个媒介,例如可以将目标关系式变为形如

$$P(\xi)=R(a,b)=Q(\eta)$$

的形式分别去证明 $P(\xi)=R(a,b)$ 及 $R(a,b)=Q(\eta)$.

证 分离 ξ,η(这是要点),将要证的等式改写成 $f'(\xi)=\dfrac{e^b-e^a}{b-a}\cdot\dfrac{f'(\eta)}{e^\eta}$.

考虑到 $f(x)$ 在区间 $[a,b]$ 上满足拉格朗日中值定理的条件,故存在 $\xi \in (a,b)$,$f'(\xi) = \dfrac{f(b)-f(a)}{b-a}$. 于是将要证明的等式转化为形如

$$f'(\xi) = \frac{f(b)-f(a)}{b-a} = \frac{e^b - e^a}{b-a} \cdot \frac{f'(\eta)}{e^\eta}$$

的形式,从而只要证明存在 $\eta \in (a,b)$ 使得

$$\frac{f(b)-f(a)}{b-a} = \frac{e^b - e^a}{b-a} \cdot \frac{f'(\eta)}{e^\eta}, \quad 即 \quad \frac{f(b)-f(a)}{e^b - e^a} = \frac{f'(\eta)}{e^\eta}.$$

令 $g(x) = e^x$,则 $g(x)$ 与 $f(x)$ 在区间 $[a,b]$ 上满足柯西中值定理条件,于是存在 $\eta \in (a,b)$,使得 $\dfrac{f(b)-f(a)}{e^b - e^a} = \dfrac{f'(\eta)}{e^\eta}$,由题设 $f'(x) \neq 0$ 知 $f'(\eta) \neq 0$,从而证得

$$\frac{f'(\xi)}{f'(\eta)} = \frac{e^b - e^a}{b-a} e^{-\eta}.$$

例 4-14 设 $f(x)$ 在区间 $[0,1]$ 上连续,在区间 $(0,1)$ 内可导,且 $f(0)=0$,$f(1)=1$. 证明:

(1) 对于常数 $A \in (0,1)$,存在 $c(0<c<1)$,使得 $f(c)=A$;

(2) 存在不同的 $\xi, \eta \in (0,1)$,使得 $\dfrac{A}{f'(\xi)} + \dfrac{1-A}{f'(\eta)} = 1$.

证 (1) 因为 A 介于函数值 $f(0)=0$ 与 $f(1)=1$ 之间,故由连续函数的介值定理推知,存在 $c(0<c<1)$,使得 $f(c)=A$.

(2) 对 $f(x)$ 分别在区间 $[0,c]$ 和 $[c,1]$ 上使用拉格朗日中值定理,有

$$\frac{f(c)-f(0)}{c-0} = \frac{A}{c} = f'(\xi) \quad (0<\xi<c),$$

$$\frac{f(1)-f(c)}{1-c} = \frac{1-A}{1-c} = f'(\eta) \quad (c<\eta<1),$$

联立以上两式,便得 $\dfrac{A}{f'(\xi)} + \dfrac{1-A}{f'(\eta)} = c + 1 - c = 1$.

注 此题中要求的两个中值点不同,因此必须在两个不同区间中分别使用中值定理. 最后组成的关系则可以有多种变化,例如还可以得出 $cf'(\xi) + (1-c)f'(\eta) = 1$.

例 4-15 设函数 $f(x)$ 在 $[a,b]$ 上连续,在 (a,b) 内可导,试证存在 $\xi, \eta, \zeta \in (a,b)$,使得 $f'(\xi) = e^{\zeta-\eta} f'(\eta)$.

证 这是一个三中值的命题,所以需要用三次微分中值定理.

因为函数 $f(x)$,e^x 在 $[a,b]$ 满足拉格朗日中值定理条件,所以必定存在 $\xi \in (a,b)$,$\zeta \in (a,b)$,使得

$$\frac{f(b)-f(a)}{b-a} = f'(\xi), \quad \frac{e^b - e^a}{b-a} = e^\zeta,$$

两式相除,得
$$\frac{f(b)-f(a)}{e^b - e^a} = \frac{f'(\xi)}{e^\zeta} \qquad\qquad ①$$

与所要证明的等式比较,只需再对函数 $f(x)$,e^x 在 $[a,b]$ 上用柯西中值定理. 因为函数 $f(x)$,e^x 在 $[a,b]$ 上满足柯西中值定理的条件,所以存在 $\eta \in (a,b)$,使得

$$\frac{f(b)-f(a)}{e^b-e^a}=\frac{f'(\eta)}{e^\eta} \qquad ②$$

由式①,式②得
$$\frac{f'(\xi)}{e^\xi}=\frac{f'(\eta)}{e^\eta},$$

故
$$f'(\xi)=e^{\xi-\eta}f'(\eta)$$

例 4-16 设函数 $f(x)$ 在 $[a,b]$ 上连续,在 (a,b) 内可导,且 $f(a)=f(b)=A$. 试证存在 $\xi,\eta\in(a,b)$,使得 $e^{\eta-\xi}[f(\eta)+f'(\eta)]=A$.

证 因为,欲证的等式中含有因子 $f(\eta)+f'(\eta)$,由表 4-1,可令 $F(x)=e^x f(x)$. 因为 $F(x)=e^x f(x)$ 在 $[a,b]$ 上满足拉格朗日中值定理条件,所以存在 $\eta\in(a,b)$,使得

$$\frac{e^b f(b)-e^a f(a)}{b-a}=e^\eta[f(\eta)+f'(\eta)].$$

而 $f(a)=f(b)=A$,故

$$\frac{e^b-e^a}{b-a}\cdot A=e^\eta[f(\eta)+f'(\eta)],$$

将此式与所要证明的等式对照,显然只要证明 $\dfrac{e^b-e^a}{b-a}=e^\xi$. 因为函数 e^x 在 $[a,b]$ 上满足拉格朗日中值定理条件,所以,存在 $\xi\in(a,b)$,使得 $\dfrac{e^b-e^a}{b-a}=e^\xi$.

【题型 4-3】 **函数恒等式(或函数恒为常数)的证明**

应对 由拉格朗日中值定理的推论知,若 $h(x)$ 在 I 上可导,且 $h'(x)\equiv0$,则在 I 上 $h(x)$ 为常数. 因此,证明在某个区间 I 上 $f(x)=g(x)$,等价于证明 $h(x)=f(x)-g(x)=0(x\in I)$. 为此,只需要证明 $h'(x)=0\ (x\in I)$ 及在某点 $x_0\in I$ 有 $h(x_0)=0$.

例 4-17 设函数 $f(x),g(x)$ 在区间 (a,b) 内可微,且 $g(x)\neq0$,$f(x)g'(x)-f'(x)g(x)=0\ (x\in(a,b))$. 证明:存在常数 k,使得 $f(x)=kg(x)\ (x\in(a,b))$.

分析 $f(x)=kg(x)$ 等价于 $\dfrac{f(x)}{g(x)}=k$,于是设法证明 $\left(\dfrac{f(x)}{g(x)}\right)'=0$.

证 构造函数 $F(x)=\dfrac{f(x)}{g(x)}\ (g(x)\neq0)$,则由条件得

$$F'(x)=\frac{f'(x)g(x)-f(x)g'(x)}{g^2(x)}=0\ (x\in(a,b)),$$

于是 $F(x)=$ 常数(记为 k),亦即 $f(x)=kg(x)\ (x\in(a,b))$.

例 4-18 证明函数恒等式 $\arctan x=\dfrac{1}{2}\arctan\dfrac{2x}{1-x^2},x\in(-1,1)$.

证 令 $f(x)=\arctan x-\dfrac{1}{2}\arctan\dfrac{2x}{1-x^2}$,显然 $f(x)$ 在区间 $(-1,1)$ 内可导,且

$$f'(x)=\frac{1}{1+x^2}-\frac{1}{2}\cdot\frac{1}{1+\left(\frac{2x}{1-x^2}\right)^2}\cdot\frac{2(1-x^2)+4x^2}{(1-x^2)^2}=\frac{1}{1+x^2}-\frac{1}{1+x^2}=0,$$

又因 $f(0)=0$,故 $\arctan x=\dfrac{1}{2}\arctan\dfrac{2x}{1-x^2},x\in(-1,1)$.

【题型 4-4】 **含中值点导数(或 $f(x_2)-f(x_1)$)的不等式的证明**

应对 基本原则是利用拉格朗日中值定理和泰勒公式变形,然后估计其中含有中

值的量的大小.

例 4-19 证明:对任意的实数 x_1,x_2,有 $|\sin x_2 - \sin x_1| \leqslant |x_2 - x_1|$.

证 令 $f(x) = \sin x$,则有介于 x_1,x_2 之间的 ξ,使得

$$|\sin x_2 - \sin x_1| = |(x_2 - x_1)\cos\xi| \leqslant |x_2 - x_1|,$$

因为 $|\cos\xi| \leqslant 1$,故 $|\sin x_2 - \sin x_1| \leqslant |x_2 - x_1|$.

例 4-20 设 $f'(x)$ 在区间 $[a, +\infty)$ 上连续,且 $\lim\limits_{x \to +\infty} f'(x)$ 存在,试证:存在 $M > 0$,使得对任意 $x_1, x_2 \in [a, +\infty)$,恒有 $|f(x_2) - f(x_1)| \leqslant M|x_2 - x_1|$.

证 由拉格朗日中值公式可得 $|f(x_2) - f(x_1)| = |f'(\xi)| \, |x_2 - x_1|$.以下证明 $|f'(\xi)| \leqslant M$.

因 $\lim\limits_{x \to +\infty} f'(x) = A$,所以给定 $\varepsilon = \dfrac{|A|}{2}$,存在 $b > 0$,当 $x > b$ 时,有 $|f'(x) - A| < \dfrac{|A|}{2}$,从而

$$|f'(x)| \leqslant |f'(x) - A| + |A| < \frac{|A|}{2} + |A| = \frac{3}{2}|A|.$$

而 $f'(x)$ 在区间 $[a, b]$ 上连续,故有界,因此存在 $m > 0$ 使得 $|f'(x)| \leqslant m$ $(x \in [a, b])$.取 $M = \max\left\{\dfrac{3}{2}|A|, m\right\}$,于是对任意 $x \in [a, +\infty)$,必有 $|f'(x)| \leqslant M$.故

$$|f(x_2) - f(x_1)| = |f'(\xi)| \, |x_2 - x_1| \leqslant M|x_2 - x_1|.$$

例 4-21 设函数 $f(x)$ 在区间 $[0, 1]$ 上二阶可导,且 $f(0) = f'(0) = f'(1) = 0$,$f(1) = 1$.证明:存在 $\xi \in (0, 1)$,使 $|f''(\xi)| \geqslant 4$.

证 将函数 $f(x)$ 在点 $x = 0$ 与 $x = 1$ 处分别展开为泰勒公式,得

$$f(x) = f(0) + f'(0)x + \frac{1}{2}f''(\xi_1)x^2 \quad (0 < \xi_1 < x),$$

$$f(x) = f(1) + f'(1)(x-1) + \frac{1}{2}f''(\xi_2)(x-1)^2 \quad (x < \xi_2 < 1).$$

取 $x = \dfrac{1}{2}$,并利用题设可得

$$f\left(\frac{1}{2}\right) = \frac{1}{8}f''(\xi_1) \ (0 < \xi_1 < x), \quad f\left(\frac{1}{2}\right) = 1 + \frac{1}{8}f''(\xi_2) \ (x < \xi_2 < 1).$$

上面两式相减消去 $f\left(\dfrac{1}{2}\right)$ 即得 $f''(\xi_1) - f''(\xi_2) = 8$,所以 $|f''(\xi_1)| + |f''(\xi_2)| \geqslant 8$.

从而在 ξ_1 与 ξ_2 中至少有一个使得在该点的二阶导数的绝对值不小于 4,把该点取为 ξ,就有 $\xi \in (0, 1)$,使 $|f''(\xi)| \geqslant 4$.

例 4-22 设 $f(x)$ 在区间 $[a, b]$ 上二阶可导,且 $f'(a) = f'(b) = 0$,试证:存在 $\xi \in (a, b)$,使 $|f''(\xi)| \geqslant \dfrac{4}{(b-a)^2}|f(b) - f(a)|$.

分析 本例描述了 $f(x)$,$f'(x)$ 和 $f''(x)$ 之间的一种关系,应该使用泰勒公式.问题的关键是泰勒公式应在哪一点展开.为了使泰勒公式的一阶导数项消失,由 $f'(a) = f'(b) = 0$ 看出,应该在 a 和 b 处分别展开.再考虑两者的联系,应该用到区间的中点.

证 设 $c = \dfrac{a+b}{2}$,又设 $h = \dfrac{b-a}{2} = b - c = c - a$.将 $f(x)$ 分别在 a 和 b 处分别展开成

一阶泰勒公式,且令 $x=c$,得

$$f(c)=f(a)+f'(a)h+\frac{1}{2}f''(\xi_1)h^2 \quad (a<\xi_1<c),$$

$$f(c)=f(b)-f'(b)h+\frac{1}{2}f''(\xi_2)h^2 \quad (c<\xi_2<b),$$

将以上两式相减,并利用 $f'(a)=f'(b)=0$ 得

$$f(b)-f(a)=\frac{1}{2}[f''(\xi_1)-f''(\xi_2)]h^2.$$

取 $\xi=\begin{cases}\xi_1, & |f''(\xi_1)|\geqslant|f''(\xi_2)|, \\ \xi_2, & |f''(\xi_1)|\leqslant|f''(\xi_2)|,\end{cases}$ 则有

$$|f(b)-f(a)|\leqslant\frac{1}{2}(|f''(\xi_1)|+|f''(\xi_2)|)h^2\leqslant f''(\xi)h^2,$$

即 $|f''(\xi)|\geqslant\dfrac{4}{(b-a)^2}|f(b)-f(a)|$.

注 本题若将条件 $f'(a)=f'(b)=0$ 换成 $f'(c)=0\left(c=\dfrac{a+b}{2}\right)$,结论仍成立.

例 4-23 设 $f(x)$ 在区间 $[0,1]$ 上二阶可导,满足条件 $|f(x)|\leqslant a$ 和 $|f''(x)|\leqslant b$,其中 a 和 b 都是非零常数,c 是区间 $(0,1)$ 内的任意一点.

(1) 写出 $f(x)$ 在点 $x=c$ 处带有拉格朗日余项的一阶泰勒公式;

(2) 证明 $|f'(c)|\leqslant 2a+\dfrac{b}{2}$.

解 (1) 泰勒公式为

$$f(x)=f(c)+f'(c)(x-c)+\frac{f''(\xi)}{2}(x-c)^2 \quad (\xi 在 x 与 c 之间).$$

(2) 在上式中分别令 $x=0$ 和 $x=1$ 得

$$f(0)=f(c)+f'(c)(-c)+\frac{f''(\xi_1)}{2}(-c)^2 \quad (\xi_1 在 0 与 c 之间);$$

$$f(1)=f(c)+f'(c)(1-c)+\frac{f''(\xi_2)}{2}(1-c)^2 \quad (\xi_2 在 c 与 1 之间).$$

将两式相减,得 $\quad f(1)-f(0)=f'(c)+\dfrac{f''(\xi_2)}{2}(1-c)^2-\dfrac{f''(\xi_1)}{2}c^2,$

或 $\quad f'(c)=f(1)-f(0)+\dfrac{f''(\xi_1)}{2}c^2-\dfrac{f''(\xi_2)}{2}(1-c)^2,$

即 $\quad |f'(c)|\leqslant|f(1)|+|f(0)|+\dfrac{|f''(\xi_1)|}{2}c^2+\dfrac{|f''(\xi_2)|}{2}(1-c^2)\leqslant a+a+\dfrac{b}{2}[c^2+(1-c^2)].$

容易证明函数 $g(c)=c^2+(1-c)^2$ 在区间 $[0,1]$ 上的最大值是 1. 事实上,由 $g'(c)=2c-2(1-c)=0$ 解得唯一驻点 $c=\dfrac{1}{2}$. 因 $g\left(\dfrac{1}{2}\right)=\dfrac{1}{4}$,$g(0)=g(1)=1$,故 $g(c)$ 的最大值为 1,于是证得 $|f'(c)|\leqslant 2a+\dfrac{b}{2}$.

【题型 4-5】 函数不等式 $u(x)>v(x)$ 的证明

应对 主要有两种方法.

(1) 单调法：由于 $u(x)>v(x)$ 等价于曲线 $y=u(x)-v(x)$ 在 x 轴上方，故只需要考虑曲线的最低点在何处即可，因此可以借助导数的符号分析函数的单调性，绘制出曲线的草图推出结论.几种常用的模式如下.

① 设 $f(x)$ 在区间 $[a,b]$ 上连续，$f(a)\geqslant 0$，当 $x>a$ 时 $f'(x)>0$，则当 $x>a$ 时 $f(x)>0$；因为此时最低点在 $x=a$ 处.

② 设 $f(x)$ 在区间 $[a,b]$ 上连续，$f(b)\geqslant 0$，当 $x>a$ 时 $f'(x)<0$，则当 $x>a$ 时 $f(x)>0$；因为此时最低点在 $x=b$ 处.

(2) 泰勒公式法：如果能够对泰勒公式 $f(x)=P(x)+R(x,\xi)$ 中的余项 $R(x,\xi)$ 进行估计，便可以得到一个函数不等式.常用的模式为

$$f(x)>P(x)\ (R(x,\xi)<0)\quad \text{或}\quad f(x)<P(x)\ (R(x,\xi)>0).$$

总体来说，不等式的证明方法非常多，难度不一.例如，通过计算函数的最大值、最小值也可以得到函数值大小估计的不等式.应用凸函数的性质也能推出诸如均值不等式等重要结论.以下通过例题说明.

例 4-24 试证：当 $x>1$ 时，$\dfrac{\ln(1+x)}{\ln x}>\dfrac{x}{1+x}$.

证 为了避开分式求导的麻烦，将不等式写为 $(1+x)\ln(1+x)>x\ln x$，再令
$$f(x)=(1+x)\ln(1+x)-x\ln x,$$
则 $f(x)$ 在区间 $[1,+\infty)$ 内可导，且 $f'(x)=\ln(1+x)-\ln x>0$（因为 $\ln x$ 单增）.

又因 $f(1)=2\ln 2>0$，故 $f(x)>0\ (x>1)$，因此 $\dfrac{\ln(1+x)}{\ln x}>\dfrac{x}{1+x}\ (x>1)$.

注 当判断 $f'(x)$ 的符号有困难时，还可以继续求导，用二阶导数来判断 $f'(x)$ 的符号，等等，详见下例.

例 4-25 试证：当 $0<x<\dfrac{\pi}{2}$ 时，$\dfrac{\sin x}{x}>\sqrt[3]{\cos x}$.

证 为了避开分式求导的麻烦，把不等式改写为 $(\cos x)^{-\frac{1}{3}}\sin x-x>0$.

设 $f(x)=(\cos x)^{-\frac{1}{3}}\sin x-x$，则 $f(x)$ 在闭区间 $\left[0,\dfrac{\pi}{2}\right]$ 上连续并二阶可导，且

$$f'(x)=\frac{1}{3}(\cos x)^{-\frac{4}{3}}\sin^2 x+(\cos x)^{\frac{2}{3}}-1=\frac{1}{3}(\cos x)^{-\frac{4}{3}}+\frac{2}{3}(\cos x)^{\frac{2}{3}}-1.$$

能看出 $f'(0)=0$，但是不能判断 $f'(x)$ 的符号，于是继续求导得

$$f''(x)=\frac{4}{9}(\cos x)^{-\frac{7}{3}}\sin x-\frac{4}{9}(\cos x)^{-\frac{1}{3}}\sin x=\frac{4}{9}(\cos x)^{-\frac{7}{3}}\sin x(1-\cos^2 x)$$

$$=\frac{4}{9}(\cos x)^{-\frac{7}{3}}\sin^3 x.$$

由此知，当 $0<x<\dfrac{\pi}{2}$ 时 $f''(x)>0$，从而 $f'(x)$ 单调增，于是 $f'(x)>f'(0)=0$，这样便推出 $f(x)$ 单调增，故 $f(x)>f(0)=0$.证毕.

例 4-26 试证：当 $x>0$ 时，$(x^2-1)\ln x\geqslant (x-1)^2$.

证一 设 $f(x)=(x^2-1)\ln x-(x-1)^2$，则 $f(1)=0$，且

$$f'(x)=2x\ln x-x+2-\frac{1}{x}, \quad f''(x)=2\ln x+1+\frac{1}{x^2}.$$

当 $x\geqslant 1$ 时 $f''(x)\geqslant 0$，从而 $f'(x)$ 单调增，于是 $f'(x)>f'(1)=0$. 这样便推出 $f(x)$ 单调增，故 $f(x)\geqslant f(1)=0$.

当 $0<x<1$ 时，$f'''(x)=\dfrac{2(x^2-1)}{x^3}<0\Rightarrow f''(x)$ 单调减 $\Rightarrow$ 当 $0<x<1$ 时，$f''(x)>f''(1)=2>0\Rightarrow f'(x)$ 单调增 $\Rightarrow f'(x)<f'(1)=0\Rightarrow f(x)$ 单调减 $\Rightarrow$ 当 $0<x<1$ 时，$f(x)>f(1)=0$.

综上所述，当 $x>0$ 时，$(x^2-1)\ln x\geqslant(x-1)^2$.

证二 当 $x=1$ 时，不等式显然成立；当 $x>1$ 时，不等式为 $(x+1)\ln x\geqslant x-1$；当 $0<x<1$ 时，不等式为 $(x+1)\ln x\leqslant x-1$. 下面分情况证明.

（1）当 $x>1$ 时：设 $f(x)=(x+1)\ln x-x+1$，有 $f(1)=0$.

$$f'(x)=\ln x+\frac{1}{x}>0\Rightarrow f(x)\text{单调增}\Rightarrow f(x)>f(1)=0.$$

（2）当 $0<x<1$ 时：设 $f(x)=x-1-(x+1)\ln x$，有 $f(1)=0, f'(x)=-\ln x-\dfrac{1}{x}$.

$$f''(x)=-\frac{1}{x}+\frac{1}{x^2}>0\Rightarrow f'(x)<f'(1)<0\Rightarrow f(x)>f(1)=0.$$

综上所述，当 $x>0$ 时，$(x^2-1)\ln x\geqslant(x-1)^2$.

例 4-27 设 $0<x<\dfrac{\pi}{2}$，证明 $\left(\dfrac{1}{2}-\dfrac{\pi^2}{96}\right)x^2<1-\cos x<\dfrac{x^2}{2}$.

证 由泰勒公式得

$$\cos x=1-\frac{1}{2}x^2+\frac{1}{4!}x^4\cos(\theta x) \ (0<\theta<1), \quad \text{即} \quad 1-\cos x=\frac{x^2}{2}-\frac{1}{24}x^4\cos\theta x.$$

因为 $0<x<\dfrac{\pi}{2}$，故 $0<\dfrac{1}{24}x^4\cos(\theta x)<\dfrac{1}{24}x^2\left(\dfrac{\pi}{2}\right)^2=x^2\dfrac{\pi^2}{96}$，于是舍去余项，得

$$\left(\frac{1}{2}-\frac{\pi^2}{96}\right)x^2<1-\cos x<\frac{x^2}{2}.$$

例 4-28 设在区间 (a,b) 内 $f(x)$ 可导且 $f'(x)$ 有界，试证 $f(x)$ 在区间 (a,b) 内有界.

证 $f'(x)$ 在区间 (a,b) 内有界，意味着存在 M，使得 $|f'(x)|\leqslant M$. 任取 $x_0\in(a,b)$，由拉格朗日中值定理（或者说是 $n=0$ 情形的泰勒公式）得

$$f(x)=f(x_0)+f'(\xi)(x-x_0) \ (\xi\text{在}x_0\text{与}x\text{之间}),$$

于是 $f'(x)$ 的有界便导致 $|f'(\xi)|\leqslant M$，从而

$$|f(x)|\leqslant|f(x_0)|+|f'(\xi)||x-x_0|\leqslant|f(x_0)|+M(b-a).$$

此即 $f(x)$ 在区间 (a,b) 内有界.

例 4-29 设 $f(x)$ 在区间 (a,b) 内二阶可导，取 $x_0\in(a,b)$，试证：在 (a,b) 内，

（1）$f''(x)>0\Rightarrow f(x)>f(x_0)+f'(x_0)(x-x_0), \ x\neq x_0$；

（2）$f''(x)<0\Rightarrow f(x)<f(x_0)+f'(x_0)(x-x_0), \ x\neq x_0$.

本题的几何意义是：曲线若为凹（或凸），则曲线在切线之上（或下）.

证 (1) 将 $f(x)$ 在点 x_0 处展成一阶泰勒公式：

$$f(x)=f(x_0)+f'(x_0)(x-x_0)+\frac{f''(\xi)}{2}(x-x_0)^2 \quad (\xi \text{ 在 } x_0 \text{ 与 } x \text{ 之间}).$$

因 $f''(x)>0$，故当 $x\neq x_0$ 时 $\dfrac{f''(\xi)}{2}(x-x_0)^2>0$，于是舍去余项，得

$$f(x)>f(x_0)+f'(x_0)(x-x_0).$$

(2) 证法同(1)，略.

例 4-30 设 $f(x)$ 在区间 (a,b) 内二阶可导，且 $f''(x)\geqslant 0$，试证：对于区间 (a,b) 内任意两点 x_1 和 x_2 及 $\lambda_1\geqslant 0,\lambda_2\geqslant 0$ $(\lambda_1+\lambda_2=1)$，恒有 $\lambda_1 f(x_1)+\lambda_2 f(x_2)\geqslant f(\lambda_1 x_1+\lambda_2 x_2)$.

证 取 $x_0=\lambda_1 x_1+\lambda_2 x_2$，在点 x_0 处将 $f(x)$ 展成一阶泰勒公式，因 $f''(x)\geqslant 0$，便有

$$f(x)=f(x_0)+f'(x_0)(x-x_0)+\frac{f''(\xi)}{2}(x-x_0)^2\geqslant f(x_0)+f'(x_0)(x-x_0).$$

令 $x=x_1$，有 $f(x_1)\geqslant f(x_0)+f'(x_0)(x_1-x_0)$.

令 $x=x_2$，有 $f(x_2)\geqslant f(x_0)+f'(x_0)(x_2-x_0)$.

上面两式分别乘以 λ_1 和 λ_2 后相加并注意 $x_0=\lambda_1 x_1+\lambda_2 x_2$，便得

$$\lambda_1 f(x_1)+\lambda_2 f(x_2)\geqslant f(x_0)+f'(x_0)(\lambda_1 x_1+\lambda_2 x_2-x_0)=f(\lambda_1 x_1+\lambda_2 x_2),$$

即为所证.

例 4-31 试证：当 $x,y>0$ $(x\neq y)$ 且 $n>1$ 时，$\dfrac{1}{2}(x^n+y^n)>\left(\dfrac{x+y}{2}\right)^n$.

证 令 $f(t)=t^n$，则 $f'(t)=nt^{n-1}$，$f''(t)=n(n-1)t^{n-2}>0(t>0)$. 因此当 $t>0$ 时，$y=f(t)$ 的图形是凹的. 直接根据凹函数的定义，便有

$$\frac{f(x)+f(y)}{2}=\frac{1}{2}(x^n+y^n)>\left(\frac{x+y}{2}\right)^n=f\left(\frac{x+y}{2}\right).$$

例 4-32 试证：$x\in[0,1]$ 时，有

$$\frac{1}{2^{p-1}}\leqslant x^p+(1-x)^p\leqslant 1 \quad (p>1), \quad 1\leqslant x^p+(1-x)^p\leqslant \frac{1}{2^{p-1}} \quad (0<p<1).$$

证 令 $f(x)=x^p+(1-x)^p$，则 $f(x)$ 在区间 $[0,1]$ 上连续，在区间 $(0,1)$ 内可导，且

$$f'(x)=p[x^{p-1}-(1-x)^{p-1}],$$

令 $f'(x)=0$ 得 $x=\dfrac{1}{2}$. 计算得 $f(0)=f(1)=1,f\left(\dfrac{1}{2}\right)=\dfrac{1}{2^{p-1}}$.

当 $p>1$ 时，$1>\dfrac{1}{2^{p-1}}\Rightarrow f(x)$ 在区间 $[0,1]$ 上的最大值为 1，最小值为 $\dfrac{1}{2^{p-1}}\Rightarrow \dfrac{1}{2^{p-1}}\leqslant x^p+(1-x)^p\leqslant 1,\ x\in[0,1]$.

当 $0<p<1$ 时，$1<\dfrac{1}{2^{p-1}}\Rightarrow f(x)$ 在区间 $[0,1]$ 上的最大值为 $\dfrac{1}{2^{p-1}}$，最小值为 $1\Rightarrow 1\leqslant x^p+(1-x)^p\leqslant \dfrac{1}{2^{p-1}},\ x\in[0,1]$.

【题型 4-6】 求函数的泰勒展开式

应对 泰勒展开式的求法主要有两种方法：直接法和间接法.

直接法 通过计算各阶导数得到其展开式

$$f(x) = f(x_0) + f'(x_0)(x - x_0) + \cdots + \frac{1}{n!}f^{(n)}(x)(x - x_0)^n + R_n(x_0, x, \xi),$$

其中余项 $R_n(x_0, x, \xi)$ 有如下形式：

① 皮亚诺形式　$o((x - x_0)^n)$；

② 拉格朗日形式　$\dfrac{1}{(n+1)!}f^{(n+1)}(\xi)(x - x_0)^{n+1}$，有时（如 $x_0 = 0$）记 $\xi = x_0 + \theta(x - x_0)(0 < \theta < 1)$，比较方便.

解题中常用的几个在原点的泰勒展开式如下：

(1) $e^x = \sum\limits_{k=0}^{n} \dfrac{x^k}{k!} + o(x^n), \quad x \in (-\infty, +\infty)$；

(2) $\sin x = \sum\limits_{k=1}^{n} (-1)^{k-1} \dfrac{x^{2k-1}}{(2k-1)!} + o(x^{2n}), \quad x \in (-\infty, +\infty)$；

(3) $\cos x = \sum\limits_{k=0}^{n} (-1)^k \dfrac{x^{2k}}{(2k)!} + o(x^{2n+1}), \quad x \in (-\infty, +\infty)$；

(4) $\ln(1 + x) = \sum\limits_{k=1}^{n} \dfrac{(-1)^{k-1}}{k} x^k + o(x^n), \quad x > -1$；

(5) $\dfrac{1}{1-x} = \sum\limits_{k=0}^{n} x^k + o(x^n), \quad x < 1.$

间接法 通过适当的变形，将目标函数 $f(x)$ 拆开为已知泰勒展开式的函数的和或者积.

例 4-33 求下列函数的泰勒展开式：

(1) 按 $x - 4$ 的乘幂展开多项式 $p(x) = x^4 - 5x^3 + x^2 - 3x + 4$；

(2) 函数 $\sqrt{1+x}\cos x$ 的带皮亚诺余项的三阶麦克劳林公式；

(3) 函数 $\sin x^2$ 的带皮亚诺余项的麦克劳林公式.

解 (1) 题意要求在点 $x = 4$ 处将函数 $p(x)$ 展开为泰勒公式，用直接法求解.

因为　　　$f(4) = -56, \quad f'(4) = (4x^3 - 15x^2 + 2x - 3)|_{x=4} = 21,$

$f''(4) = (12x^2 - 30x + 2)|_{x=4} = 74, \quad f'''(4) = (24x - 30)|_{x=4} = 66, \quad f^{(4)}(4) = 24,$

故有（注意，作为误差的余项为 0！）

$$p(x) = x^4 - 5x^3 + x^2 - 3x + 4$$

$$= f(4) + f'(4)(x-4) + \frac{f''(4)}{2!}(x-4)^2 + \frac{f'''(4)}{3!}(x-4)^3 + \frac{f^{(4)}(4)}{4!}(x-4)^4$$

$$= -56 + 21(x-4) + 37(x-4)^2 + 11(x-4)^3 + (x-4)^4.$$

(2) 利用皮亚诺余项求解. 由泰勒公式得

$$\sqrt{1+x} = 1 + \frac{1}{2}x - \frac{1}{8}x^2 + \frac{1}{16}x^3 + o(x^3), \quad \cos x = 1 - \frac{1}{2}x^2 + o(x^3),$$

上述两式相乘之后化简（注意高阶无穷小记号的处理）得

$$\sqrt{1+x}\cos x = \left(1 + \frac{1}{2}x - \frac{1}{8}x^2 + \frac{1}{16}x^3 + o(x^3)\right)\left(1 - \frac{1}{2}x^2 + o(x^3)\right)$$

$$=1+\frac{1}{2}x-\frac{1}{8}x^2+\frac{1}{16}x^3-\frac{1}{2}x^2-\frac{1}{4}x^3+o(x^3)$$

$$=1+\frac{1}{2}x-\frac{5}{8}x^2-\frac{3}{16}x^3+o(x^3).$$

（3）由泰勒公式得 $\sin t=t-\dfrac{t^3}{3!}+\cdots+(-1)^{n-1}\dfrac{t^{2n-1}}{(2n-1)!}+o(t^{2n})$，令 $t=x^2$ 得

$$\sin x^2=x^2-\frac{x^6}{3!}+\cdots+(-1)^{n-1}\frac{x^{4n-2}}{(2n-1)!}+o(x^{4n}).$$

例 4-34 设 $f(x)$ 在区间 $(x_0-\delta,x_0+\delta)$ 内有 n 阶连续导数，且 $f^{(k)}(x_0)=0\ (k=2,3,\cdots,n-1)$，$f^{(n)}(x_0)\neq0$. 当 $0<|h|<\delta$ 时，$f(x_0+h)-f(x_0)=hf'(x_0+\theta h)(0<\theta<1)$.
试证：$\lim\limits_{h\to0}\theta=\dfrac{1}{\sqrt[n-1]{n}}$.

证 利用各阶导数的信息，将 $f'(x_0+\theta h)$ 在点 $x=x_0$ 处展成泰勒公式

$$f'(x_0+\theta h)=f'(x_0)+\theta h f''(x_0)+\frac{(\theta h)^2}{2}f'''(x_0)+\cdots+\frac{(\theta h)^{n-1}}{(n-1)!}f^{(n)}(x_0+\theta_1 h)$$

$$=f'(x_0)+\frac{(\theta h)^{n-1}}{(n-1)!}f^{(n)}(x_0+\theta_1 h)\ (0<\theta_1<1).$$

结合题给的条件 $f(x_0+h)-f(x_0)=hf'(x_0+\theta h)$，分离出目标量 θ 得

$$\theta^{n-1}=\frac{f(x_0+h)-f(x_0)-hf'(x_0)}{h^n}\cdot\frac{(n-1)!}{f^{(n)}(x_0+\theta_1 h)}\ (0<|h|<\delta),$$

令 $h\to0$，注意到 $f^{(n)}(x_0+\theta_1 h)\to f^{(n)}(x_0)$，连续使用 n 次洛必达法则（对 h 求导）得

$$\lim\limits_{h\to0}\theta^{n-1}=\frac{1}{n},\quad\text{即}\quad\lim\limits_{h\to0}\theta=\frac{1}{\sqrt[n-1]{n}}.$$

【题型 4-7】 泰勒公式用于确定无穷小量主部和导数计算

应对 设 $f(x)$ 在点 $x=x_0$ 处 n 阶可导，则其泰勒公式（取皮亚诺余项）

$$f(x)=f(x_0)+f'(x_0)(x-x_0)+\cdots+\frac{1}{n!}f^{(n)}(x_0)(x-x_0)^n+o((x-x_0)^n).$$

（1）若 $f(x_0)=f'(x_0)=\cdots=f^{(n-1)}(x_0)=0$，而 $f^{(n)}(x_0)\neq0$，则得其主部为

$$f(x)\sim\frac{f^{(n)}(x_0)}{n!}(x-x_0)^n\quad(x\to x_0).$$

求得的主部可以按照等价替换法则用到极限计算问题之中.

（2）若能够用间接法求得 $f(x)$ 的上述展开式，则可以用得到的 $x^k\ (0<k\leqslant n)$ 的系数 a_k 与 $\dfrac{f^{(k)}(x_0)}{k!}$ 对比来计算函数 $f(x)$ 在点 x_0 处的 k 阶导数，这比直接计算要简便很多.

例 4-35 设 $f(x)=\mathrm{e}^x\sin x-x(1+x)$，当 $x\to0$ 时，确定无穷小量 $f(x)$ 的主部.
解 由泰勒公式得

$$\mathrm{e}^x=1+x+\frac{x^2}{2!}+\frac{x^3}{3!}+o(x^3),\quad \sin x=x-\frac{1}{3!}x^3+o(x^3),$$

故 $\quad\mathrm{e}^x\sin x-x(1+x)=\left(1+x+\dfrac{x^2}{2!}+\dfrac{x^3}{3!}+o(x^3)\right)\left(x-\dfrac{1}{3!}x^3+o(x^3)\right)-x(1+x)$

$$=x+x^2+\frac{x^3}{3}+o(x^3)-x-x^2\sim\frac{x^3}{3}.$$

例 4-36 计算以下函数在指定点处的导数:

(1) $f(x)=\sqrt{1+x}\cos x$,求 $f'''(0)$; (2) $f(x)=\dfrac{x}{1+2x}$,求 $f^{(15)}(0)$.

解 (1) 由已知结果(参见例 4-33)知

$$\sqrt{1+x}\cos x=1+\frac{1}{2}x-\frac{5}{8}x^2-\frac{3}{16}x^3+o(x^3),$$

故 x^3 的系数 $-\dfrac{3}{16}$ 便等于 $\dfrac{f'''(0)}{3!}$,于是 $f'''(0)=-\dfrac{9}{8}$.

(2) 由泰勒公式知 $\dfrac{1}{1-x}=\displaystyle\sum_{k=0}^{n}x^k+o(x^n)$,以 $-2x$ 代替 x 得

$$\frac{1}{1+2x}=\sum_{k=0}^{n}(-1)^k2^kx^k+o(x^n),$$

于是 $$f(x)=\frac{x}{1+2x}=\sum_{k=0}^{n}(-1)^k2^kx^{k+1}+o(x^{n+1}).$$

故 x^{15} 的系数 2^{14} 便等于 $\dfrac{f^{(15)}(0)}{15!}$,于是 $f^{(15)}(0)=2^{14}\times15!$.

例 4-37 设 $\lim\limits_{x\to0}\dfrac{\ln\left(1+3x+\dfrac{f(x)}{x}\right)}{x}=5$,$f(x)$ 在 $x=0$ 的某个邻域二阶可导,求 $f(0)$,$f'(0)$,$f''(0)$.

解 由条件可知 $3x+\dfrac{f(x)}{x}\to0$,$\ln(1+3x+\dfrac{f(x)}{x})\sim3x+\dfrac{f(x)}{x}$,于是条件即简化为

$$\lim_{x\to0}\frac{3x+\dfrac{f(x)}{x}}{x}=5 \quad 或 \quad 3x+\frac{f(x)}{x}\sim5x\ (x\to0) \quad 或 \quad f(x)\sim2x^2\ (x\to0),$$

从而 $f(x)=2x^2+o(x^2)$. 对比 $f(x)$ 在 $x=0$ 的泰勒公式

$$f(x)=f(0)+f'(0)x+\frac{1}{2!}f''(0)x^2+o(x^2)$$

便知 $f(0)=0$,$f'(0)=0$,$f''(0)=2\times2!=4$.

注 直接在 $f(x)=2x^2+o(x^2)$ 两边对 x 求导来计算以上导数则不可以,因为 (x^2) 是一个变量,并且形式不明.

【题型 4-8】 未定型(或不定式)的极限

应对 在计算极限时,如果 $u\to0$,$v\to0$,则它们的商 $\dfrac{u}{v}$ 的极限便称为 $\dfrac{0}{0}$ 未定型,类似地,可以理解 $\dfrac{\infty}{\infty}$、$0\cdot\infty$、$\infty-\infty$、0^0、1^∞、∞^0 等未定型. 未定型的含义是指极限可以有多种结果.

在一定条件下,$\dfrac{0}{0}$ 和 $\dfrac{\infty}{\infty}$ 未定型可以直接使用洛必达法则(参见知识点解析【4-6】),其他五种未定型需要先化为这两种形式,再使用洛必达法则.

虽然洛必达法则是计算未定型极限的有力工具,但不是唯一工具,甚至有些极限不

能用洛必达法则计算,因此如何结合已有的极限运算规则、等价替换法则等成熟方法,如何结合微分中值定理和泰勒公式,我们将在解题中特别强调.

例 4-38 求极限 $l = \lim\limits_{x \to 0} \dfrac{\sqrt{1 + \tan x} - \sqrt{1 + \sin x}}{x \ln(1 + x) - x^2}$.

解 在使用洛必达法则之前,要把极限式化简为最简形式.化简的方法有约分、有理化、无穷小替换、提出极限不为 0 的因子等.本例为 $\dfrac{0}{0}$ 未定型.

$$l = \lim_{x \to 0} \left\{ \frac{\tan x - \sin x}{x \left[\ln(1+x) - x \right]} \cdot \frac{1}{\sqrt{1+\tan x} + \sqrt{1+\sin x}} \right\} = \frac{1}{2} \lim_{x \to 0} \frac{\tan x (1 - \cos x)}{x \left[\ln(1+x) - x \right]}$$

$$= \frac{1}{4} \lim_{x \to 0} \frac{x^2}{\ln(1+x) - x} = \frac{1}{4} \lim_{x \to 0} \frac{2x}{\frac{1}{1+x} - 1} = \frac{1}{4} \lim_{x \to 0} \frac{2x(1+x)}{-x} = -\frac{1}{2}.$$

注 为了让参加求导的因子变少,上述计算中,$\dfrac{1}{\sqrt{1+\tan x} + \sqrt{1+\sin x}} \to \dfrac{1}{2}$, $\dfrac{\tan x}{x} \to 1$ 均是作为极限不为 0 的因子单独计算的,还使用了无穷小替换 $1 - \cos x \sim \dfrac{x^2}{2}$ 来化简,洛必达法则仅在最后关键的地方使用了一次.

例 4-39 求极限 $l = \lim\limits_{x \to 0} \left(\dfrac{1}{\ln(x + \sqrt{1+x^2})} - \dfrac{1}{\ln(1+x)} \right)$.

解 本例属于 $\infty - \infty$ 未定型.先通分化为 $\dfrac{0}{0}$ 未定型,则有

$$l = \lim_{x \to 0} \frac{\ln(1+x) - \ln(x + \sqrt{1+x^2})}{\ln(x + \sqrt{1+x^2}) \ln(1+x)}.$$

显然,直接用洛必达法则比较麻烦,若注意到

$$\lim_{x \to 0} \frac{\ln(x + \sqrt{1+x^2})}{x} = \lim_{x \to 0} (\ln(x + \sqrt{1+x^2}))' = \lim_{x \to 0} \frac{1}{\sqrt{1+x^2}} = 1,$$

便有 $\ln(x + \sqrt{1+x^2}) \sim x$ $(x \to 0)$,结合 $\ln(1+x) \sim x$ $(x \to 0)$,对分母先作等价无穷小因子替换,然后再用洛必达法则得

$$l = \lim_{x \to 0} \frac{\ln(1+x) - \ln(x + \sqrt{1+x^2})}{x^2} = \lim_{x \to 0} \frac{\frac{1}{1+x} - \frac{1}{\sqrt{1+x^2}}}{2x}$$

$$= \frac{1}{2} \lim_{x \to 0} \frac{1}{(1+x)\sqrt{1+x^2}} \cdot \lim_{x \to 0} \frac{\sqrt{1+x^2} - (1+x)}{x} = \frac{1}{2} \lim_{x \to 0} \left(\frac{x}{\sqrt{1+x^2}} - 1 \right) = -\frac{1}{2}.$$

例 4-40 求极限 $l = \lim\limits_{x \to +\infty} x^2 \ln \left(x \sin \dfrac{1}{x} \right)$.

解 本例属于 $0 \cdot \infty$ 未定型.先变形化为 $\dfrac{0}{0}$ 未定型,则有 $l = \lim\limits_{x \to +\infty} \dfrac{\ln \left(x \sin \dfrac{1}{x} \right)}{1/x^2}$.为避免导数计算的复杂性,令 $x = \dfrac{1}{t}$,则有

$$l = \lim_{t \to 0^+} \frac{\ln\left(\dfrac{1}{t}\sin t\right)}{t^2} = \lim_{t \to 0^+} \frac{\ln\sin t - \ln t}{t^2} = \lim_{t \to 0^+} \frac{\dfrac{\cos t}{\sin t} - \dfrac{1}{t}}{2t} = \frac{1}{2}\lim_{t \to 0^+} \frac{t\cos t - \sin t}{t^2 \sin t}$$

$$= \frac{1}{2}\lim_{t \to 0^+} \frac{t\cos t - \sin t}{t^3} = \frac{1}{2}\lim_{t \to 0^+} \frac{-t\sin t}{3t^2} = -\frac{1}{6}.$$

例 4-41　求极限 $l = \lim\limits_{x \to 0}\left(\dfrac{\arctan x}{x}\right)^{1/x^2}$.

解　本例属于 1^∞ 未定型. 由【题型 2-6】知,当 $u \to 1, v \to \infty$ 时,问题可归结为求极限

$$\lim u^v = \lim\left[(1+u-1)^{\frac{1}{u-1}}\right]^{v(u-1)} = \mathrm{e}^{\lim v(u-1)}.$$

由于

$$\lim_{x \to 0}\frac{1}{x^2}\left(\frac{\arctan x}{x} - 1\right) = \lim_{x \to 0}\frac{\arctan x - x}{x^3} = \lim_{x \to 0}\frac{\dfrac{1}{1+x^2} - 1}{3x^2} = \lim_{x \to 0}\frac{1-1-x^2}{3x^2(1+x^2)} = -\frac{1}{3},$$

故

$$l = \mathrm{e}^{-\frac{1}{3}} = \frac{1}{\sqrt[3]{\mathrm{e}}}.$$

例 4-42　求极限 $l = \lim\limits_{x \to +\infty}(x + \mathrm{e}^x)^{\frac{1}{x}}$.

解　本例属于 ∞^0 未定型. 由题型 2-6 知,本题的问题可归结为求极限

$$\lim u^v = \lim \mathrm{e}^{v\ln u} = \mathrm{e}^{\lim(v\ln u)}.$$

由于 $\lim\limits_{x \to +\infty}\dfrac{1}{x}\ln(x+\mathrm{e}^x) = \lim\limits_{x \to +\infty}\dfrac{\ln(x+\mathrm{e}^x)}{x} = \lim\limits_{x \to +\infty}\dfrac{1+\mathrm{e}^x}{x+\mathrm{e}^x} = 1$,故 $l = \mathrm{e}$.

例 4-43　求下列极限:

(1) $\lim\limits_{x \to 0}\dfrac{\mathrm{e}^x\sin x - x(1+x)}{\sin^3 x}$;　　　　(2) $\lim\limits_{x \to \infty}\left[x - x^2\ln\left(1+\dfrac{1}{x}\right)\right]$;

(3) $\lim\limits_{x \to 0}\dfrac{\sin x - \sin(\sin x)}{x^3}$;　　　　(4) $\lim\limits_{x \to 0}\dfrac{\mathrm{e}^x - \mathrm{e}^{\sin x}}{x - \sin x}$.

解　(1) 分母 $\sin^3 x \sim x^3$,分子可以用泰勒公式化简(参见例 4-35)得

$$\mathrm{e}^x\sin x - x(1+x) = \frac{x^3}{3} + o(x^3) \sim \frac{x^3}{3},$$

故

$$\lim_{x \to 0}\frac{\mathrm{e}^x\sin x - x(1+x)}{\sin^3 x} = \lim_{x \to 0}\frac{\dfrac{1}{3}x^3}{x^3} = \frac{1}{3}.$$

(2) 由泰勒公式知

$$\ln(1+x) = \sum_{k=1}^{n}\frac{(-1)^{k-1}}{k}x^k + o(x^n) \quad (x > -1),$$

以 $\dfrac{1}{x}$ 代替 x,便得到 $\ln\left(1+\dfrac{1}{x}\right)$ 的展开式(取到第 2 项即可)为

$$\ln\left(1+\frac{1}{x}\right) = \frac{1}{x} - \frac{1}{2}\left(\frac{1}{x}\right)^2 + o\left(\left(\frac{1}{x}\right)^2\right) \quad \left(\frac{1}{x} > -1\right)$$

于是

$$\lim_{x \to \infty}\left[x - x^2\ln\left(1+\frac{1}{x}\right)\right] = \lim_{x \to \infty}\left[x - x^2\left(\frac{1}{x} - \frac{1}{2x^2} + o\left(\frac{1}{x^2}\right)\right)\right]$$

$$= \lim_{x \to \infty}\left[\frac{1}{2} + x^2 \cdot o\left(\frac{1}{x^2}\right)\right] = \frac{1}{2}.$$

注 本题也可令 $\frac{1}{x}=t$,通分后再使用洛必达法则.

(3) 由泰勒公式得 $\sin x = x - \frac{x^3}{3!} + o(x^4)$,以 $\sin x$ 代替 x,便得到

$$\sin(\sin x) = \sin x - \frac{\sin^3 x}{3!} + o(x^4),$$

于是
$$\lim_{x\to 0}\frac{\sin x - \sin(\sin x)}{x^3} = \lim_{x\to 0}\frac{\frac{\sin^3 x}{3!} + o(x^4)}{x^3} = \frac{1}{6}.$$

(4) **方法一** 由拉格朗日中值定理得 $e^x - e^{\sin x} = e^{\xi}(x - \sin x)$($\xi$ 介于 x,$\sin x$ 之间),于是 $\lim\limits_{x\to 0}\dfrac{e^x - e^{\sin x}}{x - \sin x} = \lim\limits_{x\to 0}e^{\xi} = 1$.

方法二 $\lim\limits_{x\to 0}\dfrac{e^{\sin x}(e^{x - \sin x} - 1)}{x - \sin x} = \lim\limits_{x\to 0}e^{\sin x} = 1$.

例 4-44 设极限 $\lim\limits_{x\to 0}\dfrac{\sin 6x + xf(x)}{x^3} = 0$,求极限 $l = \lim\limits_{x\to 0}\dfrac{6 + f(x)}{x^2}$.

解 由条件推出

$$\lim_{x\to 0}\frac{\sin 6x - 6x + 6x + xf(x)}{x^3} = \lim_{x\to 0}\frac{\sin 6x - 6x}{x^3} + \lim_{x\to 0}\frac{6 + f(x)}{x^2} = 0,$$

由于
$$\lim_{x\to 0}\frac{\sin 6x - 6x}{x^3} = \lim_{x\to 0}\frac{6\cos 6x - 6}{3x^2} = \lim_{x\to 0}\frac{-36\sin 6x}{6x} = -36,$$

故
$$l = \lim_{x\to 0}\frac{6 + f(x)}{x^2} = 36.$$

【题型 4-9】 函数单调性与凹凸性的判别

应对 此类题型包括依据导数判别法直接判定所给函数的单调性和凹凸性,还涉及这些性质的简单应用,它们在不等式方面的应用已归纳于相应的题型中.

单调性判别 设函数 $y = f(x)$ 在区间 $[a,b]$ 上连续,在 (a,b) 内可导.

(1) $f(x)$ 在区间 $[a,b]$ 上单调递增的充要条件是:在 (a,b) 内 $f'(x) \geqslant 0$;

(2) $f(x)$ 在区间 $[a,b]$ 上单调递减的充要条件是:在 (a,b) 内 $f'(x) \leqslant 0$.

凸凹性判别 设函数 $f(x)$ 在区间 (a,b) 内二阶可导,$f'(x)$ 在 $[a,b]$ 上连续.

(1) $f(x)$ 在区间 $[a,b]$ 上为凹函数的充要条件是:在 (a,b) 内 $f''(x) \geqslant 0$;

(2) $f(x)$ 在区间 $[a,b]$ 上为凸函数的充要条件是:在 (a,b) 内 $f''(x) \leqslant 0$.

以上不等符号换作严格不等号(但容许有限个点为等号)时,结论中的单调性或凸凹性均可改为严格的单调或凸凹.

例 4-45 求下列函数的增减区间:

(1) $y = x^4 - 2x^2 + 2$;　　　　(2) $y = 2x^2 - \ln x$.

解 本例可归结为判断导数的符号,导数 y' 取正、取负的区间便是函数 y 的增区间与减区间.

(1) 因 $y' = 4x^3 - 4x = 4x(x^2 - 1) = 4x(x+1)(x-1)$,由不等式解法得

$$y' > 0 \Leftrightarrow x \in (-1,0) \cup (1,+\infty).$$

因此,函数 y 在区间 $(-\infty,-1)$ 及 $(0,1)$ 内为严格单调减,在区间 $(-1,0)$ 及 $(1,+\infty)$ 内为严格单调增.

(2) 定义域为 $x>0$,$y'=4x-\dfrac{1}{x}=\dfrac{(2x-1)(2x+1)}{x}$ 与 $(2x-1)(2x+1)$ 同号,得

$$y'<0\Leftrightarrow 0<x<\frac{1}{2}.$$

可见,函数 y 在其定义域中的区间 $\left(0,\dfrac{1}{2}\right)$ 内严格单调减,在区间 $\left(\dfrac{1}{2},+\infty\right)$ 内严格单调增.

例 4-46 设 $f(x)$ 在区间 $[0,a]$ 上二阶可导,且 $f(0)=0$,$f''(x)<0$. 求证:$\dfrac{f(x)}{x}$ 在区间 $(0,a]$ 上严格单调递减.

证 要证 $\dfrac{f(x)}{x}$ 在区间 $(0,a]$ 上单调递减,只要证导数

$$\left[\frac{f(x)}{x}\right]'=\frac{xf'(x)-f(x)}{x^2}<0.$$

为此令 $F(x)=xf'(x)-f(x)$,由条件推知它在区间 $[0,a]$ 上连续,故只需要证在区间 $(0,a]$ 上 $F(x)<0$.

证一 再对 $F(x)$ 求导,得 $F'(x)=xf''(x)<0$ $(x\in(0,a])$. 故对任给 $x\in(0,a]$,$F(x)<F(0)=0$.

证二 由 $f''(x)<0$ 推出 $f'(x)$ 严格单调减少,由拉格朗日中值定理得,对任给 $x\in(0,a]$,存在 $\xi\in(0,x)$,使得

$$\begin{aligned}
xf'(x)-f(x)&=xf'(x)-[f(x)-f(0)]\\
&=xf'(x)-xf'(\xi)=x[f'(x)-f'(\xi)]<0.
\end{aligned}$$

证三 由泰勒公式知,对任给 $x\in(0,a]$,存在 $\xi\in(0,x)$,使得

$$0=f(0)=f(x)+f'(x)(-x)+\frac{1}{2}f''(\xi)(-x)^2.$$

由 $f''(\xi)<0\Rightarrow f(x)-xf'(x)>0$,即 $xf'(x)-f(x)<0$.

例 4-47 证明函数 $f(x)=\left(1+\dfrac{1}{x}\right)^x$ 在区间 $(0,+\infty)$ 内严格单调递增.

证 由幂指函数的求导法得

$$f'(x)=\left(1+\frac{1}{x}\right)^x\left(x\ln\left(1+\frac{1}{x}\right)\right)'=\left(1+\frac{1}{x}\right)^x\left[\ln\left(1+\frac{1}{x}\right)-\frac{1}{1+x}\right],$$

因此只需要证 $F(x)=\ln\left(1+\dfrac{1}{x}\right)-\dfrac{1}{1+x}>0$ $(x>0)$.

方法一 $\ln\left(1+\dfrac{1}{x}\right)=\ln(1+x)-\ln x$,对 $g(x)=\ln x$ 在区间 $[x,x+1]$ 上用拉格朗日中值定理得

$$\ln(1+x)-\ln x=g'(\xi)=\frac{1}{\xi}>\frac{1}{1+x}\quad(x<\xi<x+1),$$

即 $\ln(1+x)-\ln x-\dfrac{1}{1+x}>0$，亦即 $F(x)>0$ $(x>0)$.

方法二　考察 $h(x)=\ln\left(1+\dfrac{1}{x}\right)-\dfrac{1}{1+x}$，则

$$h'(x)=\frac{1}{1+x}-\frac{1}{x}+\frac{1}{(1+x)^2}=\frac{1}{(1+x)^2}-\frac{1}{x(1+x)}<0 \ (x>0),$$

即 $h(x)$ 在区间 $(0,+\infty)$ 内严格单调递减. 又因 $\lim\limits_{x\to+\infty}h(x)=0$，则 $h(x)>0$ $(x>0)$.

例 4-48　设 $0<x_1<x_2<\pi$，比较 $\dfrac{\sin x_1}{\sin x_2}$ 与 $\dfrac{x_1}{x_2}$ 的大小.

证　本题等价于比较 $\dfrac{\sin x_2}{x_2}$ 与 $\dfrac{\sin x_1}{x_1}$ 的大小，故记 $f(x)=\dfrac{\sin x}{x}$，则只需要考虑其导数

$f'(x)=\dfrac{x\cos x-\sin x}{x^2}$ 的单调性. 这就归结于分析其分子 $g(x)=x\cos x-\sin x$ 的符号.

由于

$$g'(x)=\cos x-x\sin x-\cos x=-x\sin x<0 \ (0<x<\pi),$$

故 $g(x)<g(0)=0$ $(0<x<\pi)$，从而 $f'(x)<0$ $(0<x<\pi)$，于是

$$f(x_1)=\frac{\sin x_1}{x_1}>\frac{\sin x_2}{x_2}=f(x_2), \quad 即 \quad \frac{\sin x_1}{\sin x_2}>\frac{x_1}{x_2} \ (0<x_1<x_2<\pi).$$

例 4-49　确定下列函数的凹向及拐点：

(1) $y=\ln(1+x^2)$;　　　　(2) $y=\dfrac{2x}{1+x^2}$.

解　直接计算二阶导数，判定符号即可，拐点是曲线凹向分界的连续点.

(1) 直接计算得 $y'=\dfrac{2x}{1+x^2}$，$y''=\dfrac{2(1-x^2)}{(1+x^2)^2}$，从分子符号分析得 $y''>0\Leftrightarrow x\in(-1,1)$，故函数 y 在区间 $(-\infty,-1)$ 与 $(1,+\infty)$ 内为上凸，在区间 $(-1,1)$ 内为上凹；在点 $x=-1$ 和 $x=1$ 处有拐点.

(2) 直接计算得 $y'=\dfrac{2(1-x^2)}{(1+x^2)^2}$，$y''=\dfrac{4x(x^2-3)}{(1+x^2)^3}$，从分子符号分析得

$$y''>0\Leftrightarrow x\in(-\sqrt{3},0)\cup(\sqrt{3},+\infty),$$

故函数 y 在区间 $(-\sqrt{3},0)$ 与 $(\sqrt{3},+\infty)$ 内为凹，在区间 $(-\infty,-\sqrt{3})$ 与 $(0,\sqrt{3})$ 内为凸. 拐点在点 $x=\pm\sqrt{3}$ 及 $x=0$ 处.

例 4-50　设 $f(x)$ 在区间 (a,b) 内四阶可导，存在 $x_0\in(a,b)$，使 $f''(x_0)=f'''(x_0)$ $=0$，又设 $f^{(4)}(x)>0$ $(x\in(a,b))$，求证：$f(x)$ 在区间 (a,b) 内为凹函数.

证　由于 $f^{(4)}(x)>0$ $(x\in(a,b))$，则 $f'''(x)$ 在区间 (a,b) 内单调递增. 又因 $f'''(x_0)$ $=0$，所以当 $a<x<x_0$ 时，$f'''(x)<0$，此时 $f''(x)$ 单调递减；当 $x_0\leqslant x<b$ 时，$f'''(x)>0$，此时 $f''(x)$ 单调递增. 又因 $f''(x_0)=0$，故对任意的 $x\in(a,b)$，$x\neq x_0$，都有 $f''(x)>0$，因此 $f(x)$ 在区间 (a,b) 内为凹函数.

【题型 4-10】　极值问题

应对　先确定极值点的怀疑对象，称为受检点，再用充分条件予以甄别.

受检点　使 $f'(x)=0$ 的点（即驻点）和不可导点 x_0.

充分条件 1　$f'(x)$ 在点 x_0 两侧改变符号:左正右负时 $f(x_0)$ 为极大值,左负右正时 $f(x_0)$ 为极小值.

充分条件 2　对于驻点 x_0,$f''(x_0)>0$ 时 $f(x_0)$ 为极小值,$f''(x_0)<0$ 时 $f(x_0)$ 为极大值.

例 4-51　利用一阶导数,求下列函数的极值:

(1) $y=\dfrac{2x}{1+x^2}$;　　　　(2) $y=3-\sqrt[3]{(x-2)^2}$.

解　(1) $y'=\dfrac{1}{(1+x^2)^2}\big[2(1+x^2)-4x^2\big]=\dfrac{2(1-x^2)}{(1+x^2)^2}$,没有不可导点,故受检点为驻点 $x_1=-1,x_2=1$. y' 的符号与 $y=1-x^2$ 相同.由于 y' 在 $x_1=-1$ 附近左负右正,故 $y(-1)=-1$ 为极小值;y' 在 $x_2=1$ 附近左正右负,故 $y(1)=1$ 是极大值.

(2) $y'=-\dfrac{2}{3}(x-2)^{-\frac{1}{3}}$,受检点为不可导点 $x=2$. y' 与 $2-x$ 有相同的符号.因此 y' 在 $x=2$ 附近左正右负,从而 $y(2)=3$ 为极大值.

例 4-52　利用二阶导数,求下列函数的极值:

(1) $y=2x-\ln(4x)^2$;　　　　(2) $y=2\mathrm{e}^x+\mathrm{e}^{-x}$.

解　(1) $y'=(2x-2\ln4-2\ln x)'=2\left(1-\dfrac{1}{x}\right)=\dfrac{2(x-1)}{x}$,$y''=\dfrac{2}{x^2}$. 在 y 的定义域 $(0,+\infty)$ 内的受检点为驻点 $x_1=1$,由于 $y''(x_1)>0$,因而 $y(1)=2-4\ln2$ 是极小值.

(2) $y'=2\mathrm{e}^x-\mathrm{e}^{-x}=\dfrac{2\mathrm{e}^{2x}-1}{\mathrm{e}^x}$,$y''=2\mathrm{e}^x+\mathrm{e}^{-x}>0$. 受检点是驻点 $x_1=\dfrac{1}{2}\ln\dfrac{1}{2}$,因 $y''(x_1)>0$,故 $y(x_1)=2\sqrt{2}$ 是极小值.

例 4-53　设 $y=f(x)$ 由方程 $x^3-3xy^2+2y^3=32$ 所确定,试求 $f(x)$ 的极值.

解　方程两边对 x 求导得 $3x^2-3y^2-6xyy'+6y^2y'=0$,解得 $y'=\dfrac{x^2-y^2}{2y(x-y)}$. 令 $y'=0$,解出 $x+y=0$.另外,不可导点为 $x-y=0$.

当 $y=x$ 时,代回原方程得 $0=32$,舍去.

当 $y=-x$ 时,代回原方程得 $x^3=-8$,驻点为 $x=-2$,此时 $y=2$.为判定 $y=2$ 是极大值还是极小值,对原方程求二阶导数:
$$6x-6yy'-6yy'-6xy'^2-6xyy''+12yy'^2+6y^2y''=0.$$

将 $x=-2,y=2,y'=0$ 代入上式,解得 $f''(-2)=\dfrac{1}{4}>0$,故 $x=-2$ 是极小值点,函数的极小值是 $f(-2)=2$.

例 4-54　设 $f(x)$ 在点 $x=x_0$ 处具有 n 阶导数,且
$$f'(x_0)=f''(x_0)=\cdots=f^{(n-1)}(x_0)=0,\ f^{(n)}(x_0)\neq0.$$
试证:(1) 当 n 为奇数时,$f(x)$ 在点 x_0 处不取极值;

(2) 当 n 为偶数时,$f(x)$ 在点 x_0 处取得极值;且当 $f^{(n)}(x_0)<0$ 时,$f(x)$ 在点 x_0 处取得极大值;当 $f^{(n)}(x_0)>0$ 时,$f(x)$ 在点 x_0 处取得极小值.

证　根据泰勒公式,并注意 $f'(x_0)=f''(x_0)=\cdots=f^{(n-1)}(x_0)=0$,得

$$f(x)-f(x_0)=\frac{1}{n!}f^{(n)}(x_0)(x-x_0)^n+o[(x-x_0)^n]$$

$$=(x-x_0)^n\left[\frac{1}{n!}f^{(n)}(x_0)+\frac{o((x-x_0)^n)}{(x-x_0)^n}\right].$$

因 $\lim\limits_{x\to x_0}\dfrac{o((x-x_0)^n)}{(x-x_0)^n}=0$，所以当 x 充分靠近 x_0 时,方括号中的数值符号由 $\dfrac{1}{n!}f^{(n)}(x_0)$ 确定.

（1）当 n 为奇数时,不管 $f^{(n)}(x_0)$ 是正数还是负数, $f(x)-f(x_0)$ 随 $x-x_0$ 变号而变号, x_0 不是极值点.

（2）当 n 为偶数时,恒有 $(x-x_0)^n>0$ $(x\neq x_0)$. 因此当 $f^{(n)}(x_0)<0$ 时, $f(x)-f(x_0)<0$, x_0 为极大值点;当 $f^{(n)}(x_0)>0$ 时, $f(x)-f(x_0)>0$, x_0 为极小值点.

【题型 4-11】 最值问题

应对 闭区间 $[a,b]$ 上连续函数必有最大值及最小值,其最大值和最小值只能出现在区间内的以下受检点:区间端点、函数的驻点、函数的不可导点.

比较受检点的函数值大小(无需讨论是否为极大或极小),便得到最大值与最小值.

注 开区间 (a,b) 内连续函数不一定存在最值.通常需要由单调性分析曲线整体特征来确定最大值或最小值的存在.对于实际问题,也可以根据实际意义来判定函数最值的存在性,然后在受检点中寻找.

例 4-55 求函数 $f(x)=x+\sqrt{1-x}$ 在闭区间 $[-5,1]$ 上的最大值和最小值.

解 $y'=1-\dfrac{1}{2\sqrt{1-x}}$ $(x\in[-5,1))$,解 $y'=1-\dfrac{1}{2\sqrt{1-x}}=0$ 得驻点为 $x=\dfrac{3}{4}$.

比较 $y(-5)=-5+\sqrt{6}$, $y(1)=1$, $y\left(\dfrac{3}{4}\right)=\dfrac{5}{4}$ 得函数的最大值为 $y\left(\dfrac{3}{4}\right)=\dfrac{5}{4}$,最小值为 $y(-5)=-5+\sqrt{6}$.

例 4-56 求由 y 轴上的一个给定点 $P(0,b)$ $(b>0)$ 到抛物线 $x^2=4y$ 上的点的最短距离.

解 设点 (x,y) 为抛物线 $y=\dfrac{x^2}{4}$ 上任意一点,取两点间距离的平方

$$u=d^2=x^2+(b-y)^2=x^2+\left(b-\frac{x^2}{4}\right)^2,$$

作为目标函数. 由几何意义知,其最小值一定存在. 由 $\dfrac{\mathrm{d}u}{\mathrm{d}x}=x\left(2-b+\dfrac{x^2}{4}\right)=0$ 得如下结论:

（1）当 $0<b\leqslant 2$ 时,函数有唯一驻点 $x_1=0$,此时所求最短距离为 b;

（2）当 $b>2$ 时,函数有三个驻点 $x_1=0$, $x_{2,3}=\pm 2\sqrt{b-2}$. 由对称性,可以只考虑曲线上的两个受检点 $Q_1(0,0)$, $Q_2(2\sqrt{b-2},b-2)$.

直接计算知,点 $P(0,b)$ 到点 $Q_1(0,0)$ 的距离为 $b(b>2)$,到 $Q_2(2\sqrt{b-2},b-2)$ 的距离为 $2\sqrt{b-1}$.容易证明 $2\sqrt{b-1}<b$,这是因为 $b^2-2b+2>0$.

综上所述,所求最短距离 $d=\begin{cases} b, & 0<b\leqslant 2, \\ 2\sqrt{b-1}, & b>2. \end{cases}$

【题型 4-12】 求曲线的渐近线

应对 当动点沿着曲线 C 无限偏离原点时,如果曲线 C 和定直线 L 无限接近,则称直线 L 是曲线 C 的渐近线.渐近线分为三类:

(1) 水平渐近线 $y=y_0$ （若 $\lim\limits_{x\to\pm\infty}y=y_0$）;

(2) 铅直渐近线 $x=x_0$ （若 $\lim\limits_{x\to x_0^{\pm}}y=\infty$）;

(3) 斜渐近线 $y=ax+b$ （$a=\lim\limits_{x\to\pm\infty}\dfrac{y}{x},\quad b=\lim\limits_{x\to\pm\infty}(y-ax)$）.

上述极限式中只要有一个单侧极限成立便可,该极限方向也就指明了曲线与其渐近线的接近方向.

求 $y=f(x)$ 的铅直渐近线,只需考察 $y=f(x)$ 的间断点,当 $x=x_0$ 是 $f(x)$ 的无穷型间断点时,$x=x_0$ 就是 $y=f(x)$ 的铅直渐近线.而求 $y=f(x)$ 的水平及斜渐近线时,需要分别考察

$$\lim\limits_{x\to+\infty}f(x),\quad \lim\limits_{x\to-\infty}f(x) \text{和} \lim\limits_{x\to+\infty}\frac{f(x)}{x},\quad \lim\limits_{x\to-\infty}\frac{f(x)}{x}.$$

例 4-57 求以下曲线的渐近线:

(1) $y=x\mathrm{e}^{1/x^2}$; 　　　(2) $y=\dfrac{1}{x}+\ln(1+\mathrm{e}^x)$.

解 (1) 因 $\lim\limits_{x\to0}y=\lim\limits_{x\to0}\dfrac{\mathrm{e}^{1/x^2}}{1/x}=\lim\limits_{t\to\infty}\dfrac{\mathrm{e}^{t^2}}{t}=\lim\limits_{t\to\infty}2t\mathrm{e}^{t^2}=\infty$,故有铅直渐近线 $x=0$,又因 $a=\lim\limits_{x\to\infty}\dfrac{y}{x}=\lim\limits_{x\to\infty}\mathrm{e}^{1/x^2}=1$,　$b=\lim\limits_{x\to\infty}(y-ax)=\lim\limits_{x\to\infty}x(\mathrm{e}^{1/x^2}-1)=\lim\limits_{x\to\infty}x\dfrac{1}{x^2}=0$,故 $y=x$ 是曲线的斜渐近线.

(2) 因 $\lim\limits_{x\to0}y=\lim\limits_{x\to0}\left[\dfrac{1}{x}+\ln(1+\mathrm{e}^x)\right]=\infty$,故有铅直渐近线 $x=0$. 又因

$$a=\lim\limits_{x\to+\infty}\frac{y}{x}=\lim\limits_{x\to+\infty}\left[\frac{1}{x^2}+\frac{\ln(1+\mathrm{e}^x)}{x}\right]=0+\lim\limits_{x\to+\infty}\frac{\mathrm{e}^x}{1+\mathrm{e}^x}=1,$$

$$b=\lim\limits_{x\to+\infty}(y-x)=\lim\limits_{x\to+\infty}\left[\frac{1}{x}+\ln(1+\mathrm{e}^x)-\ln\mathrm{e}^x\right]=0+\lim\limits_{x\to+\infty}\ln(1+\mathrm{e}^{-x})=0,$$

因此 $y=x$ 是曲线的斜渐近线.

而 $\lim\limits_{x\to-\infty}y=\lim\limits_{x\to-\infty}\left[\dfrac{1}{x}+\ln(1+\mathrm{e}^x)\right]=0$,所以还有一条水平渐近线 $y=0$.

例 4-58 曲线 $y=\ln\left(\mathrm{e}-\dfrac{1}{x}\right)$ 渐近线的条数为(　　).

(A) 1 条　　　 (B) 2 条　　　 (C) 3 条　　　 (D) 4 条

解 由 $\mathrm{e}-\dfrac{1}{x}=\dfrac{\mathrm{e}x-1}{x}>0$ 确定出定义域为 $(-\infty,0)\cup\left(\dfrac{1}{\mathrm{e}},+\infty\right)$（十分重要）,然后可以验证 $x=0,x=\dfrac{1}{\mathrm{e}}$ 是铅直渐近线,$y=1$ 是水平渐近线.所以曲线的渐近线有 3

条,故选择(C).

【题型 4-13】　求曲线的曲率

应对　曲线曲率的计算公式可归纳如表 4-4 所示.

表 4-4

	曲 线 方 程	曲　　率	曲 率 半 径
计算公式	$y=f(x)$	$K=\dfrac{\mid y''\mid}{(1+y'^2)^{3/2}}$	$R=\dfrac{1}{K}$
	$x=\varphi(t)$ $y=\psi(t)$	$K=\dfrac{\mid\varphi'\psi''-\varphi''\psi'\mid}{(\varphi'^2+\psi'^2)^{3/2}}$	
	$r=r(\theta)$	$K=\dfrac{\mid r^2+2r'^2-rr''\mid}{(r^2+r'^2)^{3/2}}$	

例 4-59　求内摆线 $x^{2/3}+y^{2/3}=a^{2/3}$ 的曲率半径和曲率圆心坐标.

解　由 $x^{2/3}+y^{2/3}=a^{2/3}$,用隐函数求导得

$$\frac{2}{3}x^{-1/3}+\frac{2}{3}y^{-1/3}y'=0\Rightarrow y'=-\left(\frac{y}{x}\right)^{1/3},$$

所以

$$y''=-\frac{1}{3}\left(\frac{y}{x}\right)^{-2/3}\frac{y'x-y}{x^2}=-\frac{1}{3}\left(\frac{x}{y}\right)^{2/3}\frac{y'x-y}{x^2}$$

$$=\frac{1}{3}\cdot\frac{(yx)^{1/3}(x^{2/3}+y^{2/3})}{y^{2/3}x^{5/3}}=\frac{1}{3}\frac{a^{2/3}}{x(xy)^{1/3}}.$$

故曲率

$$K=\frac{\mid y''\mid}{(1+y'^2)^{3/2}}=\frac{\left|\dfrac{1}{3}a^{2/3}\dfrac{1}{x(xy)^{1/3}}\right|}{\left[1+\left(\dfrac{y}{x}\right)^{2/3}\right]^{3/2}}=\frac{1}{3\mid axy\mid^{1/3}},$$

曲率半径为 $R=\dfrac{1}{K}=3\mid axy\mid^{1/3}$.

记曲率圆心的坐标为 (α,β),则

$$\alpha=x-\frac{y'(1+y'^2)}{y''}=x-\frac{-\left(\dfrac{y}{x}\right)^{1/3}\left[1+\left(\dfrac{y}{x}\right)^{2/3}\right]}{\dfrac{1}{3}\cdot\dfrac{a^{2/3}}{x(xy)^{1/3}}}=x^{1/3}(a^{2/3}+2y^{2/3}),$$

$$\beta=y+\frac{1+y'^2}{y''}=y+\frac{1+\left(\dfrac{y}{x}\right)^{2/3}}{\dfrac{1}{3}\cdot\dfrac{a^{2/3}}{x(xy)^{1/3}}}=y^{1/3}(a^{2/3}+2x^{2/3}).$$

故曲率圆心坐标为 $(x^{1/3}(a^{2/3}+2y^{2/3}),y^{1/3}(a^{2/3}+2x^{2/3}))$.

【题型 4-14】　函数的作图

应对　函数作图的基本步骤如下:

(1) 求出函数的定义域;

(2) 考察函数的奇偶性、周期性;

(3) 求出方程 $f'(x)=0$ 的根,列表判别函数的单调区间与极值点;

(4) 求出方程 $f''(x)=0$ 的根,列表确定函数的凹凸性与拐点;

(5) 求出函数的渐近线;

(6) 计算几个特殊点的函数值,画出图形.

例 4-60　作函数 $y=\dfrac{x^2+3}{x-1}$ 的图形.

解　定义域是 $x\neq1$,唯一间断点 $x=1$. 求 y',y'' 和它们的零点. 由 $y=x+1+\dfrac{4}{x-1}$ 得

$$y'=1-\frac{4}{(x-1)^2}=\frac{(x-3)(x+1)}{(x-1)^2},\quad y''=\frac{8}{(x-1)^3}.$$

由 $y'=0$ 得驻点 $x=-1$,$x=3$,又由 $y''\neq0$ $(x\neq1)$ 知曲线没有拐点.

以函数的不连续点($x=1$)、驻点($x=-1$,$x=3$)为分点,把函数的定义域按自然顺序分为 $(-\infty,-1)$,$(-1,1)$,$(1,3)$,$(3,+\infty)$. 由此可列出如下函数分段变化表(见表 4-5),并标明每个区间上函数的单调性、凹凸性及相应的极值点与拐点.

表 4-5

x	$(-\infty,-1)$	-1	$(-1,1)$	1	$(1,3)$	3	$(3,+\infty)$
$f'(x)$	$+$	0	$-$	无	$-$	0	$+$
$f''(x)$	$-$	$-$	$-$		$+$	$+$	$+$
$f(x)$	↗	极大值-2	↘		↘	极小值 6	↗

求渐近线:唯一间断点 $x=1$ 处,$\lim\limits_{x\to1}y=\lim\limits_{x\to1}\dfrac{x^2+3}{x-1}=\infty$,

则 $x=1$ 为铅直渐近线. 又因

$$\lim_{x\to\infty}\frac{y}{x}=\lim_{x\to\infty}\frac{x^2+3}{x(x-1)}=1,$$

$$\lim_{x\to\infty}(y-x)=\lim_{x\to\infty}\left(\frac{x^2+3}{x-1}-x\right)=\lim_{x\to\infty}\frac{3+x}{x-1}=1,$$

所以 $y=x+1$ 是斜渐近线,无水平渐近线.

综上所述,可作出函数的图形,如图 4-4 所示.

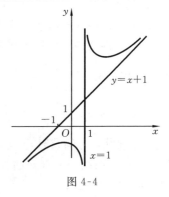

图 4-4

4.4　知 识 扩 展

分段函数在分段点导数的间接计算法证明

下面我们证明在第 3 章知识拓展中介绍的利用导函数的极限计算一点导数的间接计算法,因为需要利用本章的拉格朗日中值定理,当时没有证明,下面给出该定理的证明.

定理　设函数 $f(x)$ 在点 x_0 处连续,在去心邻域 $\mathring{N}(x_0)$ 内可导,且极限 $\lim\limits_{x\to x_0}f'(x)=l$ 存在,则 $f(x)$ 在点 x_0 处可导,且 $f'(x_0)=\lim\limits_{x\to x_0}f'(x)$.

证　首先考虑右导数. 由条件知,存在 $\delta>0$,函数 $f(x)$ 在某个闭区间 $[x_0,x_0+\delta]$ 上连续,在开区间 $(x_0,x_0+\delta)$ 内可导. 当 $x\in(x_0,x_0+\delta)$ 时,由拉格朗日中值定理知,存在

$\xi\in(x_0,x)$ 使得

$$f'_+(x_0)=\lim_{x\to x_0^+}\frac{f(x)-f(x_0)}{x-x_0}=\lim_{x\to x_0^+}\frac{f'(\xi)(x-x_0)}{x-x_0}=\lim_{x\to x_0^+}f'(\xi).$$

又由于 $\lim_{x\to x_0}f'(x)=l$，故 $f'_+(x_0)=\lim_{x\to x_0^+}f'(\xi)=l$.

同样，可以证明 $f'_-(x_0)$ 存在且等于 l，左右导数相等即得所证结论.

习 题 4

（A）

1. 填空题

(1) $\lim\limits_{x\to 0}\dfrac{2x-\sin 2x}{\sin^3 x}=$ _____ ;

(2) 函数 $y=x^3-3x^2$ 在 _____ 是单调减少；

(3) 曲线 $y=xe^{-3x}$ 的拐点坐标是 _____ ;

(4) 曲线 $y=e^x-6x+x^2$ 在区间 _____ 是凹的（即向上凹）；

(5) 函数 $f(x)=4+8x^3-3x^4$ 的极大值是 _____ ;

(6) 函数 $a^x(a>0,a\neq 1)$ 的 n 阶麦克劳林多项式是 _____ ;

(7) 曲线 $y=x\ln(e-1/x)$ 的斜渐近方程为 _____ ;

(8) 抛物线 $y=4x-x^2$ 在其顶点处的曲率为 _____ ;

(9) $\lim\limits_{x\to 0}\dfrac{\sqrt{1+x}+\sqrt{1-x}-2}{x^2}=$ _____ ;

(10) 若 $\lim\limits_{x\to x_0}\dfrac{f(x)-f(x_0)}{(x-x_0)^n}=2$（$n$ 为正整数），则当 n 为奇数时，$f(x)$ 在点 $x=x_0$ 处 _____ ；当 n 为偶数时，$f(x)$ 在点 $x=x_0$ 处 _____ ;

(11) 曲线 $y=xe^{-x}$ 的拐点为 _____ ，且该曲线在区间 _____ 上凹，在区间 _____ 下凹；

(12) 若 $f(x)$ 在区间 $[0,a]$ 上二阶可导，且 $|f''(x)|\leqslant M$，又知 $f(x)$ 在区间 $(0,a)$ 内取得极大值，则必有 $|f'(0)|+|f'(a)|$ _____ Ma.

4-A-1(12)

2. 选择题

(1) 函数 $f(x)=x^2+1$ 和 $g(x)=2x+1$，在区间 $[0,1]$ 上满足柯西定理的 ξ 等于（ ）.

(A) $\dfrac{1}{2}$ (B) 1   (C) $\dfrac{1}{3}$ (D) $\dfrac{1}{4}$

(2) 罗尔定理中的三个条件：$f(x)$ 在区间 $[a,b]$ 上连续，在区间 (a,b) 内可导，且 $f(a)=f(b)$ 是 $f(x)$ 在区间 (a,b) 内至少存在一点 ξ，使得 $f'(\xi)=0$ 成立的（ ）.

(A) 必要条件   (B) 充分条件

(C) 充要条件   (D) 既非充分也非必要条件

(3) 下列函数中在区间 $[1,e]$ 上满足拉格朗日定理条件的是（ ）.

(A) $\ln(\ln x)$ (B) $\ln x$ (C) $\dfrac{1}{\ln x}$ (D) $\ln(2-x)$

(4) 设 $\lim\limits_{x\to x_0}\dfrac{f(x)}{g(x)}$ 为未定型,则 $\lim\limits_{x\to x_0}\dfrac{f'(x)}{g'(x)}$ 存在是 $\lim\limits_{x\to x_0}\dfrac{f(x)}{g(x)}$ 也存在的( ).

(A) 必要条件 (B) 充要条件

(C) 充分条件 (D) 既非充分也非必要条件

(5) 若在区间 (a,b) 内函数 $f(x)$ 的 $f'(x)>0$,$f''(x)<0$,则 $f(x)$ 在区间 (a,b) 内是( ).

(A) 单调减少,曲线上凹 (B) 单调减少,曲线上凸

(C) 单调增加,曲线上凹 (D) 单调增加,曲线上凸

(6) 设 $f(x)$ 在区间 $(0,+\infty)$ 内可导,且 $f'(x)>0$,若 $f(0)=0$,则在区间 $(0,+\infty)$ 内有( ).

(A) $f(x)\geqslant 0$ (B) $f(x)>0$

(C) $f(x)$ 单调趋向于 $+\infty$ (D) $f(x)$ 的符号不能确定

4-A-2(6)

(7) 设 $\lim\limits_{x\to a}\dfrac{f(x)-f(a)}{(x-a)^2}=1$,则在点 $x=a$ 处( ).

(A) $f(x)$ 的导数存在,且 $f'(a)\neq 0$ (B) $f(x)$ 的导数不存在

(C) $f(x)$ 取得极小值 (D) $f(x)$ 取得极大值

4-A-2(7)

(8) 函数 $y=x^4-2x^3$ 有( ).

(A) 一个极大值和一个极小值 (B) 两个极大值

(C) 两个极小值 (D) 一个极小值,无极大值

(9) 设 $g(x)$ 在区间 $(-\infty,+\infty)$ 内严格单调减少,$f(x)$ 在点 $x=x_0$ 处有极大值,则( ).

(A) $g[f(x)]$ 在 $x=x_0$ 处有极小值 (B) $g[f(x)]$ 在 $x=x_0$ 处有极大值

(C) $g[f(x)]$ 在 $x=x_0$ 处有最小值

(D) $g[f(x)]$ 在 $x=x_0$ 处既无极大值,也无最小值

(10) 曲线 $y=\dfrac{e^x}{1+x}$ ( ).

(A) 有一个拐点 (B) 有两个拐点 (C) 有三个拐点 (D) 无拐点

(11) 设 $f(x)$ 在闭区间 $[-1,1]$ 上连续,在开区间 $(-1,1)$ 内可导,且 $|f'(x)|\leqslant M$,$f(0)=0$,则必有( ).

(A) $|f(x)|\geqslant M$ (B) $|f(x)|>M$ (C) $|f(x)|\leqslant M$ (D) $|f(x)|<M$

(12) 若 $f''(x)>0$,则 $f'(1),f'(2),f(2)-f(1)$ 的大小关系为( ).

(A) $f'(2)>f'(1)>f(2)-f(1)$ (B) $f(2)-f(1)>f'(2)>f'(1)$

(C) $f'(2)>f(2)-f(1)>f'(1)$ (D) $f'(1)>f(2)-f(1)>f'(2)$

(13) 设 $f(x)$ 有二阶连续导数,且 $f'(0)=0$,$\lim\limits_{x\to 0}\dfrac{f''(x)}{|x|}=1$,则( ).

(A) $f(0)$ 是 $f(x)$ 的极大值

(B) $f(0)$ 是 $f(x)$ 的极小值

4-A-2(13)

(C) $(0, f(0))$ 是曲线 $y = f(x)$ 的拐点

(D) $f(0)$ 不是 $f(x)$ 的极值，$(0, f(0))$ 也不是曲线 $y = f(x)$ 的拐点

(14) 曲线 $y = \mathrm{e}^{1/x^2} \arctan \dfrac{x^2+x+1}{(x-1)(x+2)}$ 的渐近线有（　　）.

(A) 1 条　　　　　(B) 2 条　　　　　(C) 3 条　　　　　(D) 4 条

(15) 设函数 $f(x)$ 在点 $x = x_0$ 处连续，若点 x_0 为 $f(x)$ 的极值点，则必有（　　）.

(A) $f'(x_0) = 0$　　　　　　　　　(B) $f'(x_0) \neq 0$

(C) $f'(x_0) = 0$ 或 $f'(x_0)$ 不存在　　(D) $f'(x_0)$ 不存在

3. 求下列极限：

(1) $\lim\limits_{x \to 1} \dfrac{x-1-x\ln x}{(x-1)\ln x}$;

(2) $\lim\limits_{x \to 0} \left[\dfrac{1}{\ln(1+x)} - \dfrac{1}{x} \right]$;

(3) $\lim\limits_{x \to 0} \dfrac{1}{x^{100}} \mathrm{e}^{-1/x^2}$;

(4) $\lim\limits_{x \to 0^+} \left(\ln \dfrac{1}{x} \right)^x$.

4. 已知 $f(x)$ 有三阶导数，且 $f(x) = 0$, $f'(0) = 0$, $f''(0) = 2$, $f'''(0) = $ 3. 求 $\lim\limits_{x \to 0} \dfrac{f(x) - x^2}{x^3}$.

4-A-4

5. 证明下列不等式：

(1) 当 $0 < x < 1$ 时，$\mathrm{e}^{2x} < \dfrac{1+x}{1-x}$;　　(2) 当 $x < 1$ 时，$\mathrm{e}^x \leqslant \dfrac{1}{1-x}$;

(3) 当 $x \geqslant 4$ 时，$2^x > x^2$;　　(4) 比较 $\sqrt{2} - 1$ 和 $\ln(1+\sqrt{2})$ 的大小.

6. 求下列函数的极值：

(1) $f(x) = (x+2)^2(x-1)$;　　(2) $f(x) = \mathrm{e}^{-x}(x^2+3x+1) + \mathrm{e}^2$;

(3) $f(x) = \begin{cases} x^{2x}, & x > 0, \\ x+1, & x \leqslant 0. \end{cases}$

7. 已知函数 $f(x) = 2x^3 + ax^2 + bx + 9$ 有两个极值点 $x = 1$, $x = 2$，求其极大值和极小值.

8. 求 $f(x) = x^2 \mathrm{e}^{-x^2}$ 在区间 $(-\infty, +\infty)$ 内最大值和最小值.

9. 求下列曲线的渐近线：

(1) $y = \dfrac{x}{3-x^2}$;　　(2) $y = \sqrt{\dfrac{x-1}{x+1}}$.

10. 求方程 $k\arctan x - x = 0$ 不同实根的个数，其中 k 为参数.

11. 设 $a_1, a_2, \cdots, a_n$ 是满足 $a_1 - \dfrac{a_2}{3} + \cdots + (-1)^{n-1}\dfrac{a_n}{2n-1} = 0$ 的实数，证明方程

$$a_1 \cos x + a_2 \cos 3x + \cdots + a_n \cos(2n-1)x = 0$$

在开区间 $\left(0, \dfrac{\pi}{2}\right)$ 内至少有一个实根.

12. 设函数 $f(x)$ 在闭区间 $[a, b]$ $(0 < a < b)$ 上连续，在开区间 (a, b) 内可微，试证存在 $\xi, \eta \in (a, b)$，使得 $f'(\xi) = \dfrac{a+b}{2\eta} f'(\eta)$.

13. 设 $f(x)$ 在区间 $[0,1]$ 上连续，在区间 $(0,1)$ 内可导，且 $f(0) = 0$，证明在区间

$(0,1)$ 内至少存在一点 ξ，使得 $f(\xi)=(1-\xi)f'(\xi)$.

14. 设 $0<a<b,f(x)$ 在区间 $[a,b]$ 上连续，在区间 (a,b) 内可微，证明在区间 (a,b) 内至少存在一点 ξ，使得 $f(b)-f(a)=\xi f'(\xi)\ln\dfrac{b}{a}$.

15. 设 $f(x)$ 在区间 $[0,1]$ 上具有二阶导数，且 $f(0)=f(1)=0$，$\min\limits_{0<x<1}f(x)=-1$，证明存在一点 $\in(0,1)$，使 $f''(\xi)\geqslant 8$.

4-A-15

16. 由 $y=0,x=8,y=x^2$ 所围成的曲边三角形 OAB 在曲边 $OB(y=x^2,0\leqslant x\leqslant 8)$ 上求一点 C，使得过此点所作 $y=x^2$ 之切线与 OA,AB 所围成的三角形面积最大.

17. 作出函数 $y=\dfrac{\ln x}{x}$ 的图形.

18. 求曲线 $y=2(x-1)^2$ 的最小曲率半径.

(B)

1. 设函数 $f(x)$ 在区间 $[0,1]$ 上二阶可导，且 $f(0)=f(1)=0$，证明在 $(0,1)$ 内存在一点 ξ，使得 $\xi^2 f''(\xi)+4\xi f'(\xi)+2f(\xi)=0$.

2. 设函数 $f(x),g(x)$ 在区间 $[a,b]$ 上二阶可导，且 $f(a)=g(a)=f(b)=0$，证明在区间 (a,b) 内存在一点 ξ，使得 $f''(\xi)g(\xi)+2f'(\xi)g'(\xi)+f(\xi)g''(\xi)=0$.

3. 设函数 $f(x)$ 具有连续一阶导数，且 $f(1)=0,f'(1)=2$，求 $\lim\limits_{x\to 0}\dfrac{f(\sin^2 x+\cos x)}{x\tan x}$.

4. 证明：当 $0<x<2$ 时，$4x\ln x-x^2-2x+4>0$.

5. 已知函数 $f(x)=\dfrac{2x^2}{(1-x)^2}$，试求：(1) $f(x)$ 的单调区间；(2) $f(x)$ 的凹凸区间及拐点；(3) 曲线 $y=f(x)$ 的渐近线.

6. 设函数 $y=f(x)$ 在 $x=x_0$ 的某邻域内有 4 阶连续导数，若 $f'(x_0)=f''(x_0)=f'''(x_0)=0$，而 $f^{(4)}(x_0)\neq 0$. 试问 $x=x_0$ 是否为极值点？是否为拐点？说明你的结论.

7. 设 $f(x)$ 在闭区间 $[a,b]$ 上有二阶导数，且 $f(a)=f(b)=0,f'_+(a)\cdot f'_-(b)>0$，求证：(1) 至少存在一点 $\xi\in(a,b)$，使 $f(\xi)=0$；(2) 至少存在一点 $\eta\in(a,b)$，使 $f''(\eta)=0$.

8. 若 $f(x)$ 在区间 $[0,1]$ 上连续，在区间 $(0,1)$ 内可导，且 $f(0)=0$，$f(1)=1$，试证对任意的正数 a,b，在区间 $(0,1)$ 中必存在不相等的两数 x_1，x_2，使得 $\dfrac{a}{f'(x_1)}+\dfrac{b}{f'(x_2)}=a+b$.

4-B-8

9. 设 $f(x)$ 在 $[0,1]$ 上具有二阶导数，$f(1)>0$，$\lim\limits_{x\to 0^+}\dfrac{f(x)}{x}<0$. 证明：

(1) 方程 $f(x)=0$ 在 $(0,1)$ 内至少存在一个实根

(2) 方程 $f(x)f''(x)+[f'(x)]^2=0$ 在 $(0,1)$ 内至少存在两个不同的实根

4-B-9

10. 设 $f(x)$ 在区间 $[a,b]$ 上连续，在区间 (a,b) 内可导，且 $f(a)f(b)>0$，

$f(a)f\left(\dfrac{a+b}{2}\right)<0.$ 证明存在 $\xi\in(a,b)$，使得 $f'(\xi)=-f(\xi).$

11. 设奇函数 $f(x)$ 在 $[-1,1]$ 上具有二阶导数，且 $f(1)=1$，证明：(1) 存在 $\xi\in(0,1)$，使得 $f'(\xi)=1$；(2) 存在 $\eta\in(-1,1)$，使得 $f''(\eta)+f'(\eta)=1.$

12. 设函数 $f(x)$ 在区间 $[0,3]$ 上连续，在 $(0,3)$ 内存在二阶导数，且 $2f(0)=\displaystyle\int_0^2 f(x)\mathrm{d}x=f(2)+f(3).$ (1) 证明存在 $\eta\in(0,2)$，使 $f(\eta)=f(0)$；(2) 证明存在 $\xi\in(0,3)$ 使 $f''(\xi)=0.$

13. 设函数 $f(x)$ 在区间 $(-\infty,+\infty)$ 内有三阶连续导数，且 $\lim\limits_{x\to\infty}f(x)=a$（有限），$\lim\limits_{x\to\infty}f'''(x)=0$，证明 $\lim\limits_{x\to\infty}f'(x)=\lim\limits_{x\to\infty}f''(x)=0.$

14. 设函数 $f(x)$ 在区间 $[0,1]$ 上二阶可导，且 $f(0)=f(1)=0$，证明在区间 $(0,1)$ 内至少存在一点 ξ，使得 $f''(\xi)=\dfrac{2f'(\xi)}{1-\xi}.$

4-B-14

15. 设 $f(x)$ 在区间 $[a,+\infty)$ 上二阶可导，且 $f(a)>0,f'(a)<0$，当 $x>a$ 时有 $f''(x)<0$，证明在区间 $(a,+\infty)$ 内方程 $f(x)=0$ 有且仅有一个实根.

部分答案与提示

(A)

1. (1) $4/3$； (2) $(0,2)$； (3) $\left(\dfrac{2}{3},\dfrac{2}{3\mathrm{e}^2}\right)$； (4) $(-\infty,+\infty)$； (5) 20；

(6) $a^x=1+(\ln a)x+\dfrac{1}{2!}(\ln^2 a)x^2+\cdots+\dfrac{1}{n!}(\ln^n a)x^n$； (7) $y=x-\dfrac{1}{\mathrm{e}}$； (8) $K=2$；

(9) $-\dfrac{1}{4}$； (10) 无极值,有极小值； (11) $(2,2\mathrm{e}^{-2})$，$(2,+\infty)$ 上凹，$(-\infty,2)$ 下凹；

(12) $\leqslant.$

2. (1) A； (2) B； (3) B； (4) C； (5) D； (6) D； (7) C； (8) D； (9) A；

(10) D； (11) C； (12) C； (13) B； (14) B； (15) C.

3. (1) $-\dfrac{1}{2}$； (2) $\dfrac{1}{2}$； (3) 0； (4) 1.   **4.** $\dfrac{1}{2}.$

6. (1) 在点 $x=0$ 处取极小值且 $f(0)=-4$,在点 $x=-2$ 处取极大值且 $f(-2)=0$；

(2) 在点 $x=-2$ 处取极小值且 $f(-2)=0$,在点 $x=1$ 处取极大值且 $f(1)=\dfrac{5}{\mathrm{e}}+\mathrm{e}^2$；

(3) $f(x)$ 的极大值为 $f(0)=1$,极小值为 $f\left(\dfrac{1}{\mathrm{e}}\right)=\mathrm{e}^{-\frac{2}{\mathrm{e}}}.$

7. 极大值 $f(1)=14$,极小值 $f(2)=13.$

8. $f(x)$ 在区间 $(-\infty,+\infty)$ 内最大值为 e^{-1},最小值为 0.

9. (1) $x=\pm\sqrt{3}$ 为铅直渐近线,$y=0$ 为水平渐近线；

(2) $x=-1$ 为铅直渐近线,$y=1$ 为水平渐近线.

10. 当 $k\leqslant 1$ 时,方程有唯一实根 $x=0$;当 $k>1$ 时,方程有三个实根.

16. 当 $x=\dfrac{16}{3}$ 时,面积最大,所求的点为 $\left(\dfrac{16}{3},\dfrac{256}{9}\right).$ **18.** 最小曲率半径为 $\dfrac{1}{4}.$

(B)

1. 提示:函数 $F(x)=x^2 f(x)$ 在区间 $[0,1]$ 上使用罗尔定理两次.

2. 提示:在区间 $[a,b]$ 上对函数 $F(x)=f(x)g(x)$ 应用罗尔定理两次.

3. 1.

5. (1) 在区间 $(-\infty,0),(1,+\infty)$ 内 $f(x)$ 单调减少,在区间 $(0,1)$ 内单调增加;

(2) 在区间 $\left(-\infty,-\dfrac{1}{2}\right)$ 内上凸,在区间 $\left(-\dfrac{1}{2},1\right)$ 及 $(1,+\infty)$ 内上凹,拐点为 $\left(-\dfrac{1}{2},\dfrac{2}{9}\right)$;

(3) 水平渐近线 $y=2$,垂直渐近线 $x=1$.

6. 提示:考虑 $f(x)$ 在 x_0 的四阶泰勒展开式.

8. 提示:从题设推出存在 $x_0\in(0,1)$ 使 $f(x_0)=\dfrac{a}{a+b}$,然后分别在 $[0,x_0]$ 及 $[x_0,1]$ 上应用拉格朗日中值定理.

9. 提示:(1) 利用极限的保号性及零点定理;(2) 构造 $F(x)=f(x)f'(x)$.并设法证明 $F(x)=0$ 有 3 个实根.

10. 提示:从 $f(x)$ 在点 $a,\dfrac{a+b}{2},b$ 处的符号条件结合介值定理即知 $f(x)$ 有两个零点,然后参照表 4-3 构造辅助函数.

11. (1) 因为 $f(x)$ 是奇函数,所以 $f(0)=0$,又 $f(1)=1$,对 $f(x)$ 在区间 $[0,1]$ 上应用拉格朗日中值定理,存在 $\xi\in(0,1)$,使得 $f(1)-f(0)=f'(\xi)(1-0)$,即 $f'(\xi)=1$.

(2) 因为 $f(x)$ 是奇函数,所以 $f'(x)$ 是偶函数,故 $f'(-\xi)=1$.令 $F(x)=\mathrm{e}^x[f'(x)-1]$,有 $F(\xi)=F(-\xi)=0$,$F'(x)=\mathrm{e}^x f''(x)+\mathrm{e}^x[f'(x)-1]$,对 $F(x)$ 在区间 $[-\xi,\xi]$ 上应用罗尔定理,存在 $\eta\in(-\xi,\xi)\subset(-1,1)$,使得 $F'(\eta)=0$,从而 $f''(\eta)+f'(\eta)=1$.

12. 提示:使 $f''(\xi)=0$ 的充分条件是 $f'(x)$ 在两处等值,为此考虑 $f(x)$ 是否在 $[0,3]$ 内有三处等值.题设中 $f(0)=\dfrac{f(2)+f(3)}{2}=f(b)(b\in[2,3]$,介值定理),再在 $[0,2]$ 上对 $F(x)=\displaystyle\int_0^x f(t)\,\mathrm{d}t$ 应用拉格朗日中值定理便可找到第三个等值点 $a\in(0,2)$.

13. 提示:通过泰勒公式得到用 f 和 f''' 表示 f' 及 f'' 的关系式.为此将 $f(t)$ 在点 x 处展开到二阶泰勒多项式

$$f(t)=f(x)+f'(x)(t-x)+\frac{1}{2}f''(x)(t-x)^2+\frac{1}{6}f'''(\xi)(t-x)^3.$$

分别取 $t=x\pm1$ 后,所得式子相减即可得 f' 与 f 及 f''' 的关系式,从而推出 f' 的性质.

14. 提示:构造函数 $F(x)=(1-x)^2 f'(x)$.

15. 提示:由泰勒公式,有 $f(x)=f(a)+f'(a)(x-a)+\dfrac{1}{2}f''(\xi)(x-a)^2\leqslant f(a)+f'(a)(x-a)$,故存在 $b\in(a,+\infty)$,使 $f(b)<0$.又因 $f(a)>0$,因而存在 $c\in(a,b)$,使 $f(c)=0$,这说明 $f(x)$ 在区间 $(a,+\infty)$ 内有一实根.再通过条件说明 $f'(x)<0$,于是 $f(x)$ 仅有一实根.

第5章 不定积分

5.1 基本要求

1. 理解原函数与不定积分的概念及基本性质.
2. 熟悉不定积分的基本公式.
3. 掌握分项积分法、凑微分法、换元法与分部积分法.
4. 会求简单的有理函数、无理函数和三角有理式的积分.

5.2 知识点解析

【5-1】 在区间 (a,b) 内有间断点的函数是否存在原函数

在定积分中,将会证明在一个区间上连续的函数存在该区间上的原函数,那么若函数在定义区间上有间断点,是否就没有原函数呢?结论是可能有,也可能没有.

例如,函数

$$f(x) = \begin{cases} \dfrac{3}{2}\sqrt{x}\sin\dfrac{1}{x} - \dfrac{1}{\sqrt{x}}\cos\dfrac{1}{x}, & x > 0, \\ \\ 0, & x \leqslant 0 \end{cases}$$

在原点处间断(第二类间断点),但是直接验证可知,函数

$$F(x) = \begin{cases} x^{\frac{3}{2}}\sin\dfrac{1}{x}, & x > 0, \\ \\ 0, & x \leqslant 0 \end{cases}$$

是它在区间 $(-\infty, +\infty)$ 内存在的原函数.

另一方面,依据达布定理(参见第3章知识扩展),在区间上可导的函数,其导函数的值域也是区间. 函数 $f(x) = \begin{cases} 1, x \geqslant 0, \\ 0, x < 0 \end{cases}$ 在原点处间断,因为其值域不构成区间,所以它在区间 $(-\infty, +\infty)$ 内就不存在原函数.

【5-2】 为何有时候使用的方法不同求出来的原函数不一样

例如,以下两种算法

$$\int \sin 2x \, dx = \frac{1}{2}\int \sin 2x \, d2x = -\frac{1}{2}\cos 2x + C,$$

$$\int \sin 2x \, dx = \int 2\sin x \cos x \, dx = \int 2\sin x \, d\sin x = \sin^2 x + C$$

都是正确的,答案却不一样,这是为什么?注意到

$$-\frac{1}{2}\cos 2x = -\frac{1}{2}(1-2\sin^2 x) = \sin^2 x - \frac{1}{2},$$

可见原因在于 $-\frac{1}{2}\cos 2x$ 和 $\sin^2 x$ 相差一个常数. 加上任意常数后, 得到的原函数族是完全一样的. 这里要注意理解任意常数 C 的作用, 不可以将其当做具体的实数.

在三角函数的积分中常常会出现答案的形式不一样的现象, 通常可以用以下方法检验结果的一致性:

(1) 求导, 看它们的导数是否相同;

(2) 变形, 看它们是否只相差一个常数.

【5-3】 初等函数的原函数是否还是初等函数

不一定. 事实上, 有许多初等函数的原函数虽然存在, 但是却不能用初等函数来表示, 也就是说其不定积分是"积不出来"的. 例如

$$\int e^{-x^2}\,dx, \quad \int \frac{\sin x}{x}\,dx, \quad \int \frac{1}{\ln x}\,dx, \quad \int \sin(x^2)\,dx, \quad \int \sqrt{1+x^3}\,dx, \quad \int \frac{e^x}{x}\,dx.$$

然而, 证明以上论断并非易事. 关注这一问题的读者可以参考美国数学月刊(1961, 68:152-156)上的一篇文章"Integration"或相关专著.

【5-4】 不理解任意常数作用导致的一种错误

观察以下运算:

因 $\displaystyle\int \frac{1}{x}\,dx = x \cdot \frac{1}{x} - \int x\,d\left(\frac{1}{x}\right) = 1 + \int \frac{1}{x}\,dx$, 消去 $\displaystyle\int \frac{1}{x}\,dx$ 得 $0 = 1$.

前面变形正确, 错误出现在消去积分一步. 不可以将函数族 $\displaystyle\int \frac{1}{x}\,dx$ 当做一个具体的函数来处理. 事实上,

$$\text{左边} = \int \frac{1}{x}\,dx = \ln|x| + C_1 \quad (C_1\text{ 为任意常数}),$$

$$\text{右边} = 1 + \int \frac{1}{x}\,dx = 1 + \ln|x| + C_2 \quad (C_2\text{ 为任意常数}),$$

消去原函数 $\ln|x|$, 可以得到 $C_1 = 1 + C_2$. 它表明 C_1 和 $1 + C_2$ 的作用等效. 而这才是正确的.

【5-5】 不定积分法的选择要领

基本积分法有四种: 分项积分法、凑微分法、换元积分法、分部积分法. 面临一道积分问题, 该如何选择积分法呢? 一般来说可根据表 5-1 所示选择积分方法.

表 5-1

积 分 方 法	适 用 情 形
初等变形	通过初等变形使被积函数朝着能使用基本积分方法的方向变化. 变形方法如三角代换、分式化简、分项、配方、开方等
分项积分法	被积函数能够分拆, 如对数、分式
凑微分法	被积函数形如 $f(u(x))u'(x)$ 的形式, 考虑凑成关于 u 的微分形式
换元积分法	被积函数出现根式, 考虑用换元积分法去根号. 也可用换元改变积分的形式

积 分 方 法	适 用 情 形
分部积分法	被积函数形为 $u(x)v'(x)$，且 $v(x)u'(x)$ 易积出，也适合于形如 $I_n = \int f_n(x)\mathrm{d}x$ 的积分求递推公式

注意，许多积分可能需要综合运用以上几种方法才可求出.

【5-6】 基本积分表的扩充

积分方法的作用，就是将被积函数向基本积分表中的函数形式转化，完成积分最终要靠基本积分公式. 因此将一些已得到的积分结果作为积分公式使用，有利于提高解题效率. 常用的一些积分结果有：

(1) $\displaystyle\int \frac{1}{a^2+x^2}\mathrm{d}x = \frac{1}{a}\arctan\frac{x}{a} + C$;   (2) $\displaystyle\int \frac{\mathrm{d}x}{\sqrt{a^2-x^2}} = \arcsin\frac{x}{a} + C$;

(3) $\displaystyle\int \frac{1}{a^2-x^2}\mathrm{d}x = \frac{1}{2a}\ln\left|\frac{a+x}{a-x}\right| + C$;   (4) $\displaystyle\int \frac{1}{x^2-a^2}\mathrm{d}x = \frac{1}{2a}\ln\left|\frac{x-a}{x+a}\right| + C$;

(5) $\displaystyle\int \sec x\,\mathrm{d}x = \ln|\sec x + \tan x| + C$;   (6) $\displaystyle\int \csc x\,\mathrm{d}x = \ln|\csc x - \cot x| + C$;

(7) $\displaystyle\int \ln x\,\mathrm{d}x = x\ln x - x + C$.

5.3 解 题 指 导

本章的主要任务是计算不定积分. 由于积分方法十分重要，因此题型编写既有按照积分方法分类的，又有按照函数分类的.

【题型 5-1】 用分项积分法计算不定积分

应对 通过初等变形将被积函数分拆为若干个较易积分的函数之和，然后依分项积分公式完成每一项的积分，即

$$\int [af(x) + bg(x)]\mathrm{d}x = a\int f(x)\mathrm{d}x + b\int g(x)\mathrm{d}x,$$

积分常数 C 可以只写一个.

为了突出以上方法，以下例题中的积分比较特别，只需要使用分项积分法和基本积分公式便可以解答.

例 5-1 求下列不定积分：

(1) $I = \displaystyle\int \frac{1}{x^2(1+x^2)}\mathrm{d}x$;   (2) $I = \displaystyle\int \frac{2\cdot3^x - 5\cdot2^x}{3^x}\mathrm{d}x$;

(3) $I = \displaystyle\int \frac{1+\sin^2 x}{1-\cos 2x}\mathrm{d}x$;   (4) $I = \displaystyle\int \frac{\tan^3 x + \tan^2 x - \tan x - 1}{\tan x + 1}\mathrm{d}x$;

(5) $I = \displaystyle\int \left(\sin\frac{x}{2} + \cos\frac{x}{2}\right)^2 \mathrm{d}x$;   (6) $I = \displaystyle\int \frac{\sqrt{x^2+1} - \sqrt{x^2-1}}{\sqrt{x^4-1}}\mathrm{d}x$.

解 (1) $I = \displaystyle\int \frac{1+x^2-x^2}{x^2(1+x^2)}\mathrm{d}x = \int\left(\frac{1}{x^2} - \frac{1}{1+x^2}\right)\mathrm{d}x = -\frac{1}{x} - \arctan x + C$.

(2) $I = \int \left[2 - 5\left(\dfrac{2}{3}\right)^x\right]\mathrm{d}x = 2x - \dfrac{5}{\ln 2 - \ln 3}\left(\dfrac{2}{3}\right)^x + C.$

(3) $I = \int \dfrac{1 + \sin^2 x}{2\sin^2 x}\mathrm{d}x = \dfrac{1}{2}\int \dfrac{1}{\sin^2 x}\mathrm{d}x + \dfrac{1}{2}\int \mathrm{d}x = \dfrac{1}{2}(x - \cot x) + C.$

(4) $I = \int \dfrac{(\tan x + 1)(\tan^2 x - 1)}{\tan x + 1}\mathrm{d}x = \int (\tan^2 x - 1)\mathrm{d}x = \int (\sec^2 x - 2)\mathrm{d}x$

$\quad = \tan x - 2x + C.$

(5) $I = \int \left(\sin^2 \dfrac{x}{2} + 2\sin \dfrac{x}{2}\cos \dfrac{x}{2} + \cos^2 \dfrac{x}{2}\right)\mathrm{d}x = \int (1 + \sin x)\mathrm{d}x = x - \cos x + C.$

(6) $I = \int \left(\dfrac{1}{\sqrt{x^2 - 1}} - \dfrac{1}{\sqrt{x^2 + 1}}\right)\mathrm{d}x = \ln\left|\dfrac{x + \sqrt{x^2 - 1}}{x + \sqrt{x^2 + 1}}\right| + C.$

【题型 5-2】 用凑微分法计算不定积分

应对 当被积表达式可看成复合函数 $f(\varphi(x))$ 和 $\varphi'(x)\mathrm{d}x$ 的乘积时,便可考虑通过变量代换 $u = \varphi(x)$ 将积分变形,即

$$\int f(\varphi(x))\varphi'(x)\mathrm{d}x = \int f(\varphi(x))\mathrm{d}\varphi(x) = \int f(u)\mathrm{d}u.$$

由于上述推导的关键在于 $\varphi'(x)\mathrm{d}x = \mathrm{d}\varphi(x)$,故称之为凑微分法.

如何选择 $u = \varphi(x)$,可以参见以下经验:

(1) $f(ax + b)\mathrm{d}x = \dfrac{1}{a}f(ax + b)\mathrm{d}(ax + b)$;

(2) $f(x^n)x^{n-1}\mathrm{d}x = \dfrac{1}{n}f(x^n)\mathrm{d}(x^n)$,特别地,有

$$f(\sqrt{x})\dfrac{1}{\sqrt{x}}\mathrm{d}x = 2f(\sqrt{x})\mathrm{d}(\sqrt{x}), \quad f\left(\dfrac{1}{x}\right)\dfrac{1}{x^2}\mathrm{d}x = -f\left(\dfrac{1}{x}\right)\mathrm{d}\left(\dfrac{1}{x}\right);$$

(3) $f(\ln x)\dfrac{1}{x}\mathrm{d}x = f(\ln x)\mathrm{d}(\ln x)$;

(4) $f(\mathrm{e}^x)\mathrm{e}^x\mathrm{d}x = f(\mathrm{e}^x)\mathrm{d}(\mathrm{e}^x), \quad f(a^x)a^x\mathrm{d}x = \dfrac{1}{\ln a}f(a^x)\mathrm{d}(a^x)$;

(5) $f(\sin x)\cos x\mathrm{d}x = f(\sin x)\mathrm{d}(\sin x), \quad f(\cos x)\sin x\mathrm{d}x = -f(\cos x)\mathrm{d}(\cos x)$;

(6) $f(\tan x)\dfrac{1}{\cos^2 x}\mathrm{d}x = f(\tan x)\mathrm{d}(\tan x)$,

$\quad f(\cot x)\dfrac{1}{\sin^2 x}\mathrm{d}x = -f(\cot x)\mathrm{d}(\cot x)$;

(7) $f(\arcsin x)\dfrac{1}{\sqrt{1 - x^2}}\mathrm{d}x = f(\arcsin x)\mathrm{d}(\arcsin x)$;

(8) $f(\arctan x)\dfrac{1}{1 + x^2}\mathrm{d}x = f(\arctan x)\mathrm{d}(\arctan x).$

例 5-2 求下列不定积分:

(1) $I = \int \mathrm{e}^{3x}\mathrm{d}x$;   (2) $I = \int (3x - 1)^8\mathrm{d}x$;

(3) $I = \int \dfrac{1}{2 + 8x^2}\mathrm{d}x$;   (4) $I = \int \dfrac{\arctan x}{1 + x^2}\mathrm{d}x$;

(5) $I = \displaystyle\int \frac{\sin x + \cos x}{\sqrt[3]{\sin x - \cos x}} \mathrm{d}x$;　　　　(6) $I = \displaystyle\int \frac{x}{(1+x^2)^2} \mathrm{d}x.$

解　(1) $I = \dfrac{1}{3}\displaystyle\int \mathrm{e}^{3x}\mathrm{d}(3x) = \dfrac{1}{3}\mathrm{e}^{3x} + C$ （$u = 3x$ 可以不写出）.

(2) $I = \dfrac{1}{3}\displaystyle\int (3x-1)^8 \mathrm{d}(3x-1) = \dfrac{1}{27}(3x-1)^9 + C.$

(3) $I = \dfrac{1}{2}\displaystyle\int \dfrac{\mathrm{d}x}{1+4x^2} = \dfrac{1}{4}\displaystyle\int \dfrac{\mathrm{d}(2x)}{1+(2x)^2} = \dfrac{1}{4}\arctan 2x + C.$

(4) $I = \displaystyle\int \arctan x \, \mathrm{d}(\arctan x) = \dfrac{1}{2}(\arctan x)^2 + C.$

(5) $I = \displaystyle\int (\sin x - \cos x)^{-\frac{1}{3}}\mathrm{d}(\sin x - \cos x) = \dfrac{3}{2}\sqrt[3]{(\sin x - \cos x)^2} + C.$

(6) $I = \dfrac{1}{2}\displaystyle\int \dfrac{\mathrm{d}(x^2+1)}{(1+x^2)^2} = -\dfrac{1}{2(1+x^2)} + C.$

例 5-3　求下列不定积分：

(1) $I = \displaystyle\int \frac{\mathrm{d}x}{\mathrm{e}^{\frac{x}{2}} + \mathrm{e}^x}$;　　　　　(2) $I = \displaystyle\int \frac{x^{15}}{(x^4+1)^5} \mathrm{d}x$;

(3) $I = \displaystyle\int \frac{x^5}{\sqrt{a^3 - x^3}} \mathrm{d}x$;　　　　(4) $I = \displaystyle\int (x-1)\sqrt{2x - x^2}\,\mathrm{d}x.$

分析　有的积分中的 $u = \varphi(x)$ 并不明显，需要对被积函数变形才能找到.

解　(1) 因为 $\dfrac{1}{\mathrm{e}^{\frac{x}{2}} + \mathrm{e}^x}\mathrm{d}x = \dfrac{1}{\mathrm{e}^{\frac{x}{2}}(1+\mathrm{e}^{\frac{x}{2}})}\mathrm{d}x = -2\dfrac{\mathrm{d}\mathrm{e}^{\frac{-x}{2}}}{1+\mathrm{e}^{x/2}}$ ，取 $u = \mathrm{e}^{-\frac{x}{2}}$ 即可，于是

$$I = -2\int \frac{\mathrm{d}u}{1+\dfrac{1}{u}} = -2\int \frac{u+1-1}{u+1}\mathrm{d}u = -2\int \left(1 - \frac{1}{1+u}\right)\mathrm{d}u$$

$$= -2(u - \ln|1+u|) + C = -2(\mathrm{e}^{\frac{-x}{2}} - \ln|1+\mathrm{e}^{\frac{x}{2}}|) + C.$$

(2) $I = \displaystyle\int \frac{x^{-5}}{(1+x^{-4})^5}\mathrm{d}x = -\dfrac{1}{4}\int \frac{\mathrm{d}(x^{-4}+1)}{(1+x^{-4})^5} = \dfrac{1}{16(1+x^{-4})^4} + C.$

(3) 因为 $\quad \dfrac{x^5}{\sqrt{a^3 - x^3}}\mathrm{d}x = -\dfrac{1}{3}\dfrac{x^3\mathrm{d}(a^3 - x^3)}{\sqrt{a^3 - x^3}} = -\dfrac{2}{3}x^3\mathrm{d}\sqrt{a^3 - x^3}$

$$= \dfrac{2}{3}(a^3 - x^3 - a^3)\mathrm{d}\sqrt{a^3 - x^3},$$

取 $u = \sqrt{a^3 - x^3}$ ，便有

$$I = \dfrac{2}{3}\int (u^2 - a^3)\mathrm{d}u = \dfrac{2}{9}u^3 - \dfrac{2}{3}a^3 u + C = -\dfrac{2}{3}a^3\sqrt{a^3 - x^3} + \dfrac{2}{9}(a^3 - x^3)^{\frac{3}{2}} + C.$$

(4) $I = \displaystyle\int (x-1)\sqrt{1-(x-1)^2}\,\mathrm{d}(x-1) = -\dfrac{1}{2}\int \sqrt{1-(x-1)^2}\,\mathrm{d}[1-(x-1)^2]$

$$= -\dfrac{1}{3}[1-(x-1)^2]^{\frac{3}{2}} + C.$$

例 5-4　求下列不定积分：

(1) $I = \displaystyle\int \frac{1}{1+\mathrm{e}^x}\mathrm{d}x$;　　　　(2) $I = \displaystyle\int \frac{1}{1+\cos x}\mathrm{d}x$;

(3) $I = \int \dfrac{\mathrm{d}x}{x(x^6+1)}$;　　　　(4) $I = \int \dfrac{x^3}{\sqrt{1+x^2}}\mathrm{d}x$.

解　(1) 方法一　$I = \int \dfrac{1+\mathrm{e}^x-\mathrm{e}^x}{1+\mathrm{e}^x}\mathrm{d}x = \int\left(1 - \dfrac{\mathrm{e}^x}{1+\mathrm{e}^x}\right)\mathrm{d}x = x - \int \dfrac{\mathrm{d}(\mathrm{e}^x+1)}{1+\mathrm{e}^x}$

$$= x - \ln(\mathrm{e}^x+1) + C.$$

方法二　$I = \int \dfrac{\mathrm{e}^{-x}}{1+\mathrm{e}^{-x}}\mathrm{d}x = -\int \dfrac{\mathrm{d}(1+\mathrm{e}^{-x})}{1+\mathrm{e}^{-x}} = -\ln(1+\mathrm{e}^{-x}) + C.$

(2) 方法一　$I = \int \dfrac{\mathrm{d}x}{2\cos^2\dfrac{x}{2}} = \int \dfrac{\mathrm{d}\left(\dfrac{x}{2}\right)}{\cos^2\dfrac{x}{2}} = \tan\dfrac{x}{2} + C.$

方法二　$I = \int \dfrac{1-\cos x}{\sin^2 x}\mathrm{d}x = \int \dfrac{\mathrm{d}x}{\sin^2 x} - \int \dfrac{\mathrm{d}(\sin x)}{\sin^2 x} = -\cot x + \csc x + C.$

(3) 在分子中增减变量,分项后用凑微分法.

$$I = \int \frac{1+x^6-x^6}{x(x^6+1)}\mathrm{d}x = \int\left(\frac{1}{x} - \frac{x^5}{x^6+1}\right)\mathrm{d}x = \int \frac{1}{x}\mathrm{d}x - \frac{1}{6}\int \frac{\mathrm{d}(x^6+1)}{x^6+1}$$

$$= \ln|x| - \frac{1}{6}\ln(x^6+1) + C.$$

(4) 以 $1+x^2$ 为积分变量要比以 x^2 为积分变量更有效率.

$$I = \int \frac{x^2}{2\sqrt{1+x^2}}\mathrm{d}(1+x^2) = \frac{1}{2}\int \frac{x^2+1-1}{\sqrt{1+x^2}}\mathrm{d}(1+x^2)$$

$$= \frac{1}{2}\int\left(\sqrt{1+x^2} - \frac{1}{\sqrt{1+x^2}}\right)\mathrm{d}(1+x^2) = \frac{1}{3}(1+x^2)^{\frac{3}{2}} - (1+x^2)^{\frac{1}{2}} + C.$$

例 5-5　求下列三角函数的不定积分:

(1) $I = \int \sin x\sin 2x\sin 3x\,\mathrm{d}x$;　　(2) $I = \int \sin^2 x\cos^2 x\,\mathrm{d}x$;　　(3) $I = \int \dfrac{\tan x}{\sqrt{\cos x}}\mathrm{d}x$;

(4) $I = \int \dfrac{\tan x\cos^6 x}{\sin^4 x}\mathrm{d}x$;　　　(5) $I = \int \tan^3 x\sec^4 x\,\mathrm{d}x$;　　(6) $I = \int \tan^4 x\,\mathrm{d}x$.

解　(1) 反复利用积化和差公式来分拆被积函数,并注意合并.

$$I = -\frac{1}{2}\int(\cos 3x - \cos x)\sin 3x\,\mathrm{d}x = -\frac{1}{4}\int \sin 6x\,\mathrm{d}x + \frac{1}{2}\int \cos x\sin 3x\,\mathrm{d}x$$

$$= \frac{1}{24}\cos 6x + \frac{1}{4}\int(\sin 4x + \sin 2x)\mathrm{d}x = \frac{1}{24}\cos 6x - \frac{1}{16}\cos 4x - \frac{1}{8}\cos 2x + C.$$

(2) 利用倍角公式降次扩角,再分项积分.

方法一　$I = \int \dfrac{1-\cos 2x}{2}\cdot\dfrac{1+\cos 2x}{2}\mathrm{d}x = \dfrac{1}{4}\int(1-\cos^2 2x)\mathrm{d}x$

$$= \frac{1}{4}\int\left(1 - \frac{1+\cos 4x}{2}\right)\mathrm{d}x = \frac{1}{8}\int \mathrm{d}x - \frac{1}{8}\int \cos 4x\,\mathrm{d}x = \frac{1}{8}x - \frac{1}{32}\sin 4x + C.$$

方法二　$I = \dfrac{1}{4}\int \sin^2 2x\,\mathrm{d}x = \dfrac{1}{4}\int \dfrac{1-\cos 4x}{2}\mathrm{d}x = \dfrac{1}{8}x - \dfrac{1}{32}\sin 4x + C.$

(3) $I = \int \sin x(\cos x)^{-\frac{3}{2}}\mathrm{d}x = -\int(\cos x)^{-\frac{3}{2}}\mathrm{d}\cos x = \dfrac{2}{\sqrt{\cos x}} + C.$

(4) $I = \int \dfrac{\cos^5 x}{\sin^3 x} dx = \int \dfrac{(1-\sin^2 x)^2}{\sin^3 x} d\sin x = \int \dfrac{1 - 2\sin^2 x + \sin^4 x}{\sin^3 x} d\sin x$

$\qquad = -\dfrac{1}{2\sin^2 x} - \ln\sin^2 x + \dfrac{\sin^2 x}{2} + C.$

(5) **方法一**　因 $\sec^2 x dx = d(\tan x)$，以 $\tan x$ 为积分变量，于是

$I = \int \tan^3 x \sec^2 x d(\tan x) = \int \tan^3 x (\tan^2 x + 1) d(\tan x) = \dfrac{1}{6}\tan^6 x + \dfrac{1}{4}\tan^4 x + C.$

方法二　因 $\tan x \sec x dx = d(\sec x)$，以 $\sec x$ 为积分变量，于是

$I = \int \tan^2 x \sec^3 x d(\sec x) = \int (\sec^2 x - 1)\sec^3 x d(\sec x) = \dfrac{1}{6}\sec^6 x - \dfrac{1}{4}\sec^4 x + C.$

(6) $I = \int \tan^2 x (\sec^2 x - 1) dx = \int \tan^2 x d(\tan x) - \int (\sec^2 x - 1) dx$

$\qquad = \dfrac{1}{3}\tan^3 x - \tan x + x + C.$

注　(5)、(6) 中注意利用 $\tan^2 x = \sec^2 x - 1$，$\sec^2 x dx = d(\tan x)$，$\tan x \sec x dx = d(\sec x)$ 处理包含 $\tan x$，$\sec x$ 的积分.

以下一组积分中的凑微分方案不太容易想到，有一定难度.

例 5-6　求下列不定积分：

(1) $I = \int \dfrac{\ln(x + \sqrt{1+x^2})}{\sqrt{1+x^2}} dx$;　　　　(2) $I = \int \dfrac{e^{\sin 2x} \cdot \sin^2 x}{e^{2x}} dx$;

(3) $I = \int \dfrac{\ln x}{x\sqrt{1+\ln x}} dx$;　　　　(4) $I = \int \dfrac{\sqrt{\ln(1+x)-\ln x}}{x(x+1)} dx$;

(5) $I = \int \sqrt{\dfrac{e^x - 1}{e^x + 1}} dx$;　　　　(6) $I = \int \dfrac{\sin^2 x - \cos^2 x}{\sin^4 x + \cos^4 x} dx.$

解　(1) 因 $\dfrac{dx}{\sqrt{1+x^2}} = d\ln(x + \sqrt{1+x^2})$，所以

$I = \int \ln(x + \sqrt{1+x^2}) d\ln(x + \sqrt{1+x^2}) = \dfrac{1}{2}\ln^2(x + \sqrt{1+x^2}) + C.$

(2) $I = \dfrac{1}{2}\int e^{\sin 2x - 2x}(1 - \cos 2x) dx = -\dfrac{1}{4}\int e^{\sin 2x - 2x}(2\cos 2x - 2) dx$

$\qquad = -\dfrac{1}{4}\int e^{\sin 2x - 2x} d(\sin 2x - 2x) = -\dfrac{1}{4}e^{\sin 2x - 2x} + C.$

(3) $I = \int \dfrac{\ln x + 1 - 1}{x\sqrt{1+\ln x}} dx = \int \left(\sqrt{1+\ln x} - \dfrac{1}{\sqrt{1+\ln x}}\right) d(1+\ln x)$

$\qquad = \dfrac{2}{3}(1+\ln x)^{\frac{3}{2}} - 2(1+\ln x)^{\frac{1}{2}} + C.$

(4) $I = \int \left(\dfrac{1}{x} - \dfrac{1}{x+1}\right)\sqrt{\ln(1+x)-\ln x}\, dx$

$\qquad = \int \sqrt{\ln(1+x)-\ln x}\, d[\ln x - \ln(1+x)] = -\dfrac{2}{3}[\ln(x+1) - \ln x]^{\frac{3}{2}} + C.$

(5) $I = \int \frac{\mathrm{e}^x - 1}{\sqrt{\mathrm{e}^{2x} - 1}} \mathrm{d}x = \int \frac{\mathrm{d}\mathrm{e}^x}{\sqrt{\mathrm{e}^{2x} - 1}} - \int \frac{\mathrm{d}x}{\mathrm{e}^x \sqrt{1 - \mathrm{e}^{-2x}}}$

$\qquad = \ln|\mathrm{e}^x + \sqrt{\mathrm{e}^{2x} - 1}| + \int \frac{\mathrm{d}\mathrm{e}^{-x}}{\sqrt{1 - (\mathrm{e}^{-x})^2}}$

$\qquad = \ln|\mathrm{e}^x + \sqrt{\mathrm{e}^{2x} - 1}| + \arcsin(\mathrm{e}^{-x}) + C.$

(6) $I = -\int \frac{\cos 2x}{1 - \frac{1}{2}\sin^2 2x} \mathrm{d}x = -\frac{1}{2\sqrt{2}} \int \left(\frac{2\cos 2x}{\sqrt{2} - \sin 2x} + \frac{2\cos 2x}{\sqrt{2} + \sin 2x} \right) \mathrm{d}x$

$\qquad = \frac{1}{2\sqrt{2}} \ln \frac{\sqrt{2} - \sin 2x}{\sqrt{2} + \sin 2x} + C.$

【题型 5-3】 用换元法计算不定积分

应对 通过适当的积分变量代换(令 $x = \varphi(t)$ 或 $t = h(x)$),使得被积函数化简为

$$\int f(x)\mathrm{d}x = \int f(\varphi(t))\mathrm{d}\varphi(t),$$

右边的积分完成之后,再将原积分变量代回.

根据函数的不同,常推荐如下的变量代换(见表 5-2):

表 5-2

被 积 函 数	换 元 变 换
$\sqrt{a^2 - x^2}$	$x = a\sin t,\ t \in \left(-\frac{\pi}{2}, \frac{\pi}{2} \right)$
$\sqrt{a^2 + x^2}$	$x = a\tan t,\ t \in \left(-\frac{\pi}{2}, \frac{\pi}{2} \right)$
$\sqrt{x^2 - a^2}$	$x = a\sec t,\ t \in \left(0, \frac{\pi}{2} \right)$
$\sqrt[n]{ax + b}$	$t = \sqrt[n]{ax + b}$
$\sqrt[n]{\dfrac{ax + b}{cx + d}}$	$t = \sqrt[n]{\dfrac{ax + b}{cx + d}}$
$\dfrac{1}{x^p(1 + x^q)^r}$	$t = \dfrac{1}{x}$

例 5-7 求下列不定积分:

(1) $I = \int \frac{1}{(1 + x^2)\sqrt{1 - x^2}} \mathrm{d}x$;

(2) $I = \int \frac{1}{x^2 \sqrt{x^2 - 9}} \mathrm{d}x$;

(3) $I = \int \frac{\sqrt{x + 1} - 1}{\sqrt{x + 1} + 1} \mathrm{d}x$;

(4) $I = \int \frac{\sqrt[3]{x}}{x(\sqrt{x} + \sqrt[3]{x})} \mathrm{d}x.$

解 (1) 令 $x = \sin t \left(-\frac{\pi}{2} < t < \frac{\pi}{2} \right)$,则 $\mathrm{d}x = \cos t \mathrm{d}t$,于是

$$I = \int \frac{1}{1 + \sin^2 t} \mathrm{d}t = \int \frac{1}{2\sin^2 t + \cos^2 t} \mathrm{d}t = \frac{1}{\sqrt{2}} \int \frac{\mathrm{d}\sqrt{2}\tan t}{2\tan^2 t + 1}$$

$$= \frac{1}{\sqrt{2}} \arctan(\sqrt{2}\tan t) + C = \frac{1}{\sqrt{2}} \arctan \frac{\sqrt{2}x}{\sqrt{1 - x^2}} + C.$$

（为了还原变量，根据 $x = \sin t$，作直角三角形，如图 5-1 所示，得 $\tan t = \dfrac{x}{\sqrt{1-x^2}}$.）

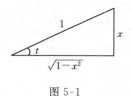

图 5-1

（2）令 $x = 3\sec t \left(0 < t < \dfrac{\pi}{2}\right)$，则 $\mathrm{d}x = 3\sec t\tan t\,\mathrm{d}t$，于是

$$I = \int \frac{3\sec t\tan t}{9\sec^2 t \cdot 3\tan t}\mathrm{d}t = \frac{1}{9}\int \cos t\,\mathrm{d}t$$

$$= \frac{1}{9}\sin t + C = \frac{\sqrt{x^2-9}}{9x} + C.$$

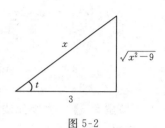

图 5-2

（为了还原变量，根据 $\cos t = \dfrac{3}{x}$，作直角三角形，如图 5-2 所示，得 $\sin t = \dfrac{\sqrt{x^2-9}}{x}$.）

（3）令 $\sqrt{x+1} = t\ (t > 0)$，则 $\mathrm{d}x = 2t\,\mathrm{d}t$，于是

$$I = \int \frac{t-1}{t+1} \cdot 2t\,\mathrm{d}t = 2\int \left(t - 2 + \frac{2}{t+1}\right)\mathrm{d}t = 2\left(\frac{t^2}{2} - 2t + 2\ln|t+1|\right) + C_1$$

$$= x - 4\sqrt{x+1} + 4\ln|\sqrt{x+1}+1| + C.$$

（4）为了同时消去两个根式，令 $t = \sqrt[6]{x}$，则 $\mathrm{d}x = 6t^5\,\mathrm{d}t$，于是

$$I = \int \frac{t^2}{t^6(t^3+t^2)} \cdot 6t^5\,\mathrm{d}t = 6\int \frac{1}{t(t+1)}\mathrm{d}t = 6\int \left(\frac{1}{t} - \frac{1}{t+1}\right)\mathrm{d}t$$

$$= 6(\ln|t| - \ln|t+1|) + C = \ln \frac{t^6}{(t+1)^6} + C = \ln \frac{x}{(\sqrt[6]{x}+1)^6} + C.$$

例 5-8 求下列不定积分：

（1）$I = \displaystyle\int x(1-x)^{10}\,\mathrm{d}x$；

（2）$I = \displaystyle\int \frac{1}{(1+\mathrm{e}^x)^2}\,\mathrm{d}x$；

（3）$I = \displaystyle\int \frac{\mathrm{d}x}{x(1+x)}$；

（4）$I = \displaystyle\int \frac{\mathrm{d}x}{x^5\sqrt[3]{1+x^6}}$；

（5）$I = \displaystyle\int \frac{x\mathrm{e}^{\arctan x}}{(1+x^2)^{\frac{3}{2}}}\,\mathrm{d}x$；

（6）$I = \displaystyle\int \frac{1}{\sqrt{(x-1)^3(x-2)}}\,\mathrm{d}x$.

解 （1）令 $1 - x = t$，则 $\mathrm{d}x = \mathrm{d}(1-t) = -\mathrm{d}t$，于是

$$I = \int t^{10}(t-1)\,\mathrm{d}t = \int (t^{11} - t^{10})\,\mathrm{d}t = \frac{1}{12}t^{12} - \frac{1}{11}t^{11} + C$$

$$= \frac{1}{12}(1-x)^{12} - \frac{1}{11}(1-x)^{11} + C.$$

（2）令 $1 + \mathrm{e}^x = t$，则 $x = \ln(t-1)$，$\mathrm{d}x = \dfrac{1}{t-1}\mathrm{d}t$，于是

$$I = \int \frac{1}{(t-1)t^2}\mathrm{d}t = \int \frac{t-(t-1)}{(t-1)t^2}\mathrm{d}t = \int \left[\frac{1}{(t-1)t} - \frac{1}{t^2}\right]\mathrm{d}t = \int \left(\frac{1}{t-1} - \frac{1}{t} - \frac{1}{t^2}\right)\mathrm{d}t$$

$$= \ln\left|\frac{t-1}{t}\right| + \frac{1}{t} + C = \ln \frac{\mathrm{e}^x}{1+\mathrm{e}^x} + \frac{1}{1+\mathrm{e}^x} + C.$$

(3) 令 $x = \dfrac{1}{t}$,则 $\mathrm{d}x = -\dfrac{1}{t^2}\mathrm{d}t$,于是

$$I = -\int \frac{t}{1+1/t}\frac{1}{t^2}\mathrm{d}t = -\int \frac{1}{1+t}\mathrm{d}t = -\ln\left(1+\frac{1}{x}\right)+C.$$

(4) 令 $x = \dfrac{1}{t}$,则 $\mathrm{d}x = -\dfrac{1}{t^2}\mathrm{d}t$,于是

$$I = -\int \frac{t^5}{\sqrt[3]{1+t^6}}\mathrm{d}t = -\frac{1}{6}\int (1+t^6)^{-\frac{1}{3}}\mathrm{d}(1+t^6) = -\frac{1}{4}(1+t^6)^{\frac{2}{3}}+C$$

$$= -\frac{1}{4}(1+x^{-6})^{\frac{2}{3}}+C.$$

(5) 令 $t = \arctan x$,则 $x = \tan t$,$\mathrm{d}x = \dfrac{\mathrm{d}t}{\cos^2 t}$,于是

$$I = \int \frac{\tan t\, \mathrm{e}^t}{\left(\dfrac{1}{\cos t}\right)^3}\frac{1}{\cos^2 t}\mathrm{d}t = \int \mathrm{e}^t \sin t\, \mathrm{d}t = \int \sin t\, \mathrm{d}\mathrm{e}^t = \mathrm{e}^t \sin t - \int \mathrm{e}^t \cos t\, \mathrm{d}t$$

$$= \mathrm{e}^t \sin t - \int \cos t\, \mathrm{d}\mathrm{e}^t = \mathrm{e}^t(\sin t - \cos t) + \int \mathrm{e}^t(-\sin t)\mathrm{d}t.$$

移项得 $2\displaystyle\int \mathrm{e}^t \sin t\, \mathrm{d}t = \mathrm{e}^t(\sin t - \cos t)+C_1$,注意到图 5-3,有

$$\sin t = \frac{x}{\sqrt{1+x^2}}, \quad \cos t = \frac{1}{\sqrt{1+x^2}}.$$

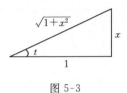

图 5-3

故 $$I = \frac{\mathrm{e}^{\arctan x}}{2}\left(\frac{x}{\sqrt{1+x^2}} - \frac{1}{\sqrt{1+x^2}}\right)+C.$$

(6) $I = \displaystyle\int \frac{1}{(x-1)(x-2)\sqrt{\dfrac{x-1}{x-2}}}\mathrm{d}x$,令 $t = \sqrt{\dfrac{x-1}{x-2}}$,则

$$x = \frac{2t^2-1}{t^2-1}, \quad \mathrm{d}x = \frac{-2t}{(t^2-1)^2}\mathrm{d}t,$$

于是 $$I = \int \frac{-2}{t^2}\mathrm{d}t = \frac{2}{t} + C = 2\sqrt{\frac{x-2}{x-1}} + C.$$

【题型 5-4】 用分部积分法计算不定积分

应对 若被积函数能够写成乘积形式 $u(x)v'(x)$,且 $u'(x)v(x)$ 的积分容易求出,则考虑分部积分法:

$$\int u(x)v'(x)\mathrm{d}x = \int u(x)\mathrm{d}v(x) = u(x)v(x) - \int v(x)u'(x)\mathrm{d}x.$$

通常取 $u(x)$ 为 $\arctan x$,$\ln x$,x^n,取 $v'(x)$ 为 e^x,$\sin x$,$\cos x$ 等.

例 5-9 求下列不定积分:

(1) $I = \displaystyle\int (x^2-2x+1)\sin x\, \mathrm{d}x$;

(2) $I = \displaystyle\int \frac{x\ln(1+\sqrt{1+x^2})}{\sqrt{1+x^2}}\mathrm{d}x$;

(3) $I = \displaystyle\int \mathrm{e}^{3x}\cos^2 x\, \mathrm{d}x$;

(4) $I = \displaystyle\int \frac{x^2}{1+x^2}\arctan x\, \mathrm{d}x$.

解 （1）选择多项式为 $u(x)$，于是

$$I = -\int (x^2 - 2x + 1)\mathrm{d}(\cos x) = -(x^2 - 2x + 1)\cos x + 2\int (x - 1)\cos x \mathrm{d}x$$

$$= -(x^2 - 2x + 1)\cos x + 2\int (x - 1)\mathrm{d}(\sin x)$$

$$= -(x^2 - 2x + 1)\cos x + 2(x - 1)\sin x - 2\int \sin x \mathrm{d}x$$

$$= -(x^2 - 2x + 1)\cos x + 2(x - 1)\sin x + 2\cos x + C.$$

（2）选择对数 $\ln(1 + \sqrt{1 + x^2})$ 为 $u(x)$，注意到 $\dfrac{x}{\sqrt{1 + x^2}}\mathrm{d}x = \mathrm{d}(1 + \sqrt{1 + x^2})$，则

$$I = \int \ln(1 + \sqrt{1 + x^2})\mathrm{d}(1 + \sqrt{1 + x^2})$$

$$= (1 + \sqrt{1 + x^2})\ln(1 + \sqrt{1 + x^2}) - \int \mathrm{d}(\sqrt{1 + x^2} + 1)$$

$$= (1 + \sqrt{1 + x^2})\ln(1 + \sqrt{1 + x^2}) - \sqrt{1 + x^2} + C.$$

（3）$I = \dfrac{1}{2}\int \mathrm{e}^{3x}(1 + \cos 2x)\mathrm{d}x = \dfrac{1}{2}\int \mathrm{e}^{3x}\mathrm{d}x + \dfrac{1}{2}\int \mathrm{e}^{3x}\cos 2x \mathrm{d}x$，对第二项应用分部积

分法．

$$I_1 = \int \mathrm{e}^{3x}\cos 2x \mathrm{d}x = \frac{1}{2}\int \mathrm{e}^{3x}\mathrm{d}(\sin 2x) = \frac{1}{2}\mathrm{e}^{3x}\sin 2x - \frac{3}{2}\int \mathrm{e}^{3x}\sin 2x \mathrm{d}x$$

$$= \frac{1}{2}\mathrm{e}^{3x}\sin 2x + \frac{3}{4}\int \mathrm{e}^{3x}\mathrm{d}(\cos 2x) = \frac{1}{2}\mathrm{e}^{3x}\sin 2x + \frac{3}{4}\mathrm{e}^{3x}\cos 2x - \frac{9}{4}\int \mathrm{e}^{3x}\cos 2x \mathrm{d}x,$$

所以 $I_1 = \dfrac{4}{13} \cdot \dfrac{1}{4}\mathrm{e}^{3x}(2\sin 2x + 3\cos 2x) + C_1 = \dfrac{1}{13}\mathrm{e}^{3x}(2\sin 2x + 3\cos 2x) + C_1.$

故 $$I = \frac{1}{6}\mathrm{e}^{3x} + \frac{1}{26}\mathrm{e}^{3x}(2\sin 2x + 3\cos 2x) + C.$$

（4）分项是本题的关键．

$$I = \int \left(1 - \frac{1}{1 + x^2}\right)\arctan x \mathrm{d}x = \int \arctan x \mathrm{d}x - \int \arctan x \mathrm{d}\arctan x$$

$$= x\arctan x - \int \frac{x}{1 + x^2}\mathrm{d}x - \frac{1}{2}(\arctan x)^2 = x\arctan x - \frac{1}{2}\ln(1 + x^2) - \frac{1}{2}(\arctan x)^2 + C.$$

下例的一些积分要先换元，然后再使用分部积分法．

例 5-10 求下列不定积分：

（1）$I = \displaystyle\int x^5 \mathrm{e}^{x^3}\mathrm{d}x$； （2）$I = \displaystyle\int \frac{\arctan \mathrm{e}^{\frac{x}{2}}}{\mathrm{e}^{\frac{x}{2}}(1 + \mathrm{e}^x)}\mathrm{d}x$；

（3）$I = \displaystyle\int \frac{\arctan \sqrt{x}}{\sqrt{1 + x}}\mathrm{d}x$； （4）$I = \displaystyle\int \ln\left(1 + \sqrt{\frac{1 + x}{x}}\right)\mathrm{d}x\ (x > 0).$

解 （1）令 $t = x^3$，则 $\mathrm{d}t = 3x^2\mathrm{d}x$，于是

$$I = \frac{1}{3}\int t\mathrm{e}^t\mathrm{d}t = \frac{1}{3}\int t\mathrm{d}\mathrm{e}^t = \frac{1}{3}t\mathrm{e}^t - \frac{1}{3}\int \mathrm{e}^t\mathrm{d}t = \frac{1}{3}t\mathrm{e}^t - \frac{1}{3}\mathrm{e}^t + C = \frac{1}{3}\mathrm{e}^{x^3}(x^3 - 1) + C.$$

（2）令 $t = \mathrm{e}^{\frac{x}{2}}$，则 $\mathrm{d}t = \dfrac{1}{2}\mathrm{e}^{\frac{x}{2}}\mathrm{d}x$，并注意有理函数的分拆，便有

$$I = 2\int \frac{\arctan t}{t^2(1+t^2)}dt = 2\int \left(\frac{1}{t^2} - \frac{1}{1+t^2}\right)\arctan t\, dt = -2\int \arctan t\, d\frac{1}{t} - 2\int \arctan t\, d\arctan t$$

$$= -2 \cdot \frac{1}{t}\arctan t + 2\int \frac{1}{t(t^2+1)}dt - (\arctan t)^2,$$

而
$$\int \frac{dt}{t(1+t^2)} = \int \left(\frac{1}{t} - \frac{t}{1+t^2}\right)dt = \ln|t| - \frac{1}{2}\ln|1+t^2| + C_1,$$

故
$$I = -2e^{-\frac{x}{2}}\arctan e^{\frac{x}{2}} + x - \ln(1+e^x) - (\arctan e^{\frac{x}{2}})^2 + C.$$

（3）令 $\arctan \sqrt{x} = t$，则 $x = \tan^2 t$，$dx = 2\tan t\sec^2 t\, dt$，于是

$$I = \int \frac{t}{\sec t} \cdot 2\tan t\sec^2 t\, dt = 2\int t\, d\sec t = 2t\sec t - 2\int \sec t\, dt$$

$$= 2t\sec t - 2\ln|\sec t + \tan t| + C = 2\arctan \sqrt{x} \cdot \sqrt{1+x} - 2\ln|\sqrt{1+x} + \sqrt{x}| + C.$$

（4）令 $t = \sqrt{\dfrac{1+x}{x}}$，则 $x = \dfrac{1}{t^2-1}$，于是

$$I = \int \ln(1+t)d\frac{1}{t^2-1} = \frac{\ln(1+t)}{t^2-1} - \int \frac{1}{t^2-1} \cdot \frac{1}{t+1}dt,$$

而
$$\int \frac{1}{t^2-1} \cdot \frac{1}{t+1}dt = \frac{1}{4}\int \left(\frac{1}{t-1} - \frac{1}{t+1} - \frac{2}{(t+1)^2}\right)dt$$

$$= \frac{1}{4}\ln(t-1) - \frac{1}{4}\ln(t+1) + \frac{1}{2(t+1)} + C,$$

故
$$I = x\ln\left(1 + \sqrt{\frac{1+x}{x}}\right) + \frac{1}{2}\ln(\sqrt{1+x} + \sqrt{x}) - \frac{1}{2} \cdot \frac{\sqrt{x}}{\sqrt{1+x} + \sqrt{x}} + C.$$

例 5-11 求下列不定积分：

（1）$\displaystyle\int e^{2x}(\tan x + 1)^2 dx$；　　　　　　（2）$\displaystyle\int \frac{e^x(1+\sin x)}{1+\cos x}dx$.

解 （1）$\displaystyle\int e^{2x}(\tan x + 1)^2 dx = \int e^{2x}(\tan^2 x + 2\tan x + 1)dx$

$$= \int e^{2x}\left(\frac{1}{\cos^2 x} - 1\right)dx + \int 2e^{2x}\tan x\, dx + \int e^{2x}dx$$

$$= \int e^{2x}d\tan x - \int e^{2x}dx + \int 2e^{2x}\tan x\, dx + \int e^{2x}dx$$

$$= e^{2x}\tan x - \int 2e^{2x}\tan x\, dx + \int 2e^{2x}\tan x\, dx$$

$$= e^{2x}\tan x + C.$$

（2）$\displaystyle\int \frac{e^x(1+\sin x)}{1+\cos x}dx = \int \frac{e^x\left(1 + 2\sin\frac{x}{2}\cos\frac{x}{2}\right)}{2\cos^2\frac{x}{2}}dx = \int e^x d\tan\frac{x}{2} + \int e^x \tan\frac{x}{2}dx$

$$= e^x\tan\frac{x}{2} - \int \left(\tan\frac{x}{2}\right)e^x dx + \int e^x\tan\frac{x}{2}dx = e^x\tan\frac{x}{2} + C.$$

注 在积分过程中，符号相反的两个积分之和可以抵消，但必须添上积分常数.

【题型 5-5】 求有理函数的不定积分

应对 有理函数的积分可以根据情况灵活采用各种积分法求积.下面的策略旨在分项,但是计算量往往较大.

(1) 当有理函数是假分式(即分子的次数不低于分母的次数)时,用分式除法化成真分式.

(2) 当有理函数是真分式时:

① 若分母能分解因式,则用待定系数法将真分式分解为简单分式的和.拆成的简单分式的分子低于分母次数一次.对于形如 $\dfrac{P(x)}{(x-a)^k}$ 的分式,因为是真分式,所以当分母是 k 次多项式时,设分子是 $k-1$ 次多项式,故分解方法为

$$\frac{P(x)}{(x-a)^k} = \frac{A_1(x-a)^{k-1} + A_2(x-a)^{k-2} + \cdots + A_k}{(x-a)^k}$$

$$= \frac{A_1}{x-a} + \frac{A_2}{(x-a)^2} + \cdots + \frac{A_k}{(x-a)^k},$$

同理可得

$$\frac{P(x)}{(ax^2+bx+c)^k} = \frac{A_1 x + B_1}{ax^2+bx+c} + \frac{A_2 x + B_2}{(ax^2+bx+c)^2} + \cdots + \frac{A_k x + B_k}{(ax^2+bx+c)^k},$$

$$\frac{P(x)}{(x+a)(x+b)^k} = \frac{A}{x+a} + \frac{A_1}{x+b} + \frac{A_2}{(x+b)^2} + \cdots + \frac{A_k}{(x+b)^k}.$$

② 若分母不能分解因式,对于形如 $\displaystyle\int \frac{Ax+B}{ax^2+bx+c}\mathrm{d}x$ 的积分,则用凑微分法和配方法.

例 5-12 求下列有理函数的不定积分:

(1) $I = \displaystyle\int \frac{\mathrm{d}x}{x^2+2x+3}$;　(2) $I = \displaystyle\int \frac{\mathrm{d}x}{x^2+5x+6}$;　　　(3) $I = \displaystyle\int \frac{x+1}{x^2+2x+3}\mathrm{d}x$;

(4) $I = \displaystyle\int \frac{x-1}{x^2+2x+3}\mathrm{d}x$;　(5) $I = \displaystyle\int \frac{2x+2}{(x-1)(x^2+1)^2}\mathrm{d}x$;　(6) $I = \displaystyle\int \frac{\mathrm{d}x}{x^4+x^2+1}$.

解 (1) $I = \displaystyle\int \frac{\mathrm{d}(x+1)}{(x+1)^2+2} = \frac{1}{\sqrt{2}}\arctan\frac{x+1}{\sqrt{2}} + C.$

(2) $I = \displaystyle\int \left(\frac{1}{x+2} - \frac{1}{x+3}\right)\mathrm{d}x = \ln\left|\frac{x+2}{x+3}\right| + C.$

(3) $I = \dfrac{1}{2}\displaystyle\int \frac{\mathrm{d}(x^2+2x+3)}{x^2+2x+3} = \frac{1}{2}\ln|x^2+2x+3| + C.$

(4) $I = \displaystyle\int \frac{\dfrac{1}{2}(2x+2)-2}{x^2+2x+3}\mathrm{d}x = \frac{1}{2}\int \frac{\mathrm{d}(x^2+2x+3)}{x^2+2x+3} - 2\int \frac{\mathrm{d}(x+1)}{(x+1)^2+2}$

$\qquad = \dfrac{1}{2}\ln|x^2+2x+3| - \sqrt{2}\arctan\dfrac{x+1}{\sqrt{2}} + C.$

(5) 设 $\dfrac{2x+2}{(x-1)(x^2+1)^2} = \dfrac{A}{x-1} + \dfrac{Bx+C}{x^2+1} + \dfrac{Dx+E}{(x^2+1)^2}$,以 $(x-1)(x^2+1)^2$ 乘以

上式两端得

$$2x + 2 = A(x^2 + 1)^2 + (Bx + C)(x - 1)(x^2 + 1) + (Dx + E)(x - 1),$$

比较系数,得 $A = 1, B = C = -1, D = -2, E = 0$,于是

$$I = \int \frac{\mathrm{d}x}{x - 1} - \int \frac{x + 1}{x^2 + 1} \mathrm{d}x - \int \frac{2x}{(x^2 + 1)^2} \mathrm{d}x$$

$$= \ln | x - 1 | - \frac{1}{2} \int \frac{\mathrm{d}(x^2 + 1)}{x^2 + 1} - \int \frac{\mathrm{d}x}{x^2 + 1} - \int \frac{\mathrm{d}(x^2 + 1)}{(x^2 + 1)^2}$$

$$= \ln | x - 1 | - \frac{1}{2} \ln(x^2 + 1) - \arctan x + \frac{1}{x^2 + 1} + C.$$

(6) 设 $\dfrac{1}{x^4 + x^2 + 1} = \dfrac{Ax + B}{x^2 + x + 1} + \dfrac{Cx + D}{x^2 - x + 1}$,以 $x^4 + x^2 + 1$ 乘以上式两端得

$$1 = (Ax + B)(x^2 - x + 1) + (Cx + D)(x^2 + x + 1),$$

比较系数,得 $A = B = D = \dfrac{1}{2}, C = -\dfrac{1}{2}$,于是

$$I = \frac{1}{2} \int \frac{x + 1}{x^2 + x + 1} \mathrm{d}x - \frac{1}{2} \int \frac{x - 1}{x^2 - x + 1} \mathrm{d}x,$$

而 $\dfrac{1}{2} \displaystyle\int \dfrac{x + 1}{x^2 + x + 1} \mathrm{d}x = \dfrac{1}{4} \displaystyle\int \dfrac{2x + 2}{x^2 + x + 1} \mathrm{d}x = \dfrac{1}{4} \displaystyle\int \dfrac{2x + 1}{x^2 + x + 1} \mathrm{d}x + \dfrac{1}{4} \displaystyle\int \dfrac{1}{x^2 + x + 1} \mathrm{d}x$

$$= \frac{1}{4} \int \frac{\mathrm{d}(x^2 + x + 1)}{x^2 + x + 1} + \frac{1}{4} \int \frac{\mathrm{d}\left(x + \frac{1}{2}\right)}{\left(x + \frac{1}{2}\right)^2 + \frac{3}{4}}$$

$$= \frac{1}{4} \ln | x^2 + x + 1 | + \frac{1}{2\sqrt{3}} \arctan \frac{2x + 1}{\sqrt{3}} + C_1.$$

同理可得

$$\frac{1}{2} \int \frac{x - 1}{x^2 - x + 1} \mathrm{d}x = \frac{1}{4} \int \frac{2x - 2}{x^2 - x + 1} \mathrm{d}x = \frac{1}{4} \ln | x^2 - x + 1 | - \frac{1}{2\sqrt{3}} \arctan \frac{2x - 1}{\sqrt{3}} + C_2,$$

故

$$I = \frac{1}{4} (\ln | x^2 + x + 1 | - \ln | x^2 - x + 1 |)$$

$$+ \frac{1}{2\sqrt{3}} \left(\arctan \frac{2x + 1}{\sqrt{3}} + \arctan \frac{2x - 1}{\sqrt{3}} \right) + C.$$

注 该例是用上述应对方法来计算.(1)、(3)、(4) 题是分母不能分解因式的情形,(2)、(5)、(6) 题是分母能分解因式的情形.第(4) 题用的是凑微分法和配方法.

例 5-13 求下列不定积分:

(1) $I = \displaystyle\int \dfrac{x^4 + 1}{(x - 1)(x^2 + 1)} \mathrm{d}x$; (2) $I = \displaystyle\int \dfrac{x^2}{(1 - x^2)^3} \mathrm{d}x$;

(3) $I = \displaystyle\int \dfrac{1}{1 + x^4} \mathrm{d}x$; (4) $I = \displaystyle\int \dfrac{x^{11}}{x^8 + 3x^4 + 2} \mathrm{d}x$.

解 (1) $I = \displaystyle\int \dfrac{x^4 - 1 + 2}{(x - 1)(x^2 + 1)} \mathrm{d}x = \displaystyle\int \dfrac{(x^2 - 1)(x^2 + 1) + 2}{(x - 1)(x^2 + 1)} \mathrm{d}x$

$$= \int \left[x + 1 + \frac{2}{(x - 1)(x^2 + 1)} \right] \mathrm{d}x = \frac{x^2}{2} + x + \int \left(\frac{1}{x - 1} - \frac{x + 1}{x^2 + 1} \right) \mathrm{d}x$$

$$= \frac{x^2}{2} + x + \ln|x-1| - \frac{1}{2}\int \frac{2x}{x^2+1}dx - \int \frac{1}{x^2+1}dx$$

$$= \frac{x^2}{2} + x + \ln|x-1| - \frac{1}{2}\ln(1+x^2) - \arctan x + C.$$

(2) $\displaystyle I = -\frac{1}{2}\int \frac{x}{(1-x^2)^3}d(1-x^2) = \frac{1}{4}\int x\,d\frac{1}{(1-x^2)^2}$

$$= \frac{1}{4}\left[\frac{x}{(1-x^2)^2} - \int \frac{1}{(1-x^2)^2}dx\right],$$

其中 $\displaystyle \int \frac{1}{(1-x^2)^2}dx = \int \frac{x^2 - x^2 + 1}{(1-x^2)^2}dx = \int \frac{x^2}{(1-x^2)^2}dx + \int \frac{1}{1-x^2}dx$

$$= -\frac{1}{2}\int \frac{x}{(1-x^2)^2}d(1-x^2) + \frac{1}{2}\ln\left|\frac{1+x}{1-x}\right|$$

$$= \frac{1}{2}\int x\,d\frac{1}{1-x^2} + \frac{1}{2}\ln\left|\frac{1+x}{1-x}\right|$$

$$= \frac{1}{2}\left(\frac{x}{1-x^2} - \int \frac{1}{1-x^2}dx\right) + \frac{1}{2}\ln\left|\frac{1+x}{1-x}\right|$$

$$= \frac{x}{2(1-x^2)} + \frac{1}{4}\ln\left|\frac{1+x}{1-x}\right| + C_1,$$

于是 $\displaystyle I = \frac{x}{4(1-x^2)^2} - \frac{x}{8(1-x^2)} - \frac{1}{16}\ln\left|\frac{1+x}{1-x}\right| + C.$

(3) $\displaystyle I = \frac{1}{2}\int \frac{x^2 + 1 - x^2 + 1}{1+x^4}dx = \frac{1}{2}\int \frac{x^2+1}{1+x^4}dx - \frac{1}{2}\int \frac{x^2-1}{x^4+1}dx$

$$= \frac{1}{2}\int \frac{1+\frac{1}{x^2}}{x^2+\frac{1}{x^2}}dx - \frac{1}{2}\int \frac{1-\frac{1}{x^2}}{x^2+\frac{1}{x^2}}dx = \frac{1}{2}\int \frac{d\left(x-\frac{1}{x}\right)}{\left(x-\frac{1}{x}\right)^2+2} - \frac{1}{2}\int \frac{d\left(x+\frac{1}{x}\right)}{\left(x+\frac{1}{x}\right)^2-2}$$

$$= \frac{1}{2\sqrt{2}}\arctan \frac{x^2-1}{\sqrt{2}x} - \frac{1}{4\sqrt{2}}\ln\left|\frac{x+\frac{1}{x}-\sqrt{2}}{x+\frac{1}{x}+\sqrt{2}}\right| + C.$$

(4) 因为是假分式,故首先化成真分式.

$$I = \frac{1}{4}\int \frac{x^8\,dx^4}{x^8+3x^4+2} = \frac{1}{4}\int\left(1 - \frac{3x^4+2}{x^8+3x^4+2}\right)dx^4 = \frac{x^4}{4} - \frac{1}{4}\int \frac{3x^4+2}{(x^4+1)(x^4+2)}dx^4$$

$$= \frac{x^4}{4} + \frac{1}{4}\int\left(\frac{1}{x^4+1} - \frac{4}{x^4+2}\right)dx^4 = \frac{x^4}{4} + \frac{1}{4}\ln\frac{x^4+1}{(x^4+2)^4} + C.$$

某些三角函数的有理式也可以通过换元化为有理函数的积分.

例 5-14 依据指定代换计算不定积分:

(1) $\displaystyle \int \frac{dx}{(2+\sin^2 x)\cos x}$,令 $t = \sin x$;   (2) $\displaystyle \int \frac{\sin x}{\sin^3 x + \cos^3 x}dx$,令 $t = \tan x$;

(3) $\displaystyle \int \frac{1}{2-\sin x}dx$,令 $t = \tan\frac{x}{2}$.

解 (1) 令 $t = \sin x$,则 $dt = \cos x\,dx$,于是

$$I = \int \frac{\cos x}{(2+\sin^2 x)\cos^2 x}\,\mathrm{d}x = \int \frac{\mathrm{d}t}{(2+t^2)(1-t^2)} = \frac{1}{3}\int \frac{(2+t^2)+(1-t^2)}{(2+t^2)(1-t^2)}\,\mathrm{d}t$$

$$= \frac{1}{3}\int \frac{\mathrm{d}t}{1-t^2} + \frac{1}{3}\int \frac{\mathrm{d}t}{2+t^2} = \frac{1}{6}\ln\left|\frac{1+t}{1-t}\right| + \frac{1}{3\sqrt{2}}\arctan\left(\frac{t}{\sqrt{2}}\right) + C$$

$$= \frac{1}{6}\ln\left|\frac{1+\sin x}{1-\sin x}\right| + \frac{1}{3\sqrt{2}}\arctan\left(\frac{\sin x}{\sqrt{2}}\right) + C.$$

(2) 令 $t = \tan x$，于是

$$I = \int \frac{\tan x}{\tan^3 x + 1}\,\mathrm{d}\tan x = \int \frac{t}{1+t^3}\,\mathrm{d}t.$$

设 $\dfrac{t}{1+t^3} = \dfrac{A}{1+t} + \dfrac{Bt+C}{1-t+t^2}$，在等式两边乘以 $1+t^3$ 得

$$t = A(1-t+t^2) + (Bt+C)(1+t),$$

比较系数得

$$A = -\frac{1}{3}, \quad B = \frac{1}{3}, \quad C = \frac{1}{3}.$$

$$I = \frac{1}{3}\int \frac{t+1}{t^2-t+1}\,\mathrm{d}t - \frac{1}{3}\int \frac{\mathrm{d}t}{1+t}$$

$$= \frac{1}{6}\ln(t^2-t+1) + \frac{1}{\sqrt{3}}\arctan\left(\frac{2t-1}{\sqrt{3}}\right) - \frac{1}{3}\ln|1+t| + C$$

$$= \frac{1}{6}\ln\frac{\tan^2 x - \tan x + 1}{(1+\tan x)^2} + \frac{1}{\sqrt{3}}\arctan\left(\frac{2\tan x - 1}{\sqrt{3}}\right) + C.$$

(3) 利用万能代换求解. 令 $t = \tan\dfrac{x}{2}$，则

$$\sin x = \frac{2\tan\dfrac{x}{2}}{1+\tan^2\dfrac{x}{2}} = \frac{2t}{1+t^2}, \quad x = 2\arctan t, \quad \mathrm{d}x = \frac{2}{1+t^2}\,\mathrm{d}t,$$

于是
$$I = \int \frac{1}{2 - \dfrac{2t}{1+t^2}}\frac{2}{1+t^2}\,\mathrm{d}t = \int \frac{1}{1-t+t^2}\,\mathrm{d}t = \int \frac{1}{\left(t-\dfrac{1}{2}\right)^2 + \dfrac{3}{4}}\,\mathrm{d}\left(t-\frac{1}{2}\right)$$

$$= \frac{2}{\sqrt{3}}\arctan\frac{2}{\sqrt{3}}\left(t-\frac{1}{2}\right) + C = \frac{2}{\sqrt{3}}\arctan\left(\frac{2\tan\dfrac{x}{2}-1}{\sqrt{3}}\right) + C.$$

【题型 5-6】 一题多解举例

为了体验积分方法的灵活性，下面的不定积分计算采用了多种解法，请读者体验每种方法的要点.

例 5-15 求 $I = \displaystyle\int \frac{1}{\sqrt{x(2-x)}}\,\mathrm{d}x$.

解 方法一 $I = \displaystyle\int \frac{2\mathrm{d}\sqrt{x}}{\sqrt{(\sqrt{2})^2-(\sqrt{x})^2}} = 2\arcsin\sqrt{\frac{x}{2}} + C.$

方法二 $I = \displaystyle\int \frac{\mathrm{d}(x-1)}{\sqrt{1-(x-1)^2}} = \arcsin(x-1) + C.$

方法三　令 $x = t^2, t \in (0, \sqrt{2})$，则

$$I = \int \frac{2}{\sqrt{2-t^2}} \mathrm{d}t = 2\arcsin \frac{t}{\sqrt{2}} + C = 2\arcsin \sqrt{\frac{x}{2}} + C.$$

方法四　因 $\frac{1}{\sqrt{x(2-x)}} = \frac{1}{x}\sqrt{\frac{x}{2-x}}$，令 $t = \sqrt{\frac{x}{2-x}}$，则

$$I = \int \frac{1+t^2}{2t^2} \cdot t \cdot \frac{4t}{(1+t^2)^2} \mathrm{d}t = 2\int \frac{1}{1+t^2} \mathrm{d}t = 2\arctan t + C = 2\arctan \sqrt{\frac{x}{2-x}} + C.$$

例 5-16　求 $I = \displaystyle\int \frac{\mathrm{d}x}{x^4(x^2+1)}$.

解　方法一　$I = \displaystyle\int \frac{1+x^2-x^2}{x^4(x^2+1)} \mathrm{d}x = \int \left[\frac{1}{x^4} - \frac{1}{x^2(x^2+1)}\right] \mathrm{d}x$

$$= \int \left(\frac{1}{x^4} - \frac{1}{x^2} + \frac{1}{x^2+1}\right) \mathrm{d}x = -\frac{1}{3x^3} + \frac{1}{x} + \arctan x + C.$$

方法二　令 $x = \dfrac{1}{t}$，则 $\mathrm{d}x = -\dfrac{1}{t^2}\mathrm{d}t$，于是

$$I = -\int \frac{t^4}{1+t^2} \mathrm{d}t = -\int \left(t^2 - 1 + \frac{1}{1+t^2}\right) \mathrm{d}t = -\frac{1}{3}t^3 + t - \arctan t + C$$

$$= -\frac{1}{3x^3} + \frac{1}{x} - \arctan \frac{1}{x} + C.$$

方法三　令 $x = \tan u$，于是

$$I = \int \cot^4 u \, \mathrm{d}u = \int \cot^2 u (\csc^2 u - 1) \mathrm{d}u = -\int \cot^2 u \, \mathrm{d}(\cot u) - \int (\csc^2 u - 1) \mathrm{d}u$$

$$= -\frac{1}{3}\cot^3 u + \cot u + u + C = -\frac{1}{3x^3} + \frac{1}{x} + \arctan x + C.$$

方法四　设 $\dfrac{1}{x^4(x^2+1)} = \dfrac{A}{x} + \dfrac{B}{x^2} + \dfrac{C}{x^3} + \dfrac{D}{x^4} + \dfrac{Ex+F}{x^2+1}$，比较系数得

$$A = C = E = 0, \quad B = -1, \quad D = F = 1,$$

于是　$I = \displaystyle\int -\frac{1}{x^2}\mathrm{d}x + \int \frac{1}{x^4}\mathrm{d}x + \int \frac{1}{x^2+1}\mathrm{d}x = \frac{1}{x} - \frac{1}{3x^3} + \arctan x + C.$

例 5-17　求 $I = \displaystyle\int \frac{\mathrm{d}x}{\sin 2x + 2\sin x}$.

解　方法一　$I = \displaystyle\int \frac{\mathrm{d}x}{2\sin x(\cos x + 1)} = \frac{1}{4}\int \frac{1}{\sin \frac{x}{2}\cos^3 \frac{x}{2}} \mathrm{d}\left(\frac{x}{2}\right)$

$$= \frac{1}{4}\int \frac{1}{\tan \frac{x}{2}\cos^2 \frac{x}{2}} \mathrm{d}\left(\tan \frac{x}{2}\right) = \frac{1}{4}\int \frac{1+\tan^2 \frac{x}{2}}{\tan \frac{x}{2}} \mathrm{d}\left(\tan \frac{x}{2}\right)$$

$$= \frac{1}{8}\tan^2 \frac{x}{2} + \frac{1}{4}\ln \left|\tan \frac{x}{2}\right| + C.$$

方法二　令 $t = \tan \dfrac{x}{2}$，则 $\sin x = \dfrac{2t}{1+t^2}, \cos x = \dfrac{1-t^2}{1+t^2}, \mathrm{d}x = \dfrac{2}{1+t^2}\mathrm{d}t$，于是

$$I = \frac{1}{4}\int\left(\frac{1}{t} + t\right)\mathrm{d}t = \frac{1}{4}\ln|t| + \frac{1}{8}t^2 + C = \frac{1}{4}\ln\left|\tan\frac{x}{2}\right| + \frac{1}{8}\tan^2\frac{x}{2} + C.$$

方法三　$I = \displaystyle\int\frac{\sin^2\dfrac{x}{2} + \cos^2\dfrac{x}{2}}{8\sin\dfrac{x}{2}\cos^3\dfrac{x}{2}}\mathrm{d}x = \frac{1}{8}\int\frac{\sin\dfrac{x}{2}}{\cos^3\dfrac{x}{2}}\mathrm{d}x + \frac{1}{4}\int\frac{\mathrm{d}x}{\sin x}$

$\qquad\qquad = \dfrac{1}{8}\sec^2\dfrac{x}{2} + \dfrac{1}{4}\ln|\csc x - \cot x| + C.$

方法四　$I = \displaystyle\int\frac{\sin x}{2\sin^2 x(1 + \cos x)}\mathrm{d}x = -\int\frac{1}{2(1 - \cos x)(1 + \cos x)^2}\mathrm{d}(1 + \cos x)$

$\qquad\underline{\underline{1 + \cos x = t}}\ -\displaystyle\int\frac{1}{2t^2(2 - t)}\mathrm{d}t = -\frac{1}{4}\int\left[\frac{1}{t^2} + \frac{1}{2t} - \frac{1}{2(t - 2)}\right]\mathrm{d}t$

$\qquad\qquad = \dfrac{1}{4t} - \dfrac{1}{8}\ln|t| + \dfrac{1}{8}\ln|t - 2| + C$

$\qquad\qquad = \dfrac{1}{4(1 + \cos x)} - \dfrac{1}{8}\ln\left|\dfrac{1 + \cos x}{1 - \cos x}\right| + C.$

例 5-18　求 $I = \displaystyle\int\frac{x^3}{\sqrt{1 - x^2}}\mathrm{d}x.$

解　方法一　$I = \dfrac{1}{2}\displaystyle\int\frac{x^2\,\mathrm{d}(x^2)}{\sqrt{1 - x^2}} = \frac{1}{2}\int\frac{1 - x^2 - 1}{\sqrt{1 - x^2}}\mathrm{d}(1 - x^2)$

$\qquad\qquad = \dfrac{1}{2}\displaystyle\int\sqrt{1 - x^2}\,\mathrm{d}(1 - x^2) - \frac{1}{2}\int\frac{1}{\sqrt{1 - x^2}}\mathrm{d}(1 - x^2)$

$\qquad\qquad = -\dfrac{1}{3}\sqrt{1 - x^2}(2 + x^2) + C.$

方法二　$I = \displaystyle\int\frac{x^3 - x + x}{\sqrt{1 - x^2}}\mathrm{d}x = \int\frac{x(x^2 - 1)}{\sqrt{1 - x^2}}\mathrm{d}x + \int\frac{x\,\mathrm{d}x}{\sqrt{1 - x^2}}$

$\qquad\qquad = \dfrac{1}{2}\displaystyle\int\sqrt{1 - x^2}\,\mathrm{d}(1 - x^2) - \frac{1}{2}\int\frac{1}{\sqrt{1 - x^2}}\mathrm{d}(1 - x^2)$

$\qquad\qquad = -\dfrac{1}{3}\sqrt{1 - x^2}(2 + x^2) + C.$

方法三　$I = -\displaystyle\int x^2\,\mathrm{d}(\sqrt{1 - x^2}) = \int(1 - x^2)\mathrm{d}(\sqrt{1 - x^2}) - \int\mathrm{d}(\sqrt{1 - x^2})$

$\qquad\qquad = \displaystyle\int(\sqrt{1 - x^2})^2\,\mathrm{d}(\sqrt{1 - x^2}) - \int\mathrm{d}(\sqrt{1 - x^2})$

$\qquad\qquad = -\dfrac{1}{3}\sqrt{1 - x^2}(2 + x^2) + C.$

方法四　$I = -\displaystyle\int x^2\,\mathrm{d}(\sqrt{1 - x^2}) = -x^2\sqrt{1 - x^2} + \int\sqrt{1 - x^2}\,\mathrm{d}x^2$

$\qquad\qquad = -x^2\sqrt{1 - x^2} - \displaystyle\int\sqrt{1 - x^2}\,\mathrm{d}(1 - x^2) = -\frac{1}{3}\sqrt{1 - x^2}(2 + x^2) + C.$

方法五　令 $x = \sin t\left(-\dfrac{\pi}{2} < t < \dfrac{\pi}{2}\right)$，则

$$I = \int \frac{\sin^3 t}{\cos t} \cdot \cos t \, \mathrm{d}t = -\int (1 - \cos^2 t) \mathrm{d}(\cos t) = \frac{1}{3}\cos^3 t - \cos t + C$$

$$= -\frac{1}{3}\sqrt{1 - x^2}\,(2 + x^2) + C.$$

方法六 令 $t = \sqrt{1 - x^2}$,则 $x^2 = 1 - t^2$,$x\mathrm{d}x = -t\mathrm{d}t$,于是

$$I = \int \frac{1 - t^2}{t}(-t\mathrm{d}t) = \int (t^2 - 1)\mathrm{d}t = \frac{1}{3}t^3 - t + C = -\frac{1}{3}\sqrt{1 - x^2}\,(2 + x^2) + C.$$

例 5-19 求 $I = \int \dfrac{1 - \ln x}{(x - \ln x)^2}\mathrm{d}x.$

解 **方法一** $I = \displaystyle\int \frac{x - \ln x}{(x - \ln x)^2}\mathrm{d}x + \int \frac{1 - x}{(x - \ln x)^2}\mathrm{d}x = \int \frac{1}{x - \ln x}\mathrm{d}x - \int \frac{x\left(1 - \dfrac{1}{x}\right)}{(x - \ln x)^2}\mathrm{d}x$

$$= \int \frac{1}{x - \ln x}\mathrm{d}x - \int \frac{x}{(x - \ln x)^2}\mathrm{d}(x - \ln x)$$

$$= \int \frac{1}{x - \ln x}\mathrm{d}x + \int x\,\mathrm{d}\left(\frac{1}{x - \ln x}\right)$$

$$= \int \frac{1}{x - \ln x}\mathrm{d}x + \frac{x}{x - \ln x} - \int \frac{1}{x - \ln x}\mathrm{d}x = \frac{x}{x - \ln x} + C.$$

方法二 $I = \displaystyle\int \frac{1 - \ln x}{(x - \ln x)^2}\mathrm{d}x = \int \frac{\dfrac{1 - \ln x}{x^2}}{\left(1 - \dfrac{\ln x}{x}\right)^2}\mathrm{d}x = -\int \frac{\mathrm{d}\left(1 - \dfrac{\ln x}{x}\right)}{\left(1 - \dfrac{\ln x}{x}\right)^2}$

$$= \frac{1}{1 - \dfrac{\ln x}{x}} + C = \frac{x}{x - \ln x} + C.$$

方法三 令 $x = \dfrac{1}{t}$,则

$$I = \int \frac{1 + \ln t}{\left(\dfrac{1}{t} + \ln t\right)^2}\left(-\frac{1}{t^2}\right)\mathrm{d}t = -\int \frac{1 + \ln t}{(1 + t\ln t)^2}\mathrm{d}t = -\int \frac{\mathrm{d}(1 + t\ln t)}{(1 + t\ln t)^2}$$

$$= \frac{1}{1 + t\ln t} + C = \frac{x}{x - \ln x} + C.$$

方法四 $I = \displaystyle\int \frac{x - \ln x + 1 - x}{(x - \ln x)^2}\mathrm{d}x = \int \frac{1 \cdot (x - \ln x) - x\left(1 - \dfrac{1}{x}\right)}{(x - \ln x)^2}\mathrm{d}x$

$$= \int \left(\frac{x}{x - \ln x}\right)'\mathrm{d}x = \frac{x}{x - \ln x} + C.$$

方法五 $I = \displaystyle\int \frac{x^2}{(x - \ln x)^2}\mathrm{d}\left(\frac{\ln x}{x}\right) = \int \frac{1}{\left(1 - \dfrac{\ln x}{x}\right)^2}\mathrm{d}\left(\frac{\ln x}{x}\right)$

$$= -\int \frac{1}{\left(1 - \dfrac{\ln x}{x}\right)^2}\mathrm{d}\left(1 - \frac{\ln x}{x}\right) = \frac{1}{1 - \dfrac{\ln x}{x}} + C = \frac{x}{x - \ln x} + C.$$

【题型 5-7】 计算分段函数的不定积分

应对 连续的分段函数在其定义区间上一定存在原函数. 在计算原函数时可以分段进行, 由于原函数在分段点处可导, 从而连续, 由此可以调整两个分段积分取得的积分常数的关系.

例 5-20 设 $f(x) = \begin{cases} x+1, & x \leqslant 0, \\ \mathrm{e}^x, & x > 0, \end{cases}$ 求 $\int f(x) \mathrm{d}x$.

解 显然 $f(x)$ 处处连续, 故原函数存在. 分段积分得

$$\int f(x) \mathrm{d}x = \begin{cases} \dfrac{x^2}{2} + x + C_1, & x \leqslant 0, \\ \mathrm{e}^x + C_2, & x > 0. \end{cases}$$

在分段点 $x = 0$ 处的每个原函数应连续, 于是得 $C_1 = C_2 + 1$, 记 $C = C_2$, 并令

$$F(x) = \begin{cases} \dfrac{x^2}{2} + x + 1, & x \leqslant 0, \\ \mathrm{e}^x, & x > 0, \end{cases}$$

则

$$\int f(x) \mathrm{d}x = F(x) + C.$$

【题型 5-8】 涉及不定积分概念与性质的综合问题

例 5-21 解答下列各题:

(1) 已知 $F(x)$ 是 $\sin x^2$ 的一个原函数, 则 $\mathrm{d}F(x^2) = $ _____;

(2) 若 $f(x)$ 的导函数是 $\sin x$, 则 $f(x)$ 有一个原函数为(   );

(A) $1 + \sin x$ (B) $1 - \sin x$ (C) $1 + \cos x$ (D) $1 - \cos x$

(3) 若 e^{-x} 是 $f(x)$ 的一个原函数, 则 $\int x f(x) \mathrm{d}x = $ (   );

(A) $\mathrm{e}^{-x}(1 - x) + C$ (B) $\mathrm{e}^{-x}(x - 1) + C$
(C) $\mathrm{e}^{-x}(1 + x) + C$ (D) $-\mathrm{e}^{-x}(1 + x) + C$

(4) 设 $\int f(x) \mathrm{d}x = \dfrac{\sin x}{x}$, 求 $I = \int x^3 f'(x) \mathrm{d}x$.

解 (1) 由题意知, $F'(x) = \sin x^2$, 故 $\mathrm{d}F(x^2) = F'(x^2) 2x \mathrm{d}x = 2x \sin x^4 \mathrm{d}x$.

(2) 由题意知, $f'(x) = \sin x$, 于是 $\int f'(x) \mathrm{d}x = \int \sin x \mathrm{d}x$, $f(x) = -\cos x + C_1$, 方程两边同时积分得 $f(x)$ 的所有原函数为

$$F(x) = \int f(x) \mathrm{d}x = \int (-\cos x + C_1) \mathrm{d}x = -\sin x + C_1 x + C_2,$$

取 $C_1 = 0, C_2 = 1$, 得 $f(x)$ 的一个原函数为 $1 - \sin x$. 故正确答案为(B).

(3) $\int x f(x) \mathrm{d}x = \int x \mathrm{d}\mathrm{e}^{-x} = x\mathrm{e}^{-x} - \int \mathrm{e}^{-x} \mathrm{d}x = x\mathrm{e}^{-x} + \mathrm{e}^{-x} + C = \mathrm{e}^{-x}(1 + x) + C$, 故正确答案为 (C).

(4) $I = \int x^3 f'(x) \mathrm{d}x = \int x^3 \mathrm{d}f(x) = x^3 f(x) - 3 \int x^2 f(x) \mathrm{d}x$

$= x^3 f(x) - 3 \int x^2 \mathrm{d}\dfrac{\sin x}{x} = x^3 f(x) - 3x^2 \dfrac{\sin x}{x} + 3 \int \dfrac{\sin x}{x} \cdot 2x \mathrm{d}x$

$$= x^3\left(\frac{\sin x}{x}\right)' - 3x\sin x - 6\cos x + C = (x^2 - 6)\cos x - 4x\sin x + C.$$

例 5-22 求解下列各题:

(1) 已知 $f'(e^x) = xe^{-x}$,且 $f(1) = 0$,则 $f(x) = \underline{\qquad}$;

(2) 设 $f(\ln x) = \dfrac{\ln(1+x)}{x}$,计算 $\int f(x)dx$.

解 (1) 先求出 $f'(x)$ 的表达式. 令 $t = e^x$,则 $x = \ln t$,所以 $f'(t) = \dfrac{\ln t}{t}$,于是

$$f(x) = \int f'(x)dx = \int \frac{\ln x}{x}dx = \int \ln x d\ln x = \frac{\ln^2 x}{2} + C.$$

由 $f(1) = 0$ 求得 $C = 0$,故 $f(x) = \dfrac{\ln^2 x}{2}$.

(2) 令 $t = \ln x$,则 $x = e^t$,于是 $f(t) = \dfrac{\ln(1+e^t)}{e^t}$,故

$$\int f(x)dx = \int \frac{\ln(1+e^x)}{e^x}dx = -\int \ln(1+e^x)de^{-x} = -e^{-x}\ln(1+e^x) + \int \frac{e^{-x}}{1+e^x}\cdot e^x dx$$

$$= -e^{-x}\ln(1+e^x) + \int \frac{1+e^x-e^x}{1+e^x}dx = -e^{-x}\ln(1+e^x) + x - \ln(1+e^x) + C$$

$$= x - (1+e^{-x})\ln(1+e^x) + C.$$

例 5-23 设 $F(x)$ 是 $f(x)$ 的一个原函数,$F(x) > 0, F(0) = 1$.

(1) 设 $f(x) = \dfrac{xF(x)}{1+x^2}$,求 $f(x)$;　　 (2) 设 $f(x)F(x) = e^x$,求 $f(x)$.

解 (1) 由条件知 $F'(x) = f(x)$,代入所给函数方程得 $\dfrac{F'(x)}{F(x)} = \dfrac{x}{1+x^2}$,即

$$(\ln F(x))' = \left(\frac{1}{2}\ln(1+x^2)\right)' \text{ 或 } \left(\ln F(x) - \frac{1}{2}\ln(1+x^2)\right)' = \left(\ln\frac{F(x)}{\sqrt{1+x^2}}\right)' = 0,$$

于是 $F(x) = C\sqrt{1+x^2}$,又因 $F(0) = 1$,使 $C = 1$,故

$$F(x) = \sqrt{1+x^2}, \quad f(x) = F'(x) = \frac{x}{\sqrt{1+x^2}}.$$

(2) 由条件知 $F'(x) = f(x)$,代入所给函数方程得 $F'(x)F(x) = e^x$,即

$\dfrac{1}{2}(F^2(x))' = e^x$. 于是 $F^2(x) = 2e^x + C$,又因 $F(0) = 1$,则 $C = -1$,故

$$F(x) = \sqrt{2e^x - 1}, \quad f(x) = F'(x) = \frac{e^x}{\sqrt{2e^x - 1}}.$$

5.4 知 识 扩 展

一类含指数函数因式的不定积分

对抽象函数的积分运算有时候可以得到有用的积分公式.

设 $f(x)$ 有连续导数,则有积分公式

$$\int e^x(f(x)+f'(x))\mathrm{d}x = e^x f(x)+C.$$

证 由 $(e^x f(x))' = e^x f'(x)+e^x f(x) = e^x(f(x)+f'(x))$ 即得.

例如,对于积分 $I = \int x e^x \mathrm{d}x$,若记 $f(x)=x-1$,则 $f'(x)=1$,于是

$$I = \int e^x(x-1+1)\mathrm{d}x = \int e^x(x-1+(x-1)')\mathrm{d}x = (x-1)e^x+C.$$

下面几例如果用常规方法解答,计算量偏大,且难以成功. 若利用上述公式计算,则可较快地得出结果.

例 5-24 求 $I = \displaystyle\int e^x\frac{1+\sin x}{1+\cos x}\mathrm{d}x$.

解 $I = \displaystyle\int e^x\frac{(1+\sin x)(1-\cos x)}{(1+\cos x)(1-\cos x)}\mathrm{d}x = \int e^x\frac{1-\cos x}{\sin^2 x}(1+\sin x)\mathrm{d}x$

$\qquad = \displaystyle\int e^x\Big(\frac{1-\cos x}{\sin x}+\frac{1-\cos x}{\sin^2 x}\Big)\mathrm{d}x,$

注意到 $\Big(\dfrac{1-\cos x}{\sin x}\Big)' = \dfrac{1-\cos x}{\sin^2 x}$,故 $I = e^x\dfrac{1-\cos x}{\sin x}+C.$

例 5-25 求 $I = \displaystyle\int e^x\frac{x}{(1+x)^2}\mathrm{d}x$.

解 $I = \displaystyle\int e^x\Big(\frac{1}{1+x}-\frac{1}{(1+x)^2}\Big)\mathrm{d}x = e^x\frac{1}{1+x}+C.$

例 5-26 求 $I = \displaystyle\int e^x\Big(1-\frac{2}{x}\Big)^2\mathrm{d}x$.

解 $I = \displaystyle\int e^x\Big(1-\frac{4}{x}+\frac{4}{x^2}\Big)\mathrm{d}x = \int e^x\Big(1-\frac{4}{x}+\Big(1-\frac{4}{x}\Big)'\Big)\mathrm{d}x = e^x\Big(1-\frac{4}{x}\Big)+C.$

习 题 5

（A）

1. 计算下列不定积分:

(1) $\displaystyle\int\frac{e^{2x}}{1+e^x}\mathrm{d}x$;

(2) $\displaystyle\int\sqrt{e^{2x}+4e^x-1}\,\mathrm{d}x$;

(3) $\displaystyle\int\frac{\mathrm{d}x}{x^6(1+x^2)}$;

(4) $\displaystyle\int\frac{1+\sqrt{1-x^2}}{1-\sqrt{1-x^2}}\mathrm{d}x$.

5-A-1(2)

2. 计算下列不定积分:

(1) $\displaystyle\int\frac{x^{14}}{(x^5+1)^4}\mathrm{d}x$;

(2) $\displaystyle\int\frac{e^x}{1+e^x}\mathrm{d}x$;

(3) $\displaystyle\int\frac{1+x}{x(1+xe^x)}\mathrm{d}x$;

(4) $\displaystyle\int\frac{x^7}{(1+x^4)^3}\mathrm{d}x$;

(5) $\displaystyle\int\frac{e^x+e^{-x}}{e^x-e^{-x}}\mathrm{d}x$;

(6) $\displaystyle\int\frac{1}{\sqrt{x-x^2}}\mathrm{d}x$;

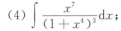

5-A-2(3)

(7) $\displaystyle\int x^3 e^{x^2}\mathrm{d}x$;

(8) $\displaystyle\int\frac{\mathrm{d}x}{\sin x\cos^4 x}$.

3. 计算下列不定积分：

(1) $\displaystyle\int \frac{\mathrm{d}x}{(1-x)^2\sqrt{1-x^2}}$; (2) $\displaystyle\int \frac{1}{(x+1)\sqrt{x^2+1}}\mathrm{d}x$; (3) $\displaystyle\int \frac{\sin x\cos^3 x}{1+\cos^2 x}\mathrm{d}x$;

(4) $\displaystyle\int \frac{\mathrm{e}^x-1}{\mathrm{e}^x+1}\mathrm{d}x$; (5) $\displaystyle\int \frac{\mathrm{d}x}{1+\mathrm{e}^{\frac{x}{2}}+\mathrm{e}^{\frac{x}{3}}+\mathrm{e}^{\frac{x}{6}}}$; (6) $\displaystyle\int \frac{\mathrm{d}x}{\sqrt[3]{x^2(1-x)}}$;

(7) $\displaystyle\int \frac{\mathrm{d}x}{\sin x\sqrt{1+\cos x}}$; (8) $\displaystyle\int \frac{x^2\arcsin x}{\sqrt{1-x^2}}\mathrm{d}x$; (9) $\displaystyle\int \frac{\sqrt{x+1}-1}{\sqrt{x+1}+1}\mathrm{d}x$;

(10) $\displaystyle\int \frac{\sqrt[3]{x}}{x(\sqrt{x}+\sqrt[3]{x})}\mathrm{d}x$; (11) $\displaystyle\int \frac{\mathrm{d}x}{\sqrt{1+\mathrm{e}^x}}$.

4. 计算下列不定积分：

(1) $\displaystyle\int \sqrt{x^4+2x^2-1}\,x\,\mathrm{d}x$; (2) $\displaystyle\int x^2\cos 2x\,\mathrm{d}x$; (3) $\displaystyle\int x^2\ln(1+x)\,\mathrm{d}x$;

(4) $\displaystyle\int \frac{\ln(\sqrt{x}+1)}{\sqrt{x}}\mathrm{d}x$; (5) $\displaystyle\int \frac{x^2}{(1+x^2)^2}\mathrm{d}x$; (6) $\displaystyle\int \frac{x\arctan x}{(1+x^2)^2}\mathrm{d}x$.

5. 计算下列有理函数的不定积分：

(1) $\displaystyle\int \frac{1}{x^8(1+x^2)}\mathrm{d}x$; (2) $\displaystyle\int \frac{2x^5+6x^3+1}{x^4+3x^2}\mathrm{d}x$.

6. 计算下列三角函数的不定积分：

(1) $\displaystyle\int \frac{\cos^2 x}{\tan x\sqrt[3]{\sin^2 x}}\mathrm{d}x$ (2) $\displaystyle\int \frac{\sin x-\cos x}{\sin x+2\cos x}\mathrm{d}x$;

(3) $\displaystyle\int \frac{\sin x}{\sin x+\cos x}\mathrm{d}x$; (4) $\displaystyle\int \frac{1}{2\sin x+3\cos x}\mathrm{d}x$.

5-A-6(2)

7. 选择题

(1) 设函数 $f(x)$ 在区间 $(-\infty,+\infty)$ 上连续，则 $\mathrm{d}\left[\displaystyle\int f(x)\mathrm{d}x\right]$ 等于（　　）.

(A) $f(x)$ (B) $f(x)\mathrm{d}x$ (C) $f(x)+C$ (D) $f'(x)\mathrm{d}x$

(2) 已知 $f(x)$ 的一个原函数是 e^{-x^2}，求 $\displaystyle\int xf'(x)\mathrm{d}x=$（　　）.

(A) $-2x^2\mathrm{e}^{-x^2}+C$ (B) $-2x^2\mathrm{e}^{-x^2}$

(C) $\mathrm{e}^{-x^2}(-2x^2-1)+C$ (D) $xf(x)-\displaystyle\int f(x)\mathrm{d}x$

8. 填空题

(1) $\displaystyle\int \frac{xf'(x)-f(x)}{x^2}\mathrm{d}x=$ _____.

(2) 设函数 $f(x)$ 的二阶导数 $f''(x)$ 连续，那么 $\displaystyle\int xf''(x)\mathrm{d}x=$ _____.

(3) 设 $f'(\mathrm{e}^x)=1+x$，则 $f(x)=$ _____.

(4) 设 $\dfrac{\sin x}{x}$ 为 $f(x)$ 的一个原函数，则 $\displaystyle\int \frac{f(ax)}{a}\mathrm{d}x=$ _____ $(a\neq 0)$.

9. 求解下列各题：

(1) 设 $F(x)$ 为 $f(x)$ 的原函数，当 $x \geqslant 0$ 时，$f(x)F(x) = x - 1$，已知 $F(0) = 1$，$F(x) > 0$，求 $f(x)$.

5-A-9(1)

(2) 设 $f'(\tan x + 1) = \cos^2 x + \sec^2 x$，且 $f(1) = 2$，求 $f(x)$.

(3) 计算 $\int e^{-|x|} dx$.

10. 计算下列不定积分：

(1) $\displaystyle\int \frac{x + \sin x}{1 + \cos x} dx$; $\qquad\qquad$ (2) $\displaystyle\int \frac{1}{\cos^7 \dfrac{x-a}{2}} dx$.

5-A-9(3)

11. 设 $f(x)$ 连续可导，导数不为零，它有反函数 $f^{-1}(x)$，已知 $\displaystyle\int f(x) dx$

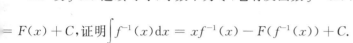

$= F(x) + C$，证明 $\displaystyle\int f^{-1}(x) dx = x f^{-1}(x) - F(f^{-1}(x)) + C$.

5-A-10(2)

12. 计算下列不定积分：

(1) $\displaystyle\int \ln\left(1 + \sqrt{\dfrac{1+x}{x}}\right) dx, x > 0$;

5-A-11

(2) $\displaystyle\int \frac{\arcsin\sqrt{x} + \ln x}{\sqrt{x}} dx$;

(3) 其中 $\displaystyle\int f(x) dx, f(x) = \max\{1, x^2, x^3\}$.

(B)

1. 选择题

(1) 对于积分 $\displaystyle\int x f[\cos(ax^2 + C)]\sin(ax^2 + C) dx$，下列"凑微分"正确的是（　　）.

(A) $\displaystyle\int f[\cos(ax^2 + C)] d[\cos(ax^2 + C)]$ $\qquad$ (B) $\displaystyle\frac{1}{2a}\int f[\cos(ax^2 + C)] d[\cos(ax^2 + C)]$

(C) $-\displaystyle\int f[\cos(ax^2 + C)] d[\cos(ax^2 + C)]$

(D) $-\displaystyle\frac{1}{2a}\int f[\cos(ax^2 + C)] d[\cos(ax^2 + C)]$

(2) 已知 $\displaystyle\int f(x) dx = F(x) + C$，则 $\displaystyle\int f(b - ax) dx = （　　）$.

(A) $F(b - ax) + C$ $\qquad\qquad$ (B) $-\dfrac{1}{a} F(b - ax) + C$

(C) $a F(b - ax) + C$ $\qquad\qquad$ (D) $\dfrac{1}{a} F(b - ax) + C$

(3) 已知 $f'(\ln x) = x$，其中 $1 < x < +\infty$ 及 $f(0) = 0$，则 $f(x) = （　　）$.

(A) $f(x) = e^x$ $\qquad\qquad$ (B) $f(x) = e^x - 1, 1 < x < +\infty$

(C) $f(x) = e^x - 1, 0 < x < +\infty$ $\qquad$ (D) $f(x) = e^x, 1 < x < +\infty$

(4) 已知曲线上任一点的二阶导数 $y'' = 6x$，且在曲线上 $(0, -2)$ 处的切线为 $2x -$

• 115 •

$3y = 6$,则这条曲线的方程为(　　　).

(A) $y = x^3 - 2x - 2$ 　　　　　　(B) $3x^3 + 2x - 3y - 6 = 0$

(C) $y = x^3$ 　　　　　　　　　　(D) 以上都不是

2. 填空题

(1) 已知曲线 $y = f(x)$ 上任意点的切线的斜率为 $ax^2 - 3x - 6$,且 $x = -1$ 时,$y = \dfrac{11}{2}$ 是极大值,则 $f(x) = $ _____;$f(x)$ 的极小值是_____.

(2) 已知一个函数的导函数为 $f(x) = \dfrac{1}{\sqrt{1-x^2}}$,并当 $x = 1$ 时,这个函数值等于 $\dfrac{3}{2}\pi$,则这个函数为 $F(x) = $ _____.

(3) 设 $f'(\sin^2 x) = \cos^2 x\ (|x| < 1)$,则 $f(x) = $ _____.

(4) $\displaystyle\int f'(x)\mathrm{d}x = $ _____.

(5) $\displaystyle\int f'(2x)\mathrm{d}x = $ _____.

(6) $\displaystyle\int [f(x) + xf'(x)]\mathrm{d}x = $ _____.

(7) $\displaystyle\int \dfrac{\arctan \mathrm{e}^x}{\mathrm{e}^{2x}}\mathrm{d}x = $ _____.

(8) $\displaystyle\int \dfrac{\mathrm{d}x}{\sqrt{x(4-x)}} = $ _____.

(9) $\displaystyle\int \dfrac{\ln\sin x}{\sin^2 x}\mathrm{d}x = $ _____.

(10) $\displaystyle\int \dfrac{x+5}{x^2 - 6x + 13}\mathrm{d}x = $ _____.

3. 计算下列不定积分:

(1) $\displaystyle\int \dfrac{\mathrm{d}x}{\sin 2x + 2\sin x}$; 　　(2) $\displaystyle\int \dfrac{x\mathrm{e}^{\arctan x}}{(1+x^2)^{3/2}}\mathrm{d}x$; 　　(3) $\displaystyle\int \dfrac{\mathrm{d}x}{1 + \sin x}$;

(4) $\displaystyle\int \dfrac{\arctan x}{x^2(1+x^2)}\mathrm{d}x$; 　　(5) $\displaystyle\int \dfrac{\mathrm{d}x}{(2x^2+1)\sqrt{x^2+1}}$; 　　(6) $\displaystyle\int \dfrac{x + \sin x}{1 + \cos x}\mathrm{d}x$.

4. 解答题

(1) 设 $f(x^2 - 1) = \ln \dfrac{x^2}{x^2 - 2}$,且 $f[\varphi(x)] = \ln x$,求 $\displaystyle\int \varphi(x)\mathrm{d}x$;

(2) 设 $F(x)$ 为 $f(x)$ 的原函数,当 $x \geqslant 0$ 时,有 $f(x)F(x) = \sin^2 2x$,且 $F(0) = 1$,$F(x) \geqslant 0$,试求 $f(x)$;

(3) 建立 $I_n = \displaystyle\int \csc^n x\,\mathrm{d}x\ (n \geqslant 3)$ 的递推公式;

(4) 求 $\displaystyle\int \dfrac{1}{x(x^n + a)}\mathrm{d}x$,$a$ 为实数.

部分答案与提示

(A)

1. (1) $e^x - \ln(e^x + 1) + C$;

(2) $\sqrt{e^{2x} + 4e^x - 1} + 2\ln|e^x + 2 + \sqrt{e^{2x} + 4e^x - 1}| + \arcsin\dfrac{1 - 2e^x}{\sqrt{5}\,e^x} + C$

$\left(\text{提示:原式} = \displaystyle\int \dfrac{e^{2x} + 4e^x - 1}{\sqrt{e^{2x} + 4e^x - 1}}\mathrm{d}x\right)$;

(3) $-\dfrac{1}{5x^5} + \dfrac{1}{3x^3} - \dfrac{1}{x} - \arctan x + C$; (4) $-\dfrac{2}{x} - x - \dfrac{2}{x}\sqrt{1 - x^2} - 2\arcsin x + C$.

2. (1) $\dfrac{1}{15}(1 + x^{-5})^{-3} + C$ $\left(\text{提示:原式} = \displaystyle\int \dfrac{x^{-6}}{(1 + x^{-5})^4}\mathrm{d}x\right)$; (2) $\ln(1 + e^x) + C$;

(3) $\ln\left|\dfrac{xe^x}{1 + xe^x}\right| + C$ $\left(\text{提示:原式} = \displaystyle\int \dfrac{\mathrm{d}(xe^x)}{e^x x(1 + xe^x)}\right)$; (4) $\dfrac{1}{8(1 + x^4)^2} - \dfrac{1}{4(1 + x^4)} + C$;

(5) $\dfrac{1}{2}\ln|e^{2x} - 1| + \dfrac{1}{2}\ln|e^{-2x} - 1| + C$; (6) $2\arcsin\sqrt{x} + C$; (7) $\dfrac{1}{2}x^2 e^{x^2} - \dfrac{1}{2}e^{x^2} + C$;

(8) $\dfrac{1}{3\cos^3 x} + \dfrac{1}{\cos x} + \ln|\csc x - \cot x| + C$.

3. (1) $\dfrac{2 - x}{3(1 - x)^2}\sqrt{1 - x^2} + C$ $\left(\text{提示:令}\ t = \sqrt{\dfrac{1 - x}{1 + x}}\right)$;

(2) $-\dfrac{1}{\sqrt{2}}\ln\left|\dfrac{1 - x + \sqrt{2(x^2 + 1)}}{x + 1}\right| + C$ (提示:令 $y = x + 1$);

(3) $\dfrac{1}{2}\ln(1 + \cos^2 x) - \dfrac{1}{2}\cos^2 x + C$; (4) $-x + 2\ln(e^x + 1) + C$;

(5) $x - 3\ln\left[(1 + e^{\frac{x}{6}})\sqrt{1 + e^{\frac{x}{3}}}\right] - 3\arctan e^{\frac{x}{6}} + C$ (提示:令 $t = e^{\frac{x}{6}}$);

(6) $\dfrac{1}{2}\ln\dfrac{(t + 1)^2}{t^2 - t + 1} - \sqrt{3}\arctan\left(\dfrac{2t - 1}{\sqrt{3}}\right) + C$,其中 $t = \sqrt[3]{\dfrac{1 - x}{x}}$;

(7) $\dfrac{1}{\sqrt{1 + \cos x}} - \dfrac{1}{2\sqrt{2}}\ln\dfrac{\sqrt{2} + \sqrt{1 + \cos x}}{\sqrt{2} - \sqrt{1 + \cos x}} + C$;

(8) $\dfrac{(\arcsin x)^2}{4} - \dfrac{1}{2}(\arcsin x)x\sqrt{1 - x^2} + \dfrac{x^2}{4} + C$;

(9) $x - 4\sqrt{x + 1} + 4\ln|\sqrt{x + 1} + 1| + C$;

(10) $\ln\dfrac{x}{(\sqrt[6]{x} + 1)^6} + C$; (11) $\ln\dfrac{\sqrt{1 + e^x} - 1}{\sqrt{1 + e^x} + 1} + C$.

4. (1) $\dfrac{x^2 + 1}{4}\sqrt{x^4 + 2x^2 - 1} - \dfrac{1}{2}\ln(x^2 + 1 + \sqrt{x^4 + 2x^2 - 1}) + C$

$\left(\text{提示:原式} = \dfrac{1}{2}\displaystyle\int \sqrt{(x^2 + 1)^2 - 2}\,\mathrm{d}(x^2 + 1)\right)$;

(2) $\dfrac{1}{2}x^2\sin 2x + \dfrac{1}{2}x\cos 2x - \dfrac{1}{4}\sin 2x + C$;

(3) $\dfrac{x^3}{3}\ln(1 + x) - \dfrac{x^3}{9} + \dfrac{x^2}{6} - \dfrac{x}{3} + \dfrac{1}{3}\ln|1 + x| + C$;

(4) $2(\sqrt{x}+1)\ln(\sqrt{x}+1)-2\sqrt{x}+C$;　(5) $-\dfrac{x}{2(1+x^2)}+\dfrac{1}{2}\arctan x+C$;

(6) $-\dfrac{3+x^2}{4(1+x^2)}\arctan x-\dfrac{x}{4(1+x^2)}+C$　$\left(\text{提示：原式}=-\dfrac{1}{2}\int \arctan x\,\mathrm{d}\dfrac{1}{1+x^2}\right)$.

5. (1) $-\dfrac{1}{7x^7}+\dfrac{1}{5x^5}-\dfrac{1}{3x^3}+\dfrac{1}{x}-\arctan\dfrac{1}{x}+C$　$\left(\text{提示：令}\ x=\dfrac{1}{t}\right)$;

(2) $x^2-\dfrac{1}{3x}-\dfrac{1}{3\sqrt{3}}\arctan\dfrac{x}{\sqrt{3}}+C$.

6. (1) $-\dfrac{3}{2}\sin^{-\frac{2}{3}}x-\dfrac{3}{4}\sin^{\frac{4}{3}}x+C$;　(2) $-\dfrac{x}{5}-\dfrac{3}{5}\ln|\sin x+2\cos x|+C$;

(3) $\dfrac{x}{2}-\dfrac{1}{2}\ln|\sin x+\cos x|+C$;

(4) $\dfrac{1}{\sqrt{13}}\ln|\csc(x+\varphi)-\cot(x+\varphi)|+C$,其中 $\cos\varphi=\dfrac{2}{\sqrt{13}}$,$\sin\varphi=\dfrac{3}{\sqrt{13}}$.

7. (1) (B);　(2) (C).

8. (1) $\dfrac{f(x)}{x}+C$;　(2) $xf'(x)-f(x)+C$;　(3) $x\ln x+C$;　(4) $\dfrac{\sin ax}{a^3x}+C$.

9. (1) $\dfrac{x-1}{\sqrt{x^2-2x+1}}$;　(2) $\arctan(x-1)+x+\dfrac{(x-1)^3}{3}+C$;

(3) $\begin{cases}-\mathrm{e}^{-x}+2+C, & x\geqslant 0,\\ \mathrm{e}^x+C, & x<0\end{cases}$　(提示：因被积函数是分段函数且连续,所以原函数存在且连

续,故求出的原函数 $\int \mathrm{e}^{-|x|}\,\mathrm{d}x$ 应连续).

10. (1) $x\tan\dfrac{x}{2}+C$;

(2) $\dfrac{\sin t}{3\cos^6 t}+\dfrac{5\sin t}{12\cos^4 t}+\dfrac{5\sin t}{8\cos^2 t}+\dfrac{5}{8}\ln|\sec t+\tan t|+C$　$\left(\text{提示：令}\ t=\dfrac{x-a}{2},\text{然后利用递推公}\right.$

式计算).

11. 提示：用分部积分证明.

12. (1) $x\ln\left(1+\sqrt{\dfrac{1+x}{x}}\right)+\dfrac{1}{2}\ln(\sqrt{1+x}+\sqrt{x})-\dfrac{1}{2}\dfrac{\sqrt{x}}{\sqrt{1+x}+\sqrt{x}}+C$(提示：令 $t=\sqrt{\dfrac{1+x}{x}}$);

(2) $2\sqrt{x}(\arcsin\sqrt{x}+\ln x)+2\sqrt{1-x}-4\sqrt{x}+C$(提示：用分部积分法);

(3) $F(x)=\begin{cases}\dfrac{x^3}{3}-\dfrac{2}{3}+C, & x<-1\\ x+C, & -1\leqslant x\leqslant 1\\ \dfrac{x^4}{4}+\dfrac{3}{4}+C, & x>1\end{cases}$(提示：利用原函数 $F(x)$ 的连续性,注意调整 C 使原

函数 $F(x)$ 连续).

(B)

1. (1) (D);　(2) (B);　(3) (C);　(4) (B).

2. (1) $x^3-\dfrac{3}{2}x^2-6x+2,-8$;　(2) $\arcsin x+\pi$;　(3) $x-\dfrac{1}{2}x^2+C$;　(4) $f(x)+C$;

(5) $\dfrac{1}{2}f(2x)+C$;　(6) $xf(x)+C$;　(7) $-\dfrac{1}{2}(\mathrm{e}^{-2x}\arctan\mathrm{e}^x+\mathrm{e}^{-x}+\arctan\mathrm{e}^x)+C$;

(8) $2\arcsin\dfrac{\sqrt{x}}{2}+C$　或　$\arcsin\dfrac{x-2}{2}+C$;

（9）$-\cot x \cdot \ln\sin x - \cot x - x + C$ （提示：用分部积分法）；

（10）$\frac{1}{2}\ln(x^2 - 6x + 13) + 4\mathrm{arccot}\,\dfrac{x-3}{2} + C.$

3. （1）$\dfrac{1}{8}\left[\ln(1-\cos x) - \ln(1+\cos x) + \dfrac{2}{1+\cos x}\right] + C$ 　或　 $\dfrac{1}{4}\ln\left|\tan\dfrac{x}{2}\right| + \dfrac{1}{8}\tan^2\dfrac{x}{2} + C$

或 $\dfrac{1}{8}\sec^2\dfrac{x}{2} + \dfrac{1}{4}\ln|\csc x - \cos x| + C$；

（2）$\dfrac{(x-1)\mathrm{e}^{\arctan x}}{2\sqrt{1+x^2}} + C$；　（3）$\tan x - \dfrac{1}{\cos x} + C$　或　$-\dfrac{2}{1+\tan\dfrac{x}{2}} + C$；

（4）$-\dfrac{1}{x}\arctan x - \dfrac{1}{2}(\arctan x)^2 + \dfrac{1}{2}\ln\dfrac{x^2}{1+x^2} + C$；　（5）$\arctan\left(\dfrac{x}{\sqrt{1+x^2}}\right) + C$；

（6）$-x\cot x + \dfrac{x}{\sin x} + C.$

4. （1）$2\ln(x-1) + x + C$；　（2）$\dfrac{\sin^2 2x}{\sqrt{x - \dfrac{1}{4}\sin 4x + 1}}$；　（3）$I_n = -\dfrac{\csc^{n-2}x}{n-1}\cot x + \dfrac{n-2}{n-1}I_{n-2}$；

（4）当 $a = 0$ 时，$-\dfrac{1}{nx^n} + C$；　当 $a \neq 0$ 时，$\dfrac{1}{a}\left[\ln|x| - \dfrac{1}{n}\ln|x^n + a|\right] + C.$

第6章 定 积 分

6.1 基本要求

1. 理解定积分的概念,掌握定积分的性质.

2. 掌握变上限积分函数的概念,会求它的导数,掌握牛顿-莱布尼兹公式.

3. 熟练掌握定积分的计算方法,并能解决一般的论证问题.

4. 理解反常积分的概念,会求反常积分.

5. 掌握定积分的应用:

(1) 会求直角坐标系下的平面图形的面积、平面曲线的弧长、旋转体的体积和简单平行截面体的体积;

(2) 会求变力沿直线所做的功、液体对平面的静压力等.

6.2 知识点解析

【6-1】 可利用定积分概念解决的问题

定积分是在研究曲边梯形的面积、变速直线运动的路程、非均匀杆的质量等几何和物理问题中产生的,其他领域内的许多问题(例如,经济学中的由边际函数求总量函数,求收益流的现值和将来值等)也可归结为定积分问题. 这些问题有以下几点共性.

(1) 都涉及一个闭区间及定义在该区间上的一个有界函数 f;

(2) 所要求的量(如面积、路程、质量等,简称所求量)对上述闭区间具有可加性,即可以将上述闭区间分成若干小区间,整个区间上的所求量等于小区间上所求量的和;

(3) 小区间上所求量的近似值可以表示为函数 f 在小区间上某点处的值与小区间长度之积;

(4) 所求量的近似值等于小区间上所求量的近似值之和,通过求极限由近似值到精确值.

【6-2】 闭区间上的有界函数是否一定可积

不一定. 例如:狄利克雷函数 $D(x) = \begin{cases} 1, & x \text{ 是有理数}, \\ 0, & x \text{ 是无理数} \end{cases}$ 在任何闭区间 $[a,b]$ 上有界,但定积分 $\int_a^b D(x)\mathrm{d}x$ 不存在,即 $D(x)$ 不可积.

【6-3】 如果 $|f(x)|$ 可积,那么 $f(x)$ 是否一定可积

不一定. 例如:$f(x) = \begin{cases} 1, & x \text{ 是有理数}, \\ -1, & x \text{ 是无理数}, \end{cases}$ 绝对值函数 $|f(x)| = 1$ 在任何区间

$[a,b]$ 上可积,但类似于狄利克雷函数的分析知,$f(x)$ 在 $[a,b]$ 上不可积.

【6-4】　函数可积与存在原函数是不是一回事

不是一回事.例如:函数 $f(x) = \begin{cases} 1, & x > 0, \\ 0, & x = 0, \\ -1, & x < 0 \end{cases}$ 在区间 $[-1,1]$ 上只有一个第一类

间断点,因而在区间 $[-1,1]$ 上是可积的,且 $\int_{-1}^{1} f(x)\mathrm{d}x = \int_{-1}^{0}(-1)\mathrm{d}x + \int_{0}^{1} \mathrm{d}x = 0$;但在区间 $[-1,1]$ 上,由于 $f(x)$ 不满足介值定理,故其原函数不存在(参见第 3 章知识扩展的达布定理).又如:函数

$$f(x) = \begin{cases} \dfrac{3}{2}\sqrt{x}\sin\dfrac{1}{x} - \dfrac{1}{\sqrt{x}}\cos\dfrac{1}{x}, & 1 \geqslant x > 0, \\ 0, & -1 \leqslant x \leqslant 0 \end{cases}$$

为区间 $[-1,1]$ 上的无界函数,因此 $f(x)$ 不可积,但是直接验证可知,它存在原函数

$$F(x) = \begin{cases} x^{\frac{3}{2}}\sin\dfrac{1}{x}, & 1 \geqslant x > 0, \\ 0, & -1 \leqslant x \leqslant 0. \end{cases}$$

【6-5】　为什么说牛顿 - 莱布尼兹公式是微积分基本公式

牛顿 - 莱布尼兹公式

$$\int_{a}^{b} f(x)\mathrm{d}x = F(b) - F(a)$$

以极其简洁的形式,将完全独立发展的微分学问题中的导数概念和积分学问题中的积分概念联系在了一起,从数学上揭示了自然现象的内在联系.因此,牛顿 - 莱布尼兹公式在方法论方面的意义十分重大.

由于牛顿 - 莱布尼兹公式将使用分割、近似代替、求和与取极限方法定义的复杂的和式的极限运算转换为极其简便的原函数关于积分限的代数计算,使得之前许多由于计算技术上的困难而无法解决的积分应用的重大问题(涉及物理学、天文学、几何学等)得到了革命性的突破,因此在应用上的价值也十分重大.

此外,牛顿 - 莱布尼兹公式还是微分方程、多元积分及相关的分析数学学科的基本工具.

【6-6】　对称区间上的连续奇函数的原函数都是偶函数吗

是.设 $f(x)$ 是区间 $[-a,a]$ 上连续的奇函数,则 $F(x) = \int_{a}^{x} f(t)\mathrm{d}t$ $(-a \leqslant x \leqslant a)$ 是它的原函数.由于

$$F(-x) = \int_{a}^{-x} f(t)\mathrm{d}t = \int_{-a}^{x} f(-u)(-\mathrm{d}u) = \int_{-a}^{a} f(u)\mathrm{d}u + \int_{a}^{x} f(u)\mathrm{d}u = F(x),$$

故 $F(x)$ 为偶函数,从而任意一个原函数 $F(x) + C$ 都是偶函数.

【6-7】　对称区间上的连续偶函数的原函数都是奇函数吗

不一定.例如:$f(x) = x^2$ 是偶函数,$F(x) = \dfrac{1}{3}x^3 + C$ 是它的原函数全体,当且仅当 $C = 0$ 时,$F(x)$ 才为奇函数.一般结论是:连续偶函数的原函数中仅有通过原点的(如

$F(x) = \int_0^x f(t)\mathrm{d}t$）才为奇函数.

【6-8】 连续周期函数的原函数都是周期函数吗

不一定.例如：$f(x) = \cos x + 1$ 是周期函数,$\sin x + x + C$ 是它的原函数全体,其中每一个都不是周期函数.一般结论是：连续的周期函数的原函数是具有相同周期的周期函数与一个一次函数之和.特殊结论是：若 $f(x)$ 是周期为 T 的在区间$(-\infty, +\infty)$内的连续函数,且 $\int_0^T f(x)\mathrm{d}x = 0$,则其原函数都是周期为 T 的函数.

【6-9】 反常积分与定积分的关系

反常积分是对定积分的发展.在定积分 $\int_a^b f(x)\mathrm{d}x$ 概念中,要求区间$[a,b]$为有限区间,$f(x)$ 在区间$[a,b]$有界,突破上述限制,拓展出来的一种积分形式称为反常积分.它包括无穷限的反常积分与无界函数的反常积分.

对于定积分,我们关心的主要是计算积分值.但是对于反常积分,我们首先关心的是它是否收敛,如果收敛,再确定其值是多少.

定积分的分项积分法、换元积分法和分部积分法均可以适当地转化为收敛的反常积分的计算方法,但是对收敛性不明的反常积分则要慎用.

【6-10】 能否将定积分中"对称性方法"用在反常积分上

不可以.因为积分值为零便意味着该反常积分收敛,如果所讨论的反常积分发散,则此结论不能成立.例如 $f(x) = x$ 是区间$(-\infty, +\infty)$上的奇函数,但是 $\int_{-\infty}^{+\infty} f(x)\mathrm{d}x$ 发散,无积分值之说.类似地,$f(x) = \begin{cases} \dfrac{1}{x}, & x \neq 0, \\ 0, & x = 0 \end{cases}$ 是区间$[-1,1]$上的奇函数,但是 $\int_{-1}^1 f(x)\mathrm{d}x$ 发散.

由定义知,反常积分 $\int_{-\infty}^{+\infty} f(x)\mathrm{d}x$ 只有在 $\int_{-\infty}^c f(x)\mathrm{d}x$ 与 $\int_c^{+\infty} f(x)\mathrm{d}x$（$c$ 为任意常数）均收敛时,才为收敛,且此时

$$\int_{-\infty}^{+\infty} f(x)\mathrm{d}x = \int_{-\infty}^c f(x)\mathrm{d}x + \int_c^{+\infty} f(x)\mathrm{d}x.$$

6.3 解题指导

【题型 6-1】 用分项积分法和凑微分法求定积分

应对 通过初等变形将被积函数分拆为若干个较易积分的函数之和,然后依分项积分公式

$$\int_a^b [\alpha f(x) + \beta g(x)]\mathrm{d}x = \alpha \int_a^b f(x)\mathrm{d}x + \beta \int_a^b g(x)\mathrm{d}x \quad (f \text{、} g \text{ 均在}[a,b]\text{上可积})$$

和凑微分公式以及牛顿 - 莱布尼兹公式

$$\int_a^b f[\varphi(x)]\varphi'(x)\mathrm{d}x = \int_a^b f[\varphi(x)]\mathrm{d}\varphi(x) = F[\varphi(b)] - F[\varphi(a)]$$

（其中 f 在 $[a,b]$ 上连续，F 是 f 的一个原函数）完成每一项的积分. 分拆被积函数的方式和凑微分的方式与不定积分类似.

例 6-1 求下列定积分：

(1) $I = \displaystyle\int_0^1 \frac{\mathrm{d}x}{1+\mathrm{e}^x}$；

(2) $I = \displaystyle\int_{-1}^1 \frac{x}{x^2+x+1}\mathrm{d}x$；

(3) $I = \displaystyle\int_0^{\frac{\pi}{4}} \frac{\sin x}{1+\sin x}\mathrm{d}x$；

(4) $I = \displaystyle\int_{\frac{1}{2}}^2 \left(1+x-\frac{1}{x}\right)\mathrm{e}^{x+\frac{1}{x}}\mathrm{d}x$.

解 （1）增减分子，得 $I = \displaystyle\int_0^1 \frac{1+\mathrm{e}^x-\mathrm{e}^x}{1+\mathrm{e}^x}\mathrm{d}x = \int_0^1 \mathrm{d}x - \int_0^1 \frac{\mathrm{d}(1+\mathrm{e}^x)}{1+\mathrm{e}^x}$

$$= x\Big|_0^1 - \ln(1+\mathrm{e}^x)\Big|_0^1 = 1 - \ln(1+\mathrm{e}) + \ln 2.$$

（2）将分子凑成分母的导数，得

$$I = \int_{-1}^1 \frac{\frac{1}{2}(2x+1)-\frac{1}{2}}{x^2+x+1}\mathrm{d}x = \frac{1}{2}\int_{-1}^1 \frac{\mathrm{d}(x^2+x+1)}{x^2+x+1} - \frac{1}{2}\int_{-1}^1 \frac{\mathrm{d}\left(x+\frac{1}{2}\right)}{\left(x+\frac{1}{2}\right)^2+\frac{3}{4}}$$

$$= \frac{1}{2}\ln(x^2+x+1)\Big|_{-1}^1 - \frac{1}{2}\times\frac{2}{\sqrt{3}}\arctan\frac{2x+1}{\sqrt{3}}\Big|_{-1}^1$$

$$= \frac{1}{2}\ln 3 - \frac{\pi}{2\sqrt{3}}.$$

（3）缩并分母，得 $I = \displaystyle\int_0^{\frac{\pi}{4}} \frac{\sin x(1-\sin x)}{\cos^2 x}\mathrm{d}x = \int_0^{\frac{\pi}{4}} \frac{\sin x}{\cos^2 x}\mathrm{d}x - \int_0^{\frac{\pi}{4}} \tan^2 x\,\mathrm{d}x$

$$= -\int_0^{\frac{\pi}{4}} \frac{1}{\cos^2 x}\mathrm{d}(\cos x) - \int_0^{\frac{\pi}{4}} (\sec^2 x-1)\mathrm{d}x$$

$$= \frac{1}{\cos x}\Big|_0^{\frac{\pi}{4}} - \tan x\Big|_0^{\frac{\pi}{4}} + \frac{\pi}{4} = \sqrt{2} - 2 + \frac{\pi}{4}.$$

（4）因 $\left(1+x-\dfrac{1}{x}\right)\mathrm{e}^{x+\frac{1}{x}} = \mathrm{e}^{x+\frac{1}{x}} + \left(x-\dfrac{1}{x}\right)\mathrm{e}^{x+\frac{1}{x}} = \left(x\mathrm{e}^{x+\frac{1}{x}}\right)'$，

所以 $\qquad\qquad\qquad I = x\mathrm{e}^{x+\frac{1}{x}}\Big|_{\frac{1}{2}}^2 = \dfrac{3}{2}\mathrm{e}^{\frac{5}{2}}.$

【题型 6-2】 用换元法求定积分

应对 若 $\varphi(t)$ 在区间 $[\alpha,\beta]$ 上严格单调且有连续导数，$f(x)$ 在 $x = \varphi(t)$ 处连续，又 $\varphi(\alpha) = a$，$\varphi(\beta) = b$，则 $\displaystyle\int_a^b f(x)\mathrm{d}x = \int_\alpha^\beta f[\varphi(t)]\varphi'(t)\mathrm{d}t$.

在用定积分的换元法时，变量代换 $x = \varphi(t)$ 的选择原则与不定积分换元法是一致的. 常用的代换有根式代换、三角代换、倒代换及万能代换等. 需要注意的是 $x = \varphi(t)$ 的取值应取遍 a 与 b 之间的实数，积分限变换要与积分变量的变换同步.

例 6-2 求下列定积分：

(1) $I = \displaystyle\int_0^4 \frac{\sqrt{x}}{1+x\sqrt{x}}\mathrm{d}x$；

(2) $I = \displaystyle\int_0^1 x^3\sqrt{1-x^2}\mathrm{d}x$；

(3) $I = \int_1^2 \dfrac{\mathrm{d}x}{x(1+x^4)}$；　　　　　　　　(4) $I = \int_0^{\frac{\pi}{2}} \dfrac{1}{2+\sin x}\mathrm{d}x.$

解 (1) 令 $\sqrt{x} = t$，则当 $x = 0$ 时，$t = 0$；当 $x = 4$ 时，$t = 2$，且 $\mathrm{d}x = 2t\mathrm{d}t$，于是

$$I = \int_0^2 \frac{t}{1+t^3} 2t\mathrm{d}t = \frac{2}{3}\int_0^2 \frac{1}{1+t^3}\mathrm{d}(1+t^3) = \frac{2}{3}\ln(1+t^3)\Big|_0^2 = \frac{4}{3}\ln 3.$$

(2) **方法一** 令 $x = \sin t\ \left(|t| \leqslant \dfrac{\pi}{2}\right)$，则当 $x = 0$ 时，$t = 0$；当 $x = 1$ 时，$t = \dfrac{\pi}{2}$，且 $\mathrm{d}x = \cos t\mathrm{d}t$，于是

$$I = \int_0^{\frac{\pi}{2}} \sin^3 t\ \sqrt{1-\sin^2 t}\cos t\mathrm{d}t = \int_0^{\frac{\pi}{2}} \sin^3 t\cos^2 t\mathrm{d}t$$

$$= \int_0^{\frac{\pi}{2}} (\cos^4 t - \cos^2 t)\mathrm{d}(\cos t) = \left(\frac{1}{5}\cos^5 t - \frac{1}{3}\cos^3 t\right)\Big|_0^{\frac{\pi}{2}} = \frac{2}{15}.$$

方法二 令 $\sqrt{1-x^2} = t$，则当 $x = 0$ 时，$t = 1$；当 $x = 1$ 时，$t = 0$，且 $-x\mathrm{d}x = t\mathrm{d}t$，于是

$$I = -\int_1^0 (1-t^2)t^2\mathrm{d}t = \int_0^1 (t^2 - t^4)\mathrm{d}t = \frac{1}{3} - \frac{1}{5} = \frac{2}{15}.$$

(3) 令 $x = \dfrac{1}{t}$，则当 $x = 1$ 时，$t = 1$；当 $x = 2$ 时，$t = \dfrac{1}{2}$，且 $\mathrm{d}x = -\dfrac{1}{t^2}\mathrm{d}t$，于是

$$I = \int_1^{\frac{1}{2}} \frac{t}{1+\frac{1}{t^4}}\left(-\frac{1}{t^2}\right)\mathrm{d}t = -\int_1^{\frac{1}{2}} \frac{t^3}{t^4+1}\mathrm{d}t = -\frac{1}{4}\ln(t^4+1)\Big|_1^{\frac{1}{2}}$$

$$= \frac{1}{4}\left(\ln 2 - \ln\frac{17}{16}\right) = \frac{1}{4}\ln\frac{32}{17}.$$

(4) 令 $t = \tan\dfrac{x}{2}$，则当 $x = 0$ 时，$t = 0$；当 $x = \dfrac{\pi}{2}$ 时，$t = 1$，且 $\mathrm{d}x = \dfrac{2}{1+t^2}\mathrm{d}t$，$\sin x = \dfrac{2t}{1+t^2}$，于是

$$I = \int_0^1 \frac{1}{2+\frac{2t}{1+t^2}}\frac{2}{1+t^2}\mathrm{d}t = \int_0^1 \frac{\mathrm{d}t}{t^2+t+1} = \int_0^1 \frac{\mathrm{d}\left(t+\frac{1}{2}\right)}{\left(t+\frac{1}{2}\right)^2 + \left(\frac{\sqrt{3}}{2}\right)^2}$$

$$= \frac{2}{\sqrt{3}}\arctan\frac{t+\frac{1}{2}}{\sqrt{3}/2}\Big|_0^1 = \frac{2}{\sqrt{3}}\left(\frac{\pi}{3} - \frac{\pi}{6}\right) = \frac{\pi}{3\sqrt{3}}.$$

注 本题用的代换为万能代换. 万能代换总可以化三角有理式为普通有理式，但由于计算量大，所以在必要时才采用.

【题型 6-3】 **用分部积分法求定积分**

应对 设 $u(x), v(x)$ 在区间 $[a,b]$ 上有连续导数，则

$$\int_a^b u(x)v'(x)\mathrm{d}x = \int_a^b u(x)\mathrm{d}v(x) = [u(x)v(x)]\Big|_a^b - \int_a^b v(x)u'(x)\mathrm{d}x.$$

$u(x)$ 及 $v'(x)$ 的选择原则与不定积分法相同，主要有下面的选择原则.

(1) $u'(x)$ 要比 $u(x)$ 简单. 因此被积函数中的以下因式常作为 $u(x)$: 幂函数、对数函数、反三角函数或变限积分函数.

(2) $v(x)$ 要容易得出, 且不比 $v'(x)$ 复杂. 特别地, 若被积函数中含有某函数的导数, 选择其为 $v'(x)$.

例 6-3 求下列定积分:

(1) $I = \displaystyle\int_0^{\frac{\pi}{4}} \dfrac{2x}{1+\cos 2x}\mathrm{d}x$; (2) $I = \displaystyle\int_0^1 \ln(x+\sqrt{1+x^2})\mathrm{d}x$;

(3) $I = \displaystyle\int_0^a \arctan\sqrt{\dfrac{a-x}{a+x}}\mathrm{d}x$; (4) $I = \displaystyle\int_1^2 \dfrac{1}{x^3}\mathrm{e}^{1/x}\mathrm{d}x$.

解 (1) 利用倍角公式 $1+\cos 2x = 2\cos^2 x$, 并选取 $u = x, v' = \dfrac{1}{\cos^2 x} = (\tan x)'$, 得

$$I = \int_0^{\frac{\pi}{4}} \frac{x}{\cos^2 x}\mathrm{d}x = \int_0^{\frac{\pi}{4}} x\mathrm{d}(\tan x) = (x\tan x)\Big|_0^{\frac{\pi}{4}} - \int_0^{\frac{\pi}{4}} \tan x\mathrm{d}x$$

$$= \frac{\pi}{4} + (\ln\cos x)\Big|_0^{\frac{\pi}{4}} = \frac{\pi}{4} + \ln\frac{1}{\sqrt{2}} = \frac{\pi}{4} - \frac{1}{2}\ln 2.$$

(2) 选取 $u = \ln(x+\sqrt{1+x^2}), v' = 1 = x'$, 得

$$I = \left[x\ln(x+\sqrt{1+x^2})\right]\Big|_0^1 - \int_0^1 x\mathrm{d}\ln(x+\sqrt{1+x^2}) = \ln(1+\sqrt{2}) - \int_0^1 \frac{x}{\sqrt{1+x^2}}\mathrm{d}x$$

$$= \ln(1+\sqrt{2}) - \int_0^1 \mathrm{d}(\sqrt{1+x^2}) = \ln(1+\sqrt{2}) - \sqrt{1+x^2}\Big|_0^1 = \ln(1+\sqrt{2}) - \sqrt{2} + 1.$$

(3) 选取 $u = \arctan\sqrt{\dfrac{a-x}{a+x}}, v' = 1 = x'$, 得

$$I = \left(x\arctan\sqrt{\frac{a-x}{a+x}}\right)\Big|_0^a - \int_0^a x\mathrm{d}\arctan\sqrt{\frac{a-x}{a+x}} = \frac{1}{2}\int_0^a \frac{x}{\sqrt{a^2-x^2}}\mathrm{d}x$$

$$= -\frac{1}{2}\sqrt{a^2-x^2}\Big|_0^a = \frac{a}{2}.$$

(4) 注意到 $\left(\mathrm{e}^{\frac{1}{x}}\right)' = -\dfrac{1}{x^2}\mathrm{e}^{\frac{1}{x}}$, 于是

$$I = -\int_1^2 \frac{1}{x}(\mathrm{e}^{1/x})'\mathrm{d}x = -\frac{1}{x}\mathrm{e}^{1/x}\Big|_1^2 + \int_1^2 \mathrm{e}^{1/x}\mathrm{d}\left(\frac{1}{x}\right) = -\frac{1}{2}\mathrm{e}^{\frac{1}{2}} + \mathrm{e} + \mathrm{e}^{\frac{1}{x}}\Big|_1^2$$

$$= -\frac{\sqrt{\mathrm{e}}}{2} + \mathrm{e} + \sqrt{\mathrm{e}} - \mathrm{e} = \frac{\sqrt{\mathrm{e}}}{2}.$$

例 6-4 求 $I = \displaystyle\int_0^\pi f(x)\mathrm{d}x$, 其中 $f(x) = \displaystyle\int_0^x \dfrac{\sin t}{\pi - t}\mathrm{d}t$.

解 以变限积分函数 $f(x)$ 作为 u, 由分部积分法得

$$I = xf(x)\Big|_0^\pi - \int_0^\pi xf'(x)\mathrm{d}x = \pi\int_0^\pi \frac{\sin t}{\pi - t}\mathrm{d}t - \int_0^\pi x\frac{\sin x}{\pi - x}\mathrm{d}x$$

$$= \int_0^\pi \pi\frac{\sin x}{\pi - x}\mathrm{d}x - \int_0^\pi x\frac{\sin x}{\pi - x}\mathrm{d}x = \int_0^\pi (\pi - x)\frac{\sin x}{\pi - x}\mathrm{d}x = \int_0^\pi \sin x\mathrm{d}x = 2.$$

例 6-5 设 $f(0) = 1, f(2) = 3, f'(2) = 5$, 求 $I = \displaystyle\int_0^1 xf''(2x)\mathrm{d}x$.

解　$I = \dfrac{1}{2} \displaystyle\int_0^1 x \mathrm{d}[f'(2x)] = \dfrac{1}{2} x f'(2x) \Big|_0^1 - \dfrac{1}{2} \int_0^1 f'(2x) \mathrm{d}x = \dfrac{5}{2} - \dfrac{1}{4} f(2x) \Big|_0^1$

$\qquad\qquad = \dfrac{5}{2} - \dfrac{1}{4}(3 - 1) = 2.$

注　以上两例告诉我们,若被积函数含变限积分函数(或导函数)时,应考虑用分部积分,并选变限积分函数为 u(或选导函数为 v').

【题型 6-4】　求对称区间上的定积分

应对　(1) 若 $f(x)$ 在关于原点对称的区间 $[-a, a]$ 上连续,则

$$\int_{-a}^a f(x) \mathrm{d}x = \begin{cases} 0, & f(x) \text{ 为奇函数,} \\ 2\displaystyle\int_0^a f(x)\mathrm{d}x, & f(x) \text{ 为偶函数;} \end{cases}$$

(2) 若 $f(x)$ 不具有奇(偶)性,可利用以下公式简化定积分计算:

$$\int_{-a}^a f(x)\mathrm{d}x = \int_0^a [f(x) + f(-x)]\mathrm{d}x.$$

例 6-6　设 $N = \displaystyle\int_{-a}^a x^2 \sin^3 x \mathrm{d}x, P = \int_{-a}^a (x^3 \mathrm{e}^{x^2} - 1)\mathrm{d}x, Q = \int_{-a}^a \cos^2(x^3)\mathrm{d}x, a > 0,$ 则(　　).

(A) $N \leqslant P \leqslant Q$　　(B) $N \leqslant Q \leqslant P$　　(C) $Q \leqslant P \leqslant N$　　(D) $P \leqslant N \leqslant Q$

解　因 $x^2\sin^3 x, x^3\mathrm{e}^{x^2}$ 是奇函数,故 $N = 0, P = -2a < 0$;而 $\cos^2(x^3)$ 是偶函数,所以 $Q = 2\displaystyle\int_0^a \cos^2(x^3)\mathrm{d}x > 0$. 因此,选(D).

例 6-7　求下列积分:

(1) $I = \displaystyle\int_{-1}^1 (x + \sqrt{1 - x^2})^2 \mathrm{d}x$;

(2) $I = \displaystyle\int_{-a}^a [(x + \mathrm{e}^{\cos x}) f(x) + (x - \mathrm{e}^{\cos x}) f(-x)]\mathrm{d}x$,其中 $f(x)$ 是区间 $[-a, a]$ 上的连续函数;

(3) $I = \displaystyle\int_{-\frac{\pi}{4}}^{\frac{\pi}{4}} f(x)\mathrm{d}x$,其中 $f(x) = \dfrac{\sin^2 x}{1 + \mathrm{e}^{-x}}$.

解　(1) 因 $(x + \sqrt{1-x^2})^2 = x^2 + 2x\sqrt{1-x^2} + 1 - x^2$,且 $2x\sqrt{1-x^2}$ 为奇函数,故 $I = \displaystyle\int_{-1}^1 \mathrm{d}x = 2.$

(2) 因 $(x + \mathrm{e}^{\cos x})f(x) + (x - \mathrm{e}^{\cos x})f(-x)$

$\qquad = x[f(x) + f(-x)] + \mathrm{e}^{\cos x}[f(x) - f(-x)],$

而 $[f(x) + f(-x)]$ 为偶函数,故 $x[f(x) + f(-x)]$ 为奇函数;又 $[f(x) - f(-x)]$ 为奇函数,$\mathrm{e}^{\cos x}$ 为偶函数,故 $\mathrm{e}^{\cos x}[f(x) - f(-x)]$ 为奇函数,于是,$I = 0.$

(3) 因 $f(x) + f(-x) = \dfrac{\sin^2 x}{1 + \mathrm{e}^{-x}} + \dfrac{\sin^2 x}{1 + \mathrm{e}^x} = \left(\dfrac{1}{1 + \mathrm{e}^{-x}} + \dfrac{1}{1 + \mathrm{e}^x}\right)\sin^2 x = \sin^2 x,$

故　　　$I = \displaystyle\int_0^{\frac{\pi}{4}} [f(x) + f(-x)]\mathrm{d}x = \int_0^{\frac{\pi}{4}} \sin^2 x \mathrm{d}x = \int_0^{\frac{\pi}{4}} \dfrac{1 - \cos 2x}{2}\mathrm{d}x$

$\qquad\qquad = \dfrac{1}{2}\left(x - \dfrac{1}{2}\sin 2x\right)\Big|_0^{\frac{\pi}{4}} = \dfrac{1}{8}(\pi - 2).$

【题型 6-5】 求周期函数的定积分

应对 设函数 $f(x)$ 是以 T 为周期的连续函数,则有下列常用公式:

(1) $\displaystyle\int_0^T f(x)\mathrm{d}x = \int_{-\frac{T}{2}}^{\frac{T}{2}} f(x)\mathrm{d}x = \int_a^{a+T} f(x)\mathrm{d}x$ (a 为任意常数);

(2) $\displaystyle\int_0^{nT} f(x)\mathrm{d}x = n\int_0^T f(x)\mathrm{d}x$ (n 为正整数).

例 6-8 设 $F(x) = \displaystyle\int_x^{x+2\pi} \mathrm{e}^{\sin t}\sin t\,\mathrm{d}t$,则 $F(x)($ $)$.

(A) 为正常数   (B) 为负常数   (C) 恒为零   (D) 不为常数

解 由于 $\mathrm{e}^{\sin t}\sin t$ 是以 2π 为周期的连续函数,因此

$$F(x) = \int_x^{x+2\pi} \mathrm{e}^{\sin t}\sin t\,\mathrm{d}t = \int_0^{2\pi} \mathrm{e}^{\sin t}\sin t\,\mathrm{d}t = -\int_0^{2\pi} \mathrm{e}^{\sin t}\mathrm{d}(\cos t)$$

$$= (-\mathrm{e}^{\sin t}\cos t)\Big|_0^{2\pi} + \int_0^{2\pi} \cos t\,\mathrm{d}(\mathrm{e}^{\sin t}) = \int_0^{2\pi} \mathrm{e}^{\sin t}\cos^2 t\,\mathrm{d}t,$$

因 $\mathrm{e}^{\sin t}\cos^2 t > 0$,积分下限小于上限,故选(A).

例 6-9 求下列积分:

(1) $I = \displaystyle\int_0^{100\pi} \sqrt{1-\cos 2x}\,\mathrm{d}x$;   (2) $I = \displaystyle\int_{100}^{100+\pi} \sin^2 2x(\tan x + 1)\,\mathrm{d}x$.

解 (1) 因 $\sqrt{1-\cos 2x}$ 是以 π 为周期的连续函数,故

$$I = 100\int_0^{\pi} \sqrt{1-\cos 2x}\,\mathrm{d}x = 100\int_0^{\pi} \sqrt{2}\sin x\,\mathrm{d}x = 200\sqrt{2}.$$

(2) 因 $\sin^2 2x$ 和 $\tan x$ 都是以 π 为周期的连续函数,故 $\sin^2(2x)\cdot\tan x$ 也是以 π 为周期的连续函数,因此平移积分区间并利用奇函数的特点,有

$$I = \int_{-\frac{\pi}{2}}^{\frac{\pi}{2}} \sin^2 2x(\tan x + 1)\,\mathrm{d}x = \int_{-\frac{\pi}{2}}^{\frac{\pi}{2}} \sin^2 2x\tan x\,\mathrm{d}x + \int_{-\frac{\pi}{2}}^{\frac{\pi}{2}} \sin^2 2x\,\mathrm{d}x$$

$$= 0 + 2\int_0^{\frac{\pi}{2}} \sin^2 2x\,\mathrm{d}x = 2\int_0^{\frac{\pi}{2}} \frac{1-\cos 4x}{2}\,\mathrm{d}x = \frac{\pi}{2}.$$

例 6-10 (1) 当 n 为正整数时,证明

$$\int_0^{2\pi} \cos^n x\,\mathrm{d}x = \int_0^{2\pi} \sin^n x\,\mathrm{d}x = \begin{cases} 4\displaystyle\int_0^{\frac{\pi}{2}} \sin^n x\,\mathrm{d}x, & n \text{ 为偶数}, \\[2mm] 0, & n \text{ 为奇数}. \end{cases}$$

(2) 设函数 $f(x)$ 是以 T 为周期的连续的奇函数,证明 $\displaystyle\int_T^{2T} xf(x)\mathrm{d}x$.

证 (1) 令 $t = x + \dfrac{\pi}{2}$,则

$$\int_0^{2\pi} \cos^n x\,\mathrm{d}x = \int_{\frac{\pi}{2}}^{2\pi+\frac{\pi}{2}} \cos^n\left(t - \frac{\pi}{2}\right)\mathrm{d}t = \int_{\frac{\pi}{2}}^{2\pi+\frac{\pi}{2}} \sin^n t\,\mathrm{d}t.$$

因 $\sin^n x$ 以 2π 为周期,故 $\displaystyle\int_{\frac{\pi}{2}}^{2\pi+\frac{\pi}{2}} \sin^n t\,\mathrm{d}t = \int_0^{2\pi} \sin^n t\,\mathrm{d}t$,于是

$$\int_0^{2\pi} \cos^n x\,\mathrm{d}x = \int_0^{2\pi} \sin^n x\,\mathrm{d}x.$$

当 n 为偶数时，$\sin^n x$ 为偶函数，且以 2π 为周期，故

$$\int_0^{2\pi} \sin^n x \, dx = 2\int_0^{\pi} \sin^n x \, dx = 4\int_0^{\frac{\pi}{2}} \sin^n x \, dx \text{（结合图形）}.$$

当 n 为奇数时，$\sin^n x$ 为奇函数，且以 2π 为周期，故

$$\int_0^{2\pi} \sin^n x \, dx = \int_{-\pi}^{\pi} \sin^n x \, dx = 0.$$

(2) 令 $u = x - T$，则

$$\int_T^{2T} x f(x) \, dx = \int_0^T (u+T) f(u+T) \, du = \int_0^T (u+T) f(u) \, du$$

$$= \int_0^T u f(u) \, du + T\int_0^T f(u) \, du,$$

而 $\int_0^T f(u) \, du = \int_{-\frac{T}{2}}^{\frac{T}{2}} f(u) \, du = 0$，故

$$\int_0^T x f(x) \, dx = \int_T^{2T} x f(x) \, dx.$$

【题型 6-6】 求分段函数的定积分

应对 根据题中条件，首先确定被积函数在积分区间内各段的表达式，然后分段计算，详见例题.

例 6-11 计算下列各题：

(1) 已知 $f(x) = \begin{cases} 1 + x^2, & x < 0, \\ \mathrm{e}^{-x}, & x \geqslant 0, \end{cases}$ 求 $\int_1^3 f(x-2) \, dx$；

(2) $I = \int_0^3 \max\{2, \mathrm{e}^x\} \, dx$；　　　　(3) $I = \int_{-2}^5 |x^2 - 2x - 3| \, dx$；

(4) $I = \int_0^{\pi} \sqrt{1 - \sin x} \, dx$.

解 (1) 为了方便代入分段函数，先作换元化简积分：令 $x - 2 = t$，则

$$\int_1^3 f(x-2) \, dx = \int_{-1}^1 f(t) \, dt = \int_{-1}^0 (1+t^2) \, dt + \int_0^1 \mathrm{e}^{-t} \, dt = \left(t + \frac{t^3}{3}\right)\Big|_{-1}^0 - \mathrm{e}^{-t}\Big|_0^1$$

$$= \frac{7}{3} - \mathrm{e}^{-1}.$$

(2) 令 $2 = \mathrm{e}^x$，得 $x = \ln 2$，于是，$\max\{2, \mathrm{e}^x\} = \begin{cases} 2, & x \leqslant \ln 2, \\ \mathrm{e}^x, & x > \ln 2, \end{cases}$ 故

$$I = \int_0^3 \max\{2, \mathrm{e}^x\} \, dx = \int_0^{\ln 2} 2 \, dx + \int_{\ln 2}^3 \mathrm{e}^x \, dx = 2\ln 2 + \mathrm{e}^3 - 2.$$

(3) 令 $x^2 - 2x - 3 = 0$，解得 $x_1 = -1, x_2 = 3$，于是

$$|x^2 - 2x - 3| = \begin{cases} x^2 - 2x - 3, & x < -1, x > 3, \\ -(x^2 - 2x - 3), & -1 \leqslant x \leqslant 3, \end{cases}$$

故　　$I = \int_{-2}^{-1} (x^2 - 2x - 3) \, dx - \int_{-1}^3 (x^2 - 2x - 3) \, dx + \int_3^5 (x^2 - 2x - 3) \, dx$

$$= \left(\frac{x^3}{3} - x^2 - 3x\right)\Big|_{-2}^{-1} - \left(\frac{x^3}{3} - x^2 - 3x\right)\Big|_{-1}^3 + \left(\frac{x^3}{3} - x^2 - 3x\right)\Big|_3^5 = \frac{71}{3}.$$

(4) $I = \int_0^\pi \sqrt{1 - \sin x}\, dx = \int_0^\pi \sqrt{1 - 2\sin\dfrac{x}{2}\cos\dfrac{x}{2}}\, dx = \int_0^\pi \sqrt{\left(\sin\dfrac{x}{2} - \cos\dfrac{x}{2}\right)^2}\, dx$

$\quad = \int_0^\pi \left| \sin\dfrac{x}{2} - \cos\dfrac{x}{2} \right| dx = \int_0^{\frac{\pi}{2}} \left(\cos\dfrac{x}{2} - \sin\dfrac{x}{2}\right) dx + \int_{\frac{\pi}{2}}^\pi \left(\sin\dfrac{x}{2} - \cos\dfrac{x}{2}\right) dx$

$\quad = 4(\sqrt{2} - 1).$

注　偶次方根的结果应当带绝对值,疏忽便可能出错.

例 6-12　求 $f(x) = \int_0^1 |2x - t|\, dt.$

解　为了去掉绝对值,考虑 $2x$ 是否在积分区间 $[0,1]$ 内,即应分 $2x \leqslant 0, 2x > 1$ 及 $0 < 2x \leqslant 1$ 三种情况讨论.

(1) 当 $2x \leqslant 0$ 时,因 $0 \leqslant t \leqslant 1$,故 $t \geqslant 2x$,于是 $f(x) = \int_0^1 (t - 2x) dt = \dfrac{1}{2} - 2x.$

(2) 当 $0 < 2x \leqslant 1$ 时,因 t 与 $2x$ 无明显的大小区分,需按 $2x > t$ 与 $2x < t$ 两种情况分段计算:

$$f(x) = \int_0^1 |2x - t|\, dt = \int_0^{2x} (2x - t) dt + \int_{2x}^1 (t - 2x) dt = \dfrac{1}{2} - 2x + 4x^2.$$

(3) 当 $2x > 1$ 时,$2x > t$,于是 $f(x) = \int_0^1 (2x - t) dt = 2x - \dfrac{1}{2}.$

综上所述,得
$$f(x) = \begin{cases} \dfrac{1}{2} - 2x, & x \leqslant 0, \\[2mm] \dfrac{1}{2} - 2x + 4x^2, & 0 < x \leqslant \dfrac{1}{2}, \\[2mm] 2x - \dfrac{1}{2}, & x > \dfrac{1}{2}. \end{cases}$$

【题型 6-7】　利用几个定积分公式求某些定积分

应对　某些定积分中被积函数的原函数求不出来或者能求出来但非常麻烦,我们可以考虑用下列公式.

(1) $I_n = \displaystyle\int_0^{\frac{\pi}{2}} \sin^n x\, dx = \begin{cases} \dfrac{n-1}{n} \cdot \dfrac{n-3}{n-2} \cdot \cdots \cdot \dfrac{3}{4} \cdot \dfrac{1}{2} \cdot \dfrac{\pi}{2}, & n \text{ 为正偶数}, \\[3mm] \dfrac{n-1}{n} \cdot \dfrac{n-3}{n-2} \cdot \cdots \cdot \dfrac{4}{5} \cdot \dfrac{2}{3}, & n \text{ 为大于 1 的正奇数}; \end{cases}$

$$\text{(6-1)}$$

(2) $\displaystyle\int_0^{\frac{\pi}{2}} f(\sin x, \cos x) dx = \int_0^{\frac{\pi}{2}} f(\cos x, \sin x) dx,$ $\qquad$ (6-2)

或 $\displaystyle\int_0^{\frac{\pi}{2}} f(\sin x, \cos x) dx = \dfrac{1}{2}\int_0^{\frac{\pi}{2}} [f(\sin x, \cos x) + f(\cos x, \sin x)] dx;$

(3) $\displaystyle\int_a^b f(x) dx = \int_a^b f(a+b-x) dx$ 或 $\displaystyle\int_a^b f(x) dx = \dfrac{1}{2}\int_a^b [f(x) + f(a+b-x)] dx.$

$$\text{(6-3)}$$

例 6-13 求下列定积分：

(1) $I = \displaystyle\int_{-\frac{\pi}{2}}^{\frac{\pi}{2}} (x^3 + \sin^2 x)\cos^2 x \,\mathrm{d}x$；   (2) $I = \displaystyle\int_0^{\frac{\pi}{2}} \dfrac{\sin x}{\sin x + \cos x}\,\mathrm{d}x$；

(3) $I = \displaystyle\int_2^4 \dfrac{\sqrt{\ln(9-x)}}{\sqrt{\ln(9-x)} - \sqrt{\ln(3+x)}}\,\mathrm{d}x$；   (4) $I = \displaystyle\int_0^{\pi} \dfrac{x\sin^3 x}{1+\cos^2 x}\,\mathrm{d}x$.

解 (1) 注意到 $x^3\cos^2 x$ 为奇函数，$\sin^2 x\cos^2 x$ 为偶函数，故

$$I = \int_{-\frac{\pi}{2}}^{\frac{\pi}{2}} (x^3 + \sin^2 x)\cos^2 x \,\mathrm{d}x = 0 + 2\int_0^{\frac{\pi}{2}} \sin^2 x\cos^2 x \,\mathrm{d}x = 2\int_0^{\frac{\pi}{2}} \sin^2 x(1-\sin^2 x)\,\mathrm{d}x$$

$$= 2\int_0^{\frac{\pi}{2}} \sin^2 x \,\mathrm{d}x - 2\int_0^{\frac{\pi}{2}} \sin^4 x \,\mathrm{d}x = 2\times\frac{1}{2}\times\frac{\pi}{2} - 2\times\frac{3}{4}\times\frac{1}{2}\times\frac{\pi}{2} = \frac{\pi}{8}.$$

(2) 由公式 (6-2) 得

$$I = \frac{1}{2}\int_0^{\frac{\pi}{2}}\left(\frac{\sin x}{\sin x + \cos x} + \frac{\cos x}{\cos x + \sin x}\right)\mathrm{d}x = \frac{1}{2}\int_0^{\frac{\pi}{2}}\mathrm{d}x = \frac{\pi}{4}.$$

注 本题不能按以下方法求解.

$$I = \int_0^{\frac{\pi}{2}} \frac{\sin x(\cos x - \sin x)}{(\sin x + \cos x)(\cos x - \sin x)}\,\mathrm{d}x = \int_0^{\frac{\pi}{2}} \frac{\sin x\cos x - \sin^2 x}{\cos 2x}\,\mathrm{d}x$$

$$= \frac{1}{2}\int_0^{\frac{\pi}{2}} \frac{\sin 2x - 1 + \cos 2x}{\cos 2x}\,\mathrm{d}x.$$

因为 $\cos x - \sin x$ 在点 $x = \dfrac{\pi}{4}$ 处为零，而使被积函数的变形无意义.

(3) 由公式 (6-3) 得

$$I = \frac{1}{2}\int_2^4\left[\frac{\sqrt{\ln(9-x)}}{\sqrt{\ln(9-x)} - \sqrt{\ln(3+x)}} + \frac{\sqrt{\ln(9-6+x)}}{\sqrt{\ln(9-6+x)} - \sqrt{\ln(3+6-x)}}\right]\mathrm{d}x$$

$$= \frac{1}{2}\int_2^4 \mathrm{d}x = 1.$$

注 本例 (2)、(3) 的特征是：被积函数的分母为两项，而分子为其中的一项.

(4) $I = \dfrac{1}{2}\displaystyle\int_0^{\pi}\left[\dfrac{x\sin^3 x}{1+\cos^2 x} + \dfrac{(\pi-x)\sin^3(\pi-x)}{1+\cos^2(\pi-x)}\right]\mathrm{d}x = \pi\displaystyle\int_0^{\pi} \dfrac{\sin^3 x}{1+\cos^2 x}\,\mathrm{d}x$

$$= -\pi\int_0^{\pi} \frac{\sin^2 x}{1+\cos^2 x}\,\mathrm{d}(\cos x) = -\pi\int_0^{\pi} \frac{2-(1+\cos^2 x)}{1+\cos^2 x}\,\mathrm{d}(\cos x)$$

$$= -2\pi\arctan(\cos x)\Big|_0^{\pi} + \pi\cos x\Big|_0^{\pi} = \pi^2 - 2\pi.$$

【题型 6-8】 利用定积分求某些 n 项和的数列的极限

应对 若 $f(x)$ 在区间 $[a,b]$ 上可积，则将区间 $[a,b]$ n 等分，且取 ξ_i 为小区间的右端点，便有

$$\int_a^b f(x)\,\mathrm{d}x = \lim_{\lambda\to 0}\sum_{i=1}^n f(\xi_i)\Delta x_i = \lim_{n\to\infty}\sum_{i=1}^n f\left(a + \frac{(b-a)i}{n}\right)\frac{b-a}{n}.$$

要把符合上述特征的极限化为定积分的定义形式，关键在于选择 ξ_i. 选定 ξ_i 之后便可确定小区间长度 Δx_i，以及从 $\xi_i(1\leqslant i\leqslant n)$ 的活动范围中确定积分区间 $[a,b]$，并以 ξ_i 为自变量来确定被积函数 $f(x)$.

若数列的通项为 n 项之积，则应先取对数，化积为和，再用定积分的定义求极限.

例 6-14 求下列极限：

(1) $I = \lim\limits_{n \to \infty}\left(\dfrac{1}{n+1} + \dfrac{1}{n+2} + \cdots + \dfrac{1}{n+n}\right)$;

(2) $I = \lim\limits_{n \to \infty}\dfrac{1}{n}\left[\sin a + \sin\left(a + \dfrac{b}{n}\right) + \sin\left(a + \dfrac{2b}{n}\right) + \cdots + \sin\left(a + \dfrac{(n-1)b}{n}\right)\right]$;

(3) $I = \lim\limits_{n \to \infty}\left(\dfrac{\sin\frac{\pi}{n}}{n+1} + \dfrac{\sin\frac{2\pi}{n}}{n+\frac{1}{2}} + \cdots + \dfrac{\sin\pi}{n+\frac{1}{n}}\right)$.

解 (1) 因为 $I = \lim\limits_{n \to \infty}\left(\dfrac{1}{1+\frac{1}{n}} + \dfrac{1}{1+\frac{2}{n}} + \cdots + \dfrac{1}{1+\frac{n}{n}}\right)\dfrac{1}{n} = \lim\limits_{n \to \infty}\sum\limits_{i=1}^{n}\dfrac{1}{1+\frac{i}{n}}\dfrac{1}{n}$,故

取 $\xi_i = \dfrac{i}{n}$,则得被积函数为 $f(x) = \dfrac{1}{1+x}$,积分区间为 $[0,1]$,于是

$$I = \int_0^1 \dfrac{1}{1+x}\mathrm{d}x = \ln(1+x)\Big|_0^1 = \ln 2.$$

(2) $I = \lim\limits_{n \to \infty}\sum\limits_{i=1}^{n-1}\dfrac{1}{n}\sin\left(a + \dfrac{i}{n}b\right)$,取 $\xi_i = \dfrac{i}{n}$,得被积函数为 $f(x) = \sin(a+bx)$,积分区间为 $[0,1]$,故 $I = \int_0^1 \sin(a+bx)\mathrm{d}x = \dfrac{1}{b}\left[\cos a - \cos(a+b)\right]$.

注 本题若取 $\xi_i = \dfrac{i}{n}b$ 或 $\xi_i = a + \dfrac{i}{n}b$,则得到的定积分分别是 $\dfrac{1}{b}\int_0^b \sin(a+x)\mathrm{d}x$ 及 $\dfrac{1}{b}\int_a^{a+b}\sin x\,\mathrm{d}x$.

(3) $\sum\limits_{i=1}^{n}\dfrac{\sin\frac{i\pi}{n}}{n+\frac{1}{i}}$ 不能直接化为定积分和式中的形式,考虑放缩,将分母 $n+\dfrac{1}{i}$ 化简.

因为 $\dfrac{\sin\frac{i\pi}{n}}{n+1} \leqslant \dfrac{\sin\frac{i\pi}{n}}{n+\frac{1}{i}} \leqslant \dfrac{\sin\frac{i\pi}{n}}{n}$ $(i=1,2,\cdots,n)$,即

$$\dfrac{n}{n+1}\dfrac{1}{n}\sum_{i=1}^{n}\sin\dfrac{i\pi}{n} \leqslant \sum_{i=1}^{n}\dfrac{\sin\frac{i\pi}{n}}{n+\frac{1}{i}} \leqslant \dfrac{1}{n}\sum_{i=1}^{n}\sin\dfrac{i\pi}{n},$$

又因 $\lim\limits_{n \to \infty}\dfrac{n}{n+1}\dfrac{1}{n}\sum\limits_{i=1}^{n}\sin\dfrac{i\pi}{n} = \lim\limits_{n \to \infty}\dfrac{1}{n}\sum\limits_{i=1}^{n}\sin\dfrac{i\pi}{n} = \int_0^1 \sin\pi x\,\mathrm{d}x = \dfrac{2}{\pi}$,

由夹挤准则得所求极限为 $I = \dfrac{2}{\pi}$.

例 6-15 求 $I = \lim\limits_{n \to \infty}\sqrt[n]{f\left(\dfrac{1}{n}\right)f\left(\dfrac{2}{n}\right)\cdots f\left(\dfrac{n}{n}\right)}$,其中 $f(x)$ 是区间 $[0,1]$ 上的连续正值函数.

解 令 $u_n = \sqrt[n]{f\left(\dfrac{1}{n}\right)f\left(\dfrac{2}{n}\right)\cdots f\left(\dfrac{n}{n}\right)}$,两边取对数,得

$$\ln u_n = \ln\sqrt[n]{f\left(\frac{1}{n}\right)f\left(\frac{2}{n}\right)\cdots f\left(\frac{n}{n}\right)} = \frac{1}{n}\left[\ln f\left(\frac{1}{n}\right)+\ln f\left(\frac{2}{n}\right)+\cdots+\ln f\left(\frac{n}{n}\right)\right],$$

故 $\lim\limits_{n\to\infty}\ln u_n = \lim\limits_{n\to\infty}\sum\limits_{i=1}^{n}\frac{1}{n}\ln f\left(\frac{i}{n}\right)=\int_0^1\ln f(x)\mathrm{d}x$，于是，原极限 $I = \mathrm{e}^{\int_0^1\ln f(x)\mathrm{d}x}$.

如
$$I = \lim_{n\to\infty}\ln\sqrt[n]{\left(1+\frac{1}{n}\right)^2\left(1+\frac{2}{n}\right)^2\cdots\left(1+\frac{n}{n}\right)^2}$$
$$= 2\int_0^1\ln(1+x)\mathrm{d}x = 2(2\ln2-1).$$

【题型 6-9】　**求变限积分函数的导数**

应对　（1）若被积函数不含求导变量 x，直接利用下列公式求导：
$$\frac{\mathrm{d}}{\mathrm{d}x}\int_{v(x)}^{u(x)}f(t)\mathrm{d}t = f[u(x)]u'(x)-f[v(x)]v'(x),$$
其中 $f(x)$ 连续，$u(x),v(x)$ 可导.

（2）若被积函数含求导变量，为应用（1）中的公式，则须移去求导变量，其方法有因式提取法及变量代换法.

例 6-16　求下列函数的导数：

（1）$F(x) = \displaystyle\int_x^{x^2}\mathrm{e}^{-t^2}\mathrm{d}t$；

（2）设 $\varphi(x) = \begin{cases}\dfrac{1}{x^2}\displaystyle\int_0^x tf(t)\mathrm{d}t, & x\neq 0, \\ 0, & x=0,\end{cases}$ 其中 $f(x)$ 有连续导数，且 $f(0)=0$，

求 $\varphi'(0)$.

解　（1）直接套用公式，得 $F'(x) = \mathrm{e}^{-x^4}\cdot 2x - \mathrm{e}^{-x^2}$.

（2）分段函数在分段点处的导数一般按导数定义归于极限运算，在使用洛必达法则时，涉及变限积分函数的求导.

$$\varphi'(0) = \lim_{x\to 0}\frac{\varphi(x)-\varphi(0)}{x} = \lim_{x\to 0}\frac{\displaystyle\int_0^x tf(t)\mathrm{d}t}{x^3} = \lim_{x\to 0}\frac{xf(x)}{3x^2} = \lim_{x\to 0}\frac{f(x)}{3x}$$
$$= \lim_{x\to 0}\frac{f'(x)}{3} = \frac{1}{3}f'(0).$$

例 6-17　求下列函数的导数：

（1）$F(x) = \displaystyle\int_0^x x\sin t^2\mathrm{d}t$；

（2）$F(x) = \displaystyle\int_0^x tf(x^2-t^2)\mathrm{d}t$，其中 $f(x)$ 连续.

解　（1）先将被积函数中的 x 提出，得 $F(x) = x\displaystyle\int_0^x\sin t^2\mathrm{d}t$，再由乘积求导法则及变限积分函数求导公式，得 $F'(x) = \displaystyle\int_0^x\sin t^2\mathrm{d}t + x\sin x^2$.

（2）被积函数中的 x 无法作为因子提出，故作变量代换：令 $x^2-t^2 = u$，则
$$F(x) = \int_{x^2}^0 f(u)\left(-\frac{1}{2}\mathrm{d}u\right) = \frac{1}{2}\int_0^{x^2}f(u)\mathrm{d}u,$$

于是
$$F'(x) = \frac{1}{2} \cdot f(x^2) \cdot 2x = x f(x^2).$$

例 6-18　求下列函数的导数：

(1) 设方程 $2x - \tan(x-y) = \displaystyle\int_0^{x-y} \sec^2 t \, \mathrm{d}t\ (x \neq y)$ 确定函数 $y = y(x)$，求 $\dfrac{\mathrm{d}^2 y}{\mathrm{d}x^2}$；

(2) 设函数 $y = y(x)$ 由参数方程 $\begin{cases} x = 1 + 2t^2\ (t > 1), \\ y = \displaystyle\int_1^{1+2\ln t} \dfrac{\mathrm{e}^u}{u}\,\mathrm{d}u \end{cases}$ 确定，求 $\dfrac{\mathrm{d}^2 y}{\mathrm{d}x^2}\bigg|_{x=9}$.

解　(1) 方程两边对 x 求导，得
$$2 - \sec^2(x-y)\left(1 - \frac{\mathrm{d}y}{\mathrm{d}x}\right) = \sec^2(x-y)\left(1 - \frac{\mathrm{d}y}{\mathrm{d}x}\right),$$

解得 $\dfrac{\mathrm{d}y}{\mathrm{d}x} = \sin^2(x-y)$，于是，

$$\begin{aligned}
\frac{\mathrm{d}^2 y}{\mathrm{d}x^2} &= 2\sin(x-y)\cos(x-y)\left(1 - \frac{\mathrm{d}y}{\mathrm{d}x}\right) = \sin 2(x-y)[1 - \sin^2(x-y)] \\
&= \sin 2(x-y)\cos^2(x-y).
\end{aligned}$$

(2) 因为 $\dfrac{\mathrm{d}y}{\mathrm{d}t} = \dfrac{\mathrm{e}^{1+2\ln t}}{1+2\ln t} \cdot \dfrac{2}{t} = \dfrac{2\mathrm{e}t}{1+2\ln t},\ \dfrac{\mathrm{d}x}{\mathrm{d}t} = 4t$，所以

$$\frac{\mathrm{d}y}{\mathrm{d}x} = \frac{2\mathrm{e}t}{1+2\ln t} \cdot \frac{1}{4t} = \frac{\mathrm{e}}{2(1+2\ln t)},$$

$$\frac{\mathrm{d}^2 y}{\mathrm{d}x^2} = \frac{\mathrm{d}}{\mathrm{d}t}\left(\frac{\mathrm{e}}{2(1+2\ln t)}\right) \cdot \frac{\mathrm{d}t}{\mathrm{d}x} = \frac{\mathrm{e}}{2} \cdot \frac{-1}{(1+2\ln t)^2} \cdot \frac{2}{t} \cdot \frac{1}{4t} = -\frac{\mathrm{e}}{4t^2(1+2\ln t)^2}.$$

当 $x = 9$ 时，由 $x = 1 + 2t^2$ 及 $t > 1$ 得 $t = 2$，故

$$\frac{\mathrm{d}^2 y}{\mathrm{d}x^2}\bigg|_{x=9} = -\frac{\mathrm{e}}{4t^2(1+2\ln t)^2}\bigg|_{t=2} = -\frac{\mathrm{e}}{16(1+2\ln 2)^2}.$$

【题型 6-10】　定积分等式的证明

应对　证明两个定积分相同的方法较多，主要有以下几种方法.

(1) 求值法　通过计算出积分值来说明相等关系；

(2) 转换法　通过换元积分、分部积分、分项积分及分段积分等方法证明一个积分可变为另一个积分；

(3) 微分法　构造变限积分函数，将积分相等转化为函数相等，从而利用导数来解决.

例 6-19　设 $f(x)$ 连续，证明下列恒等式：

(1) $\displaystyle\int_a^b f(x)\,\mathrm{d}x = \int_a^b f(a+b-x)\,\mathrm{d}x$；

(2) $\displaystyle\int_a^b f(x)\,\mathrm{d}x = (b-a)\int_0^1 f[a+(b-a)x]\,\mathrm{d}x.$

证　(1) 注意到等式两边定积分的积分区间相同，被积函数的对应法则相同，但变量由 x 变为了 $a+b-x$，于是令 $x = a+b-t$，则 $\mathrm{d}x = -\mathrm{d}t$，且当 $x = a$ 时，$t = b$；当 $x = b$ 时，$t = a$，因此

$$\int_a^b f(x)\,\mathrm{d}x = \int_b^a f(a+b-t)(-\mathrm{d}t) = \int_a^b f(a+b-x)\,\mathrm{d}x.$$

(2) 令 $x = a + (b-a)t$，则 $\mathrm{d}x = (b-a)\mathrm{d}t$，且当 $x = a$ 时，$t = 0$；当 $x = b$ 时，$t = 1$，于是

$$\int_a^b f(x)\mathrm{d}x = \int_0^1 f[a+(b-a)t](b-a)\mathrm{d}t = (b-a)\int_0^1 f[a+(b-a)x]\mathrm{d}x.$$

例 6-20 设 $f(x)$ 连续，证明下列恒等式：

(1) $\int_0^{2a} f(x)\mathrm{d}x = \int_0^a [f(x)+f(2a-x)]\mathrm{d}x$ (a 为任意常数)；

(2) $\int_1^a f\left(x^2+\dfrac{a^2}{x^2}\right)\dfrac{\mathrm{d}x}{x} = \int_1^a f\left(x+\dfrac{a^2}{x}\right)\dfrac{\mathrm{d}x}{x}$ ($a > 1$).

证 (1) 注意到右边积分的积分区间为左边积分区间的一部分，于是对左边积分进行拆分：$\int_0^{2a} f(x)\mathrm{d}x = \int_0^a f(x)\mathrm{d}x + \int_a^{2a} f(x)\mathrm{d}x$. 对比右边，只需证明 $\int_a^{2a} f(x)\mathrm{d}x = \int_0^a f(2a-x)\mathrm{d}x$，令 $x = 2a-t$，得

$$\int_a^{2a} f(x)\mathrm{d}x = \int_a^0 f(2a-t)(-\mathrm{d}t) = \int_0^a f(2a-x)\mathrm{d}x,$$

于是 $$\int_0^{2a} f(x)\mathrm{d}x = \int_0^a [f(x)+f(2a-x)]\mathrm{d}x.$$

(2) 令 $x^2 = t$，则 $2x\mathrm{d}x = \mathrm{d}t$，且当 $x = 1$ 时，$t = 1$；当 $x = a$ 时，$t = a^2$，于是

$$\text{左边} = \int_1^a f\left(x^2+\frac{a^2}{x^2}\right)\frac{2x\mathrm{d}x}{2x^2} = \frac{1}{2}\int_1^{a^2} f\left(t+\frac{a^2}{t}\right)\frac{\mathrm{d}t}{t}$$

$$= \frac{1}{2}\int_1^a f\left(t+\frac{a^2}{t}\right)\frac{\mathrm{d}t}{t} + \frac{1}{2}\int_a^{a^2} f\left(t+\frac{a^2}{t}\right)\frac{\mathrm{d}t}{t} = I_1 + I_2.$$

以下证明 $I_1 = I_2$. 对 I_2 作代换 $t = \dfrac{a^2}{u}$，则 $\mathrm{d}t = -\dfrac{a^2}{u^2}\mathrm{d}u$，且当 $t = a$ 时，$u = a$；当 $t = a^2$ 时，$u = 1$，于是

$$I_2 = \frac{1}{2}\int_a^1 f\left(u+\frac{a^2}{u}\right)\cdot\frac{u}{a^2}\cdot\left(-\frac{a^2}{u^2}\right)\mathrm{d}u = \frac{1}{2}\int_1^a f\left(u+\frac{a^2}{u}\right)\frac{\mathrm{d}u}{u} = I_1,$$

因此 $$\text{左边} = 2I_1 = \text{右边}.$$

例 6-21 设 $f(x)$ 连续，证明下列各等式：

(1) $\int_0^a x^3 f(x^2)\mathrm{d}x = \dfrac{1}{2}\int_0^{a^2} xf(x)\mathrm{d}x$；(2) $\left[\int_a^b f(x)\mathrm{d}x\right]^2 = 2\int_a^b f(x)\left(\int_x^b f(t)\mathrm{d}t\right)\mathrm{d}x.$

证 (1) **方法一** 令 $x^2 = t$，则左边 $= \int_0^a x^2 f(x^2)\mathrm{d}\left(\dfrac{1}{2}x^2\right) = $ 右边.

方法二（微分法） 设 $h(t) = \int_0^t x^3 f(x^2)\mathrm{d}x - \dfrac{1}{2}\int_0^{t^2} xf(x)\mathrm{d}x$ ($0 \leqslant t \leqslant a$)，则

$$h'(t) = t^3 f(t^2) - \frac{1}{2}t^2 f(t^2)\cdot 2t = 0.$$

因此，在区间 $[0,a]$ 上 $h(t) = C$ (C 为常数)，令 $t = 0$，得 $C = 0$，故有 $h(a) = 0$，即为所证.

(2) **方法一（微分法）** 设

$$h(u) = \left[\int_u^b f(x)\mathrm{d}x\right]^2 - 2\int_u^b f(x)\left(\int_x^b f(t)\mathrm{d}t\right)\mathrm{d}x \quad (a \leqslant u \leqslant b),$$

则
$$h'(u) = 2\int_u^b f(x)\mathrm{d}x \cdot (-f(u)) + 2f(u)\int_u^b f(t)\mathrm{d}t = 0,$$

因此,在区间 $[a,b]$ 上 $h(u) = C(C$ 为常数),令 $u = b$,得 $C = 0$,故有 $h(a) = 0$,即为所证.

方法二(求值法) 设 $F(x)$ 为 $f(x)$ 的一个原函数,则 $F'(x) = f(x)$,于是

$$右边 = 2\int_a^b f(x)[F(b) - F(x)]\mathrm{d}x = -2\int_a^b [F(b) - F(x)]\mathrm{d}(F(b) - F(x))$$

$$= -[F(b) - F(x)]^2 \Big|_a^b = [F(b) - F(a)]^2 = 左边.$$

方法三 设 $F(x) = \int_x^b f(t)\mathrm{d}t$,则 $F'(x) = -f(x)$,于是

$$右边 = -2\int_a^b F'(x)F(x)\mathrm{d}x = -2\int_a^b F(x)\mathrm{d}F(x) = F^2(a) = 左边.$$

【题型 6-11】 与定积分有关的方程的根问题或中值问题

应对 与第 4 章的中值问题有相同的处理策略,只是现在还有一个积分中值定理可以调用,并且可以通过设立变限积分函数的方法将问题转化为微分学中值问题.

例 6-22 设 $f(x)$ 在区间 $[a,b]$ 上连续,且满足 $f(a) \leqslant f(x) \leqslant f(b)$,证明:存在 $\xi \in [a,b]$,使得 $\int_a^b f(x)\mathrm{d}x = f(a)(\xi - a) + f(b)(b - \xi)$.

分析 等式右边是一个含中值的连续函数.联想到连续函数的介值定理,只需证明 $\int_a^b f(x)\mathrm{d}x$ 介于上述连续函数在端点的函数值之间.

证 设 $F(x) = f(a)(x - a) + f(b)(b - x)$,则 $F(x)$ 在区间 $[a,b]$ 上连续,且
$$F(a) = f(b)(b - a), \quad F(b) = f(a)(b - a).$$
因 $f(a) \leqslant f(x) \leqslant f(b)$,所以

$$F(b) = f(a)(b - a) \leqslant \int_a^b f(x)\mathrm{d}x \leqslant f(b)(b - a) = F(a),$$

即 $\int_a^b f(x)\mathrm{d}x$ 介于 $F(x)$ 的两端点函数值之间,由介值定理知,存在 $\xi \in [a,b]$,使得 $\int_a^b f(x)\mathrm{d}x = F(\xi)$,即 $\int_a^b f(x)\mathrm{d}x = f(a)(\xi - a) + f(b)(b - \xi)$.

例 6-23(一般形式的积分中值定理) 设 $f(x),g(x)$ 在区间 $[a,b]$ 上连续,且 $g(x) \geqslant 0$,证明:存在一点 $\xi \in [a,b]$,使 $\int_a^b f(x)g(x)\mathrm{d}x = f(\xi)\int_a^b g(x)\mathrm{d}x$.

分析 若 $\int_a^b g(x)\mathrm{d}x \neq 0$,则欲证等式可变形为 $\dfrac{\int_a^b f(x)g(x)\mathrm{d}x}{\int_a^b g(x)\mathrm{d}x} = f(\xi)$.由介值定理,只须证明 $\dfrac{\int_a^b f(x)g(x)\mathrm{d}x}{\int_a^b g(x)\mathrm{d}x}$ 介于 $f(x)$ 的两端点的函数值之间或最大值与最小值之间.

证　因为 $f(x)$ 在区间 $[a,b]$ 上连续，由最值定理知 $f(x)$ 在区间 $[a,b]$ 上有最大值 M 和最小值 m，即 $m \leqslant f(x) \leqslant M$，又 $g(x) \geqslant 0$，故

$$mg(x) \leqslant f(x)g(x) \leqslant Mg(x).$$

于是 $m\displaystyle\int_a^b g(x)\mathrm{d}x = \int_a^b mg(x)\mathrm{d}x \leqslant \int_a^b f(x)g(x)\mathrm{d}x \leqslant \int_a^b Mg(x)\mathrm{d}x = M\int_a^b g(x)\mathrm{d}x.$

若 $\displaystyle\int_a^b g(x)\mathrm{d}x = 0$，则 $\displaystyle\int_a^b f(x)g(x)\mathrm{d}x = 0$，即得证.

若 $\displaystyle\int_a^b g(x)\mathrm{d}x > 0$，则有 $m \leqslant \dfrac{\displaystyle\int_a^b f(x)g(x)\mathrm{d}x}{\displaystyle\int_a^b g(x)\mathrm{d}x} \leqslant M$，从而由介值定理知，存在 $\xi \in [a,$

$b]$，使 $f(\xi) = \dfrac{\displaystyle\int_a^b f(x)g(x)\mathrm{d}x}{\displaystyle\int_a^b g(x)\mathrm{d}x}$，即 $\displaystyle\int_a^b f(x)g(x)\mathrm{d}x = f(\xi)\int_a^b g(x)\mathrm{d}x.$

注　将 $g(x) \geqslant 0$ 换作 $g(x) \leqslant 0$，结论也成立.

例 6-24　证明方程 $\displaystyle\int_0^x \sqrt{1+t^4}\,\mathrm{d}t + \int_{\cos x}^0 \mathrm{e}^{-t^2}\,\mathrm{d}t = 0$ 有且仅有一实根.

分析　先用零点定理证明根的存在性，再利用单调性证明根的唯一性.

证　设 $F(x) = \displaystyle\int_0^x \sqrt{1+t^4}\,\mathrm{d}t + \int_{\cos x}^0 \mathrm{e}^{-t^2}\,\mathrm{d}t$，则 $F(x)$ 连续，且

$$F(0) = \int_1^0 \mathrm{e}^{-t^2}\,\mathrm{d}t = -\int_0^1 \mathrm{e}^{-t^2}\,\mathrm{d}t < 0, \quad F\left(\frac{\pi}{2}\right) = \int_0^{\frac{\pi}{2}} \sqrt{1+t^4}\,\mathrm{d}t > 0,$$

故由零点定理知，方程 $F(x) = 0$ 在区间 $\left(0, \dfrac{\pi}{2}\right)$ 内至少有一实根；又因

$$F'(x) = \sqrt{1+x^4} + \mathrm{e}^{-\cos^2 x} \cdot \sin x > 0$$

$$(\sqrt{1+x^4} \geqslant 1; 0 < \mathrm{e}^{-\cos^2 x} \leqslant 1, -1 \leqslant \sin x \leqslant 1, \mathrm{e}^{-\cos^2 x} \cdot \sin x \leqslant 1),$$

因而，$F(x)$ 在区间 $(-\infty, +\infty)$ 内严格单调增加，所以方程 $\displaystyle\int_0^x \sqrt{1+t^4}\,\mathrm{d}t + \int_{\cos x}^0 \mathrm{e}^{-t^2}\,\mathrm{d}t = 0$ 有且仅有一实根.

例 6-25　设 $f(x)$ 在区间 $[0,1]$ 上可微，且满足条件 $f(1) = 2\displaystyle\int_0^{\frac{1}{2}} xf(x)\mathrm{d}x$，试证：存在 $\xi \in (0,1)$，使 $f(\xi) + \xi f'(\xi) = 0$.

分析　由结论可知，若令 $\varphi(x) = xf(x)$（也是被积函数），则 $\varphi'(x) = f(x) + xf'(x)$. 因此，只需证明 $\varphi(x)$ 在区间 $[0,1]$ 内某一区间上满足罗尔定理的条件.

证　令 $\varphi(x) = xf(x)$，则 $\varphi(1) = f(1)$，由积分中值定理可知，存在 $\eta \in \left(0, \dfrac{1}{2}\right)$ 使得

$$\int_0^{\frac{1}{2}} xf(x)\mathrm{d}x = \int_0^{\frac{1}{2}} \varphi(x)\mathrm{d}x = \frac{1}{2}\varphi(\eta),$$

由已知条件，有 $f(1) = 2\displaystyle\int_0^{\frac{1}{2}} xf(x)\mathrm{d}x = 2 \times \dfrac{1}{2}\varphi(\eta) = \varphi(\eta)$，于是

$$\varphi(1) = f(1) = \varphi(\eta),$$

且 $\varphi(x)$ 在区间 $[\eta,1]$ 上连续,在区间 $(\eta,1)$ 内可导,故由罗尔定理可知,存在 $\xi \in (\eta,1)$ $\subset (0,1)$,使得 $\varphi'(\xi) = 0$,即 $f(\xi) + \xi f'(\xi) = 0$.

例 6-26 设函数 $f(x)$ 在闭区间 $[a,b]$ 上连续,在开区间 (a,b) 内可导,且 $f'(x) >$ 0. 若极限 $\lim\limits_{x\to a^+} \dfrac{f(2x-a)}{x-a}$ 存在,证明:

(1) 在区间 (a,b) 内,$f(x) > 0$;

(2) 存在 $\xi \in (a,b)$,使得 $\dfrac{b^2-a^2}{\displaystyle\int_a^b f(x)\mathrm{d}x} = \dfrac{2\xi}{f(\xi)}$;

(3) 在 (a,b) 内存在与(2)中 ξ 相异的点 η,使 $f'(\eta)(b^2-a^2) = \dfrac{2\xi}{\xi-a}\displaystyle\int_a^b f(x)\mathrm{d}x$.

证 (1) 由极限 $\lim\limits_{x\to a^+} \dfrac{f(2x-a)}{x-a}$ 存在及 $f(x)$ 的连续性知 $\lim\limits_{x\to a^+} f(2x-a) = f(a) =$ 0,又由 $f(x)$ 在区间 (a,b) 内可导且 $f'(x) > 0$,得 $f(x) > f(a) = 0$.

(2) 设 $F(x) = x^2$,$g(x) = \displaystyle\int_a^x f(t)\mathrm{d}t$,则 $F(x)$ 与 $g(x)$ 在区间 $[a,b]$ 上满足柯西中值定理的条件,由柯西中值定理知,存在 $\xi \in (a,b)$,使得

$$\frac{b^2-a^2}{\displaystyle\int_a^b f(x)\mathrm{d}x} = \frac{2\xi}{f(\xi)}.$$

(3) 对 $f(x)$ 在区间 $[a,\xi]$ 上用拉格朗日中值定理:存在 $\eta \in (a,\xi)$,使得

$$f(\xi) - f(a) = (\xi-a)f'(\eta),$$

代入上式并注意到 $f(a) = 0$,得

$$\frac{b^2-a^2}{\displaystyle\int_a^b f(x)\mathrm{d}x} = \frac{2\xi}{(\xi-a)f'(\eta)}, \quad 即 \quad f'(\eta)(b^2-a^2) = \frac{2\xi}{\xi-a}\int_a^b f(x)\mathrm{d}x.$$

例 6-27 设 $f(x)$ 在区间 $[a,b]$ $(a<b)$ 上连续,且满足 $\displaystyle\int_a^b f(x)\mathrm{d}x = 0$,$\displaystyle\int_a^b x f(x)\mathrm{d}x$ $= 0$. 证明:存在两个不同的实数 $\xi_1, \xi_2 \in (a,b)$,使得 $f(\xi_1) = f(\xi_2) = 0$.

证一 因 $f(x)$ 在区间 $[a,b]$ 上连续,故设 $F(x) = \displaystyle\int_a^x f(t)\mathrm{d}t$ 是 $f(x)$ 的原函数,于是 $F(a) = F(b) = 0$. 又因

$$0 = \int_a^b x f(x)\mathrm{d}x = \int_a^b x \mathrm{d}F(x) = x F(x)\Big|_a^b - \int_a^b F(x)\mathrm{d}x = -(b-a)F(\eta),$$

其中 $\eta \in (a,b)$,因此 $F(\eta) = 0$. 对 $F(x)$ 在区间 $[a,\eta]$ 与 $[\eta,b]$ 上分别应用罗尔定理知,存在 $\xi_1 \in (a,\eta)$,$\xi_2 \in (\eta,b)$,使得 $F'(\xi_1) = F'(\xi_2) = 0$,即 $f(\xi_1) = f(\xi_2) = 0$.

注 题中条件与结论均未出现导数,但引入变限积分后,可用罗尔定理. 因此切勿误认为只有见到导数才能用罗尔定理.

证二(反证法) 如果 $f(x)$ 在区间 (a,b) 内只有一个根 ξ_1,则 $f(x)$ 在区间 (a,ξ_1) 与 (ξ_1,b) 内异号(否则会与条件 $\displaystyle\int_a^b f(x)\mathrm{d}x = 0$ 矛盾). 不妨设 x 在区间 (a,ξ_1) 内 $f(x) > 0$,

在区间 (ξ_1, b) 内 $f(x) < 0$,由 $\int_a^b x f(x) \mathrm{d}x = 0$ 及 $\xi_1 \int_a^b f(x) \mathrm{d}x = 0$,一方面得

$$\int_a^b (x - \xi_1) f(x) \mathrm{d}x = 0;$$

另一方面,由可加性得

$$\int_a^b (x - \xi_1) f(x) \mathrm{d}x = \int_a^{\xi_1} (x - \xi_1) f(x) \mathrm{d}x + \int_{\xi_1}^b (x - \xi_1) f(x) \mathrm{d}x < 0$$

(因在区间 (a, ξ_1) 内 $f(x) > 0$ $(x - \xi_1 < 0)$,在区间 (ξ_1, b) 内 $f(x) < 0$ $(x - \xi_1 > 0)$),矛盾. 从而推知在区间 (a, b) 内除 ξ_1 之外,$f(x)$ 至少还有另一实根 ξ_2.

【题型 6-12】 定积分不等式的证明

应对 所依据的性质与策略主要有以下几点.

(1) 估值定理 若 $A \leqslant f(x) \leqslant B$ $(a \leqslant x \leqslant b)$,则 $A(b-a) \leqslant \int_a^b f(x) \mathrm{d}x \leqslant B(b-a)$.

(2) 比较定理 若 $f(x) \leqslant g(x)$ $(a \leqslant x \leqslant b)$,则 $\int_a^b f(x) \mathrm{d}x \leqslant \int_a^b g(x) \mathrm{d}x$,其中对被积函数的放大可借助微分学的方法,如均值不等式,Taylor 公式等.

(3) 若欲证不等式在积分区间 $[a, b]$ 上的子区间 $[a, x]$ 或 $[x, b]$ $(a \leqslant x \leqslant b)$ 上成立,则可借助变限积分,将问题归于辅助函数的不等式问题.

(4) 若积分不等式中的被积函数出现平方项,可利用柯西 - 施瓦兹(Cauchy-Schwarz)不等式:

$$\left[\int_a^b f(x) g(x) \mathrm{d}x \right]^2 \leqslant \left[\int_a^b f^2(x) \mathrm{d}x \right] \left[\int_a^b g^2(x) \mathrm{d}x \right].$$

这个不等式只要求 $f(x)$,$g(x)$ 在区间 $[a, b]$ 上可积就行,条件最少.

例 6-28 比较下列积分的大小:

(1) $\int_0^1 x \mathrm{d}x$ 与 $\int_0^1 \ln(1+x) \mathrm{d}x$;   (2) $\int_0^1 \mathrm{e}^{-x^2} \mathrm{d}x$ 与 $\int_1^2 \mathrm{e}^{-x^2} \mathrm{d}x$.

解 (1) 两个积分的积分区间相同,且积分下限小于上限,故只需比较被积函数的大小.

设 $f(x) = \ln(1+x) - x$,则 $f(0) = 0$,又 $f'(x) = \dfrac{1}{1+x} - 1 = -\dfrac{x}{1+x} < 0, x \in$

$(0,1)$,所以 $\ln(1+x) < x$,故由比较定理知 $\int_0^1 \ln(1+x) \mathrm{d}x < \int_0^1 x \mathrm{d}x$.

(2) 两个积分的积分区间不相同,用积分中值定理求出其积分值为

$$\int_0^1 \mathrm{e}^{-x^2} \mathrm{d}x = \mathrm{e}^{-\xi^2} \ (0 < \xi < 1), \quad \int_1^2 \mathrm{e}^{-x^2} \mathrm{d}x = \mathrm{e}^{-\eta^2} \ (1 < \eta < 2).$$

由于 e^{-x^2} 严格单调减,所以 $\mathrm{e}^{-\xi^2} > \mathrm{e}^{-\eta^2}$,故 $\int_0^1 \mathrm{e}^{-x^2} \mathrm{d}x > \int_1^2 \mathrm{e}^{-x^2} \mathrm{d}x$.

例 6-29 证明下列不等式:

(1) $\dfrac{1}{2} \leqslant \int_0^{\frac{1}{2}} \dfrac{\mathrm{d}x}{\sqrt{2x^2 - x + 1}} \leqslant \dfrac{\sqrt{14}}{7}$;   (2) $\dfrac{1}{2} \leqslant \int_0^{\frac{1}{2}} \dfrac{\mathrm{d}x}{\sqrt{1 - x^n}} \leqslant \dfrac{\pi}{6}$ $(n > 2)$.

证 (1) 这是估计积分值的问题. 证明步骤是:先求出被积函数的最大值与最小

值,然后利用估值定理得出所要证的结论.

设 $f(x) = 2x^2 - x + 1, x \in \left[0, \dfrac{1}{2}\right]$,令 $f'(x) = 4x - 1 = 0$,得驻点 $x = \dfrac{1}{4}$.

比较 $f(0) = f\left(\dfrac{1}{2}\right) = 1, f\left(\dfrac{1}{4}\right) = \dfrac{7}{8}$ 知

$$\sqrt{\dfrac{7}{8}} \leqslant \sqrt{2x^2 - x + 1} \leqslant 1, \quad 1 \leqslant \dfrac{1}{\sqrt{2x^2 - x + 1}} \leqslant \sqrt{\dfrac{8}{7}}.$$

由估值定理得, $\quad \dfrac{1}{2} \leqslant \displaystyle\int_0^{\frac{1}{2}} \dfrac{\mathrm{d}x}{\sqrt{2x^2 - x + 1}} \leqslant \dfrac{1}{2} \times \dfrac{2\sqrt{2}}{\sqrt{7}} = \dfrac{\sqrt{14}}{7}.$

(2) 先对被积函数进行放缩得 $1 \leqslant \dfrac{1}{\sqrt{1 - x^n}} \leqslant \dfrac{1}{\sqrt{1 - x^2}}$,然后对等式两边积分,注意到 $\displaystyle\int_0^{\frac{1}{2}} \dfrac{\mathrm{d}x}{\sqrt{1 - x^2}} = \arcsin x \Big|_0^{\frac{1}{2}} = \dfrac{\pi}{6}$,便知所证结论成立.

例 6-30 设 $f(x)$ 在区间 $[0, 1]$ 上可微,且当 $x \in (0, 1)$ 时, $0 < f'(x) < 1, f(0) = 0$.证明: $\left[\displaystyle\int_0^1 f(x)\mathrm{d}x\right]^2 > \displaystyle\int_0^1 f^3(x)\mathrm{d}x.$

分析 如果欲证结果在子区间 $[0, x]$ $(0 \leqslant x \leqslant 1)$ 上成立,取 $x = 1$ 便得所证.因此先证在区间 $[0, x]$ 上的不等式成立.此时积分不等式归结于普通的函数不等式,从而可利用第 4 章介绍的一些方法.

证 令 $F(x) = \left[\displaystyle\int_0^x f(t)\mathrm{d}t\right]^2 - \displaystyle\int_0^x f^3(t)\mathrm{d}t$,则 $F(0) = 0$,且

$$F'(x) = 2f(x)\int_0^x f(t)\mathrm{d}t - f^3(x) = f(x)\left[2\int_0^x f(t)\mathrm{d}t - f^2(x)\right].$$

由于 $f'(x) > 0, f(0) = 0$,所以 $f(x) > f(0) = 0$.

再设 $G(x) = 2\displaystyle\int_0^x f(t)\mathrm{d}t - f^2(x)$,则 $G(0) = 0$,且

$$G'(x) = 2f(x) - 2f(x)f'(x) = 2f(x)[1 - f'(x)] > 0,$$

从而 $G(x) > G(0) = 0$,因此 $F'(x) > 0$ $(x \in [0, 1])$.于是当 $x \in [0, 1]$ 时, $F(x) > F(0) = 0$.特别地, $F(1) > 0$,即 $\left(\displaystyle\int_0^1 f(x)\mathrm{d}x\right)^2 > \displaystyle\int_0^1 f^3(x)\mathrm{d}x$.

例 6-31 证明下列各题:

(1) 设 $f(x)$ 在 $[0, 1]$ 上有连续导数,且 $f(1) - f(0) = 1$.证明: $\displaystyle\int_0^1 [f'(x)]^2 \mathrm{d}x \geqslant 1$.

(2) 设 $f(x)$ 在 $[a, b]$ 上连续,且 $f(x) \geqslant 0, \displaystyle\int_a^b f(x) = 1, \lambda$ 为实数.证明:

$$\left[\int_a^b f(x)\sin\lambda x\mathrm{d}x\right]^2 + \left[\int_a^b f(x)\cos\lambda x\mathrm{d}x\right]^2 \leqslant 1.$$

证 (1) **方法一** 因为 $1 = f(1) - f(0) = \displaystyle\int_0^1 f'(x)\mathrm{d}x$,由柯西 - 施瓦兹不等式得

$$1^2 = \left(\int_0^1 f'(x) \cdot 1\mathrm{d}x\right)^2 \leqslant \int_0^1 [f'(x)]^2 \mathrm{d}x \cdot \int_0^1 \mathrm{d}x = \int_0^1 [f'(x)]^2 \mathrm{d}x,$$

即结论成立.

方法二　因为 $\int_0^1 [f'(x)-1]^2 \mathrm{d}x \geqslant 0$，即 $\int_0^1 [f'(x)]^2 \mathrm{d}x - 2\int_0^1 f'(x)\mathrm{d}x + \int_0^1 \mathrm{d}x \geqslant 0$，

所以

$$\int_0^1 [f'(x)]^2 \mathrm{d}x \geqslant 2\int_0^1 f'(x)\mathrm{d}x - \int_0^1 \mathrm{d}x = 2[f(1)-f(0)] - 1 = 1.$$

（2）由柯西－施瓦兹不等式得

$$\left[\int_a^b f(x)\sin\lambda x\,\mathrm{d}x\right]^2 = \left[\int_a^b \sqrt{f(x)}\,\sqrt{f(x)}\sin\lambda x\,\mathrm{d}x\right]^2 \leqslant \int_a^b f(x)\mathrm{d}x \cdot \int_a^b f(x)\sin^2\lambda x\,\mathrm{d}x$$
$$= \int_a^b f(x)\sin^2\lambda x\,\mathrm{d}x.$$

同理可证　　　　　　　$\left[\int_a^b f(x)\cos\lambda x\,\mathrm{d}x\right]^2 \leqslant \int_a^b f(x)\cos^2\lambda x\,\mathrm{d}x.$

于是　　　　左边 $\leqslant \int_a^b f(x)\sin^2\lambda x\,\mathrm{d}x + \int_a^b f(x)\cos^2\lambda x\,\mathrm{d}x = \int_a^b f(x)\mathrm{d}x = 1.$

例 6-32　设 $f(x)$ 在区间 $[a,b]$ 上二次可导，且 $f''(x) \leqslant 0$，证明：

$$(b-a)f\left(\frac{a+b}{2}\right) \geqslant \int_a^b f(x)\mathrm{d}x \geqslant \frac{b-a}{2}[f(a)+f(b)].$$

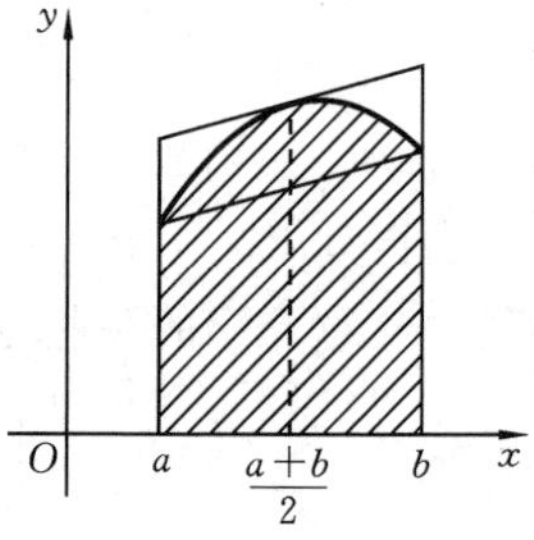

证　本题的几何意义如图 6-1 所示：凸曲线对应的曲边梯形的面积介于两个梯形面积之间.

先证 $\int_a^b f(x)\mathrm{d}x \geqslant \frac{b-a}{2}[f(a)+f(b)]$. 令 $F(t) =$

图 6-1

$\int_a^t f(x)\mathrm{d}x - \frac{t-a}{2}[f(a)+f(t)]\ (a \leqslant t \leqslant b)$，则

$$F'(t) = f(t) - \frac{1}{2}[f(a)+f(t)] - \frac{t-a}{2}f'(t),$$

$$F''(t) = \frac{1}{2}f'(t) - \frac{1}{2}f'(t) - \frac{t-a}{2}f''(t) = -\frac{t-a}{2}f''(t) \geqslant 0,$$

于是 $F'(t)$ 单调增，又 $F'(t) \geqslant F'(a) = 0$，故 $F(t)$ 单调增，从而 $F(b) \geqslant F(a) = 0$，此即所证.

再证　　　　　　　$(b-a)f\left(\frac{a+b}{2}\right) \geqslant \int_a^b f(x)\mathrm{d}x.$

设 $F(t) = \int_a^t f(x)\mathrm{d}x - (t-a)f\left(\frac{a+t}{2}\right)\ (a \leqslant t \leqslant b)$，则

$$F'(t) = f(t) - f\left(\frac{a+t}{2}\right) - (t-a)f'\left(\frac{a+t}{2}\right) \cdot \frac{1}{2}$$

$$= f'(\xi)\left(t - \frac{a+t}{2}\right) - \frac{1}{2}(t-a)f'\left(\frac{a+t}{2}\right)\ \left(\frac{a+t}{2} < \xi < t\right)$$

$$= \frac{1}{2}(t-a)\left[f'(\xi) - f'\left(\frac{a+t}{2}\right)\right].$$

因为 $f''(x) \leqslant 0$，$f'(x)$ 递减，故 $F'(t) \leqslant 0$，故 $F(t)$ 单调减，从而 $F(b) \leqslant F(a) = 0$，此即所证.

类似地可证明:若 $f(x)$ 在区间 $[a,b]$ 上二次可导,且 $f''(x) \geqslant 0$,则

$$(b-a)f\left(\frac{a+b}{2}\right) \leqslant \int_a^b f(x)\mathrm{d}x \leqslant \frac{b-a}{2}[f(a)+f(b)].$$

下面通过一个例子来说明解题途径的多样性.

例 6-33 设 $f(x)$ 在区间 $[0,1]$ 上连续且单调减,证明当 $a \in (0,1)$ 时,有

$$\int_0^a f(x)\mathrm{d}x \geqslant a\int_0^1 f(x)\mathrm{d}x.$$

证一 利用积分定义证明. 由于 $f(x)$ 可积,并注意到 $f(x)$ 单调减,由此推出 $f(at)$ $\geqslant f(t)$ $(0 < a < 1)$,故

$$\int_0^a f(x)\mathrm{d}x = \lim_{n\to\infty} \frac{a}{n}\sum_{i=1}^n f\left(\frac{a}{n}i\right) \geqslant a\lim_{n\to\infty} \frac{1}{n}\sum_{i=1}^n f\left(\frac{i}{n}\right) = a\int_0^1 f(x)\mathrm{d}x.$$

证二 利用换元法证明. 为调整区间大小,令 $x = at$,则

$$\int_0^a f(x)\mathrm{d}x = a\int_0^1 f(at)\mathrm{d}t \geqslant a\int_0^1 f(t)\mathrm{d}t = a\int_0^1 f(x)\mathrm{d}x.$$

证三 利用分段积分法证明. 因 $\int_0^1 f(x)\mathrm{d}x = \int_0^a f(x)\mathrm{d}x + \int_a^1 f(x)\mathrm{d}x$,故所证不等式等价于

$$\int_0^a f(x)\mathrm{d}x - a\int_0^a f(x)\mathrm{d}x - a\int_a^1 f(x)\mathrm{d}x = (1-a)\int_0^a f(x)\mathrm{d}x - a\int_a^1 f(x)\mathrm{d}x \geqslant 0.$$

由积分中值定理知

$$\begin{aligned}(1-a)\int_0^a f(x)\mathrm{d}x - a\int_a^1 f(x)\mathrm{d}x &= (1-a)af(\xi) - a(1-a)f(\eta)\\ &= (1-a)a[f(\xi) - f(\eta)],\end{aligned}$$

因 $0 < \xi < \eta < 1$,又 $f(x)$ 单调减,所以上式大于等于零,即结论成立.

证四 利用平均值问题证明. 由于所证不等式等价于 $\dfrac{\displaystyle\int_0^a f(x)\mathrm{d}x}{a} \geqslant \dfrac{\displaystyle\int_0^1 f(x)\mathrm{d}x}{1}$,令 $F(x) = \dfrac{\displaystyle\int_0^x f(t)\mathrm{d}t}{x}$,则只需证明 $F(x)$ $(0 \leqslant x \leqslant 1)$ 单调减即可. 事实上,有

$$F'(x) = \frac{xf(x) - \displaystyle\int_0^x f(t)\mathrm{d}t}{x^2} = \frac{xf(x) - xf(\xi)}{x^2} = \frac{f(x) - f(\xi)}{x}$$

$$\leqslant 0\ (\xi \in (0,x), f \text{ 单调减}),$$

所以 $F(x)$ 单调减,故结论成立.

证五 利用变限积分函数证明.

设 $F(x) = \displaystyle\int_0^x f(t)\mathrm{d}t - x\int_0^1 f(t)\mathrm{d}t$ $(0 \leqslant x \leqslant 1)$,证 $F(x) \geqslant 0$. 因

$$F'(x) = f(x) - \int_0^1 f(t)\mathrm{d}t = f(x) - f(\xi), \quad \xi \in (0,1),$$

且由 $f(x)$ 单调减知在区间 $[0,\xi]$ 上 $F'(x) \geqslant 0$,在区间 $[\xi,1]$ 上 $F'(x) \leqslant 0$,故 $F(x)$ 的最小值为 $F(0) = F(1) = 0$,于是 $F(x) \geqslant 0$ $(0 \leqslant x \leqslant 1)$.

【题型 6-13】 求含变限积分或定积分的极限

应对 （1）含变限积分的未定型极限的计算原则与第 4 章相同，洛必达法则应与等价代换结合使用．

（2）若极限变量为离散型变量 n 且被积函数中含 n，一般先利用定积分的性质和运算法则将原积分转化为便于计算的新的定积分，求出积分后再求极限；如果极限变量在积分限上，一般先用估值性去掉积分号，再求极限．

例 6-34 求下列极限：

（1）$l = \lim\limits_{x \to 0} \dfrac{\displaystyle\int_0^{x^2} \sqrt{1+t^2}\, dt}{e^{x^2} - 1}$；

（2）求 $l = \lim\limits_{x \to 0} \dfrac{\displaystyle\int_0^x \left[\int_0^{u^2} \arctan(1+t)\, dt\right] du}{x(1-\cos x)}$；

（3）设函数 $f(x)$ 连续，且 $f(0) \neq 0$，求 $l = \lim\limits_{x \to 0} \dfrac{\displaystyle\int_0^x (x-t) f(t)\, dt}{x \displaystyle\int_0^x f(x-t)\, dt}$．

解 （1）利用 $e^{x^2} - 1 \sim x^2 \ (x \to 0)$ 以及洛必达法则，得

$$l = \lim_{x \to 0} \frac{\displaystyle\int_0^{x^2} \sqrt{1+t^2}\, dt}{e^{x^2} - 1} = \lim_{x \to 0} \frac{\displaystyle\int_0^{x^2} \sqrt{1+t^2}\, dt}{x^2} = \lim_{x \to 0} \frac{\sqrt{1+x^4} \cdot 2x}{2x} = 1.$$

（2）利用 $1 - \cos x \sim \dfrac{1}{2} x^2 \ (x \to 0)$ 以及洛必达法则，得

$$l = 2 \lim_{x \to 0} \frac{\displaystyle\int_0^x \left[\int_0^{u^2} \arctan(1+t)\, dt\right] du}{x^3} = 2 \lim_{x \to 0} \frac{\displaystyle\int_0^{x^2} \arctan(1+t)\, dt}{3x^2}$$

$$= 2 \lim_{x \to 0} \frac{\arctan(1+x^2) \cdot 2x}{6x} = \frac{\pi}{6}.$$

（3）为用洛必达法则，对分子拆项并将 x 提到积分号外；对分母作代换 $x - t = u$，得

$$l = \lim_{x \to 0} \frac{x\displaystyle\int_0^x f(t)\, dt - \int_0^x t f(t)\, dt}{x \displaystyle\int_x^0 f(u)(-du)} = \lim_{x \to 0} \frac{\displaystyle\int_0^x f(t)\, dt}{\displaystyle\int_0^x f(u)\, du + x f(x)} \quad (\text{洛必达法则})$$

仍是"$\dfrac{0}{0}$"型，但不能再用洛必达法则，原因是 $f(x)$ 在 $x = 0$ 的去心邻域内未设可导，不满足洛必达法则的条件 2. 利用积分中值定理．

$$l = \lim_{x \to 0} \frac{x f(\xi)}{x f(\xi) + x f(x)} \quad (\xi \text{ 介于 } 0 \text{ 与 } x \text{ 之间})$$

$$= \frac{f(0)}{f(0) + f(0)} = \frac{1}{2}.$$

例 6-35 求下列极限：

（1）$l = \lim\limits_{n \to \infty} \displaystyle\int_0^a x^n \sin x\, dx \ (0 < a < 1)$；   （2）$l = \lim\limits_{n \to \infty} \displaystyle\int_0^1 \dfrac{x^n}{1+x}\, dx$；

(3) $l = \lim\limits_{n \to \infty} \int_n^{n+1} x^2 e^{-x^2} dx$;   (4) $l = \lim\limits_{n \to \infty} \int_n^{n+1} \dfrac{e^x}{x^n} dx$.

解 (1) 因 $0 \leqslant \sin x \leqslant 1, x \geqslant 0$, 所以 $0 \leqslant x^n \sin x \leqslant x^n$. 由定积分的性质, 得 $0 \leqslant \int_0^a x^n \sin x dx \leqslant \int_0^a x^n dx = \dfrac{a^{n+1}}{n+1} < \dfrac{1}{n+1}$. 利用夹挤法则便得 $\lim\limits_{n \to \infty} \int_0^a x^n \sin x dx = 0$.

(2) 因 $x \geqslant 0$, 所以 $0 < \dfrac{x^n}{1+x} < x^n$, 于是 $0 < \int_0^1 \dfrac{x^n}{1+x} dx < \int_0^1 x^n dx = \dfrac{1}{n+1}$, 由夹挤准则得 $\lim\limits_{n \to \infty} \int_0^1 \dfrac{x^n}{1+x} dx = 0$.

(3) 令 $f(x) = x^2 e^{-x^2}$, 则 $f'(x) = 2x e^{-x^2} - 2x^3 e^{-x^2} = 2x e^{-x^2}(1-x^2) < 0 \ (x > 1)$, 即 $f(x)$ 单调减少, 在区间 $[n, n+1]$ 上用估值定理, 得

$$(n+1)^2 e^{-(n+1)^2} \leqslant \int_n^{n+1} x^2 e^{-x^2} dx \leqslant n^2 e^{-n^2},$$

而 $\lim\limits_{n \to \infty} (n+1)^2 e^{-(n+1)^2} = \lim\limits_{n \to \infty} n^2 e^{-n^2} = 0$, 故由夹挤准则得 $\lim\limits_{n \to \infty} \int_n^{n+1} x^2 e^{-x^2} dx = 0$.

(4) 当 $n > 3$ 时, 有估计关系

$$0 \leqslant \int_n^{n+1} \dfrac{e^x}{x^n} dx \leqslant \int_n^{n+1} \dfrac{e^x}{n^n} dx = \left(\dfrac{e}{n}\right)^n (e-1) < \left(\dfrac{e}{3}\right)^n (e-1),$$

而 $\lim\limits_{n \to \infty} \left(\dfrac{e}{3}\right)^n = 0$, 由夹挤准则得 $\lim\limits_{n \to \infty} \int_n^{n+1} \dfrac{e^x}{x^n} dx = 0$.

【题型 6-14】 讨论变限积分函数的基本性质

应对 作为一个函数, 变限积分函数的奇偶性、周期性、单调性、有界性、连续性、可导性、极值与最值问题均可以予以讨论, 其应对策略与前面章节的相应问题完全相同, 只是在处理过程中要考虑应用积分的性质和相关公式.

例 6-36 设函数 $f(x)$ 连续, $\varphi(x) = \int_0^1 f(xt) dt$, 且 $\lim\limits_{x \to 0} \dfrac{f(x)}{x} = A$ (A 为常数), 求 $\varphi'(x)$ 并讨论 $\varphi'(x)$ 在点 $x = 0$ 处的连续性.

分析 先用换元法, 将 $\varphi(x) = \int_0^1 f(xt) dt$ 中 $f(xt)$ 内的 x 变换到积分号外边, 求出 $\varphi'(x)$ 及 $\varphi'(0)$, 再讨论 $\varphi'(x)$ 在 $x = 0$ 处的连续性.

解 当 $x \neq 0$ 时, 令 $u = tx$, 则 $du = x dt$, 且当 $t = 0$ 时, $u = 0$; 当 $t = 1$ 时, $u = x$, 所以 $\varphi(x) = \dfrac{1}{x} \int_0^x f(u) du$.

当 $x = 0$ 时, 由 $f(x)$ 的连续性及 $\lim\limits_{x \to 0} \dfrac{f(x)}{x} = A$ 知 $f(0) = 0$, 故 $\varphi(0) = 0$, 即

$$\varphi(x) = \begin{cases} \dfrac{1}{x} \int_0^x f(u) du, & x \neq 0, \\ 0, & x = 0. \end{cases}$$

当 $x \neq 0$ 时, $\varphi'(x) = \dfrac{x f(x) - \int_0^x f(u) du}{x^2}$;

当 $x=0$ 时， $\varphi'(0)=\lim\limits_{x\to0}\dfrac{\varphi(x)-\varphi(0)}{x}=\lim\limits_{x\to0}\dfrac{\displaystyle\int_0^x f(u)\,\mathrm{d}u}{x^2}=\lim\limits_{x\to0}\dfrac{f(x)}{2x}=\dfrac{A}{2}.$

由于 $\lim\limits_{x\to0}\varphi'(x)=\lim\limits_{x\to0}\dfrac{xf(x)-\displaystyle\int_0^x f(u)\,\mathrm{d}u}{x^2}=\lim\limits_{x\to0}\left[\dfrac{f(x)}{x}-\dfrac{\displaystyle\int_0^x f(u)\,\mathrm{d}u}{x^2}\right]=\dfrac{A}{2}=\varphi'(0),$

所以 $\varphi'(x)$ 在点 $x=0$ 处连续.

例 6-37 证明:(1) 定义在对称区间上的连续偶函数的原函数中仅有一个为奇函数;

(2) 处处连续的周期函数的原函数为一个相同周期的周期函数与一个线性函数之和.

证 (1) 因 $f(x)$ 连续,故 $F(x)=\displaystyle\int_0^x f(t)\,\mathrm{d}t$ 是 $f(x)$ 的一个原函数,$F(x)+C$ 是 $f(x)$ 的原函数全体.

显然,若 $C\neq0$,则曲线 $y=F(x)+C$ 不经过原点而非奇函数. 由于

$$F(-x)=\int_0^{-x}f(t)\,\mathrm{d}t=-\int_0^x f(-u)\,\mathrm{d}u\ (\diamondsuit\ t=-u)$$

$$=-\int_0^x f(u)\,\mathrm{d}u\ (f(-u)=f(u))=-F(x),$$

故 $F(x)$ 是奇函数. 这就证明了偶函数的原函数中仅有 $F(x)=\displaystyle\int_0^x f(t)\,\mathrm{d}t$ 为奇函数.

(2) 设 $f(x)$ 连续,且 $f(x+T)=f(x)\ (T>0$ 为周期),则 $F(x)=\displaystyle\int_a^x f(t)\,\mathrm{d}t$ 是 $f(x)$ 的一个原函数(a 为一固定常数),$F(x)+C$ 是 $f(x)$ 的全体原函数.

因 $F(x)=\displaystyle\int_a^x f(t)\,\mathrm{d}t=\int_a^x[f(t)-k]\mathrm{d}t+k(x-a)$,其中 k 为待定常数,令 $F_1(x)=\displaystyle\int_a^x[f(t)-k]\mathrm{d}t$,则

$$F_1(x+T)=\int_a^{x+T}[f(t)-k]\mathrm{d}t=\int_a^x[f(t)-k]\mathrm{d}t+\int_x^{x+T}[f(t)-k]\mathrm{d}t$$

$$=F_1(x)+\int_x^{x+T}f(t)\,\mathrm{d}t-kT=F_1(x)+\int_0^T f(t)\,\mathrm{d}t-kT.$$

取 $k=\dfrac{1}{T}\displaystyle\int_0^T f(t)\,\mathrm{d}t$,则 $F_1(x+T)=F_1(x)$,即 $F_1(x)$ 为周期函数,且周期为 T,而 $k(x-a)$ 为线性函数,这就证明了 $F(x)$ 是一个以 T 为周期的函数 $F_1(x)$ 与一个线性函数之和,从而 $F(x)+C$ 也为 $F_1(x)$ 与线性函数之和.

从上述证明过程,可得推论:若 $\displaystyle\int_0^T f(t)\,\mathrm{d}t=0$,则 $f(x)$ 的原函数也是周期为 T 的函数.

例 6-38 证明:$f(x)=x\mathrm{e}^{-x^2}\displaystyle\int_0^x \mathrm{e}^{t^2}\,\mathrm{d}t$ 在区间 $(-\infty,+\infty)$ 内有界.

证 无穷区间 $(-\infty,+\infty)$ 内的连续函数为有界函数的一个充分条件是 $\lim\limits_{x\to\infty}f(x$

存在.

因 $\int_0^x e^{t^2} dt$ 是奇函数,结合 xe^{-x^2} 也是奇函数便知 $f(x)$ 是偶函数,所以只需证明 $f(x)$ 在区间 $[0, +\infty)$ 内有界即可. 因 $f(x)$ 在区间 $[0, +\infty)$ 内连续,且

$$\lim_{x \to +\infty} f(x) = \lim_{x \to +\infty} \frac{\int_0^x e^{t^2} dt}{\frac{1}{x} e^{x^2}} = \lim_{x \to +\infty} \frac{e^{x^2}}{2e^{x^2} - \frac{1}{x^2} e^{x^2}} = \frac{1}{2},$$

故 $f(x)$ 在区间 $[0, +\infty)$ 内有界,从而 $f(x)$ 在区间 $(-\infty, +\infty)$ 内有界.

例 6-39 设函数 $f(x)$ 在区间 $[a,b]$ 上连续,且 $f(x) \geqslant 0$,证明: $g(x) = \int_a^x (x-t) f(t) dt$ 在区间 $[a,b]$ 上单调增.

证 由 $g(x) = x \int_a^x f(t) dt - \int_a^x t f(t) dt$ 得 $g'(x) = \int_a^x f(t) dt, g''(x) = f(x) \geqslant 0$,所以 $g'(x)$ 单调增,于是 $g'(x) \geqslant g'(a) = 0$ $(a \leqslant x \leqslant b)$,从而 $g(x)$ 在区间 $[a,b]$ 上单调增.

例 6-40 设函数 $f(x)$ 在区间 $(-\infty, +\infty)$ 内连续,且 $F(x) = \int_0^x (2t-x) f(t) dt$,证明:

(1) 若 $f(x)$ 为偶函数,则 $F(x)$ 也为偶函数;

(2) 若 $f(x)$ 单调减,则 $F(x)$ 也单调减.

证 (1) $F(-x) = \int_0^{-x} (2t+x) f(t) dt = \int_0^x (-2u+x) f(-u)(-du)$ (令 $t = -u$)

$$= \int_0^x (2u-x) f(u) du \text{ (因 } f(x) \text{ 为偶函数)} = F(x),$$

故 $F(x)$ 为偶函数.

(2) 因 $F(x) = 2 \int_0^x t f(t) dt - x \int_0^x f(t) dt$,于是

$$F'(x) = 2xf(x) - \int_0^x f(t) dt - xf(x) = xf(x) - xf(\xi) \ (0 < \xi < x)$$

$$= x[f(x) - f(\xi)] \leqslant 0 \text{ (因 } f(x) \text{ 单调减)},$$

故 $F(x)$ 单调减.

例 6-41 设函数 $f(x) = \int_0^1 |t(t-x)| dt$ $(0 < x < 1)$,求 $f(x)$ 的极值、单调区间及曲线 $y = f(x)$ 的凹凸区间.

解 $f(x) = \int_0^x t(x-t) dt + \int_x^1 t(t-x) dt = x \int_0^x t dt - \int_0^x t^2 dt - \int_1^x t^2 dt + x \int_1^x t dt$,

$$f'(x) = \left(\int_0^x t dt + x^2 \right) - x^2 - x^2 + \left(\int_1^x t dt + x^2 \right) = \int_0^x t dt + \int_1^x t dt = x^2 - \frac{1}{2},$$

令 $f'(x) = 0$,得 $x = \frac{\sqrt{2}}{2}$ $\left(x = -\frac{\sqrt{2}}{2}, \text{舍去} \right)$. 因 $f''(x) = 2x > 0$ $(0 < x < 1)$,故 $x = \frac{\sqrt{2}}{2}$ 为 $f(x)$ 的极小值点,极小值 $f\left(\frac{\sqrt{2}}{2} \right) = \frac{1}{3} \left(1 - \frac{\sqrt{2}}{2} \right)$,且曲线 $y = f(x)$ 在区间 $(0,1)$ 内

是凹的. 由 $f'(x)$ 的符号知, $f(x)$ 在区间 $\left(0,\dfrac{\sqrt{2}}{2}\right)$ 内单调减, 在区间 $\left(\dfrac{\sqrt{2}}{2},1\right)$ 内单调增.

例 6-42　求 $I(x)=\displaystyle\int_e^x \dfrac{\ln t}{t^2-2t+1}\mathrm{d}t$ 在区间 $[\mathrm{e},\mathrm{e}^2]$ 上的最值.

解　因 $I'(x)=\dfrac{\ln x}{x^2-2x+1}=\dfrac{\ln x}{(x-1)^2}>0\ (x\in[\mathrm{e},\mathrm{e}^2])$, 所以 $I(x)$ 在区间 $[\mathrm{e},\mathrm{e}^2]$ 上严格单调增, 于是, $I(\mathrm{e})=0$ 为最小值, 最大值为

$$I(\mathrm{e}^2)=\int_e^{e^2}\dfrac{\ln t}{t^2-2t+1}\mathrm{d}t=-\int_e^{e^2}\ln t\,\mathrm{d}\left(\dfrac{1}{t-1}\right)=-\dfrac{\ln t}{t-1}\bigg|_e^{e^2}+\int_e^{e^2}\dfrac{1}{t(t-1)}\mathrm{d}t$$

$$=\dfrac{1}{\mathrm{e}-1}-\dfrac{2}{\mathrm{e}^2-1}+\left(\ln\dfrac{t-1}{t}\right)\bigg|_e^{e^2}=\dfrac{1}{\mathrm{e}+1}+\ln(\mathrm{e}+1)-1.$$

【题型 6-15】　**求分段函数的变限积分**

应对　在积分区间内明确被积函数的分段表示, 然后分段积分.

例 6-43　设 $f(x)=\begin{cases}2x,& -1\leqslant x<0,\\ \mathrm{e}^x,& 0\leqslant x\leqslant 1,\end{cases}$ 求函数 $F(x)=\displaystyle\int_{-1}^x f(t)\mathrm{d}t$ 的表达式.

解　当 $-1\leqslant x<0$ 时, 有 $F(x)=\displaystyle\int_{-1}^x 2t\mathrm{d}t=t^2\Big|_{-1}^x=x^2-1$;

当 $0\leqslant x\leqslant 1$ 时, 有 $F(x)=\displaystyle\int_{-1}^0 2t\mathrm{d}t+\int_0^x \mathrm{e}^t\mathrm{d}t=-1+\mathrm{e}^x-1=\mathrm{e}^x-2$.

所以
$$F(x)=\begin{cases}x^2-1,& -1\leqslant x<0,\\ \mathrm{e}^x-2,& 0\leqslant x\leqslant 1.\end{cases}$$

【题型 6-16】　**求解两种含有积分的函数方程**

应对　(1) 若已知 $f(x)$ 连续, 积分方程中含 $f(x)$ 的定积分, 则令该定积分等于常数 A, 再通过对方程两边积分求出 A, 从而求出 $f(x)$;

(2) 若已知 $f(x)$ 连续, 积分方程中含 $f(x)$ 的变限积分, 则通过方程两边对 x 求导, 得到 $f(x)$ 所满足的方程, 然后设法求出 $f(x)$.

例 6-44　求解下列各题:

(1) 设 $f(x)$ 在区间 $\left[0,\dfrac{\pi}{2}\right]$ 上连续, 且满足 $f(x)=\cos x+\displaystyle\int_0^{\frac{\pi}{2}}f(t)\mathrm{d}t$, 求 $f(x)$;

(2) 设 $f(x)$ 连续, 且满足 $\displaystyle\int_0^x (x-t)f(t)\mathrm{d}t=1-\cos x$, 求 $f(x)$;

(3) 设 $f(x)=\displaystyle\int_1^x\dfrac{\ln t}{1+t}\mathrm{d}t\ (x>0)$, 求 $f(x)+f\left(\dfrac{1}{x}\right)$;

(4) 设函数 $f(x)$ 是区间 $\left[0,\dfrac{\pi}{4}\right]$ 上的单调、可导函数, 且满足

$$\int_0^{f(x)}f^{-1}(t)\mathrm{d}t=\int_0^x t\,\dfrac{\cos t-\sin t}{\sin t+\cos t}\mathrm{d}t,$$

其中 f^{-1} 是 f 的反函数, 求 $f(x)$.

解　(1) 令 $A=\displaystyle\int_0^{\frac{\pi}{2}}f(t)\mathrm{d}t$, 则 $f(x)=\cos x+A$, 方程两边在区间 $\left[0,\dfrac{\pi}{2}\right]$ 上对 x 积

分得 $A=\displaystyle\int_0^{\frac{\pi}{2}}\cos x\mathrm{d}x+A\int_0^{\frac{\pi}{2}}\mathrm{d}x=1+\dfrac{\pi}{2}A$, 即 $A=\dfrac{2}{2-\pi}$, 所以 $f(x)=\cos x+\dfrac{2}{2-\pi}$.

(2) 在 $1-\cos x = x\int_0^x f(t)\mathrm{d}t - \int_0^x tf(t)\mathrm{d}t$ 两边对 x 求导,得

$$\sin x = xf(x) + \int_0^x f(t)\mathrm{d}t - xf(x) = \int_0^x f(t)\mathrm{d}t,$$

再求导得 $f(x) = \cos x.$

(3) 因 $f\left(\dfrac{1}{x}\right) = \int_1^{\frac{1}{x}} \dfrac{\ln t}{1+t}\mathrm{d}t = \int_1^x \dfrac{\ln u}{(1+u)u}\mathrm{d}u$ $\left(\text{令 } u = \dfrac{1}{t}\right)$,所以

$$f(x) + f\left(\dfrac{1}{x}\right) = \int_1^x \dfrac{\ln t}{1+t}\mathrm{d}t + \int_1^x \dfrac{\ln t}{(1+t)t}\mathrm{d}t = \int_1^x \dfrac{t\ln t + \ln t}{t(1+t)}\mathrm{d}t = \int_1^x \dfrac{\ln t}{t}\mathrm{d}t$$

$$= \dfrac{1}{2}(\ln^2 t)\Big|_1^x = \dfrac{1}{2}\ln^2 x.$$

(4) 在 $\int_0^{f(x)} f^{-1}(t)\mathrm{d}t = \int_0^x t\,\dfrac{\cos t - \sin t}{\sin t + \cos t}\mathrm{d}t$ 两边对 x 求导,得

$$f^{-1}[f(x)]f'(x) = x\,\dfrac{\cos x - \sin x}{\sin x + \cos x},$$

即 $\quad xf'(x) = x\,\dfrac{\cos x - \sin x}{\sin x + \cos x}\quad$ 或 $\quad f'(x) = \dfrac{\cos x - \sin x}{\sin x + \cos x}\left(x \in \left[0, \dfrac{\pi}{4}\right]\right),$

故 $\quad f(x) = \int \dfrac{\cos x - \sin x}{\sin x + \cos x}\mathrm{d}x = \ln(\sin x + \cos x) + C.$

由题设知,$f(0) = 0$,于是 $C = 0$,因此 $f(x) = \ln(\sin x + \cos x)\left(x \in \left[0, \dfrac{\pi}{4}\right]\right).$

例 6-45 设 $f(x)$ 满足 $\int_0^x f(t-x)\mathrm{d}t = -\dfrac{x^2}{2} + \mathrm{e}^{-x} - 1$,求曲线 $y = f(x)$ 的渐近线.

解 令 $t - x = u$,则 $\int_0^x f(t-x)\mathrm{d}t = \int_{-x}^0 f(u)\mathrm{d}u.$ 对方程 $\int_{-x}^0 f(u)\mathrm{d}u = -\dfrac{x^2}{2} + \mathrm{e}^{-x} - 1$ 两边求关于 x 的导数,得 $f(-x) = -x - \mathrm{e}^{-x}$,即 $f(x) = x - \mathrm{e}^x.$

因 $\lim\limits_{x \to -\infty} \dfrac{f(x)}{x} = \lim\limits_{x \to -\infty} \dfrac{x - \mathrm{e}^x}{x} = \lim\limits_{x \to -\infty}(1 - \mathrm{e}^x) = 1, \lim\limits_{x \to -\infty}[f(x) - x] = \lim\limits_{x \to -\infty}(-\mathrm{e}^x) = 0$,故曲线 $y = f(x)$ 有斜渐近线 $y = x.$

【题型 6-17】 求无穷区间上的反常积分

下述各式右边的极限存在(或都存在)时,称无穷区间上的反常积分收敛;否则,称其发散.

(1) 若 $f(x)$ 在区间 $[a, +\infty)$ 内连续,定义 $\int_a^{+\infty} f(x)\mathrm{d}x = \lim\limits_{b \to +\infty}\int_a^b f(x)\mathrm{d}x$;

(2) 若 $f(x)$ 在区间 $(-\infty, b]$ 内连续,定义 $\int_{-\infty}^b f(x)\mathrm{d}x = \lim\limits_{a \to -\infty}\int_a^b f(x)\mathrm{d}x$;

(3) 若 $f(x)$ 在区间 $(-\infty, +\infty)$ 内连续,定义

$$\int_{-\infty}^{+\infty} f(x)\mathrm{d}x = \int_{-\infty}^c f(x)\mathrm{d}x + \int_c^{+\infty} f(x)\mathrm{d}x = \lim\limits_{a \to -\infty}\int_a^c f(x)\mathrm{d}x + \lim\limits_{b \to +\infty}\int_c^b f(x)\mathrm{d}x,$$

其中 $c \in (-\infty, +\infty).$

例 6-46 判断下列反常积分的敛散性,若收敛则求其值:

(1) $\displaystyle\int_0^{+\infty} \dfrac{\mathrm{d}x}{x^2 + 2x + 5}$; （2) $\displaystyle\int_1^{+\infty} \dfrac{\arctan x}{x^2}\mathrm{d}x$;

(3) $\int_2^{+\infty} \dfrac{1}{x(\ln x)^k}\mathrm{d}x$;　　　　(4) $\int_1^{+\infty} \dfrac{\mathrm{d}x}{x\sqrt{x^2-1}}$.

解　(1) 原积分 $= \lim\limits_{b\to+\infty}\int_0^b \dfrac{\mathrm{d}(x+1)}{(x+1)^2+2^2} = \dfrac{1}{2}\lim\limits_{b\to+\infty}\left[\left(\arctan\dfrac{x+1}{2}\right)\Big|_0^b\right] = \dfrac{\pi}{4} -$

$\dfrac{1}{2}\arctan\dfrac{1}{2}$，故原积分收敛，且收敛于 $\dfrac{\pi}{4}-\dfrac{1}{2}\arctan\dfrac{1}{2}$.

(2) 原积分 $=-\int_1^{+\infty}\arctan x\,\mathrm{d}\dfrac{1}{x} =- \lim\limits_{b\to+\infty}\left[\left(\dfrac{1}{x}\arctan x\right)\Big|_1^b - \int_1^b \dfrac{1}{x}\cdot\dfrac{1}{1+x^2}\mathrm{d}x\right]$

$\qquad\qquad = \dfrac{\pi}{4} + \lim\limits_{b\to+\infty}\int_1^b \dfrac{1+x^2-x^2}{x(1+x^2)}\mathrm{d}x = \dfrac{\pi}{4} + \dfrac{1}{2}\ln 2$,

故原积分收敛，且收敛于 $\dfrac{\pi}{4}+\dfrac{1}{2}\ln 2$.

(3) $\int_2^{+\infty}\dfrac{1}{x(\ln x)^k}\mathrm{d}x = \int_2^{+\infty}\dfrac{1}{(\ln x)^k}\mathrm{d}\ln x$，下面就 k 的取值进行讨论.

当 $k=1$ 时，原积分 $= \lim\limits_{b\to+\infty}\left(\ln\ln x\Big|_2^b\right) = \infty$，即原积分发散.

当 $k\neq 1$ 时，原积分 $= \lim\limits_{b\to+\infty}\left(\dfrac{(\ln x)^{1-k}}{1-k}\Big|_2^b\right) = \begin{cases} +\infty, & k<1, \\ \dfrac{(\ln 2)^{1-k}}{k-1}, & k>1. \end{cases}$

因此，当 $k\leqslant 1$ 时，原积分发散；当 $k>1$ 时，原积分收敛，且收敛于 $\dfrac{(\ln 2)^{1-k}}{k-1}$.

(4) 考虑换元法. 令 $x=\sec t$，则当 $x=1$ 时，$t=0$；当 $x\to+\infty$ 时，$t\to\dfrac{\pi}{2}$，且 $\mathrm{d}x=$

$\sec t\tan t\,\mathrm{d}t$，于是

$$原积分 = \int_0^{\frac{\pi}{2}}\dfrac{\sec t\tan t}{\sec t\tan t}\mathrm{d}t = \int_0^{\frac{\pi}{2}}\mathrm{d}t = \dfrac{\pi}{2}.$$

注　此例说明，收敛的反常积分可作变量代换转化为定积分计算.

【题型 6-18】 **求无界函数的反常积分**

下述各式右边的极限存在(或都存在)时，称无界函数的反常积分收敛；否则称其发散.

(1) 若 $f(x)$ 在区间 $(a,b]$ 内连续，$x=a$ 是 $f(x)$ 的无穷间断点，定义

$$\int_a^b f(x)\mathrm{d}x = \lim\limits_{\alpha\to a^+}\int_\alpha^b f(x)\mathrm{d}x.$$

(2) 若 $f(x)$ 在区间 $[a,b)$ 内连续，$x=b$ 是 $f(x)$ 的无穷间断点，定义

$$\int_a^b f(x)\mathrm{d}x = \lim\limits_{\beta\to b^-}\int_a^\beta f(x)\mathrm{d}x.$$

(3) 若 $f(x)$ 在区间 $[a,c)$ 和 $(c,b]$ 内连续，$x=c$ 是 $f(x)$ 的无穷间断点，定义

$$\int_a^b f(x)\mathrm{d}x = \lim\limits_{\beta\to c^-}\int_a^\beta f(x)\mathrm{d}x + \lim\limits_{\alpha\to c^+}\int_\alpha^b f(x)\mathrm{d}x.$$

例 6-47　判断下列反常积分的敛散性，若收敛则求其值：

(1) $\int_0^1 \dfrac{\arcsin\sqrt{x}}{\sqrt{x(1-x)}}\mathrm{d}x$;　　　(2) $\int_{-1}^1 \dfrac{\mathrm{d}x}{x^3}$;　　　(3) $\int_{\frac{1}{2}}^{\frac{3}{2}} \dfrac{\mathrm{d}x}{\sqrt{|x-x^2|}}$.

解 (1) 因 $x=0$ 为被积函数的可去间断点,故无须考虑;而 $x=1$ 为无穷间断点.由于

$$\lim_{\beta \to 1^-} 2\int_0^\beta \frac{\arcsin\sqrt{x}}{\sqrt{1-(\sqrt{x})^2}}\mathrm{d}\sqrt{x} = \lim_{\beta \to 1^-}\left((\arcsin\sqrt{x})^2 \Big|_0^\beta\right) = \frac{\pi^2}{4},$$

故原积分收敛,且收敛于 $\dfrac{\pi^2}{4}$.

(2) 因 $x=0$ 为无穷间断点,由定义知,应考察 $\lim\limits_{\beta \to 0^-}\int_{-1}^\beta \dfrac{1}{x^3}\mathrm{d}x$ 与 $\lim\limits_{\alpha \to 0^+}\int_\alpha^1 \dfrac{1}{x^3}\mathrm{d}x$. 因

$$\lim_{\beta \to 0^-}\int_{-1}^\beta \frac{1}{x^3}\mathrm{d}x = -\frac{1}{2}\lim_{\beta \to 0^-}\left(\frac{1}{x^2}\Big|_{-1}^\beta\right) = -\infty,$$ 故原积分发散.

(3) 因 $x=1$ 为无穷间断点,注意到被积函数带绝对值,故

$$原积分 = \int_{\frac{1}{2}}^1 \frac{\mathrm{d}x}{\sqrt{x-x^2}} + \int_1^{\frac{3}{2}} \frac{\mathrm{d}x}{\sqrt{x^2-x}}\ .$$

而

$$\int_{\frac{1}{2}}^1 \frac{\mathrm{d}x}{\sqrt{x-x^2}} = \lim_{\beta \to 1^-}\int_{\frac{1}{2}}^\beta \frac{\mathrm{d}\left(x-\frac{1}{2}\right)}{\sqrt{\frac{1}{4}-\left(x-\frac{1}{2}\right)^2}} = \lim_{\beta \to 1^-}\left(\arcsin(2x-1)\Big|_{\frac{1}{2}}^\beta\right) = \frac{\pi}{2},$$

$$\int_1^{\frac{3}{2}} \frac{\mathrm{d}x}{\sqrt{x^2-x}} = \lim_{\alpha \to 1^+}\int_\alpha^{\frac{3}{2}} \frac{\mathrm{d}\left(x-\frac{1}{2}\right)}{\sqrt{\left(x-\frac{1}{2}\right)^2-\frac{1}{4}}} = \lim_{\alpha \to 1^+}\left(\ln\left|x-\frac{1}{2}+\sqrt{x^2-x}\right| \Big|_\alpha^{\frac{3}{2}}\right)$$

$$= \ln(2+\sqrt{3}),$$

故原积分收敛,且收敛于 $\dfrac{\pi}{2}+\ln(2+\sqrt{3})$.

【题型 6-19】 求混合型反常积分

应对 积分区间无限,被积函数在该积分区间上又有无穷间断点的积分称为混合型反常积分. 例如,若 $f(x)$ 在区间 $(a,+\infty)$ 内连续,$x=a$ 是 $f(x)$ 的无穷间断点,则当下式右边的两个反常积分都收敛时,称该积分收敛;否则,该积分发散.

$$\int_a^{+\infty} f(x)\mathrm{d}x = \int_a^c f(x)\mathrm{d}x + \int_c^{+\infty} f(x)\mathrm{d}x,\quad c \in (a,+\infty).$$

例 6-48 判断反常积分 $\displaystyle\int_2^{+\infty} \frac{\mathrm{d}x}{x^2-4x+3}$ 的敛散性,若收敛则求其值.

解 积分区间无限,且被积函数在该积分区间上有无穷间断点 $x=3$,由定义知,需要分别考察 $\displaystyle\int_2^3 \frac{\mathrm{d}x}{x^2-4x+3}$ 及 $\displaystyle\int_3^{+\infty} \frac{\mathrm{d}x}{x^2-4x+3}$ 的敛散性. 因

$$\int_2^3 \frac{\mathrm{d}x}{x^2-4x+3} = \lim_{\beta \to 3^-}\int_2^\beta \frac{\mathrm{d}x}{x^2-4x+3} = \frac{1}{2}\lim_{\beta \to 3^-}\int_2^\beta\left(\frac{1}{x-3}-\frac{1}{x-1}\right)\mathrm{d}x$$

$$= \frac{1}{2}\lim_{\beta \to 3^-}\left(\ln\left|\frac{x-3}{x-1}\right| \Big|_2^\beta\right) = -\infty,$$

故 $\displaystyle\int_2^3 \frac{\mathrm{d}x}{x^2-4x+3}$ 发散,从而原积分发散.

【题型 6-20】 求平面区域的面积

应对 考虑以下两种基本情形.

设 $f(x) \geqslant g(x)$ $(x \in [a,b])$,则如图 6-2(a) 所示的平面区域的面积为

$$A = \int_a^b \left[f(x) - g(x) \right] \mathrm{d}x;$$

对如图 6-2(b) 所示的 D,选择 y 为积分变量,则其面积为

$$A = \int_c^d \mid \varphi(y) - \psi(y) \mid \mathrm{d}y.$$

其他图形可通过分割化为以上的两种基本形式.

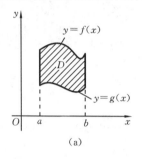 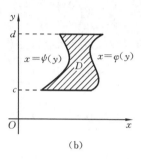

(a)　　　　　　　　　　　　(b)

图 6-2

例 6-49 求下列平面区域的面积 A:

(1) 曲线 $y = \sin x$ 与曲线 $y = \sin 2x$ 在区间 $[0, \pi]$ 上所围成的平面区域;

(2) 四条直线 $y = 1$,$y = x$,$y = 2x$ 和 $y = 6 - x$ 所围成的平面区域;

(3) 星形线 $\begin{cases} x = a\cos^3 t, \\ y = a\sin^3 t \end{cases}$ 所围成的平面区域.

解 (1) 由 $\begin{cases} y = \sin x, \\ y = \sin 2x \end{cases}$ 解得在区间 $[0, \pi]$ 上两曲线交点的横坐标为 $x_1 = 0$,$x_2 = \dfrac{\pi}{3}$,$x_3 = \pi$,如图 6-3 所示. 当 $x \in \left(0, \dfrac{\pi}{3}\right)$ 时,$\sin 2x > \sin x$;当 $x \in \left(\dfrac{\pi}{3}, \pi\right)$ 时,$\sin x > \sin 2x$. 所以

$$A = \int_0^{\frac{\pi}{3}} (\sin 2x - \sin x)\mathrm{d}x + \int_{\frac{\pi}{3}}^{\pi} (\sin x - \sin 2x)\mathrm{d}x = \frac{1}{4} + \frac{9}{4} = \frac{5}{2}.$$

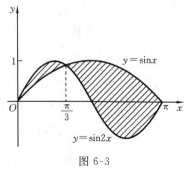 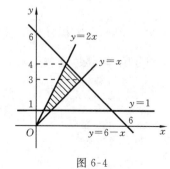

图 6-3　　　　　　　　　　　图 6-4

(2) 如图 6-4 所示,宜选取 y 为积分变量. 由 $\begin{cases} y = x, \\ y = 6 - x \end{cases}$ 解得交点 $(3,3)$;由

· 150 ·

$$\begin{cases} y = 2x, \\ y = 6 - x \end{cases}$$ 解得交点 $(2,4)$. 所以

$$A = \int_1^3 \left(y - \frac{y}{2} \right) \mathrm{d}y + \int_3^4 \left[(6 - y) - \frac{y}{2} \right] \mathrm{d}y = \frac{11}{4}.$$

（3）如图 6-5 所示，星形线所围成的平面区域关于坐标轴对称，所求面积是其在第一象限面积的 4 倍，即

$$A = 4 \int_0^a y \mathrm{d}x = 4 \int_{\frac{\pi}{2}}^0 y(t) x'(t) \mathrm{d}t \ \text{（以 } t \text{ 为积分变量）}$$

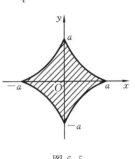

图 6-5

$$= 12a^2 \int_{\frac{\pi}{2}}^0 \sin^3 t \cos^2 t (-\sin t) \mathrm{d}t = 12a^2 \int_0^{\frac{\pi}{2}} \sin^4 t (1 - \sin^2 t) \mathrm{d}t$$

$$= 12a^2 \left(\frac{3}{4} \times \frac{1}{2} \times \frac{\pi}{2} - \frac{5}{6} \times \frac{3}{4} \times \frac{1}{2} \times \frac{\pi}{2} \right) = \frac{3}{8} \pi a^2.$$

【题型 6-21】 求截面面积为已知的立体的体积

应对 （1）求平面图形绕坐标轴旋转生成的旋转体的体积.

如图 6-6 所示，设 G 是由曲线 $y = f(x)$ 与直线 $x = a$, $x = b$, $y = 0$ 所围成的图形，则绕 x 轴和 y 轴旋转所生成的旋转体体积为

$$V_x = \int_a^b \pi y^2 \mathrm{d}x = \pi \int_a^b f^2(x) \mathrm{d}x, \quad V_y = 2\pi \int_a^b x \mid f(x) \mid \mathrm{d}x \quad (0 < a < b).$$

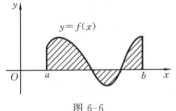

图 6-6

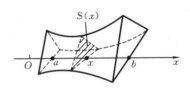

图 6-7

（2）求平行截面体的立体体积.

如图 6-7 所示，设有一立体夹在两个平行平面 $x = a$ 与 $x = b$ 之间. 若在点 x 处的截面（垂直于 x 轴）面积是 $S(x)$，则此立体体积为 $V = \int_a^b S(x) \mathrm{d}x$.

例 6-50 求下列立体体积：

（1）过点 $P(1,0)$ 作抛物线 $y = \sqrt{x - 2}$ 的切线，该切线与上述抛物线与 x 轴围成一平面图形，求此平面图形绕 x 轴旋转一周所形成的旋转体的体积；

（2）曲线 $y = (x - 1)(x - 2)$ 和 x 轴围成一平面图形，求此平面图形绕 y 轴旋转一周所形成的旋转体的体积；

（3）设有一正椭圆柱体，其底面的长、短轴分别为 $2a$, $2b$，用过此柱体底面的短轴且与底面成 α $(0 < \alpha < \pi/2)$ 角的平面截此柱体，得一楔形体，求此楔形体的体积.

解 （1）设所作切线与抛物线相切于点 $(x_0, \sqrt{x_0 - 2})$ 处，在此点处的切线斜率为

$$y' \mid_{x = x_0} = \frac{1}{2\sqrt{x_0 - 2}},$$

切线方程为 $y - \sqrt{x_0 - 2} = \frac{1}{2\sqrt{x_0 - 2}} (x - x_0)$.

将点 $P(1,0)$ 的坐标 $x=1,y=0$ 代入切线方程中,解得 $x_0=3$. 切线方程为 $y=(x-1)/2$. 如图 6-8 所示,所求旋转体的体积是两个旋转体体积之差,即

$$V=\pi\int_1^3\frac{1}{4}(x-1)^2\mathrm{d}x-\pi\int_2^3(\sqrt{x-2})^2\mathrm{d}x=\frac{\pi}{6}.$$

(2) 曲线 $y=(x-1)(x-2)$ 与 x 轴的交点为 $x=1$ 和 $x=2$,故

$$V_y=\int_1^2 2\pi x\mid y\mid\mathrm{d}x=-2\pi\int_1^2 x(x-1)(x-2)\mathrm{d}x=\frac{\pi}{2}.$$

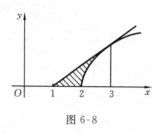

图 6-8

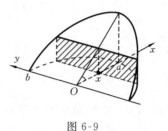

图 6-9

(3) 用垂直于 x 轴的平行平面截此楔形体所得截面为矩形(见图 6-9),其面积为

$$S(x)=2b\sqrt{1-x^2/a^2}\cdot x\tan\alpha,$$

则楔形体的体积为 $V=\int_0^a S(x)\mathrm{d}x=\frac{2a^2 b}{3}\tan\alpha.$

【题型 6-22】 求平面曲线的弧长

应对 与曲线弧的参数方程、直角坐标方程、极坐标方程相对应,计算弧长的公式有下面三个.

(1) 若曲线弧由参数方程 $\begin{cases} x=x(t), \\ y=y(t) \end{cases}$ $(\alpha\leqslant t\leqslant\beta)$ 给出,则其弧长为

$$s=\int_\alpha^\beta\sqrt{[x'(t)]^2+[y'(t)]^2}\mathrm{d}t.$$

(2) 如果曲线弧由直角坐标方程 $y=f(x)$ $(a\leqslant x\leqslant b)$ 给出,则

$$s=\int_a^b\sqrt{1+y'^2}\mathrm{d}x.$$

(3) 如果曲线弧由极坐标方程 $r=r(\theta)$ $(\alpha\leqslant\theta\leqslant\beta)$ 给出,则

$$s=\int_\alpha^\beta\sqrt{r^2(\theta)+[r'(\theta)]^2}\mathrm{d}\theta.$$

注 求曲线的弧长时,注意公式中的被积函数总是正的. 为使被积函数取得正值,定积分的下限总小于上限,因而上面三个公式的积分下限必须小于积分上限.

例 6-51 求解下列各题:

(1) 计算曲线 $y=\ln(1-x^2)$ 上相应于 $0\leqslant x\leqslant 1/2$ 的一段弧长;

(2) 求摆线 $\begin{cases} x=1-\cos t, \\ y=t-\sin t \end{cases}$ $(0\leqslant t\leqslant 2\pi)$ 一拱的弧长;

(3) 求心形线 $r=a(1+\cos\theta)$ 的全长,其中 $a>0$ 是常数.

解 (1) $s=\int_0^{\frac{1}{2}}\sqrt{1+y'^2}\mathrm{d}x=\int_0^{\frac{1}{2}}\sqrt{1+\left(\frac{-2x}{1-x^2}\right)^2}\mathrm{d}x=\int_0^{\frac{1}{2}}\frac{1+x^2}{1-x^2}\mathrm{d}x$

$$= \int_0^{\frac{1}{2}} \left(\frac{1}{1+x} + \frac{1}{1-x} - 1 \right) \mathrm{d}x = \ln 3 - 1/2.$$

（2）$s = \int_0^{2\pi} \sqrt{(x_t')^2 + (y_t')^2} \, \mathrm{d}t = \int_0^{2\pi} \sqrt{\sin^2 t + (1 - \cos t)^2} \, \mathrm{d}t = 2 \int_0^{2\pi} \sin \frac{t}{2} \mathrm{d}t = 8.$

（3）$s = 2 \int_0^{\pi} \sqrt{r^2 + r'^2} \, \mathrm{d}\theta = 2a \int_0^{\pi} \sqrt{(1 + \cos\theta)^2 + (-\sin\theta)^2} \, \mathrm{d}\theta = 2a \int_0^{\pi} 2\cos\frac{\theta}{2} \mathrm{d}\theta$

$\quad = 8a.$

【题型 6-23】 定积分的物理应用

应对 与定积分几何应用不同,物理应用无通用的公式可套用,需要设立适当的坐标系,确定目标量 A（如功与压力）的分布区间 $[a,b]$,然后确定微区间 $[x, x+\mathrm{d}x]$ 上 A 的微元 $\mathrm{d}A$,最后积分 $A = \int_a^b \mathrm{d}A$ 即可.

例 6-52 求解下列各题:

（1）设盛满水的半球形蓄水池,其深度为 10 m,问抽空这蓄水池的水需要做多少功?

（2）为了清除井底污泥,用缆绳将抓斗放入井底,抓起污泥后提出井口. 已知井深 30 m,抓斗自重 400 N,缆绳每米重 50 N,抓斗抓起的污泥重 2 000 N,提升速度为 3 m/s,在提升过程中,污泥以 20 N/s 的速度从抓斗缝隙中漏掉,现将抓起污泥的抓斗提升到井口,问克服重力需做多少焦耳的功?

（3）垂直的水闸高 10 m,形为一个等腰梯形,上底宽 20 m,下底宽 10 m,求当水面距下底为 5 m 时水闸上所受的力 F.

（4）某闸门的形状与大小如图 6-10 所示,对称于 y 轴,闸门上部为矩形 $ABCD$,下部由二次抛物线与线段 AB 围成. 当水面与闸门的上端相平时,欲使闸门矩形部分承受的水压力与闸门下部承受的水压力之比为 5 : 4,闸门矩形部分的高 h 应为多少米?

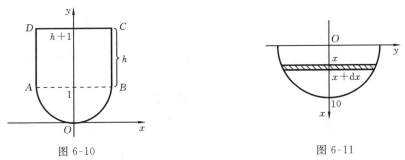

图 6-10 　　　　　　　　　　　　　　　　图 6-11

解 （1）选取坐标,如图 6-11 所示. 将水深为 x,厚度为 $\mathrm{d}x$ 的一层水抽出池面所做的微元功为

$$\mathrm{d}W = Fx \quad (F \text{ 为重力}),$$

$$F = \text{水的密度} \times \text{重力加速度} \times \text{水层面积} \times \text{水层高度} = \rho g \pi (10^2 - x^2) \mathrm{d}x,$$

于是 $\qquad W = \int_0^{10} \mathrm{d}W = \int_0^{10} 1\,000 g \pi x (10^2 - x^2) \mathrm{d}x = 25 g \pi \times 10^5 \text{ J}.$

（2）所求的功为 $W = W_1 + W_2 + W_3$,其中 W_1 是克服抓斗自重所做的功;W_2 为克服缆绳重力所做的功;W_3 是提高污泥所做的功.

由题意知 $\qquad W_1 = 400 \times 30 \text{ N} \cdot \text{m} = 12\,000 \text{ J}.$

将抓斗由 x 处提升到 $x + \mathrm{d}x$ 处,克服缆绳重力所做的功为

$$\mathrm{d}W_2 = 50(30 - x)\mathrm{d}x$$

从而 $\qquad W_2 = \int_0^{30} 50(30 - x)\mathrm{d}x = 22\,500 \text{ J}.$

在时间间隔 $[t, t + \mathrm{d}t]$ 内提升污泥需做的功为

$$\mathrm{d}W_3 = 3(2\,000 - 20t)\mathrm{d}t.$$

将污泥从井底提升至井口共需时间为 $\dfrac{30}{3}\text{ s} = 10 \text{ s}$,所以

$$W_3 = \int_0^{10} 3(2\,000 - 20t)\mathrm{d}t = 57\,000 \text{ J}.$$

因此,共需做的功为 $\quad W = 12\,000 \text{ J} + 22\,500 \text{ J} + 57\,000 \text{ J} = 91\,500 \text{ J}.$

注 为方便起见,求 W_2 时用的是抓斗的位置变化区间,而求 W_3 时用的是时间变化区间.

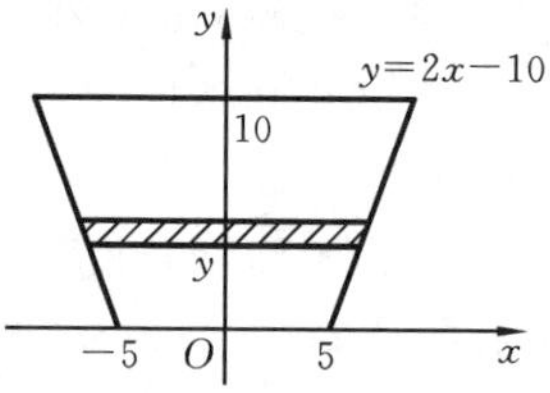

(3) 建立坐标系,如图 6-12 所示. 在区间 $[y, y + \Delta y]$ 上闸门所对应的压力微元为

图 6-12

$$\mathrm{d}F = \rho g(5 - y)\mathrm{d}S = \rho g \cdot 2x(5 - y)\mathrm{d}y,$$

由水的密度 $\rho = 1 \text{ t/m}^3$ 及 $y = f(x) = 2x - 10$ 得

$$F = \rho g \int_0^5 (10 + y)(5 - y)\mathrm{d}y = \frac{437\,500}{3}g \text{ N}.$$

(4) 闸门矩形部分承受的水压力 F_1 为受压面积 $2h$ 与中心处深度压强

$$\rho g \left(h + 1 - \frac{h + 2}{2} \right) = \frac{\rho g h}{2}$$

的乘积,即 $F_1 = 2h \cdot \dfrac{\rho g h}{2} = \rho g h^2$,其中 ρ 为水的密度,g 为重力加速度.

闸门下部承受的水压力为

$$F_2 = 2\int_0^1 \rho g(h + 1 - y)\sqrt{y}\,\mathrm{d}y = 2\rho g \left(\frac{2}{3}(h+1)y^{\frac{3}{2}} - \frac{2}{5}y^{\frac{5}{2}} \right)\Big|_0^1 = 4\rho g\left(\frac{1}{3}h + \frac{2}{15} \right).$$

由题意知 $\dfrac{F_1}{F_2} = \dfrac{5}{4}$,即 $\dfrac{h^2}{4\left(\dfrac{1}{3}h + \dfrac{2}{15} \right)} = \dfrac{5}{4}$,解之得

$$h = 2 \text{ m} \quad \left(h = -\frac{1}{3} \text{ m,舍去} \right).$$

【题型 6-24】 与定积分有关的最值问题

应对 按标准方法求出目标量,然后求其最值,难度不大,该题型属于综合题.

例 6-53 求解下列各题:

(1) 已知抛物线 $y = px^2 + qx$($p < 0, q > 0$)在第一象限内与直线 $x + y = 5$ 相切,且此抛物线与 x 轴所围成的平面图形的面积为 S. 试问:① 当 p 和 q 为何值时,S 达到最大值?② 求出此最大值.

(2) 在曲线族 $y = a(1 - x^2)$($a > 0$)中选取一条曲线,使此曲线在两点 $(-1, 0)$,

$(1,0)$ 之间的曲线段与该两点的法线所围图形的面积最小.

解 (1) 依题意知,抛物线的图形如图 6-13 所示,求得它与 x 轴交点的横坐标为 $x_1 = 0, x_2 = -\dfrac{q}{p}$. 故

$$S = \int_0^{-\frac{q}{p}} (px^2 + qx)\,\mathrm{d}x = \left(\frac{p}{3}x^3 + \frac{q}{2}x^2\right)\Big|_0^{-\frac{q}{p}} = \frac{q^3}{6p^2}.$$

因直线 $x + y = 5$ 与抛物线 $y = px^2 + qx$ 相切,故它们有唯一公共点.

由方程组 $\begin{cases} x + y = 5, \\ y = px^2 + qx \end{cases}$ 得 $px^2 + (q+1)x - 5 = 0$,其判别式必等于零,即

$$\Delta = (q+1)^2 + 20p = 0, \quad p = -\frac{1}{20}(1+q)^2.$$

于是有 $S = S(q) = \dfrac{200q^3}{3(q+1)^4}$,由 $S'(q) = \dfrac{200q^2(3-q)}{3(q+1)^5}$ 知 $S(q)$ 在区间 $(0,3)$ 内单调增,在区间 $(3, +\infty)$ 内单调减.于是当 $q = 3$ 时,$S(q)$ 取最大值,此时 $p = -\dfrac{4}{5}$,且 S 的最大值是 $\dfrac{225}{32}$.

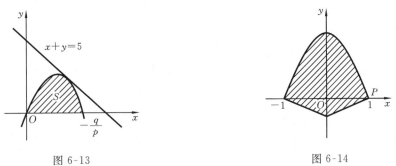

图 6-13   图 6-14

(2) 因图形关于 y 轴对称(见图 6-14),点 $P(1,0)$ 处的法线方程为 $y = \dfrac{1}{2a}(x-1)$,于是所求面积为

$$A(a) = 2\int_0^1 \left[a(1-x^2) - \frac{1}{2a}(x-1)\right]\mathrm{d}x = \frac{2}{3}a + \frac{1}{4a}.$$

由 $A'(a) = \dfrac{2}{3} - \dfrac{1}{4a^2} = \dfrac{8\left(a - \frac{\sqrt{6}}{4}\right)\left(a + \frac{\sqrt{6}}{4}\right)}{12a^2}$ 知,当 $0 < a < \dfrac{\sqrt{6}}{4}$ 时 $A(a)$ 单调减,当 $a > \dfrac{\sqrt{6}}{4}$ 时 $A(a)$ 单调增,故 $a = \dfrac{\sqrt{6}}{4}$ 为 $A(a)$ 的最小点,所求曲线为 $y = \dfrac{\sqrt{6}}{4}(1-x^2)$.

例 6-54 设 D_1 是抛物线 $y = 2x^2$ 和直线 $x = a, x = 2$ 及 $y = 0$ 所围成的平面区域,D_2 是抛物线 $y = 2x^2$ 和直线 $y = 0, x = a$ 所围成的平面区域,其中 $0 < a < 2$.

(1) 求 D_1 绕 x 轴旋转而成的旋转体体积 V_1,D_2 绕 y 轴旋转而成的旋转体体积 V_2;

(2) 问 a 为何值时,$V_1 + V_2$ 取得最大值?求出此最大值.

解 (1) D_1 与 D_2 如图 6-15 所示,计算可得

$$V_1 = \pi \int_a^2 (2x^2)^2 \, dx = \frac{4\pi}{5}(32 - a^5),$$

$$V_2 = \int_0^a 2\pi x \cdot 2x^2 \, dx = \pi a^4.$$

(2) 因 $V = V_1 + V_2 = \dfrac{4\pi}{5}(32 - a^5) + \pi a^4$,故

$$V' = 4\pi a^3(1 - a),$$

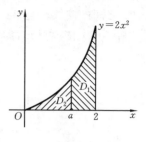

图 6-15

由此可推出 $a = 1$ 是 $V_1 + V_2$ 的最大值点. 此时 $V_1 + V_2$ 取最大值 $\dfrac{129}{5}\pi$.

例 6-55 设 D 是位于曲线 $y = \sqrt{x} a^{-\frac{x}{2a}}(a > 1, 0 \leqslant x < +\infty)$ 下方、x 轴上方的无界区域.

(1) 求区域 D 绕 x 轴旋转一周所成旋转体的体积 $V(a)$;

(2) 当 a 为何值时,$V(a)$ 最小?并求此最小值.

解 (1) 所求旋转体的体积为

$$V(a) = \pi \int_0^{+\infty} x a^{-\frac{x}{a}} \, dx = -\frac{a}{\ln a}\pi \int_0^{+\infty} x \, da^{-\frac{x}{a}} = -\frac{a}{\ln a}\pi \left(x a^{-\frac{x}{a}} \right)\Big|_0^{+\infty} + \frac{a}{\ln a}\pi \int_0^{+\infty} a^{-\frac{x}{a}} \, dx$$

$$= \pi \left(\frac{a}{\ln a} \right)^2.$$

(2) $V'(a) = 2\pi \dfrac{a(\ln a - 1)}{\ln^3 a}$,令 $V'(a) = 0$,得 $\ln a = 1$,从而 $a = \mathrm{e}$. 当 $1 < a < \mathrm{e}$ 时,$V'(a) < 0$,$V(a)$ 单调减少;当 $a > \mathrm{e}$ 时,$V'(a) > 0$,$V(a)$ 单调增加,所以当 $a = \mathrm{e}$ 时,V 最小,最小体积为 $V(\mathrm{e}) = \pi \left(\dfrac{\mathrm{e}}{\ln \mathrm{e}} \right)^2 = \pi \mathrm{e}^2$.

6.4　知识扩展

用定积分计算旋转体的侧面积

设平面曲线 $y = f(x)$ $(a \leqslant x \leqslant b)$ 在区间 (a, b) 内具有连续导数,且 $f(x) \geqslant 0$,则该曲线绕 x 轴旋转一周所得到的旋转体的侧(表)面积为

$$S = \int_a^b 2\pi f(x) \sqrt{1 + [f'(x)]^2} \, dx.$$

下面仍用微元法讨论. 取区间 $[a, b]$ 中的一小段 $[x, x + dx]$(见图 6-16),对应的 $y = f(x)$ 上的一段弧绕 x 轴旋转一周得到旋转体,其侧面积记为 dS,它可用小圆台的侧面积近似代替,即

$$dS \approx 2\pi \frac{f(x) + f(x + dx)}{2} \sqrt{(dx)^2 + (dy)^2},$$

其中 $\sqrt{(dx)^2 + (dy)^2}$ 为小圆台的母线的长. 因 $y = f(x)$ 连续,故

$$\frac{f(x) + f(x + dx)}{2} \approx f(x),$$

于是 $$\mathrm{d}S \approx 2\pi f(x)\sqrt{1+\left(\frac{\mathrm{d}y}{\mathrm{d}x}\right)^2}\,\mathrm{d}x = 2\pi f(x)\sqrt{1+[f'(x)]^2}\,\mathrm{d}x,$$

等式两边积分得 $$S = \int_a^b 2\pi f(x)\sqrt{1+[f'(x)]^2}\,\mathrm{d}x.$$

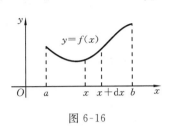

图 6-16

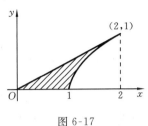

图 6-17

例 6-56 设有曲线 $y=\sqrt{x-1}$, 过原点作其切线, 求由此曲线、切线及 x 轴围成的平面图形绕 x 轴旋转一周所得到的旋转体的表面积.

解 设切点为 $(x_0, \sqrt{x_0-1})$, 则过原点的切线方程为 $y = x/2$, 而切点为 $(2,1)$ (见图 6-17). 由曲线 $y=\sqrt{x-1}$ $(1 \leqslant x \leqslant 2)$ 绕 x 轴旋转一周所得到的旋转面的面积为

$$S_1 = \int_1^2 2\pi y\sqrt{1+y'^2}\,\mathrm{d}x = \pi\int_1^2\sqrt{4x-3}\,\mathrm{d}x = (5\sqrt{5}-1)\pi/6,$$

由直线段 $y=x/2$ $(0 \leqslant x \leqslant 2)$ 绕 x 轴旋转一周所得到的旋转面的面积为

$$S_2 = \int_0^2 2\pi y\sqrt{1+y'^2}\,\mathrm{d}x = \int_0^2 2\pi \cdot \frac{1}{2}x\sqrt{1+\left(\frac{1}{2}\right)^2}\,\mathrm{d}x = \sqrt{5}\pi.$$

因此, 所求旋转体的表面积为 $S = S_1 + S_2 = (11\sqrt{5}-1)\pi/6$.

习 题 6

(A)

1. 填空题

(1) 设 $f(x) = \int_0^{1-\cos x}\sin t^2\,\mathrm{d}t$, $g(x) = \dfrac{x^5}{5} + \dfrac{x^6}{6}$, 则当 $x \to 0$ 时, $f(x)$ 是 $g(x)$ 的 _____ 阶无穷小;

(2) 设 $f(x)$ 在区间 $(-\infty, +\infty)$ 内有一阶导数, $F(x) = \int_0^{\frac{1}{x}} xf(t)\,\mathrm{d}t$ $(x \neq 0)$, 则 $F''(x) = $ _____;

(3) $\displaystyle\int_1^2 \frac{\mathrm{e}^{\frac{1}{x}}}{x^2}\,\mathrm{d}x = $ _____;   (4) $\displaystyle\int_{-\pi}^{\pi} x^3\cos x\,\mathrm{d}x = $ _____;

(5) $\displaystyle\int_0^x |t|\,\mathrm{d}t = $ _____;   (6) $\displaystyle\int_0^{\pi}\sqrt{\sin x - \sin^3 x}\,\mathrm{d}x = $ _____;

(7) 设 $x > 0$, 若 $\displaystyle\int_0^x \ln t\,\mathrm{d}t = x\ln(\theta x)$, 则 $\theta = $ _____;

(8) 由曲线 $y = \dfrac{x^2}{2}$ 与直线 $x=1, x=2, y=0$ 所围成的图形绕直线 $y=0$ 旋转所

得旋转体体积的表达式是 _____；

(9) 曲线 $\begin{cases} x = a(\cos t + t\sin t), \\ y = a(\sin t - t\cos t) \end{cases}$ $(a > 0, 0 \leqslant t \leqslant 2\pi)$ 的弧长为 _____；

(10) 位于曲线 $y = x\mathrm{e}^{-x}$ $(0 \leqslant x < +\infty)$ 下方、x 轴上方的无界图形的面积是 _____；

(11) 函数 $f(x) = \begin{cases} \dfrac{1}{x^3}\displaystyle\int_0^x \sin t^2 \, dt, & x \neq 0, \\ a, & x = 0 \end{cases}$ 在点 $x = 0$ 处连续，则 $a =$ _____.

2. 选择题

(1) 曲线 $y = x(x-1)(2-x)$ 与 x 轴所围图形的面积可表示为（ ）.

(A) $-\displaystyle\int_0^2 x(x-1)(2-x)\,dx$　(B) $\displaystyle\int_0^1 x(x-1)(2-x)\,dx - \int_1^2 x(x-1)(2-x)\,dx$

(C) $\displaystyle\int_0^2 x(x-1)(2-x)\,dx$　(D) $-\displaystyle\int_0^1 x(x-1)(2-x)\,dx + \int_1^2 x(x-1)(2-x)\,dx$

(2) 设 $f(x) = \displaystyle\int_0^{x^2} \sqrt{t}(t-1)\,dt$，则下面结论正确的是（ ）.

6-A-2(2)

(A) $f(-1)$ 是 $f(x)$ 的极小值，$f(1)$ 是 $f(x)$ 的极大值

(B) $f(-1)$ 是 $f(x)$ 的极大值，$f(1)$ 是 $f(x)$ 的极小值

(C) $f(-1)$ 和 $f(1)$ 是 $f(x)$ 的极小值，$f(0)$ 是 $f(x)$ 的极大值

(D) $f(-1)$ 和 $f(1)$ 是 $f(x)$ 的极大值，$f(0)$ 是 $f(x)$ 的极小值

(3) 设函数 $f(x) = \begin{cases} \dfrac{1}{x^2}\displaystyle\int_0^x \arcsin t\,dt, & x < 0, \\ 1, & x = 0, \\ \dfrac{1}{x^2}\displaystyle\int_0^x \sin t\,dt, & x > 0, \end{cases}$ 则 $f(x)$ 在点 $x = 0$ 处（ ）.

(A) 左极限存在，但右极限不存在　　(B) 右极限存在，但左极限不存在

(C) 极限存在，但不连续　　　　　　(D) 连续

(4) 设函数 $f(x)$ 连续，则下列函数中，必为偶函数的是（ ）.

(A) $\displaystyle\int_0^x t[f(t) - f(-t)]\,dt$ 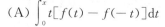 　(B) $\displaystyle\int_0^x t[f(t) + f(-t)]\,dt$
6-A-2(4)

(C) $\displaystyle\int_0^x f(t^2)\,dt$ 　(D) $\displaystyle\int_0^x f^2(t)\,dt$

(5) 设 $f(x)$ 是周期为 T 的连续函数，a 为常数，则下列必为周期函数的是（ ）.

(A) $\displaystyle\int_x^{x+a} f(t)\,dt$ 　(B) $\displaystyle\int_a^{x+T} f(t)\,dt$
6-A-2(5)

(C) $\displaystyle\int_a^x f(t+T)\,dt$ 　(D) $\displaystyle\int_a^x f(t)\,dt$

(6) 已知 $f(x) = \begin{cases} x^2, & 0 \leqslant x < 1, \\ 1, & 1 \leqslant x \leqslant 2, \end{cases}$ 设 $F(x) = \displaystyle\int_1^x f(t)\,dt$，则 $F(x) = $（ ）.

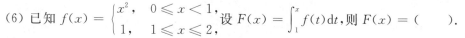

(A) $\begin{cases} x^3/3, & 0 \leqslant x < 1 \\ x, & 1 \leqslant x \leqslant 2 \end{cases}$ 　(B) $\begin{cases} x^3/3 - 1/3, & 0 \leqslant x < 1 \\ x, & 1 \leqslant x \leqslant 2 \end{cases}$

(C) $\begin{cases} x^3/3, & 0 \leqslant x < 1 \\ x-1, & 1 \leqslant x \leqslant 2 \end{cases}$ (D) $\begin{cases} x^3/3 - 1/3, & 0 \leqslant x < 1, \\ x-1, & 1 \leqslant x \leqslant 2 \end{cases}$

(7) 如图 6-18 所示,曲线段的方程为 $y = f(x)$,$f(x)$ 在区间 $[0,a]$ 上有连续的导数,则定积分 $\int_0^a x f'(x) \mathrm{d}x$ 等于(　　).

(A) 曲边梯形 $ABOD$ 的面积　　　　(B) 梯形 $ABOD$ 的面积

(C) 曲边三角形 ACD 的面积　　　　(D) 三角形 ACD 的面积

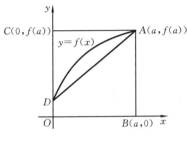

图 6-18

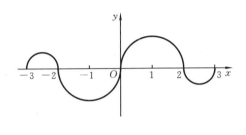

图 6-19

(8) 如图 6-19 所示,连续函数 $y = f(x)$ 在区间 $[-3,-2]$,$[2,3]$ 上的图形分别是直径为 1 的上、下半圆周,在区间 $[-2,0]$,$[0,2]$ 上的图形分别是直径为 2 的下、上半圆周. 设 $F(x) = \int_0^x f(t) \mathrm{d}t$,则下列结论正确的是(　　).

(A) $F(3) = -\dfrac{3}{4} F(-2)$　　　　(B) $F(3) = \dfrac{5}{4} F(2)$

(C) $F(-3) = \dfrac{3}{4} F(2)$　　　　(D) $F(-3) = -\dfrac{5}{4} F(-2)$

(9) 关于 $\int_{-\infty}^{+\infty} \mathrm{e}^{|x|} \sin 2x \, \mathrm{d}x$,下列结论正确的是(　　).

(A) 取值为零　　(B) 取正值　　(C) 取负值　　(D) 发散

(10) 曲线 $r = a\mathrm{e}^{b\theta} (a > 0, b > 0)$ 从 $\theta = 0$ 到 $\theta = a$ $(a > 0)$ 的一段弧长为(　　).

(A) $s = \int_0^a a\mathrm{e}^{b\theta} \sqrt{1 + b^2} \, \mathrm{d}\theta$　　　　(B) $s = \int_0^a \sqrt{1 + (ab\mathrm{e}^{b\theta})} \, \mathrm{d}\theta$

(C) $s = \int_0^a \sqrt{1 + (a\mathrm{e}^{b\theta})^2} \, \mathrm{d}\theta$　　　　(D) $s = \int_0^a ab\mathrm{e}^{b\theta} \sqrt{1 + (ab\mathrm{e}^{b\theta})^2} \, \mathrm{d}\theta$

3. 求下列极限:

(1) $\lim\limits_{x \to 0} \dfrac{x^2 - \int_0^{x^2} \cos t^2 \, \mathrm{d}t}{\sin^{10} x}$;　　　　(2) $\lim\limits_{x \to \infty} \dfrac{\mathrm{e}^{-x^2}}{x} \int_0^x t^2 \mathrm{e}^{t^2} \, \mathrm{d}t$;

(3) $\lim\limits_{n \to \infty} \dfrac{11^4 + 12^4 + 13^4 + \cdots + n^4}{n^5}$;　　(4) $\lim\limits_{n \to \infty} \left[\left(1 + \dfrac{1}{n}\right) \left(1 + \dfrac{2}{n}\right) \cdots \left(1 + \dfrac{n}{n}\right) \right]^{\frac{1}{n}}$.

4. 求下列积分:

(1) $\int_0^\pi \dfrac{\sin x}{1 + \cos^2 x} \, \mathrm{d}x$;　　　(2) $\int_{\ln 2}^{\ln 3} \dfrac{\mathrm{d}x}{\mathrm{e}^x - \mathrm{e}^{-x}}$;　　　(3) $\int_{-1}^1 \dfrac{1 + \sin x}{1 + x^2} \, \mathrm{d}x$;

(4) $\displaystyle\int_{-1}^{0}\frac{3x^4+3x^2+1}{x^2+1}dx$;　　(5) $\displaystyle\int_{-\frac{\pi}{2}}^{\frac{\pi}{2}}\frac{1}{1+\cos x}dx$;　　(6) $\displaystyle\int_{0}^{\frac{\pi}{2}}\frac{e^{\sin x}}{e^{\sin x}+e^{\cos x}}dx$;

(7) $\displaystyle\int_{\frac{\pi}{6}}^{\frac{\pi}{3}}\frac{\cos^2 x}{x(\pi-2x)}dx$;　　(8) $\displaystyle\int_{1}^{2}\sqrt{x}\ln x\,dx$;　　(9) $\displaystyle\int_{0}^{e-1}x\ln(x+1)dx$;

(10) $\displaystyle\int_{0}^{\pi}x\cos^2 x\,dx$;　　(11) $\displaystyle\int_{0}^{2}x^3 e^x dx$;　　(12) $\displaystyle\int_{0}^{3}\arcsin\sqrt{\frac{x}{1+x}}dx$;

(13) $\displaystyle\int_{0}^{\ln 2}\sqrt{1-e^{-2x}}dx$;　　(14) $\displaystyle\int_{0}^{1}\frac{\ln(1+x)}{(2-x)^2}dx$.

5. 求下列反常积分：

(1) $\displaystyle\int_{-\infty}^{0}xe^{-x^2}dx$;　　(2) $\displaystyle\int_{0}^{+\infty}e^{-x}\cos x\,dx$;　　(3) $\displaystyle\int_{-\infty}^{+\infty}\frac{dx}{x^2+4x+5}$;

(4) $\displaystyle\int_{1}^{5}\frac{x\,dx}{\sqrt{5-x}}$;　　(5) $\displaystyle\int_{1}^{+\infty}\frac{dx}{x(1+x^2)}$;　　(6) $\displaystyle\int_{0}^{1}\frac{x^2\arcsin x}{\sqrt{1-x^2}}dx$.

6. 证明下列各题：

(1) $\displaystyle\int_{0}^{1}e^x dx>\int_{0}^{1}(1+x)dx$;　　(2) $\displaystyle\frac{2}{\sqrt{e}}\leqslant\int_{0}^{2}e^{x^2-x}dx\leqslant 2e^2$;

(3) $\displaystyle 1\leqslant\int_{0}^{1}e^{x^2}dx\leqslant e$;　　(4) $\displaystyle\lim_{n\to\infty}\int_{0}^{1}\frac{x^n}{\sqrt{1+x^2}}dx=0$;

(5) 设 $f(x)$ 在区间 $[a,b]$ 上连续且单调增，证明 $\displaystyle\int_{a}^{b}xf(x)dx$

$\displaystyle\geqslant\frac{a+b}{2}\int_{a}^{b}f(x)dx.$

6-A-6(5)

(6) 设 $f(x)$ 连续，证明 $\displaystyle\int_{0}^{\pi}f(\sin x)dx=2\int_{0}^{\frac{\pi}{2}}f(\sin x)dx$;

(7) 设 $f'(x)$ 连续，证明 $\displaystyle\int_{0}^{a}f(x)dx=af(0)+\int_{0}^{a}(a-x)f'(x)dx$;

(8) 设 $f''(x)$ 连续，证明

$$\int_{a}^{b}f(x)dx=\frac{b-a}{2}(f(a)+f(b))-\frac{1}{2}\int_{a}^{b}(b-x)(x-a)f''(x)dx;$$

(9) 设 $f(x),g(x)$ 在区间 $[-a,a]$ $(a>0)$ 上连续，$g(x)$ 为偶函数，且 $f(x)$ 满足 $f(x)+f(-x)=A$（A 为常数），① 证明 $\displaystyle\int_{-a}^{a}f(x)g(x)dx=A\int_{0}^{a}g(x)dx$，② 利用 ① 的

结论求 $\displaystyle I=\int_{-\frac{\pi}{2}}^{\frac{\pi}{2}}|\sin x|\arctan e^x dx.$

7. 求解下列各题：

(1) 求 $\displaystyle f(x)=\int_{1}^{x^2}\frac{dt}{1+t^2}$ 的导函数 $f'(x)$;

(2) 设 $\displaystyle F(x)=\int_{0}^{x}e^{-t}\cos t\,dt$，求 $F(x)$ 在区间 $[0,\pi]$ 上的极值；

(3) 设 $y=f(x)$ 的一个原函数为 $1+\sin x$，求 $\displaystyle\int_{0}^{\frac{\pi}{2}}xf'(x)dx$；

(4) 设 $x > 0$ 时 $f(x)$ 可微,若函数满足 $f(x) = 1 + \dfrac{1}{x}\displaystyle\int_1^x f(t)\,\mathrm{d}t$,求 $f(x)$;

(5) 设 $\displaystyle\int_0^\pi \left[f(x) + f''(x)\right]\sin x\,\mathrm{d}x = 5$,$f(\pi) = 2$,求 $f(0)$;

(6) 设 $f(x)$ 在区间 $(-\infty, +\infty)$ 内连续,且对任意的 x, y,满足 $f(x+y) = f(x) + f(y)$,求 $I = \displaystyle\int_{-1}^1 (x^2 + 1)f(x)\,\mathrm{d}x$;

(7) 设 $f(x)$ 在区间 $(-\infty, +\infty)$ 内满足 $f(x) = f(x-\pi) + \sin x$ 且 $f(x) = x, x \in (0, \pi)$,求 $I = \displaystyle\int_\pi^{3\pi} f(x)\,\mathrm{d}x$;

(8) 设连续函数 $f(x)$ 满足 $f(x) = \ln x - \displaystyle\int_1^{\mathrm{e}} f(x)\,\mathrm{d}x$,求 $f(x)$ 的表达式.

8. 应用题

(1) 求由曲线 $y = x\mathrm{e}^x$ 与直线 $y = \mathrm{e}x$ 所围图形的面积.

(2) 求曲线 $xy = a\,(a > 0)$ 与直线 $x = a, x = 2a$ 及 $y = 0$ 所围的平面图形分别绕 x 轴、y 轴旋转而形成的旋转体体积.

(3) 在曲线 $y = x^2\,(x \geqslant 0)$ 上某点 B 处作一切线,使之与曲线、x 轴所围平面图形的面积为 $\dfrac{1}{12}$(单位面积),试求:① 切点 B 的坐标;② 过切点 B 的切线方程;③ 由上述所围图形绕 x 轴旋转一周所成旋转体体积 V.

(4) 一弹簧原长为 $1\,\mathrm{m}$,把它压缩 $1\,\mathrm{cm}$ 所用的力为 $0.05\,\mathrm{N}$,求把它从 $80\,\mathrm{cm}$ 压缩到 $60\,\mathrm{cm}$ 所做的功.

(5) 底为 $8\,\mathrm{cm}$、高为 $6\,\mathrm{cm}$ 的等腰三角形铅直没于水中,顶在上、底在下,且顶距水面 $3\,\mathrm{cm}$,求其一侧所受的水的压力.

9. 设 $y = f(x)$ 是区间 $[0, 1]$ 上的任一非负连续函数.

(1) 试证:存在 $x_0 \in (0, 1)$,使得在区间 $[0, x_0]$ 上以 $f(x_0)$ 为高的矩形面积,等于在区间 $[x_0, 1]$ 上以 $y = f(x)$ 在曲边的曲边梯形面积.

(2) 设 $f(x)$ 在区间 $(0, 1)$ 内可导,且 $f'(x) > -\dfrac{2f(x)}{x}$,证明(1) 中的 x_0 是唯一的.

10. 设 $f(x)$ 在区间 $[0, 1]$ 上连续,在区间 $(0, 1)$ 内可导,且满足

$$f(1) = k\int_0^{\frac{1}{k}} x\mathrm{e}^{1-x}f(x)\,\mathrm{d}x\,(k > 1).$$

证明:存在 $\xi \in (0, 1)$,使得 $f'(\xi) = (1 - \xi^{-1})f(\xi)$.

(B)

1. 求下列极限:

(1) $\displaystyle\lim_{x \to 1} \dfrac{\displaystyle\int_1^x \left[t\displaystyle\int_{t^2}^1 f(u)\,\mathrm{d}u\right]\mathrm{d}t}{\left(\displaystyle\int_1^{x^2} \sqrt{1 + t^4}\,\mathrm{d}t\right)^3}$,其中 f 具有连续的导数,且 $f(1) = 0$;

(2) $\displaystyle\lim_{n \to \infty} \dfrac{1}{n}\sqrt[n]{n(n+1)(n+2)\cdots(2n-1)}$.

2. 求下列积分：

(1) $\int_{-2}^{2}(x+|x|)e^{-|x|}dx$;

(2) $\int_{0}^{1}\dfrac{x}{e^{x}+e^{1-x}}dx$;

(3) $\int_{0}^{1}f(x)dx$,其中 $f(x)=\begin{cases}x, & 0\leqslant x\leqslant t,\\ \dfrac{1-x}{1-t}t, & t<x\leqslant 1;\end{cases}$

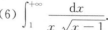

(4) $\int_{0}^{2n\pi}\dfrac{dx}{\sin^{4}x+\cos^{4}x}$（$n$ 为正整数）；

6-B-2(4)

(5) $\int_{1}^{+\infty}\dfrac{dx}{e^{1+x}+e^{3-x}}$;

(6) $\int_{1}^{+\infty}\dfrac{dx}{x\sqrt{x-1}}$.

3. 讨论下列各题：

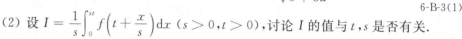

(1) 正常数 a,b 各为何值时，有 $\lim\limits_{x\to0}\dfrac{1}{ax-\sin x}\int_{0}^{x}\dfrac{u^{2}}{\sqrt{b+3u}}du=2$;

6-B-3(1)

(2) 设 $I=\dfrac{1}{s}\int_{0}^{st}f\left(t+\dfrac{x}{s}\right)dx\ (s>0,t>0)$,讨论 I 的值与 t,s 是否有关.

4. 求解下列各题：

(1) 设函数 $f(x)$ 连续,且 $\int_{0}^{x}tf(2x-t)dt=\dfrac{1}{2}\arctan x^{2}$,已知 $f(1)=1$,求 $\int_{1}^{2}f(x)dx$.

(2) 设 $y=f(x)(x\geqslant0)$ 非负、连续,$f(0)=0$,$v(t)$ 为曲线 $y=f(x)$,直线 $x=t$ $(t>0)$,$y=0$ 所围区域绕直线 $x=t$ 旋转而成的几何体体积,求 $\dfrac{d^{2}v}{dt^{2}}$;

(3) 将直径 6 m 的一球沉入水中,若球心距水面 10 m,求此时球表面上所承受的水的压力;

(4) 设有一半径为 R、长为 L 的圆柱体,平放在深度为 $2R$ 的水池中（圆柱体的侧面与水面相切）,设圆柱体的密度是水密度的 $\rho(\rho>1)$ 倍,现将圆柱体平移出水面,问需做功多少?

(5) 设由 $y=\dfrac{1}{x^{2}}$,$y=0$,$x=1$,$x=2$ 所围成的曲边梯形被直线 $x=t$ $(1<t<2)$ 分成 A,B 两部分,将 A,B 分别绕直线 $x=t$ 旋转,所得的旋转体体积分别记为 V_{A} 与 V_{B},问 t 为何值时 $V_{A}+V_{B}$ 最小?

5. 证明题

(1) 设 $f(x),g(x)$ 在区间 $[0,1]$ 上有连续导数,且 $f(0)=0$,$f'(x)\geqslant0$,$g'(x)\geqslant0$. 证明:对任意的 $a\in[0,1]$,有 $\int_{0}^{a}g(x)f'(x)dx+\int_{0}^{1}f(x)g'(x)dx\geqslant f(a)g(1)$.

(2) 设 $f(x)$ 是以 2 为周期的连续的周期函数. 证明:

$G(x)=2\int_{0}^{x}f(t)dt-x\int_{0}^{2}f(t)dt$ 也是以 2 为周期的周期函数.

(3) 设函数 $f(x)$ 在区间 $[0,1]$ 上连续,且 $f(x)<1$,证明方程 $2x-\int_{0}^{x}f(t)dt=1$ 在区间 $(0,1)$ 内有且仅有一个解.

(4) 证明以 $\sqrt{2}$ 为长半轴、1 为短半轴的椭圆的周长等于正弦曲线 $y=\sin x$ 一波的长度.

(5) 设函数 $f(x)$ 在 $[1,3]$ 上有二阶导数,且满足 $f(2) > f(1)$,$f(2) >$ $\int_2^3 f(x)\mathrm{d}x$.证明:$\exists \xi \in (1,3)$,使得 $f''(\xi) < 0$.

6-B-5(5)

(6) 设函数 $f(x)$ 在区间 $[0,+\infty)$ 内可导,$f(0) = 1$,且满足等式

$$f'(x) + f(x) - \frac{1}{x+1}\int_0^x f(t)\mathrm{d}t = 0.$$

① 求 $f'(x)$;② 证明:当 $x \geqslant 0$ 时,有不等式 $\mathrm{e}^{-x} \leqslant f(x) \leqslant 1$.

6-B-5(6)

部分答案与提示

(A)

1. (1) 高阶; (2) $\frac{1}{x^3}f'\left(\frac{1}{x}\right)$; (3) $\mathrm{e}-\sqrt{\mathrm{e}}$; (4) 0; (5) $\frac{1}{2}x\mid x\mid$; (6) $\frac{4}{3}$; (7) e^{-1};

(8) $\int_1^2 \frac{\pi}{4}x^4\mathrm{d}x$; (9) $2a\pi^2$; (10) 1; (11) $\frac{1}{3}$.

2. (1) (D); (2) (C); (3) (C); (4) (B); (5) (A); (6) (D); (7) (C); (8) (C);

(9) (D); (10) (A).

3. (1) $\frac{1}{10}$; (2) $\frac{1}{2}$;

(3) $\frac{1}{5}$ $\left(\text{提示：}\dfrac{11^4 + 12^4 + 13^4 + \cdots + n^4}{n^5} = \dfrac{1^4 + 2^4 + \cdots + n^4}{n^5} - \dfrac{1^4 + 2^4 + \cdots + 10^4}{n^5}\right)$;

(4) $\mathrm{e}^{2\ln 2 - 1}$ (提示:先化积为和,再求极限).

4. (1) $\frac{\pi}{2}$ (提示:$\sin x\mathrm{d}x = \mathrm{d}(\cos x)$); (2) $\frac{1}{2}\ln\frac{3}{2}$ $\left(\text{提示：}\dfrac{\mathrm{d}x}{\mathrm{e}^x - \mathrm{e}^{-x}} = \dfrac{\mathrm{d}(\mathrm{e}^x)}{\mathrm{e}^{2x} - 1}\right)$;

(3) $\frac{\pi}{2}$ (提示:利用对称性); (4) $1 + \frac{\pi}{4}$ (提示:分项积分); (5) 2;

(6) $\frac{\pi}{4}$ $\left(\text{提示：利用公式}\int_0^{\frac{\pi}{2}} f(\sin x, \cos x)\mathrm{d}x = \int_0^{\frac{\pi}{2}} f(\cos x, \sin x)\mathrm{d}x\right)$;

(7) $\frac{\ln 2}{\pi}$ $\left(\text{提示：利用公式}\int_a^b f(x)\mathrm{d}x = \int_a^b f(a + b - x)\mathrm{d}x\right)$;

(8) $\frac{4}{3}\sqrt{2}\ln 2 - \frac{4}{9}(2\sqrt{2} - 1)$; (9) $\frac{\mathrm{e}^2 - 3}{4}$ $\left(\text{提示：用分部积分，且 }x\mathrm{d}x = \mathrm{d}\left(\dfrac{x^2 - 1}{2}\right)\right)$;

(10) $\frac{\pi^2}{4}$; (11) $2\mathrm{e}^2 + 6$; (12) $\frac{4\pi}{3} - \sqrt{3}$ (提示:直接用分部积分);

(13) $\ln(2 + \sqrt{3}) - \frac{\sqrt{3}}{2}$ (提示:令 $\mathrm{e}^{-x} = \sin t$); (14) $\frac{\ln 2}{3}$.

5. (1) $-\frac{1}{2}$; (2) $\frac{1}{2}$; (3) π; (4) $\frac{44}{3}$; (5) $\frac{1}{2}\ln 2$; (6) $\frac{\pi^2}{16} + \frac{1}{4}$.

6. (1) 提示:比较 e^x 与 $1 + x$ 的大小. (2) 提示:求 $\mathrm{e}^{x^2 - x}$ 在区间 $[0,2]$ 上的最大值与最小值.

(3) 提示:利用积分中值定理. (4) 提示:利用 $0 \leqslant \dfrac{x^n}{\sqrt{1 + x^2}} \leqslant x^n$,$x \in [0,1]$.

(5) 利用单调的定义与定积分的性质. (6) 提示:对 $\int_{\frac{\pi}{2}}^{\pi} f(\sin x)\mathrm{d}x$ 换元(令 $x = \pi - t$).

(7) 提示:利用微分法或分部积分法. (8) 提示:利用微分法或分部积分法.

(9) 提示:利用微分法或公式 $\displaystyle\int_{-a}^{a} f(x)\mathrm{d}x = \int_{0}^{a}\big[f(x)+f(-x)\big]\mathrm{d}x.$

7.(1) $\dfrac{2x}{1+x^4}$； (2) $F(\pi) = \dfrac{1}{2}(1+\mathrm{e}^{-\frac{\pi}{2}})$ 为极大值,无极小值； (3) -1； (4) $\ln x + 1$；

(5) 3 $\left(\text{提示:对}\displaystyle\int_{0}^{\pi} f''(x)\sin x\,\mathrm{d}x\ \text{用分部积分}\right)$； (6) 0 (提示:证明 $f(x)$ 为奇函数)；

(7) $\pi^2 - 2$ $\left(\text{提示:}\displaystyle\int_{\pi}^{3\pi} f(x)\mathrm{d}x = \int_{\pi}^{3\pi} f(x-\pi)\mathrm{d}x,\text{再作代换}\ t = x-\pi\right)$；

(8) $f(x) = \ln x - \dfrac{1}{\mathrm{e}}$ $\left(\text{提示:令}\displaystyle\int_{1}^{\mathrm{e}} f(x) = A\right).$

8.(1) $\dfrac{\mathrm{e}}{2} - 1$； (2) $\dfrac{\pi a}{2}, 2\pi a^2$； (3) $(1,1), y=2x-1, \dfrac{\pi}{30}$； (4) 0.294； (5) 168 N.

9. 提示:(1) 先将矩形面积与曲边梯形面积相等表示出来,再构造相应函数并用罗尔定理证明；

(2) 利用单调性.

10. 提示:仿例 6-25 证明.

(B)

1.(1) $-\dfrac{f'(1)}{24\sqrt{2}}$； (2) $\mathrm{e}^{\int_{0}^{1}\ln(1+x)\mathrm{d}x} = \dfrac{4}{\mathrm{e}}.$

2.(1) $2 - \dfrac{6}{\mathrm{e}^2}$； (2) $\dfrac{1}{2\sqrt{\mathrm{e}}}\left(\arctan\sqrt{\mathrm{e}} - \arctan\dfrac{1}{\sqrt{\mathrm{e}}}\right)$； (3) $\dfrac{t}{2}$； (4) $2\sqrt{2}n\pi$； (5) $\dfrac{\pi}{4}\mathrm{e}^{-2}$； (6) $\pi.$

3.(1) $a=1, b=1$； (2) I 与 t 有关,与 s 无关.

4.(1) $\dfrac{3}{4}$； (2) $\dfrac{\mathrm{d}^2v}{\mathrm{d}t^2} = 2\pi f(x)$； (3) 360π N； (4) $(2\rho-1)L\pi R^3$； (5) $t = \dfrac{4}{3}.$

第7章 常微分方程

7.1 基本要求

1. 了解微分方程、解、通解、特解、初始条件等概念.
2. 掌握变量可分离方程及一阶线性微分方程的解法.
3. 会解齐次方程、Bernoulli 方程和全微分方程.
4. 会用降阶法解三类高阶方程:$y^{(n)} = f(x)$,$y'' = f(x, y')$,$y'' = f(y, y')$.
5. 理解二阶线性微分方程的解的结构.
6. 掌握求解二阶常系数齐次线性微分方程的特征根方法.
7. 会求自由项为多项式、指数函数、正弦函数、余弦函数及它们的和与积的二阶常系数非齐次线性微分方程.
8. 会用换元法解简单的欧拉方程.
9. 会用微分方程模型求解简单的应用问题.

7.2 知识点解析

【7-1】 方程分类与解法对应总览

不同类型的微分方程有不同的求解方法,因此识别微分方程的类型是最主要的问题.

根据出现的未知函数的导数的最高阶数,可以将微分方程分为一阶方程、二阶方程等. 而根据未知函数的出现形式,又可以将方程分成更细的类型及其对应的解法.

一阶微分方程可以求解的类型和解法要点如表 7-1 所示.

表 7-1

方程名称	主要特征	求解方法
可分离变量方程	$y' = f(x)g(y)$	分离变量后积分:$\int f(x)\mathrm{d}x = \int \dfrac{1}{g(y)}\mathrm{d}y$
齐次方程	$y' = f\left(\dfrac{y}{x}\right)$	代换 $u = \dfrac{y}{x}$ 后变成可分离方程:$\dfrac{\mathrm{d}u}{f(u) - u} = \dfrac{\mathrm{d}x}{x}$
线性方程	$y' + p(x)y = q(x)$	通解为 $y = \mathrm{e}^{-\int p(x)\mathrm{d}x}\left(C + \int q(x)\mathrm{e}^{\int p(x)\mathrm{d}x}\mathrm{d}x\right)$
伯努利方程	$y' + p(x)y = q(x)y^n (n \neq 0, 1)$	代换 $u = y^{1-n}$ 后变成线性方程:$\dfrac{1}{1-n}u' + p(x)u = q(x)$
全微分方程	$p(x,y)\mathrm{d}x + q(x,y)\mathrm{d}y = 0$,其中 $q_x(x,y) = p_y(x,y)$	通过凑微分,求得函数 $u(x,y)$,使得 $\mathrm{d}u(x,y) = p(x,y)\mathrm{d}x + q(x,y)\mathrm{d}y$,通解为 $u(x,y) = C$

二阶微分方程可以求解的主要类型和解法要点如表 7-2 所示.

表 7-2

方程名称	主 要 特 征	求 解 方 法
可降阶二阶方程	$y'' = f(x)$	通解 $y = \int \left[\int f(x)\mathrm{d}x \right] \mathrm{d}x$
	缺因变量 y $y'' = f(x, y')$	令 $p = y'$,化为未知函数 $p(x)$ 的一阶微分方程 $p' = f(x, p)$
	缺自变量 x $y'' = f(y, y')$	令 $p = y'$,化为未知函数 $p(y)$ 的一阶微分方程 $pp' = f(y, p)$
常系数线性方程	齐次方程 $y'' + ay' + by = 0$	通解为两个基本解 y_1, y_2 的线性组合: $y_{齐} = C_1 y_1 + C_2 y_2$ 其中 C_1, C_2 是任意常数(下同)
	非齐次方程 $y'' + ay' + by = f(x)$	通解为对应的齐次方程的通解与非齐次方程的任何一个解函数 y^* 的和: $y_{非齐} = C_1 y_1 + C_2 y_2 + y^*$
变系数线性方程	欧拉方程 $ax^2 y'' + bxy' + cy = f(x) \ (a \neq 0)$	通过自变量代换 $x = \mathrm{e}^t$ 化为函数 $y(t)$ 的常系数线性微分方程: $a\ddot{y} + (b-a)\dot{y} + cy = f(\mathrm{e}^t)$ $\dot{y}, \ddot{y}$ 分别表示关于 t 的一阶、二阶导数

【7-2】 微分方程的通解是否指微分方程的所有解

不是.按微分方程通解的定义,若微分方程的解中含有任意常数,且独立的任意常数的个数与方程的阶数相同,则称这样的解为微分方程的通解.

如方程 $x(y+1)\mathrm{d}x + (x+1)y\mathrm{d}y = 0$,经分离变量后,求得通解为 $x + y - \ln |(x+1)(y+1)| = C$.

在分离变量时,以 $(x+1)(y+1)$ 同除方程两端,自然要求分母不为零,故以上通解是在 $x \neq -1, y \neq -1$ 条件下得出的.然而 $x = -1, y = -1$ 都满足方程,它们都是方程的解,这两个解没有包含在通解之中.称 $x = -1, y = -1$ 为方程的奇解.

另外,有的微分方程没有通解,如 $(y'')^2 + y^2 = 0$,只有解 $y = 0$,没有通解;有的微分方程的通解确实包含了方程的所有解,如方程 $y' = 2xy$,当 $y \neq 0$ 时,经分离变量后可求得通解 $y = C\mathrm{e}^{x^2}$.取 $C = 0$,即可将 $y = 0$ 包含在通解之中.

【7-3】 求解一阶微分方程的关键是什么?

一阶微分方程类型较多,识别方程的类型是求解的关键.有时需要对方程进行适当变形,包括四则运算,三角运算,交换 x, y 的地位(将 x 看成未知函数,y 看成自变量),有时则需要根据不同题目作出不同的变换,才能完成对方程的识别,然后按表7-1 所列标准方法求解.需要提醒的是,凡是通过变量代换后求得的方程的解一定要变回原来的变量.

【7-4】 如何求二阶齐次常系数线性微分方程的通解

二阶齐次常系数线性微分方程的特征方程为 $\lambda^2 + a\lambda + b = 0$，求出特征方程的根. 依据表 7-3，写出齐次方程的两个线性无关的解 y_1, y_2（称 y_1, y_2 为基本解），通解为基本解 y_1, y_2 的线性组合，即 $y = C_1 y_1 + C_2 y_2$，其中 C_1, C_2 是任意常数.

表 7-3　由特征方程求基本解

特征根情况	基本解
两个不同的实根 $\lambda_1 \neq \lambda_2$	$y_1 = e^{\lambda_1 x}$,　$y_2 = e^{\lambda_2 x}$
两个相同的实根 $\lambda_1 = \lambda_2 = \lambda$，即二重根	$y_1 = e^{\lambda x}$,　$y_2 = x e^{\lambda x}$
一对共轭的复根 $\lambda = \alpha \pm \beta i$	$y_1 = e^{\alpha x} \cos\beta x$,　$y_2 = e^{\alpha x} \sin\beta x$

【7-5】 如何求二阶非齐次常系数线性微分方程的通解

二阶非齐次常系数线性微分方程的通解是对应的齐次方程的通解与非齐次方程的任何一个特解 y^* 的和，即

$$y_{非齐} = C_1 y_1 + C_2 y_2 + y^*.$$

其中，特解 y^* 的确定要首先根据表 7-4 写出待定形式，然后代入方程求得待定系数.

表 7-4　结合特征根与非齐次项构建待定特解

非齐次项 $f(x)$ 的形式	与特征根比较	特解 y^* 的待定形式
$f(x)$ 为多项式	0 不是特征根	y^* 为与 $f(x)$ 同次幂的多项式
	0 是特征根	$y^* = x g(x)$，$g(x)$ 为与 $f(x)$ 同次幂的多项式
$f(x) = P(x)e^{rx}$	r 不是特征根	$y^* = Q(x)e^{rx}$，$Q(x)$ 为与 $P(x)$ 同次幂的多项式
	r 是单根	$y^* = x Q(x)e^{rx}$，$Q(x)$ 为与 $P(x)$ 同次幂的多项式
	r 是二重根	$y^* = x^2 Q(x)e^{rx}$，$Q(x)$ 为与 $P(x)$ 同次幂的多项式
$f(x) = e^{\xi x}(A(x)\cos\eta x$ $+ B(x)\sin\eta x)$	$\xi \pm \eta i$ 不是特征根	$y^* = e^{\xi x}(C(x)\cos\eta x + D(x)\sin\eta x)$，$C(x), D(x)$ 为与 $A(x), B(x)$ 同次幂的多项式，系数待定
	$\xi \pm \eta i$ 是特征根	$y^* = x e^{\xi x}(C(x)\cos\eta x + D(x)\sin\eta x)$，$C(x), D(x)$ 为与 $A(x), B(x)$ 同次幂的多项式，系数待定

7.3 解题指导

【题型 7-1】 求一阶微分方程的通解或特解

应对　通过适当的变形或变换，将方程化为表 7-1 所列形式，然后按标准方法（参见知识点解析）求解.

例 7-1　求解下列微分方程：

(1) $y' = e^{2x-y}$;

(2) $(x-y)dx + (x+y)dy = 0$;

(3) $y' - y = 5x, y(0) = 0$;

(4) $\dfrac{dy}{dx} = 6\dfrac{y}{x} - xy^2$.

解 (1) 该方程是可分离变量方程. 将导数写成微分的商, 分离变量得 $e^y dy = e^{2x} dx$, 再两边积分, 便得所求方程的(隐式)通解

$$e^y = \frac{1}{2}e^{2x} + C \ (C \text{为任意常数}),$$

或写成显函数形式:
$$y = \ln\left(\frac{1}{2}e^{2x} + C\right).$$

(2) 将原方程变形为齐次方程:
$$\frac{dy}{dx} = \frac{y/x - 1}{1 + y/x}. \tag{7.1}$$

令 $u = \dfrac{y}{x}$, 则 $\dfrac{dy}{dx} = x\dfrac{du}{dx} + u$, 代入式(7.1)并移项, 得 $x\dfrac{du}{dx} = -\dfrac{u^2+1}{u+1}$, 分离变量得

$$\frac{u+1}{u^2+1}du = -\frac{1}{x}dx,$$

两边积分, 得
$$\frac{1}{2}\ln(u^2+1) + \arctan u = -\ln|x| + C_0,$$

整理得原方程的隐式通解为 $\ln(x^2 + y^2) + 2\arctan\dfrac{y}{x} = C$.

(3) 所求问题是微分方程的初值问题, 先求通解, 再求特解.

方程是标准形式的一阶线性微分方程, 其中 $p(x) = -1, q(x) = 5x$, 由通解公式知 $y = e^{\int dx}\left(C + \int 5xe^{-\int dx}dx\right) = Ce^x - 5x - 5$. 由 $y(0) = 0$ 可推出 $C = 5$. 故所求特解为 $y = 5e^x - 5x - 5$.

(4) 方程可以化为 $\dfrac{dy}{dx} - \dfrac{6}{x}y = -xy^2$. 这是 $n = 2$ 的伯努利方程.

令 $z = y^{-1}$, 则 $\dfrac{dz}{dx} = -y^{-2}\dfrac{dy}{dx}$, 或 $\dfrac{dy}{dx} = -y^2\dfrac{dz}{dx}$, 代入原方程, 整理得 $\dfrac{dz}{dx} + \dfrac{6}{x}z = x$, 这是标准的一阶线性微分方程, 由通解公式得

$$z = e^{-\int \frac{6}{x}dx}\left(C + \int xe^{\int \frac{6}{x}dx}dx\right) = x^{-6}\left(C + \int x^7 dx\right),$$

所以原方程的通解为 $y = \dfrac{1}{C/x^6 + \frac{1}{8}x^2}$.

例 7-2 求解下列微分方程.

(1) $(1 + 2e^{\frac{x}{y}})dx + 2e^{\frac{x}{y}}\left(1 - \dfrac{x}{y}\right)dy = 0$; (2) $\dfrac{dy}{dx} = \dfrac{y}{x + y^4}$.

解 (1) 注意到指数形式为 $\dfrac{x}{y}$, 故将方程变形为

$$\frac{dx}{dy} = \frac{2e^{\frac{x}{y}}\left(\dfrac{x}{y} - 1\right)}{1 + 2e^{\frac{x}{y}}}. \tag{7.2}$$

令 $\dfrac{x}{y} = u$, 则 $\dfrac{dx}{dy} = u + y\dfrac{du}{dy}$, 代入式(7.2)并移项得

$$y \frac{\mathrm{d}u}{\mathrm{d}y} = \frac{-2\mathrm{e}^u - u}{1 + 2\mathrm{e}^u}.$$

分离变量,得
$$\frac{1 + 2\mathrm{e}^u}{u + 2\mathrm{e}^u} \mathrm{d}u = -\frac{1}{y} \mathrm{d}y,$$

积分,得
$$\ln(u + 2\mathrm{e}^u) = -\ln y + C_1,$$

整理得原方程的通解
$$x + 2y\mathrm{e}^{\frac{x}{y}} = C.$$

(2) 将 x 看作未知函数,y 看作自变量,得
$$\frac{\mathrm{d}x}{\mathrm{d}y} - \frac{1}{y}x = y^3,$$

上式是一阶线性微分方程,由通解公式可得方程的通解
$$x = \mathrm{e}^{\int \frac{1}{y}\mathrm{d}y}\left(\int y^3 \mathrm{e}^{-\int \frac{1}{y}\mathrm{d}y} \mathrm{d}y\right) = \frac{1}{3}y^4 + Cy.$$

例 7-3 求解下列微分方程.

(1) $x\dfrac{\mathrm{d}y}{\mathrm{d}x} + x + \sin(x + y) = 0$, $\quad y\left(\dfrac{\pi}{2}\right) = 0$;

(2) $\dfrac{\mathrm{d}y}{\mathrm{d}x} = y^2 + 2(\sin x - 1)y + \sin^2 x - 2\sin x - \cos x + 1$.

分析 当方程类型不明确时,可以考虑根据方程的特点进行代换,转化为某种已知的类型再求解.

解 (1) 令 $u = x + y$,有 $\dfrac{\mathrm{d}y}{\mathrm{d}x} = \dfrac{\mathrm{d}u}{\mathrm{d}x} - 1$,原方程变形为
$$x\left(\frac{\mathrm{d}u}{\mathrm{d}x} - 1\right) + x + \sin u = 0,$$

即 $\dfrac{\mathrm{d}u}{\sin u} = -\dfrac{\mathrm{d}x}{x}$,两边积分,得 $\quad \ln(\csc u - \cot u) = -\ln x + \ln C$,

亦即
$$\frac{1 - \cos(x + y)}{\sin(x + y)} = \frac{C}{x}.$$

由 $y\left(\dfrac{\pi}{2}\right) = 0$ 可推出 $C = \dfrac{\pi}{2}$,故所求微分方程的特解为
$$\frac{1 - \cos(x + y)}{\sin(x + y)} = \frac{\pi}{2x}.$$

(2) 将原方程变形为
$$\frac{\mathrm{d}y}{\mathrm{d}x} = (y + \sin x - 1)^2 - \cos x, \qquad (7.3)$$

令 $u = y + \sin x - 1$,有 $\dfrac{\mathrm{d}y}{\mathrm{d}x} = \dfrac{\mathrm{d}u}{\mathrm{d}x} - \cos x$,代入式(7.3),得 $\dfrac{\mathrm{d}u}{\mathrm{d}x} - \cos x = u^2 - \cos x$,即 $\dfrac{\mathrm{d}u}{u^2} = \mathrm{d}x$,两边积分,得
$$-\frac{1}{u} = x + C.$$

故原方程的通解为
$$(y + \sin x - 1)(x + C) + 1 = 0.$$

例 7-4 求解一阶微分方程 $xy' = x + y$.

分析 一阶方程的求解方法与方程的类型密切相关.对方程的变形方式不同,可得到不同类型的方程,从而有不同的解法.

解 方法一 方程两边同时除以 x,得

$$y' = 1 + \frac{y}{x}.$$ (7.4)

这是齐次方程.令 $u = \frac{y}{x}$,求导得 $\frac{\mathrm{d}y}{\mathrm{d}x} = x\frac{\mathrm{d}u}{\mathrm{d}x} + u$,代入式(7.4),得到可分离变量方程 $x\frac{\mathrm{d}u}{\mathrm{d}x} = 1$,分离变量得 $\mathrm{d}u = \frac{1}{x}\mathrm{d}x$,所以 $u = \ln|x| + C_0$,即 $x = C\mathrm{e}^u$,换回原变量,原方程的通解便是 $x = C\mathrm{e}^{\frac{y}{x}}$.

方法二 方程两边同时除以 x,然后移项得

$$y' - \frac{1}{x}y = 1.$$

这是一阶线性微分方程.由通解公式,得

$$y = \mathrm{e}^{\int \frac{1}{x}\mathrm{d}x}\left(C_0 + \int \mathrm{e}^{-\int \frac{1}{x}\mathrm{d}x}\mathrm{d}x\right) = x\left(C_1 + \int \frac{1}{x}\mathrm{d}x\right) = x(C_1 + \ln|x|).$$

所以,$\frac{y}{x} = \ln|x| + C_1$,即得原方程的通解 $x = C\mathrm{e}^{\frac{y}{x}}$.

方法三 将导数写成微分的商,则原方程为

$$x\mathrm{d}y - y\mathrm{d}x = x\mathrm{d}x,$$ (7.5)

考虑到 $\mathrm{d}\left(\frac{y}{x}\right) = \frac{x\mathrm{d}y - y\mathrm{d}x}{x^2}$,对式(7.5)两边同时乘以 $\frac{1}{x^2}$,得

$$\frac{x\mathrm{d}y - y\mathrm{d}x}{x^2} = \frac{x\mathrm{d}x}{x^2}, \quad 即 \quad \mathrm{d}\left(\frac{y}{x}\right) = \mathrm{d}\ln|x|,$$

两边同时积分,得 $\frac{y}{x} = \ln|x| + C_0$,即得原方程的通解 $x = C\mathrm{e}^{\frac{y}{x}}$.

注 方法三称为凑微分法.为了利用商的微分公式,方程两边同时乘的因子 $\frac{1}{x^2}$ 称为"积分因子",乘积分因子的目的是为了凑微分.以下是常见的几种凑微分公式:

$$y\mathrm{d}x + x\mathrm{d}y = \mathrm{d}(xy); \quad \frac{-y\mathrm{d}x + x\mathrm{d}y}{x^2} = \mathrm{d}\left(\frac{y}{x}\right);$$

$$\frac{y\mathrm{d}x - x\mathrm{d}y}{y^2} = \mathrm{d}\left(\frac{x}{y}\right); \quad \frac{y\mathrm{d}x - x\mathrm{d}y}{x^2 + y^2} = \mathrm{d}\left(\arctan\frac{x}{y}\right).$$

例 7-5 求解下列微分方程

(1) $(x - y)\mathrm{d}y = (3 + x - y)\mathrm{d}x$; (2) $(x + 2y - 3)\mathrm{d}x + (2x - y + 1)\mathrm{d}y = 0$.

分析 本例属于全微分方程,以下分别用"凑微分法"和"代换法"求解.

(1) 方法一 对方程作适当变形,将交叉项合并在一起,得

$$(x\mathrm{d}y + y\mathrm{d}x) - y\mathrm{d}y - (3 + x)\mathrm{d}x = 0,$$

即

$$\mathrm{d}(xy) + \mathrm{d}\left(-\frac{1}{2}y^2\right) + \mathrm{d}\left(-3x - \frac{1}{2}x^2\right) = 0,$$

或
$$d\left(xy - \frac{1}{2}y^2 - 3x - \frac{1}{2}x^2\right) = 0.$$

故原方程通解为
$$x^2 - 2xy + y^2 + 6x = C.$$

方法二　用换元和分离变量法求解. 原方程化为
$$\frac{\mathrm{d}y}{\mathrm{d}x} = \frac{x - y + 3}{x - y}, \tag{7.6}$$

分子分母都含有 $x - y$ 项, 令 $u = x - y$, 则 $\dfrac{\mathrm{d}u}{\mathrm{d}x} = 1 - \dfrac{\mathrm{d}y}{\mathrm{d}x}$, 代入方程(7.6) 得 $1 - \dfrac{\mathrm{d}u}{\mathrm{d}x} = \dfrac{u+3}{u}$, 整理得 $-\dfrac{\mathrm{d}u}{\mathrm{d}x} = \dfrac{3}{u}$, 分离变量 $u\,\mathrm{d}u = -3\,\mathrm{d}x$, 同时积分可得 $\dfrac{1}{2}u^2 = -3x + C_0$, 整理并代回原变量, 得原方程的通解为 $(x - y)^2 + 6x = C.$

(2) 方法一　对方程作适当变形, 将既有 x 又有 y 的交叉项合并在一起, 得
$$(x - 3)\mathrm{d}x + (2y\mathrm{d}x + 2x\mathrm{d}y) + (-y + 1)\mathrm{d}y = 0. \tag{7.7}$$

注意到 $(x - 3)\mathrm{d}x = \mathrm{d}\left(\dfrac{1}{2}x^2 - 3x\right)$, $(-y + 1)\mathrm{d}y = \mathrm{d}\left(-\dfrac{1}{2}y^2 + y\right)$, $(2y\mathrm{d}x + 2x\mathrm{d}y) = \mathrm{d}(2xy)$, 于是式(7.7) 变为
$$d\left(\frac{1}{2}x^2 - 3x + 2xy - \frac{1}{2}y^2 + y\right) = 0.$$

故原方程的通解为 $x^2 - 6x + 4xy + 2y - y^2 = C.$

方法二　换元化为齐次方程后求解. 原方程变形为
$$\frac{\mathrm{d}y}{\mathrm{d}x} = -\frac{x + 2y - 3}{2x - y + 1}, \tag{7.8}$$

解方程组 $\begin{cases} x + 2y - 3 = 0, \\ 2x - y + 1 = 0, \end{cases}$ 得 $x = \dfrac{1}{5}, y = \dfrac{7}{5}$. 采用平移变换, 令

$$\begin{cases} X = x - \dfrac{1}{5}, \\ Y = y - \dfrac{7}{5}, \end{cases} \quad 即 \quad \begin{cases} x = X + \dfrac{1}{5}, \\ y = Y + \dfrac{7}{5}, \end{cases}$$

以及 $\mathrm{d}x = \mathrm{d}X, \mathrm{d}y = \mathrm{d}Y$, 代入方程(7.8), 整理得
$$\frac{\mathrm{d}Y}{\mathrm{d}X} = -\frac{1 - 2Y/X}{2 - Y/X}. \tag{7.9}$$

这是齐次方程. 令 $u = \dfrac{Y}{X}$, 求导得 $\dfrac{\mathrm{d}Y}{\mathrm{d}X} = X\dfrac{\mathrm{d}u}{\mathrm{d}X} + u$, 代入方程(7.9)并移项得 $X\dfrac{\mathrm{d}u}{\mathrm{d}X} = -\dfrac{1 + 4u - u^2}{2 - u}$, 分离变量得

$$-\frac{2 - u}{1 + 4u - u^2}\mathrm{d}u = \frac{1}{X}\mathrm{d}X,$$

两边积分, 得
$$-\frac{1}{2}\ln|1 + 4u - u^2| = \ln|X| + C_0, \quad 即 \quad X^2(1 + 4u - u^2) = C_1,$$

将 $u = \dfrac{Y}{X}$ 代入, 得 $X^2 - 4XY - Y^2 = C_1$, 代回原变量, 得

$$\left(x-\frac{1}{5}\right)^2+4\left(x-\frac{1}{5}\right)\left(y-\frac{7}{5}\right)-\left(y-\frac{7}{5}\right)^2=C_1,$$

整理得 $x^2-6x+4xy+2y-y^2-\dfrac{4}{5}=C_1$,所以,原方程的通解为

$$x^2-6x+4xy+2y-y^2=C.$$

注 (2)题方法二是求解方程

$$\frac{\mathrm{d}y}{\mathrm{d}x}=\frac{ax+by+c}{Ax+By+C}\left(\frac{a}{A}\neq\frac{b}{B}\right)$$

的一般方法,虽然比较烦琐,但有效,其基本思想是通过代换将原方程化为齐次方程.

例 7-6 求下列方程的解:

(1) $\dfrac{\mathrm{d}y}{\mathrm{d}x}-\dfrac{2y}{x-3}=(x-3)^3$; (2) $\dfrac{\mathrm{d}y}{\mathrm{d}x}=\dfrac{\mathrm{e}^y+2x}{x^2}$.

解 (1) 由于 $\mathrm{d}(x-3)=\mathrm{d}x$,令 $t=x-3$,有 $\mathrm{d}t=\mathrm{d}x$,原方程变为 $\dfrac{\mathrm{d}y}{\mathrm{d}t}-\dfrac{2}{t}y=t^3$,这是一阶线性方程,由通解公式得

$$y=\mathrm{e}^{\int\frac{2}{t}\mathrm{d}t}\left(C+\int t^3\mathrm{e}^{-\int\frac{2}{t}\mathrm{d}t}\mathrm{d}t\right)=t^2\left(C+\int t\mathrm{d}t\right)=Ct^2+\frac{t^4}{2},$$

所以,原方程的通解为 $y=C(x-3)^2+\dfrac{1}{2}(x-3)^4$.

(2) 将方程写成 $\dfrac{\mathrm{d}y}{\mathrm{d}x}-\dfrac{\mathrm{e}^y}{x^2}=\dfrac{2}{x}$ 可知,该方程不是线性方程.两边同乘以 e^{-y},得

$$\mathrm{e}^{-y}\frac{\mathrm{d}y}{\mathrm{d}x}-\frac{1}{x^2}=\frac{2}{x}\mathrm{e}^{-y},$$

令 $z=\mathrm{e}^{-y}$,则 $\dfrac{\mathrm{d}z}{\mathrm{d}x}=-\mathrm{e}^{-y}\dfrac{\mathrm{d}y}{\mathrm{d}x}$,原方程为 $\dfrac{\mathrm{d}z}{\mathrm{d}x}+\dfrac{2}{x}z=-\dfrac{1}{x^2}$,这是一阶线性方程,由通解公式

$$z=\mathrm{e}^{-y}=\mathrm{e}^{-\int\frac{2}{x}\mathrm{d}x}\left(C+\int-\frac{1}{x^2}\mathrm{e}^{\int\frac{2}{x}\mathrm{d}x}\mathrm{d}x\right)=\frac{1}{x^2}\left(C-\int\mathrm{d}t\right)=\frac{1}{x^2}(C-x),$$

所以,得原方程通解为 $x+x^2\mathrm{e}^{-y}=C$.

【题型 7-2】 可降阶的高阶微分方程的求解

应对 (1) 对于 $y^{(n)}=f(x)$,通过 n 次积分得到包含 n 个任意常数的通解.

(2) 对于 $y''=f(x,y')$,令 $y'=p(x)$,则 $y''=p'(x)$.方程降阶为 $p'=f(x,p)$,判断类型,求出显式通解 $p(x)=\varphi(x,C_1)$,再积分,得到包含两个任意常数的通解.

(3) 对于 $y''=f(y,y')$.令 $y'=p(y)$,则 $y''=p(y)\dfrac{\mathrm{d}p}{\mathrm{d}y}$.方程降阶为 $p\dfrac{\mathrm{d}p}{\mathrm{d}y}=f(y,p)$,判断类型,求出显式通解 $p(y)=\varphi(y,C_1)$,即 $y'=\varphi(y,C_1)$,分离变量再积分得到包含两个任意常数的通解.

例 7-7 求解下列各方程:

(1) $y''=6x^2+\sin x-1$; (2) $y''-xy'^2=0,y(0)=1,y'(0)=-2$;

(3) $yy''-y'^2=0$; (4) $y''+\sqrt{1-y'^2}=0$.

解 (1) 只含有 y'',x,直接积分两次即可.两边同时积分得

$$y' = 2x^3 - \cos x - x + C_1,$$

再积分得原方程通解为 $y = \dfrac{1}{2}x^4 - \sin x - \dfrac{1}{2}x^2 + C_1 x + C_2$.

（2）方程不显含 y，令 $y' = p(x)$，则原方程化为 $p' - xp^2 = 0$，这是可分离变量的微分方程. 由于 $\dfrac{\mathrm{d}p}{p^2} = x\mathrm{d}x$，积分后得

$$-\frac{1}{p} = \frac{1}{2}x^2 + C_1, \quad 即 \quad y' = \frac{-2}{x^2 + 2C_1}.$$

由初始条件 $y'(0) = -2$，得 $C_1 = \dfrac{1}{2}$，所以 $y' = \dfrac{-2}{x^2+1}$. 直接积分，得 $y = -2\arctan x +$ C_2. 再由初始条件 $y(0) = 1$，得 $C_2 = 1$. 所以，原方程满足初始条件的特解为

$$y = -2\arctan x + 1.$$

（3）方程不显含 x，令 $y' = p(y)$，则原方程化为 $p\left(y\dfrac{\mathrm{d}p}{\mathrm{d}y} - p\right) = 0$，由 $y\dfrac{\mathrm{d}p}{\mathrm{d}y} - p = 0$ 分离变量 $\dfrac{\mathrm{d}p}{p} = \dfrac{1}{y}\mathrm{d}y$，解得 $p = C_1 y$（包含 $p = 0$ 对应的解），即

$$\frac{\mathrm{d}y}{\mathrm{d}x} = C_1 y,$$

再分离变量 $\dfrac{\mathrm{d}y}{y} = C_1\mathrm{d}x$，积分得 $\ln|y| = C_1 x + C_0$，原方程的通解为 $y = C_2\mathrm{e}^{C_1 x}$.

（4）方程不显含 x,y，因此可考虑用两种方法求解.

方法一　令 $y' = p(x)$，则有 $y'' = p'(x)$，原方程化为 $p' + \sqrt{1-p^2} = 0$，用分离变量法求解 $\dfrac{\mathrm{d}p(x)}{-\sqrt{1-p^2}} = \mathrm{d}x$，积分得 $\arccos p = x + C_1$，即 $p = \cos(x+C_1)$，亦即 $y' = \cos(x+C_1)$，直接积分可得原方程通解 $y = \sin(x+C_1) + C_2$.

方法二　令 $y' = p(y)$，则有 $y'' = p\dfrac{\mathrm{d}p}{\mathrm{d}y}$，原方程化为 $p\dfrac{\mathrm{d}p}{\mathrm{d}y} + \sqrt{1-p^2} = 0$，用分离变量，得 $\dfrac{-p\mathrm{d}p(y)}{\sqrt{1-p^2}} = \mathrm{d}y$，积分得 $\sqrt{1-p^2} = y + C_1$，即 $p = \sqrt{1-(y+C_1)^2} = y'$，再分离变量得

$$\frac{\mathrm{d}y}{\sqrt{1-(y+C_1)^2}} = \mathrm{d}x,$$

积分得 $\arcsin(y+C_1) = x + C_2$，即得原方程的通解为 $y + C_1 = \sin(x+C_2)$.

注　并不是所有不显含 x,y 的方程都可以用两种方法求解，有时需要作选择. 如 $y'' = (y')^3 + y'$，若作代换 $y' = p(x)$，则 $p' = p^3 + p$，分离变量并积分得隐式解 $\dfrac{p^2}{p^2+1} = C_1\mathrm{e}^{2x}$. 由于该解不易显式化，因此放弃而改为令 $y' = p(y)$.

例 7-8　求微分方程 $y''(x + y'^2) = y'$ 的满足初始条件 $y(1) = y'(1) = 1$ 的特解.

解　这是二阶可降阶方程. 原方程不显含 y，令 $y' = p(x)$，有 $y'' = p'(x)$，则原方程化为 $p'(x + p^2) = p$，即 $\dfrac{\mathrm{d}p}{\mathrm{d}x} = \dfrac{p}{x+p^2}$，转化 x,p 的地位得

$$\frac{\mathrm{d}x}{\mathrm{d}p} = \frac{x+p^2}{p}, \quad 即 \quad \frac{\mathrm{d}x}{\mathrm{d}p} - \frac{1}{p}x = p.$$

于是,由通解公式,得

$$x = \mathrm{e}^{\int \frac{1}{p}\mathrm{d}p}\left(C + \int p\mathrm{e}^{-\int \frac{1}{p}\mathrm{d}p}\mathrm{d}p\right) = p\left(C + \int \mathrm{d}p\right) = p(C+p),$$

代入初始条件 $y'(1) = 1 = p(1)$ 得 $C = 0$,所以 $x = p^2$. 代回原变量,由于 $y'(1) = 1$,所以应该取 $p = \sqrt{x}$,即 $\frac{\mathrm{d}y}{\mathrm{d}x} = \sqrt{x}$,解之得 $y = \frac{2}{3}x^{\frac{3}{2}} + C$. 代入初始条件 $y(1) = 1$,得 $C = \frac{1}{3}$,故所求的特解为 $y = \frac{2}{3}x^{\frac{3}{2}} + \frac{1}{3}$.

注 本题类型容易判断,但降阶后的一阶方程类型不明确,转换变量 p,x 的地位是求解的关键.

【题型 7-3】 二阶常系数线性微分方程求解

应对 依表 7-3、表 7-4,熟练掌握特征根与微分方程通解中对应项的关系,熟练掌握按自由项 $f(x)$ 的不同类型,对特解 y^* 的设定.若 $f(x)$ 的形式复杂,需将其转化为表 7-4 中所列形式的组合.

例 7-9 求解下列二阶常系数线性齐次微分方程:

(1) $y'' + y' - 2y = 0$;   (2) $y'' - 2y' + y = 0$;   (3) $y'' + 2y' + 10y = 0$.

解 (1) 方程的特征方程为 $\lambda^2 + \lambda - 2 = 0$,有相异实根 $\lambda_1 = 1, \lambda_2 = -2$,故方程通解为 $y = C_1\mathrm{e}^x + C_2\mathrm{e}^{-2x}$.

(2) 方程的特征方程为 $\lambda^2 - 2\lambda + 1 = 0$,有两相同实根 $\lambda_1 = \lambda_2 = 1$,故方程通解为 $y = (C_1 + C_2 x)\mathrm{e}^x$.

(3) 特征方程为 $\lambda^2 + 2\lambda + 10 = 0$,有共轭复根 $\lambda_{1,2} = -1 \pm 3\mathrm{i}$,故原方程通解为 $y = \mathrm{e}^{-x}(C_1\cos 3x + C_2\sin 3x)$.

注 由微分方程写出对应的特征方程是很重要的环节,正确写出特征方程的关键是掌握其对应关系:微分方程中 y'' 对应特征方程 λ^2,y' 对应 λ,y 对应代数方程的常数项,系数不变.

例 7-10 求解下列二阶常系数非齐次线性微分方程:

(1) $y'' - 5y' + 6y = 3x^2 + x - 3$;   (2) $y'' + y' - 12y = \mathrm{e}^{3x}$;

(3) $y'' + 9y = x\cos 3x$;   (4) $y'' - 2y' + y = x\mathrm{e}^x$;

(5) $y'' - y' - 6y = \mathrm{e}^{-2x} + \cos x - x + 2$.

分析 二阶常系数非齐次线性微分方程分三步求解:(1)求对应的齐次方程的通解;(2)设定特解 y^* 的形式,求导后代入原方程确定其待定常数;(3)由解的结构定理写出通解.

解 (1) 方程对应的齐次方程的特征方程为 $\lambda^2 - 5\lambda + 6 = 0$,有相异实根 $\lambda_1 = 2, \lambda_2 = 3$,故齐次方程通解为 $Y = C_1\mathrm{e}^{2x} + C_2\mathrm{e}^{3x}$.

自由项 $f(x) = 3x^2 + x - 3 = \mathrm{e}^{0x}(3x^2 + x - 3)$,因 $r = 0$ 不是特征根,故设方程的特解为 $y^* = ax^2 + bx + c$,于是 $y^{*\prime} = 2ax + b, y^{*\prime\prime} = 2a$,代入原方程得

$$6ax^2 + (6b - 10a)x + 2a - 5b + 6c = 3x^2 + x - 3.$$

比较系数得 $a = \dfrac{1}{2}, b = 1, c = \dfrac{1}{6}$, 即特解为 $y^* = \dfrac{1}{2}x^2 + x + \dfrac{1}{6}$, 所以原方程的通解为

$$y = Y + y^* = C_1 \mathrm{e}^{2x} + C_2 \mathrm{e}^{3x} + \frac{1}{2}x^2 + x + \frac{1}{6}.$$

（2）方程对应的齐次方程的特征方程为 $\lambda^2 + \lambda - 12 = 0$, 有相异实根 $\lambda_1 = 3, \lambda_2 = -4$, 故齐次方程通解为 $Y = C_1 \mathrm{e}^{3x} + C_2 \mathrm{e}^{-4x}$.

自由项 $f(x) = \mathrm{e}^{3x}$, 因 $r = 3$ 是单重特征根, 故设方程的特解为 $y^* = ax\mathrm{e}^{3x}$, 于是

$$y^{*\prime} = a\mathrm{e}^{3x} + 3ax\mathrm{e}^{3x}, \quad y^{*\prime\prime} = 6a\mathrm{e}^{3x} + 9ax\mathrm{e}^{3x},$$

代入原方程得 $a = \dfrac{1}{7}$, 故特解 $y^* = \dfrac{1}{7}x\mathrm{e}^{3x}$, 所以原方程的通解为

$$y = Y + y^* = C_1 \mathrm{e}^{3x} + C_2 \mathrm{e}^{-4x} + \frac{1}{7}x\mathrm{e}^{3x}.$$

（3）方程对应的齐次方程的特征方程为 $\lambda^2 + 9 = 0$, 有共轭复根 $\lambda = \pm 3\mathrm{i}$, 故齐次方程通解为 $Y = C_1 \cos 3x + C_2 \sin 3x$.

自由项 $f(x) = x\cos 3x$, 因 $\xi \pm \eta\mathrm{i} = 3\mathrm{i}$ 是特征根, 故设方程的特解为

$$y^* = (ax + b)x\cos 3x + (cx + d)x\sin 3x,$$

于是 $\quad y^{*\prime} = (3cx^2 + 3dx + 2ax + b)\cos 3x + (-3ax^2 - 3bx + 2cx + d)\sin 3x,$

$$y^{*\prime\prime} = (-9ax^2 - 9bx + 12cx + 6d + 2a)\cos 3x$$
$$+ (-9cx^2 - 9dx - 12ax - 6b + 2c)\sin 3x,$$

代入原方程得

$$(12cx + 6d + 2a)\cos 3x + (-12ax - 6b + 2c)\sin 3x = x\cos 3x,$$

比较系数, 得

$$\begin{cases} 12c = 1, \quad 6d + 2a = 0, \\ -12a = 0, \quad -6b + 2c = 0, \end{cases} \quad \text{解得} \begin{cases} a = 0, \quad b = 1/36, \\ c = 1/12, \quad d = 0, \end{cases}$$

所以 $y^* = \dfrac{1}{36}x\cos 3x + \dfrac{1}{12}x^2\sin 3x$, 因此原方程的通解为

$$y = Y + y^* = C_1 \cos 3x + C_2 \sin 3x + \frac{1}{36}x\cos 3x + \frac{1}{12}x^2\sin 3x.$$

（4）由例 7-9（2）知, 对应的齐次方程通解为 $Y = (C_1 + C_2 x)\mathrm{e}^x$.

自由项 $f(x) = x\mathrm{e}^x, r = 1$ 是重根, 故设方程的特解为 $y^* = (ax + b)x^2\mathrm{e}^x$, 于是

$$y^{*\prime} = (ax^3 + bx^2 + 3ax^2 + 2bx)\mathrm{e}^x,$$
$$y^{*\prime\prime} = (ax^3 + bx^2 + 6ax^2 + 4bx + 6ax + 2b)\mathrm{e}^x,$$

代入原方程, 得 $\qquad (6ax + 2b)\mathrm{e}^x = x\mathrm{e}^x,$

比较系数, 得 $a = \dfrac{1}{6}, b = 0$, 因此 $y^* = \dfrac{1}{6}x^3\mathrm{e}^x$, 从而原方程的通解为

$$y = Y + y^* = \left(C_1 + C_2 x + \frac{1}{6}x^3\right)\mathrm{e}^x.$$

（5）方程对应的齐次方程的特征方程为 $\lambda^2 - \lambda - 6 = 0$, 有相异实根 $\lambda_1 = 3, \lambda_2 = -2$, 故齐次方程通解为 $Y = C_1 \mathrm{e}^{3x} + C_2 \mathrm{e}^{-2x}$.

自由项 $f(x) = f_1(x) + f_2(x) + f_3(x)$, 其中 $f_1(x) = \mathrm{e}^{-2x}, r = -2$ 是特征单根,

故可设 $y_1{}^* = ax\mathrm{e}^{-2x}$；$f_2(x) = \cos x$，$\xi + \eta\mathrm{i} = +\mathrm{i}$ 不是特征根，故设 $y_2{}^* = b\cos x + c\sin x$，$f_3(x) = -x + 2$，$r = 0$ 不是特征根，故设 $y_3{}^* = mx + n$. 从而原方程的特解形式为

$$y^* = y_1{}^* + y_2{}^* + y_3{}^* = ax\mathrm{e}^{-2x} + b\cos x + c\sin x + mx + n,$$

于是

$$y^{*\prime} = (a - 2ax)\mathrm{e}^{-2x} - b\sin x + c\cos x + m,$$

$$y^{*\prime\prime} = (4ax - 4a)\mathrm{e}^{-2x} - b\cos x - c\sin x,$$

代入原方程得

$$-5a\mathrm{e}^{-2x} - (7b + c)\cos x + (b - 7c)\sin x - 6mx - m - 6n = \mathrm{e}^{-2x} + \cos x - x + 2,$$

比较系数，得 $\begin{cases} a = -1/5, b = -7/50, c = -1/50, \\ m = 1/6, n = -13/36, \end{cases}$ 所以原方程的通解为

$$y = Y + y^* = C_1\mathrm{e}^{3x} + C_2\mathrm{e}^{-2x} - \frac{1}{5}x\mathrm{e}^{-2x} - \frac{7}{50}\cos x - \frac{1}{50}\sin x + \frac{1}{6}x - \frac{13}{36}.$$

注 当自由项 $f(x) = f_1(x) + f_2(x) + f_3(x)$ 时，也可以分别求出特解 y_1^*，y_2^*，y_3^*，然后相加得 y^*.

需要强调的是，正确设定特解 y^* 的形式是求非齐次线性微分方程的特解的关键.

【题型 7-4】 **三阶及以上常系数齐次线性微分方程的求解**

应对 $y^{(n)} + a_1 y^{(n-1)} + \cdots + a_{n-1}y' + a_n y = 0 \ (n > 2)$ 的求解方法与二阶常系数齐次线性微分方程类似，其步骤为如下：

(1) 写出对应的特征方程 $\lambda^n + a_1\lambda^{n-1} + \cdots + a_{n-1}\lambda + a_n = 0$，并求出特征根；

(2) 根据特征根的不同情况，按表 7-5 得到对应的微分方程的解.

表 7-5

特征方程的根	对应的微分方程的解
单实根 r	e^{rx}
k 重实根 r	$\mathrm{e}^{rx}, x\mathrm{e}^{rx}, \cdots, x^{k-1}\mathrm{e}^{rx}$
单复根 $\alpha \pm \beta\mathrm{i}$	$\mathrm{e}^{\alpha x}\cos\beta x, \mathrm{e}^{\alpha x}\sin\beta x$
k 重复根 $\alpha \pm \beta\mathrm{i}$	$\mathrm{e}^{\alpha x}\cos\beta x, \mathrm{e}^{\alpha x}\sin\beta x, x\mathrm{e}^{\alpha x}\cos\beta x,$ $x\mathrm{e}^{\alpha x}\sin\beta x, \cdots, x^{k-1}\mathrm{e}^{\alpha x}\cos\beta x, x^{k-1}\mathrm{e}^{\alpha x}\sin\beta x$

由此，特征方程的 n 个根，每一个都与微分方程的一个解相对应，且这些解线性无关，这 n 个特解分别乘以 $C_1, C_2, \cdots, C_n$，再相加即得通解.

例 7-11 求解下列高阶常系数线性齐次微分方程：

(1) $y''' + 4y'' + 5y' + 2y = 0$；   (2) $y^{(4)} + 2y'' + y = 0$.

分析 写出对应的特征方程并求出特征根，然后依表 7-5 写出微分方程的通解.

解 (1) 特征方程为 $\lambda^3 + 4\lambda^2 + 5\lambda + 2 = 0$，分解因式，有

$$\lambda^3 + \lambda^2 + 3(\lambda^2 + \lambda) + 2(\lambda + 1) = (\lambda + 1)(\lambda^2 + 3\lambda + 2) = (\lambda + 1)^2(\lambda + 2) = 0,$$

于是，得到二重实根 $\lambda = -1$ 与单实根 $\lambda = -2$，依表 7-5 知对应的微分方程的解为 e^{-x}，$x\mathrm{e}^{-x}$ 及 e^{-2x}，故所求通解为

$$Y = C_1\mathrm{e}^{-x} + C_2 x\mathrm{e}^{-x} + C_3\mathrm{e}^{-2x}.$$

(2) 特征方程为 $\lambda^4 + 2\lambda^2 + 1 = (\lambda^2 + 1)^2 = 0$，其特征根为二重复根 $\pm\mathrm{i}$，对应的微

分方程的解为 $\cos x, \sin x, x\cos x, x\sin x$，故所求通解为
$$Y = (C_1 + C_2 x)\cos x + (C_3 + C_4 x)\sin x.$$

【题型 7-5】 已知微分方程的解，反求微分方程

应对 （1）若已知非齐次线性微分方程的解（特解或通解），则先求对应的齐次方程，再求自由项. 具体做法是：利用特征根与微分方程通解中对应项的关系，写出特征根，再写出特征方程，从而求得齐次方程. 将特解代入其中可求得自由项，从而得到常系数非齐次线性方程.

（2）若已知某微分方程的通解，一般采用对通解求导，消去任意常数的方法，求出微分方程.

例 7-12 设 $Y = \mathrm{e}^x(C_1\cos x + C_2\sin x)$（$C_1,C_2$ 为任意常数）为某二阶常系数齐次线性微分方程的通解，求该微分方程.

解 方法一 由齐次微分方程的通解与特征根的对应关系知，与线性无关的特解 $y_1 = \mathrm{e}^x\cos x, y_2 = \mathrm{e}^x\sin x$ 相对应的特征根是 $1 \pm \mathrm{i}$，因此特征方程为
$$r^2 - 2r + 2 = 0,$$
从而所求二阶常系数齐次线性微分方程为 $y'' - 2y' + 2y = 0$.

方法二 对已知通解求导数，得 $Y' = \mathrm{e}^x[(C_1 + C_2)\cos x + (C_2 - C_1)\sin x], Y'' = \mathrm{e}^x(2C_2\cos - 2C_1\sin x)$，为消去两个任意常数 C_1 和 C_2，简单计算，得
$$Y' - Y = \mathrm{e}^x(C_2\cos x + C_1\sin x) = \frac{1}{2}Y'',$$
即 $2(Y' - Y) = Y''$，所以，已知通解对应的微分方程为
$$y'' - 2y' + 2y = 0.$$

注 无论是用上述哪一种方法得到微分方程后，都应该再求解，通过求解来验证结论的正确性.

例 7-13 设 $y_1 = x\mathrm{e}^x, y_2 = x\mathrm{e}^x + \mathrm{e}^{2x}, y_3 = x\mathrm{e}^x + \mathrm{e}^{2x} + \mathrm{e}^{-x}$ 是某个二阶常系数非齐次线性微分方程的三个特解，求该微分方程及其通解.

分析 先求对应的齐次方程的两个线性无关的解，然后写出非齐次线性方程的通解，最后通过求齐次方程、求自由项的方法求出微分方程.

解 由解的结构定理知 $y_1 = y_2^* - y_1^* = \mathrm{e}^{2x}, y_2 = y_3^* - y_2^* = \mathrm{e}^{-x}$ 是对应的齐次线性微分方程的解，且线性无关，故非齐次线性方程的通解为
$$y = C_1\mathrm{e}^{2x} + C_2\mathrm{e}^{-x} + x\mathrm{e}^x.$$
由 $y_1 = \mathrm{e}^{2x}, y_2 = \mathrm{e}^{-x}$ 为对应的齐次线性微分方程的解知，特征方程有相异两实根 $r = 2$，$r = -1$ 因此特征方程为 $r^2 - r - 2 = 0$，从而齐次线性微分方程为
$$y'' - y' - 2y = 0.$$
设所求方程为 $y'' - y' - 2y = f(x)$，将 $y_1^* = x\mathrm{e}^x$ 代入得 $f(x) = \mathrm{e}^x(1 - 2x)$，故所求非齐次线性微分方程为
$$y'' - y' - 2y = \mathrm{e}^x(1 - 2x).$$

例 7-14 设以下函数是某个微分方程的通解，求其所满足的微分方程：

（1）$x + y = C\mathrm{e}^y - 1$；　　　　（2）$y = C_1\cos 2x + C_2\sin 2x$.

解 (1) 通解中含有一个任意常数,故可以判断所求微分方程为一阶方程. 在方程的两边同时微分,可得 $\mathrm{d}x + \mathrm{d}y = C\mathrm{e}^y \mathrm{d}y$;移项、整理得 $\mathrm{d}x = (C\mathrm{e}^y - 1)\mathrm{d}y$;代入原通解函数,消去任意常数 C,即得所求微分方程 $\mathrm{d}x = (x + y)\mathrm{d}y$.

(2) 通解中含有两个任意常数,故所求微分方程为二阶方程. 在方程的两边同时对 x 求二阶导数,得

$$y' = -2C_1 \sin 2x + 2C_2 \cos 2x, \quad y'' = -4C_1 \cos 2x - 4C_2 \sin 2x.$$

对后一等式提取公因式,得 $y'' = -4(C_1 \cos 2x + C_2 \sin 2x)$,代入原通解函数,得 $y'' = -4y$,故所求微分方程为 $y'' + 4y = 0$.

综上所述,求通解函数所满足的微分方程时,一般有如下三个步骤:

(1) 由任意常数的个数,判断所求微分方程的阶数;

(2) 根据通解特点,如果含一个任意常数,就采取等式两边同时求一阶导数或求微分的方法,如果含有两个任意常数,就应该求出二阶导数;

(3) 通过代入整理消去任意常数,即可得通解函数所满足的微分方程.

【题型 7-6】 欧拉方程的求解

应对 对于欧拉方程 $ax^2 y'' + bxy' + cy = f(x)$ $(a \neq 0)$,可以通过变量代换 $x = \mathrm{e}^t$ 或 $t = \ln x$,转化为以 t 为自变量的常系数线性微分方程,从而可以按照标准方法求解. 注意到 $\dfrac{\mathrm{d}t}{\mathrm{d}x} = \dfrac{1}{x}$,因此

$$y' = \frac{\mathrm{d}y}{\mathrm{d}t}\frac{\mathrm{d}t}{\mathrm{d}x} = \frac{1}{x}\frac{\mathrm{d}y}{\mathrm{d}t},$$

$$y'' = \frac{\mathrm{d}y}{\mathrm{d}x}\left(\frac{1}{x}\frac{\mathrm{d}y}{\mathrm{d}t}\right) = -\frac{1}{x^2}\frac{\mathrm{d}y}{\mathrm{d}t} + \frac{1}{x}\frac{\mathrm{d}^2 y}{\mathrm{d}t^2}\frac{\mathrm{d}t}{\mathrm{d}x} = \frac{1}{x^2}\left(\frac{\mathrm{d}^2 y}{\mathrm{d}t^2} - \frac{\mathrm{d}y}{\mathrm{d}t}\right),$$

亦即
$$xy' = \frac{\mathrm{d}y}{\mathrm{d}t}, \quad x^2 y'' = \frac{\mathrm{d}^2 y}{\mathrm{d}t^2} - \frac{\mathrm{d}y}{\mathrm{d}t}. \tag{7.10}$$

例 7-15 求解下列欧拉方程:

(1) $x^2 y'' - 2xy' + 2y = 0$;   (2) $x^3 y''' + 2x^2 y'' - xy' + y = 0$;

(3) $x^2 y'' - 4xy' + 4y = 2x$;   (4) $x^2 y'' - xy' + 2y = x\sin(\ln x)$.

解 (1) 根据式(7.10),原方程可以化为

$$\frac{\mathrm{d}^2 y}{\mathrm{d}t^2} - 3\frac{\mathrm{d}y}{\mathrm{d}t} + 2y = 0.$$

这是二阶常系数线性齐次方程,对应的特征方程 $\lambda^2 - 3\lambda + 2 = 0$ 的特征根 $\lambda_1 = 2, \lambda_2 = 1$. 因此,通解为 $y = C_1 \mathrm{e}^{2t} + C_2 \mathrm{e}^t$,代回原变量,得原方程的通解为

$$y = C_1 x^2 + C_2 x.$$

(2) 根据式(7.10),并注意 $x^3 y''' = \dfrac{\mathrm{d}^3 y}{\mathrm{d}t^3} - 3\dfrac{\mathrm{d}^2 y}{\mathrm{d}t^2} + 2\dfrac{\mathrm{d}y}{\mathrm{d}t}$,原方程可以化为

$$\frac{\mathrm{d}^3 y}{\mathrm{d}t^3} - \frac{\mathrm{d}^2 y}{\mathrm{d}t^2} - \frac{\mathrm{d}y}{\mathrm{d}t} + y = 0.$$

这是三阶常系数线性齐次方程,对应特征方程 $\lambda^3 - \lambda^2 - \lambda + 1 = 0$ 的特征根 $\lambda_1 = \lambda_2 = 1, \lambda_3 = -1$,通解为 $y = (C_1 + C_2 t)\mathrm{e}^t + C_3 \mathrm{e}^{-t}$,代回原变量,得原方程通解为

$$y = (C_1 + C_2 \ln |x|)x + C_3 x^{-1}.$$

(3) 根据式(7.10)，原方程可以化为

$$\frac{\mathrm{d}^2 y}{\mathrm{d}t^2} - 5 \frac{\mathrm{d}y}{\mathrm{d}t} + 4y = 2\mathrm{e}^t. \tag{7.11}$$

这是二阶常系数线性非齐次方程,因为对应齐次方程的特征方程 $\lambda^2 - 5\lambda + 4 = 0$ 的特征根 $\lambda_1 = 1, \lambda_2 = 4$,故式(7.11)对应齐次方程的通解为 $Y = C_1 \mathrm{e}^t + C_2 \mathrm{e}^{4t}$.

自由项 $f(t) = 2\mathrm{e}^t$,因 $r = 1$ 是特征根,故可以设方程(7.11)的特解为 $y^* = at\mathrm{e}^t$,于是 $y^{*\prime} = (a + at)\mathrm{e}^t, y^{*\prime\prime} = (2a + at)\mathrm{e}^t$,代入方程(7.11)得 $-3a\mathrm{e}^t = 2\mathrm{e}^t$,即 $a = -\frac{2}{3}$,故特解 $y^* = -\frac{2}{3}t\mathrm{e}^t$,微分方程(7.11)的通解为

$$f(t) = Y + y^* = C_1 \mathrm{e}^t + C_2 \mathrm{e}^{4t} - \frac{2}{3}t\mathrm{e}^t.$$

代回原变量,得原方程的通解 $y = C_1 x + C_2 x^4 - \frac{2}{3}x\ln |x|$.

(4) 根据式(7.10),原方程可以化为

$$\frac{\mathrm{d}^2 y}{\mathrm{d}t^2} - 2 \frac{\mathrm{d}y}{\mathrm{d}t} + 2y = \mathrm{e}^t \sin t. \tag{7.12}$$

这是二阶常系数线性非齐次方程,对应齐次方程的特征方程 $\lambda^2 - 2\lambda + 2 = 0$ 的特征根 $\lambda_{1,2} = 1 \pm \mathrm{i}$,则式(7.12)对应齐次方程的通解为 $Y = \mathrm{e}^t(C_1 \cos t + C_2 \sin t)$.

自由项 $f(t) = \mathrm{e}^t \sin t, \xi + \eta\mathrm{i} = 1 + \mathrm{i}$ 是特征根,故设方程(7.12)的特解为

$$y^* = t\mathrm{e}^t(a\cos t + b\sin t),$$

于是
$$y^{*\prime} = \mathrm{e}^t[(a + at + bt)\cos t + (b + bt - at)\sin t],$$
$$y^{*\prime\prime} = \mathrm{e}^t[(2a + 2b + 2bt)\cos t + (2b - 2a - 2at)\sin t],$$

代入方程(7.12)得 $\mathrm{e}^t(2b\cos t - 2a\sin t) = \mathrm{e}^t \sin t$,比较系数,得 $a = -\frac{1}{2}, b = 0$,所以方程(7.12)的通解为

$$f(t) = Y + y^* = \mathrm{e}^t(C_1 \cos t + C_2 \sin t) - \frac{1}{2}t\mathrm{e}^t \cos t,$$

所以原方程的通解为 $y = x[C_1 \cos(\ln x) + C_2 \sin(\ln x)] - \frac{1}{2}x\ln x\cos(\ln x)$.

注 求出关于新变量 t 的通解后,应代回原变量 x,得到原方程的通解.

【题型 7-7】 能转化为微分方程的积分方程的求解

应对 对于未知函数出现在积分中的方程,一般通过求导化为微分方程求解,除此之外,还应通过原来所给关系式找到附加条件,以确定微分方程解中的任意常数. 但由于所给关系式不同,会出现不同情况.

例 7-16 求下列方程的解.

(1) $y(x) = \mathrm{e}^x + \int_0^x y(t)\mathrm{d}t$; (2) $\int_0^x (2x + u)y(u)\mathrm{d}u = x - \int_0^x y(u)\mathrm{d}u$.

解 (1) 在所给方程两边同时对 x 求导,得微分方程

$$y'(x) = e^x + y(x),$$

即 $y' - y = e^x$，这是一阶线性微分方程，由通解公式得

$$y = e^{\int dx} \left(C + \int e^x e^{-\int dx} dx \right) = e^x (C + x),$$

在所给方程中，令 $x = 0$，得初始条件 $y(0) = 1$，代入上式，解得 $C = 1$，于是得定解为 $y = e^x (1 + x)$.

（2）先将原方程变为

$$2x \int_0^x y(u) du + \int_0^x u y(u) du = x - \int_0^x y(u) du,$$

两边同时对 x 求导，得

$$2 \int_0^x y(u) du + 2x y(x) + x y(x) = 1 - y(x), \quad \text{且 } y(0) = 1$$

等式两边再次对 x 求导，得微分方程

$$(1 + 3x) y' + 5y = 0.$$

由于 $\dfrac{dy}{5y} = -\dfrac{dx}{1 + 3x}$，积分并整理得通解为

$$y^3 (1 + 3x)^5 = C.$$

将 $y(0) = 1$ 代入解得 $C = 1$，于是得定解 $y^3 (1 + 3x)^5 = 1$.

例 7-17 设二次可微函数 $f(x)$ 满足 $f'(x) + 3 \int_0^x f'(t) dt + 2x \int_0^1 f(ux) du + e^{-x} = 0$ 以及 $f(0) = 1$，求 $f(x)$.

分析 所给方程为积分微分方程. 为对方程两边求导，首先应通过换元对 $2x \int_0^1 f(ux) du$ 进行变形，将 x 换到积分限上.

解 对 $2x \int_0^1 f(ux) du$，令 $ux = t$，则当 $u = 0$ 时 $t = 0$，当 $u = 1$ 时 $t = x$，且 $d(ux) = x du = dt$，于是 $2x \int_0^1 f(ux) du = 2 \int_0^x f(t) dt$. 故原方程化为

$$f'(x) + 3 \int_0^x f'(t) dt + 2 \int_0^x f(t) dt + e^{-x} = 0,$$

等式两边同时求导，得

$$f''(x) + 3 f'(x) + 2 f(x) = e^{-x}.$$

这是二阶常系数非齐次线性微分方程. 对应的齐次方程的特征方程为 $\lambda^2 + 3\lambda + 2 = 0$，有相异实根 $\lambda_1 = -1, \lambda_2 = -2$，故齐次方程通解为 $Y = C_1 e^{-x} + C_2 e^{-2x}$. 自由项 $g(x) = e^{-x}$，因 $r = -1$ 是单根，故设方程的特解为 $y^* = ax e^{-x}$，于是 $y^{*\prime} = (a - ax) e^{-x}, y^{*\prime\prime} = (ax - 2a) e^{-x}$，代入原方程并比较系数得 $a = 1$，故特解 $y^* = x e^{-x}$，所以微分方程的通解为

$$f(x) = Y + y^* = C_1 e^{-x} + C_2 e^{-2x} + x e^{-x}.$$

由 $f(0) = 1$ 可推出 $f'(0) = -1$，将两者作为初始条件代入通解得 $C_1 = 0, C_2 = 1$，所以

$$f(x) = x e^{-x} + e^{-2x}.$$

经验证，$f(x) = x e^{-x} + e^{-2x}$ 满足原方程和初始条件，即为所求的函数.

说明 方程求导后，可能会产生增根. 因此求解后，必须代回原积分微分方程进行

检验.

例 7-18 设 $f(x)$ 在 $(-\infty, +\infty)$ 上可导,且其反函数存在为 $g(x)$. 若 $\int_0^{f(x)} g(t)\mathrm{d}t + \int_0^x f(t)\mathrm{d}t = x\mathrm{e}^x - \mathrm{e}^x + 1$,求 $f(x)$.

解 在所给方程两边对 x 求导,得
$$g(f(x))f'(x) + f(x) = x\mathrm{e}^x.$$
因 $g(f(x)) \equiv x$,所以上式变为 $xf'(x) + f(x) = x\mathrm{e}^x$. 由于 $f(x)$ 在 $(-\infty, +\infty)$ 内可导,以 $x = 0$ 代入上式,得 $f(x) = 0$. 当 $x \neq 0$ 时,上式变为
$$f'(x) + \frac{1}{x}f(x) = \mathrm{e}^x.$$
解得
$$f(x) = \mathrm{e}^{-\int \frac{1}{x}\mathrm{d}x}\left[\int \mathrm{e}^x \cdot \mathrm{e}^{\int \frac{1}{x}\mathrm{d}x}\mathrm{d}x + C\right] = \mathrm{e}^x + \frac{C - \mathrm{e}^x}{x}, \quad x \neq 0$$
由于 $f(x)$ 在 $x = 0$ 处连续,令 $x \to 0$,得
$$0 = f(0) = 1 + \lim_{x \to 0} \frac{C - \mathrm{e}^x}{x},$$
从而知 $C = 1$. 于是得
$$f(x) = \begin{cases} \mathrm{e}^x + \dfrac{1 - \mathrm{e}^x}{x}, & x \neq 0, \\ 0, & x = 0. \end{cases}$$

【题型 7-8】 微分方程的几何应用举例

应对 微分方程的几何应用的任务是建立几何问题的微分方程和寻找初始条件. 在应用中,除了要用到导数的几何意义之外,还要用到切(法)线在坐标轴上的截距或在两坐标轴之间的长度、曲边梯形的面积、旋转体的体积、曲线的弧长等一些几何量,需要能熟练写出它们的表达式.

例 7-19 某曲线在点 $(0, 1/2)$ 处的切线斜率为 2,且满足微分方程 $y^2 y'' + 1 = 0$,求该曲线.

分析 本题已知微分方程,主要任务是确定初始条件,求出微分方程的特解.

解 从题设条件可以推出初始条件 $y(0) = \dfrac{1}{2}, y'(0) = 2$. 由于方程 $y^2 y'' + 1 = 0$ 不显含 x,故令 $y' = p(y)$,则原方程化为 $y^2 p \dfrac{\mathrm{d}p}{\mathrm{d}y} = -1$,分离变量得 $p\mathrm{d}p = -\dfrac{1}{y^2}\mathrm{d}y$,两边同时积分得 $\dfrac{1}{2}p^2 = \dfrac{1}{y} + C_1$,代入初始条件 $y(0) = \dfrac{1}{2}, p(0) = y'(0) = 2$,得 $C_1 = 0$. 于是 $p = \sqrt{\dfrac{2}{y}} = \dfrac{\mathrm{d}y}{\mathrm{d}x}$ 再分离变量得 $\sqrt{y}\mathrm{d}y = \sqrt{2}\mathrm{d}x$,两边同时积分得 $\dfrac{2}{3}y^{\frac{3}{2}} = \sqrt{2}x + C$,代入初始条件 $y(0) = \dfrac{1}{2}$,得 $C = \dfrac{1}{3\sqrt{2}}$,故所求的曲线为 $y^3 = \dfrac{1}{2}\left(3x + \dfrac{1}{2}\right)^2$.

例 7-20 在坐标平面 Oxy 上,连续曲线 L 过点 $M(1, 0)$,其上任意一点 $P(x, y)$ $(x \neq 0)$ 处的切线斜率与直线 OP 的斜率之差等于 $ax(a > 0)$. 求曲线 L 的方程.

分析 已知点 $M(1,0)$ 是初始条件,两斜率之差的结果正好确定一阶微分方程,求出方程的特解即可.

解 利用导数的几何意义及 OP 的斜率为 $\dfrac{y}{x}$,可知,满足题设的微分方程为

$$y' - \frac{1}{x}y = ax, \quad y(1) = 0.$$

由通解公式,得

$$y = x\left(\int ax \cdot \frac{1}{x}\mathrm{d}x + C\right) = ax + Cx,$$

代入初始条件 $y(1) = 0$ 得 $y = ax^2 - ax$.

例 7-21 如图 7-1 所示,设曲线 $y = y(x)$ 是第一象限内的连续曲线,点 $A(0,1)$,$B(1,0)$ 分别为曲线与坐标轴 y 和 x 的交点,点 $M(x,y)$ 为曲线 AB 上的任意一点,设梯形 $OCMA$ 的面积与曲边三角形 CBM 的面积之和为 $\dfrac{x^3}{6} + \dfrac{1}{3}$,求 $y = y(x)$.

分析 本题涉及的曲边三角形面积是一个变限积分.因此由题设可得积分方程.求解积分方程即可.

解 由题设可建立方程

$$\frac{1+y}{2}x + \int_x^1 y(t)\,\mathrm{d}t = \frac{x^3}{6} + \frac{1}{3},$$

求导,得

$$\frac{1+y}{2} + \frac{x}{2}y' - y = \frac{1}{2}x^2,$$

整理,得

$$y' - \frac{1}{x}y = x - \frac{1}{x}, \quad x > 0.$$

这是一阶线性微分方程,其通解为

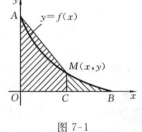

图 7-1

$$y = x\left[\int\left(x - \frac{1}{x}\right)\frac{1}{x}\mathrm{d}x + C\right] = x\left(x + \frac{1}{x} + C\right), \quad x > 0.$$

令 $x = 1$,得初始条件 $y(1) = 0$,代入上式,解得 $C = -2$,故所求函数为 $y = x^2 - 2x + 1$.

例 7-22 求一阶微分方程 $x\mathrm{d}y + (x - 2y)\mathrm{d}x = 0$ 的一个解 $y = y(x)$,使得由曲线 $y = y(x)$ 与直线 $x = 1, x = 2$ 及 x 轴所围成平面图形绕 x 轴旋转一周的旋转体体积最小.

分析 本题是微分方程与导数的应用的综合问题.首先求出微分方程的通解,然后依条件建立旋转体体积函数表达式,并利用体积最小确定任意常数.

解 化原方程为 $\dfrac{\mathrm{d}y}{\mathrm{d}x} - \dfrac{2}{x}y = -1$,这是一阶非齐次线性方程,由通解公式,得

$$y = \mathrm{e}^{\int \frac{2}{x}\mathrm{d}x}\left(C - \int \mathrm{e}^{-\int \frac{2}{x}\mathrm{d}x}\mathrm{d}x\right) = x^2\left(C + \frac{1}{x}\right),$$

所以原方程通解为 $y = Cx^2 + x$.

由曲线 $y = Cx^2 + x$ 和直线 $x = 1, x = 2$ 及 x 轴所围成平面图形绕 x 轴旋转一周的旋转体体积为

$$V(C) = \int_1^2 \pi(Cx^2 + x)^2\,\mathrm{d}x = \pi\left(\frac{31}{5}C^2 + \frac{15}{2}C + \frac{7}{3}\right).$$

令 $V'(C) = 0$,即 $V'(C) = \pi\left(\frac{62}{5}C + \frac{15}{2}\right) = 0$,解得唯一驻点 $C = -\frac{75}{124}$.

由于 $V''(C) = \frac{62}{5}\pi > 0$,所以 $C = -\frac{75}{124}$ 是极小值点,也是最小值点.因此所求函数为 $y = x - \frac{75}{124}x^2$.

【题型 7-9】 微分方程的物理应用举例

应对 微分方程的物理应用是根据所给条件建立微分方程,从而解决一些简单的物理问题.在应用中,除了要用到导数的物理意义之外,还需熟悉相关的公式和定律.如牛顿第二定律 $F = ma = mv'(t) = ms''(t)$、虎克定律 $F = -kx$、电磁学定律等.

例 7-23(运动学方程问题) 游艇在平静的湖面上以 $10\ \text{m/s}$ 的速度行驶,现在突然关闭其动力系统,游艇获得 $-0.4\ \text{m/s}^2$ 的加速度,问从开始关闭系统的时候算起,多少时间后游艇才能停住,在这段时间内游艇行驶了多少路程?

解 设关闭动力系统 t s 游艇行驶了 s m,即 $s = s(t)$,由运动学知识知 $\frac{\text{d}^2 s}{\text{d}t^2} = -0.4$,且当 $t = 0$ 时,$s = 0$,$v = \frac{\text{d}s}{\text{d}t} = 10$,此为解满足初始条件的微分方程.对二阶方程积分得

$$v = \frac{\text{d}s}{\text{d}t} = -0.4t + C_1, \quad s = -0.2t^2 + C_1 t + C_2.$$

代入初始条件 $t = 0$,$s = 0$,$v = \frac{\text{d}s}{\text{d}t} = 10$,得 $C_1 = 10$,$C_2 = 0$,所以

$$s = -0.2t^2 + 10t.$$

此即为关闭动力系统后,游艇所满足的运动方程.

当游艇停止时,$v = -0.4t + 10 = 0$,得 $t = \frac{10}{0.4}\ \text{s} = 25\ \text{s}$,此时游艇行驶的距离为

$$s(25) = [-0.2(25)^2 + 10 \times 25]\ \text{m} = 125\ \text{m}.$$

例 7-24(牛顿第二定律与动力学方程问题) 质量为 m 的物体,在粘性液体中由静止自由下落,假设液体的阻力与运动速度成正比,比例系数 k 已知,求物体的运动规律.

分析 建立坐标系,对液体中的物体进行受力分析,利用牛顿第二定律得到微分方程运动规律,找出初始条件,求出特解.

解 取物体下落前瞬间的中心位置为原点,垂直向下的方向为 x 轴的正方向,如图 7-2 所示.对物体作受力分析,物体下落时受重力 mg 和阻力 $f = kv$ 作用,由牛顿第二定律知

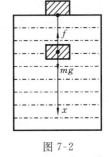

$$F = mg - f = mg - kv = ma = m\frac{\text{d}v}{\text{d}t},$$

$$x(0) = 0, \quad x'(0) = v(0) = 0,$$

图 7-2

整理得微分方程

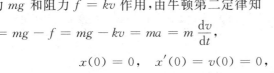

$$\frac{\text{d}v}{\text{d}t} + \frac{k}{m}v = g,$$

解一阶线性微分方程,得 $v = C\mathrm{e}^{-\frac{k}{m}t} + \dfrac{mg}{k}$,代入初始条件 $v(0) = 0$,得 $C = -\dfrac{mg}{k}$,则 $v =$

$\dfrac{mg}{k}(1 - \mathrm{e}^{-\frac{k}{m}t}) = \dfrac{\mathrm{d}x}{\mathrm{d}t}$,直接积分,并代入初始条件 $x(0) = 0$,得出物体的运动规律为

$$x(t) = \frac{mg}{k}t + m^2\frac{g}{k^2}(\mathrm{e}^{-\frac{k}{m}t} - 1).$$

说明 (1) 动力学中常用的定律还有万有引力定律 $F = \dfrac{kmM}{r^2}$,其中 m,M 是相互吸引的两个物体的质量,r 为两物体间的距离,$k > 0$ 为比例系数.

(2) 弹性力学中,经常出现弹簧振子在振动过程中受弹性恢复力、介质阻力和外界强迫力的作用,这时也可以利用牛顿第二定律和虎克定律建立起弹簧振子强迫振动的微分方程 $\dfrac{\mathrm{d}^2 x}{\mathrm{d}t^2} + p\dfrac{\mathrm{d}x}{\mathrm{d}t} + q^2 x = f(t)$;如果没有外力作用,则强迫项 $f(t) = 0$,原方程变为有阻尼的自由振动;进一步地,如果不计介质阻力,则原方程变为无阻尼理想的简谐振动方程 $\dfrac{\mathrm{d}^2 x}{\mathrm{d}t^2} + q^2 x = 0$,解得其运动规律为 $x = C_1 \cos qt + C_2 \sin qt$.

【题型 7-10】 微分方程综合问题

例 7-25 设二次可微函数 $f(x)$ 满足 $f''(x) - f'(x) - 2f(x) = 0$,证明:若对于不同的两点 $x_1 \neq x_2$,有 $f(x_1) = f(x_2) = 0$,则 $f(x)$ 恒为 0.

分析 先求微分方程的通解,再利用条件确定任意常数即可得结论.

证 $f''(x) - f'(x) - 2f(x) = 0$,对应的特征方程为 $\lambda^2 - \lambda - 2 = 0$,其特征根为 $\lambda_1 = 2, \lambda_2 = -1$,故方程的通解为 $y = C_1 \mathrm{e}^{2x} + C_2 \mathrm{e}^{-x}$. 代入初始条件 $f(x_1) = f(x_2) = 0$,可以求得 $C_1 = C_2 = 0$,所以 $f(x)$ 恒为 0,证毕.

例 7-26 用变量代换 $x = \cos t$ ($0 < t < \pi$) 化简方程 $(1 - x^2)y'' - xy' + y = 0$,并求其满足初始条件 $y|_{x=0} = 1, y'|_{x=0} = 2$ 的特解.

分析 利用复合函数的求导法则,将 y', y'' 转化为 $\dfrac{\mathrm{d}y}{\mathrm{d}t}$、$\dfrac{\mathrm{d}^2 y}{\mathrm{d}t^2}$.

解 由 $x = \cos t$ 及 $0 < t < \pi$ 知,$\dfrac{\mathrm{d}x}{\mathrm{d}t} = \sin t \neq 0$,从而 $\dfrac{\mathrm{d}t}{\mathrm{d}x}$ 存在且 $\dfrac{\mathrm{d}t}{\mathrm{d}x} = -\dfrac{1}{\sin t}$,由复合函数求导法则,有

$$y' = \frac{\mathrm{d}y}{\mathrm{d}t}\frac{\mathrm{d}t}{\mathrm{d}x} = -\frac{1}{\sin t}\frac{\mathrm{d}y}{\mathrm{d}t},$$

$$y'' = \frac{\mathrm{d}^2 y}{\mathrm{d}x^2} = \frac{\mathrm{d}}{\mathrm{d}x}\left(\frac{\mathrm{d}y}{\mathrm{d}x}\right) = \frac{\mathrm{d}}{\mathrm{d}t}\left(\frac{\mathrm{d}y}{\mathrm{d}x}\right) \cdot \frac{\mathrm{d}t}{\mathrm{d}x} = -\frac{1}{\sin t} \cdot \frac{\mathrm{d}}{\mathrm{d}t}\left(-\frac{1}{\sin t}\frac{\mathrm{d}y}{\mathrm{d}t}\right)$$

$$= \left(-\frac{1}{\sin t}\right)\left(\frac{\cos t}{\sin^2 t}\frac{\mathrm{d}y}{\mathrm{d}t} - \frac{1}{\sin t}\frac{\mathrm{d}^2 y}{\mathrm{d}t^2}\right) = \frac{1}{\sin^2 t}\frac{\mathrm{d}^2 y}{\mathrm{d}t^2} - \frac{\cos t}{\sin^3 t}\frac{\mathrm{d}y}{\mathrm{d}t},$$

代入原方程,得

$$(1 - \cos^2 t)\left(\frac{1}{\sin^2 t}\frac{\mathrm{d}^2 y}{\mathrm{d}t^2} - \frac{\cos t}{\sin^3 t}\frac{\mathrm{d}y}{\mathrm{d}t}\right) + \frac{\cos t}{\sin t}\frac{\mathrm{d}y}{\mathrm{d}t} + y = 0, \quad \text{即} \quad \frac{\mathrm{d}^2 y}{\mathrm{d}t^2} + y = 0,$$

其特征方程 $\lambda^2 + 1 = 0$ 的特征根为 $\lambda = \pm i$,故此微分方程的通解为

$$y = C_1 \cos t + C_2 \sin t,$$

代回原变量 $\cos t = x$，得原方程的通解为
$$y = C_1 x + C_2 \sqrt{1 - x^2},$$
由初始条件 $y \mid_{x=0} = 1, y' \mid_{x=0} = 2$，解得 $C_1 = 2, C_2 = 1$，所以原方程的通解为
$$y = 2x + \sqrt{1 - x^2}.$$

例 7-27 设 $f(x)$ 在 $[0, +\infty)$ 上连续，且 $\lim\limits_{x \to +\infty} f(x) = 1$，证明：当 $x \to +\infty$ 时，$\dfrac{\mathrm{d}y}{\mathrm{d}x} + y = f(x)$ 的一切解都趋于 1.

分析 $\dfrac{\mathrm{d}y}{\mathrm{d}x} + y = f(x)$ 是一阶线性微分方程，按通解公式，有
$$y = \mathrm{e}^{-\int \mathrm{d}x} \left[\int f(x) \mathrm{e}^{\int \mathrm{d}x} \mathrm{d}x + C \right] = \mathrm{e}^{-x} \left[\int f(x) \mathrm{e}^{x} \mathrm{d}x + C \right].$$

因 $\int_0^x f(u) \mathrm{e}^u \mathrm{d}u$ 是 $f(x) \mathrm{e}^x$ 的一个原函数，故通解可表示为
$$y = \mathrm{e}^{-x} \left[\int_0^x f(u) \mathrm{e}^u \mathrm{d}u + C \right],$$

于是只须证 $\lim\limits_{x \to +\infty} \dfrac{\displaystyle\int_0^x f(u) \mathrm{e}^u \mathrm{d}u + C}{\mathrm{e}^x} = 1$.

欲证上述极限，先证明 $\lim\limits_{x \to +\infty} \displaystyle\int_0^x \mathrm{e}^u f(u) \mathrm{d}u = \infty$.

证 因 $\lim\limits_{x \to +\infty} f(x) = 1$，故由极限的保号性知，当 x 充分大时，$f(x) > \dfrac{1}{2}$，因而 $f(x) \mathrm{e}^x > \dfrac{\mathrm{e}^x}{2}$，所以 $\lim\limits_{x \to +\infty} \displaystyle\int_0^x f(u) \mathrm{e}^u \mathrm{d}u = +\infty$.

由分析可知，微分方程的通解为
$$y = \mathrm{e}^{-x} \left[\int_0^x f(u) \mathrm{e}^u \mathrm{d}u + C \right].$$

于是由洛必达法则，有
$$\lim_{x \to +\infty} y = \lim_{x \to +\infty} \frac{\displaystyle\int_0^x f(u) \mathrm{e}^u \mathrm{d}u + C}{\mathrm{e}^x} = \lim_{x \to +\infty} \frac{\mathrm{e}^x f(x)}{\mathrm{e}^x} = \lim_{x \to +\infty} f(x) = 1.$$

7.4　知　识　扩　展

定义 7.1 如果两条平面曲线 $y = f(x)$ 和 $y = g(x)$ 在相交点处的两条切线相交成 α $(0 \leqslant \alpha < \pi)$ 角，则称 α 为该两曲线的夹角，如图 7-3 所示.

定义 7.2 对于给定的平面曲线族 $\varphi(x, y, C) = 0$，如果有一条曲线 $y = f(x)$ 与其中的每一条曲线相交成确定的角度 α，则称 $y = f(x)$ 为曲线族 $\varphi(x, y, C) = 0$ 的 α- 等角轨线；如果 $\alpha = \dfrac{\pi}{2}$，则称 $y = f(x)$ 为曲线族 $\varphi(x, y, C) = 0$ 的正交轨线.

求正交轨线的方法如下：

（1）通过已知曲线族 $\varphi(x,y,C)=0$，消去任意常数，求出曲线族所满足的微分方程 $F(x,y,y')=0$；

（2）根据正交轨线与原曲线族关系的特点，用 $k=-\dfrac{1}{y'}$ 代替微分方程中的 y'，得到新的微分方程 $F\left(x,y,-\dfrac{1}{y'}\right)=0$；

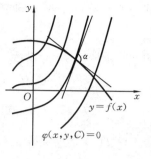

（3）求解新的微分方程，新微分方程的解即为原曲线族的正交轨线.

图 7-3

例 7-28　求双曲线族 $xy=c$ 的正交轨线.

解　在双曲线族方程 $xy=c$ 两边同时求导，得曲线族所满足的微分方程为 $xy'+y=0$，用 $k=-\dfrac{1}{y'}$ 代替方程中的 y'，即 $x\left(-\dfrac{1}{y'}\right)+y=0$，化简为正交轨线所满足的微分方程 $yy'-x=0$，解此微分方程. 分离变量，得 $y\mathrm{d}y=x\mathrm{d}x$，两边同时积分，得原曲线族的正交轨线族为 $y^2-x^2=C$.

例 7-29　求抛物线族 $y=cx^2$（见图 7-4）的正交轨线.

分析　抛物线族求导后，不能立刻消去任意常数，要将任意常数作一次代换，得到微分方程后，替换一阶导数，解替换一阶导数后得微分方程即可.

解　由抛物线族 $y=cx^2$，两边同时求导得 $y'=2cx$，将 $c=\dfrac{y}{x^2}$ 代入，得原抛物线族所满足的微分方程为 $y'=\dfrac{2y}{x}$，用 $k=-\dfrac{1}{y'}$ 代替方程中的 y'，得 $-\dfrac{1}{y'}=\dfrac{2y}{x}$，即 $2yy'=-x$，这就是正交轨线所满足的微分方程，解此微分方程. 分离变量，得 $2y\mathrm{d}y=-x\mathrm{d}x$，两边同时积分，得

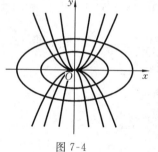

图 7-4

$$y^2=-\frac{1}{2}x^2+C_0,$$

整理得原抛物线族的正交轨线族为 $x^2+2y^2=C$.

习　题　7

（A）

1. 选择题

（1）若已知微分方程 $y'+p(x)y=0$ 的一个特解为 $y=\cos 2x$，则该方程满足初始条件 $y(0)=2$ 的特解为（　　）.

　(A) $2\sin 2x$　　　(B) $2\sin x$　　　(C) $2\cos x$　　　(D) $2\cos 2x$

（2）微分方程 $y''-y=\mathrm{e}^x+1$ 的一个特解形式（式中 a,b 为常数）为（　　）.

　(A) $a\mathrm{e}^x+b$　　　(B) $a\mathrm{e}^x+bx$　　　(C) $ax\mathrm{e}^x+b$　　　(D) $ax\mathrm{e}^x+bx$

(3) 具有特解 $y_1 = e^{-x}, y_2 = 2xe^{-x}, y_3 = 3e^x$ 的三阶常系数齐次线性微分方程为（　　）.

(A) $y''' - y'' - y' + y = 0$　　　　(B) $y''' + y'' - y' - y = 0$

(C) $y''' - 6y'' + 11y' - 6y = 0$　　(D) $y''' - 2y'' - y' + 2y = 0$　　7-A-1(3)

(4) 微分方程 $y'' + 4y = x\cos 2x$ 的特解形式为（　　）.

(A) $y^* = x[(ax+b)\cos 2x + (cx+d)\sin 2x]$

(B) $y^* = (ax+b)\cos 2x + (cx+d)\sin 2x$

(C) $y^* = x(ax\cos 2x + bx\sin 2x)$　　(D) $y^* = x(ax+b)\cos 2x$

2. 填空题

(1) 微分方程 $y' + \dfrac{y}{x} = \dfrac{\sin x}{x}$ 满足条件 $y(2\pi) = 0$ 的特解是 $y =$ _____；

(2) 微分方程 $(y + x^2 e^{-x})dx - x dy = 0$ 的通解是 $y =$ _____；

(3) 微分方程 $xy'' + 3y' = 0$ 的通解是 $y =$ _____；

(4) 微分方程 $yy'' + y'^2 = 0$ 满足条件 $y(0) = 1, y'(0) = \dfrac{1}{2}$ 的特解是 $y =$ _____；

(5) 微分方程 $xy' + 2y = x\ln x$ 的满足条件 $y(1) = -\dfrac{1}{9}$ 的特解是 $y =$ _____；

(6) 微分方程 $y'' - y' = x + 1$ 的通解是 $y =$ _____；

(7) 微分方程 $(1 + x\sin y)dy - \cos y dx = 0$ 的通解是 $y =$ _____；

(8) 方程 $y dx + (x - 3y^2)dy = 0$ 满足 $y(1) = 1$ 的特解是 $y =$ _____；

(9) 方程 $y' + y = e^{-x}\cos x$ 的满足 $y(0) = 0$ 的解为 $y =$ _____.　　7-A-2(7)

3. 求一阶微分方程的通解：

(1) $y' = xy e^x \ln y$；　　(2) $\dfrac{dy}{dx} = \dfrac{y}{y-x}$；　　(3) $(x+y)dy - dx = 0$；

(4) $\dfrac{dy}{dx} + \dfrac{xy}{1-x^2} - x\sqrt{y} = 0$；

(5) $(e^{x+y} - e^x)dx + (e^{x+y} + e^y)dy = 0$；

(6) $(2x + y - 4)dx + (x + y - 1)dy = 0$.　　7-A-3(6)

4. 给定微分方程 $y' + y = f(x)$，用两种方法求 $f(x) = x^2 + 1, e^{2x}, \sin x$ 时方程的通解.

5. 求二阶微分方程的通解：

(1) $y'' = y' + x$；　　(2) $y'' = \dfrac{1}{2y'}$；　　(3) $yy'' - (y')^2 + (y')^3 = 0$.

6. 求二阶线性微分方程的通解：

(1) $y'' - 2y' - 3y = 3x + 1$；　(2) $y'' + 2y' = 3x - 1$；　(3) $y'' - 4y' - 5y = e^{-x}$；

(4) $y'' + 4y = 3e^{2x}$；　　　　(5) $y'' - 5y' + 6y = \sin x$；

(6) $y'' + 9y = \cos 3x$；　　　　(7) $y'' - y' - 2y = 2e^x + \sin x$.

7. 设 $y = y(x)$ 在区间 $(-\infty, +\infty)$ 内具有二阶导数，且 $y' \neq 0$，$x = x(y)$ 是 $y = y(x)$ 的反函数.　　7-A-7

(1) 试将 $x = x(y)$ 所满足的微分方程 $\dfrac{\mathrm{d}^2 x}{\mathrm{d}y^2} + (y + \sin x)\left(\dfrac{\mathrm{d}x}{\mathrm{d}y}\right)^3 = 0$ 变换为 $y = y(x)$ 满足的微分方程;

(2) 求变换后微分方程满足初始条件 $y\big|_{x=0} = 0, y'\big|_{x=0} = \dfrac{3}{2}$ 的解.

8. 已知函数 $f(x)$ 满足方程 $f''(x) + f'(x) - 2f(x) = 0$ 及 $f''(x) + f(x) = 2\mathrm{e}^x$. (1) 求 $f(x)$ 的表达式; (2) 求曲线 $y = f(x^2)\displaystyle\int_0^x f(-t^2)\mathrm{d}t$ 的拐点.

7-A-8

(B)

1. 选择题

(1) 在下列微分方程中,以 $y = C_1\mathrm{e}^x + C_2\cos 2x + C_3\sin 2x$ (C_1, C_2, C_3 为任意常数) 为通解的是( ).

(A) $y''' + y'' - 4y' - 4y = 0$ (B) $y''' + y'' + 4y' + 4y = 0$

(C) $y''' - y'' - 4y' + 4y = 0$ (D) $y''' - y'' + 4y' - 4y = 0$

(2) 已知 $y = \dfrac{x}{\ln x}$ 是微分方程 $y' = \dfrac{y}{x} + \varphi\left(\dfrac{x}{y}\right)$ 的解,则 $\varphi\left(\dfrac{x}{y}\right)$ 的表达式为( ).

(A) $-\dfrac{y^2}{x^2}$ (B) $\dfrac{y^2}{x^2}$ (C) $-\dfrac{x^2}{y^2}$ (D) $\dfrac{x^2}{y^2}$

(3) 以函数 $y = C_1\mathrm{e}^x + C_2\mathrm{e}^{-2x} + x\mathrm{e}^x$ (C_1, C_2 为任意常数) 为通解的微分方程是( ).

(A) $y'' - y' - 2y = 3\mathrm{e}^x$ (B) $y'' + y' - 2y = 3\mathrm{e}^x$

(C) $y'' + y' - 2y = 3x\mathrm{e}^x$ (D) $y'' - y' - 2y = 3x\mathrm{e}^x$

(4) 设 $y = f(x)$ 是满足微分方程 $y'' + y' - \mathrm{e}^{\sin x} = 0$ 的解,且 $f'(x_0) = 0$,则 $f(x)$( ).

(A) 在 x_0 的某邻域内单调增加   (B) 在 x_0 的某邻域内单调减少

(C) 在点 x_0 处取得极小值   (D) 在点 x_0 处取得极大值

2. 填空题

(1) 微分方程 $y' + 3x^2 y = 0$ 的通解为 $y = $ _____;

(2) 微分方程 $y'' - 2y' + 2y = \mathrm{e}^x \sin x$,则应设其特解形式为 $y^* = $ _____;

(3) 若二阶常系数齐次线性微分方程 $y'' + ay' + by = 0$ 的通解为 $y = (C_1 + C_2 x)\mathrm{e}^x$,则非齐次方程 $y'' + ay' + by = x$ 满足条件 $y(0) = 2, y'(0) = 0$ 的解为 $y = $ _____;

(4) 微分方程 $xy' + y = 0$ 满足条件 $y(1) = 1$ 的解为 $y = $ _____;

(5) 设 $y = \mathrm{e}^x(C_1 \sin x + C_2 \cos x)$ (C_1, C_2 是任意常数) 为某二阶常系数线性齐次微分方程的通解,则该方程为_____;

(6) 微分方程 $y' = \dfrac{y(1-x)}{x}$ 的通解为 $y = $ _____;

(7) 二阶常系数非齐次线性微分方程 $y'' - 4y' + 3y = 2\mathrm{e}^{2x}$ 的通解为 $y = $ _____;

(8) 微分方程 $(1+y^2)\mathrm{d}x = (\arctan y - x)\mathrm{d}y$ 的通解为 _____.

3. 求下列微分方程的通解或特解：

(1) $2xy' = y + 2x^2$, $\quad y(1) = 1$; $\qquad$ (2) $x^2y'' = (y')^2$, $\quad y(1) = 1, y'(1) = 1$;

(3) $y' = \dfrac{2y}{x - 2y}$, $\quad y(1) = 1$; $\qquad$ (4) $y' = \dfrac{x}{y} + \dfrac{y}{x}$, $\quad y(1) = 2$;

(5) $y'' + 9y = 12\cos 3x$, $\quad y(0) = 4$, $\quad y'(0) = 0$; $\quad$ (6) $y'' - 2y' = x^2 + \mathrm{e}^{2x} + 1$.

4. 求方程 $y'' - 4y' + 3y = 0$ 的积分曲线，使其在点 $(0,2)$ 处与直线 $2x - 2y + 4 = 0$ 相切.

5. 已知微分方程 $y' + y = f(x), f(x)$ 是 **R** 上的连续函数.

(1) 若 $f(x) = x$，求方程的通解.

(2) 若 $f(x)$ 是周期为 T 的函数，证明方程存在唯一的以 T 为周期的解.

7-B-5

6. 如果可微函数 $f(x)$ 满足 $f(x) = \displaystyle\int_0^x f(t)\mathrm{d}t$，证明 $f(x) = 0$.

7-B-6

7. 一质量为 $f(x)$ 的物体在某介质中由静止开始下落，若介质的阻力与运动速度成正比，且介质的密度是物体密度的四分之一，落体的极限速度是 24 m/s. 试求：

(1) 物体在 2 s 末的运动速度；(2) 下落 3 s 时，物体所经历的距离.

8. 设圆柱形浮筒直径为 0.5 m，如图 7-5 所示，垂直地浮在水中，稍微用力向下按压后突然放开，浮筒开始在水面上下振动，已知浮筒振动周期为 1 s，试求浮筒的质量.

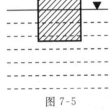

图 7-5

9. 求圆族 $x^2 + y^2 = C_0^2$ 的正交轨线，其中 C_0 为任意常数.

10. 证明圆锥曲线族 $\dfrac{x^2}{C_0} + \dfrac{y^2}{C_0 - 1} = 1$ 的正交轨线就是它自己（其中 C_0 为任意常数，且 $C_0 \neq 0, 1$）.

7-B-9 $\qquad$ 7-B-10

部分答案与提示

(A)

1. (1) D; (2) C; (3) B; (4) A.

2. (1) $\dfrac{1 - \cos x}{x}$; (2) $x(C - \mathrm{e}^{-x})$; (3) $C_1 + \dfrac{C_2}{x^2}$; (4) $\sqrt{x+1}$; (5) $\dfrac{x}{3}\left(\ln x - \dfrac{1}{3}\right)$;

(6) $C_1 + C_2\mathrm{e}^x - \dfrac{x^2}{2} - 2x$; (7) $y = x\cos y + C$; (8) $\sqrt{x}$; (9) $\mathrm{e}^{-x}\sin x$.

3. (1) $\ln\ln y = x\mathrm{e}^x - \mathrm{e}^x + C$; (2) $2x = y + \dfrac{C}{y}$; (3) $x + y = C\mathrm{e}^y - 1$;

(4) $y^{\frac{1}{2}} = (1 - x^2)^{\frac{1}{4}}\left[C - \dfrac{1}{3}(1 - x^2)^{\frac{3}{4}}\right]$; (5) $\mathrm{e}^{x+y} - \mathrm{e}^x + \mathrm{e}^y = C$;

(6) $x^2 + xy - 4x + \dfrac{1}{2}y^2 - y = C.$

4. (1) $y = Ce^{-x} + x^2 - 2x + 3$;　(2) $y = Ce^{-x} + \dfrac{1}{3}e^{2x}$;

　　(3) $y = Ce^{-x} - \dfrac{1}{2}\cos x + \dfrac{1}{2}\sin x.$

5. (1) $y = -\dfrac{1}{2}x^2 - x + C_1 e^x + C_2$;　(2) $y = \pm\dfrac{2}{3}(x + C_1)^{\frac{3}{2}} + C_2$;　(3) $\ln y + C_1(y - x) = C_2.$

6. (1) $y = C_1 e^{-x} + C_2 e^{3x} - x + \dfrac{1}{3}$;　(2) $y = C_1 + C_2 e^{-2x} + \dfrac{3}{4}x^2 - \dfrac{5}{4}x$;

　　(3) $y = C_1 e^{-x} + C_2 e^{5x} - \dfrac{1}{6}xe^{-x}$;　(4) $y = C_1\cos 2x + C_2\sin 2x + \dfrac{3}{8}e^{2x}$;

　　(5) $y = C_1 e^{2x} + C_2 e^{3x} + \dfrac{1}{10}\cos x + \dfrac{1}{10}\sin x$;　(6) $y = C_1\cos 3x + C_2\sin 3x + \dfrac{1}{6}x\sin 3x$;

　　(7) $y = C_1 e^{-x} + C_2 e^{2x} + \dfrac{1}{10}\cos x - \dfrac{3}{10}\sin x.$

7. (1) $y'' - y = \sin x$;　(2) $y = e^x - e^{-x} - \dfrac{1}{2}\sin x.$

8. (1) $f(x) = e^x$;　(2) $(0,0).$

(B)

1. (1) D;　(2) A;　(3) B;　(4) C.

2. (1) Ce^{-x^3};　(2) $xe^x(A\cos x + B\sin x)$;　(3) $x(1 - e^x) + 2$;　(4) $\dfrac{1}{x}$;

　　(5) $y'' - 2y' + 2y = 0$;　(6) Cxe^{-x};　(7) $C_1 e^{3x} + C_2 e^x - 2e^{2x}$;

　　(8) $x = \arctan y - 1 + Ce^{-\mathrm{rarctany}}.$

3. (1) $y = \dfrac{2}{3}x^2 + \dfrac{1}{3}x^{\frac{1}{2}}$;　(2) $y = \dfrac{1}{2}x^2 + \dfrac{1}{2}$;　(3) $x = -2y + 3y^{\frac{1}{2}}$;

　　(4) $y^2 = x^2(2\ln x + 4)$;　(5) $y = C_1 + C_2 e^{2x} - \dfrac{1}{6}x^3 - \dfrac{1}{4}x^2 - \dfrac{3}{4}x + \dfrac{1}{2}xe^{2x}$;

　　(6) $y = 4\cos 3x + 2\sin 3x.$

4. $y = \dfrac{2}{5}e^x - \dfrac{1}{2}e^{3x}.$

5. (1) $y = (x - 1) + Ce^{-x}$;　(2) 略.

6. 略.

7. (1) 当 $t = 2$ 时, $v = 24(1 - e^{-\frac{g}{16}})$;　(2) 当 $t = 3$ 时, $x = 24\left[2 + \dfrac{32}{g}(e^{3g/32} - 1)\right].$

8. $m = \dfrac{gR^2}{4\pi} \approx \dfrac{9.8 \times (0.25)^2}{4 \times 3.14} = 0.048\,76 \text{ t} = 48.76 \text{ kg}.$

9. $y = Cx.$

10. 略.

第8章　矢量代数与空间解析几何

8.1　基本要求

1. 理解空间直角坐标系,理解矢量的概念及其表示.

2. 掌握矢量的运算(线性运算、数量积、矢量积、混合积),了解两个矢量垂直、平行的条件.

3. 了解单位矢量、方向数、方向余弦的坐标表示式,掌握用坐标表示式进行矢量运算的方法.

4. 掌握平面方程和直线方程及其求法,会求平面与平面、平面与直线、直线与直线之间的夹角,并会利用平面、直线的相互关系(平行、垂直、相交等)解决有关问题,会求点到平面及点到直线的距离.

5. 了解曲面方程和空间曲线方程的概念.

6. 了解常用二次曲面的方程及其图形,会求平面曲线绕坐标轴旋转所成的旋转曲面方程及母线平行于坐标轴的柱面方程.

7. 了解空间曲线的参数方程和一般方程,了解并会求空间曲线关于坐标面的投影柱面及空间曲线在坐标面上的投影.

8.2　知识点解析

【8-1】　矢量与数量的比较

矢量概念的形成来自于力、速度这类既有大小又有方向的物理量.类似于数量可以表示为数轴上的点,矢量也可以表示为坐标系中的一个可以平行移动的有向线段.借助坐标方法,矢量还可以用一组坐标表示.

在学习矢量的基本运算和性质时,要注意矢量与数量的区别,不要将数量的一些运算规律随意搬到矢量中来.现分析如下.

(1) 可以比较两个矢量是否平行、是否同向,但是不能比较大小.这一点与复数有些类似.由于矢量的模是实数,因此矢量的模是可以比较大小的.

(2) 矢量的加法和数乘运算具有与实数加法和乘法类似的法则.例如交换律、分配律、结合律.但是矢量之间的两种乘法:数量积 $a \cdot b$ 与矢量积 $a \times b$,却与实数之间的乘法有较大的差别.例如它们均不满足结合律,其中矢量积还不满足交换律.

图 8-1 表明数量积与矢量积都不满足消去律.即由 $a \neq 0$ 及 $a \cdot b = a \cdot c$ 推不出 $b = c$(见图 8-1(a)),由 $a \neq 0$ 及 $a \times b = a \times c$ 推不出 $b = c$(见图 8-1(b)).

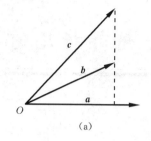
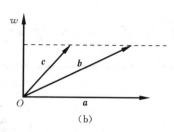

(a)   (b)

图 8-1

【8-2】 数量积、矢量积、混合积的比较

矢量乘法运算(数量积、矢量积、混合积)是本章讨论平面方程和直线方程的基本工具,正确理解其概念和性质,应用起来才能得心应手(见表 8-1).

表 8-1

矢量乘法运算	定义与性质	用 途
数量积	矢量 a 与 b 的数量积是一数量,记为 $a \cdot b = \|a\|\|b\|\cos(a\widehat{\ }b)$, 满足交换律、分配律	求矢量 b 在 a 上的投影:$\mathrm{Prj}_a b = \dfrac{a \cdot b}{\|a\|}$ 求 a 与 b 的夹角:$(a\widehat{\ }b) = \arccos\dfrac{a \cdot b}{\|a\|\|b\|}$ 讨论 a 与 b 是否垂直:$a \perp b \Leftrightarrow a \cdot b = 0$
矢量积	矢量 a 与 b 的矢量积是一矢量,记为 $a \times b$,其模为 $\|a \times b\| = \|a\|\|b\|\sin(a\widehat{\ }b)$,其方向(以右手法则)同时垂直于矢量 a 和 b,满足分配律、反交换律:$a \times b = -b \times a$	求同时与 a, b 垂直的矢量 $c = a \times b$ 求以 a, b 为邻边的平行四边形的面积:$S = \|a \times b\|$ 讨论 a 与 b 是否平行:$a /\!/ b \Leftrightarrow a \times b = \boldsymbol{0}$
混合积	矢量 a, b, c 的混合积 $(a \times b) \cdot c$ 是一数量,记为 $[abc] = (a \times b) \cdot c$,满足轮换性:$[abc] = [bca] = [cab]$	求以 a, b, c 为邻边的平行六面体的体积 $\|[abc]\|$ 讨论 a, b, c 是否共面:a, b, c 共面 $\Leftrightarrow [abc] = 0$

【8-3】 平面方程的四种形式

(1) 点法式方程:$A(x - x_0) + B(y - y_0) + C(z - z_0) = 0$,其中 $M_0(x_0, y_0, z_0)$ 为平面上一定点,$n = \{A, B, C\}$ 为与平面垂直的非零矢量(称为平面的法矢量).

(2) 一般式方程:

$$Ax + By + Cz + D = 0,$$

其中 $n = \{A, B, C\}$ 为平面的法矢量.特别地,若 $D = 0$,即 $Ax + By + Cz = 0$,表示平面经过原点;若 $C = 0, D \neq 0$,即 $Ax + By + D = 0$,表示平面与 z 轴平行;若 $B = C = 0, D \neq 0$,即 $Ax + D = 0$,表示平面与 Oyz 平面平行;若 $B = C = D = 0$,即 $x = 0$,表示平面 Oyz.

(3) 三点式方程:$\begin{vmatrix} x - x_1 & y - y_1 & z - z_1 \\ x_2 - x_1 & y_2 - y_1 & z_2 - z_1 \\ x_3 - x_1 & y_3 - y_1 & z_3 - z_1 \end{vmatrix} = 0$,其中 $M_i(x_i, y_i, z_i)$ $(i = 1, 2, 3)$

为平面上的三个定点.

(4) 截距式方程：$\dfrac{x}{a}+\dfrac{y}{b}+\dfrac{z}{c}=1$ $(a,b,c\neq 0)$，其中 a,b,c 为平面在三坐标轴上的截距.

【8-4】 直线方程的四种形式

(1) 点向式（或标准式、对称式）方程：$\dfrac{x-x_0}{l}=\dfrac{y-y_0}{m}=\dfrac{z-z_0}{n}$，其中 $M_0(x_0,y_0,z_0)$ 为直线上一定点，$s=\{l,m,n\}$ 为与直线平行的非零矢量（称为直线的方向矢量）.

(2) 参数式方程：$\begin{cases} x=x_0+lt, \\ y=y_0+mt, \\ z=z_0+nt, \end{cases}$ t 为参数，其中 $M_0(x_0,y_0,z_0)$ 为直线上一定点，$s=\{l,m,n\}$ 为直线的方向矢量.

(3) 一般式方程（将直线视为两个不平行平面的交线）：
$$\begin{cases} A_1x+B_1y+C_1z+D_1=0, \\ A_2x+B_2y+C_2z+D_2=0, \end{cases}$$
该直线的方向矢量可取为 $s=\{A_1,B_1,C_1\}\times\{A_2,B_2,C_2\}$.

(4) 两点式方程：$\dfrac{x-x_1}{x_2-x_1}=\dfrac{y-y_1}{y_2-y_1}=\dfrac{z-z_1}{z_2-z_1}$，其中 $M_i(x_i,y_i,z_i)$ $(i=1,2)$ 为直线上两定点，该直线的方向矢量可取为 $s=\overrightarrow{M_1M_2}$.

【8-5】 直线、平面间的位置关系

设平面 π_1、π_2 的法矢量分别为 $\boldsymbol{n}_1=\{A_1,B_1,C_1\}$，$\boldsymbol{n}_2=\{A_2,B_2,C_2\}$，直线 L_1,L_2 的方向矢量分别为 $\boldsymbol{s}_1=\{l_1,m_1,n_1\}$，$\boldsymbol{s}_2=\{l_2,m_2,n_2\}$.

(1) 两平面 π_1 与 π_2 间的夹角 θ（通常指锐角）由公式
$$\cos\theta=\frac{|\boldsymbol{n}_1\cdot\boldsymbol{n}_2|}{|\boldsymbol{n}_1||\boldsymbol{n}_2|}=\frac{|A_1A_2+B_1B_2+C_1C_2|}{\sqrt{A_1^2+B_1^2+C_1^2}\sqrt{A_2^2+B_2^2+C_2^2}}$$
确定. 特别地，有
$$\pi_1 /\!/ \pi_2 \Leftrightarrow \boldsymbol{n}_1 /\!/ \boldsymbol{n}_2 \Leftrightarrow \frac{A_1}{A_2}=\frac{B_1}{B_2}=\frac{C_1}{C_2};$$
$$\pi_1 \perp \pi_2 \Leftrightarrow \boldsymbol{n}_1 \perp \boldsymbol{n}_2 \Leftrightarrow A_1A_2+B_1B_2+C_1C_2=0.$$

(2) 两直线 L_1 与 L_2 间的夹角 θ（通常指锐角）由公式
$$\cos\theta=\frac{|\boldsymbol{s}_1\cdot\boldsymbol{s}_2|}{|\boldsymbol{s}_1||\boldsymbol{s}_2|}=\frac{|l_1l_2+m_1m_2+n_1n_2|}{\sqrt{l_1^2+m_1^2+n_1^2}\sqrt{l_2^2+m_2^2+n_2^2}}$$
确定. 特别地，有
$$L_1 /\!/ L_2 \Leftrightarrow \boldsymbol{s}_1 /\!/ \boldsymbol{s}_2 \Leftrightarrow \frac{l_1}{l_2}=\frac{m_1}{m_2}=\frac{n_1}{n_2};$$
$$L_1 \perp L_2 \Leftrightarrow \boldsymbol{s}_1 \perp \boldsymbol{s}_2 \Leftrightarrow l_1l_2+m_1m_2+n_1n_2=0;$$
L_1 与 L_2 共面 $\Leftrightarrow (\boldsymbol{s}_1\times\boldsymbol{s}_2)\cdot\overrightarrow{M_1M_2}=0$，其中 M_1,M_2 分别为 L_1,L_2 上的已知点.

(3) 直线 $L:\dfrac{x-x_0}{l}=\dfrac{y-y_0}{m}=\dfrac{z-z_0}{n}$ 与平面 $\pi:Ax+By+Cz+D=0$ 之间的夹角 φ（通常为锐角）由公式
$$\sin\varphi=\frac{|\boldsymbol{s}\cdot\boldsymbol{n}|}{|\boldsymbol{s}||\boldsymbol{n}|}=\frac{|Al+Bm+Cn|}{\sqrt{l^2+m^2+n^2}\sqrt{A^2+B^2+C^2}}$$

确定. 特别地, 有
$$L /\!/ \pi \Leftrightarrow s \perp n \Leftrightarrow Al + Bm + Cn = 0;$$
$$L \perp \pi \Leftrightarrow s /\!/ n \Leftrightarrow \frac{A}{l} = \frac{B}{m} = \frac{C}{n}.$$

【8-6】 柱面和旋转面的方程特征

在直角坐标系中, 方程 $F(x, y, z) = 0$ 表示的图形是一个曲面. 当方程有以下特征时, 其曲面也表现出相应的特征.

(1) 如果方程中缺少某一变量, 则该方程表示的是柱面. 例如, 方程 $F(x, y) = 0$ 表示空间中母线平行于 z 轴的柱面, 其准线可取为坐标平面 Oxy 上的曲线 $\begin{cases} F(x, y) = 0, \\ z = 0. \end{cases}$ 绘制其图形时, 可以首先绘制平面曲线 $C: \begin{cases} F(x, y) = 0, \\ z = 0, \end{cases}$ 然后顺着 z 轴平移即可.

(2) 如果方程中有两个变量是以平方和的形式出现, 则该方程表示的是旋转面. 例如, 方程 $F(\sqrt{x^2 + y^2}, z) = 0$ 可以看作是平面曲线 $C: \begin{cases} F(y, z) = 0, \\ x = 0 \end{cases}$ 绕 z 轴产生的旋转面.

【8-7】 如何求空间点或曲线在其他图形上的投影点或投影线

(1) 点在直线(平面)上的投影: 过点作垂直于直线(平面)的平面(直线), 将直线方程参数化, 代入平面方程, 求出参数即得投影点.

(2) 直线 L 在平面 π 上的投影: 过直线 L 作垂直于平面 π 的平面 π_1, π_1 与 π 的交线即为所求直线.

(3) 空间曲线 $L: \begin{cases} F_1(x, y, z) = 0, \\ F_2(x, y, z) = 0 \end{cases}$ 在坐标平面 Oxy 上的投影: 先对方程组消 z, 求出相应的投影柱面 $H(x, y) = 0$, 然后与坐标平面方程 $z = 0$ 联立即得所求.

L 在坐标平面 Oyz 及坐标平面 Oxz 上的投影可用类似的方法求得.

8.3 解 题 指 导

【题型 8-1】 矢量的性质与运算

应对 理解矢量的概念及其运算法则、矢量的坐标表示、矢量的方向余弦、单位矢量, 运用矢量运算的基本性质来解题.

例 8-1 设有空间四面体 $ABCD$, 如图 8-2 所示, M 与 G 分别是 BC 与 CD 的中点. 试化简以下表达式:

(1) $\overrightarrow{AB} + \overrightarrow{BC} + \overrightarrow{CD}$;

(2) $\overrightarrow{AB} + \dfrac{1}{2}(\overrightarrow{BC} + \overrightarrow{BD})$.

解 (1) 由矢量加法的三角形法则, 注意首尾相连关系, 有

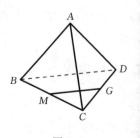

图 8-2

$$\overrightarrow{AB} + \overrightarrow{BC} + \overrightarrow{CD} = \overrightarrow{AC} + \overrightarrow{CD} = \overrightarrow{AD}.$$

（2）注意到中点的属性，便有

$$\frac{1}{2}\overrightarrow{BC}=\overrightarrow{BM}, \quad \frac{1}{2}\overrightarrow{CD}=\overrightarrow{CG},$$

$$\frac{1}{2}\overrightarrow{BD}=\frac{1}{2}(\overrightarrow{BC}+\overrightarrow{CD})=\frac{1}{2}\overrightarrow{BC}+\frac{1}{2}\overrightarrow{CD}=\overrightarrow{MC}+\overrightarrow{CG}=\overrightarrow{MG},$$

于是

$$\overrightarrow{AB}+\frac{1}{2}(\overrightarrow{BC}+\overrightarrow{BD})=\overrightarrow{AB}+\overrightarrow{BM}+\overrightarrow{MG}=\overrightarrow{AG}.$$

例 8-2 求解下列各题：

（1）设矢量的方向余弦分别满足（a）$\cos\alpha=0$,（b）$\cos\beta=1$,（c）$\cos\alpha=\cos\beta=0$,问这些矢量与坐标轴或坐标面的关系如何？

（2）设矢量 $\overrightarrow{OM}$ 与 x 轴正向，y 轴正向夹角为 α,与 z 轴正向夹角是前者的两倍,它的长度为 2,求 $\overrightarrow{OM}$ 的坐标及沿 $\overrightarrow{OM}$ 方向的单位矢量.

解 （1）（a）$\cos\alpha=0$,则矢量与 x 轴垂直,平行于平面 Oyz.

（b）$\cos\beta=1$,则矢量与 y 轴同向,垂直于平面 zOx.

（c）$\cos\alpha=\cos\beta=0$,则矢量既垂直于 x 轴,又垂直于 y 轴,即与 z 轴同向,垂直于 Oxy 平面.

（2）首先 $\overrightarrow{OM}=|\overrightarrow{OM}|\overrightarrow{OM}^{\circ}=2\{\cos\alpha,\cos\alpha,\cos2\alpha\}$. 因

$$\cos^2\alpha+\cos^2\alpha+\cos^2 2\alpha=1, \quad \cos2\alpha=2\cos^2\alpha-1,$$

解出 $\cos\alpha=0,\pm\dfrac{1}{\sqrt{2}}$. 由方向角定义 $0\leqslant\alpha\leqslant\pi$,得 $\alpha=\dfrac{\pi}{4},\dfrac{\pi}{2},\dfrac{3\pi}{4}\left(\dfrac{3\pi}{4}\text{舍去},\text{因}2\alpha=\dfrac{3\pi}{2}\text{不合}\right.$

方向角定义$\Big)$,故沿 $\overrightarrow{OM}$ 方向的单位矢量（$\overrightarrow{OM}^{\circ}$）为 $\left\{\dfrac{\sqrt{2}}{2},\dfrac{\sqrt{2}}{2},0\right\}$ 及 $\{0,0,-1\}$,相应地,得

$$\overrightarrow{OM}=2\,\overrightarrow{OM}^{\circ}=2\left\{\frac{\sqrt{2}}{2},\frac{\sqrt{2}}{2},0\right\}, \quad 2\{0,0,-1\}.$$

例 8-3 设一矢量与 Oxy,Oyz,Ozx 三坐标面的夹角为 φ,θ,ω,试证：
$$\cos^2\varphi+\cos^2\theta+\cos^2\omega=2.$$

证 由定义知直线 L 与平面 π 的夹角 φ 是直线 L 与直线 L 在平面 π 上的投影直线 L' 的夹角 $\varphi\left(0\leqslant\varphi\leqslant\dfrac{\pi}{2}\right)$. 设平面 π 的法矢量为 $\boldsymbol{n}$,直线 L 的方向矢量为 $\boldsymbol{s}$,则 $\varphi=\left|\dfrac{\pi}{2}-(\boldsymbol{n}\widehat{\,}\boldsymbol{s})\right|$,所以 $\sin\varphi=|\cos(\boldsymbol{n}\widehat{\,}\boldsymbol{s})|$.

由题意知,φ 是矢量与平面 Oxy 的夹角. 又平面 Oxy 的法矢量是 z 轴,矢量与 z 轴的夹角是 γ,所以 $(\boldsymbol{n}\widehat{\,}\boldsymbol{s})=\gamma$,$\sin\varphi=|\cos\gamma|$,于是 $\sin^2\varphi=\cos^2\gamma$. 同理可得 $\sin^2\theta=\cos^2\alpha$, $\sin^2\omega=\cos^2\beta$,故

$$\cos^2\varphi+\cos^2\theta+\cos^2\omega=1-\sin^2\varphi+1-\sin^2\theta+1-\sin^2\omega$$
$$=3-(\cos^2\gamma+\cos^2\alpha+\cos^2\beta)=3-1=2.$$

例 8-4 求解下列各题：

（1）设 $|\boldsymbol{a}|=3$,$|\boldsymbol{b}|=4$,且 $\boldsymbol{a}\perp\boldsymbol{b}$,求 $|(\boldsymbol{a}+\boldsymbol{b})\times(\boldsymbol{a}-\boldsymbol{b})|$;

（2）设 $|\boldsymbol{a}|=1$,$|\boldsymbol{b}|=2$,求 $(\boldsymbol{a}\times\boldsymbol{b})^2+(\boldsymbol{a}\cdot\boldsymbol{b})^2$;

(3) 设矢量 a,b 垂直,证明 $|a+b|=|a-b|$.

解 (1) 因为 $a\times a=0$,且矢量积满足分配律,所以

$$|(a+b)\times(a-b)|=|a\times a-a\times b+b\times a-b\times b|=|-a\times b+b\times a|=|2b\times a|$$

$$=2|b||a|\sin\frac{\pi}{2}=2\times3\times4=24.$$

(2) $(a\times b)^2+(a\cdot b)^2=|a\times b|^2+|a\cdot b|^2$

$$=[|a||b|\sin(a\,\hat{}\,b)]^2+[|a||b|\cos(a\,\hat{}\,b)]^2$$

$$=|a|^2|b|^2(\sin^2(a\,\hat{}\,b)+\cos^2(a\,\hat{}\,b))=|a|^2|b|^2=4.$$

(3) 因为 $|a+b|^2=(a+b)^2=(a+b)\cdot(a+b)=a^2+a\cdot b+b\cdot a+b^2=a^2+2a\cdot b+b^2$,而 $a\perp b\Leftrightarrow a\cdot b=0$,所以 $|a+b|^2=|a|^2+|b|^2$.

同理,可得 $|a-b|^2=(a-b)^2=a^2-2ab+b^2=|a|^2+|b|^2=|a+b|^2$,故 $|a+b|=|a-b|$.

例 8-5 求解下列各题:

(1) 设 $a=\{4,5,-3\}$,$b=\{2,3,6\}$,求与 a 同方向的单位矢量 $a°$ 及 a 的方向余弦,问 λ 与 μ 有怎样的关系,才能使 $\lambda a+\mu b$ 与 z 轴垂直;

(2) 求以 $a=\{2,1,-1\}$ 和 $b=\{1,-2,1\}$ 为边的平行四边形的对角线间的夹角的正弦;

(3) 求同时垂直于 $3i+6j+8k$ 及 x 轴的单位矢量.

解 (1) 与 a 同方向的单位矢量为

$$a°=\frac{a}{|a|}=\frac{\{4,5,-3\}}{\sqrt{4^2+5^2+(-3)^2}}=\left\{\frac{4}{\sqrt{50}},\frac{5}{\sqrt{50}},\frac{-3}{\sqrt{50}}\right\}=\{\cos\alpha,\cos\beta,\cos\gamma\},$$

所以 a 的方向余弦为 $\cos\alpha=\frac{4}{\sqrt{50}}$,$\cos\beta=\frac{5}{\sqrt{50}}$,$\cos\gamma=\frac{-3}{\sqrt{50}}$.

又因 $\lambda a+\mu b$ 与 z 轴垂直的充要条件为 $(\lambda a+\mu b)\cdot\{0,0,1\}=0$,而

$$\lambda a+\mu b=\{4\lambda,5\lambda,-3\lambda\}+\{2\mu,3\mu,6\mu\}=\{4\lambda+2\mu,5\lambda+3\mu,-3\lambda+6\mu\},$$

由 $(\lambda a+\mu b)\cdot\{0,0,1\}=-3\lambda+6\mu=0$ 得 $\lambda=2\mu$. 故当且仅当 $\lambda=2\mu$ 时 $\lambda a+\mu b$ 与 z 轴垂直.

(2) 以 a,b 为边的平行四边形的两对角线所对应的矢量分别为

$$a+b=\{3,-1,0\},\quad a-b=\{1,3,-2\}.$$

又因为 $\quad|(a+b)\times(a-b)|=|a+b||a-b|\sin\theta,$

$$(a+b)\times(a-b)=\begin{vmatrix}i&j&k\\3&-1&0\\1&3&-2\end{vmatrix}=\{2,6,10\}=2\{1,3,5\},$$

所以 $\quad\sin\theta=\frac{|(a+b)\times(a-b)|}{|a+b||a-b|}=\frac{2\sqrt{1+3^2+5^2}}{\sqrt{3^2+(-1)^2}\times\sqrt{1+3^2+(-2)^2}}=1.$

(3) 设 $a=3i+6j+8k$,x 轴上的非零矢量 $x=\{x,0,0\}$,同时垂直 a,x 的矢量为

$$c=a\times x=\begin{vmatrix}i&j&k\\3&6&8\\x&0&0\end{vmatrix}=\{0,8x,-6x\},$$

单位矢量 $|c| = \sqrt{(8x)^2 + (-6x)^2} = 1$，解得 $x = \pm\dfrac{1}{10}$，故所求单位矢量为 $\pm\dfrac{1}{5}(4\boldsymbol{j} - 3\boldsymbol{k})$.

【题型 8-2】 矢量方法在初等几何学中的应用

应对 熟练掌握数量积、矢量积、混合积的定义、性质及几何意义，灵活利用这些知识解题.

例 8-6 (1) 已知矢量 $\overrightarrow{OA}$ 与三个坐标轴正向的夹角相等，$\overrightarrow{OA}$ 的方向余弦为正，$|\overrightarrow{OA}| = 3$，$B$ 是点 $M(2,3,2)$ 关于点 $N(1,3,1)$ 的对称点，求以 $\overrightarrow{OA}$、$\overrightarrow{OB}$ 为两邻边的平行四边形的面积.

(2) 已知 $\triangle ABC$ 的两边 $\overrightarrow{AB} = 3\boldsymbol{a} - 4\boldsymbol{b}$，$\overrightarrow{AC} = \boldsymbol{a} + 5\boldsymbol{b}$，其中 $\boldsymbol{a}$，$\boldsymbol{b}$ 是相互垂直的单位矢量. 求 $\overrightarrow{AB}$ 边上的高 $\overrightarrow{CD}$ 的长.

解 (1) 因 $\overrightarrow{OA} = |\overrightarrow{OA}| \overrightarrow{OA}^\circ = 3\{\cos\alpha, \cos\alpha, \cos\alpha\}$，$\cos^2\alpha + \cos^2\alpha + \cos^2\alpha = 1$，得 $3\cos^2\alpha = 1$，$\cos\alpha = \pm\dfrac{1}{\sqrt{3}}$. 由题设条件知，$\overrightarrow{OA}$ 的方向余弦为正，所以

$$\overrightarrow{OA} = 3\left\{\dfrac{1}{\sqrt{3}}, \dfrac{1}{\sqrt{3}}, \dfrac{1}{\sqrt{3}}\right\} = \sqrt{3}\{1,1,1\}.$$

设点 B 坐标为 $B(x,y,z)$，N 是 MB 的中点，有 $1 = \dfrac{2+x}{2}$，$3 = \dfrac{3+y}{2}$，$1 = \dfrac{2+z}{2}$ 解得 $x = 0$，$y = 3$，$z = 0$，得点 $B(0,3,0)$，所以 $\overrightarrow{OB} = \{0,3,0\}$. 又因为

$$\overrightarrow{OA} \times \overrightarrow{OB} = \sqrt{3}\{1,1,1\} \times \{0,3,0\} = \sqrt{3}\begin{vmatrix} \boldsymbol{i} & \boldsymbol{j} & \boldsymbol{k} \\ 1 & 1 & 1 \\ 0 & 3 & 0 \end{vmatrix} = \sqrt{3}\{-3,0,3\},$$

故所求平行四边形面积为 $|\overrightarrow{OA} \times \overrightarrow{OB}| = \sqrt{3} \times \sqrt{(-3)^2 + 3^2} = 3\sqrt{6}$.

(2) $S_\square = |\overrightarrow{AB} \times \overrightarrow{AC}| = |(3\boldsymbol{a} - 4\boldsymbol{b}) \times (\boldsymbol{a} + 5\boldsymbol{b})| = |15\boldsymbol{a} \times \boldsymbol{b} - 4\boldsymbol{b} \times \boldsymbol{a}|$
$= 19|\boldsymbol{a} \times \boldsymbol{b}| = 19$,
$|\overrightarrow{AB}|^2 = (3\boldsymbol{a} - 4\boldsymbol{b})^2 = 9\boldsymbol{a}^2 + 16\boldsymbol{b}^2 - 24\boldsymbol{a} \cdot \boldsymbol{b} = 25$, $\quad |\overrightarrow{AB}| = 5$
$$h = |\overrightarrow{CD}| = \dfrac{|\overrightarrow{AB} \times \overrightarrow{AC}|}{|\overrightarrow{AB}|} = \dfrac{19}{5}.$$

例 8-7 (1) 设 $\boldsymbol{a} + \boldsymbol{b} + \boldsymbol{c} = \boldsymbol{0}$，证明 $\boldsymbol{a}$，$\boldsymbol{b}$，$\boldsymbol{c}$ 三矢量共面；

(2) 设 $\boldsymbol{a}$，$\boldsymbol{b}$ 为两不共线的非零矢量，$\overrightarrow{AB} = \boldsymbol{a} + 3\boldsymbol{b}$，$\overrightarrow{AC} = \boldsymbol{a} + \boldsymbol{b}$，$\overrightarrow{AD} = \boldsymbol{a} - \boldsymbol{b}$，求证 A，B，C，D 四点共面.

证 (1) 因三矢量 $\boldsymbol{a}$，$\boldsymbol{b}$，$\boldsymbol{c}$ 共面 $\Leftrightarrow [\boldsymbol{abc}] = 0$，而
$[\boldsymbol{abc}] = \boldsymbol{a} \cdot (\boldsymbol{b} \times \boldsymbol{c}) = -(\boldsymbol{b} + \boldsymbol{c}) \cdot (\boldsymbol{b} \times \boldsymbol{c}) = -[\boldsymbol{b} \cdot (\boldsymbol{b} \times \boldsymbol{c}) + \boldsymbol{c} \cdot (\boldsymbol{b} \times \boldsymbol{c})] = 0$,
故 $\boldsymbol{a}$，$\boldsymbol{b}$，$\boldsymbol{c}$ 三矢量共面.

(2) 因 A，B，C，D 四点共面 $\Leftrightarrow$ 三矢量 $\overrightarrow{AB}$，$\overrightarrow{AC}$，$\overrightarrow{AD}$ 共面 $\Leftrightarrow [\overrightarrow{AB}\,\overrightarrow{AC}\,\overrightarrow{AD}] = 0$，且
$[\overrightarrow{AB}\,\overrightarrow{AC}\,\overrightarrow{AD}] = \overrightarrow{AB} \cdot (\overrightarrow{AC} \times \overrightarrow{AD}) = (\boldsymbol{a} + 3\boldsymbol{b}) \cdot [(\boldsymbol{a} + \boldsymbol{b}) \times (\boldsymbol{a} - \boldsymbol{b})]$
$\qquad = (\boldsymbol{a} + 3\boldsymbol{b}) \cdot (\boldsymbol{a} \times \boldsymbol{a} - \boldsymbol{a} \times \boldsymbol{b} + \boldsymbol{b} \times \boldsymbol{a} - \boldsymbol{b} \times \boldsymbol{b}) = (\boldsymbol{a} + 3\boldsymbol{b}) \cdot (2\boldsymbol{b} \times \boldsymbol{a})$
$\qquad = 2\boldsymbol{a} \cdot (\boldsymbol{b} \times \boldsymbol{a}) + 6\boldsymbol{b} \cdot (\boldsymbol{b} \times \boldsymbol{a}) = 0$,
故 A，B，C，D 四点共面.

例 8-8 用矢量方法证明以下几何定理：

(1) 勾股定理　如图 8-3(a)所示，$\triangle ABC$ 是直角三角形，a,b,c 是三条边的边长，则有 $c^2=a^2+b^2$；

(2) 余弦定理　如图 8-3(b)所示，a,b,c 是 $\triangle ABC$ 之边长，θ 是 CA 与 CB 之夹角，则有 $c^2=a^2+b^2-2ab\cos\theta$；

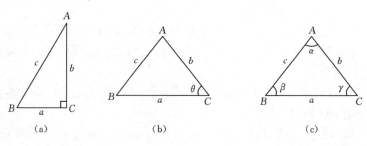

图 8-3

(3) 正弦定理　如图 8-3(c)所示，a,b,c 是 $\triangle ABC$ 之边长，α,β,γ 是三角形的三个内角，则有 $\dfrac{\sin\alpha}{a}=\dfrac{\sin\beta}{b}=\dfrac{\sin\gamma}{c}$.

证　(1) 因为 $\overrightarrow{AC}\perp\overrightarrow{CB}$，故其数量积要为 0，即 $\overrightarrow{AC}\cdot\overrightarrow{CB}=0$，于是
$$c^2=|\overrightarrow{AB}|^2=(\overrightarrow{AC}+\overrightarrow{CB})\cdot(\overrightarrow{AC}+\overrightarrow{CB})=\overrightarrow{AC}\cdot\overrightarrow{AC}+\overrightarrow{CB}\cdot\overrightarrow{CB}=|\overrightarrow{AC}|^2+|\overrightarrow{CB}|^2=b^2+a^2.$$

(2) 直接利用数量积的定义和分配律，得
$$c^2=\overrightarrow{AB}\cdot\overrightarrow{AB}=(\overrightarrow{CB}-\overrightarrow{CA})^2=|\overrightarrow{CB}|^2+|\overrightarrow{CA}|^2-2\overrightarrow{CB}\cdot\overrightarrow{CA}=a^2+b^2-2ab\cos\theta.$$

(3) 由矢量积的运算性质和模的几何意义，有
$$\overrightarrow{AC}\times\overrightarrow{AB}=\overrightarrow{AC}\times(\overrightarrow{AC}+\overrightarrow{CB})=\overrightarrow{AC}\times\overrightarrow{AC}+\overrightarrow{AC}\times\overrightarrow{CB}=\overrightarrow{AC}\times\overrightarrow{CB}.$$

结合矢量积的模的几何意义，有
$$S_{\triangle ABC}=\frac{1}{2}|\overrightarrow{AC}\times\overrightarrow{AB}|=\frac{1}{2}|\overrightarrow{AC}\times\overrightarrow{CB}|=\frac{1}{2}bc\sin\alpha=\frac{1}{2}ba\sin\gamma,$$

于是有 $\dfrac{\sin\alpha}{a}=\dfrac{\sin\gamma}{c}$. 类似地，有 $\dfrac{\sin\alpha}{a}=\dfrac{\sin\beta}{b}$，故命题得证.

【题型 8-3】　求平面方程

应对　根据所给条件，选择适当形式的平面方程表达所求平面.

(1) 若能求得平面上的定点与法矢量，则选用点法式方程；

(2) 若知道平面的特殊位置，如过原点或与某个平面平行，就选用一般方程 $Ax+By+Cz+D=0$；

(3) 若所求平面过已知直线 $L:\begin{cases}A_1x+B_1y+C_1z+D_1=0,\\A_2x+B_2y+C_2z+D_2=0,\end{cases}$ 可选用平面束方法求解. 因为所求平面包含在平面束 $\lambda(A_1x+B_1y+C_1z+D_1)+\mu(A_2x+B_2y+C_2z+D_2)=0$ 之中，结合其他已知条件确定参数 λ 和 μ 即可.

特别地，若可确定平面 $A_2x+B_2y+C_2z+D_2=0$ 不为所求，则所求平面含在单参数平面束 $A_1x+B_1y+C_1z+D_1+\lambda(A_2x+B_2y+C_2z+D_2)=0$ 之中.

例 8-9　求满足下列条件的平面方程：

(1) 过点 $M(2,1,1)$ 且与直线 $L_2:\begin{cases}x+2y-z+1=0,\\2x+y-z=0\end{cases}$ 垂直；

(2) 过 z 轴且与平面 $\pi_1:2x+y-\sqrt{5}z=0$ 的夹角为 $\frac{\pi}{3}$;

(3) 过点 $M_1(5,-4,3),M_2(-2,1,8)$ 及直线 $L_1:\dfrac{x-2}{1}=\dfrac{y-1}{-1}=\dfrac{z}{-3}$ 与平面 $\pi:x-y+z=0$ 的交点 M_3;

(4) 与平面 $\pi:2x+y+2z+5=0$ 平行,且与坐标面所构成的四面体的体积为 1.

解 (1) 直线 L 的方向矢量 $\boldsymbol{s}=\{1,2,-1\}\times\{2,1,-1\}=\{-1,-1,-3\}$,取平面的法矢量 $\boldsymbol{n}=\boldsymbol{s}$,故由点法式方程得所求平面为

$$-(x-2)-(y-1)-3(z-1)=0,\quad 即\quad x+y+3z-6=0.$$

(2) 过 z 轴的平面可设为 $x+By=0$,因它与 π_1 的夹角为 $\dfrac{\pi}{3}$,由夹角的公式得

$$\cos\frac{\pi}{3}=\frac{\{2,1,-\sqrt{5}\}\cdot\{1,B,0\}}{\sqrt{2^2+1^2+(-\sqrt{5})^2}\ \sqrt{1^2+B^2}}=\frac{|2+B|}{\sqrt{10}\ \sqrt{1+B^2}},$$

解得 $B=3$ 或 $B=-\dfrac{1}{3}$,故所求平面为 $x+3y=0$ 或 $3x-y=0$.

(3) 先求直线 L 与平面 π 的交点. 直线 L 的参数方程为 $\begin{cases} x=2+t, \\ y=1-t, \\ z=-3t, \end{cases}$ 代入平面方程 $x-y+z=0$ 得 $t=1$,因此 L 与 π 的交点为 $M_3(3,0,-3)$,于是由三点式平面方程得所求平面方程为 $\begin{vmatrix} x-5 & y+4 & z-3 \\ -7 & 5 & 5 \\ -2 & 4 & -6 \end{vmatrix}=0$,即 $25x+26y+9z-48=0.$

(4) 由题设条件知,可设所求平面为 $2x+y+2z=D$,其中 $D\neq0$. 由于该平面与坐标面构成四面体,将平面方程化为截距式方程,即 $\dfrac{x}{\frac{D}{2}}+\dfrac{y}{D}+\dfrac{1}{\frac{D}{2}}=1$,得四面体的体积.

$$V=\frac{1}{6}\left|\frac{D}{2}\right||D|\left|\frac{D}{2}\right|=\frac{|D|^3}{24}=1,\quad 即\quad |D|=\sqrt[3]{24}=2\sqrt[3]{3}.$$

于是所求平面为
$$2x+y+2z=\pm2\sqrt[3]{3}.$$

例 8-10 求过原点 O 和点 $P(6,-3,2)$ 且与平面 $4x-y+2z=8$ 垂直的平面方程.

解一 设已知平面的法矢量为 $\boldsymbol{n}_1$,则 $\boldsymbol{n}_1=\{4,-1,2\}$,又 $\overrightarrow{OP}=\{6,-3,2\}$,因而所求平面的法矢量为

$$\boldsymbol{n}=\boldsymbol{n}_1\times\overrightarrow{OP}=\begin{vmatrix} \boldsymbol{i} & \boldsymbol{j} & \boldsymbol{k} \\ 4 & -1 & 2 \\ 6 & -3 & 2 \end{vmatrix}=\{4,4,-6\}.$$

由点法式方程得所求平面方程为

$$4(x-0)+4(y-0)-6(z-0)=0,\quad 即\quad 2x+2y-3z=0.$$

解二 由于所求平面过原点,可设其方程为

$$Ax+By+Cz=0. \tag{①}$$

由于点 $P(6,-3,2)$ 在平面上，因此有

$$6A-3B+2C=0. \tag{②}$$

又由于所求平面与所给平面垂直，因此有

$$4A-B+2C=0. \tag{③}$$

联立方程②和③得 $A=-\dfrac{2}{3}C, B=-\dfrac{2}{3}C$，代入方程①，得所求平面方程为

$$2x+2y-3z=0.$$

解三 设 $M(x,y,z)$ 为平面上任意一点，则三矢量 $\overrightarrow{OM},\overrightarrow{OP}$ 及 $\boldsymbol{n}_1$ 共面，于是所求平面方程（即动点 M 满足的方程）为

$$\begin{vmatrix} x & y & z \\ 6 & -3 & 2 \\ 4 & -1 & 2 \end{vmatrix}=-4x-4y+6z=0,\quad 即\quad 2x+2y-3z=0.$$

例 8-11 求过直线 $L:\begin{cases} x-2y-z+3=0, \\ x+y-z-1=0, \end{cases}$ 且与平面 $\pi:x-2y-z=0$ 垂直的平面方程.

解 由题设条件知，本题应当采用平面束方法，当然也可以通过平面方程的一般式和点法式来求解.

方法一 设过直线 L 的双参数平面束方程为

$$\lambda(x-2y-z+3)+\mu(x+y-z-1)=0,$$

即

$$(\lambda+\mu)x+(\mu-2\lambda)y-(\lambda+\mu)z+3\lambda-\mu=0.$$

因所求平面要与 π 垂直，故

$$\lambda+\mu+(-2)(\mu-2\lambda)+(-1)[-(\lambda+\mu)]=0,$$

即 $\lambda=0$，从而所求平面方程为 $x+y-z-1=0$.

方法二 注意到 $\pi_1:x-2y-z+3=0$ 与平面 π 不垂直，因而 π_1 不是所求平面，因此可以用单参数平面束方程，即设过 L 的平面束方程为

$$(x+y-z-1)+\lambda(x-2y-z+3)=0,$$

即

$$(1+\lambda)x+(1-2\lambda)y-(1+\lambda)z+3\lambda-1=0.$$

由于所求平面要与 π 垂直，故

$$1+\lambda+(-2)(1-2\lambda)+(-1)[-(1+\lambda)]=0,$$

即 $\lambda=0$，从而所求平面方程为 $x+y-z-1=0$.

注 由于 $\pi_2:x+y-z-1=0$ 即为所求平面，故不能用下列单参数平面束方程：

$$x-2y-z+3+\lambda(x+y-z-1)=0.$$

否则，会得出矛盾：$6=0$. 此矛盾并不说明所求平面不存在，而是说明该平面束方程中没有包含所求平面.

因此，在用单参数平面束方法得到矛盾结果时，应考虑调整参数的位置.

方法三 设所求平面为 $\pi_1:Ax+By+Cz+D=0$，则由 π_1 与 π 垂直可得

$$A-2B-C=0, \tag{①}$$

又因 L 在 π_1 上，故 L 的方向矢量 $\boldsymbol{s}$ 与 π_1 的法矢量 $\{A,B,C\}$ 垂直.

而
$$s=\begin{vmatrix} \boldsymbol{i} & \boldsymbol{j} & \boldsymbol{k} \\ 1 & -2 & -1 \\ 1 & 1 & -1 \end{vmatrix}=\{3,0,3\}\,/\!/\,\{1,0,1\},$$

故

$$A+C=0. \qquad\qquad ②$$

在 L 上任取一点 $\left(0,\dfrac{4}{3},\dfrac{1}{3}\right)$，则该点在 π_1 上，故 $\dfrac{4}{3}B+\dfrac{1}{3}+D=0$，即

$$4B+C+3D=0, \qquad\qquad ③$$

联立方程①、②、③得 $B=A,C=-A,D=-A$，故所求平面为

$$x+y-z-1=0.$$

例 8-12 求经过直线 $\begin{cases} x+5y+z=0, \\ x-z+4=0, \end{cases}$ 且与平面 $\pi:x-4y-8z+12=0$ 相交夹角为

$\theta=\dfrac{\pi}{4}$ 的平面方程.

解 因平面 $x-z+4=0$ 与 $x-4y-8z+12=0$ 的夹角满足

$$\cos\theta=\frac{\{1,0,-2\}\cdot\{1,-4,-8\}}{\sqrt{1+(-1)^2}\times\sqrt{1^2+(-4)^2+(-8)^2}}=\frac{9}{9\sqrt{2}}=\frac{1}{\sqrt{2}},$$

即 $\theta=\dfrac{\pi}{4}$，所以 $x-z+4=0$ 为所求平面.

设过已知方程的平面束方程为 $x-z+4+\lambda(x+5y+z)=0$，由于已知平面与该平面相交的角度为 $\theta=\dfrac{\pi}{4}$，故根据两平面的夹角公式得

$$\cos\theta=\frac{\{1+\lambda,5\lambda,\lambda-1\}\cdot\{1,-4,-8\}}{\sqrt{(1+\lambda)^2+(5\lambda)^2+(\lambda-1)^2}\sqrt{1^2+(-4)^2+(-8)^2}}=\frac{9(1-3\lambda)}{9\sqrt{27\lambda^2+2}},$$

即 $\dfrac{\sqrt{2}}{2}=\dfrac{1-3\lambda}{\sqrt{27\lambda^2+2}}$，解出 $\lambda=-\dfrac{3}{4}$ 和 $\lambda=0$，故所求平面方程为 $x+20y+7z-12=0$ 和 $x-z+4=0$.

【题型 8-4】 求直线方程

应对 根据所给条件，选择适当形式的直线方程表达所求直线.

(1) 若能求得直线上的定点与方向矢量，则选用点向式方程；

(2) 若能求得通过直线的两个不平行平面，则选用一般式方程.

例 8-13 求满足下列条件的直线方程：

(1) 过点 $(2,-3,1)$ 且垂直于平面 $2x+3y+z+1=0$；

(2) 过点 $(0,2,4)$ 且同时平行于平面 $x+2z=1$ 和 $y-3z=2$.

解 (1) 由题设条件知，所求直线的方向矢量 $\boldsymbol{s}$ 为已知平面的法矢量 $\boldsymbol{n}$，即 $\boldsymbol{s}=\boldsymbol{n}=\{2,3,1\}$，套用直线的点向式得所求直线方程为 $\dfrac{x-2}{2}=\dfrac{y+3}{3}=\dfrac{z-1}{1}$.

(2) 由题设条件知，所求直线的方向矢量 $\boldsymbol{s}$ 垂直于两已知平面的法矢量 $\boldsymbol{n}_1=\{1,0,2\}$，$\boldsymbol{n}_2=\{0,1,-3\}$，算出 $\boldsymbol{n}_1\times\boldsymbol{n}_2=\{-2,3,1\}$，于是所求直线方程为 $\dfrac{x}{-2}=\dfrac{y-2}{3}$

$$=\frac{z-4}{1}.$$

例 8-14 求直线 $\begin{cases} x-y+z+2=0, \\ 2x+y+z=0 \end{cases}$ 的标准方程与参数方程.

解一 以 $x=0$ 代入所给方程组,解出 $y=1,z=-1$.由此知点 $(0,1,-1)$ 在直线上.因平面 $x-y+z+2=0$ 与 $2x+y+z=0$ 的法矢量分别为 $n_1=\{1,-1,1\}$ 与 $n_2=\{2,1,1\}$,由此算出 $n_1 \times n_2=\{-2,1,3\}$,则 $s=\{-2,1,3\}$ 为直线的方向矢量,于是直线的标准式及参数式分别为 $\frac{x}{-2}=\frac{y-1}{1}=\frac{z+1}{3}$ 及 $x=-2t,y=t+1,z=3t-1$ $(-\infty<t<+\infty)$.

解二 解关于 x,z 的线性方程组 $\begin{cases} x+z=y-2, \\ 2x+z=-y \end{cases}$ 得 $x=-2y+2,z=3y-4$,这相当于 $y=\frac{x-2}{-2},y=\frac{z+4}{3}$,即 $\frac{x-2}{-2}=\frac{y}{1}=\frac{z+4}{3}$,它就是所求直线的标准方程,相应的参数方程为 $x=-2t+2,y=t,z=3t-4$ $(-\infty<t<+\infty)$.

解三 求出直线上两个相异的点.为此,分别以 $x=0,y=0$ 代入所给方程组,解出 $y=1,z=-1$ 和 $x=2,z=-4$,得 $A(0,1,-1),B(2,0,-4)$ 在直线上,则 $\overrightarrow{AB}=\{2,-1,-3\}$ 是直线的方向矢量,于是直线的标准式及参数式分别为 $\frac{x}{2}=\frac{y-1}{1}=\frac{z+1}{3}$ 及 $x=-2t,y=t+1,z=3t-1$ $(-\infty<t<+\infty)$.

例 8-15 求过点 $M(2,-5,3)$ 且与平面 $\pi_1:2x-y+z-1=0$ 及 $\pi_2:x+y-z-2=0$ 平行的直线方程.

解一 利用对称式.由于已知直线过点 $M(2,-5,3)$,故只需求出所求直线的方向矢量 s.记平面 π_1 及 π_2 的法矢量分别为 $n_1=\{2,-1,1\}$ 和 $n_2=\{1,1,-1\}$,则 s 可取为

$$n_1 \times n_2 = \begin{vmatrix} i & j & k \\ 2 & -1 & 1 \\ 1 & 1 & -1 \end{vmatrix} = \{0,3,3\} /\!/ \{0,1,1\},$$

故所求直线方程为 $\frac{x-2}{0}=\frac{y+5}{1}=\frac{z-3}{1}$.

解二 过点 M 且平行于 π_1 的平面 π_3 的方程为

$$2(x-2)-(y+5)+(z-3)=0,$$

即

$$\pi_3:2x-y+z-12=0.$$

同理,可得过点 M 且平行于 π_2 的平面 $\pi_4:x+y-z+6=0$,则所求直线必在 π_3 和 π_4 上,故其一般式方程为

$$\begin{cases} 2x-y+z-12=0, \\ x+y-z+6=0. \end{cases}$$

例 8-16 设 P 为平面 $\pi:3x-4y+z+7=0$ 与直线 $L:\begin{cases} x-3y+12=0, \\ 2y-z-6=0 \end{cases}$ 的交点,求平面 π 上过点 P 且垂直于直线 L 的直线方程.

解 先求出平面 π 与直线 L 的交点 P. 为此,将直线 L 的方程化为参数式. 令 $y=0$,可得 $x=-12$,$z=-6$,即直线 L 过点 $(-12,0,-6)$. 又因

$$\begin{vmatrix} \boldsymbol{i} & \boldsymbol{j} & \boldsymbol{k} \\ 1 & -3 & 0 \\ 0 & 2 & -1 \end{vmatrix}=\{3,1,2\},$$

于是,得直线 L 的参数方程为 $\begin{cases} x=3t-12, \\ y=t, \\ z=2t-6, \end{cases}$ 将其代入平面 π 的方程 $3x-4y+z+7=0$

中,解得 $t=5$,于是直线 L 与平面 π 的交点为 $P(3,5,4)$. 过点 P 且与直线 L 垂直的平面 π_1 的方程为

$$3(x-3)+(y-5)+2(z-4)=0, \quad 即 \quad 3x+y+2z-22=0,$$

故所求直线方程为 $\begin{cases} 3x+y+2z-22=0, \\ 3x-4y+z+7=0. \end{cases}$

注 将直线 L 的参数方程代入平面 π 的方程中求出参数是求平面 π 与直线 L 的交点的常用方法,但由于本题的直线方程为一般形式 $\begin{cases} x-3y+12=0, \\ 2y-z-6=0, \end{cases}$ 故也可以通过解

方程组 $\begin{cases} x-3y+12=0, \\ 2y-z-6=0, \\ 3x-4y+z+7=0 \end{cases}$ 求平面 π 与直线 L 的交点 P.

例 8-17 求过点 $P(2,1,3)$ 且与直线 $L_1: \dfrac{x+1}{3}=\dfrac{y-1}{2}=\dfrac{z}{-1}$ 垂直相交的直线 L 的方程.

解 先求垂足 Q,即 P 在 L_1 上的投影. 过点 P 且垂直于直线 L_1 的平面 π 为

$$3(x-2)+2(y-1)-(z-3)=0, \quad 即 \quad 3x+2y-z-5=0.$$

将直线 L_1 的参数方程 $\begin{cases} x=3t-1, \\ y=2t+1, \\ z=-t \end{cases}$ 代入上述平面方程,解得 $t=\dfrac{3}{7}$,即垂足 Q 的坐

标为 $\left(\dfrac{2}{7},\dfrac{13}{7},-\dfrac{3}{7}\right)$. 因 $\overrightarrow{PQ}=\left\{\dfrac{-12}{7},\dfrac{6}{7},-\dfrac{24}{7}\right\}/\!/\{2,-1,4\}$,故所求直线 L 的方程为

$$\frac{x-2}{2}=\frac{y-1}{-1}=\frac{z-3}{4}.$$

【题型 8-5】 直线、平面间的位置关系

应对 参见知识点解析【8-5】.

例 8-18 判断下列各组直线的位置关系:

(1) $L_1: \dfrac{x-1}{2}=\dfrac{y}{3}=\dfrac{z}{4}$,$L_2: \dfrac{x-3}{2}=\dfrac{y-3}{3}=\dfrac{z-4}{4}$;

(2) $L_1: \dfrac{x+1}{4}=\dfrac{y-2}{3}=\dfrac{z-4}{1}$,$L_2: \dfrac{x-2}{2}=\dfrac{y+1}{-3}=\dfrac{z-3}{2}$.

解 (1)因直线 L_1 与 L_2 的方向矢量相等,且直线 L_1 上的点 $M_1(1,0,0)$ 满足直线

L_2 的方程,故直线 L_1 与 L_2 重合.

(2) 因 $s_1=\{4,3,1\}$ 与 $s_2=\{2,-3,2\}$ 不成比例,故直线 L_1 与 L_2 不平行. 记 $M_1(-1,2,4)$, $M_2(2,-1,3)$ 分别为直线 L_1, L_2 上的点,因

$$(s_1 \times s_2) \cdot \overrightarrow{M_1 M_2} = \begin{vmatrix} 3 & -3 & -1 \\ 4 & 3 & 1 \\ 2 & -3 & 2 \end{vmatrix} = 53 \neq 0,$$

即直线 L_1 与 L_2 不共面,因此直线 L_1 与 L_2 是既不平行又不相交的异面直线.

例 8-19 求直线 $L: \dfrac{x-1}{1} = \dfrac{y+3}{2} = \dfrac{z-4}{-1}$ 与平面 $\pi: 2x+y+z-11=0$ 之间的夹角 φ.

解 因直线的方向矢量 $s=\{1,2,-1\}$,平面的法矢量 $n=\{2,1,1\}$,于是

$$\sin\varphi = \frac{|s \cdot n|}{|s||n|} = \frac{|2+2-1|}{\sqrt{1^2+2^2+(-1)^2} \times \sqrt{2^2+2^2+1^2}} = \frac{3}{6} = \frac{1}{2}, \text{故 } \varphi = \frac{\pi}{6}.$$

【题型 8-6】 **点到直线与点到平面的距离**

应对 (1) 点 $M_0(x_0, y_0, z_0)$ 到平面 $\pi: Ax+By+Cz+D=0$ 的距离为

$$d = \frac{|Ax_0+By_0+Cz_0+D|}{\sqrt{A^2+B^2+C^2}};$$

(2) 点 $M_0(x_0, y_0, z_0)$ 到直线 $L: \dfrac{x-x_0}{l} = \dfrac{y-y_0}{m} = \dfrac{z-z_0}{n}$ 的距离为

$$d = \frac{|\overrightarrow{M_1 M_0} \times s|}{|s|},$$

其中 $M_1(x_1, y_1, z_1)$ 为直线 L 上一定点,$s=\{l,m,n\}$ 为直线 L 的方向矢量.

例 8-20 直线 L 过点 $M(2,-3,5)$ 且与三个坐标轴交成等角,求点 $M_0(-1,2,5)$ 到此直线的距离.

解 设直线 L 的方向矢量 $s=\{l,m,n\}=\{\cos\alpha, \cos\beta, \cos\gamma\}$,因为它与三个坐标轴等角交成,所以 $\cos\alpha=\cos\beta=\cos\gamma$,即 $l=m=n$,故可取 $s=\{1,1,1\}$. 于是,由点到直线的距离公式得

$$d = \frac{|\overrightarrow{M_0 M} \times s|}{\sqrt{1^2+1^2+1^2}} = \frac{1}{\sqrt{3}} \left| \begin{vmatrix} i & j & k \\ 3 & -5 & 0 \\ 1 & 1 & 1 \end{vmatrix} \right| = \frac{7}{3}\sqrt{6}.$$

例 8-21 在过直线 $L: \dfrac{x-1}{0} = y-1 = \dfrac{z+3}{-1}$ 的所有平面中找出一个平面,使它与原点的距离最远.

解 已知直线 L 的一般式方程为 $\begin{cases} x-1=0, \\ y+z+2=0, \end{cases}$ 于是过直线 L 的平面束方程为

$$y+z+2+\lambda(x-1)=0,$$

故原点到此平面的距离为

$$d = \frac{|2-\lambda|}{\sqrt{\lambda^2+1^2+1^2}} = \frac{|2-\lambda|}{\sqrt{2+\lambda^2}}.$$

为求出 d 的最大值,记 $f(\lambda)=\dfrac{(2-\lambda)^2}{2+\lambda^2}$. 令 $f'(\lambda)=\dfrac{4(\lambda+1)(\lambda-2)}{(\lambda^2+2)^2}=0$,得驻点 $\lambda_1=-1$,

$\lambda_2=2$,因 $f(-1)=3$,$f(2)=0$,$\lim\limits_{\lambda\to\infty}f(\lambda)=1$,所以当 $\lambda=-1$ 时,d 取最大值,故所求平面方程为 $x-y-z-3=0$.

例 8-22 求两直线间的最短距离,其中

$$L_1:\begin{cases}x+y-z-1=0,\\2x+y-z-2=0;\end{cases}\qquad L_2:\begin{cases}x+2y-z-2=0,\\x+2y+2z+4=0.\end{cases}$$

解一 过直线 L_1 作平面 $\pi:x+y-z-1+\lambda(2x+y-z-2)=0$,即

$$(1+2\lambda)x+(1+\lambda)y-(1+\lambda)z-1-2\lambda=0$$

平行于直线 L_2,则有 $\{1+2\lambda,1+\lambda,-1-\lambda\}\perp s_2$,即

$$6(1+2\lambda)+(-3)(1+\lambda)+0(-1-\lambda)=0,$$

解得 $\lambda=-\dfrac{1}{3}$,故平面 π 的方程为

$$\frac{1}{3}x+\frac{2}{3}y-\frac{2}{3}z-\frac{1}{3}=0,\quad 亦即\quad x+2y-2z-1=0.$$

再在直线 L_2 上取一点 $(0,0,-2)$,则

$$d=\frac{|0+2\times0-2\times(-2)-1|}{\sqrt{1^2+2^2+(-2)^2}}=\frac{3}{3}=1.$$

解二 如图 8-4 所示,设直线 L_1,L_2 的方向矢量分别为 s_1,s_2,则

$$s_1=\begin{vmatrix}\boldsymbol{i}&\boldsymbol{j}&\boldsymbol{k}\\1&1&-1\\2&1&-1\end{vmatrix}=\{0,-1,-1\},$$

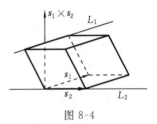

图 8-4

$$s_2=\begin{vmatrix}\boldsymbol{i}&\boldsymbol{j}&\boldsymbol{k}\\1&2&-1\\1&2&2\end{vmatrix}=\{6,-3,0\}.$$

直线 L_1 与 L_2 的公垂线 L 的方向矢量 s 为

$$s=s_1\times s_2=\begin{vmatrix}\boldsymbol{i}&\boldsymbol{j}&\boldsymbol{k}\\0&-1&-1\\6&-3&0\end{vmatrix}=\{-3,-6,6\}\;/\!/\;\{1,2,-2\}.$$

在直线 L_1 上取点 $A(1,0,0)$,在直线 L_2 上取点 $B(0,0,-2)$,则 $\overrightarrow{AB}=\{-1,0,-2\}$ 在 s 的投影的绝对值就是直线 L_1 与 L_2 之间的距离,即

$$d=\left|\overrightarrow{AB}\cdot\frac{s}{|s|}\right|=\frac{|\overrightarrow{AB}\cdot s|}{|s|}=\frac{|-1+0+4|}{\sqrt{1^2+2^2+(-2)^2}}=\frac{3}{3}=1.$$

解三 $\overrightarrow{AB},s_1,s_2$ 如解二中所设,则以 $\overrightarrow{AB},s_1,s_2$ 为棱的平行六面体的体积为 $V=|[\overrightarrow{AB}\cdot s_1 s_2]|$(见图 8-3).记以 s_1,s_2 为邻边的平行四边形的面积为 S,所求异面直线间的距离为 d,则 $V=Sd$,而

$$V = |[\overrightarrow{AB} \cdot \boldsymbol{s}_1 \boldsymbol{s}_2]| = \begin{Vmatrix} -1 & 0 & -2 \\ 0 & -1 & -1 \\ 6 & -3 & 0 \end{Vmatrix} = 9, \quad S = |\boldsymbol{s}_1 \times \boldsymbol{s}_2| = |\{-3, -6, 6\}| = 9,$$

故 $$d = \frac{V}{S} = \frac{9}{9} = 1.$$

注 解二和解三得到的公式是一样的,这个公式具有普遍意义:

设两异面直线 L_1, L_2 分别过点 M_1, M_2, L_1, L_2 的方向矢量分别为 $\boldsymbol{s}_1, \boldsymbol{s}_2$,则 L_1, L_2 之间的距离 $d = \dfrac{|[\overrightarrow{M_1 M_2} \boldsymbol{s}_1 \boldsymbol{s}_2]|}{|\boldsymbol{s}_1 \times \boldsymbol{s}_2|}$.

【题型 8-7】 求旋转曲面的方程

应对 平面曲线 C 绕该平面内某定直线 L 旋转一周所形成的曲面称为旋转曲面,该定直线 L 称为旋转轴.

例如:坐标平面 Oyz 上的曲线 $C: \begin{cases} f(y, z) = 0, \\ x = 0 \end{cases}$ 绕 z 轴旋转一周所形成的旋转曲面的方程为 $f(\pm\sqrt{x^2 + y^2}, z) = 0$.

例 8-23 写出下列曲线绕指定坐标轴旋转所产生的旋转曲面方程:

(1) $\begin{cases} z^2 = 4x, \\ y = 0 \end{cases}$ 绕 x 轴;   (2) $\begin{cases} 2y - 3z + 1 = 0, \\ x = 0 \end{cases}$ 绕 z 轴.

解 (1) 因旋转轴为 x 轴,故在平面曲线方程 $z^2 = 4x$ 中保留 x 不变,而 z 改为 $\pm\sqrt{y^2 + z^2}$,于是所求旋转曲面方程为 $(\pm\sqrt{y^2 + z^2})^2 = 4x$,即 $y^2 + z^2 = 4x$,这是旋转抛物面.

(2) 按上述方法可得所求旋转曲面方程 $2(\pm\sqrt{x^2 + y^2}) - 3z + 1 = 0$,即 $4(x^2 + y^2) = (3z - 1)^2$,这是顶点在 $\left(0, 0, \dfrac{1}{3}\right)$ 处的圆锥面.

例 8-24 指出下列方程所表示的曲面是否为旋转曲面,若是,说明它是如何形成的:

(1) $x + y^2 + z^2 = 1$;   (2) $x^2 + \dfrac{y^2}{4} + \dfrac{z^2}{9} = 1$.

解 (1) 由于方程中 y^2 和 z^2 的系数相同,所以方程所表示的曲面是旋转曲面,其旋转轴为 x 轴,并由坐标平面 Oxz 上的抛物线 $x = 1 - z^2$ 或坐标平面 Oxy 上的抛物线 $x = 1 - y^2$ 绕 x 轴旋转一周而成.

(2) 方程所表示的曲面是椭球面,其半轴长分别为 $1, 2, 3$,且以坐标原点为其对称中心,它不是旋转曲面.

例 8-25 求直线 $L: \dfrac{x-1}{1} = \dfrac{y}{1} = \dfrac{z-1}{-1}$ 在平面 $\pi: x - y + 2z - 1 = 0$ 上的投影直线 L_0 的方程,并求直线 L_0 绕 y 轴旋转一周所成曲面的方程.

解 先求过直线 L 且垂直于平面 π 的平面 π_1 的方程. 因 π_1 的法矢量 $\boldsymbol{n}_1$ 既垂直于 L 的方向矢量 $\boldsymbol{s} = \{1, 1, -1\}$,又垂直于平面 π 的法矢量 $\boldsymbol{n} = \{1, -1, 2\}$,故 $\boldsymbol{n}_1 = \{1, 1,$

$-1\}\times\{1,-1,2\}=\{1,-3,-2\}$. 又平面 π_1 过直线上的点 $(1,0,1)$，于是由点法式得平面 π_1 的方程为 $x-3y-2z+1=0$，从而直线 L_0 的方程为

$$\begin{cases} x-3y-2z+1=0, \\ x-y+2z-1=0. \end{cases}$$

由于直线 L_0 不是坐标平面上的曲线，故不能套用公式求直线 L_0 绕 y 轴旋转一周所成的旋转曲面方程. 注意到曲面上的动点 $M(x,y,z)$ 和直线 L_0 上的对应点 $M_1(x_1,y_1,z_1)$ 满足：

(1) M 与 M_1 同在垂直于 y 轴的平面 $y=y_1$ 上；

(2) 设 $y=y_1$ 与 y 轴的交点为 $P(0,y,0)$，则 $|\overrightarrow{PM}|=|\overrightarrow{PM_1}|$，于是，可用以下两种方法求旋转曲面方程.

方法一（代入法） 因旋转轴为 y 轴，故将 L_0 的方程改写为 $\begin{cases} x=2y, \\ z=\dfrac{1}{2}(1-y), \end{cases}$ 从而有

$$\begin{cases} y=y_1, \\ x^2+z^2=x_1^2+z_1^2 \end{cases} \quad 及 \quad \begin{cases} x_1=2y_1, \\ z_1=\dfrac{1}{2}(1-y_1), \end{cases}$$

因此

$$x^2+z^2=(2y_1)^2+\left[\frac{1}{2}(1-y_1)\right]^2=4y^2+\frac{1}{4}(1-y)^2,$$

整理后得

$$4x^2-17y^2+4z^2+2y-1=0.$$

方法二（消去参数法） 将直线 L_0 的方程参数化得 $\begin{cases} x=4t, \\ y=2t, \\ z=-t+1/2, \end{cases}$ 其中 $-\infty<t<+\infty$，从而有

$$\begin{cases} y=y_1(t), \\ x^2+z^2=x_1^2(t)+z_1^2(t) \end{cases} \quad 及 \quad \begin{cases} x_1=4t, \\ y_1=2t, \\ z_1=-t+1/2. \end{cases}$$

于是 $\begin{cases} y=2t, \\ x^2+z^2=(4t)^2+\left(-t+\dfrac{1}{2}\right)^2, \end{cases}$ 消去参数 t，得

$$x^2+z^2=4y^2+\left(-\frac{y}{2}+\frac{1}{2}\right)^2=4y^2+\frac{1}{4}(y^2-2y+1),$$

即

$$4x^2-17y^2+4z^2+2y-1=0.$$

【题型 8-8】 求空间曲线在坐标平面上的投影

例 8-26 求旋转椭球面 $x^2+y^2+4z^2=4$ 与平面 $y+z=1$ 的交线在三个坐标平面上的投影曲线.

解 旋转椭球面与平面 $y+z=1$ 的交线为曲线 $L:\begin{cases} x^2+y^2+4z^2=4, \\ y+z=1. \end{cases}$

(1) 在曲线方程 L 中消去 z，得母线平行于 z 轴的投影柱面 $x^2+5y^2-8y=0$，于是曲线 L 在坐标平面 Oxy 上的投影曲线为

$$\begin{cases} x^2+5y^2-8y=0, \\ z=0. \end{cases}$$

这就是坐标平面 Oxy 上的椭圆.

（2）类似地，可得曲线 L 在坐标平面 Oxz 上的投影曲线为

$$\begin{cases} x^2+5z^2-2z=3, \\ y=0, \end{cases}$$

这就是坐标平面 Oxz 上的椭圆.

（3）因为平面 $y+z=1$ 垂直于坐标平面 Oyz，故曲线 L 关于坐标平面 Oyz 的投影柱面就是平面 $y+z=1$，从而曲线 L 在坐标平面 Oyz 上的投影曲线为

$$\begin{cases} y+z=1, \\ x=0 \end{cases} \quad \left(-\dfrac{3}{5}\leqslant z\leqslant 1\right).$$

这就是坐标平面 Oyz 上直线 $y+z=1$ 上的一段.

8.4　知识扩展

空间曲线 L 绕任意直线旋转所成的旋转曲面方程的求法

应对　先建立旋转曲面 S 上动点 $M(x,y,z)$ 与曲线 L 上的对应点 $M_1(x_1,y_1,z_1)$ 的关系，然后通过解方程组消掉 x_1,y_1,z_1，从而求得 S 的方程.

例 8-27　求直线 $L:\dfrac{x-1}{1}=\dfrac{y}{2}=\dfrac{z}{2}$ 绕直线 $L_0:x=y=z$ 旋转所成的旋转曲面方程.

解　显然旋转轴 L_0 过点 $(0,0,0)$，方向矢量为 $s=\{1,1,1\}$.

设 $M(x,y,z)$ 是旋转曲面 S 上任意一点，过点 M 作与直线 L_0 垂直的平面 π，则 π 与直线 L 交于点 $M_1(x_1,y_1,z_1)$，与 L_0 交于点 P（见图 8-5）. 于是有以下结论成立.

（1）点 M 与点 M_1 同在平面 π 内. 因此 $s\perp\overrightarrow{M_1M}$，即

$$1\cdot(x-x_1)+1\cdot(y-y_1)+1\cdot(z-z_1)=0. \qquad ①$$

（2）$|\overrightarrow{PM}|=|\overrightarrow{PM_1}|$. 因此，$|\overrightarrow{OM}|=|\overrightarrow{OM_1}|$，即

$$x^2+y^2+z^2=x_1^2+y_1^2+z_1^2. \qquad ②$$

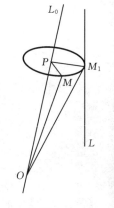

图 8-5

再由点 M_1 在直线 L 上得 $\dfrac{x_1-1}{1}=\dfrac{y_1}{2}=\dfrac{z_1}{2}$，解出 $y_1=z_1=2x_1-2$，代入方程①得

$$x+y+z=5x_1-4,$$

从而得 $x_1=(x+y+z+4)/5,\ y_1=z_1=(x+y+z-1)/5$，再代入方程②得所求旋转曲面方程为

$$x^2+y^2+z^2=(x+y+z+4)^2/25+8(x+y+z-1)^2/25.$$

习 题 8

（A）

1. 选择题

(1) 点 $M(2,-3,1)$ 关于坐标原点的对称点是(　　).

(A) $(-2,3,-1)$　(B) $(-2,-3,-1)$　(C) $(2,-3,-1)$　(D) $(-2,3,1)$

(2) 点 $M(4,3,-5)$ 在(　　)上的投影点是 $M_1(0,3,-5)$.

(A) 坐标平面 Oxy　(B) 坐标平面 Oyz　(C) 坐标平面 Oxz

(3) 已知 a,b,c 都是单位矢量,且满足 $a+b+c=0$,则 $a\cdot b+b\cdot c+c\cdot a=$(　　).

(A) -1　　　　(B) 1　　　　(C) $\dfrac{3}{2}$　　　　(D) $-\dfrac{3}{2}$

(4) 设 a、b 为非零矢量,已知矢量 $a+3b$ 垂直于矢量 $7a-5b$,矢量 $a-4b$ 垂直于矢量 $7a-2b$,则两矢量 a 与 b 间的夹角为(　　).

(A) $\dfrac{\pi}{6}$　　　　(B) $\dfrac{\pi}{4}$　　　　(C) $\dfrac{2}{3}\pi$　　　　(D) $\dfrac{\pi}{3}$

(5) 直线 $L_1:\begin{cases} x+2y-z=7, \\ -2x+y+z=7 \end{cases}$ 与 $L_2:\begin{cases} 3x+6y-3z=8, \\ 2x-y-z=0 \end{cases}$ 的关系是(　　).

(A) $L_1\perp L_2$　　　　　　　　　　(B) L_1 与 L_2 相交但不一定垂直

(C) L_1 与 L_2 为异面直线　　　　　(D) $L_1/\!/L_2$

(6) 设空间两直线 $L_1:\dfrac{x-1}{1}=\dfrac{y+1}{2}=\dfrac{z-1}{\lambda}$,$L_2:x+1=y-1=z$ 相交于一点,则 $\lambda=$(　　).

(A) 1　　　　(B) 0　　　　(C) $\dfrac{5}{4}$　　　　(D) $\dfrac{5}{3}$

(7) 过点 $(0,2,4)$ 且与平面 $x+2z=1$ 及 $y-3z=2$ 都平行的直线是(　　).

(A) $\dfrac{x-1}{0}=\dfrac{y-2}{0}=\dfrac{z-4}{2}$　　　　(B) $\dfrac{x-0}{0}=\dfrac{y-2}{1}=\dfrac{z-4}{-3}$

(C) $\dfrac{x}{-2}=\dfrac{y-2}{3}=\dfrac{z-4}{1}$　　　　(D) $-2x+3(y-2)+z-4=0$

(8) 曲线 $\begin{cases} y^2+z^2-2x=0, \\ z=3 \end{cases}$ 在坐标平面 Oxy 上的投影曲线的方程是(　　).

(A) $\begin{cases} y^2=2x \\ z=0 \end{cases}$　　(B) $\begin{cases} y^2=2x-9 \\ z=0 \end{cases}$　　(C) $y^2=2x-9$　　(D) $\begin{cases} y^2=2x-9 \\ z=3 \end{cases}$

(9) 方程 $\begin{cases} \dfrac{y^2}{2}-\dfrac{z^2}{9}=1, \\ x=4 \end{cases}$ 表示(　　).

(A) 双曲柱面与平面 $x=4$ 的交线　　　(B) 双曲柱面

(C) 双叶双曲面　　　　　　　　　　　(D) 单叶双曲面

(10) 方程 $(z-a)^2=x^2+y^2$ 表示(　　).

(A) 坐标平面 Oxz 上曲线 $(z-a)^2=x^2$ 绕 y 轴旋转所得的曲面

(B) 坐标平面 Oxz 上直线 $z-a=x$ 绕 z 轴旋转所得的曲面

(C) 坐标平面 Oyz 上 $z-a=y$ 绕 y 轴旋转所得的曲面

(D) 坐标平面 Oyz 上 $(z-a)^2=y^2$ 绕 x 轴旋转所得的曲面

2. 填空题

(1) 矢量 $a=\{4,-3,4\}$ 在矢量 $b=\{2,2,1\}$ 上的投影为_____.

(2) 矢量 a,b,c 两两垂直,且 $|a|=2,|b|=1,|c|=2$,则 $s=a+b+c$ 的长度是_____.

(3) 矢量 a,b,c 两两垂直,且 $|a|=2,|b|=1,|c|=2$,则 $s=a+b+c$ 与 a 的夹角是_____.

(4) $|a\times b|$ 的几何意义是_____.

(5) 三矢量 a,b,c 的混合积 $[a\ b\ c]$ 的几何意义是_____.

(6) 过点 $(2,-1,3)$ 且与平面 $3x-5y+2z-11=0$ 垂直的直线方程为_____.

(7) 过两点 $A(0,1,2)$ 与 $B(1,2,-1)$ 且垂直于平面 $2x-y+z-3=0$ 的平面方程是_____.

(8) 曲线 $L:\begin{cases} z=x^2+2y^2 \\ z=2-x^2 \end{cases}$ 关于坐标平面 Oxy 的投影柱面方程是_____;投影曲线方程是_____.

(9) 曲面 $x^2+y^2+z^2=a^2$ 与 $x^2+y^2=2az$ $(a>0)$ 的交线在坐标平面 Oxy 上的投影是_____.

(10) 双叶双曲面 $\dfrac{x^2}{3}-\dfrac{y^2}{9}-\dfrac{z^2}{9}=1$ 的旋转轴是_____.

3. $|a|=3,|b|=26,|a\times b|=72$,求 $a\cdot b$.

4. 已知 $a\perp b$,且 $|a|=3,|b|=4$,计算 $|(a+b)\times(a-b)|$.

5. 设矢量 $a=\{1,2,1\},b=\{0,3,1\},c=\{2,0,3\},d=\{-1,-3,1\}$,那么(1) 问 a,b,c 是否共面? (2) 求 x,y,z,使得 $d=xa+yb+zc$.

6. 证明 $(A+B)\cdot[(A+C)\times B]=-A\cdot(B\times C)$.

7. 四面体的三条棱从点 $O(0,0,0)$ 连至点 $A(2,3,1),B(1,2,2),C(3,-1,4)$,求四面体的体积.

8. 求通过 x 轴和点 $M(4,-3,-1)$ 的平面方程.

9. 求通过点 $(1,0,-1)$ 且与向量 $A=\{2,1,1\}$ 和 $B=\{1,-1,0\}$ 平行的平面方程.

10. 求平行于平面 $5x-14y+2z+36=0$ 且与此平面的距离等于 3 的平面的平面方程.

11. 求等分两平面 $x+2y-z-1=0$ 和 $x+2y+z+1=0$ 间夹角的平面方程.

8-A-11

12. 一直线过点 $M_0(1,2,0)$,且平行于平面 $\pi:x-2y+z-4=0$,又与直线 $L:\dfrac{x-2}{1}=\dfrac{y-1}{2}=\dfrac{z-2}{1}$ 相交,求此直线的方程.

13. 求点 $P(-1,2,0)$ 在平面 $x+2y-z+1=0$ 上的投影.

8-A-12

14. 求直线 $\begin{cases} 3x-5y-6=0, \\ 2x+3z-9=0 \end{cases}$ 在平面 $2x+y-3z+5=0$ 上的投影直线方程.

15. 指出下列方程表示什么曲面：

(1) $x^2+y^2+z^2=2Rz$；　　(2) $x^2+y^2=2ay$；　　(3) $x^2+y^2-z^2=1$；

(4) $x^2-y^2-z^2=1$；　　(5) $y=\dfrac{x^2}{4}-\dfrac{z^2}{9}$；　　(6) $\dfrac{x^2}{3}-\dfrac{y^2}{5}=1$.

16. 方程 $\dfrac{x^2}{2}+\dfrac{y^2}{2}-\dfrac{z^2}{3}=0$ 表示什么曲面,旋转轴是什么？

17. 求曲线 $L:\begin{cases} x^2+y^2+z^2=1, \\ x^2+(y-1)^2+(z-1)^2=1 \end{cases}$ 在坐标平面 Oyz 和 Oxy 上的投影曲线.

18. 绘出下列各组曲面所围成的立体图形：

(1) $y=0,z=0,3x+y=6,3x+2y=12,x+y+z=6$；

(2) $y+z=2,x^2+y^2=4$ 及三坐标面所围在第一卦限的部分；

(3) $z=x^2+y^2,x+y=1$ 及三坐标面.

19. 求直线 $L:\dfrac{x-1}{0}=\dfrac{y}{1}=\dfrac{z}{1}$ 绕 z 轴旋转所产生的旋转曲面 S 的方程,

指出它的名称.

8-A-19

20. 设锥面的顶点在原点,准线为 $\begin{cases} y^2+z^2=4, \\ x=1, \end{cases}$ 求锥面方程.

8-A-20

21. (1) 设一平面垂直于 $z=0$,并且通过从点 $P(1,-1,1)$ 到直线 $L:$

$\begin{cases} x=0 \\ y-z+1=0 \end{cases}$ 的垂线,求此平面方程.

(2) 求直线 $L:\dfrac{x-1}{2}=\dfrac{y}{1}=\dfrac{z-3}{3}$ 在平面 $\pi:3x+2y-2z-14=0$ 上的投影直线方程.

(3) 求过点 $A(1,1,3)$ 和直线 $L:\dfrac{x-2}{3}=\dfrac{y-1}{1}=\dfrac{z-1}{2}$ 的平面方程.

(4) 设有直线 $L_1:\dfrac{x-1}{-1}=\dfrac{y}{2}=\dfrac{z+1}{1},L_2:\dfrac{x+2}{0}=\dfrac{y-1}{1}=\dfrac{z-2}{-2}$,证明 L_1

8-A-21(4)

与 L_2 是异面直线,并求平行于 L_1,L_2 且与它们等距离的平面方程.

(B)

1. 填空题

(1) 已知 $(a\times b)\cdot c=2$,则 $[(a+b)\times(b+c)]\cdot(c+a)=$ _____.

(2) 四点 $A(1,0,1),B(4,4,6),C(2,2,3)$ 和 $D(10,14,17)$ 是否在同一平面上？_____.

(3) 与直线 $\dfrac{x-1}{0}=\dfrac{y+1}{1}=\dfrac{z-2}{1}$ 及 $\dfrac{x+1}{1}=\dfrac{y+2}{2}=\dfrac{z+1}{1}$ 都平行且过原点的平面方程为_____.

(4) 椭圆抛物面 $z=3x^2+y^2$ 与抛物柱面 $z=1-x^2$ 的交线在坐标平面 Oxy 上的投影曲线为_____.

(5) 在坐标平面 Oxy 上的直线 $\dfrac{x}{2}=\dfrac{y-3}{3}$ 绕 y 轴旋转所成的曲面的方程为 _____，此曲面的名称是 _____.

2. 已知单位矢量 $\overrightarrow{OA}$ 与三个坐标轴的夹角相等，B 是点 $M(1,-3,2)$ 关于点 $N(-1,2,1)$ 的对称点，求 $\overrightarrow{OA}\times\overrightarrow{OB}$.

3. 一直线通过点 $B(1,2,3)$ 且与矢量 $s=\{6,6,7\}$ 平行，求点 $A(3,4,2)$ 到此直线的距离 d.

4. 设平面 $\dfrac{x}{a}+\dfrac{y}{b}+\dfrac{z}{c}=1$ 与 x,y,z 轴分别交于 $A(a,0,0)$，$B(0,b,0)$，$C(0,0,c)$，试用 a,b,c 表示 $\triangle ABC$ 的面积.

5. 求过直线 $\begin{cases} 4x-y+3z-1=0, \\ x+5y-z+2=0 \end{cases}$ 且分别满足如下条件的平面方程：

(1) 过原点；(2) 与 x 轴平行；(3) 与平面 $2x-y+5z+2=0$ 垂直.

6. 考察两直线 $L_1:\dfrac{x-3}{2}=\dfrac{y}{4}=\dfrac{z+1}{3}$ 和 $L_2:\begin{cases} x=2t-1, \\ y=3, \\ z=t+2 \end{cases}$ 是否相交？若相交，求出其交点；如不相交，求出两直线之间的距离 d.

7. 求点 $P(1,-2,3)$ 关于平面 $\pi:x+4y+z-14=0$ 的对称点.

8. 证明三平面 $x+2y-z+3=0$，$3x-y+2z+1=0$，$2x-3y+3z-2=0$ 共线（即存在一条直线，同时在三个平面上）.

9. 直线 $L:\dfrac{x-1}{-2}=\dfrac{y-3}{1}=\dfrac{z-2}{-3}$. 求：

(1) 在坐标平面 Oxy 上的投影；

(2) 在平面 $\pi:x+y-2z-2=0$ 上的投影.

8-B-10

10. 设球面 S 过点 $A(2,-4,3)$，并含圆：$x^2+y^2=5$，$z=0$，求 S 的方程.

11. 一动点与点 $P(1,2,3)$ 的距离是它到平面 $x=3$ 的距离的 $\dfrac{1}{\sqrt{3}}$，试求动点的轨迹方程，并求该轨迹曲面与坐标平面 Oyz 的交线.

12. 求顶点在原点、母线和 z 轴正向夹角保持 $\dfrac{\pi}{6}$ 的锥面方程.

13. 试证：直线 $L:\dfrac{x}{a}+\dfrac{z}{c}=0$，$y=b$ 在曲面 $S:\dfrac{x^2}{a^2}+\dfrac{y^2}{b^2}-\dfrac{z^2}{c^2}=1$ $(a,b,c>0)$ 上.

部分答案与提示

（A）

1. (1)（A）；　(2)（B）；　(3)（D）；　(4)（D）；　(5)（D）；　(6)（C）；　(7)（C）；　(8)（B）；

　(9)（A）；　(10)（B）.

2. (1) 2; (2) 3; (3) $\arccos \dfrac{2}{3}$; (4) 以 a,b 为邻边的平行四边形的面积; (5) 其绝对值是

以 a,b,c 为邻边的平行六面体的体积; (6) $\dfrac{x-2}{3}=\dfrac{y+1}{-5}=\dfrac{z-3}{2}$; (7) $2x+7y+3z-13=$

0; (8) $x^2+y^2=1,\begin{cases} x^2+y^2=1, \\ z=0; \end{cases}$ (9) 圆; (10) x 轴.

3. ± 30.   **4.** 24.   **5.** 不共面,$x=-3,y=1,z=1$.   **7.** $\dfrac{19}{6}$.   **8.** $y-3z=0$.

9. $x+y-3z-4=0$.   **10.** $5x-14y+2z+81=0$ 或 $5x-14y+2z-9=0$.

11. $x+2y=0$ 或 $z+1=0$.   **12.** $\dfrac{x-1}{7}=\dfrac{y-2}{8}=\dfrac{z}{9}$.   **13.** $\left(-\dfrac{5}{3},\dfrac{2}{3},\dfrac{2}{3}\right)$.

14. $\begin{cases} 17x-25y+3z-39=0, \\ 2x+y-3z+5=0. \end{cases}$

15. (1) 球面; (2) 圆柱面; (3) 单叶双曲面; (4) 双叶双曲面; (5) 双曲抛物面;

    (6) 双曲柱面.

16. 锥面,z 轴.

17. 在坐标平面 Oyz 上 $\begin{cases} y+z=1, \\ x=0, \end{cases} y\geq 0,z\geq 0$,在坐标平面 Oxy 上 $\begin{cases} x^2+2y^2-2y=0, \\ z=0. \end{cases}$

19. $x^2+y^2-z^2=1$,单叶双曲面.   **20.** $y^2+z^2-4x^2=0$.

21. (1) $x+2y+1=0$; (2) $\begin{cases} 8x-13y-z-5=0, \\ 3x+2y-2z-14=0 \end{cases}$; (3) $2x-8y+z+3=0$;

    (4) $5x+2y+z+1=0$.

(B)

1. (1) 4; (2) 是; (3) $x-y-z=0$; (4) $\begin{cases} 4x^2+y^2=1, \\ z=0; \end{cases}$

    (5) $9(x^2+z^2)-4(y-3)^2=0$,锥面.

2. $\pm\dfrac{\sqrt{3}}{3}(-7\boldsymbol{i}-3\boldsymbol{j}+10\boldsymbol{k})$.   **3.** $\dfrac{20\sqrt{2}}{11}$.   **4.** $\dfrac{1}{2}\sqrt{a^2b^2+b^2c^2+a^2c^2}$.

5. (1) $9x+3y+5z=0$; (2) $21y-7z+9=0$; (3) $7x+14y+5=0$.

6. 不相交,$d=\dfrac{7}{\sqrt{6}}$.   **7.** $(3,6,5)$.   **9.** (1) $\begin{cases} x+2y-7=0, \\ z=0; \end{cases}$ (2) $\begin{cases} x-7y-3z+36=0, \\ x+y-2z-2=0. \end{cases}$

10. $x^2+y^2+(z-4)^2=21$.   **11.** $\dfrac{x^2}{3}+\dfrac{(y-2)^2}{2}+\dfrac{(z-2)^2}{2}=1$.   **12.** $z=\pm\sqrt{3}\sqrt{x^2+y^2}$.

13. 将直线化为参数式,证明直线上任一点坐标均满足曲面方程.

第9章 多元函数微分学

9.1 基本要求

1. 了解二元函数极限与连续的概念.

2. 理解二元函数偏导数与全微分的概念.

3. 掌握复合函数一阶偏导数的求法,会求复合函数二阶偏导数.

4. 会求隐函数一阶偏导数.

5. 会求曲线的切线和法平面以及曲面的切平面和法线的方程.

6. 了解方向导数与梯度的概念与计算方法.

7. 理解二元函数极值与条件极值的概念,了解求条件极值的拉格朗日乘数法.

9.2 知识点解析

【9-1】 二元函数极限与一元函数极限的对比

由于二元函数 $f(x,y)$ 极限的 $\varepsilon\delta$ 定义的方式与一元函数 $f(x)$ 的极限完全一样,因此两者之间就有许多概念和性质完全一样.例如,二元函数连续的定义和连续函数的性质.但是由于二元函数的自变量 (x,y) 所在的空间维数的不同,导致表现形式与一元情形的不相同.例如:

(1) 一元函数 $f(x)$ 在点 x_0 的极限存在的充要条件是在该点的左右极限都存在且相等;

(2) 二元函数 $f(x,y)$ 在点 (x_0,y_0) 的极限存在的充要条件是在该点的所有路径极限都存在且相等.

在(1)中的左右极限就是沿着直线的路径极限,而(2)中的路径则既包含直线路径,也包含曲线路径.下例说明直线路径的局限性.

设 $f(x,y)=\begin{cases} \dfrac{xy}{x+y}, & y\neq -x \\ 0, & y=-x, \end{cases}$ 由于取直线路径 $y=kx\ (k\neq -1)$ 时,$\lim\limits_{\substack{x\to 0 \\ y\to 0}}f(x,y)=$

$\lim\limits_{\substack{x\to 0 \\ y\to 0}}\dfrac{kx^2}{(1+k)x}=0$ 以及 $f(x,-x)\equiv 0$,故沿着任何直线路径,函数的极限存在且都是 0,但是该函数在原点的极限却不存在.因为沿着曲线 $y=x^2-x$,$\lim\limits_{\substack{(x,y)\to 0 \\ y=x^2-x}}f(x,y)=$

$\lim\limits_{x\to 0}\dfrac{x(x^2-x)}{x^2}=-1.$

注 类似于一元情形,证明多元极限不存在的简便方法就是:验证沿着两个不同的路径,函数的极限不相同或其中一个极限不存在.

【9-2】 多元函数的连续性与对每个变量连续的关系

多元函数连续与一元函数连续的定义看起来没有什么差异,但多元函数连续是所有变量都要起作用.当一个自变量取定值时,例如 $y=y_0$,二元函数 $f(x,y)$ 便成了 x 的一元函数 $h(x)=f(x,y_0)$.可以根据定义证明,若 $f(x,y)$ 在 (x_0,y_0) 连续,则 $h(x)=f(x,y_0)$ 和 $g(y)=f(x_0,y)$ 分别在点 x_0 和 y_0 连续.反之不成立.例如函数

$$f(x,y)=\begin{cases} \dfrac{xy}{x^2+y^2}, & (x,y)\neq(0,0), \\ 0, & (x,y)=(0,0). \end{cases}$$

由于 $f(x,0)\equiv 0$ 以及 $f(0,y)\equiv 0$,故一元函数 $f(x,0)$ 以及 $f(0,y)$ 处处连续,但二元函数 $f(x,y)$ 在 $(0,0)$ 处却不连续(因为在原点的极限不存在!).

【9-3】 在一点的连续、偏导存在、方向导数存在以及可微等的相互关系

二元函数 $f(x,y)$ 在点 $P(x,y)$ 的有关概念关系如下图:

$$沿任意方向的方向导数均存在$$
$$\Uparrow$$
$$有极限 \Leftarrow 连续 \Leftarrow 可微 \Leftarrow 偏导函数连续$$
$$\Downarrow$$
$$偏导数存在$$
$$偏导数存在 \Rightarrow 沿坐标轴正、反方向的方向导数存在$$

注意 (1) 偏导数存在与连续之间没有蕴含关系.如 $f(x,y)=|x+y|$ 在 $(0,0)$ 处连续但偏导数均不存在;

$$f(x,y)=\begin{cases} \dfrac{xy}{x^2+y^2}, & x^2+y^2\neq 0, \\ 0, & x^2+y^2=0 \end{cases}$$ 在 $(0,0)$ 处偏导数均存在,但不连续.由此推到

$f(x,y)$ 在 $(0,0)$ 处不可微,即

(2) 偏导数存在推不出可微.

注意,当偏导数均存在时,虽然能形式地写出 $f_x(0,0)\mathrm{d}x+f_y(0,0)\mathrm{d}y$,但它不一定是 $f(x,y)$ 在 $(0,0)$ 处的全微分.

(3) 偏导数存在与沿任意方向的方向导数存在之间没有蕴含关系.如 $f(x,y)=|x+y|$ 在 $(0,0)$ 处沿任意方向的方向导数均存在,但偏导数均不存在.

$$f(x,y)=\begin{cases} \dfrac{xy}{x^2+y^2}, & x^2+y^2\neq 0, \\ 0, & x^2+y^2=0 \end{cases}$$ 在 $(0,0)$ 处偏导数存在,但除沿坐标轴正、反方向

的方向导数存在外,其余方向的方向导数均不存在.

(4) 可微推不出偏导函数连续.如

$$f(x,y)=\begin{cases} (x^2+y^2)\sin\dfrac{1}{x^2+y^2}, & (x,y)\neq(0,0), \\ 0, & (x,y)=(0,0) \end{cases}$$ 在 $(0,0)$ 处可微,但其偏导函数

在 $(0,0)$ 处不连续.

【9-4】 隐函数存在定理的几点注记

以二元方程 $F(x,y)=0$ 所确定的隐函数 $y=f(x)$ 为例说明.

(1) 隐函数存在与能否将隐函数从方程 $F(x,y)=0$ 中具体解出是两码事.

如天体力学中著名的 Kepler 方程 $y-x-\varepsilon\sin y=0(0<\varepsilon<1)$,在平面上任意一点 (x_0,y_0) 满足隐函数存在定理条件,从而隐函数 $y=f(x)$(Kepler 函数)存在、连续、可导,且 $y'=\dfrac{1}{1-\varepsilon\cos y}$,然而,无法得到隐函数 $y=f(x)$ 的表达式,但这并不妨碍研究隐函数的性质,如由导数式可知 Kepler 函数是单调增加的;y'' 存在等.

(2) 隐函数存在定理中的条件是充分条件,即只要满足定理的条件,隐函数就存在.反之,若隐函数存在,定理的条件不一定满足.如方程 $y^3-x^3=0$ 在点 $(0,0)$ 附近确定唯一的单值连续可导的隐函数 $y=x$,但在 $(0,0)$ 处 $F_y(0,0)=0$,不满足定理中的条件 $F_y(0,0)\neq0$.

(3) 隐函数存在定理的结论是局部的,即在 (x_0,y_0) 的某个邻域内由方程 $F(x,y)=0$ 可以唯一确定一个可微的、满足 $y_0=f(x_0)$ 的隐函数 $y=f(x)$.

如从方程 $x^2+y^2-1=0$ 中可以解出两个函数 $y=\pm\sqrt{1-x^2}$,但是在点 $(0,1)$ 的位于上半平面的某个邻域内确定的函数 $y=\sqrt{1-x^2}$ 则是唯一的.

(4) 不能将"(x_0,y_0) 的某一邻域"误认为"x_0 的某一邻域".

【9-5】 条件极值与拉格朗日乘数法

对自变量有约束方程的极值问题称为条件极值问题.

求条件极值的方法:以求 $z=f(x,y)$ 在约束条件 $g(x,y)=0$ 下的极值为例.

(1) 化为无条件极值问题:若可由 $g(x,y)=0$ 解出 $y=y(x)$,将其代入 $z=f(x,y)$ 便化为无条件极值问题.

(2) 拉格朗日乘数法:构造拉格朗日函数 $F(x,y,\lambda)=f(x,y)+\lambda g(x,y)$,其中 λ 称为拉格朗日乘数,由此导出方程组

$$\begin{cases} F_x=f_x(x,y)+\lambda g_x(x,y)=0, \\ F_y=f_y(x,y)+\lambda g_x(x,y)=0, \\ F_\lambda=g(x,y)=0. \end{cases}$$

所有满足方程组的解 (x,y,λ) 中的 (x,y) 便是函数 $z=f(x,y)$ 在约束条件 $g(x,y)=0$ 下可能的极值点.

对于应用问题往往可以根据实际意义来确定上述可能的极值点是否为所要求的最大值点或最小值点.

【9-6】 梯度概念的理解

(1) 若函数 $z=f(x,y)$ 在 P_0 处各偏导数存在,称矢量 $\{f_x(P_0),f_y(P_0)\}$ 为函数 f 在 P_0 处的梯度,记作 $\mathbf{grad}f(P_0)$,即 $\mathbf{grad}f(P_0)=\{f_x(P_0),f_y(P_0)\}$.

(2) 对可微函数,梯度方向是函数增加最快的方向.这是因为方向导数

$$\frac{\partial f(P_0)}{\partial n}=\{f_x(P_0),f_y(P_0)\}\cdot \mathbf{n}^\circ=|\mathbf{grad}f(P_0)|\cos\theta,$$

其中,θ 是 $\mathbf{n}$ 与 $\mathbf{grad}f(P_0)$ 夹角.可见,若 $\mathbf{grad}f(P_0)\neq\mathbf{0}$,则仅当 $\theta=0$ 时,$\dfrac{\partial f(P_0)}{\partial n}$ 取得最大

值,且此最大值就是 $|\mathbf{grad}\,f(P_0)|$.

（3）对于函数 $z=f(x,y)$，曲线 $\begin{cases} z=f(x,y), \\ z=C \end{cases}$ 在 Oxy 面上的投影 $L^*: f(x,y)=C$

称为 $f(x,y)$ 的等值线.

若 $\mathbf{grad}\,f(P_0)\neq\mathbf{0}$，则 $\mathbf{grad}\,f(P_0)$ 的方向是 L^* 上 P_0 处的法线方向,且从数值较低的等值线指向数值较高的等值线.

9.3 解 题 指 导

【题型 9-1】 二重极限的存在性与计算问题

应对 求二重极限时,一元函数中求极限的许多方法(法则)可以搬过来使用.例如,四则运算及复合函数运算法则,等价无穷小替换法则,夹挤准则等.

证明二重极限不存在通常的方法是:（1）函数沿两条不同路径的极限不相等;（2）函数沿某条路径的极限不存在.关键是特殊路径的选取.

例 9-1 证明极限 $\lim\limits_{(x,y)\to(0,0)}\dfrac{x^2+y^2}{x^2+y^2+(x-y)^2}$ 不存在.

证 令 $y=kx$，则 $y(x)\to0(x\to0)$，所以

$$\lim\limits_{\substack{y=kx \\ x\to0}}\frac{x^2+y^2}{x^2+y^2+(x-y)^2}=\lim\limits_{x\to0}\frac{(1+k^2)x^2}{(1+k^2+(1-k)^2)x^2}=\frac{1+k^2}{1+k^2+(1-k)^2}.$$

因极限值随 k 变化,因此该极限不存在.

例 9-2 求下列极限:

（1）$\lim\limits_{\substack{x\to\infty \\ y\to\infty}}\dfrac{x+y}{x^2-xy+y^2}$; （2）$\lim\limits_{\substack{x\to\infty \\ y\to a}}\left(1+\dfrac{1}{xy}\right)^{\frac{x^2}{x+y}}(a\neq0)$; （3）$\lim\limits_{\substack{x\to0 \\ y\to0}}\dfrac{xy}{\sqrt{x^2+y^2}}$.

解 （1）因为 $x^2+y^2\geqslant2|xy|$，故 $x^2+y^2-xy\geqslant2|xy|-xy\geqslant2|xy|-|xy|\geqslant|xy|$，从而

$$0\leqslant\left|\frac{x+y}{x^2+y^2-xy}\right|=\frac{|x+y|}{|x^2+y^2-xy|}\leqslant\frac{|x+y|}{|xy|}\leqslant\frac{1}{|x|}+\frac{1}{|y|}.$$

而 $\lim\limits_{\substack{x\to\infty \\ y\to\infty}}\left(\dfrac{1}{|x|}+\dfrac{1}{|y|}\right)=0$，故由夹挤法则得,$\lim\limits_{\substack{x\to\infty \\ y\to\infty}}\left|\dfrac{x+y}{x^2+y^2-xy}\right|=0$，从而原极限等于 0.

（2）注意到 $\lim\limits_{\substack{x\to\infty \\ y\to a}}\left(1+\dfrac{1}{xy}\right)^{\frac{x^2}{x+y}}=\lim\limits_{\substack{x\to\infty \\ y\to a}}\left[\left(1+\dfrac{1}{xy}\right)^{xy}\right]^{\frac{x^2}{xy(x+y)}}$，由于

$$\lim\limits_{\substack{x\to\infty \\ y\to a}}\left(1+\frac{1}{xy}\right)^{xy}\xlongequal{\diamond t=xy}\lim\limits_{t\to\infty}\left(1+\frac{1}{t}\right)^t=\mathrm{e},\quad \lim\limits_{\substack{x\to\infty \\ y\to a}}\frac{x^2}{xy(x+y)}=\lim\limits_{\substack{x\to\infty \\ y\to a}}\frac{1}{y\left(1+\dfrac{y}{x}\right)}=\frac{1}{a},$$

因此,所求极限存在并且等于 $\mathrm{e}^{\frac{1}{a}}$.

（3）**方法一** 因为 $x^2+y^2\geqslant2|xy|$，故 $0\leqslant\dfrac{|xy|}{\sqrt{x^2+y^2}}\leqslant\dfrac{\sqrt{x^2+y^2}}{2}$. 而

$\lim\limits_{\substack{x\to0 \\ y\to0}}\sqrt{x^2+y^2}=0$，故由夹挤法则得,所求极限存在且等于 0.

方法二 作极坐标代换 $x=r\cos\theta, y=r\sin\theta$，其中 $r=\sqrt{x^2+y^2}$，则 $(x,y)\to(0,0)$，等价于 $r\to 0$（θ 可以作为 r 的函数 $\theta(r)$ 任意变动). 于是

$$\lim_{\substack{x\to 0\\y\to 0}}\frac{xy}{\sqrt{x^2+y^2}}=\lim_{r\to 0}\frac{r^2\sin\theta\cos\theta}{r}=\lim_{r\to 0}r\sin\theta\cos\theta=0,$$

其中,无论 θ 如何变化,$\sin\theta\cos\theta$ 均有界,故所求极限存在且等于 0.

注 方法二中强调的 $\theta=\theta(r)$ 的任意性对应着 $(x,y)\to 0$ 时所经过路径的任意性,不可理解为 θ 取任意定值之后的 $r\to 0$. 后者对应的是沿着直线路径的极限.

例 9-3 求极限：$\lim\limits_{\substack{x\to+\infty\\y\to+\infty}}(\sqrt{x^3+y^3+x-1}-\sqrt{x^3+y^3-y+3})$.

解 分子有理化,得

$$原式=\lim_{\substack{x\to+\infty\\y\to+\infty}}\frac{x-1+y-3}{\sqrt{x^3+y^3+x-1}+\sqrt{x^3+y^3-y+3}}$$

因为 $0<\dfrac{x-1}{\sqrt{x^3+y^3+x-1}+\sqrt{x^3+y^3-y+3}}<\dfrac{x-1}{\sqrt{x^3}}$，而

$$\lim_{\substack{x\to+\infty\\y\to+\infty}}\frac{x-1}{\sqrt{x^3}}=0,\quad 故\quad \lim_{\substack{x\to+\infty\\y\to+\infty}}\frac{x-1}{\sqrt{x^3+y^3+x-1}+\sqrt{x^3+y^3-y+3}}=0;$$

同理 $\lim\limits_{\substack{x\to+\infty\\y\to+\infty}}\dfrac{y-3}{\sqrt{x^3+y^3+x-1}+\sqrt{x^3+y^3-y+3}}=0$. 所以

$$\lim_{\substack{x\to+\infty\\y\to+\infty}}(\sqrt{x^3+y^3+x-1}-\sqrt{x^3+y^3-y+3})=0.$$

【题型 9-2】 连续、偏导存在、可微的判定问题

应对 主要是依据定义（或定义的等价形式）进行判定,所以清楚定义以及概念的相互关系非常重要. 设 $f(x,y)$ 在点 (x_0,y_0) 的某邻域内有定义,相关定义简述如下：

(1) 若 $\lim\limits_{(x,y)\to(x_0,y_0)}f(x,y)=f(x_0,y_0)$，则 $f(x,y)$ 在点 (x_0,y_0) 连续.

(2) $\lim\limits_{\Delta x\to 0}\dfrac{f(x_0+\Delta x,y_0)-f(x_0,y_0)}{\Delta x}$ 存在,则 $f_x(x_0,y_0)$ 存在;

若 $\lim\limits_{\Delta y\to 0}\dfrac{f(x_0,y_0+\Delta y)-f(x_0,y_0)}{\Delta y}$ 存在,则 $f_y(x_0,y_0)$ 存在.

(3) 若 $\lim\limits_{\rho\to 0}\dfrac{\Delta z-[f_x(x_0,y_0)\Delta x+f_y(x_0,y_0)\Delta y]}{\rho}=0$，则 $f(x,y)$ 在点 (x_0,y_0) 可微,

其中 $\rho=\sqrt{\Delta x^2+\Delta y^2}$.

例 9-4 (1) 讨论函数 $f(x,y)=\begin{cases}(1+x)^{\frac{y}{x}}, & x\neq 0,\\ \mathrm{e}^y, & x=0\end{cases}$ 在点 $(0,0)$ 处的连续性.

(2) 求函数 $f(x,y)=\begin{cases}x\sin\dfrac{1}{y}, & y\neq 0,\\ 0, & y=0\end{cases}$ 所有的间断点.

解 (1) 函数在分段点的极限需分别计算：

当 $x=0$ 时,有

$$\lim_{\substack{x\to 0\\y\to 0}}f(x,y)=\lim_{y\to 0}f(0,y)=\lim_{y\to 0}e^{y}=1=f(0,0);$$

当 $x\neq 0$ 时,有

$$\lim_{\substack{x\to 0\\y\to 0}}f(x,y)=\lim_{\substack{x\to 0\\y\to 0}}(1+x)^{\frac{y}{x}}=\lim_{\substack{x\to 0\\y\to 0}}[(1+x)^{\frac{1}{x}}]^{y}=1=f(0,0),$$

从而 $\lim\limits_{\substack{x\to 0\\y\to 0}}f(x,y)=1=f(0,0)$,所以 $f(x,y)$ 在 $(0,0)$ 处连续.

(2) 当 $y\neq 0$ 时,$f(x,y)=x\sin\dfrac{1}{y}$ 处处有定义且为初等函数,所以处处连续.

当 $y=0$ 时,函数有定义,而当 $x_0\neq 0$ 时,有 $\lim\limits_{\substack{x=x_0\\y\to 0}}f(x,y)=\lim\limits_{y\to 0}x_0\sin\dfrac{1}{y}$,该极限不存在,故函数 $f(x,y)$ 在点 $(x_0,0)$ 处间断;当 $x_0=0$ 时,因 $\lim\limits_{\substack{x\to 0\\y\to 0}}f(x,y)=\lim\limits_{\substack{x\to 0\\y\to 0}}x\sin\dfrac{1}{y}=0=f(0,0)$,故函数 $f(x,y)$ 在 $(0,0)$ 处连续.

综上所述,函数 $f(x,y)$ 的间断点的全体为除去原点的 x 轴.

例 9-5 设 $f(x,y)=\sqrt{x^2+y^4}$,问 $f_x(0,0)$ 与 $f_y(0,0)$ 是否存在? 若存在,求其值.

解 方法一 依据定义考虑. 因为极限 $\lim\limits_{\Delta x\to 0}\dfrac{f(\Delta x,0)-f(0,0)}{\Delta x}=\lim\limits_{\Delta x\to 0}\dfrac{|\Delta x|}{\Delta x}$ 不存在,故 $f_x(0,0)$ 不存在. 又因为极限 $\lim\limits_{\Delta y\to 0}\dfrac{f(0,\Delta y)-f(0,0)}{\Delta y}=\lim\limits_{\Delta y\to 0}\Delta y=0$ 存在,故 $f_y(0,0)=0$ 存在.

方法二 首先代入一个变量的取值,化作一元函数的求导问题.

因为 $f(x,0)=\sqrt{x^2}=|x|$,由一元函数微分学知,它在 $x=0$ 处不可导,故 $f_x(0,0)$ 不存在. 又因为 $f(0,y)=y^2$,由一元函数微分学知,它在 $y=0$ 处可导,且导数为 0,故 $f_y(0,0)=0$.

注 当 $f(x,y)$ 比较复杂时,方法二优势明显.

例 9-6 设 $f(x,y)=\begin{cases}\dfrac{xy}{\sqrt{x^2+y^2}}, & (x,y)\neq(0,0),\\ 0, & (x,y)=(0,0),\end{cases}$ 讨论 $f(x,y)$ 在 $(0,0)$ 处的连续性、偏导数的存在性以及可微性.

解 (1) 由例 9-2(3) 得 $\lim\limits_{\substack{x\to 0\\y\to 0}}f(x,y)=0=f(0,0)$,所以 $f(x,y)$ 在 $(0,0)$ 处连续.

(2) 由 $f(x,0)=0$ 得 $f_x(0,0)=\lim\limits_{x\to 0}\dfrac{f(x,0)-f(0,0)}{x}=0$;同理 $f_y(0,0)=0$.

(3) 由于极限

$$L=\lim_{\rho\to 0}\dfrac{\Delta z-[f_x(0,0)\Delta x+f_y(0,0)\Delta y]}{\rho}=\lim_{\substack{\Delta x\to 0\\\Delta y\to 0}}\dfrac{\Delta x\Delta y}{(\Delta x)^2+(\Delta y)^2},$$

当点 $(0+\Delta x,0+\Delta y)$ 沿着直线 $y=x$ 趋于 $(0,0)$ 时,有

$$L=\lim_{\Delta x\to 0}\dfrac{(\Delta x)^2}{2(\Delta x)^2}=\dfrac{1}{2}\neq 0.$$

故函数在$(0,0)$处不可微.

例 9-7 设 $f(x,y)=\begin{cases}\dfrac{x^2y^2}{x^2+y^2}, & (x,y)\neq(0,0),\\[2mm] 0, & (x,y)=(0,0).\end{cases}$

(1) 求偏导函数 $\dfrac{\partial f(x,y)}{\partial x},\dfrac{\partial f(x,y)}{\partial y}$;

(2) 讨论 $f(x,y)$ 在 $(0,0)$ 处的可微性,若可微则计算 $\mathrm{d}f|_{(0,0)}$.

解 (1) 当 $(x,y)\neq(0,0)$ 时,$\dfrac{\partial f(x,y)}{\partial x}=\dfrac{2xy^2}{x^2+y^2}-\dfrac{2x^3y^2}{(x^2+y^2)^2}$;当 $(x,y)=(0,0)$ 时,

因 $f(x,0)=0$,于是 $\dfrac{\partial f(0,0)}{\partial x}=0$,即 $\dfrac{\partial f(x,y)}{\partial x}=\begin{cases}\dfrac{2xy^2}{x^2+y^2}-\dfrac{2x^3y^2}{(x^2+y^2)^2}, & (x,y)\neq(0,0)\\[2mm] 0, & (x,y)=(0,0)\end{cases}$

同理,可得 $\qquad\dfrac{\partial f(x,y)}{\partial y}=\begin{cases}\dfrac{2x^2y}{x^2+y^2}-\dfrac{2x^2y^3}{(x^2+y^2)^2}, & (x,y)\neq(0,0)\\[2mm] 0, & (x,y)=(0,0)\end{cases}$

(2) **方法一** 依据可微的充分条件,考察 $\dfrac{\partial f}{\partial x},\dfrac{\partial f}{\partial y}$ 在点 $(0,0)$ 的连续性:注意到在原点附

近有 $\left|\dfrac{x^2}{x^2+y^2}\right|\leqslant 1,\left|\dfrac{y^2}{x^2+y^2}\right|\leqslant 1$,于是

$$\left|\dfrac{\partial f}{\partial x}\right|=\left|\dfrac{2xy^2}{x^2+y^2}-\dfrac{2x^3y^2}{(x^2+y^2)^2}\right|\leqslant\left|\dfrac{2xy^2}{x^2+y^2}\right|+\left|\dfrac{2x^3y^2}{(x^2+y^2)^2}\right|\leqslant 2|x|+2|x|=4|x|,$$

同理, $\qquad\qquad\qquad\qquad\left|\dfrac{\partial f}{\partial y}\right|\leqslant 4|y|.$

因为 $\lim\limits_{(x,y)\to(0,0)}\dfrac{\partial f}{\partial x}=0=\dfrac{\partial f(0,0)}{\partial x}$,$\lim\limits_{(x,y)\to(0,0)}\dfrac{\partial f}{\partial y}=0=\dfrac{\partial f(0,0)}{\partial y}$,即 $\dfrac{\partial f(x,y)}{\partial x},\dfrac{\partial f(x,y)}{\partial y}$ 在点 $(0,0)$ 处均连续,因此 $f(x,y)$ 在点 $(0,0)$ 处可微,于是

$$\mathrm{d}f|_{(0,0)}=\dfrac{\partial f(0,0)}{\partial x}\mathrm{d}x+\dfrac{\partial f(0,0)}{\partial y}\mathrm{d}y=0.$$

方法二 因为 $\dfrac{\partial f(0,0)}{\partial x}=\dfrac{\partial f(0,0)}{\partial y}=0$,并注意到

$$\left|\dfrac{\Delta x^2\Delta y^2}{(\Delta x^2+\Delta y^2)^{3/2}}\right|=\dfrac{(\Delta x)^2}{\Delta x^2+\Delta y^2}\cdot\dfrac{|\Delta y|}{(\Delta x^2+\Delta y^2)^{1/2}}\cdot|\Delta y|\leqslant|\Delta y|.$$

故极限 $\qquad\qquad \lim\limits_{\substack{\Delta x\to 0\\ \Delta y\to 0}}\dfrac{\Delta f}{\sqrt{\Delta x^2+\Delta y^2}}=\lim\limits_{\substack{\Delta x\to 0\\ \Delta y\to 0}}\dfrac{\Delta x^2\Delta y^2}{(\Delta x^2+\Delta y^2)^{3/2}}=0.$

因此,$f(x,y)$ 在点 $(0,0)$ 处可微,且 $\mathrm{d}f|_{(0,0)}=0.$

注 方法二是判断函数在某点可微的主要方法,它和方法一是不等价的,即如果函数在某点偏导数不连续,不能断定函数在该点不可微,函数的可微性需要用定义(方法二)来进行判别.下例反映了这一点.

例 9-8 设函数 $f(x,y)=\begin{cases}(x^2+y^2)\sin\dfrac{1}{x^2+y^2}, & x^2+y^2\neq 0,\\[2mm] 0, & x^2+y^2=0,\end{cases}$ 在点 $(0,0)$ 处:

(1) $f(x,y)$ 连续吗?

(2) f_x 和 f_y 存在吗?

(3) 函数 $f_x(x,y), f_y(x,y)$ 连续吗?

(4) $f(x,y)$ 可微吗?.

解 (1) 由于 $0 \leqslant |f(x,y)| \leqslant x^2 + y^2$,故由夹逼原理知 $\lim\limits_{\substack{x \to 0 \\ y \to 0}} f(x,y) = 0 = f(0,0)$,所

以 $f(x,y)$ 在点 $(0,0)$ 连续.

(2) $f_x(0,0) = \lim\limits_{\Delta x \to 0} \dfrac{(\Delta x)^2 \sin \dfrac{1}{(\Delta x)^2}}{\Delta x} = 0$;同理,$f_y(0,0) = 0$.

(3) 当 $x^2 + y^2 \neq 0$ 时

$$f_x(x,y) = 2x \sin \frac{1}{x^2 + y^2} - \frac{2x}{x^2 + y^2} \cos \frac{1}{x^2 + y^2},$$

$$f_y(x,y) = 2y \sin \frac{1}{x^2 + y^2} - \frac{2y}{x^2 + y^2} \cos \frac{1}{x^2 + y^2}.$$

结合(2)得两个偏导函数:

$$f_x(x,y) = \begin{cases} 2x \sin \dfrac{1}{x^2 + y^2} - \dfrac{2x}{x^2 + y^2} \cos \dfrac{1}{x^2 + y^2}, & x^2 + y^2 \neq 0, \\ 0, & x^2 + y^2 = 0; \end{cases}$$

$$f_y(x,y) = \begin{cases} 2y \sin \dfrac{1}{x^2 + y^2} - \dfrac{2y}{x^2 + y^2} \cos \dfrac{1}{x^2 + y^2}, & x^2 + y^2 \neq 0, \\ 0, & x^2 + y^2 = 0. \end{cases}$$

当 (x,y) 沿直线 $y = 0$ 趋于 $(0,0)$ 时,因

$$\lim_{\substack{x \to 0 \\ y = 0}} f_x(x,y) = \lim_{\substack{x \to 0 \\ y = 0}} \left[2x \sin \frac{1}{x^2 + y^2} - \frac{2x}{x^2 + y^2} \cos \frac{1}{x^2 + y^2} \right] = \lim_{x \to 0} \left(2x \sin \frac{1}{x^2} - \frac{2}{x} \cos \frac{1}{x^2} \right),$$

不存在,所以 $\lim\limits_{\substack{x \to 0 \\ y \to 0}} f_x(x,y)$ 不存在;同理 $\lim\limits_{\substack{x \to 0 \\ y \to 0}} f_y(x,y)$ 也不存在. 故 $f_x(x,y)$ 和 $f_y(x,y)$ 在

原点不连续.

(4) 因 $\quad \lim\limits_{\rho \to 0} \dfrac{\Delta f - [f_x(0,0) \Delta x + f_y(0,0) \Delta y]}{\rho} = \lim\limits_{\rho \to 0} \rho \sin \dfrac{1}{\rho^2} = 0,$

故 $f(x,y)$ 在点 $(0,0)$ 可微.

【题型 9-3】 复合函数求导

应对 运用四则运算法则和链法则即可. 预先搞清楚求导变量与其他变量的关系,最好画出函数的函数关系图.

例 9-9 求解下列各题:

(1) 设 $u = \dfrac{x}{x^2 + y^2 + z^2}$,求 u_x, u_y 和 u_z;

(2) 设 $u = \sin(xy) - \cos(xy)$,求 u_x, u_y;

(3) 设 $z = (\ln x)^{2y^3}$,求 $\dfrac{\partial z}{\partial x}, \dfrac{\partial z}{\partial y}$;

(4) 已知 $f(x,y)=x+(y-1)\arcsin\sqrt{\dfrac{x}{y}}$，求 $f_x\left(\dfrac{1}{2},1\right)$.

解 (1) $u_x=\dfrac{x^2+y^2+z^2-2x^2}{(x^2+y^2+z^2)^2}=\dfrac{y^2+z^2-x^2}{(x^2+y^2+z^2)^2}$；同理

$$u_y=\dfrac{-2xy}{(x^2+y^2+z^2)^2};\quad u_z=\dfrac{-2xz}{(x^2+y^2+z^2)^2}.$$

(2) $\quad u_x=y\cos(xy)+y\sin(xy),\quad u_y=x\cos(xy)+x\sin(xy).$

(3)
$$\dfrac{\partial z}{\partial x}=2y^3(\ln x)^{2y^3-1}\dfrac{1}{x}=\dfrac{2y^3}{x}(\ln x)^{2y^3-1},$$

$$\dfrac{\partial z}{\partial y}=(\ln x)^{2y^3}\cdot\ln(\ln x)\cdot 6y^2=6y^2(\ln x)^{2y^3}\ln(\ln x).$$

(4) 将 $y=1$ 代入后，函数即化简为 $f(x,1)=x$，对 x 求导，有 $f_x(x,1)=1$，再代入 $x=\dfrac{1}{2}$ 得 $f'_x\left(\dfrac{1}{2},1\right)=1$.

例 9-10 求解下列各题：

(1) 设 $z=\arctan\dfrac{x+1}{y}$，而 $y=\mathrm{e}^{(1+x)^2}$，求 $\dfrac{\mathrm{d}z}{\mathrm{d}x}$.

(2) 设 $f(u,v,s)$ 具有连续的一阶偏导数，且 $w=f(x-y,y-z,z-t)$，求 $\dfrac{\partial w}{\partial x}+\dfrac{\partial w}{\partial y}+\dfrac{\partial w}{\partial z}+\dfrac{\partial w}{\partial t}$.

(3) 设 $z=f(x,y)$，且 f 具有连续的一阶偏导数，而 $x=u,y^2=v-u^2$，试以 u,v 为新的自变量变换方程 $y\dfrac{\partial z}{\partial x}-x\dfrac{\partial z}{\partial y}=0$.

解 (1) 这是求全导数的问题，复合关系如图 9-1 所示.

$$\dfrac{\mathrm{d}z}{\mathrm{d}x}=\dfrac{\partial z}{\partial x}+\dfrac{\partial z}{\partial y}\cdot\dfrac{\mathrm{d}y}{\mathrm{d}x}$$

$$=\dfrac{1}{1+\left(\dfrac{x+1}{y}\right)^2}\cdot\dfrac{1}{y}+\dfrac{1}{1+\left(\dfrac{x+1}{y}\right)^2}\cdot\dfrac{-(x+1)}{y^2}\cdot\mathrm{e}^{(1+x)^2}\cdot 2(1+x)$$

$$=\dfrac{y^2}{y^2+(1+x)^2}\left[\dfrac{y-2(1+x)^2\mathrm{e}^{(1+x)^2}}{y^2}\right]=-\dfrac{\mathrm{e}^{(1+x)^2}}{(1+x)^2+\mathrm{e}^{2(1+x)^2}}[1-2(1+x)^2].$$

(2) 记 $u=x-y,v=y-z,s=z-t$，则复合关系如图 9-2 所示. 因为

$$\dfrac{\partial w}{\partial x}=f'_u,\quad \dfrac{\partial w}{\partial y}=-f'_u+f'_v,\quad \dfrac{\partial w}{\partial z}=-f'_v+f'_s,\quad \dfrac{\partial w}{\partial t}=-f'_s,$$

所以 $\qquad\qquad \dfrac{\partial w}{\partial x}+\dfrac{\partial w}{\partial y}+\dfrac{\partial w}{\partial z}+\dfrac{\partial w}{\partial t}=0.$

(3) 由 $x=u,y^2=v-u^2$ 可得 $u=x,v=x^2+y^2$，则复合关系如图 9-3 所示. 因为

$$\dfrac{\partial z}{\partial x}=\dfrac{\partial z}{\partial u}\cdot\dfrac{\partial u}{\partial x}+\dfrac{\partial z}{\partial v}\cdot\dfrac{\partial v}{\partial x}=\dfrac{\partial z}{\partial u}+2x\dfrac{\partial z}{\partial v},\quad \dfrac{\partial z}{\partial y}=\dfrac{\partial z}{\partial v}\cdot\dfrac{\partial v}{\partial y}=2y\dfrac{\partial z}{\partial v},$$

所以 $\qquad\qquad y\dfrac{\partial z}{\partial x}-x\dfrac{\partial z}{\partial y}=y\left(\dfrac{\partial z}{\partial u}+2x\dfrac{\partial z}{\partial v}\right)-x\left(2y\dfrac{\partial z}{\partial v}\right)=y\dfrac{\partial z}{\partial u}$

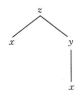

图 9-1

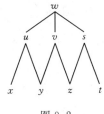

图 9-2

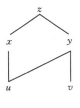

图 9-3

于是,以 u,v 为新变量的原方程变换为 $\dfrac{\partial z}{\partial u}=0$.

注 对初学者来说,在求复合函数导数时,最好画出函数关系图,使得函数关系明晰,从而避免由于漏项而产生的错误.

例 9-11 求解下列各题:

(1) 设 $u=\mathrm{e}^{-x}\sin\dfrac{x}{y}$,求 $\dfrac{\partial^2 u}{\partial x\partial y}$ 在点 $\left(2,\dfrac{1}{\pi}\right)$ 的值.

(2) 设 $z=(x^2+y^2)\mathrm{e}^{-\arctan\frac{y}{x}}$,求 $\mathrm{d}z,\dfrac{\partial^2 z}{\partial x\partial y}$.

解 (1) 方法一(标准方法) 先求出偏导函数 $\dfrac{\partial^2 u}{\partial x\partial y}=\dfrac{\partial}{\partial y}\left(\dfrac{\partial u}{\partial x}\right)$,再代入 $\left(2,\dfrac{1}{\pi}\right)$. 视 y 为常数,对 x 求导得

$$\frac{\partial u}{\partial x}=-\mathrm{e}^{-x}\sin\frac{x}{y}+\left(\mathrm{e}^{-x}\cos\frac{x}{y}\right)\frac{1}{y}=\mathrm{e}^{-x}\left(\frac{1}{y}\cos\frac{x}{y}-\sin\frac{x}{y}\right).$$

再视 x 为常数对 y 求导,得

$$\frac{\partial^2 u}{\partial y\partial x}=\mathrm{e}^{-x}\left[-\frac{1}{y^2}\cos\frac{x}{y}-\frac{1}{y}\sin\frac{x}{y}\left(-\frac{x}{y^2}\right)-\cos\frac{x}{y}\left(-\frac{x}{y^2}\right)\right],$$

令 $x=2,y=\dfrac{1}{\pi}$,代入上式,得

$$\left.\frac{\partial^2 u}{\partial y\partial x}\right|_{\left(2,\frac{1}{\pi}\right)}=\mathrm{e}^{-2}(-\pi^2\cos2\pi+2\pi^3\sin2\pi+2\pi^2\cos2\pi)=\left(\frac{\pi}{\mathrm{e}}\right)^2.$$

方法二(简便方法) 考虑到先对 y 求偏导容易一些,而本题混合偏导数与求导次序无关,故有 $\dfrac{\partial u}{\partial y}=\left(\mathrm{e}^{-x}\cos\dfrac{x}{y}\right)\left(-\dfrac{x}{y^2}\right)$,由于接下来 y 不再变动,便可以将 $y=\dfrac{1}{\pi}$ 代入 $\dfrac{\partial u}{\partial y}$,然后对 x 求导,再代入 $x=2$,得

$$\left.\frac{\partial^2 u}{\partial x\partial y}\right|_{\left(2,\frac{1}{\pi}\right)}=\frac{\mathrm{d}}{\mathrm{d}x}\left(-\pi^2 x\mathrm{e}^{-x}\cos\pi x\right)|_{x=2}$$

$$=-\pi^2\left[\mathrm{e}^{-x}(1-x)\cos\pi x-x\mathrm{e}^{-x}\pi\sin\pi x\right]_{x=2}=\left(\frac{\pi}{\mathrm{e}}\right)^2.$$

(2) 由一阶微分形式不变性及微分运算法则得

$$\mathrm{d}z=\mathrm{e}^{-\arctan\frac{y}{x}}\mathrm{d}(x^2+y^2)+(x^2+y^2)\mathrm{d}\mathrm{e}^{-\arctan\frac{y}{x}}$$

$$=\mathrm{e}^{-\arctan\frac{y}{x}}\left(2x\mathrm{d}x+2y\mathrm{d}y-(x^2+y^2)\frac{1}{1+y^2/x^2}\cdot\frac{x\mathrm{d}y-y\mathrm{d}x}{x^2}\right)$$

$$= e^{-\arctan\frac{y}{x}}(2x\mathrm{d}x+2y\mathrm{d}y-x\mathrm{d}y+y\mathrm{d}x) = e^{-\arctan\frac{y}{x}}\big[(2x+y)\mathrm{d}x+(2y-x)\mathrm{d}y\big],$$

由 $\mathrm{d}z$ 的表达式得 $\dfrac{\partial z}{\partial x} = e^{-\arctan\frac{y}{x}}(2x+y)$,对 y 求偏导,得

$$\frac{\partial^2 z}{\partial x\partial y} = e^{-\arctan\frac{y}{x}}\left[1-\frac{1}{1+y^2/x^2}\cdot\frac{1}{x}(2x+y)\right] = e^{-\arctan\frac{y}{x}}\frac{y^2-x^2-xy}{x^2+y^2}.$$

例 9-12 设函数 $u(x,y)=\varphi(x+y)+\varphi(x-y)+\displaystyle\int_{x-y}^{x+y}\Psi(t)\mathrm{d}t$,其中函数 φ 具有二阶导数,Ψ 具有一阶导数,则必有(　　).

(A) $\dfrac{\partial^2 u}{\partial x^2}=-\dfrac{\partial^2 u}{\partial y^2}$　　(B) $\dfrac{\partial^2 u}{\partial x^2}=\dfrac{\partial^2 u}{\partial y^2}$　　(C) $\dfrac{\partial^2 u}{\partial x\partial y}=\dfrac{\partial^2 u}{\partial y^2}$　　(D) $\dfrac{\partial^2 u}{\partial x\partial y}=\dfrac{\partial^2 u}{\partial x^2}$

解
$$\frac{\partial u}{\partial x}=\varphi'(x+y)+\varphi'(x-y)+\Psi(x+y)-\Psi(x-y),$$

$$\frac{\partial^2 u}{\partial x^2}=\varphi''(x+y)+\varphi''(x-y)+\Psi'(x+y)-\Psi'(x-y),$$

类似有
$$\frac{\partial u}{\partial y}=\varphi'(x+y)-\varphi'(x-y)+\Psi(x+y)+\Psi(x-y),$$

$$\frac{\partial^2 u}{\partial y^2}=\varphi''(x+y)+\varphi''(x-y)+\Psi'(x+y)-\Psi'(x-y),故选择 B.$$

例 9-13 求解下列各题:

(1) 设 $u=f\left(x,\dfrac{x}{y}\right)$,求 $\dfrac{\partial^2 u}{\partial x\partial y},\dfrac{\partial^2 u}{\partial y^2}$,其中 f 具有二阶连续偏导数.

(2) 设 $z=\dfrac{1}{x}f(xy)+y\varphi(x+y)$,求 $\dfrac{\partial^2 z}{\partial x\partial y}$,其中 f,φ 具有二阶连续导数.

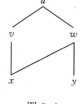

图 9-4

解 (1) 记 $v=x,w=\dfrac{x}{y}$,则复合关系如图 9-4 所示.

$$\frac{\partial u}{\partial x}=f_1'+\frac{1}{y}f_2',\qquad \frac{\partial u}{\partial y}=-\frac{x}{y^2}f_2',$$

$$\frac{\partial^2 u}{\partial x\partial y}=\frac{\partial}{\partial y}\left(\frac{\partial u}{\partial x}\right)=f_{12}''\left(-\frac{x}{y^2}\right)-\frac{1}{y^2}f_2'+\frac{1}{y}f_{22}''\left(-\frac{x}{y^2}\right)=-\frac{1}{y^2}f_2'-\frac{x}{y^2}f_{12}''-\frac{x}{y^3}f_{22}''.$$

或考虑到 $\dfrac{\partial u}{\partial y}$ 较简单,利用在二阶偏导数连续时,混合偏导数与求导次序无关,得

$$\frac{\partial^2 u}{\partial x\partial y}=\frac{\partial}{\partial x}\left(\frac{\partial u}{\partial y}\right)=-\frac{1}{y^2}f_2'-\frac{x}{y^2}f_{12}''-\frac{x}{y^2}f_{22}''\frac{1}{y}=-\frac{1}{y^2}f_2'-\frac{x}{y^2}f_{12}''-\frac{x}{y^3}f_{22}'',$$

$$\frac{\partial^2 u}{\partial y^2}=\frac{2x}{y^3}f_2'-\frac{x}{y^2}\cdot f_{22}''\cdot\left(-\frac{x}{y^2}\right)=\frac{2x}{y^3}f_2'+\frac{x^2}{y^4}f_{22}''.$$

(2) 注意到 $f(xy)$ 和 $\varphi(x+y)$ 都只有一个中间变量,分别是 $u=xy$ 和 $v=x+y$,于是

方法一
$$\frac{\partial z}{\partial y}=\frac{1}{x}f'(xy)\frac{\partial}{\partial y}(xy)+\varphi(x+y)+y\varphi'(x+y)\frac{\partial}{\partial y}(x+y)$$

$$=f'(xy)+\varphi(x+y)+y\varphi'(x+y),$$

$$\frac{\partial^2 z}{\partial x \partial y} = \frac{\partial}{\partial x}\left(\frac{\partial z}{\partial y}\right) = yf''(xy) + \varphi'(x+y) + y\varphi''(x+y).$$

方法二　$\dfrac{\partial z}{\partial x} = -\dfrac{1}{x^2}f(xy) + \dfrac{1}{x}f'(xy)\dfrac{\partial}{\partial x}(xy) + y\varphi'(x+y)\dfrac{\partial}{\partial x}(x+y)$

$$= -\frac{1}{x^2}f(xy) + \frac{y}{x}f'(xy) + y\varphi'(x+y),$$

$$\frac{\partial^2 z}{\partial x \partial y} = \frac{\partial}{\partial y}\left(\frac{\partial z}{\partial x}\right)$$

$$= -\frac{1}{x^2}f'(xy) \cdot x + \frac{1}{x}f'(xy) + \frac{y}{x}f''(xy)x + \varphi'(x+y) + y\varphi''(x+y)$$

$$= yf''(xy) + \varphi'(x+y) + y\varphi''(x+y).$$

注　由上述两例知,不同的求导次序可能影响计算的繁简.

【题型 9-4】　隐函数求导

应对　多元函数隐函数的求导运算的关键在于分清自变量与因变量,然后方程两边求导或微分,解出所求导数.一般不必记忆那些公式(除了一阶的简单公式外).如要求高阶导数则继续上述过程.

例 9-14　求解下列各题.

(1) 设函数 $z = z(x,y)$ 由方程 $z^2 y - xz^3 - 1 = 0$ 确定,求 $\dfrac{\partial z}{\partial x}, \dfrac{\partial z}{\partial y}$.

(2) 设由方程 $F(x-y, y-z, z-x) = 0$ 确定隐函数 $z = z(x,y)$,求 $\dfrac{\partial z}{\partial x}, \dfrac{\partial z}{\partial y}$ 及 $\mathrm{d}z$.

解　(1) **方法一(公式法)**　设 $F(x,y,z) = z^2 y - xz^3 - 1$,则 $F_x = -z^3, F_y = z^2, F_z = 2zy - 3xz^2$,于是 $\dfrac{\partial z}{\partial x} = -\dfrac{F_x}{F_z} = \dfrac{z^2}{2y - 3xz}, \dfrac{\partial z}{\partial y} = -\dfrac{F_y}{F_z} = \dfrac{z}{3xz - 2y}$.

方法二(偏导法)　等式两边对 x 求偏导,得 $2yz \cdot \dfrac{\partial z}{\partial x} - z^3 - 3xz^2 \cdot \dfrac{\partial z}{\partial x} = 0$,解出 $\dfrac{\partial z}{\partial x}$ 得 $\dfrac{\partial z}{\partial x} = \dfrac{z^2}{2y - 3xz}$;同理可求得 $\dfrac{\partial z}{\partial y} = \dfrac{z}{3xz - 2y}$.

方法三(微分法)　等式两边微分得 $z^2 \mathrm{d}y + 2yz\mathrm{d}z - z^3 \mathrm{d}x - 3xz^2 \mathrm{d}z = 0$,所以 $\mathrm{d}z = \dfrac{z^2 \mathrm{d}x - z\mathrm{d}y}{2y - 3xz}$,于是 $\dfrac{\partial z}{\partial x} = \dfrac{z^2}{2y - 3xz}, \dfrac{\partial z}{\partial y} = \dfrac{z}{3xz - 2y}$.

(2) **方法一(微分法)**　由一阶微分形式不变性,对方程 $F(x-y, y-z, z-x) = 0$ 两边求全微分,有 $F_1' \mathrm{d}(x-y) + F_2' \mathrm{d}(y-z) + F_3' \mathrm{d}(z-x) = 0$,整理并解得

$$\mathrm{d}z = \frac{1}{F_2' - F_3'}\left[(F_1' - F_3')\mathrm{d}x + (F_2' - F_1')\mathrm{d}y\right],$$

由此可得

$$\frac{\partial z}{\partial x} = \frac{F_1' - F_3'}{F_2' - F_3'}, \qquad \frac{\partial z}{\partial y} = \frac{F_2' - F_1'}{F_2' - F_3'}.$$

方法二(偏导法)　依据链规则将方程 $F(x-y, y-z, z-x) = 0$ 对 x, y 分别求偏导,得

$$F_1' - F_2' \cdot \frac{\partial z}{\partial x} + F_3' \cdot \left(\frac{\partial z}{\partial x} - 1\right) = 0, \quad -F_1' + F_2' \cdot \left(1 - \frac{\partial z}{\partial y}\right) + F_3' \cdot \frac{\partial z}{\partial y} = 0.$$

解得
$$\frac{\partial z}{\partial x}=\frac{F_1'-F_3'}{F_2'-F_3'},\quad \frac{\partial z}{\partial y}=\frac{F_2'-F_1'}{F_2'-F_3'},$$

由此得
$$\mathrm{d}z=\frac{\partial z}{\partial x}\mathrm{d}x+\frac{\partial z}{\partial y}\mathrm{d}y=\frac{F_1'-F_3'}{F_2'-F_3'}\mathrm{d}x+\frac{F_2'-F_1'}{F_2'-F_3'}\mathrm{d}y.$$

例 9-15 求解下列各题.

(1) 设 $z=z(x,y)$ 是由方程 $\mathrm{e}^{-xy}-2z+\mathrm{e}^z=0$ 所确定的二元函数,求 $\mathrm{d}z$ 及 $\dfrac{\partial^2 z}{\partial x^2}$.

(2) 设函数 $z=z(x,y)$ 由方程 $f(y-x,yz)=0$ 所确定,其中 f 具有连续的二阶偏导数,求 $\dfrac{\partial^2 z}{\partial x^2},\dfrac{\partial^2 z}{\partial x\partial y}$.

解 (1) 将方程两边微分,$\mathrm{e}^{-xy}\mathrm{d}(-xy)-2\mathrm{d}z+\mathrm{e}^z\mathrm{d}z=0$,整理得 $\mathrm{d}z=\dfrac{y\mathrm{e}^{-xy}}{\mathrm{e}^z-2}\mathrm{d}x+\dfrac{x\mathrm{e}^{-xy}}{\mathrm{e}^z-2}\mathrm{d}y$,从而 $\dfrac{\partial z}{\partial x}=\dfrac{y\mathrm{e}^{-xy}}{\mathrm{e}^z-2}$;由于 $\dfrac{\partial z}{\partial x}$ 仍是 x,y 的函数,利用复合函数的求导法则,得

$$\frac{\partial^2 z}{\partial x^2}=\frac{\partial}{\partial x}\left(\frac{y\mathrm{e}^{-xy}}{\mathrm{e}^z-2}\right)=y\cdot\frac{-y\mathrm{e}^{-xy}(\mathrm{e}^z-2)-\mathrm{e}^{-xy}\mathrm{e}^z\dfrac{\partial z}{\partial x}}{(\mathrm{e}^z-2)^2}$$

$$=\frac{y\mathrm{e}^{-xy}}{(\mathrm{e}^z-z)^2}\left[-y(\mathrm{e}^z-2)-\mathrm{e}^z\frac{\partial z}{\partial x}\right],$$

将 $\dfrac{\partial z}{\partial x}=\dfrac{y\mathrm{e}^{-xy}}{\mathrm{e}^z-2}$ 代入,便得所求

$$\frac{\partial^2 z}{\partial x^2}=\frac{y\mathrm{e}^{-xy}}{(\mathrm{e}^z-2)^2}\left[-y(\mathrm{e}^z-2)-\mathrm{e}^z\frac{y\mathrm{e}^{-xy}}{\mathrm{e}^z-2}\right]=\frac{-y^2\mathrm{e}^{-xy}}{(\mathrm{e}^z-2)^3}\left[(\mathrm{e}^z-2)^2+\mathrm{e}^{-xy}\right].$$

(2) 由公式法得 $\dfrac{\partial z}{\partial x}=\dfrac{f_1'}{yf_2'},\dfrac{\partial z}{\partial y}=-\dfrac{f_1'+zf_2'}{yf_2'}$,于是

$$\frac{\partial^2 z}{\partial x^2}=\frac{1}{y}\cdot\frac{1}{(f_2')^2}\left\{\left[-f_{11}''+y\frac{\partial z}{\partial x}f_{12}''\right]f_2'-f_1'\left[-f_{21}''+y\frac{\partial z}{\partial x}\cdot f_{22}''\right]\right\}$$

$$=\frac{1}{y(f_2')^2}\left[2f_1'f_{12}''-f_2'f_{11}''-(f_1')^2\frac{f_{22}''}{f_2'}\right];$$

$$\frac{\partial^2 z}{\partial x\partial y}=-\frac{1}{y^2}\cdot\frac{f_1'}{f_2'}+\frac{1}{y}\cdot\frac{1}{(f_2')^2}\left\{\left[f_{11}''+\left(z+y\frac{\partial z}{\partial y}\right)f_{12}''\right]f_2'-f_1'\cdot\left[f_{21}''+\left(z+y\frac{\partial z}{\partial y}\right)f_{22}''\right]\right\}$$

$$=-\frac{f_1'}{y^2f_2'}+\frac{1}{y(f_2')^2}\left[f_2'f_{11}''-2f_1'f_{21}''+(f_1')^2\frac{f_{22}''}{f_2'}\right].$$

例 9-16 求解下列各题.

(1) 设函数 $x=x(z),y=y(z)$ 由方程组 $\begin{cases}x+y+z=1,\\x^2+y^2+z^2=a^2\end{cases}$ 所确定,且 $x\neq y$,求 $\dfrac{\mathrm{d}x}{\mathrm{d}z},\dfrac{\mathrm{d}y}{\mathrm{d}z}$.

(2) 设函数 $u=u(x)$ 由方程组 $\begin{cases}u=f(x,y,z),\\g(x,y,z)=0,\\h(x,z)=0\end{cases}$ 所确定,其中 f,g,h 有一阶连续偏

导数,且 $h_x \neq 0, y_y \neq 0$,求 $\dfrac{\mathrm{d}u}{\mathrm{d}x}$.

（3）设 $\begin{cases} u = f(x-ut, y-ut, z-ut), \\ g(x,y,z) = 0 \end{cases}$ 确定函数 $u = u(x,y,t)$ 及 $z = z(x,y,t)$. 且 g'_3

$[1 + t(f'_1 + f'_2 + f'_3)] \neq 0$. 其中 f, g 具有一阶连续偏导数,求 $\dfrac{\partial u}{\partial x}, \dfrac{\partial u}{\partial y}$.

解 （1）方法一　方程组等式两边对 z 求导,有

$$\begin{cases} \dfrac{\mathrm{d}x}{\mathrm{d}z} + \dfrac{\mathrm{d}y}{\mathrm{d}z} + 1 = 0, \\ 2x\dfrac{\mathrm{d}x}{\mathrm{d}z} + 2y\dfrac{\mathrm{d}y}{\mathrm{d}z} + 2z = 0, \end{cases} \qquad 故 \quad \dfrac{\mathrm{d}x}{\mathrm{d}z} = \dfrac{z-y}{y-x}, \quad \dfrac{\mathrm{d}y}{\mathrm{d}z} = \dfrac{x-z}{y-x} \ (x \neq y).$$

方法二　方程组等式两边微分,得 $\begin{cases} \mathrm{d}x + \mathrm{d}y + \mathrm{d}z = 0, \\ 2x\mathrm{d}x + 2y\mathrm{d}y + 2z\mathrm{d}z = 0, \end{cases}$

故 $\quad \mathrm{d}x = \dfrac{(z-y)\mathrm{d}z}{y-x}, \quad \mathrm{d}y = \dfrac{(x-z)\mathrm{d}x}{y-x}, \quad \dfrac{\mathrm{d}x}{\mathrm{d}z} = \dfrac{z-y}{y-x}, \quad \dfrac{\mathrm{d}y}{\mathrm{d}z} = \dfrac{x-z}{y-x} \quad (x \neq y)$

（2）方程组两边对 x 求导,有 $\begin{cases} \dfrac{\mathrm{d}u}{\mathrm{d}x} = f_x + f_y\dfrac{\mathrm{d}y}{\mathrm{d}x} + f_z\dfrac{\mathrm{d}z}{\mathrm{d}x}, \\ g_x + g_y\dfrac{\mathrm{d}y}{\mathrm{d}x} + g_z\dfrac{\mathrm{d}z}{\mathrm{d}x} = 0, \\ h_x + h_z\dfrac{\mathrm{d}z}{\mathrm{d}x} = 0, \end{cases}$

由第三个方程得 $\dfrac{\mathrm{d}z}{\mathrm{d}x} = -\dfrac{h_x}{h_z}$,结合第二个方程有

$$\dfrac{\mathrm{d}y}{\mathrm{d}x} = \dfrac{-1}{g_y}\left[g_x + g_z\left(-\dfrac{h_x}{h_z}\right)\right] = \dfrac{g_zh_x}{g_yh_z} - \dfrac{g_x}{g_y} = \dfrac{g_zh_x - g_xh_z}{g_yh_z},$$

最后代入第一个方程,有

$$\dfrac{\mathrm{d}u}{\mathrm{d}x} = f_x + \dfrac{f_y \cdot (g_zh_x - g_xh_z)}{g_yh_z} - \dfrac{f_zh_x}{h_z} = \dfrac{f_xg_zh_z + f_y(g_zh_x - g_xh_z) - f_zg_yh_x}{g_yh_z}.$$

（3）方法一　方程组对 x 求偏导数得

$$\begin{cases} \dfrac{\partial u}{\partial x} = f'_1 \cdot \left(1 - \dfrac{\partial u}{\partial x}t\right) + f'_2 \cdot \left(-\dfrac{\partial u}{\partial x}t\right) + f'_3 \cdot \left(\dfrac{\partial z}{\partial x} - \dfrac{\partial u}{\partial x}t\right), \\ g'_1 + g'_3\dfrac{\partial z}{\partial x} = 0, \end{cases}$$

即 $\begin{cases} \dfrac{\partial u}{\partial x} = \dfrac{f'_1 + f'_3\dfrac{\partial z}{\partial x}}{1 + t(f'_1 + f'_2 + f'_3)}, \\ \dfrac{\partial z}{\partial x} = -\dfrac{g'_1}{g'_3} \end{cases}$

解得 $\qquad\qquad\qquad \dfrac{\partial u}{\partial x} = \dfrac{f'_1g'_3 - f'_3g'_1}{g'_3[1 + t(f'_1 + f'_2 + f'_3)]},$

类似地,将方程组对 y 求偏导数,可得 $\dfrac{\partial u}{\partial y} = \dfrac{f'_2g'_3 - f'_3g'_2}{g'_3[1 + t(f'_1 + f'_2 + f'_3)]}.$

方法二　利用一阶全微分形式不变性,对第一个方程求全微分得

$$\mathrm{d}u = f_1' \cdot \mathrm{d}(x-ut) + f_2' \cdot \mathrm{d}(y-ut) + f_3' \cdot \mathrm{d}(z-ut)$$
$$= f_1' \cdot (\mathrm{d}x - u\mathrm{d}t - t\mathrm{d}u) + f_2' \cdot (\mathrm{d}y - u\mathrm{d}t - t\mathrm{d}u) + f_3' \cdot (\mathrm{d}z - u\mathrm{d}t - t\mathrm{d}u)$$

整理得 $[1 + t(f_1' + f_2' + f_3')]\mathrm{d}u = f_1' \cdot \mathrm{d}x + f_2' \cdot \mathrm{d}y + f_3' \cdot \mathrm{d}z - u(f_1' + f_2' + f_3')\mathrm{d}t$,　（＊）

对第二个方程求全微分得 $g_1'\mathrm{d}x + g_2'\mathrm{d}y + g_3'\mathrm{d}z = 0$,解得

$$\mathrm{d}z = \frac{1}{g_3'}(g_1'\mathrm{d}x + g_2'\mathrm{d}y),$$

将上式代入式（＊）,得

$$[1 + t(f_1' + f_2' + f_3')]\mathrm{d}u = \frac{1}{g_3'}[(f_1'g_3' - f_3'g_1')\mathrm{d}x + (f_2'g_3' - f_3'g_2')\mathrm{d}y] - u(f_1' + f_2' + f_3')\mathrm{d}t,$$

因此　　　$\dfrac{\partial u}{\partial x} = \dfrac{f_1'g_3' - f_1'g_1'}{g_3'[1 + t(f_1' + f_2' + f_3')]}$,　　$\dfrac{\partial u}{\partial y} = \dfrac{f_2'g_3' - f_3'g_2'}{g_3'[1 + t(f_1' + f_2' + f_3')]}$.

例 9-17　求下列函数的全微分

(1) 设函数 $f(t,s)$ 具有连续的一阶偏导数,而 $u = f(x+y+z, xyz)$,求 $\mathrm{d}u$.

(2) 设 $z = \arctan(u\mathrm{e}^{xv})$,而 $x = u^2 - v^2$,求全微分 $\mathrm{d}z$.

解　(1) 方法一(偏导法)　因

$$\frac{\partial u}{\partial x} = f_1' + f_2' \cdot yz, \frac{\partial u}{\partial y} = f_1' + f_2' \cdot xz, \frac{\partial u}{\partial z} = f_1' + f_2' \cdot xy,$$

故　　　$\mathrm{d}u = (f_1' + yzf_2')\mathrm{d}x + (f_1' + xzf_2')\mathrm{d}y + (f_1' + xyf_2')\mathrm{d}z.$

方法二(微分法)　$\mathrm{d}u = f_1' \cdot (\mathrm{d}x + \mathrm{d}y + \mathrm{d}z) + f_2' \cdot (xy\mathrm{d}z + yz\mathrm{d}x + yz\mathrm{d}y)$
$$= (f_1' + yzf_2')\mathrm{d}x + (f_1' + xzf_2')\mathrm{d}y + (f_1' + xyf_2')\mathrm{d}z.$$

(2) 要注意的是此题中 x 是中间变量,u 和 v 是自变量.

方法一(偏导法)　因

$$\frac{\partial z}{\partial u} = \frac{1}{1 + u^2 \mathrm{e}^{2xv}}(\mathrm{e}^{xv} + uv\mathrm{e}^{xv} \cdot 2u) = \frac{(1 + 2u^2 v)\mathrm{e}^{(u^2 - v^2)v}}{1 + u^2 \mathrm{e}^{2(u^2 - v^2)v}},$$

$$\frac{\partial z}{\partial v} = \frac{1}{1 + u^2 \mathrm{e}^{2xv}}[u\mathrm{e}^{xv} \cdot x + u\mathrm{e}^{xv} \cdot v(-2v)] = \frac{u(u^2 - 3v^2)\mathrm{e}^{(u^2 - v^2)v}}{1 + u^2 \mathrm{e}^{2(u^2 - v^2)v}},$$

所以　　　$\mathrm{d}z = \dfrac{(1 - 2u^2 v)\mathrm{e}^{(u^2 - v^2)v}}{1 + u^2 \mathrm{e}^{2(u^2 - v^2)v}}\mathrm{d}u + \dfrac{u(u^2 - 3v^2)\mathrm{e}^{(u^2 - v^2)v}}{1 + u^2 \mathrm{e}^{2(u^2 - v^2)v}}\mathrm{d}v.$

方法二(微分法)　$\mathrm{d}u = \dfrac{1}{1 + u^2 \mathrm{e}^{2xv}}[\mathrm{e}^{xv}\mathrm{d}u + u\mathrm{e}^{xv}(v\mathrm{d}x + x\mathrm{d}v)]$
$$= \frac{(1 - 2u^2 v)\mathrm{e}^{(u^2 - v^2)v}}{1 + u^2 \mathrm{e}^{2(u^2 - v^2)v}}\mathrm{d}u + \frac{u(u^2 - 3v^2)\mathrm{e}^{(u^2 - v^2)v}}{1 + u^2 \mathrm{e}^{2(u^2 - v^2)v}}\mathrm{d}v.$$

【题型 9-5】　空间曲线的切线和空间曲面的切平面

应对　此处的题型自然和空间解析几何及向量代数的内容密切相关联,需熟悉平面、直线的方程的表达、向量的基本运算性质(主要是点积和叉积)等,然后才能和微分学的知识结合起来解决问题. 主要公式如下.

(1) 空间曲线 C: $\begin{cases} x = x(t), \\ y = y(t), \\ z = z(t) \end{cases}$ 在 $t = t_0$ 处的切矢量为 $\boldsymbol{\tau} = \{x'(t_0), y'(t_0), z'(t_0)\}$;

(2) 空间曲线 C: $\begin{cases} F(x,y,z)=0, \\ G(x,y,z)=0 \end{cases}$ 在 $P(x_0,y_0,z_0)$ 的切矢量为 $\boldsymbol{n}_F \times \boldsymbol{n}_G|_P$;

(3) 空间曲面 S: $F(x,y,z)=0$ 在 $P(x_0,y_0,z_0)$ 的法矢量为 $\boldsymbol{n}_F=\{F_x,F_x,F_x\}|_P$.

例 9-18 （1）求曲线 $\begin{cases} z=x^2+y^2, \\ y=6 \end{cases}$ 上的点 $(1,6,37)$ 处的切线相对于 x 轴方向的斜率.

（2）求曲线 $x=3t-t^3,y=3t^2,z=3t+t^3$ 对应于 $t=1$ 的点处的切线方程.

（3）设 $z=x\mathrm{e}^{y/x}$, $M(x,y,z)$ 是此曲面上一点,试证曲面在点 M 处的法线与向径（矢径）$\overrightarrow{OM}$ 垂直.

（4）证明曲面 $F(x-my,z-ny)=0$（其中 $F(u,v)$ 具有连续偏导数且 $F_u^2+F_v^2\neq0$）的所有切平面与某个定直线平行.

解 （1）$k=z_x\big|_{\substack{x=1 \\ y=6}}=2x\big|_{x=1}=2.$

（2）$t=1$ 对应于曲线上点 $(2,3,4)$,因该点的切矢 $\boldsymbol{\tau}=\{0,6,6\}$,所以曲线在该点的切线方程为 $\dfrac{x-2}{0}=\dfrac{y-3}{1}=\dfrac{z-4}{1}$.

（3）因 $z_x=\mathrm{e}^{\frac{y}{x}}\left(1-\dfrac{y}{x}\right),z_y=\mathrm{e}^{\frac{y}{x}}$,故曲面在点 M 处的法矢量为

$$\boldsymbol{n}=\{z_x,z_y,-1\}=\left\{\mathrm{e}^{\frac{y}{x}}\left(1-\dfrac{y}{x}\right),\mathrm{e}^{\frac{y}{x}},-1\right\}.$$

因 $\overrightarrow{OM}=\{x,y,z\}$, $\quad \overrightarrow{OM}\cdot\boldsymbol{n}=x\mathrm{e}^{\frac{y}{x}}-y\mathrm{e}^{\frac{y}{x}}+y\mathrm{e}^{\frac{y}{x}}-z=0$,于是 $\boldsymbol{n}\perp\overrightarrow{OM}$.

（4）记 $G(x,y,z)=F(u,v),u=x-my,v=z-ny$,则曲面上任一点的法矢量为 $\boldsymbol{n}=\{G_x,G_y,G_z\}=\{F_u,-mF_u-nF_v,F_v\}$. 记 $\boldsymbol{A}=\{m,1,n\}$（常向量）,则 $\boldsymbol{n}\cdot\boldsymbol{A}=0$. 由此可见,曲面的任一切平面平行于以 $\{m,1,n\}$ 为方向矢量的直线.

例 9-19 （1）求曲线 $\begin{cases} 3x^2+2y^2=12, \\ z=0 \end{cases}$ 绕 y 轴旋转一周得到的旋转曲面在点 $(0,\sqrt{3},\sqrt{2})$ 处指向外侧的单位法矢量.

（2）证明曲线 C: $x=a\mathrm{e}^t\cos t,y=a\mathrm{e}^t\sin t,z=a\mathrm{e}^t$ 与锥面 S: $x^2+y^2=z^2$ 的各母线相交的角度相同,其中 a 为常数.

解 （1）由解析几何知,该旋转曲面方程是 $3(x^2+z^2)+2y^2=12$.

记 $F(x,y,z)=3(x^2+z^2)+2y^2-12$,则旋转面 $F(x,y,z)=0$ 在 $(0,\sqrt{3},\sqrt{2})$ 处的法矢量为

$$\boldsymbol{n}=\pm\left\{\frac{\partial F}{\partial x},\frac{\partial F}{\partial y},\frac{\partial F}{\partial z}\right\}\Big|_{(0,\sqrt{3},\sqrt{2})}=\pm\{6x,4y,6z\}\big|_{(0,\sqrt{3},\sqrt{2})}=\pm2\{0,2\sqrt{3},3\sqrt{2}\},$$

单位化得 $\boldsymbol{n}^\circ=\pm\dfrac{\{0,2\sqrt{3},3\sqrt{2}\}}{\sqrt{12+18}}=\pm\dfrac{1}{\sqrt{5}}\{0,\sqrt{2},\sqrt{3}\}$,而点 $(0,\sqrt{3},\sqrt{2})$ 位于第一卦限,因此指向外侧的单位法向量为 $\boldsymbol{n}^\circ=\dfrac{1}{\sqrt{5}}\{0,\sqrt{2},\sqrt{3}\}$.

（2）曲线 C 的参数方程满足 $x^2+y^2=z^2$,于是 C 在锥面 S 上. 设 S 上任一点 (x,y,z)

处的母线方向向量为 $l=\{x,y,z\}$，而曲线的切矢量为

$$\tau=\{x'_t,y'_t,z'_t\}=\{ae^t(\cos t-\sin t),ae^t(\cos t+\sin t),ae^t\}=\{x-y,x+y,z\},$$

因此

$$\cos\langle l,\tau\rangle=\frac{l\cdot\tau}{|l||\tau|}=\frac{(x,y,z)\cdot(x-y,x+y,z)}{\sqrt{x^2+y^2+z^2}\sqrt{(x-y)^2+(x+y)^2+z^2}}=\frac{2z^2}{\sqrt{2}\sqrt{3z^2}}=\frac{\sqrt{6}}{3}.$$

即曲线 C 与锥面 S 的各母线相交的角度相同.

【题型 9-6】 求方向导数与梯度

应对 以三元函数为例，

(1) 若 $u=f(x,y,z)$ 在点 P_0 存在对各变元的偏导数，则它在 P_0 的梯度为

$$\mathbf{grad}u(P_0)=\{f_x(P_0),f_y(P_0),f_z(P_0)\}.$$

(2) 若 $u=f(x,y,z)$ 在点 P_0 可微，则它在 P_0 沿非零矢量 n 方向的方向导数为

$$\frac{\partial u}{\partial n}\Big|_{P_0}=\mathbf{grad}u(P_0)\cdot n^{\circ}.$$

(3) 若 $u=f(x,y,z)$ 在点 P_0 不可微，则需按定义求方向导数，即

$$\frac{\partial u}{\partial n}\Big|_{P_0}=\lim_{\rho\to 0}\frac{f(P)-f(P_0)}{\rho},$$

其中 P 为沿 n 的射线上一点，$\rho=|P_0P|$.

例 9-20 求二元函数 $z=|x-y|$ 在原点 $(0,0)$ 处沿非零矢量 $n=\{a,b\}$ 的方向导数.

解 此函数在原点处偏导数不存在，故不可微，方向导数只能用定义计算：

在沿 $n=\{a,b\}$ 的射线上取动点 (x,y)，则 $\frac{y}{x}=\frac{b}{a}$，于是

$$\frac{\partial z}{\partial n}=\lim_{\rho\to 0^+}\frac{f(x,y)-f(0,0)}{\rho}=\lim_{|x|\to 0^+}\frac{f\left(x,\frac{b}{a}x\right)}{\sqrt{x^2+\frac{b^2}{a^2}x^2}}=\frac{|a-b|}{\sqrt{a^2+b^2}}.$$

例 9-21 (1) 求函数 $u=z^4-3xz+x^2+y^2$ 在点 $M(1,1,1)$ 处沿着方向 $l=i+2j+2k$ 的方向导数.

(2) 求函数 $z=x^2-xy+y^2$ 在点 $M(1,1)$ 沿与 Ox 轴正向组成 α 角的方向 l 上的方向导数，并求 α 分别取怎样的值时，沿 l 方向导数最大、最小或等于零.

解 (1) 显然 $l^{\circ}=\left\{\frac{1}{3},\frac{2}{3},\frac{2}{3}\right\}$，故 $\frac{\partial u}{\partial l}=\mathbf{grad}u(P_0)\cdot l^{\circ}=\frac{1}{3}[(-3z+2x)+4y+2(4z^3-3x)]$，于是 $\frac{\partial u}{\partial l}\Big|_{(1,1,1)}=\frac{1}{3}[(-1)+4+2]=\frac{5}{3}$.

(2) 因

$$\frac{\partial z}{\partial l}\Big|_{(1,1)}=\frac{\partial z}{\partial x}\Big|_{(1,1)}\cos\alpha+\frac{\partial z}{\partial x}\Big|_{(1,1)}\sin\alpha$$

$$=(2x-y)|_{(1,1)}\cos\alpha+(-x-2y)|_{(1,1)}\sin\alpha$$

$$=\cos\alpha+\sin\alpha=\sqrt{2}\sin\left(\alpha+\frac{\pi}{4}\right),$$

所以当 $\alpha=\frac{\pi}{4}$ 时，方向导数有最大值 $\sqrt{2}$；当 $\alpha=\frac{5\pi}{4}$ 时，方向导数有最小值 $-\sqrt{2}$；当 $\alpha=\frac{3}{4}$

或 $\alpha=-\dfrac{1}{4}\pi$ 时,方向导数等于零.

例 9-22 设在 Oxy 平面上,各点的温度 T 与点的位置间的关系为 $T=4x^2+9y^2$.求:

(1) 在 $P_0(9,4)$ 处的梯度 $\mathbf{grad}\,T|_{P_0}$;

(2) 在点 P_0 处沿与 x 轴正向(逆时针)夹角为 $210°$ 的方向 l 的温度变化率;

(3) 在什么方向上点 P_0 处的温度变化率取得最大值、最小值和零,并求此最大、最小值.

解 (1) 由梯度的定义,知 $\mathbf{grad}\,T|_{P_0}=\left\{\dfrac{\partial T}{\partial x},\dfrac{\partial T}{\partial y}\right\}_{P_0}=\{8x,18y\}|_{P_0}=72\{1,1\}$.

(2) P_0 点处沿 l 方向的温度变化率,即方向导数 $\dfrac{\partial T}{\partial l}\Big|_{P_0}$,所以

$$\frac{\partial T}{\partial l}\Big|_{P_0}=\mathbf{grad}\,T|_{P_0}\cdot\{\cos\theta,\sin\theta\}|_{\theta=210°}=\frac{\partial T}{\partial x}\Big|_{P_0}\cos210°+\frac{\partial T}{\partial y}\Big|_{P_0}\sin210°$$

$$=72\left(-\frac{\sqrt{3}}{2}\right)+72\left(-\frac{1}{2}\right)=-36(\sqrt{3}+1).$$

(3) 温度 T 在 P_0 点的梯度方向就是点 P_0 处温度变化率取最大值的方向,且最大值为 $|\mathbf{grad}\,T|_{P_0}|=72\sqrt{2}$.

温度变化率取最小值是温度 T 在 P_0 点的负梯度方向,即 $-\mathbf{grad}\,T|_{P_0}=-72\{1,1\}$,最小值为 $-|\mathbf{grad}\,T|_{P_0}|=-72\sqrt{2}$.

由于 $\dfrac{\partial T}{\partial l}\Big|_{P_0}=\mathbf{grad}\,T|_{P_0}\cdot l=0$,当且仅当 $l\perp\mathbf{grad}\,T|_{P_0}$ 时成立,即 P_0 处与梯度垂直的方向 $\pm\left\{\dfrac{1}{\sqrt{2}},-\dfrac{1}{\sqrt{2}}\right\}$ 就是点 P_0 处温度变化率为零的方向.

【题型 9-7】 求多元函数的极值

应对 设 (x_0,y_0) 是驻点,$z=f(x,y)$ 在 (x_0,y_0) 附近有二阶连续偏导数,记
$$A=f''_{xx}(x_0,y_0),\quad B=f''_{xy}(x_0,y_0),\quad C=f''_{yy}(x_0,y_0),$$
则

(1) 若 $B^2-AC>0$,则 $z=f(x,y)$ 在 (x_0,y_0) 处不取得极值;

(2) 若 $B^2-AC<0$,则 $z=f(x,y)$ 在 (x_0,y_0) 处取得极值,且 $A>0$(或 $C>0$)取极小值,$A<0$(或 $C<0$)取极大值;

(3) 若 $B^2-AC=0$,则判别法失效,需改用其他方法判别.

例 9-23 求二元函数 $f(x,y)=x^2(2+y^2)+y\ln y$ 的极值.

解 $f(x,y)$ 的定义域为 $-\infty<x<+\infty,y>0$.因
$$f'_x(x,y)=2x(2+y^2),\quad f'_y(x,y)=2xy+\ln y+1,$$

令 $\begin{cases}f'_x(x,y)=0,\\f'_y(x,y)=0,\end{cases}$ 解得唯一驻点 $\left(0,\dfrac{1}{e}\right)$.由于

$$A=f''_{xx}\left(0,\frac{1}{e}\right)=2(2+y^2)\Big|_{\left(0,\frac{1}{e}\right)}=2\left(2+\frac{1}{e^2}\right),$$

$$B = f''_{xy}\left(0, \frac{1}{e}\right) = 4xy\Big|_{\left(0, \frac{1}{e}\right)} = 0, \quad C = f''_{yy}\left(0, \frac{1}{e}\right) = \left(2x^2 + \frac{1}{y}\right)\Big|_{\left(0, \frac{1}{e}\right)} = e,$$

所以 $B^2 - AC = -2e\left(2 + \frac{1}{e^2}\right) < 0$，且 $A > 0$，从而 $f\left(0, \frac{1}{e}\right)$ 是 $f(x, y)$ 的极小值，且极小值

$$f\left(0, \frac{1}{e}\right) = -\frac{1}{e}.$$

例 9-24 对于下列函数，$(0, 0)$ 点是否为驻点？是否为极值点？

(1) $z = x^3 + y^3$；　　　　　　　(2) $z = (x^2 + y^2)^2$.

解 (1) 令 $\begin{cases} z'_x(x, y) = 3x^2 = 0, \\ z'_y(x, y) = 3y^2 = 0, \end{cases}$ 解得唯一驻点 $(0, 0)$，且 $z(0, 0) = 0$. 由于

$$A = z''_{xx}(0, 0) = 6x\big|_{(0,0)} = 0, \quad B = z''_{xy}(0, 0) = 0, \quad C = z''_{yy}(0, 0) = 6y\big|_{(0,0)} = 0,$$

所以 $B^2 - AC = 0$，判别式失效. 而在 $(0, 0)$ 附近，当 $x > 0$ 时 $z(x, 0) = x^3 > 0$，当 $x < 0$ 时 $z(x, 0) = x^3 < 0$，所以 $(0, 0)$ 点不是极值点.

(2) 与 (1) 类似可得 $(0, 0)$ 点是驻点，并且判别式失效. 而当 $x^2 + y^2 \neq 0$ 时，$z = (x^2 + y^2)^2 > z(0, 0) = 0$，所以 $(0, 0)$ 点是极值点.

例 9-25 设 $z = z(x, y)$ 是 $x^2 - 6xy + 10y^2 - 2yz - z^2 + 18 = 0$ 确定的函数，求 $z = z(x, y)$ 的极值点和极值.

解 对于隐函数，由于我们关心的是驻点及驻点处的二阶导数，因此可考虑简便计算. 在方程 $x^2 - 6xy + 10y^2 - 2yz - z^2 + 18 = 0$ 两端分别对 x, y 求偏导，得

$$2x - 6y - 2y\frac{\partial z}{\partial x} - 2z\frac{\partial z}{\partial x} = 0, \tag{①}$$

$$-6x + 20y - 2z - 2y\frac{\partial z}{\partial y} - 2z\frac{\partial z}{\partial y} = 0, \tag{②}$$

令 $\frac{\partial z}{\partial x} = 0, \frac{\partial z}{\partial y} = 0$，则上述两个方程化为 $\begin{cases} x - 3y = 0, \\ -3x + 10y - z = 0, \end{cases}$ 解得 $x = 3y, z = y$，将它们代入方程 $x^2 - 6xy + 10y^2 - 2yz - z^2 + 18 = 0$ 中可得

$$\begin{cases} x = 9, \\ y = 3, \\ z = 3, \end{cases} \quad \begin{cases} x = -9, \\ y = -3, \\ z = -3, \end{cases}$$

即得到两个驻点 $(9, 3), (-9, -3)$.

记 $P_1(x, y, z) = (9, 3, 3), P_2(x, y, z) = (-9, -3, -3)$. 将式①两端分别对 x, y 求偏导，式②两端分别对 y 求偏导，得

$$2 - 2y\frac{\partial^2 z}{\partial x^2} - 2\left(\frac{\partial z}{\partial x}\right)^2 - 2z\frac{\partial^2 z}{\partial x^2} = 0,$$

$$-6 - 2\frac{\partial z}{\partial x} - 2y\frac{\partial^2 z}{\partial x \partial y} - 2\frac{\partial z}{\partial y} \cdot \frac{\partial z}{\partial x} - 2z\frac{\partial^2 z}{\partial x \partial y} = 0,$$

$$20 - 2\frac{\partial z}{\partial y} - 2\frac{\partial z}{\partial y} - 2y\frac{\partial^2 z}{\partial y^2} - 2\left(\frac{\partial z}{\partial y}\right)^2 - 2z\frac{\partial^2 z}{\partial y^2} = 0,$$

于是，可解得在 P_1 处有

$$A = \frac{\partial^2 z}{\partial x^2}\Big|_{P_1} = \frac{1}{6}, \quad B = \frac{\partial^2 z}{\partial x \partial y}\Big|_{P_1} = -\frac{1}{2}, \quad C = \frac{\partial^2 z}{\partial y^2}\Big|_{P_1} = \frac{5}{3},$$

由 $B^2 - AC = -\frac{1}{36} < 0$，且 $A = \frac{1}{6} > 0$，可知点 $(9,3)$ 是 $z = z(x,y)$ 的极小值点，极小值 $z(9,3) = 3$；在 P_2 处有

$$A = \frac{\partial^2 z}{\partial x^2}\Big|_{P_2} = -\frac{1}{6}, \quad B = \frac{\partial^2 z}{\partial x \partial y}\Big|_{P_2} = \frac{1}{2}, \quad C = \frac{\partial^2 z}{\partial y^2}\Big|_{P_2} = -\frac{5}{3},$$

由 $B^2 - AC = -\frac{1}{36} < 0$，且 $A = -\frac{1}{6} < 0$，可知点 $(-9, -3)$ 是 $z = z(x,y)$ 的极大值点，极大值 $z(-9, -3) = -3$.

【题型 9-8】 求有界闭区域上连续函数的最大值与最小值

应对 设 $f(x,y)$ 在有界闭区域 D 上连续，则 $f(x,y)$ 在 D 上必取得最大值 M 与最小值 m. 求 M 与 m 的程序如下：

(1) 求出 $f(x,y)$ 在 D 内部的所有驻点和偏导数不存在的点，称这些点为受检点；

(2) 求出 $f(x,y)$ 在 D 的边界上的受检点 $N_1, N_2, \cdots, N_k$（通常使用拉格朗日乘数法得到）；

(3) $P_1, P_2, \cdots, P_n$ 和 $N_1, N_2, \cdots, N_k$ 是受检点之全体，则直接进行比较即可得到最大值和最小值：

$$M = \max\{f(N_1), f(N_2), \cdots, f(N_k), f(P_1), f(P_2), \cdots, f(P_n)\};$$
$$m = \min\{f(N_1), f(N_2), \cdots, f(N_k), f(P_1), f(P_2), \cdots, f(P_n)\}.$$

以上解法无需考虑受检点是否为极值点.

例 9-26 求 $f(x,y) = x^2 - y^2 + 2$ 在椭圆域 $D = \left\{(x,y) \Big| x^2 + \frac{y^2}{4} \leqslant 1\right\}$ 上的最大值和最小值.

解 令 $\begin{cases} f'_x(x,y) = 2x = 0, \\ f'_y(x,y) = -2y = 0, \end{cases}$ 解得 $f(x,y)$ 在 D 内部的唯一驻点 $(0,0)$. 以下用两种方法求 $f(x,y)$ 在 D 的边界上的最大值 M_1 与最小值 m_1.

方法一 化为无条件极值. 在椭圆 $x^2 + \frac{y^2}{4} = 1$ 上，

$$f(x,y) = x^2 - (4 - 4x^2) + 2 = 5x^2 - 2 \quad (-1 \leqslant x \leqslant 1),$$

容易得到其最大值 $M_1 = f|_{x = \pm 1} = 3$，最小值 $m_1 = f|_{x=0} = -2$，与 $f(0,0) = 2$ 比较可知 $f(x,y)$ 在 D 上的最大值 $M = 3$，最小值 $m = -2$.

方法二 利用拉格朗日乘数法. 设 $F(x,y,\lambda) = x^2 - y^2 + 2 + \lambda\left(x^2 + \frac{y^2}{4} - 1\right)$，由方程组

$$\begin{cases} F_x = 2x + 2\lambda x = 0, \\ F_y = -2y + \frac{\lambda}{2}y = 0, \\ F_\lambda = x^2 + \frac{y^2}{4} - 1 = 0, \end{cases}$$

解得 4 个可能的条件极值点为 $(0,2), (0,-2), (1,0), (-1,0)$. 因

$$f(0,2)=-2, \quad f(0,-2)=-2, \quad f(1,0)=3, \quad f(-1,0)=3,$$

再与 $f(0,0)=2$ 比较可知 $f(x,y)$ 在 D 上的最大值 $M=3$，最小值 $m=-2$.

【题型 9-9】 最值应用问题

应对 应用拉格朗日乘数法的关键是要分清目标函数和约束条件，并分别明确写出来，不少题目没有直接给出，需要求得. 有时约束条件不止一个需要设置两个参数来建立拉格朗日函数. 当条件较为简单时也可代入到目标函数中使其转换为无条件极值进行求解.

例 9-27 (1) 在 Oxy 平面上求一点 $M(x,y)$，使它到三条直线 $x=0, y=0, x-y+1=0$ 的距离的平方和为最小.

(2) 求点 $P(1,2,0)$ 到曲面 $z^2-xy=0$ 的最短距离.

解 (1) 点 $M(x,y)$ 到直线 $x=0, y=0$ 和 $x-y+1=0$ 的距离分别为 $|x|$、$|y|$ 和 $\dfrac{|x-y+1|}{2}$，皆取平方便于计算，于是令 $z(x,y)=x^2+y^2+\dfrac{1}{2}(x-y+1)^2$，由

$$\begin{cases} z_x=3x-y+1=0, \\ z_y=3y-x-1=0, \end{cases}$$ 解得唯一驻点: $x=-\dfrac{1}{4}, y=\dfrac{1}{4}$.

因为由问题本身可知最小值一定存在，所以点 $\left(-\dfrac{1}{4}, \dfrac{1}{4}\right)$ 即为所求点.

(2) 设 $M(x,y,z)$ 是曲面上的一点，则点 M 到已知点的距离的平方为

$$d^2=(x-1)^2+(y-2)^2+z^2,$$

从而，问题归结为在 $z^2-xy=0$ 条件下，求 $d^2=(x-1)^2+(y-2)^2+z^2$ 的最小值.

令 $F=(x-1)^2+(y-2)^2+z^2+\lambda(z^2-xy)$，由方程组

$$\begin{cases} F_x=2(x-1)-\lambda y=0, \\ F_y=2(y-2)-\lambda x=0, \\ F_z=2z+2\lambda z=0, \\ F_\lambda=z^2-xy=0, \end{cases}$$

可解得两个驻点: $A(0,2,0)$ 和 $B(1,0,0)$.

由于最小距离一定存在，比较 $d(A,P)=1, d(B,P)=2$ 知，点 $(1,2,0)$ 到曲面 $z^2-xy=0$ 的距离最短且为 1.

注 由于 $d^2(d>0)$ 是单调的，与 d 同时达到最小值，而此题使用 d^2 来进行计算较容易. 下面一题中有类似的处理，可以得到进一步的例证.

例 9-28 (1) 在周长为 $2p$ 的三角形中，求这样的三角形，使它绕着自己的一边旋转所得旋转体的体积最大.

(2) 在空间坐标系的原点处，有一单位正电荷，设另一单位电荷在曲线 $z=x^2+y^2$，$x+y+z=1$ 上移动，问两电荷的引力何时最大，何时最小?

解 (1) 设三角形的三边长分别为 x,y,z，边长为 x 的一边上的高为 h，则此三角形的面积为 $S=\sqrt{p(p-x)(p-y)(p-z)}$ 或 $S=\dfrac{1}{2}xh$.

又设此三角形绕 x 边旋转，则它所生成的旋转体的体积为

$$V = \frac{\pi}{3} x h^2 = \frac{4\pi p}{3} \cdot \frac{(p-x)(p-y)(p-z)}{x}.$$

作函数 $u = \ln \dfrac{(p-x)(p-y)(p-z)}{x}$，则 u 与 V 同时取最大值，从而问题归结为在条件 $x+y+z=2p$ 下，求函数 $u = \ln \dfrac{(p-x)(p-y)(p-z)}{x}$ $(x>0, y>0, z>0)$ 的最大值.

令 $F = \ln(p-x) + \ln(p-y) + \ln(p-z) - \ln x + \lambda(x+y+z-2p)$，则由 $F_x = 0$, $F_y = 0$, $F_z = 0$，得 $\dfrac{1}{p-x} + \dfrac{1}{x} = \dfrac{1}{p-y} = \dfrac{1}{p-z} = \lambda$，从而 $y = z = p - x + \dfrac{1}{p} x^2$，代入 $x+y+z = 2p$ 中，得 $x = \dfrac{1}{2} p$，$y = z = \dfrac{3}{4} p$.

由于旋转体的体积必有最大值，因此 $\max V \big|_{(\frac{p}{2}, \frac{3}{4}p, \frac{3}{4}p)} = \dfrac{1}{12} \pi p^3$，此时三角形为等腰三角形.

（2）问题化为求函数 $f(x,y,z)$ 在条件 $x^2 + y^2 - z = 0$，$x+y+z-1 = 0$ 下的最大值和最小值. 为简单起见，考虑函数 $g(x,y,z) = x^2 + y^2 + z^2$ 在条件 $x^2 + y^2 - z = 0$，$x+y+z-1 = 0$ 下的最大值和最小值.

令 $\quad F(x,y,z,\lambda,\mu) = x^2 + y^2 + z^2 + \lambda(x^2 + y^2 - z) + \mu(x+y+z-1)$，

解方程组
$$\begin{cases} F'_x = 2x + 2\lambda x + \mu = 0, \\ F'_y = 2y + 2\lambda y + \mu = 0, \\ F'_z = 2z - \lambda + \mu = 0, \\ F'_\lambda = x^2 + y^2 - z = 0, \\ F'_\mu = x+y+z-1 = 0, \end{cases}$$

由前两个方程得 $x = y$，代入后两个方程得 $\begin{cases} z = 2x^2, \\ z = 1 - 2x, \end{cases}$ 解得 $x = y = \dfrac{-1 \pm \sqrt{3}}{2}$，$z = 2 \mp \sqrt{3}$，记 $M_1\left(\dfrac{-1+\sqrt{3}}{2}, \dfrac{-1+\sqrt{3}}{2}, 2-\sqrt{3}\right)$，$M_2\left(\dfrac{-1-\sqrt{3}}{2}, \dfrac{-1-\sqrt{3}}{2}, 2+\sqrt{3}\right)$，可算得 $g(M_1) = 9 - 5\sqrt{3}$，$g(M_2) = 9 + 5\sqrt{3}$.

事实上，函数 g 的最大值与最小值均存在，即 g 在点 M_1，M_2 分别达到最小值和最大值，也就是函数 f 在点 M_1，M_2 分别达到最大值和最小值，即两个电荷间的引力当单位负电荷在点 M_1 处最大，在点 M_2 处最小.

9.4 知识扩展

偏导计算在微分方程中的应用

变量代换不仅在极限计算、积分计算等中起重要作用，在简化微分方程方面也是一重要的手段，试看下面两个例子.

例 9-29　通过对调 x, y，将函数 $x = x(y)$ 所满足的微分方程 $\dfrac{\mathrm{d}^2 x}{\mathrm{d} y^2} + (y + \sin x) \cdot$

$\left(\dfrac{\mathrm{d}x}{\mathrm{d}y}\right)^3 = 0$ 变换为 $y = y(x)$ 满足的微分方程.

解 由反函数的求导公式知 $\dfrac{\mathrm{d}x}{\mathrm{d}y} = \dfrac{1}{y'}$,即 $y'\dfrac{\mathrm{d}x}{\mathrm{d}y} = 1$,上式两端关于 x 求导,得 $y''\dfrac{\mathrm{d}x}{\mathrm{d}y} +$ $\dfrac{\mathrm{d}^2 x}{\mathrm{d}y^2}(y')^2 = 0$,所以 $\dfrac{\mathrm{d}^2 x}{\mathrm{d}y^2} = -\dfrac{y''}{(y')^3}$.

代入原方程得 $\quad -\dfrac{y''}{(y')^3} + (y + \sin x)\left(\dfrac{1}{y'}\right)^3 = 0$, 即 $\quad y'' - y = \sin x$.

例 9-30 设 $u = u(x,y)$ 有二阶连续偏导数,证明在极坐标变换 $x = r\cos\theta$, $y = r\sin\theta$ 下方程 $\dfrac{\partial^2 u}{\partial x^2} + \dfrac{\partial^2 u}{\partial y^2} = 0$ 可转换为 $\dfrac{\partial^2 u}{\partial r^2} + \dfrac{1}{r}\dfrac{\partial u}{\partial r} + \dfrac{1}{r^2}\dfrac{\partial^2 u}{\partial \theta^2} = 0$.

解 利用复合函数求导公式,有

$$\frac{\partial u}{\partial r} = \frac{\partial u}{\partial x}\frac{\partial x}{\partial r} + \frac{\partial u}{\partial y}\frac{\partial y}{\partial r} = \cos\theta\frac{\partial u}{\partial x} + \sin\theta\frac{\partial u}{\partial y},$$

$$\frac{\partial u}{\partial \theta} = \frac{\partial u}{\partial x}\frac{\partial x}{\partial \theta} + \frac{\partial u}{\partial y}\frac{\partial y}{\partial \theta} = -r\sin\theta\frac{\partial u}{\partial x} + r\cos\theta\frac{\partial u}{\partial y},$$

$$\frac{\partial^2 u}{\partial r^2} = \cos\theta\frac{\partial}{\partial r}\left(\frac{\partial u}{\partial x}\right) + \sin\theta\frac{\partial}{\partial r}\left(\frac{\partial u}{\partial y}\right) = \cos^2\theta\frac{\partial^2 u}{\partial x^2} + 2\sin\theta\cos\theta\frac{\partial^2 u}{\partial x\partial y} + \sin^2\theta\frac{\partial^2 u}{\partial y^2}.$$

$$\frac{\partial^2 u}{\partial \theta^2} = -r\sin\theta\frac{\partial}{\partial \theta}\left(\frac{\partial u}{\partial x}\right) + r\cos\theta\frac{\partial}{\partial \theta}\left(\frac{\partial u}{\partial y}\right) - r\cos\theta\frac{\partial u}{\partial x} - r\sin\theta\frac{\partial u}{\partial y}.$$

对 $\dfrac{\partial}{\partial \theta}\left(\dfrac{\partial u}{\partial x}\right)$ 及 $\dfrac{\partial}{\partial \theta}\left(\dfrac{\partial u}{\partial y}\right)$ 用复合函数求导,再由上面的结果可得

$$\frac{\partial^2 u}{\partial \theta^2} = (-r\sin\theta)^2\frac{\partial^2 u}{\partial x^2} - 2r^2\sin\theta\cos\theta\frac{\partial^2 u}{\partial x\partial y} + (r\cos\theta)^2\frac{\partial^2 u}{\partial y^2} - r\frac{\partial u}{\partial r},$$

于是 $\dfrac{\partial^2 u}{\partial r^2} + \dfrac{1}{r^2}\dfrac{\partial^2 u}{\partial \theta^2} = \dfrac{\partial^2 u}{\partial x^2} + \dfrac{\partial^2 u}{\partial y^2} - \dfrac{1}{r}\dfrac{\partial u}{\partial r}$, 即 $\dfrac{\partial^2 u}{\partial x^2} + \dfrac{\partial^2 u}{\partial y^2} = \dfrac{\partial^2 u}{\partial r^2} + \dfrac{1}{r}\dfrac{\partial u}{\partial r} + \dfrac{1}{r^2}\dfrac{\partial^2 u}{\partial \theta^2} = 0$.

习 题 9

（A）

1. 求下列极限:

(1) $\displaystyle\lim_{\substack{x\to 0 \\ y\to 0}}\frac{x+y}{\sqrt{x+y+1}-1}$; (2) $\displaystyle\lim_{\substack{x\to 0 \\ y\to 0}}\frac{x^2 y}{\sqrt{x^2+y^2}}$.

2. 证明极限 $\displaystyle\lim_{\substack{x\to 0 \\ y\to 0}}\frac{\sin(x-y)}{x+y}$ 不存在.

3. 设 $z(x,y) = \begin{cases} \dfrac{\sin xy}{y(1+x^3)}, & y\neq 0, \\ 0, & y = 0, \end{cases}$ 证明函数 $z(x,y)$ 在点 $(0,0)$ 处连续.

4. 设 $f(x,y) = \begin{cases} \dfrac{\sqrt{|xy|}}{x^2+y^2}\sin(x^2+y^2), & x^2+y^2\neq 0, \\ 0, & x^2+y^2 = 0, \end{cases}$ 研究 $f(x,y)$ 在点

9-A-4

$(0,0)$处的连续性、偏导数与可微性.

5. 求下列函数的一阶偏导:

(1) $x=\sin\dfrac{x}{y}+x\mathrm{e}^{-xy}$;　　(2) $z=\sqrt{\ln(xy)}$;　　(3) $z=x^{x^{y}}$;

(4) $z=\dfrac{x\cos(y-1)-(y-1)\cos x}{1+\sin x+\sin(y-1)}$ 在点$(0,1)$处的偏导数.

6. 求函数 $z=\begin{cases}\dfrac{x^{2}y}{x^{4}+y^{2}}, & x^{4}+y^{2}\neq0,\\[2mm] 0, & x^{4}+y^{2}=0\end{cases}$ 的一阶偏导数.

7. (1) 求 $z=\sin(x^{2}+2y)$ 的二阶偏导数;　　(2) 设 $z=\arctan\dfrac{y}{x}$,求 z_{xx},z_{xy}.

8. 设 $f(x,y,z)=xy^{2}+yz^{2}+zx^{2}$,求 $f_{xx}(0,0,1)$,$f_{xz}(1,0,2)$,$f_{yz}(0,-1,0)$ 及 $f_{zzx}(2,0,1)$.

9. 求下列函数的全微分:

(1) $z=\mathrm{e}^{\frac{y}{x}}$;　　(2) $u=x^{yz}$.

10. 设 $z=f(u,v)$,其中 f 是任意可微函数,$u=\sin xy$,$v=\arctan y$,求 z_{x},z_{y}.

11. 设 $z=x^{2}f\left(\dfrac{y}{x},xy\right)$,其中 f 可微,求 z_{x}.

12. 设 $z=f(x,y)$,且 $\begin{cases}x=t+\sin t,\\ y=\varphi(t),\end{cases}$ 其中 f,φ 可微,求 $\dfrac{\mathrm{d}z}{\mathrm{d}x}$.

13. 设 $z=f(\mathrm{e}^{x}\sin y,x^{2}+y^{2})$,其中 f 具有二阶连续偏导数,求 z_{xy}.

14. 设 $z=f(x,y)$ 是由方程 $z-y-x+x\mathrm{e}^{z-y-x}=0$ 所确定的函数,求 $\mathrm{d}z$.

15. 设 $F(x,y,x-z,y^{2}-\omega)=0$,求 $\dfrac{\partial\omega}{\partial y}$.

16. 设 z 是方程 $x+y-z=\mathrm{e}^{z}$ 所确定的 x,y 的函数,求 z_{xy}.

17. 设函数 $z(x,y)$ 由方程 $F\left(x+\dfrac{z}{y},y+\dfrac{z}{x}\right)=0$ 确定,证明 $xz_{x}+yz_{y}=z-xy$.

18. 设 $x=r\cos\theta$,$y=r\sin\theta$,若以极坐标 r,θ 为自变量,试求 $\dfrac{\partial^{2}u}{\partial x^{2}}$,其中 $u=f(x,y)$,且有二阶连续偏导数.

9-A-18

19. 求曲线 $\begin{cases}x^{2}+y^{2}+z^{2}=6,\\ z=x^{2}+y^{2}\end{cases}$ 在点$(1,1,2)$处的切线方程.

20. 分别用平面 $x=3$,$y=4$ 截球面 $x^{2}+y^{2}+z^{2}=169$ 得两截线,求两截线在其交点处的切线方程.

21. 设曲面方程为 $x^{2}+y^{2}-z=0$,在曲面上求一点 M,使点 M 处的法线 L 穿过点 $M_{0}\left(4,4,\dfrac{1}{2}\right)$,求 L 的方程及点 M 处的切平面方程.

22. 设 $u=f(x,y+x,zx)$,求 u 的梯度及在点$(1,1,1)$沿方向 $L:\{\cos\alpha,\cos\beta,\cos\gamma\}$ (α,β,γ 为 L 的方向角)的方向导数,其中 f 可微.

23. 求函数 $z=x^{4}+y^{4}-x^{2}-2xy-y^{2}$ 的极值.

24. 求函数 $z=f(x,y)=\cos x+\cos y+\cos(x-y)$ 在闭区域 $D:0\leqslant x\leqslant\dfrac{\pi}{2},0\leqslant y\leqslant\dfrac{\pi}{2}$ 上的最大(小)值.

25. 求由方程 $2x^2+y^2+z^2+2xy-2x-2y-4z+4=0$ 所确定的函数 $z=z(x,y)$ 的极值.

26. 试求内接于椭球 $\dfrac{x^2}{a^2}+\dfrac{y^2}{b^2}+\dfrac{z^2}{c^2}=1$ 的最大长方体的长、宽、高.

(B)

1. 证明下列各式的极限不存在:

(1) $\lim\limits_{\substack{x\to 0 \\ y\to 0}}(1+xy)^{\frac{1}{x+y}}$;　　　　(2) $\lim\limits_{\substack{x\to 0 \\ y\to 0}}\dfrac{x^3y+xy^4+x^2y}{x+y}$.

9-B-1(1)

2. 设

$$u(x,y)=\begin{cases} xy\dfrac{x^2-y^2}{x^2+y^2}, & x^2+y^2\neq 0, \\ 0, & x^2+y^2=0. \end{cases}$$

求 $u_{xy}(0,0),u_{yx}(0,0)$.

3. 设 $z(x,y)=\displaystyle\int_0^1 f(t)\mid xy-t\mid \mathrm{d}t$,其中 $f(t)$ 在 $[0,1]$ 上连续,且 $0\leqslant x,y\leqslant 1$,求 z_{xx}.

4. 设 $u=f(x,y,z),\varphi(x^2,\mathrm{e}^y,z)=0,y=\sin x$,其中 f,φ 具有一阶连续偏导数,且 $\dfrac{\partial\varphi}{\partial z}\neq 0$,求 $\dfrac{\mathrm{d}u}{\mathrm{d}x}$.

5. 设由方程组 $\begin{cases} az+F(y-x,z+y)=0, \\ by+f(y+z,z-x)=0 \end{cases}$ 确定函数 $y=y(x),z=z(x)$,求 $\dfrac{\mathrm{d}y}{\mathrm{d}x},\dfrac{\mathrm{d}z}{\mathrm{d}x}$.

6. 设 $u=f(x,y,z)$ 有二阶连续偏导数,若 $\boldsymbol{l}=\{\cos\alpha,\cos\beta,\cos\gamma\}$,求 $\dfrac{\partial^2 u}{\partial l^2}$.

7. 设 $\dfrac{1}{z}-\dfrac{1}{x}=f\left(\dfrac{1}{y}-\dfrac{1}{x}\right)$,证明 $x^2 z_x+y^2 z_y=z^2$.

8. 利用全微分证明:乘积的相对误差等于各个因子相对误差的和;商的相对误差等于被除数与除数相对误差的和.

9. 若可微函数 $f(x,y,z)$ 恒满足关系式

$$f(tx,ty,tz)=t^k f(x,y,z),$$

则称 f 为 k 次齐次函数,试证 k 次齐次函数满足

$$xf_x+yf_y+zf_z=kf.$$

9-B-10

10. 试证:若函数 $f(x,y)$ 的两个偏导数在点 (x_0,y_0) 的某一邻域存在且有界,则 $f(x,y)$ 在点 (x_0,y_0) 处连续.

11. 试证:若 $\dfrac{\partial f}{\partial x}$ 在点 $P_0(x_0,y_0)$ 存在,$\dfrac{\partial f}{\partial y}$ 在点 P_0 处连续,则 $z=f(x,y)$ 在点 P_0 处可微.

9-B-11

12. 设 z 具有二阶连续偏导数, $u=xy$, $v=\dfrac{x}{y}$,若以 u,v 作为新的自变量,试变换方程 $x^2 z_{xx}-y^2 z_{yy}=0$.

13. 设有一小山,取它的底面所在的平面为 Oxy 坐标面,其底部分所占的区域为 $D=\{(x,y)\,|\,x^2+y^2-xy\leqslant 75\}$,小山的高度函数为 $h(x,y)=75-x^2-y^2+xy$.

（1）设 $M(x_0,y_0)$ 为区域 D 上一点,问 $h(x,y)$ 在该点沿平面上什么方向的方向导数最大?若证此方向导数的最大值为 $g(x_0,y_0)$,试写出 $g(x_0,y_0)$ 的表达式.

（2）现欲利用此小山开展攀岩活动,为此需要在山脚寻找一个上山坡度最大的点作为攀登的起点,也就是说,要在 D 的边界线 $x^2+y^2-xy=75$ 上找出使（1）中的 $g(x,y)$ 达到最大值的点,试确定攀登起点的位置.

14. 设 $u(x,y)$ 满足方程 $u_{xx}-u_{yy}=0$ 及条件 $u(x,2x)=x$, $u_x(x,2x)=x^2$,且 $u(x,y)$ 具有二阶连续偏导数,求 $u_{xx}(x,2x)$, $u_{xy}(x,2x)$, $u_{yy}(x,2x)$.

9-B-14

15. 在椭圆
$$\begin{cases} z=x^2+y^2, \\ x+y+z=4 \end{cases}$$
上找出到原点距离的平方 u 取得最大值与最小值的点,并求出 u 的最大值与最小值.

16. 求椭球面 $x^2+2y^2+3z^2=21$ 上某点 M 处的切平面 π 的方程,使平面 π 过已知直线
$$L:\frac{x-6}{2}=\frac{y-3}{1}=\frac{2z-1}{-2}.$$

17. 求过直线 L
$$\begin{cases} 3x-2y-z=5, \\ x+y+z=0, \end{cases}$$
且与曲面 $2x^2-2y^2+2z=\dfrac{5}{8}$ 相切之切平面方程.

18. 设 $F(u,v)$ 有一阶连续偏导数,求证曲面 $S:F(ax+bz,by+cz)=0$ 的任一切平面都平行于某一固定直线.

19. 设函数 $u=f(\sqrt{x^2+y^2})$ 有连续的二阶偏导数,且满足 $u_{xx}+u_{yy}=x^2+y^2$ 求函数 u.

20. 设函数 $u=F(x,y,z)$ 在条件 $\varphi(x,y,z)=0$ 和 $\psi(x,y,z)=0$ 下在点 $P_0(x_0,y_0,z_0)$ 处取得极值,证明三曲面:$F(x,y,z)=m,\varphi(x,y,z)=0$ 和 $\psi(x,y,z)=0$ 在点 P_0 的法线共面,其中 F,φ 及 ψ 均有连续的且不同时为零的一阶偏导数.

部分答案与提示

（A）

1. （1）2; （2）0.提示:$0\leqslant\left|\dfrac{x^2 y}{\sqrt{x^2+y^2}}\right|\leqslant|x|\sqrt{\dfrac{|xy|}{2}}.$

2. 提示:可分别取 $x=0$ 和 $y=0$ 两条路径.

3. 提示：$\lim\limits_{\substack{x\to 0\\y\to 0}}\dfrac{\sin xy}{y(1+x^3)}=\lim\limits_{\substack{x\to 0\\y\to 0}}\dfrac{\sin xy}{y}=\lim\limits_{\substack{x\to 0\\y\to 0}}x\cdot\dfrac{\sin xy}{xy}=0.$

4. $f(x,y)$ 在点 $(0,0)$ 处连续、偏导数存在但不可微.

5. (1) $z_x=\dfrac{1}{y}\cos\dfrac{x}{y}+\mathrm{e}^{-xy}-xy\mathrm{e}^{-xy}$, $z_y=-\dfrac{x}{y^2}\cos\dfrac{x}{y}-x^2\mathrm{e}^{-xy}$;

　(2) $z_x=\dfrac{1}{2x\sqrt{\ln(xy)}}$, $z_y=\dfrac{1}{2y\sqrt{\ln(xy)}}$;

　(3) $z_x=x^{x^y}x^{y-1}(y\ln x+1)$, $z_y=x^{x^y}x^{y}(\ln x)^2$;

　(4) $z_x(0,1)=1,z_y(0,1)=-1$(提示：求 $z_x(0,1)$ 可先代入值 $y=1$,反之亦然).

6. $z_x=\begin{cases}\dfrac{2xy(y^2-x^4)}{(x^4+y^2)^2},&x^4+y^2\neq0,\\[2mm]0,&x^4+y^2=0;\end{cases}$　$z_y=\begin{cases}\dfrac{x^2(x^4-y^2)}{(x^4+y^2)^2},&x^4+y^2\neq0,\\[2mm]0,&x^4+y^2=0.\end{cases}$

7. (1) $z_{xx}=2\cos(x^2+2y)-4x^2\sin(x^2+2y)$,

$z_{xy}=z_{yx}=-4x\sin(x^2+2y),z_{yy}=-4\sin(x^2+2y)$;

　(2) $z_{xx}=\dfrac{2xy}{(x^2+y^2)^2},z_{xy}=\dfrac{y^2-x^2}{(x^2+y^2)^2}.$

8. $f_{xx}(0,0,1)=2,f_{zz}(1,0,2)=2,f_{yz}(0,-1,0)=0,f_{zzx}(2,0,1)=0.$

9. (1) $-\dfrac{1}{x}\mathrm{e}^{\frac{y}{x}}\left(\dfrac{y}{x}\mathrm{d}x-\mathrm{d}y\right)$;　(2) $yzx^{yz-1}\mathrm{d}x+zx^{yz}\ln x\mathrm{d}y+yx^{yz}\ln x\mathrm{d}z.$

10. $z_x=y\cos xy\cdot f_u,z_y=x\cos xy\cdot f_u+\dfrac{1}{1+y^2}\cdot f_v.$

11. $z_x=2xf-yf_1+x^2f_2.$

12. $z_x=f_x+\dfrac{\varphi'(t)}{1+\cos t}f_y.$

13. $\mathrm{e}^x\cos y\cdot f_1+\mathrm{e}^{2x}\sin y\cos y\cdot f_{11}+2\mathrm{e}^x(y\sin y+x\cos y)f_{12}+4xyf_{22}.$

14. $\dfrac{1+(x-1)\mathrm{e}^{z-y-x}}{1+x\mathrm{e}^{z-y-x}}\mathrm{d}x+\mathrm{d}y.$　15. $2y+\dfrac{F_2}{F_4}.$　16. $-\dfrac{\mathrm{e}^z}{(1+\mathrm{e}^z)^3}.$

18. $\dfrac{\partial^2 u}{\partial r^2}\cos^2\theta-2\dfrac{\partial^2 u}{\partial r\partial\theta}\dfrac{\sin\theta\cos\theta}{r}+\dfrac{\partial^2 u}{\partial\theta^2}\dfrac{\sin^2\theta}{r^2}+\dfrac{\partial u}{\partial\theta}\dfrac{\sin 2\theta}{r^2}+\dfrac{\partial u}{\partial r}\dfrac{\sin^2\theta}{r}.$

提示：本题的求解可参考知识扩展部分.

19. $\dfrac{x-1}{-1}=\dfrac{y-1}{1}=\dfrac{z-2}{0}.$

20. 提示：可先求球面在点 $x=3,y=4$ 处的切平面,然后分别与平面 $x=3$ 及 $y=4$ 相交即可.

$\begin{cases}3x+4y+12z-169=0,\\x=3;\end{cases}$　$\begin{cases}3x+4y+12z-169=0,\\y=4;\end{cases}$

$\begin{cases}3x+4y-12z-169=0,\\x=3;\end{cases}$　$\begin{cases}3x+4y-12z-169=0,\\y=4.\end{cases}$

21. 提示：点 M 的坐标为 $(1,1,2)$.

$L:\dfrac{x-4}{2}=\dfrac{y-4}{2}=\dfrac{z-\frac{1}{2}}{-1}$;　$\Pi:2x+2y-z-2=0.$

22. 令 $M=(1,1,1)$,$\mathbf{grad}\,u=[f_1+f_2+zf_3,f_2,xf_3]$,

$\dfrac{\partial u}{\partial l}=[f_1(M)+f_2(M)+f_3(M)]\cos\alpha+f_2(M)\cos\beta+f_3(M)\cos\gamma.$

23. 极小值 $z(-1,-1)=-2$ 与 $z(1,1)=-2.$

24. 最大值为 3,最小值为 1.   提示:经演算知,最大值、最小值只能在边界上取得.分别将 $x=0$,

　　　$y=0$ 和 $x=\dfrac{\pi}{2}$,$y=\dfrac{\pi}{2}$ 四条直线代入函数转换为一元函数求极值即可.

25. 函数 $z=z(x,y)$ 在点 $(0,1)$ 处取得极小值 1,在点 $(0,1)$ 处取得极大值 3.

26. 长、宽、高依次为 $\dfrac{2a}{\sqrt{3}},\dfrac{2b}{\sqrt{3}},\dfrac{2c}{\sqrt{3}}$ 时,其体积最大.

(B)

2. $u_{xy}(0,0)=-1,u_{yx}(0,0)=1.$ **3.** $2y^2 f(xy).$

4. $f_x+f_y\cos x-f_z\dfrac{1}{\varphi_3}(2x\varphi_1+\mathrm{e}^{\sin x}\cos x\varphi_2).$

5. $\dfrac{\mathrm{d}y}{\mathrm{d}x}=\dfrac{F_1(f_1+f_2)-f_2(a+F_2)}{(F_1+F_2)(f_1+f_2)-(a+F_2)(b+f_1)}$,$\dfrac{\mathrm{d}z}{\mathrm{d}x}=\dfrac{f_2(F_1+F_2)-F_1(b+f_1)}{(F_1+F_2)(f_1+f_2)-(a+F_2)(b+f_1)}.$

6. $\dfrac{\partial^2 u}{\partial l^2}=u_{xx}\cos^2\alpha+u_{yy}\cos^2\beta+u_{zz}\cos^2\gamma+2(u_{xy}\cos\alpha\cos\beta+u_{yz}\cos\beta\cos\gamma+u_{zx}\cos\gamma\cos\alpha).$

12. $2uz_{uv}-z_v=0.$

13. (1) $(y_0-2x_0)\boldsymbol{i}+(x_0-2y_0)\boldsymbol{j},g(x_0,y_0)=\sqrt{5x_0^2+5y_0^2-8x_0 y_0}$;   (2) $(5,-5),(-5,5).$

14. $u_{xx}=-\dfrac{4}{3}x,u_{xy}=\dfrac{5}{3}x,u_{yy}=-\dfrac{4}{3}x.$

15. 最小值为 $u(1,1,2)=6$,最大值为 $u(-2,-2,8)=72.$

16. $x+2z=7$ 与 $x+4y+6z=21.$ **17.** $6x+y+2z=5,10x+5y+6z=5.$

19. $u=\dfrac{1}{16}(x^2+y^2)^2+C_1\ln\sqrt{x^2+y^2}+C_2$ (C_1、C_2 为任意常数).

第 10 章　重　积　分

10.1　基本要求

1. 理解二重积分、三重积分的概念,掌握基本性质.

2. 熟练掌握二重积分的计算方法(直角坐标、极坐标).

3. 掌握三重积分的计算方法(直角坐标、柱面坐标、球面坐标).

4. 会用重积分求一些几何量和物理量,如面积、体积、质量、重心、转动惯量、引力等.

10.2　知识点解析

【10-1】 **如何在直角坐标系下将二重积分化为逐次积分**

将 $I = \iint\limits_D f(x,y)\mathrm{d}\sigma$ 化为逐次积分(或称为二次积分) 计算时,为了完成计算并减少计算量,应根据积分区域 D 和被积函数 f 的特点,按以下原则综合考虑积分次序.

(1) 内层的积分要易于计算,因此被积函数 f 对哪一变量的积分容易计算,就先对该变量积分. 例如,若被积函数仅仅是 x 的函数,则先对 y 积分.

(2) 若确定了先对 y 积分,则积分区域 D 必须是 x- 型(必要时分割区域). 此时

$$\iint\limits_D f(x,y)\mathrm{d}\sigma = \int_a^b \mathrm{d}x \int_{y_1(x)}^{y_2(x)} f(x,y)\mathrm{d}y,$$

其中$[a,b]$ 是区域 D 在 x 轴上的投影区间,$y_2(x)$ 与 $y_1(x)$ 分别为区域 D 的上、下边界函数(见图 10-1(a)).

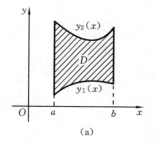
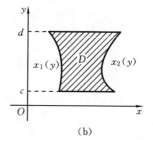

图 10-1

(a) x- 型区域;　(b) y- 型区域

类似地,若确定了先对 x 积分,则 D 必须是 y- 型(必要时分割区域),此时

$$\iint\limits_D f(x,y)\mathrm{d}\sigma = \int_c^d \mathrm{d}y \int_{x_1(y)}^{x_2(y)} f(x,y)\mathrm{d}x,$$

其中$[c,d]$是区域D在y轴上的投影区间,$x_1(y)$与$x_2(y)$分别为区域D的左、右边界函数(见图10-1(b)).

应当注意的是,二次积分的积分上限总是大于下限.

【10-2】 在什么情况下采用极坐标代换计算二重积分

若二重积分$I = \iint\limits_{D} f(x,y)\mathrm{d}\sigma$中的积分区域$D$能用极坐标变量表示为(见图10-2(a)):

$$D = \{P(r,\theta) \mid r_1(\theta) \leqslant r \leqslant r_2(\theta), \alpha \leqslant \theta \leqslant \beta\} \quad (\text{也称为}\ \theta\text{-型区域}).$$

例如圆周、射线围成的区域,或被积函数中含有$x^2 + y^2, \dfrac{y}{x}$等形式时,应考虑用极坐标代换:$x = r\cos\theta, y = r\sin\theta$来变化二重积分.由此推出的逐次积分公式为

$$\iint\limits_{D} f(x,y)\mathrm{d}\sigma = \int_{\alpha}^{\beta} \mathrm{d}\theta \int_{r_1(\theta)}^{r_2(\theta)} f(r\cos\theta, r\sin\theta) r \mathrm{d}r.$$

特别地,若极点O在区域D的边界上(见图10-2(b)),则

$$\iint\limits_{D} f(x,y)\mathrm{d}\sigma = \int_{\alpha}^{\beta} \mathrm{d}\theta \int_{0}^{r(\theta)} f(r\cos\theta, r\sin\theta) r \mathrm{d}r;$$

若极点O在区域D内部(见图10-2(c)),则

$$\iint\limits_{D} f(x,y)\mathrm{d}\sigma = \int_{0}^{2\pi} \mathrm{d}\theta \int_{0}^{r(\theta)} f(r\cos\theta, r\sin\theta) r \mathrm{d}r.$$

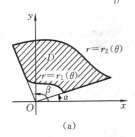 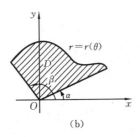 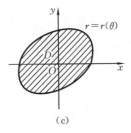

图 10-2

【10-3】 如何利用对称性化简重积分计算

类似于定积分,重积分也可根据被积函数和积分区域的特征,形成一些化简公式.

● 对于二重积分$I = \iint\limits_{D} f(x,y)\mathrm{d}x\mathrm{d}y$,其中$f(x,y)$在$D$上连续,有以下几种情况.

(1) 若积分区域D关于y轴对称(简称左右对称),则

$$I = \begin{cases} 0, & f\ \text{关于}\ x\ \text{为奇函数}:f(x,y) = -f(-x,y), \\ 2\iint\limits_{D_1} f(x,y)\mathrm{d}x\mathrm{d}y, & f\ \text{关于}\ x\ \text{为偶函数}:f(x,y) = f(-x,y), \end{cases}$$

其中$D_1 = \{(x,y) \mid (x,y) \in D, x \geqslant 0\}$.

(2) 若积分区域D关于x轴对称(简称上下对称),则

$$I = \begin{cases} 0, & f\ \text{关于}\ y\ \text{为奇函数}:f(x,y) = -f(x,-y), \\ 2\iint\limits_{D_1} f(x,y)\mathrm{d}x\mathrm{d}y, & f\ \text{关于}\ y\ \text{为偶函数}:f(x,y) = f(x,-y), \end{cases}$$

其中 $D_1 = \{(x,y) \mid (x,y) \in D, y \geqslant 0\}$.

(3) 若积分区域 D 关于直线 $y = x$ 对称(也称为关于 x,y 轮换对称,其代数特征是:区域 D 的边界方程不因 x,y 互换而改变),则

$$\iint\limits_{D} f(x,y)\mathrm{d}x\mathrm{d}y = \iint\limits_{D} f(y,x)\mathrm{d}x\mathrm{d}y.$$

特别地,有 $\iint\limits_{D} f(x)\mathrm{d}x\mathrm{d}y = \iint\limits_{D} f(y)\mathrm{d}x\mathrm{d}y = \dfrac{1}{2}\iint\limits_{D}[f(x) + f(y)]\mathrm{d}x\mathrm{d}y.$

若 $f(x,y) = f(y,x)$,则

$$I = 2\iint\limits_{E} f(x,y)\mathrm{d}x\mathrm{d}y, \quad E = \{(x,y) \mid (x,y) \in D, y \leqslant x\}.$$

● 对于三重积分 $I = \iiint\limits_{V} f(x,y,z)\mathrm{d}v$,其中 $f(x,y,z)$ 在 V 上连续,有以下几种情况.

(1) 若积分区域 V 关于坐标平面 Oxy 对称(简称上下对称),则

$$I = \begin{cases} 0, & f \text{ 关于 } z \text{ 为奇函数}: f(x,y,z) = -f(x,y,-z), \\ 2\iiint\limits_{V_1} f(x,y,z)\mathrm{d}v, & f \text{ 关于 } z \text{ 为偶函数}: f(x,y,z) = f(x,y,-z), \end{cases}$$

其中 $V_1 = \{(x,y,z) \mid (x,y,z) \in V, z \geqslant 0\}$. 关于另两个坐标面对称的相应结论,请读者自行写出.

(2) 若积分区域 V 关于直线 $x = y = z$ 对称(也称为关于 x,y,z 轮换对称的区域,其代数特征是:区域 V 的边界方程不因 x,y,z 依次轮换而改变),则

$$\iiint\limits_{V} f(x,y,z)\mathrm{d}v = \iiint\limits_{V} f(y,z,x)\mathrm{d}v = \iiint\limits_{V} f(z,x,y)\mathrm{d}v.$$

特别地,有 $\qquad \iiint\limits_{V} f(x)\mathrm{d}v = \iiint\limits_{V} f(y)\mathrm{d}v = \iiint\limits_{V} f(z)\mathrm{d}v.$

【10-4】 如何利用几何意义与重心公式计算重积分

在一般情况下,重积分是通过逐次积分而完成计算的,但是当积分区域比较特殊且被积函数比较特殊时,可以利用其几何意义或物理意义来计算.

几何意义 $\iint\limits_{D} \mathrm{d}x\mathrm{d}y$ 表示 D 的面积;$\iiint\limits_{V} \mathrm{d}x\mathrm{d}y\mathrm{d}z$ 表示 V 的体积;

设在 D 上 $f(x,y) \geqslant 0$,则 $\iint\limits_{D} f(x,y)\mathrm{d}x\mathrm{d}y$ 表示 D 上以曲面 $z = f(x,y)$ 为顶、以平面 Oxy 为底的曲顶柱体的体积.

形心公式 所谓形心是指均匀物体的重心.不妨取密度函数为1,则由重心坐标公式

$$\bar{x} = \frac{1}{M}\iint\limits_{D} x\mathrm{d}x\mathrm{d}y, \quad \bar{y} = \frac{1}{M}\iint\limits_{D} y\mathrm{d}x\mathrm{d}y \quad \left(\text{其中 } M = \iint\limits_{D} \mathrm{d}x\mathrm{d}y\right)$$

得到快捷计算公式

$$\iint\limits_{D} x\mathrm{d}x\mathrm{d}y = \bar{x} \cdot D \text{ 的面积}, \quad \iint\limits_{D} y\mathrm{d}x\mathrm{d}y = \bar{y} \cdot D \text{ 的面积}.$$

三重积分也有类似的公式：
$$\iiint_V x \, \mathrm{d}x\mathrm{d}y\mathrm{d}z = \bar{x} \cdot V \text{ 的体积},$$

其中 $\bar{x}$ 是 V 的重心 $(\bar{x}, \bar{y}, \bar{z})$ 的横坐标.

当被积函数为其他变元的一次函数时也有类似公式，并且这种方法可以延续到第一类型的曲线积分和曲面积分.

【10-5】 如何在直角坐标系下将三重积分化为二重积分及定积分

与二重积分类似，为了减少计算量，应综合考虑积分区域和被积函数的特点，选择适当的分步积分方案. 根据积分区域的特点，主要有以下几种方法.

(1)"先一后二"法（投影法） 设区域 V 是 xy 型区域，即 V 在坐标平面 Oxy 上的投影区域是 D_{xy}，曲面 $z = z_1(x,y)$，$z = z_2(x,y)$ 依次是区域 V 的边界的下底和上盖（见图 10-3(a)），则有

$$\iiint_V f(x,y,z)\mathrm{d}v = \iint_{D_{xy}} \mathrm{d}x\mathrm{d}y \int_{z_1(x,y)}^{z_2(x,y)} f(x,y,z)\mathrm{d}z.$$

(2)"先二后一"法（截面法） 设区域 V 是 z 型区域，即 V 介于两平面 $z = a$ 与 $z = b$ 之间，将 V 投影到 z 轴上，得区间 $[a,b]$，对任意的 $z \in [a,b]$，平面 $Z = z$ 截 V 所得的截面在坐标平面 Oxy 上的投影为 $D(z)$（见图 10-3(b)），则有

$$\iiint_V f(x,y,z)\mathrm{d}v = \int_a^b \mathrm{d}z \iint_{D(z)} f(x,y,z)\mathrm{d}x\mathrm{d}y.$$

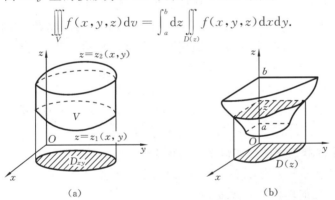

图 10-3

以上两个公式的选择标准是观察内层积分是否容易计算，其中第二个公式在被积函数为 z 的一元函数时能直接到达定积分：

$$\iiint_V f(z)\mathrm{d}v = \int_a^b f(z)A(z)\mathrm{d}z \quad (A(z) \text{ 是 } D(z) \text{ 的面积}).$$

【10-6】 如何在柱面坐标系下计算三重积分

柱面坐标系是将空间直角坐标系中的一个坐标平面（例如 Oxy 平面）用极坐标表示而组成的空间坐标系统.

在计算三重积分时，无论是采用"先一后二"法还是"先二后一"法，只要其中的二重积分需要用极坐标变换，就等同于用柱面坐标法来计算三重积分. 在实际应用中往往直接写出极坐标变量和直角坐标变量的三次积分. 例如：

$$\iiint\limits_V f(x,y,z)\mathrm{d}v = \int_\alpha^\beta \mathrm{d}\theta \int_{r_1(\theta)}^{r_2(\theta)} r\mathrm{d}r \int_{z_1(r,\theta)}^{z_2(r,\theta)} f(r\cos\theta, r\sin\theta, z)\mathrm{d}z \ (\text{投影法});$$

$$\iiint\limits_V f(x,y,z)\mathrm{d}v = \int_a^b \mathrm{d}z \int_{\alpha(z)}^{\beta(z)} \mathrm{d}\theta \int_{r_1(\theta,z)}^{r_2(\theta,z)} r f(r\cos\theta, r\sin\theta, z)\mathrm{d}r \ (\text{截面法}).$$

【10-7】　如何在球面坐标系下计算三重积分

若三重积分 $I = \iiint\limits_V f(x,y,z)\mathrm{d}v$ 的积分区域的边界面是球面或锥面,或被积函数出现 $x^2 + y^2 + z^2$ 时,考虑采用球面坐标代换:

$$x = \rho\sin\varphi\cos\theta, \quad y = \rho\sin\varphi\sin\theta, \quad z = \rho\cos\varphi.$$

这是因为,在球面坐标系下,球面方程与锥面方程都较简单,例如:

$$x^2 + y^2 + z^2 = a^2 \Rightarrow \rho = a; \quad z = \sqrt{x^2+y^2} \Rightarrow \varphi = \frac{\pi}{4}.$$

在实际应用中,往往直接写出以下次序的球坐标变量的三次积分:

其中积分限的确定要点如下:

$$\iiint\limits_V f(x,y,z)\mathrm{d}v = \int_\alpha^\beta \mathrm{d}\theta \int_{\varphi_1(\theta)}^{\varphi_2(\theta)} \sin\varphi\mathrm{d}\varphi \int_{\rho_1(\theta,\varphi)}^{\rho_2(\theta,\varphi)} \rho^2 f(\rho\sin\varphi\cos\theta, \rho\sin\varphi\sin\theta, \rho\cos\varphi)\mathrm{d}\rho.$$

θ 的积分限的确定:将半平面 Oxz $(x>0)$ 绕 Oz 轴(从上向下看为逆时针)旋转,若积分区域夹在半平面 $\theta = \alpha$ 和 $\theta = \beta$ 之间,则 θ 的积分限为 $\alpha \leqslant \theta \leqslant \beta$.

φ 的积分限的确定:对固定的 θ,在其对应的半平面上,将从原点出发的射线,从 Oz 轴正向旋转至 Oz 轴负向,若进入 V 的边界的点和离开 V 的边界的点与 Oz 轴正向的夹角分别是 $\varphi_1(\theta)$ 与 $\varphi_2(\theta)$,则 φ 的积分限为 $\varphi_1(\theta) \leqslant \varphi \leqslant \varphi_2(\theta)$.

ρ 的积分限的确定:对固定的 θ,φ,在它们对应的射线上,观察落入区域 V 的线段的起始点和结束点,如果依据大小分别是 $\rho_1(\theta,\varphi)$ 与 $\rho_2(\theta,\varphi)$,则 ρ 的积分限为

$$\rho_1(\theta,\varphi) \leqslant \rho \leqslant \rho_2(\theta,\varphi).$$

【10-8】　不绘制空间图形如何确定三重积分的积分限

以下以 xy 型区域 V 为例,介绍投影区域 D_{xy} 及上下界面 $z = z_1(x,y)$ 和 $z = z_2(x,y)$ 的确定方法. 至于如何再将平面区域 D_{xy} 上的二重积分写成二次积分,就比较简单,请读者自己分析.

下面,分以下几种情况来确定.

(1) V 由曲面 $z = h(x,y)$, $z = g(x,y)$ 围成.

方法:求两曲面的交线,它在坐标平面 Oxy 上的投影即为 D_{xy} 的边界曲线. 上下界面的区分有时能够看出来,有时则需要代值判定.

例如,设 V 由曲面 $z = x^2 + 4y^2$, $z = 4 - 3x^2$ 围成,则在方程组 $\begin{cases} z = x^2 + 4y^2, \\ z = 4 - 3x^2 \end{cases}$ 中消去 z 得 $x^2 + y^2 = 1$,因此 D_{xy} 就是 $x^2 + y^2 \leqslant 1$. 为了确定曲面的上下位置,取 $(0,0) \in D_{xy}$,得 $x^2 + 4y^2 \,|_{(0,0)} = 0, 4 - 3x^2 \,|_{(0,0)} = 4$,因此 $x^2 + 4y^2 \leqslant z \leqslant 4 - 3x^2$,故

$$\iiint\limits_V f(x,y,z)\mathrm{d}v = \iint\limits_{D_{xy}} \mathrm{d}x\mathrm{d}y \int_{x^2+4y^2}^{4-3x^2} f(x,y,z)\mathrm{d}z.$$

(2) V 由曲面 $z = h(x,y), z = g(x,y)$ 及若干柱面 $\varphi_i(x,y) = 0 \ (i = 1, 2, \cdots, k)$ 围成,且 $\varphi_i(x,y) = 0 \ (i = 1, 2, \cdots, k)$ 能够围成坐标平面 Oxy 上的一个区域 D.

方法:积分区域 D_{xy} 就是 D. 若两曲面方程 $z = h(x,y), z = g(x,y)$ 在区域 D_{xy} 上不相交,则大者为上顶、小者为下底.若相交,则需考虑分割 D_{xy}.

例如,V 由曲面 $z = x^2 + y^2, z = 0, y = x^2$ 及 $y = 1$ 所围成.由于 $y = x^2$ 及 $y = 1$ 围成了坐标平面 Oxy 上的区域 D_{xy}.显然,曲面 $z = x^2 + y^2$ 在 $z = 0$ 之上,因此

$$\iiint\limits_{V} f(x,y,z)\mathrm{d}v = \iint\limits_{D_{xy}} \mathrm{d}x\mathrm{d}y \int_0^{x^2+y^2} f(x,y,z)\mathrm{d}z.$$

(3) V 由曲面 $z = h(x,y), z = g(x,y)$ 及若干柱面 $\varphi_i(x,y) = 0 \ (i = 1, 2, \cdots, k)$ 围成,但 $\varphi_i(x,y) = 0 \ (i = 1, 2, \cdots, k)$ 不能围成坐标平面 Oxy 上的封闭区域.

方法:求出两曲面 $z = h(x,y), z = g(x,y)$ 的交线在坐标平面 Oxy 上的投影曲线,与 $\varphi_i(x,y) = 0 \ (i = 1, 2, \cdots, k)$ 一起,共同围成的区域便是 D_{xy},然后再确定上顶与下底.

例如,V 由曲面 $z = y, z = 0, y = x$ 及 $x = 1, x = 2$ 所围成.由于坐标平面 Oxy 上的直线 $y = x$ 及 $x = 1, x = 2$ 不能构成坐标平面 Oxy 上的封闭曲线,补上两曲面 $z = y, z = 0$ 的交线在坐标平面 Oxy 上的投影 $y = 0$,便共同围成区域 $D_{xy} = \{(x,y) \mid 0 \leqslant y \leqslant x, 1 \leqslant x \leqslant 2\}$,显然很容易看出下底是 $z_1(x,y) = 0$,上顶是 $z_2(x,y) = y$,故

$$\iiint\limits_{V} f(x,y,z)\mathrm{d}v = \int_1^2 \mathrm{d}x \int_0^x \mathrm{d}y \int_0^y f(x,y,z)\mathrm{d}z.$$

10.3 解 题 指 导

【题型 10-1】 在直角坐标系下计算二重积分

应对 绘制积分区域的图形,根据内层积分的简便性来选择适当的积分次序.必要时分割积分区域,以适应所选择的积分次序.

例 10-1 计算下列二重积分:

(1) $I = \iint\limits_{D} y\mathrm{e}^{xy}\mathrm{d}x\mathrm{d}y$,其中 $D = \{(x,y) \mid 0 \leqslant x \leqslant 1, 0 \leqslant y \leqslant 1\}$;

(2) $I = \iint\limits_{D} \dfrac{y}{\sqrt{1+x^3}}\mathrm{d}x\mathrm{d}y$,其中 D 由 $y = x, y = 0$ 和 $x = 1$ 围成;

(3) $I = \iint\limits_{D} x^2 y\mathrm{d}x\mathrm{d}y$,其中 D 是由直线 $y = 0, y = 1$ 和双曲线 $x^2 - y^2 = 1$ 所围成的平面区域.

解 (1) 区域 D 如图 10-4 所示.被积函数对 x 的原函数易求,故先对 x 后对 y 积分,得

$$I = \int_0^1 \mathrm{d}y \int_0^1 \mathrm{e}^{xy}\mathrm{d}(xy) = \int_0^1 (\mathrm{e}^y - 1)\mathrm{d}y = [\mathrm{e}^y - y] \Big|_0^1 = \mathrm{e} - 2.$$

(2) 区域 D 如图 10-5 所示.被积函数对 x 的原函数难求,故先对 y 积分,于是

$$I = \int_0^1 \mathrm{d}x \int_0^x \frac{y}{\sqrt{1+x^3}}\mathrm{d}y = \frac{1}{2}\int_0^1 \frac{x^2}{\sqrt{1+x^3}}\mathrm{d}x = \frac{1}{3}(\sqrt{2} - 1).$$

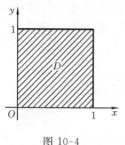

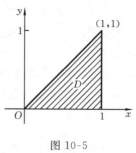

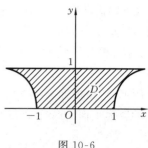

图 10-4   图 10-5   图 10-6

（3）区域 D 如图 10-6 所示，考虑到被积函数关于两个变量的积分难易程度的区别不大，而按照 y- 型区域定限明显有利，于是先对 x 积分，得

$$I = \int_0^1 y \mathrm{d}y \int_{-\sqrt{1+y^2}}^{\sqrt{1+y^2}} x^2 \mathrm{d}x = \frac{2}{3}\int_0^1 y(1+y^2)^{\frac{3}{2}} \mathrm{d}y = \frac{1}{3}\int_0^1 (1+y^2)^{\frac{3}{2}} \mathrm{d}(1+y^2)$$

$$= \frac{2}{15}(4\sqrt{2}-1).$$

例 10-2   计算下列二重积分：

（1）$I = \iint\limits_D \sqrt{x}\,\mathrm{d}x\mathrm{d}y$，其中 $D: x^2+y^2 \leqslant x$；

（2）$I = \iint\limits_D \sqrt{y^2-xy}\,\mathrm{d}x\mathrm{d}y$，其中 D 是由直线 $y=x, y=1, x=0$ 所围成的平面区域．

解 （1）区域 D 如图 10-7 所示．由于被积函数仅仅是 x 的函数，故先对 y 积分，得

$$I = \int_0^1 \sqrt{x}\,\mathrm{d}x \int_{-\sqrt{x-x^2}}^{\sqrt{x-x^2}} \mathrm{d}y = 2\int_0^1 x\sqrt{1-x}\,\mathrm{d}x \xlongequal{\text{令}\, t=\sqrt{1-x}} 4\int_0^1 t^2(1-t^2)\,\mathrm{d}t$$

$$= 4\left(\frac{1}{3}-\frac{1}{5}\right) = \frac{8}{15}.$$

注   本题也可利用极坐标计算．

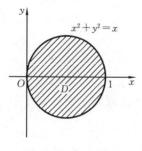

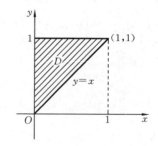

图 10-7   图 10-8

（2）区域 D 如图 10-8 所示．被积函数对 x 的关系较简单，故先对 x 后对 y 积分，得

$$I = \int_0^1 \sqrt{y}\,\mathrm{d}y \int_0^y \sqrt{y-x}\,\mathrm{d}x = -\int_0^1 \sqrt{y}\,\mathrm{d}y \int_0^y \sqrt{y-x}\,\mathrm{d}(y-x)$$

$$= -\frac{2}{3}\int_0^1 \sqrt{y}(y-x)^{\frac{3}{2}}\Big|_0^y\,\mathrm{d}y = \frac{2}{3}\int_0^1 y^2\,\mathrm{d}y = \frac{2}{9}.$$

例 10-3 求 $I = \iint\limits_{D} \dfrac{1}{(1+x^2)(1+y^2)} \mathrm{d}x\mathrm{d}y$，其中 $D : 0 \leqslant x \leqslant 1, 0 \leqslant y \leqslant 1$.

解 $\qquad I = \displaystyle\int_0^1 \dfrac{1}{1+x^2} \mathrm{d}x \int_0^1 \dfrac{1}{1+y^2} \mathrm{d}y = \left(\int_0^1 \dfrac{1}{1+x^2} \mathrm{d}x \right)^2 = \left(\dfrac{\pi}{4} \right)^2.$

一般地，如果被积函数可分离为关于 x 和 y 的函数的乘积，即 $f(x,y) = f_1(x) \cdot f_2(y)$，且积分区域 D 是矩形区域：
$$D = \{ (x,y) \mid a \leqslant x \leqslant b, c \leqslant y \leqslant d \},$$
则
$$\iint\limits_{D} f(x,y)\mathrm{d}x\mathrm{d}y = \left(\int_a^b f_1(x)\mathrm{d}x \right)\left(\int_c^d f_2(y)\mathrm{d}y \right).$$

【题型 10-2】 在极坐标系下计算二重积分

应对 绘制积分区域，从中直接确定极坐标变量的变化范围，然后由极坐标代换公式
$$\iint\limits_{D} f(x,y)\mathrm{d}\sigma = \int_a^\beta \mathrm{d}\theta \int_{r_1(\theta)}^{r_2(\theta)} f(r\cos\theta, r\sin\theta) r \mathrm{d}r$$
来计算逐次积分，记得在被积函数中插入因子 r.

例 10-4 计算下列二重积分：

(1) $I = \iint\limits_{D} (x^2 + y^2)\mathrm{d}x\mathrm{d}y$，其中 $D : 1 \leqslant x^2 + y^2 \leqslant 4$；

(2) $I = \iint\limits_{D} \mathrm{e}^{-x^2-y^2} \mathrm{d}x\mathrm{d}y$，其中 $D : x^2 + y^2 \leqslant 1, y \geqslant 0$；

(3) $I = \iint\limits_{D} \arctan \dfrac{y}{x} \mathrm{d}x\mathrm{d}y$，其中 D 为圆周 $x^2 + y^2 = 1$ 及直线 $y = 0, y = x$ 所围成的在第一象限的区域；

(4) $I = \iint\limits_{D} \dfrac{x+y}{x^2+y^2} \mathrm{d}x\mathrm{d}y$，其中 $D : x^2 + y^2 \leqslant 1, x + y \geqslant 1$.

解 (1) 区域 D 如图 10-9 所示. 直接看出边界对应的方程，有
$$I = \int_0^{2\pi} \mathrm{d}\theta \int_1^2 r^3 \mathrm{d}r = 2\pi \cdot \dfrac{1}{4} r^4 \Big|_1^2 = \dfrac{15}{2}\pi.$$

注 本题积分区域为圆环，如果在直角坐标系下计算，则需要将区域分成多块，同时计算也很烦琐，自然不如极坐标方便.

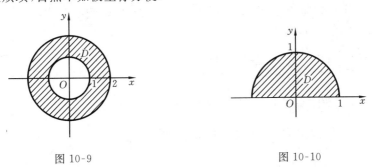

图 10-9 $\qquad\qquad\qquad\qquad\qquad$ 图 10-10

(2) 区域 D 如图 10-10 所示.

$$I = \int_0^\pi \mathrm{d}\theta \int_0^1 \mathrm{e}^{-r^2} r \mathrm{d}r = -\frac{1}{2}\pi \int_0^1 \mathrm{e}^{-r^2} \mathrm{d}(-r^2) = -\frac{1}{2}\pi \cdot \mathrm{e}^{-r^2} \Big|_0^1 = \frac{\pi}{2}(1 - \mathrm{e}^{-1}).$$

注 该题被积函数为 $\mathrm{e}^{-x^2} \cdot \mathrm{e}^{-y^2}$，如果在直角坐标系下计算,无论是先对 y 还是先对 x 的积分,均无法积出.

(3) 区域 D 如图 10-11 所示.在极坐标下被积函数 $\arctan\dfrac{y}{x}$ 变为 θ，故

$$I = \int_0^{\frac{\pi}{4}} \theta \mathrm{d}\theta \int_0^1 r \mathrm{d}r = \frac{1}{64}\pi^2.$$

(4) 区域 D 如图 10-12 所示.因被积函数中出现式子 $x^2 + y^2$ 而考虑极坐标变换.

$$I = \int_0^{\frac{\pi}{2}} \mathrm{d}\theta \int_{\frac{1}{\sin\theta + \cos\theta}}^1 \frac{r\cos\theta + r\sin\theta}{r^2} r \mathrm{d}r = \int_0^{\frac{\pi}{2}}(\sin\theta + \cos\theta)\left(1 - \frac{1}{\sin\theta + \cos\theta}\right)\mathrm{d}\theta$$

$$= \int_0^{\frac{\pi}{2}}(\sin\theta + \cos\theta - 1)\mathrm{d}\theta = 2 - \frac{\pi}{2}.$$

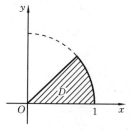

图 10-11

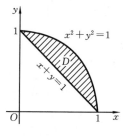

图 10-12

例 10-5 计算下列二重积分:

(1) $I = \displaystyle\iint_D \frac{\sqrt{x^2 + y^2}}{\sqrt{4a^2 - x^2 - y^2}} \mathrm{d}\sigma$，其中 D 是由曲线 $y = -a + \sqrt{a^2 - x^2}$ $(a > 0)$ 和直线 $y = -x$ 所围成的区域;

(2) $I = \displaystyle\iint_D \mathrm{e}^{-(x^2 + y^2 - \pi)} \sin(x^2 + y^2) \mathrm{d}x\mathrm{d}y$，其中 $D: x^2 + y^2 \leqslant \pi$;

(3) 设区域 $D: x^2 + y^2 \leqslant y, x \geqslant 0$，$f(x,y)$ 为 D 上的连续函数,且 $f(x,y) = \sqrt{1 - x^2 - y^2} - \dfrac{8}{\pi}\displaystyle\iint_D f(u,v)\mathrm{d}u\mathrm{d}v$，求 $f(x,y)$.

解 (1) 注意到曲线 $y = -a + \sqrt{a^2 - x^2}$ $(a > 0)$ 是圆心在 $(0, -a)$、半径为 a 的上半圆周(见图 10-13),因此

$$I = \int_{-\frac{\pi}{4}}^0 \mathrm{d}\theta \int_0^{-2a\sin\theta} \frac{r^2}{\sqrt{4a^2 - r^2}} \mathrm{d}r$$

$$= \int_{-\frac{\pi}{4}}^0 \mathrm{d}\theta \int_0^{-\theta} 2a^2(1 - \cos 2t)\mathrm{d}t \quad (\diamondsuit\ r = 2a\sin t)$$

图 10-13

$$= 2a^2 \int_{-\frac{\pi}{4}}^0 \left(-\theta + \frac{1}{2}\sin 2\theta\right)\mathrm{d}\theta = a^2\left(\frac{\pi^2}{16} - \frac{1}{2}\right).$$

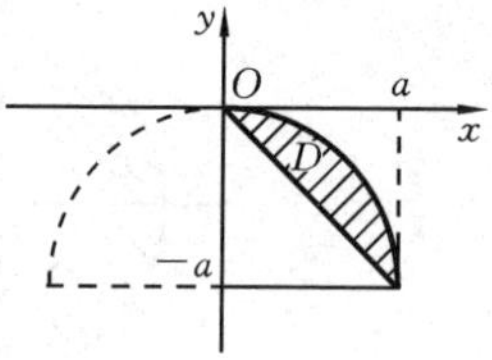

(2) $I = \mathrm{e}^\pi \displaystyle\int_0^{2\pi} \mathrm{d}\theta \int_0^{\sqrt{\pi}} r\mathrm{e}^{-r^2} \sin r^2 \mathrm{d}r = 2\pi\mathrm{e}^\pi \int_0^{\sqrt{\pi}} r\mathrm{e}^{-r^2} \sin r^2 \mathrm{d}r \quad (\diamondsuit\ t = r^2)$

$$= \pi e^{\pi} \int_0^{\pi} e^{-t} \sin t \, dt = \frac{\pi}{2}(1 + e^{\pi}).$$

(3) 设 $\iint\limits_D f(u,v) \, du \, dv = A$（$A$ 为常数）. 在已知等式两边求区域 D 上的二重积分,则有

$$A = \iint\limits_D f(x,y) \, dx \, dy = \iint\limits_D \sqrt{1-x^2-y^2} \, dx \, dy - \frac{8}{\pi} A \iint\limits_D dx \, dy.$$

利用二重积分的几何意义得 $\iint\limits_D dx \, dy = \frac{\pi}{8}$,所以

$$2A = \iint\limits_D \sqrt{1-x^2-y^2} \, dx \, dy = \int_0^{\frac{\pi}{2}} d\theta \int_0^{\sin\theta} \sqrt{1-r^2} \, r \, dr = \frac{1}{3} \int_0^{\frac{\pi}{2}} (1 - \cos^3\theta) \, d\theta$$

$$= \frac{1}{3}\left(\frac{\pi}{2} - \frac{2}{3}\right),$$

于是

$$f(x,y) = \sqrt{1-x^2-y^2} - \frac{4}{3\pi}\left(\frac{\pi}{2} - \frac{2}{3}\right).$$

【题型 10-3】 利用对称性化简二重积分

应对 绘制积分区域,分析其对称性. 结合被积函数的奇偶性、轮换对称性用知识点解析【10-3】中的公式化简积分.

注 本题型选择的例子强调了对称性方法的化简作用,但是在计算其他的积分(如后面要学到的第一型线积分、第一型面积分)时,均应该首先考虑能否使用对称性或其他化简方法(如几何意义、形心坐标法等)来进行化简.

例 10-6 计算下列二重积分:

(1) $I = \iint\limits_D (|x| + y) \, dx \, dy$,其中 $D: |x| + |y| \leqslant 1$;

(2) $I = \iint\limits_D (x^2 + y^2) \, dx \, dy$,其中 D 是以 $(0,0),(1,0),(0,1)$ 为顶点的三角形.

解 (1) 区域 D 如图 10-14 所示. 因为区域 D 关于 x 轴对称,函数 y 是关于 y 轴的奇函数,故 $\iint\limits_D y \, d\sigma = 0$.

又因为区域 D 既关于 x 轴对称又关于 y 轴对称,函数 $|x|$ 既是 x 的偶函数又是 y 的偶函数,故

$$\iint\limits_D |x| \, d\sigma = 4 \iint\limits_{D_1} x \, dx \, dy, \quad 其中 D_1: 0 \leqslant x, 0 \leqslant y, x+y \leqslant 1.$$

于是

$$I = 4 \iint\limits_{D_1} x \, dx \, dy = 4 \int_0^1 x \, dx \int_0^{1-x} dy = \frac{2}{3}.$$

(2) 由于区域 D 关于直线 $y = x$ 对称(见图 10-15),因此 $\iint\limits_D x^2 \, dx \, dy = \iint\limits_D y^2 \, dx \, dy$,于是

$$I = 2 \iint\limits_D x^2 \, dx \, dy = 2 \int_0^1 x^2 \, dx \int_0^{1-x} dy = \frac{1}{6}.$$

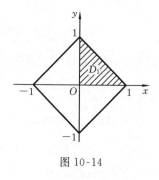

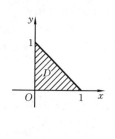

图 10-14

图 10-15

例 10-7 计算下列二重积分:

(1) $I = \iint\limits_{D} (\sqrt{x^2 + y^2} + y)\mathrm{d}\sigma$,其中 D 是由圆 $x^2 + y^2 = 4$ 和 $(x+1)^2 + y^2 = 1$ 所围成的平面区域;

(2) $I = \iint\limits_{D} \dfrac{1 + xy}{1 + x^2 + y^2}\mathrm{d}x\mathrm{d}y$,其中 $D: x^2 + y^2 \leqslant 1, x \geqslant 0$;

(3) $I = \iint\limits_{D} \mathrm{e}^{\max\{x^2, y^2\}}\mathrm{d}x\mathrm{d}y$,其中 $D: 0 \leqslant x \leqslant 1, 0 \leqslant y \leqslant 1$;

(4) 设 D 是由直线 $y = x, y = -1, x = 1$ 所围成的平面区域,求

$$I = \iint\limits_{D} y[1 + x\mathrm{e}^{\frac{1}{2}(x^2 + y^2)}]\mathrm{d}x\mathrm{d}y.$$

解 (1) 因为区域 D 关于 x 轴对称(见图 10-16),故 $\iint\limits_{D} y\mathrm{d}\sigma = 0$,于是

$$I = 2\iint\limits_{D_1} \sqrt{x^2 + y^2}\mathrm{d}\sigma \quad (D_1 = \{(x,y) \mid (x,y) \in D, y \geqslant 0\}).$$

利用极坐标,得

$$I = 2\left[\int_0^{\frac{\pi}{2}} \mathrm{d}\theta \int_0^2 r^2 \mathrm{d}r + \int_{\frac{\pi}{2}}^{\pi} \mathrm{d}\theta \int_{-2\cos\theta}^2 r^2 \mathrm{d}r\right] = \frac{16}{9}(3\pi - 2).$$

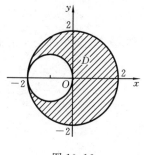

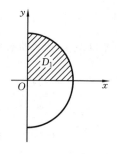

图 10-16

图 10-17

(2) 因为区域 D 关于 x 轴对称(见图 10-17),且 $\dfrac{xy}{1 + x^2 + y^2}$ 是 y 的奇函数,其积分为零. 又因 $\dfrac{1}{1 + x^2 + y^2}$ 是 y 的偶函数,于是

$$I = 2\iint\limits_{D_1} \frac{1}{1+x^2+y^2}\mathrm{d}x\mathrm{d}y \quad (D_1 = \{(x,y) \mid (x,y) \in D, y \geqslant 0\})$$

$$= 2\int_0^{\frac{\pi}{2}}\mathrm{d}\theta\int_0^1 \frac{r}{1+r^2}\mathrm{d}r = \frac{\pi}{2}\ln 2.$$

(3) 由于区域 D 关于直线 $y=x$ 对称(见图 10-18),且被积函数满足

$$f(x,y) = \mathrm{e}^{\max\{x^2,y^2\}} = f(y,x),$$

故
$$I = 2\iint\limits_{D_1} f(x,y)\mathrm{d}x\mathrm{d}y = 2\int_0^1 \mathrm{e}^{x^2}\mathrm{d}x\int_0^x \mathrm{d}y = \mathrm{e}-1$$

$$(D_1 = \{(x,y) \mid (x,y) \in D, 0 \leqslant y \leqslant x\}).$$

注 该题的解法很多,但利用以上方法最简单.

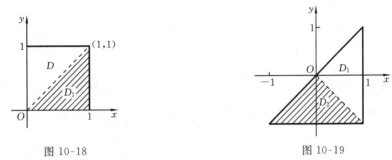

图 10-18 图 10-19

(4) 作 $y=-x$,将区域 D 分成 D_1,D_2 两部分(见图 10-19),则 D_1 关于 x 轴对称,且被积函数是 y 的奇函数,于是被积函数在 D_1 上的积分为零;D_2 关于 y 轴对称,且 $xy\mathrm{e}^{\frac{1}{2}(x^2+y^2)}$ 是 x 的奇函数,于是它在 D_2 上的积分也为零,故

$$I = \iint\limits_{D_2} y\mathrm{d}x\mathrm{d}y = \int_{-1}^0 y\mathrm{d}y\int_y^{-y}\mathrm{d}x = -\int_{-1}^0 2y^2\mathrm{d}y = -\frac{2}{3}.$$

注 本例的(1)、(2)告诉我们,当被积函数 $f(x,y) = u(x,y) + v(x,y)$ 的被加项之一具有奇偶性时,应当考虑对该项的积分进行化简. 与之对称,本例的(4)告诉我们,当积分区域 D 并无对称性时,适当地分割区域,可能会使得部分区域出现对称性,从而有利于简化计算.

【题型 10-4】 交换积分次序或转换两种坐标系中的二次积分

应对 首先根据积分限绘制出积分区域图形,然后写成直角坐标系的另一种积分次序,或者根据需要转换到极坐标系.

例 10-8 交换下列二次积分的次序:

(1) $I = \int_0^1 \mathrm{d}y\int_{1-y}^{1+y^2} f(x,y)\mathrm{d}x$; (2) $I = \int_0^{2a}\mathrm{d}x\int_{\sqrt{2ax-x^2}}^{\sqrt{2ax}} f(x,y)\mathrm{d}y(a>0)$;

(3) $I = \int_0^{\frac{1}{4}}\mathrm{d}y\int_y^{\sqrt{y}} f(x,y)\mathrm{d}x + \int_{\frac{1}{4}}^{\frac{1}{2}}\mathrm{d}y\int_y^{\frac{1}{2}} f(x,y)\mathrm{d}x$.

解 (1) 由二次积分的积分限可知积分区域 D 为 $0 \leqslant y \leqslant 1, 1-y \leqslant x \leqslant 1+y^2$,即 D 是由曲线 $x = 1+y^2, x = 1-y, y=0, y=1$ 所围成(见图 10-20),于是

$$I = \int_0^1 \mathrm{d}x\int_{1-x}^1 f(x,y)\mathrm{d}y + \int_1^2 \mathrm{d}x\int_{\sqrt{x-1}}^1 f(x,y)\mathrm{d}y.$$

（2）由已知得积分区域 D 为 $0 \leqslant x \leqslant 2a, \sqrt{2ax - x^2} \leqslant y \leqslant \sqrt{2ax}$，即 D 是由曲线 $x = 0, x = 2a, y = \sqrt{2ax - x^2}, y = \sqrt{2ax}$ 所围成（见图 10-21），于是

$$I = \int_a^{2a} dy \int_{\frac{y^2}{2a}}^{2a} f(x,y) dx + \int_0^a dy \int_{\frac{y^2}{2a}}^{a - \sqrt{a^2 - y^2}} f(x,y) dx + \int_0^a dy \int_{a + \sqrt{a^2 - y^2}}^{2a} f(x,y) dx.$$

（3）该积分区域为两个二次积分区域的并集（见图 10-22），于是

$$I = \int_0^{\frac{1}{2}} dx \int_{x^2}^{x} f(x,y) dy.$$

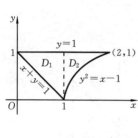

图 10-20

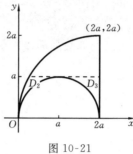

图 10-21

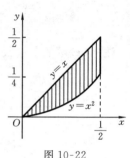

图 10-22

例 10-9 将下列直角坐标系下的二次积分化为极坐标系下的二次积分：

（1）$I = \int_0^2 dx \int_x^{\sqrt{3}x} f(x^2 + y^2) dy$；　　（2）$I = \int_0^1 dx \int_{1-x}^{\sqrt{1-x^2}} f(x,y) dy$.

解　（1）积分区域如图 10-23 所示，其边界 $y = x$ 的极坐标方程为 $\theta = \dfrac{\pi}{4}$；$y = \sqrt{3}x$ 的极坐标方程为 $\theta = \dfrac{\pi}{3}$；$x = 2$ 的极坐标方程为 $r = \dfrac{2}{\cos\theta}$，因此

$$\frac{\pi}{4} \leqslant \theta \leqslant \frac{\pi}{3}, \quad 0 \leqslant r \leqslant \frac{2}{\cos\theta}.$$

于是

$$I = \int_{\frac{\pi}{4}}^{\frac{\pi}{3}} d\theta \int_0^{\frac{2}{\cos\theta}} f(r^2) r dr.$$

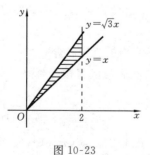

图 10-23

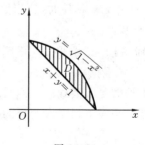

图 10-24

（2）积分区域如图 10-24 所示，其边界 $y + x = 1$ 的极坐标方程为 $r = \dfrac{1}{\cos\theta + \sin\theta}$，$y = \sqrt{1 - x^2}$ 的极坐标方程为 $r = 1$，由图 10-24 可知 $0 \leqslant \theta \leqslant \dfrac{\pi}{2}$，在区间 $\left[0, \dfrac{\pi}{2}\right]$ 内从极点出发任取射线穿越区域 D，穿入线为 $r = \dfrac{1}{\cos\theta + \sin\theta}$，穿出线为 $r = 1$，即 $\dfrac{1}{\cos\theta + \sin}$

$\leqslant r \leqslant 1$,于是

$$I = \int_0^{\frac{\pi}{2}} \mathrm{d}\theta \int_{\frac{1}{\cos\theta+\sin\theta}}^1 f(r\cos\theta, r\sin\theta) r \mathrm{d}r.$$

例 10-10 将下列极坐标系下的二次积分化为直角坐标系下的二次积分:

(1) $I = \int_0^{\frac{\pi}{2}} \mathrm{d}\theta \int_0^{\cos\theta} f(r\cos\theta, r\sin\theta) r \mathrm{d}r$;

(2) $I = \int_0^{\frac{\pi}{4}} \mathrm{d}\theta \int_0^1 f(r\cos\theta, r\sin\theta) r \mathrm{d}r$.

解 (1) 由 $0 \leqslant r \leqslant \cos\theta$ 得到 $r^2 \leqslant r\cos\theta$,即

$$x^2 + y^2 \leqslant x \quad \text{或} \quad \left(x - \frac{1}{2}\right)^2 + y^2 \leqslant \left(\frac{1}{2}\right)^2.$$

又由 $0 \leqslant \theta \leqslant \frac{\pi}{2}$ 知 $y \geqslant 0$,因此积分区域为上半圆域(见图 10-25),于是

$$I = \int_0^1 \mathrm{d}x \int_0^{\sqrt{x-x^2}} f(x,y) \mathrm{d}y.$$

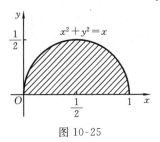

图 10-25

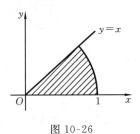

图 10-26

(2) 由 $0 \leqslant r \leqslant 1$ 得 $x^2 + y^2 \leqslant 1$,由 $0 \leqslant \theta \leqslant \frac{\pi}{4}$ 知,积分区域为扇形区域(见图 10-26),于是

$$I = \int_0^{\frac{\sqrt{2}}{2}} \mathrm{d}y \int_y^{\sqrt{1-y^2}} f(x,y) \mathrm{d}x.$$

例 10-11 计算下列二次积分:

(1) $I = \int_0^{\frac{\pi}{6}} \mathrm{d}y \int_y^{\frac{\pi}{6}} \frac{\cos x}{x} \mathrm{d}x$; (2) $I = \int_1^2 \mathrm{d}x \int_{\sqrt{x}}^x \sin\frac{\pi x}{2y} \mathrm{d}y + \int_2^4 \mathrm{d}x \int_{\sqrt{x}}^2 \sin\frac{\pi x}{2y} \mathrm{d}y$.

解 (1) 内层积分中的被积函数 $\frac{\cos x}{x}$ 的原函数不能由初等函数表示,因此,交换积分次序,得

$$I = \int_0^{\frac{\pi}{6}} \mathrm{d}x \int_0^x \frac{\cos x}{x} \mathrm{d}y = \int_0^{\frac{\pi}{6}} \cos x \mathrm{d}x = \frac{1}{2}.$$

(2) 因内层积分中的被积函数对 y 积分是"积不出来"的,故应先交换积分次序,原二次积分对应的二重积分区域如图 10-27 所示. 于是

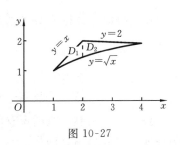

图 10-27

$$I = \int_1^2 \mathrm{d}y \int_y^{y^2} \sin\frac{\pi x}{2y} \mathrm{d}x = \frac{2}{\pi} \int_1^2 y\left(\cos\frac{\pi}{2} - \cos\frac{\pi y}{2}\right) \mathrm{d}y$$

$$= 4(2+\pi)/\pi^3.$$

例 10-12 计算下列二次积分：

(1) $I = \int_1^2 dx \int_0^x \dfrac{y \sqrt{x^2 + y^2}}{x} dy$; (2) $I = \int_0^{\frac{\pi}{2}} d\theta \int_0^{\cos\theta} \sqrt{r\cos\theta - r^2\cos^2\theta}\, r\, dr$.

解 （1）因被积函数中含 $\sqrt{x^2 + y^2}$ 直接积分复杂，先还原为二重积分，积分区域如图 10-28 所示，再用极坐标计算.

$$I = \int_0^{\frac{\pi}{4}} d\theta \int_{\sec\theta}^{2\sec\theta} \frac{\sin\theta}{\cos\theta} r^2 dr = \frac{1}{3} \int_0^{\frac{\pi}{4}} \frac{\sin\theta}{\cos\theta} \left(r^3 \Big|_{\sec\theta}^{2\sec\theta} \right) d\theta$$

$$= -\frac{7}{3} \int_0^{\frac{\pi}{4}} \frac{1}{\cos^4\theta} d(\cos\theta) = \frac{7}{9}(2\sqrt{2} - 1).$$

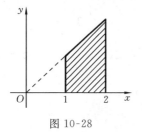

图 10-28   图 10-29

（2）内层积分难以计算，考虑到对应的积分区域为半圆域，如图 10-29 所示，于是转换成直角坐标方法计算：

$$I = \iint\limits_D \sqrt{x - x^2}\, dx dy = \int_0^1 \sqrt{x - x^2}\, dx \int_0^{\sqrt{x - x^2}} dy = \int_0^1 (x - x^2) dx = \frac{1}{6}.$$

【题型 10-5】 在直角坐标系下计算三重积分

应对 绘制积分区域的草图，首先主要依据区域特点选择是采用投影法（例如是 xy- 型区域）还是采用截面法，然后将其分解为二重积分和定积分计算. 熟练之后也可以直接到达三次积分. 详细过程参见知识点解析【10-4】.

例 10-13 计算下列三重积分：

(1) $I = \iiint\limits_V xy^2 z^3 dv$，其中 V 由曲面 $z = xy$ 及平面 $y = x, x = 1, z = 0$ 围成；

(2) $I = \iiint\limits_V \sqrt{x^2 - y}\, dx dy dz$，其中 V 由 $y = 0, z = 0, x + z = 1, x = \sqrt{y}$ 围成.

解 （1）根据条件绘出 V 的图形，如图 10-30 所示，可视 V 为以 $z = xy$ 为顶，$z = 0$ 为底的曲顶柱体，故由投影法得

$$I = \iint\limits_D dx dy \int_0^{xy} xy^2 z^3 dz = \int_0^1 dx \int_0^x dy \int_0^{xy} xy^2 z^3 dz = \frac{1}{364}.$$

（2）根据条件绘出 V 的图形，如图 10-31 所示，视 V 为 xy- 型区域，于是

$$I = \iint\limits_D dx dy \int_0^{1-x} \sqrt{x^2 - y}\, dz = \int_0^1 dx \int_0^{x^2} dy \int_0^{1-x} \sqrt{x^2 - y}\, dz$$

$$= \int_0^1 (1 - x) dx \int_0^{x^2} \sqrt{x^2 - y}\, dz = \frac{2}{3} \int_0^1 (1 - x) x^3 dx = \frac{1}{30}.$$

注 如果绘制三维图形有困难，可以根据知识点解析【10-8】来确定投影区域和上下界面，得到上述积分限.

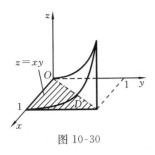

图 10-30

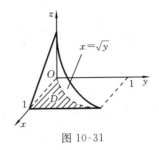

图 10-31

例 10-14 计算下列三重积分:

(1) $I = \iiint\limits_{V} (1+z)^5 \mathrm{d}v$,其中 V 是由平面 $4x + 3y - 12z = 12$ 和三坐标面所围成的空间闭区域;

(2) $I = \iiint\limits_{V} x^2 \mathrm{d}v$,其中 $V : \dfrac{x^2}{a^2} + \dfrac{y^2}{b^2} + \dfrac{z^2}{c^2} \leqslant 1 \ (a, b, c > 0)$.

解 (1) 由于被积函数仅是 z 的函数,而平面 $Z = z$ 与 V 截得一直角三角形(见图 10-32),其面积为 $A(z)$,根据相似形的比例关系有 $A(z)/6 = (1+z)^2$,故可用截面法.

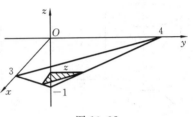

图 10-32

$$I = \int_{-1}^{0} (1+z)^5 \mathrm{d}z \iint\limits_{D(z)} \mathrm{d}x\mathrm{d}y = \int_{-1}^{0} (1+z)^5 A(z) \mathrm{d}z$$

$$= \int_{-1}^{0} 6(1+z)^7 \mathrm{d}z = \frac{3}{4}.$$

(2) 由于被积函数仅是 x 的函数,而平面 $X = x$ 与 V 截得椭圆 $\dfrac{y^2}{b^2} + \dfrac{z^2}{c^2} \leqslant 1 - \dfrac{x^2}{a^2}$,

其面积 $A(x)$ 为 $\pi bc \left(1 - \dfrac{x^2}{a^2}\right)$,于是

$$I = \int_{-a}^{a} x^2 \mathrm{d}x \iint\limits_{D(x)} \mathrm{d}y\mathrm{d}z = \int_{-a}^{a} x^2 A(x) \mathrm{d}x = \int_{-a}^{a} x^2 \pi bc \left(1 - \frac{x^2}{a^2}\right) \mathrm{d}x = \frac{4}{15}\pi a^3 bc.$$

【题型 10-6】 在柱面坐标系下计算三重积分

应对 绘制积分区域的草图,依据区域特点选择是采用投影法(例如是 xy- 型区域)还是采用截面法,然后将其分解为二重积分和定积分计算,将其中二重积分化为极坐标下的逐次积分计算. 熟练之后也可以直接到达三次积分.

例 10-15 计算下列三重积分:

(1) $I = \iiint\limits_{V} (x^2 + y^2) z \mathrm{d}x\mathrm{d}y\mathrm{d}z$,其中 V 是由锥面 $z = \sqrt{x^2 + y^2}$ 与柱面 $x^2 + y^2 = 1$ 及 $z = 0$ 围成的空间区域;

(2) $I = \iiint\limits_{V} (x^2 + y^2 + z) \mathrm{d}x\mathrm{d}y\mathrm{d}z$,其中 V 为第一卦限中由旋转抛物面 $z = x^2 + y^2$ 与圆柱面 $x^2 + y^2 = 1$ 及三坐标面所围区域;

(3) $I = \iiint\limits_{V} z \mathrm{d}v$,其中 V 由 $\begin{cases} y^2 = 2z \\ x = 0 \end{cases}$ 绕 z 轴旋转一周形成的曲面与平面 $z = 1, z = $

2 围成.

解 （1）方法一　采用截面法. 如图 10-33 所示，因平面 $Z=z$ 与 V 截得圆环区域 $D(z):z^2 \leqslant x^2+y^2 \leqslant 1$，故

$$I = \int_0^1 z\mathrm{d}z \iint\limits_{D(z)} (x^2+y^2)\mathrm{d}x\mathrm{d}y.$$

对二重积分作极坐标代换，得

$$I = \int_0^1 z\mathrm{d}z \int_0^{2\pi} \mathrm{d}\theta \int_z^1 r^2 \cdot r\mathrm{d}r = 2\pi \int_0^1 \frac{1}{4} z(1-z^4)\mathrm{d}z = \frac{\pi}{6}.$$

方法二　采用投影法. 视 V 为 xy- 型区域，它在坐标平面 Oxy 上的投影为 $D:x^2+y^2 \leqslant 1$，则

$$I = \iint\limits_D \mathrm{d}x\mathrm{d}y \int_0^{\sqrt{x^2+y^2}} z(x^2+y^2)\mathrm{d}z = \int_0^{2\pi} \mathrm{d}\theta \int_0^1 r^3 \mathrm{d}r \int_0^r z\mathrm{d}z = 2\pi \int_0^1 r^3 \cdot \frac{1}{2} r^2 \mathrm{d}r = \frac{\pi}{6}.$$

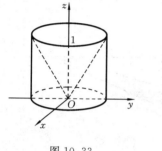
图 10-33

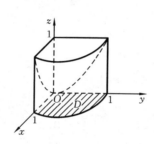
图 10-34

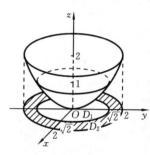
图 10-35

（2）如图 10-34 所示，V 在坐标平面 Oxy 上投影 D 可表示为 $0 \leqslant \theta \leqslant \frac{\pi}{2}, 0 \leqslant r \leqslant 1$；$V$ 的上、下两界面方程可表示为 $z=r^2$ 和 $z=0$. 故

$$I = \iint\limits_D \mathrm{d}x\mathrm{d}y \int_0^{x^2+y^2} (x^2+y^2+z)\mathrm{d}z = \int_0^{\frac{\pi}{2}} \mathrm{d}\theta \int_0^1 r\mathrm{d}r \int_0^{r^2} (r^2+z)\mathrm{d}z$$

$$= \frac{\pi}{2} \int_0^1 r\left(r^4 + \frac{1}{2} r^4\right)\mathrm{d}r = \frac{\pi}{8}.$$

（3）方法一　采用截面法. 旋转曲面方程为 $x^2+y^2=2z$，积分区域 V 与平面 $Z=z$ 的截面的面积为 $2\pi z$. 于是

$$I = \int_1^2 z\mathrm{d}z \iint\limits_{D(z)} \mathrm{d}x\mathrm{d}y = \int_1^2 z\pi \cdot 2z\mathrm{d}z = \frac{14}{3}\pi.$$

方法二　采用投影法. 因 V 的下界面由两块曲面：$x^2+y^2=2z$ 与 $z=1$ 构成，为了使得二重积分计算能够进行，就必须将 V 的投影区域分为 $D_1 = \{(x,y) \mid x^2+y^2 \leqslant 2\}$ 与 $D_2 = \{(x,y) \mid 2 \leqslant x^2+y^2 \leqslant 4\}$（见图 10-35），于是

$$I = \int_0^{2\pi} \mathrm{d}\theta \int_0^{\sqrt{2}} r\mathrm{d}r \int_{\sqrt{2}}^2 z\mathrm{d}z + \int_0^{2\pi} \mathrm{d}\theta \int_{\sqrt{2}}^2 r\mathrm{d}r \int_{\frac{r^2}{2}}^2 z\mathrm{d}z = \frac{14}{3}\pi.$$

【题型 10-7】 在球面坐标系下计算三重积分

应对　绘制积分区域的草图，依据区域特点确定球面坐标系中各个坐标的变动范围，然后写出逐次积分：

$$\iiint\limits_{V} f(x,y,z)\mathrm{d}v = \int_{\alpha}^{\beta}\mathrm{d}\theta\int_{\varphi_1(\theta)}^{\varphi_2(\theta)}\sin\varphi\mathrm{d}\varphi\int_{\rho_1(\theta,\varphi)}^{\rho_2(\theta,\varphi)}\rho^2 f(\rho\sin\varphi\cos\theta,\rho\sin\varphi\sin\theta,\rho\cos\varphi)\mathrm{d}\rho.$$

依次计算便可. 注意在被积函数中插入因子 $\rho^2\sin\varphi$.

例 10-16 计算下列三重积分：

(1) $I = \iiint\limits_{V}\dfrac{1}{\sqrt{x^2+y^2+z^2}}\mathrm{d}x\mathrm{d}y\mathrm{d}z$，其中 V 由曲面 $z = \sqrt{x^2+y^2}$ 与 $z=1$ 围成；

(2) $I = \iiint\limits_{V}(x^2+y^2)\mathrm{d}x\mathrm{d}y\mathrm{d}z$，其中 V 由曲面 $z=\sqrt{x^2+y^2}$ 与 $z=\sqrt{1-x^2-y^2}$ 围成；

(3) $I = \iiint\limits_{V}(x+z)\mathrm{e}^{-(x^2+y^2+z^2)}\mathrm{d}x\mathrm{d}y\mathrm{d}z$，其中 $V: 1\leqslant x^2+y^2+z^2\leqslant 4, x\geqslant 0, y\geqslant 0,$ $z\geqslant 0$.

解 (1) 曲面 $z=\sqrt{x^2+y^2}$ 与 $z=1$ 在球面坐标系下的方程分别为 $\varphi=\dfrac{\pi}{4}$ 与 $\rho=\dfrac{1}{\cos\varphi}$，于是由图 10-36 知

$$I = \int_0^{2\pi}\mathrm{d}\theta\int_0^{\frac{\pi}{4}}\mathrm{d}\varphi\int_0^{\frac{1}{\cos\varphi}}\frac{1}{\rho}\rho^2\sin\varphi\mathrm{d}\rho = 2\pi\int_0^{\frac{\pi}{4}}\sin\varphi\cdot\frac{1}{2\cos^2\varphi}\mathrm{d}\varphi = -\pi\int_0^{\frac{\pi}{4}}\frac{1}{\cos^2\varphi}\mathrm{d}(\cos\varphi)$$

$$= (\sqrt{2}-1)\pi.$$

(2) 曲面 $z=\sqrt{x^2+y^2}$ 与 $z=\sqrt{1-x^2-y^2}$ 在球面坐标系下的方程分别为 $\varphi=\dfrac{\pi}{4}$ 与 $\rho=1$，于是由图 10-37 知

$$I = \int_0^{2\pi}\mathrm{d}\theta\int_0^{\frac{\pi}{4}}\mathrm{d}\varphi\int_0^1\rho^2\sin^2\varphi\cdot\rho^2\sin\varphi\mathrm{d}\rho = \frac{2\pi}{5}\int_0^{\frac{\pi}{4}}\sin^3\varphi\mathrm{d}\varphi = -\frac{2\pi}{5}\int_0^{\frac{\pi}{4}}(1-\cos^2\varphi)\mathrm{d}(\cos\varphi)$$

$$= \frac{8-5\sqrt{2}}{30}\pi.$$

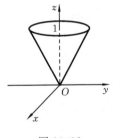
图 10-36

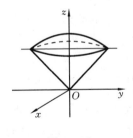
图 10-37

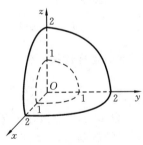
图 10-38

(3) 积分区域 V 如图 10-38 所示，因 $0\leqslant\theta\leqslant\dfrac{\pi}{2}, 0\leqslant\varphi\leqslant\dfrac{\pi}{2}, 1\leqslant\rho\leqslant 2$，于是

$$I = \int_0^{\frac{\pi}{2}}\mathrm{d}\theta\int_0^{\frac{\pi}{2}}\mathrm{d}\varphi\int_1^2(\sin\varphi\cos\theta+\cos\varphi)\mathrm{e}^{-\rho^2}\rho^3\sin\varphi\mathrm{d}\rho$$

$$= \int_0^{\frac{\pi}{2}}\mathrm{d}\theta\int_0^{\frac{\pi}{2}}(\sin\varphi\cos\theta+\cos\varphi)\sin\varphi\mathrm{d}\varphi\int_1^2\rho^3\mathrm{e}^{-\rho^2}\mathrm{d}\rho.$$

因 $\displaystyle\int_1^2\rho^3\mathrm{e}^{-\rho^2}\mathrm{d}\rho = -\frac{1}{2}\int_1^2\rho^2\mathrm{d}(\mathrm{e}^{-\rho^2}) = -\frac{1}{2}\left[\rho^2\mathrm{e}^{-\rho^2}\Big|_1^2 + \int_1^2\mathrm{e}^{-\rho^2}\mathrm{d}(-\rho^2)\right] = \mathrm{e}^{-1}-\frac{5}{2}\mathrm{e}^{-4},$

$$\int_0^{\frac{\pi}{2}}\mathrm{d}\theta\int_0^{\frac{\pi}{2}}(\sin\varphi\cos\theta+\cos\varphi)\sin\varphi\mathrm{d}\varphi=\int_0^{\frac{\pi}{2}}\left(\frac{\pi}{4}\cos\theta+\frac{1}{2}\right)\mathrm{d}\theta=\frac{\pi}{2},$$

所以
$$I=\frac{\pi}{4}(2\mathrm{e}^{-1}-5\mathrm{e}^{-4}).$$

【题型 10-8】 利用对称性化简三重积分

应对 条件和公式见知识点解析【10-3】.

例 10-17 计算下列三重积分:

(1) $I=\iiint\limits_{V}\mathrm{e}^{|z|}\mathrm{d}v$,其中 $V:x^2+y^2+z^2\leqslant 4$;

(2) $I=\iiint\limits_{V}[\mathrm{e}^{z^3}\tan(x^2y^3)+3]\mathrm{d}v$,其中 $V:x^2+y^2\leqslant R^2,0\leqslant z\leqslant H$;

(3) $I=\iiint\limits_{V}x^2\mathrm{d}v$,其中 $V:x^2+y^2+z^2\leqslant R^2(R>0)$;

(4) $I=\iiint\limits_{V}(3x^2+5y^2+7z^2)\mathrm{d}v$,其中 $V:0\leqslant z\leqslant\sqrt{R^2-x^2-y^2}\ (R>0)$.

解 (1) 因被积函数 $\mathrm{e}^{|z|}$ 是 z 的偶函数,而区域 V 关于坐标平面 Oxy 对称,且被积函数仅与变量 z 有关,故依截面法得

$$I=2\int_0^2\mathrm{e}^z\mathrm{d}z\iint\limits_{x^2+y^2\leqslant 4-z^2}\mathrm{d}x\mathrm{d}y=2\pi\int_0^2\mathrm{e}^z(4-z^2)\mathrm{d}z=4\pi(\mathrm{e}^2-1).$$

(2) 注意到被积函数 $\mathrm{e}^{z^3}\tan(x^2y^3)$ 是 y 的奇函数,而区域 V 关于坐标平面 Oxz 对称,故

$$I=\iiint\limits_{V}\mathrm{e}^{z^3}\tan(x^2y^3)\mathrm{d}v+\iiint\limits_{V}3\mathrm{d}v=0+3\pi R^2H=3\pi R^2H.$$

(3) 由于 V 是关于 x,y,z 轮换对称的区域,故

$$I=\iiint\limits_{V}x^2\mathrm{d}v=\iiint\limits_{V}y^2\mathrm{d}v=\iiint\limits_{V}z^2\mathrm{d}v=\frac{1}{3}\iiint\limits_{V}(x^2+y^2+z^2)\mathrm{d}v.$$

利用球面坐标代换,得

$$I=\frac{1}{3}\int_0^{2\pi}\mathrm{d}\theta\int_0^{\pi}\mathrm{d}\varphi\int_0^R\rho^2\cdot\rho^2\sin\varphi\mathrm{d}\rho=\frac{4}{15}\pi R^5.$$

(4) 由于积分域是上半球域,不具有关于 x,y,z 的轮换对称性.但是注意到被积函数是 z 的偶函数,若把积分区域扩展到整个球域 V_1,则有

$$I=\frac{1}{2}\iiint\limits_{V_1}(3x^2+5y^2+7z^2)\mathrm{d}v,$$

其中 $V_1:x^2+y^2+z^2\leqslant R^2$,此时再由 V_1 关于 x,y,z 的轮换对称性,便有

$$\iiint\limits_{V_1}x^2\mathrm{d}v=\iiint\limits_{V_1}y^2\mathrm{d}v=\iiint\limits_{V_1}z^2\mathrm{d}v=\frac{1}{3}\iiint\limits_{V_1}(x^2+y^2+z^2)\mathrm{d}v,$$

故
$$I=\frac{1}{2}\iiint\limits_{V_1}15x^2\mathrm{d}v=\frac{5}{2}\iiint\limits_{V_1}(x^2+y^2+z^2)\mathrm{d}v=\frac{5}{2}\int_0^{2\pi}\mathrm{d}\theta\int_0^{\pi}\mathrm{d}\varphi\int_0^R\rho^4\sin\varphi\mathrm{d}\rho$$

$$=2\pi R^5.$$

【题型 10-9】 改变积分次序或坐标系计算三重积分

应对 在按给定积分顺序计算比较困难的情况下,考虑绘出积分区域,另选计算方式,包括交换积分次序甚至转换坐标系.

例 10-18 计算下列三次积分:

(1) $I = \int_0^1 dx \int_0^{1-x} dz \int_0^{1-x-z} (1-y)e^{-(1-y-z)^2} dy$;

(2) $I = \int_{-1}^1 dx \int_{-\sqrt{1-x^2}}^{\sqrt{1-x^2}} dy \int_{(x^2+y^2)^2}^1 x^2 dz$;

(3) $I = \int_{-1}^1 dx \int_0^{\sqrt{1-x^2}} dy \int_1^{1+\sqrt{1-x^2-y^2}} \dfrac{1}{\sqrt{x^2+y^2+z^2}} dz$.

解 (1)直接计算困难.从积分次序可知,I 是对积分区域 V 按 xz- 型,投影区域 D 按 x- 型处理而得来的,积分区域 V 是由三个坐标面和一个平面 $\pi : x+y+z=1$ 所围成的,如图 10-39 所示.由于被积函数 $f(x,y,z) = (1-y)e^{-(1-y-z)^2}$ 只含变量 y,z,因而先对 x 积分应简单些,故重新选择积分次序:

$$I = \iint\limits_D dydz \int_0^{1-y-z} (1-y)e^{-(1-y-z)^2} dx = \int_0^1 dy \int_0^{1-y} (1-y)e^{-(1-y-z)^2}(1-y-z)dz$$

$$= \frac{1}{2}\int_0^1 (1-y)(1-e^{-(1-y)^2})dy = \frac{1}{4e}.$$

(2)由积分限可知 I 对应的三重积分的积分区域 V 在坐标平面 Oxy 上的投影为圆域 $x^2+y^2 \leqslant 1$,如图 10-40 所示,作柱坐标代换 $x = r\cos\theta, y = r\sin\theta, z = z$,于是

$$I = \int_0^{2\pi} d\theta \int_0^1 rdr \int_{r^4}^1 r^2\cos^2\theta dz = \int_0^{2\pi} \cos^2\theta d\theta \int_0^1 r^3(1-r^4)dr = \frac{\pi}{8}.$$

(3)由积分限可知 I 对应的三重积分的积分区域 V 是球域 $(z-1)^2+x^2+y^2 \leqslant 1$ 位于平面 $z=1$ 上面的部分,如图 10-41 所示.于是用球坐标代换计算得

$$I = \int_0^\pi d\theta \int_0^{\frac{\pi}{4}} d\varphi \int_{\frac{1}{\cos\varphi}}^{2\cos\varphi} \rho\sin\varphi d\rho = \pi \int_0^{\frac{\pi}{4}} \frac{1}{2}\sin\varphi \left(4\cos^2\varphi - \frac{1}{\cos^2\varphi}\right)d\varphi$$

$$= \frac{2}{3}\pi\left(1 - \frac{1}{2\sqrt{2}}\right) - \frac{\pi}{2}(\sqrt{2}-1).$$

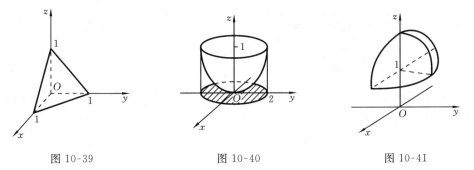

图 10-39   图 10-40   图 10-41

【题型 10-10】 求分段函数的重积分

应对 当被积函数是分段函数时,通常以函数的分段线对积分区域进行划分,然后再利用积分的可加性来计算.

例 10-19 计算下列二重积分：

(1) $I = \iint\limits_{D} |\cos(x+y)| \, dx dy$，其中 $D = \{(x,y) \mid 0 \leqslant x \leqslant \pi, 0 \leqslant y \leqslant \pi - x\}$；

(2) $I = \iint\limits_{D} f(x,y) dx dy$，其中

$$f(x,y) = \begin{cases} x^2 y, & 1 \leqslant x \leqslant 2, 0 \leqslant y \leqslant x, \\ 0, & \text{其他,} \end{cases} \quad D = \{(x,y) \mid x^2 + y^2 \geqslant 2x\};$$

(3) $I = \iint\limits_{D} xy[1+x^2+y^2] dx dy$，其中 $[1+x^2+y^2]$ 表示不超过 $1+x^2+y^2$ 的最大整数，$D = \{(x,y) \mid x^2 + y^2 \leqslant \sqrt{2}, x \geqslant 0, y \geqslant 0\}$；

(4) $I = \iint\limits_{D} \max\{xy, 1\} dx dy$，其中 $D = \{(x,y) \mid 0 \leqslant x \leqslant 2, 0 \leqslant y \leqslant 2\}$；

(5) $I = \iint\limits_{D} |x^2 + y^2 - 1| \, d\sigma$，其中 $D = \{(x,y) \mid 0 \leqslant x \leqslant 1, 0 \leqslant y \leqslant 1\}$.

解 (1) 使得 $\cos(x+y) = 0$ 的曲线是 $x + y = \dfrac{\pi}{2}$，于是为了消除绝对值记号，以该曲线将 D 分割为 $D_1 + D_2$（见图 10-42），故

$$I = \iint\limits_{D_1} \cos(x+y) dx dy - \iint\limits_{D_2} \cos(x+y) dx dy = 2\iint\limits_{D_1} \cos(x+y) dx dy - \iint\limits_{D} \cos(x+y) dx dy$$

$$= 2\int_0^{\frac{\pi}{2}} dx \int_0^{\frac{\pi}{2}-x} \cos(x+y) dy - \int_0^{\pi} dx \int_0^{\pi-x} \cos(x+y) dy$$

$$= 2\int_0^{\frac{\pi}{2}} (1 - \sin x) dx - \int_0^{\pi} (\sin \pi - \sin x) dx = \pi.$$

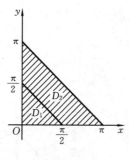

图 10-42

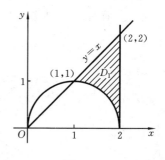

图 10-43

(2) 虽然 D 是无界区域，但被积函数在区域 D_1 外恒为零（见图 10-43），由于积分区域适合于按照 x - 型表达，且对 y 的关系稍简单，故先对 y 后对 x 积分，得

$$I = \iint\limits_{D_1} x^2 y dx dy = \int_1^2 x^2 dx \int_{\sqrt{2x-x^2}}^{x} y dy = \frac{1}{2}\int_1^2 x^2 (2x^2 - 2x) dx = \int_1^2 (x^4 - x^3) dx = \frac{49}{20}.$$

(3) 取整函数 $[1+x^2+y^2] = \begin{cases} 1, & x^2+y^2 < 1, \\ 2, & 1 \leqslant x^2+y^2 < \sqrt{2} \end{cases}$ 是分段函数，以其分界线作为 D 的划分界限（见图 10-44），于是

$$I = \iint_{D_1} xy\,\mathrm{d}x\mathrm{d}y + \iint_{D_2} 2xy\,\mathrm{d}x\mathrm{d}y = \int_0^{\frac{\pi}{2}} \mathrm{d}\theta \int_0^1 r^3 \sin\theta\cos\theta\,\mathrm{d}r + \int_0^{\frac{\pi}{2}} \mathrm{d}\theta \int_1^{\sqrt[4]{2}} 2r^3 \sin\theta\cos\theta\,\mathrm{d}r$$

$$= \frac{1}{8} + \frac{1}{4} = \frac{3}{8}.$$

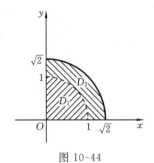

图 10-44

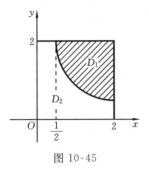

图 10-45

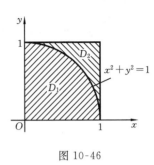

图 10-46

（4）$\max\{xy,1\} = \begin{cases} xy, & (x,y) \in D_1, \\ 1, & (x,y) \in D_2, \end{cases}$ 以其分界线作为 D 的划分界限（见图

10-45），于是

$$I = \iint_{D_1} xy\,\mathrm{d}x\mathrm{d}y + \iint_{D_2} \mathrm{d}x\mathrm{d}y = \int_{\frac{1}{2}}^2 \mathrm{d}x \int_{\frac{1}{x}}^2 xy\,\mathrm{d}y + \int_0^{\frac{1}{2}} \mathrm{d}x \int_0^2 \mathrm{d}y + \int_{\frac{1}{2}}^2 \mathrm{d}x \int_0^{\frac{1}{x}} \mathrm{d}y$$

$$= \frac{15}{4} - \ln 2 + 1 + 2\ln 2 = \frac{19}{4} + \ln 2.$$

（5）将区域 D 分成 D_1 与 D_2 两部分（见图 10-46），其中

$$D_1 = \{(x,y) \mid x^2 + y^2 \leqslant 1, (x,y) \in D\}, \quad D_2 = \{(x,y) \mid x^2 + y^2 > 1, (x,y) \in D\},$$

因此
$$I = \iint_{D_1} (1 - x^2 - y^2)\,\mathrm{d}\sigma + \iint_{D_2} (x^2 + y^2 - 1)\,\mathrm{d}\sigma.$$

首先借助极坐标，容易算出

$$\iint_{D_1} (1 - x^2 - y^2)\,\mathrm{d}\sigma = \int_0^{\frac{\pi}{2}} \mathrm{d}\theta \int_0^1 (1 - r^2) r\,\mathrm{d}r = \frac{\pi}{8};$$

其次，利用区域的可加性，容易算出

$$\iint_{D_2} (x^2 + y^2 - 1)\,\mathrm{d}\sigma = \iint_D (x^2 + y^2 - 1)\,\mathrm{d}\sigma - \iint_{D_1} (x^2 + y^2 - 1)\,\mathrm{d}\sigma$$

$$= \iint_D (x^2 + y^2)\,\mathrm{d}\sigma - \iint_D \mathrm{d}\sigma + \iint_{D_1} (1 - x^2 - y^2)\,\mathrm{d}\sigma$$

$$= 2\int_0^1 x^2\,\mathrm{d}x \int_0^1 \mathrm{d}y - 1 + \frac{\pi}{8} = \frac{\pi}{8} - \frac{1}{3},$$

因此
$$I = I_1 + I_2 = \frac{\pi}{4} - \frac{1}{3}.$$

注 在上述解题过程中，利用区域的可加性简化了计算步骤.

例 10-20 求 $I = \iiint_V f(x,y,z)\,\mathrm{d}v$，其中 V 是由 $x^2 + y^2 = 1, z = 0, z = 1$ 围成的区域，且

$$f(x,y,z) = \begin{cases} \dfrac{1}{(x^2+y^2+z^2)}, & \sqrt{x^2+y^2} \leqslant z \leqslant 1, \\[3mm] \dfrac{z}{\sqrt{1+(x^2+y^2)^2}}, & 0 \leqslant z < \sqrt{x^2+y^2}. \end{cases}$$

解 如图 10-47 所示，$V = V_1 + V_2$，于是
$$I = \iiint\limits_{V_1} f(x,y,z)\mathrm{d}v + \iiint\limits_{V_2} f(x,y,z)\mathrm{d}v = I_1 + I_2.$$

因为在 V_1 上函数式中含式子 $x^2+y^2+z^2$，用球面坐标得

$$I_1 = \int_0^{2\pi}\mathrm{d}\theta \int_0^{\frac{\pi}{4}}\mathrm{d}\varphi \int_0^{\frac{1}{\cos\varphi}} \frac{1}{\rho^2}\rho^2\sin\varphi\,\mathrm{d}\rho = 2\pi\int_0^{\frac{\pi}{4}} \frac{\sin\varphi}{\cos\varphi}\mathrm{d}\varphi = \pi\ln 2.$$

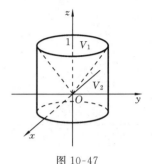

图 10-47

在 V_2 上用柱面坐标，得
$$I_2 = \int_0^{2\pi}\mathrm{d}\theta \int_0^1 r\,\mathrm{d}r \int_0^r \frac{z}{\sqrt{1+r^3}}\mathrm{d}z = \pi\int_0^1 \frac{r^3}{\sqrt{1+r^4}}\mathrm{d}r = \frac{\pi}{2}(\sqrt{2}-1).$$

所以
$$I = I_1 + I_2 = \pi\left(\ln 2 + \frac{\sqrt{2}}{2} - \frac{1}{2}\right).$$

【题型 10-11】 利用重心计算重积分

应对 当被积函数为一次函数且积分区域的形状规则时，可考虑利用形心坐标计算重积分. 设 $(\bar{x}, \bar{y})$ 是平面积分区域 D 的形心，则有

$$\iint\limits_D x\,\mathrm{d}\sigma = \bar{x}\iint\limits_D \mathrm{d}\sigma, \qquad \iint\limits_D y\,\mathrm{d}\sigma = \bar{y}\iint\limits_D \mathrm{d}\sigma.$$

对于三重积分也有类似的公式.

例 10-21 计算下列重积分：

(1) $I = \iint\limits_D (x+y)\mathrm{d}x\mathrm{d}y$，其中 $D: x^2+y^2 \leqslant x+y+1$；

(2) $I = \iint\limits_D y\,\mathrm{d}x\mathrm{d}y$，其中 D 是由直线 $x=-2, y=0, y=2$ 以及曲线 $x=-\sqrt{2y-y^2}$ 所围成的平面区域；

(3) $I = \iiint\limits_V (ax+by+cz)\mathrm{d}v$，其中 $V: 4x^2+y^2+z^2-2z \leqslant 3$.

解 (1) D 的边界曲线标准化后为 $\left(x-\dfrac{1}{2}\right)^2 + \left(y-\dfrac{1}{2}\right)^2 = \dfrac{3}{2}$，其形心 $(\bar{x}, \bar{y})$ 就是圆心 $\left(\dfrac{1}{2}, \dfrac{1}{2}\right)$，且 D 的面积为 $\dfrac{3}{2}\pi$，故

$$I = \iint\limits_D x\,\mathrm{d}x\mathrm{d}y + \iint\limits_D y\,\mathrm{d}x\mathrm{d}y = (\bar{x}+\bar{y})\,\frac{3}{2}\pi = \frac{3}{2}\pi.$$

(2) 注意到被积函数是 y 的一次函数，如图 10-48 所示，显然区域 D 的形心在直线 $y=1$ 上，故

$$I = \bar{y}\iint\limits_D \mathrm{d}x\mathrm{d}y = \iint\limits_D \mathrm{d}x\mathrm{d}y = 4 - \frac{\pi}{2}.$$

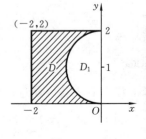

图 10-48

注 此题可以用区域增减法来计算,但计算量较大.

(3) 注意椭球面方程标准化后为 $x^2 + \dfrac{y^2}{4} + \dfrac{(z-1)^2}{4} = 1$,积分区域的形心 $(\bar{x}, \bar{y}, \bar{z})$ 为 $(0,0,1)$,且体积为 $\dfrac{16\pi}{3}$,故

$$I = (a\bar{x} + b\bar{y} + c\bar{z}) \iiint\limits_{V} \mathrm{d}v = \frac{16\pi}{3} c.$$

【题型 10-12】 利用一般变量代换计算重积分

应对 对于用前面所列方法仍然无法计算或计算较复杂的重积分,我们可以考虑用一般的重积分变量代换公式.

(1) 二重积分的变量代换:设 $f(x,y)$ 在 D 上连续,变换 $\begin{cases} x = x(u,v), \\ y = y(u,v), \end{cases}$ $(u,v) \in D'$ 是 D' 到 D 的一一映射,且 $x = x(u,v)$ 与 $y = y(u,v)$ 在 D' 上有连续偏导数,其雅可比 (Jacobi) 行列式为

$$J = \begin{vmatrix} x_u & x_v \\ y_u & y_v \end{vmatrix} \neq 0, \quad (u,v) \in D',$$

则

$$\iint\limits_{D} f(x,y)\mathrm{d}x\mathrm{d}y = \iint\limits_{D'} f[x(u,v), y(u,v)] \mid J \mid \mathrm{d}u\mathrm{d}v.$$

(2) 三重积分的变量代换:设 $f(x,y,z)$ 在 V 上连续,变换 $\begin{cases} x = x(u,v,w), \\ y = y(u,v,w), \\ z = z(u,v,w), \end{cases}$ $(u,v,w) \in V'$ 是 V' 到 V 的一一映射,且 $x = x(u,v,w), y = y(u,v,w)$ 与 $z = z(u, v, w)$ 在 V' 上有连续偏导数,其雅可比行列式为

$$J = \begin{vmatrix} x_u & x_v & x_w \\ y_u & y_v & y_w \\ z_u & z_v & z_w \end{vmatrix} \neq 0, \quad (u,v,w) \in V',$$

则

$$\iiint\limits_{V} f(x,y,z)\mathrm{d}x\mathrm{d}y\mathrm{d}z = \iiint\limits_{V'} f[x(u,v,w), y(u,v,w), z(u,v,w)] \mid J \mid \mathrm{d}u\mathrm{d}v\mathrm{d}w.$$

例 10-22 计算下列重积分:

(1) $I = \displaystyle\iint\limits_{D} \mid 3x + 4y \mid \mathrm{d}x\mathrm{d}y$,其中 $D: x^2 + y^2 \leqslant 1$;

(2) $I = \displaystyle\iint\limits_{D} (x^2 + y^2)\mathrm{d}x\mathrm{d}y$,其中 $D: x^2 + 4y^2 \leqslant 1$;

(3) $I = \displaystyle\iint\limits_{D} xy\mathrm{d}x\mathrm{d}y$,其中 D 是由曲线 $xy = 2, xy = 4$ 和直线 $y = x, y = 2x$ 所围成的在第一象限的区域;

(4) $I = \displaystyle\iint\limits_{D} \mathrm{e}^{\frac{x-y}{x+y}} \mathrm{d}x\mathrm{d}y$,其中 D 是由 $x = 0, y = 0$ 以及 $x + y = 1$ 所围成的区域;

(5) $I = \displaystyle\iiint\limits_{V} \left(\dfrac{x}{a} + \dfrac{y}{b} + \dfrac{z}{c} \right)^2 \mathrm{d}x\mathrm{d}y\mathrm{d}z$,其中 $V: \dfrac{x^2}{a^2} + \dfrac{y^2}{b^2} + \dfrac{z^2}{c^2} \leqslant 1$.

解 (1) 由于被积函数是 x,y 的一次函数,故可用如下变量代换:令 $u=3x+4y$, $v=-4x+3y$(其几何意义是作坐标旋转,即取两互相垂直的直线 $3x+4y=0$,$-4x+3y=0$ 作为新的坐标轴 v 和 u),则 $|J|=\dfrac{1}{25}$,积分区域 D 变成 $D':u^2+v^2\leqslant25$,于是

$$I=\iint\limits_{u^2+v^2\leqslant25}|u|\cdot\frac{1}{25}\mathrm{d}u\mathrm{d}v=\frac{1}{25}\int_{-5}^{5}\mathrm{d}u\int_{-\sqrt{25-u^2}}^{\sqrt{25-u^2}}|u|\,\mathrm{d}v$$

$$=\frac{1}{25}\int_{-5}^{5}|u|\cdot2\sqrt{25-u^2}\mathrm{d}u=\frac{4}{25}\int_{0}^{5}\sqrt{25-u^2}\,u\mathrm{d}u=\frac{20}{3}.$$

注 本题也可用极坐标代换来计算,请读者比较.

(2) 积分区域为椭圆域,用极坐标代换仍然不能简化二重积分计算,此时应作广义极坐标代换:$x=r\cos\theta,y=\dfrac{1}{2}r\sin\theta$,则 $|J|=\dfrac{1}{2}r$. 积分区域 D 变成 $D':0\leqslant r\leqslant1,0\leqslant\theta\leqslant2\pi$,于是

$$I=\frac{1}{2}\int_{0}^{2\pi}\mathrm{d}\theta\int_{0}^{1}r^3\left(\cos^2\theta+\frac{1}{4}\sin^2\theta\right)\mathrm{d}r=\frac{1}{2}\int_{0}^{2\pi}\mathrm{d}\theta\int_{0}^{1}r^3\left(\frac{3}{4}\cos^2\theta+\frac{1}{4}\right)\mathrm{d}r$$

$$=\frac{1}{8}\int_{0}^{2\pi}\left[\frac{3}{8}(1+\cos2\theta)+\frac{1}{4}\right]\mathrm{d}\theta=\frac{5}{32}\pi.$$

(3) 积分区域比较复杂,如果直接解,需要分域,为此,令 $u=xy,v=\dfrac{y}{x}$,则

$$J=\begin{vmatrix}\dfrac{1}{2\sqrt{uv}} & -\dfrac{\sqrt{u}}{2\sqrt{v^3}}\\[3mm]\dfrac{\sqrt{v}}{2\sqrt{u}} & \dfrac{\sqrt{u}}{2\sqrt{v}}\end{vmatrix}=\frac{1}{2v}.$$

积分区域 D 变成 $D':2\leqslant u\leqslant4,1\leqslant v\leqslant2$,于是

$$I=\int_{2}^{4}\mathrm{d}u\int_{1}^{2}u\cdot\frac{1}{2v}\mathrm{d}v=\frac{1}{2}\int_{2}^{4}u\mathrm{d}u\cdot\int_{1}^{2}\frac{\mathrm{d}v}{v}=3\ln2.$$

(4) 在直角坐标系下,被积函数难以积分,为此,令 $u=x+y,v=x-y$,即 $x=\dfrac{1}{2}(u+v),y=\dfrac{1}{2}(u-v)$,则 $|J|=\dfrac{1}{2}$. 由于 $x=0\Rightarrow u+v=0,y=0\Rightarrow u-v=0,x+y=1\Rightarrow u=1$,于是

$$I=\iint\limits_{D'}\mathrm{e}^{\frac{v}{u}}\frac{1}{2}\mathrm{d}u\mathrm{d}v=\frac{1}{2}\int_{0}^{1}\mathrm{d}u\int_{-u}^{u}\mathrm{e}^{\frac{v}{u}}\mathrm{d}v=\frac{1}{2}\int_{0}^{1}u(\mathrm{e}-\mathrm{e}^{-1})\mathrm{d}u=\frac{1}{4}(\mathrm{e}-\mathrm{e}^{-1}).$$

(5) 注意到被积函数为

$$\frac{x^2}{a^2}+\frac{y^2}{b^2}+\frac{z^2}{c^2}+\frac{2}{ab}xy+\frac{2}{ac}xz+\frac{2}{bc}yz,$$

而 V 既关于坐标平面 Oyz 对称,也关于坐标平面 Oxz 对称,所以 x 的奇函数 $\dfrac{2}{ab}xy,\dfrac{2}{ac}xz$ 及 y 的奇函数 $\dfrac{2}{bc}yz$ 的积分均为零,因此

$$I=\iiint\limits_{V}\left(\frac{x^2}{a^2}+\frac{y^2}{b^2}+\frac{z^2}{c^2}\right)\mathrm{d}x\mathrm{d}y\mathrm{d}z.$$

令 $x = au, y = bv, z = cw$，则 $|J| = abc$，且
$$I = \iiint\limits_{V'} (u^2 + v^2 + w^2)abc\,\mathrm{d}u\mathrm{d}v\mathrm{d}w,$$
其中 $V': u^2 + v^2 + w^2 \leqslant 1$. 再利用球面坐标计算得 $I = \dfrac{4}{5}\pi abc$.

【题型 10-13】 重积分的不等式或等式的证明

应对 证明积分不等式主要根据是重积分的不等式性质（若表达式中含有二次积分或两定积分的乘积时也可化为重积分再作讨论）.

证明积分等式常用方法是交换积分次序，如果被积函数是抽象的一元连续函数，还可以借助其原函数，通过二次积分的计算来证明.

例 10-23 设函数 $f(x)$ 是区间 $[a,b]$ 上的正值连续函数，证明 $\iint\limits_{D} \dfrac{f(x)}{f(y)}\mathrm{d}x\mathrm{d}y \geqslant (b-a)^2$，其中 $D: a \leqslant x \leqslant b, a \leqslant y \leqslant b$.

证 由于区域 D 是轮换对称区域，因此
$$\iint\limits_{D} \frac{f(x)}{f(y)}\mathrm{d}x\mathrm{d}y = \iint\limits_{D} \frac{f(y)}{f(x)}\mathrm{d}x\mathrm{d}y.$$
于是
$$\iint\limits_{D} \frac{f(x)}{f(y)}\mathrm{d}x\mathrm{d}y = \frac{1}{2}\iint\limits_{D} \left(\frac{f(x)}{f(y)} + \frac{f(y)}{f(x)}\right)\mathrm{d}x\mathrm{d}y = \frac{1}{2}\iint\limits_{D} \frac{f^2(x) + f^2(y)}{f(x)f(y)}\mathrm{d}x\mathrm{d}y.$$
注意到 $f^2(x) + f^2(y) \geqslant 2f(x)f(y)$，故
$$\iint\limits_{D} \frac{f(x)}{f(y)}\mathrm{d}x\mathrm{d}y \geqslant \frac{1}{2}\iint\limits_{D} 2\mathrm{d}x\mathrm{d}y = (b-a)^2.$$

例 10-24 若 $f(x)$ 在区间 $[0,a]$ 上连续，证明：$2\int_0^a f(x)\mathrm{d}x \int_x^a f(y)\mathrm{d}y = \left[\int_0^a f(x)\mathrm{d}x\right]^2$.

证一 由于 $f(x)$ 在区间 $[0,a]$ 上连续，故可设 $F(x) = \int_x^a f(t)\mathrm{d}t$，于是 $F'(x) = -f(x)$，且 $F(a) = 0$，从而
$$\int_0^a f(x)\mathrm{d}x \int_x^a f(y)\mathrm{d}y = \int_0^a f(x)F(x)\mathrm{d}x = -\frac{1}{2}F^2(x)\Big|_0^a = \frac{1}{2}F^2(0) = \frac{1}{2}\left(\int_0^a f(x)\mathrm{d}x\right)^2.$$

证二 将二次积分化为二重积分，得
$$\int_0^a f(x)\mathrm{d}x \int_x^a f(y)\mathrm{d}y = \iint\limits_{D} f(x)f(y)\mathrm{d}x\mathrm{d}y \quad (D: 0 \leqslant x \leqslant a, x \leqslant y \leqslant a)$$
$$= \frac{1}{2}\iint\limits_{D_1} f(x)f(y)\mathrm{d}x\mathrm{d}y \quad (D_1: 0 \leqslant x \leqslant a, 0 \leqslant y \leqslant a)$$
$$= \frac{1}{2}\int_0^a f(x)\mathrm{d}x \int_0^a f(y)\mathrm{d}y = \frac{1}{2}\left(\int_0^a f(x)\mathrm{d}x\right)^2.$$

证三 交换积分次序，得
$$\int_0^a f(x)\mathrm{d}x \int_x^a f(y)\mathrm{d}y = \int_0^a f(y)\mathrm{d}y \int_0^y f(x)\mathrm{d}x = \int_0^a f(x)\mathrm{d}x \int_0^x f(y)\mathrm{d}y \quad (x,y \text{ 互换})$$
$$= \frac{1}{2}\left[\int_0^a f(x)\mathrm{d}x \int_x^a f(y)\mathrm{d}y + \int_0^a f(x)\mathrm{d}x \int_0^x f(y)\mathrm{d}y\right]$$
$$= \frac{1}{2}\int_0^a f(x)\mathrm{d}x \int_0^a f(y)\mathrm{d}y = \frac{1}{2}\left(\int_0^a f(x)\mathrm{d}x\right)^2.$$

【题型 10-14】 变区域重积分问题

例 10-25 设 f 可导且 $f(0)=0$，求 $I=\lim\limits_{t\to 0^+}\dfrac{1}{\pi t^4}\iiint\limits_{V}f(\sqrt{x^2+y^2+z^2})\mathrm{d}x\mathrm{d}y\mathrm{d}z$，其中
$V:x^2+y^2+z^2\leqslant t^2$.

解 因 $\iiint\limits_{V}f(\sqrt{x^2+y^2+z^2})\mathrm{d}x\mathrm{d}y\mathrm{d}z=\int_0^{2\pi}\mathrm{d}\theta\int_0^{\pi}\sin\varphi\mathrm{d}\varphi\int_0^t f(\rho)\rho^2\mathrm{d}\rho=4\pi\int_0^t\rho^2 f(\rho)\mathrm{d}\rho$,

所以由洛必达法则得 $I=\lim\limits_{t\to 0^+}\dfrac{4\pi t^2 f(t)}{4\pi t^3}=\lim\limits_{t\to 0^+}\dfrac{f(t)-f(0)}{t}=f'_+(0)=f'(0).$

例 10-26 设函数 $f(x)$ 连续且恒大于零. 又设

$$F(t)=\frac{\iiint\limits_{\Omega(t)}f(x^2+y^2+z^2)\mathrm{d}v}{\iint\limits_{D(t)}f(x^2+y^2)\mathrm{d}\sigma},\quad G(t)=\frac{\iint\limits_{D(t)}f(x^2+y^2)\mathrm{d}\sigma}{\int_{-t}^{t}f(x^2)\mathrm{d}x},$$

其中 $\qquad \Omega(t)=\{(x,y,z)\mid x^2+y^2+z^2\leqslant t^2, t\geqslant 0\},$

$$D(t)=\{(x,y)\mid x^2+y^2\leqslant t^2, t\geqslant 0\}.$$

(1) 讨论 $F(t)$ 在区间 $(0,+\infty)$ 内的单调性；

(2) 证明当 $t>0$ 时，$F(t)>\dfrac{2}{\pi}G(t)$.

解 (1) 由被积函数以及积分区域的特点，分别采用球面坐标及极坐标计算三重积分与二重积分，于是

$$F(t)=\frac{\int_0^{2\pi}\mathrm{d}\theta\int_0^{\pi}\mathrm{d}\varphi\int_0^t f(\rho^2)\rho^2\sin\varphi\mathrm{d}\rho}{\int_0^{2\pi}\mathrm{d}\theta\int_0^t f(r^2)r\mathrm{d}r}=\frac{2\int_0^t f(\rho^2)\rho^2\mathrm{d}\rho}{\int_0^t f(r^2)r\mathrm{d}r}=\frac{2\int_0^t f(r^2)r^2\mathrm{d}r}{\int_0^t f(r^2)r\mathrm{d}r},$$

因此 $\qquad F'(t)=2tf(t^2)\int_0^t f(r^2)r(t-r)\mathrm{d}r\Big/\Big(\int_0^t f(r^2)r\mathrm{d}r\Big)^2.$

而当 $t>0$ 时，$f(t)>0$，$\Big(\int_0^t f(r^2)r\mathrm{d}r\Big)^2>0$，$f(r^2)r(t-r)>0$，因而 $F'(t)>0$，
即 $F(t)$ 在区间 $(0,+\infty)$ 内为严格单调增函数.

(2) 因 $G(t)=\dfrac{\pi\int_0^t f(r^2)r\mathrm{d}r}{\int_0^t f(r^2)\mathrm{d}r}$，要证明当 $t>0$ 时，$F(t)>\dfrac{2}{\pi}G(t)$，只需证 $t>0$ 时，

$$F(t)-\frac{2}{\pi}G(t)>0,\quad 即\quad \int_0^t f(r^2)r^2\mathrm{d}r\int_0^t f(r^2)\mathrm{d}r-\Big(\int_0^t f(r^2)r\mathrm{d}r\Big)^2>0.$$

因而令 $\qquad g(t)=\int_0^t f(r^2)r^2\mathrm{d}r\int_0^t f(r^2)\mathrm{d}r-\Big(\int_0^t f(r^2)r\mathrm{d}r\Big)^2,$

则 $\qquad g'(t)=f(t^2)t^2\int_0^t f(r^2)\mathrm{d}r+f(t^2)\int_0^t f(r^2)r^2\mathrm{d}r-2f(t^2)t\int_0^t f(r^2)r\mathrm{d}r$

$$=f(t^2)\int_0^t f(r^2)(t^2+r^2-2tr)\mathrm{d}r=f(t^2)\int_0^t f(r^2)(t-r)^2\mathrm{d}r>0,$$

故 $g(t)$ 在区间 $(0,+\infty)$ 内为严格单调增.

又因为 $g(t)$ 在点 $t=0$ 处连续，所以 $t>0$ 时，$g(t)>g(0)=0$. 因此

$$F(t) - \frac{2}{\pi}G(t) > 0, \quad 即 \quad F(t) > \frac{2}{\pi}G(t).$$

【题型 10-15】 重积分的几何应用

应对 （1）平面图形的面积　设 D 是坐标平面 Oxy 上的有界闭区域,以 σ 表示其面积,则 $\sigma = \iint\limits_{D} \mathrm{d}\sigma$.

（2）空间立体的体积　设 V 是空间有界闭区域,以 v 表示其体积,则 $v = \iiint\limits_{V} \mathrm{d}v$.

（3）曲面的面积　设曲面方程为 $z = z(x,y),(x,y) \in D$,函数 $z(x,y)$ 在 D 上有连续偏导数,则该曲面面积为 $S = \iint\limits_{D} \sqrt{1 + z_x^2 + z_y^2}\,\mathrm{d}x\mathrm{d}y$.

例 10-27　求心形线 $r = 2(1 - \sin\theta)$ 所围平面区域的面积 A.

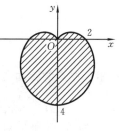

图 10-49

解　如图 10-49 所示,区域关于 y 轴对称,因此

$$A = \iint\limits_{D} \mathrm{d}x\mathrm{d}y = 2\int_{-\frac{\pi}{2}}^{\frac{\pi}{2}} \mathrm{d}\theta \int_0^{2(1-\sin\theta)} r\mathrm{d}r = 4\int_{-\frac{\pi}{2}}^{\frac{\pi}{2}} (1-\sin\theta)^2\,\mathrm{d}\theta$$

$$= 4\int_{-\frac{\pi}{2}}^{\frac{\pi}{2}} (1 - 2\sin\theta + \sin^2\theta)\,\mathrm{d}\theta = 6\pi.$$

例 10-28　求曲面 $(x^2 + y^2 + z^2)^2 = x^2 + y^2$ 所围区域 V 的体积 v.

解　V 的形状复杂且较难画出图形,因此先对曲面方程作分析:将 $-x, -y, -z$ 代入方程,方程不变,说明 V 关于 3 个坐标面对称,设 v_1 是 V 在第一卦限部分 V_1 的体积,则 $v = 8v_1$.

使用球面坐标,则在第一卦限曲面方程成为 $\rho = \sin\varphi \left(0 \leqslant \varphi \leqslant \frac{\pi}{2}\right)$,因此

$$v = 8v_1 = 8\int_0^{\frac{\pi}{2}} \mathrm{d}\theta \int_0^{\frac{\pi}{2}} \mathrm{d}\varphi \int_0^{\sin\varphi} \rho^2 \sin\varphi\mathrm{d}\rho = 4\pi \times \frac{1}{3}\int_0^{\frac{\pi}{2}} \sin^4 y\mathrm{d}y = \frac{4\pi}{3} \times \frac{3}{4} \times \frac{1}{2} \times \frac{\pi}{2} = \frac{1}{4}\pi^2.$$

例 10-29　求曲面 $az = xy$ 包含在圆柱面 $x^2 + y^2 = a^2 (a > 0)$ 内那部分的面积 S.

解　曲面方程为 $z = \frac{xy}{a}$,于是 $z_x = \frac{y}{a}, z_y = \frac{x}{a}$. 又因曲面 $az = xy$ 包含在圆柱面 $x^2 + y^2 = a^2$ 内的部分曲面在坐标平面 Oxy 上的投影区域 $D = \{(x,y) \mid x^2 + y^2 \leqslant a^2\}$,利用对称性知,所求的曲面面积为

$$S = \iint\limits_{D} \sqrt{1 + z_x^2 + z_y^2}\,\mathrm{d}x\mathrm{d}y = \frac{4}{a}\int_0^{\frac{\pi}{2}} \mathrm{d}\theta \int_0^a r\sqrt{a^2 + r^2}\,\mathrm{d}r = \frac{2\pi}{a}\left[\frac{1}{3}(a^2 + r^2)^{\frac{3}{2}}\right]\Big|_0^a$$

$$= \frac{2\pi}{3}a^2(2\sqrt{2} - 1).$$

【题型 10-16】 重积分的物理应用

应对　（1）质量　具有面密度 $\mu(x,y)$ 的平面薄板 D 的质量为 $M = \iint\limits_{D} \mu(x,y)\mathrm{d}\sigma$.

类似地,若立体 V 的密度为 $\mu(x,y,z)$,则其质量为 $M = \iiint\limits_{V} \mu(x,y,z)\mathrm{d}v$.

（2）**重心** 设平面区域 D 的面密度为 $\mu(x,y)$，质量为 M，则其重心坐标 $(\bar{x},\bar{y})$ 为

$$\bar{x}=\frac{1}{M}\iint\limits_{D}x\mu(x,y)\mathrm{d}\sigma, \quad \bar{y}=\frac{1}{M}\iint\limits_{D}y\mu(x,y)\mathrm{d}\sigma.$$

类似地，若立体 V 的密度为 $\mu(x,y,z)$，质量为 M，则其重心坐标 $(\bar{x},\bar{y},\bar{z})$ 为

$$\bar{x}=\frac{1}{M}\iiint\limits_{V}x\mu(x,y,z)\mathrm{d}v, \quad \bar{y}=\frac{1}{M}\iiint\limits_{V}y\mu(x,y,z)\mathrm{d}v, \quad \bar{z}=\frac{1}{M}\iiint\limits_{V}z\mu(x,y,z)\mathrm{d}v.$$

（3）**转动惯量** 设平面区域 D 的面密度为 $\mu(x,y)$，则它对 x 轴和 y 轴的转动惯量 J_x 和 J_y 分别为 $J_x=\iint\limits_{D}y^2\mu(x,y)\mathrm{d}\sigma, J_y=\iint\limits_{D}x^2\mu(x,y)\mathrm{d}\sigma.$

类似地，密度为 $\mu(x,y,z)$ 的立体 V 对各坐标轴的转动惯量为

$$J_x=\iiint\limits_{V}(y^2+z^2)\mu(x,y,z)\mathrm{d}v, \quad J_y=\iiint\limits_{V}(x^2+z^2)\mu(x,y,z)\mathrm{d}v,$$

$$J_z=\iiint\limits_{V}(x^2+y^2)\mu(x,y,z)\mathrm{d}v,$$

对坐标原点的转动惯量 $I_0=\iiint\limits_{V}(x^2+y^2+z^2)\mu(x,y,z)\mathrm{d}v.$

（4）**引力** 设立体 V 的密度为 $\mu(x,y,z)$，立体 V 外一点 $P_0(x_0,y_0,z_0)$ 处有质量为 m 的质点，则 V 对质点 P_0 的引力为

$$\boldsymbol{F}=F_x\boldsymbol{i}+F_y\boldsymbol{j}+F_z\boldsymbol{k},$$

其中，$\quad F_x=km\iiint\limits_{V}\dfrac{x-x_0}{r^3}\mu(x,y,z)\mathrm{d}v, \quad F_y=km\iiint\limits_{V}\dfrac{y-y_0}{r^3}\mu(x,y,z)\mathrm{d}v,$

$$F_z=km\iiint\limits_{V}\frac{z-z_0}{r^3}\mu(x,y,z)\mathrm{d}v, \quad r=\sqrt{(x-x_0)^2+(y-y_0)^2+(z-z_0)^2},$$

k 为引力常数.

例 10-30 设有一半径为 R 的球体，P_0 是此球体表面上一定点，球体上任一点的密度与该点到点 P_0 的距离的平方成正比（比例系数 $k>0$），求球体的重心位置.

解 以点 P_0 为原点建立直角坐标系，则球面坐标方程为 $x^2+y^2+z^2=2Rz$，密度函数 $\mu(x,y,z)=k(x^2+y^2+z^2)$，由对称性知 $\bar{x}=\bar{y}=0.$

因 $\quad M=\iiint\limits_{V}k(x^2+y^2+z^2)\mathrm{d}v=k\int_0^{2\pi}\mathrm{d}\theta\int_0^{\frac{\pi}{2}}\sin\varphi\mathrm{d}\varphi\int_0^{2R\cos\varphi}\rho^4\mathrm{d}\rho$

$$=k2\pi\cdot\frac{1}{5}\int_0^{\frac{\pi}{2}}\sin\varphi(2R\cos\varphi)^5\mathrm{d}\varphi=k\frac{2\pi}{5}(2R)^5(-1)\int_0^{\frac{\pi}{2}}\cos^5\varphi\mathrm{d}(\cos\varphi)$$

$$=k\cdot\frac{32}{15}\pi R^5,$$

且 $\quad\iiint\limits_{V}kz(x^2+y^2+z^2)\mathrm{d}v=k\int_0^{2\pi}\mathrm{d}\theta\int_0^{\frac{\pi}{2}}\sin\varphi\mathrm{d}\varphi\int_0^{2R\cos\varphi}\rho^5\cos\varphi\mathrm{d}\rho$

$$=k\cdot2\pi\cdot\frac{1}{6}\int_0^{\frac{\pi}{2}}\cos\varphi\sin\varphi(2R\cos\varphi)^6\mathrm{d}\varphi$$

$$=k\cdot\frac{2\pi}{6}(2R)^6(-1)\int_0^{\frac{\pi}{2}}\cos^7\varphi\mathrm{d}(\cos\varphi)=k\cdot\frac{8}{3}\pi R^6,$$

故 $\bar{z} = \dfrac{5}{4}R$，于是得重心坐标为 $\left(0,0,\dfrac{5}{4}R\right)$.

例 10-31 设球体 $x^2 + y^2 + z^2 \leqslant R^2$ 上任一点的密度与该点到球心的距离成正比，求它对直径的转动惯量.

解 由题意知，密度函数 $\mu(x,y,z) = k\sqrt{x^2 + y^2 + z^2}$（$k > 0$ 为常数），所以

$$I_z = \iiint_V k\sqrt{x^2+y^2+z^2}(x^2+y^2)\mathrm{d}v = \int_0^{2\pi}\mathrm{d}\theta\int_0^{\pi}\mathrm{d}\varphi\int_0^R \rho(\rho^2\sin^2\varphi)\rho^2\sin\varphi\mathrm{d}\rho$$

$$= k \cdot 2\pi\int_0^{\pi}\sin^3\varphi\mathrm{d}\varphi\int_0^R \rho^5\mathrm{d}\rho = 2k\pi \cdot 2\int_0^{\frac{\pi}{2}}\sin^3\varphi\mathrm{d}\varphi \cdot \frac{1}{6}R^6$$

$$= 4k\pi \cdot \frac{2}{3} \cdot \frac{1}{6}R^6 = \frac{4}{9}k\pi R^6.$$

例 10-32 求均匀球体 $x^2 + y^2 + (z-a)^2 \leqslant a^2$（$a > 0$，密度 $\rho = 1$）对原点的转动惯量 I_0.

解 利用球面坐标，得

$$I_0 = \iiint_{\Omega}(x^2+y^2+z^2)\mathrm{d}v = \int_0^{2\pi}\mathrm{d}\theta\int_0^{\frac{\pi}{2}}\mathrm{d}\varphi\int_0^{2a\cos\varphi}\rho^2 \cdot \rho^2\sin\varphi\mathrm{d}\rho$$

$$= 2\pi\int_0^{\frac{\pi}{2}}\sin\varphi\mathrm{d}\varphi\int_0^{2a\cos\varphi}\rho^4\mathrm{d}\rho = \frac{32}{15}a^5\pi.$$

10.4　知　识　扩　展

由二重积分计算定积分的几个案例

二重积分一般是通过转化为累次积分即两个定积分来计算的，但从逆向思维的角度来看，有些定积分问题也可以转化为二重积分进行计算，著名的积分 $\int_0^{+\infty}\mathrm{e}^{-x^2}\mathrm{d}x$ 就是化为二重积分求解的. 对于某些特殊结构的被积函数而言，化定积分为二重积分可以使定积分问题大大简化.

例 10-33 求下列定积分：

(1) $I = \displaystyle\int_0^1 \frac{\ln(1+x)}{(2-x)^2}\mathrm{d}x$；　　(2) $I = \displaystyle\int_0^1 \frac{x^a - x^b}{\ln x}\mathrm{d}x$（$a > 0, b > 0$）.

解 (1) $I = \displaystyle\int_0^1 \frac{\mathrm{d}x}{(2-x)^2}\int_0^x \frac{\mathrm{d}t}{1+t} = \iint_D \frac{\mathrm{d}x\mathrm{d}t}{(1+t)(2-x)^2}$（$D: 0 \leqslant x \leqslant 1, 0 \leqslant t \leqslant x$）

$$= \int_0^1 \frac{\mathrm{d}t}{1+t}\int_t^1 \frac{\mathrm{d}x}{(2-x)^2} = \int_0^1 \frac{1-t}{(1+t)(2-t)}\mathrm{d}t$$

$$= \frac{2}{3}\int_0^1 \frac{\mathrm{d}t}{1+t} + \frac{1}{3}\int_0^1 \frac{\mathrm{d}t}{t-2} = \frac{1}{3}\ln 2.$$

(2) $I = \displaystyle\int_0^1 \mathrm{d}x\int_b^a x^y\mathrm{d}y = \int_b^a \mathrm{d}y\int_0^1 x^y\mathrm{d}x = \int_b^a \frac{\mathrm{d}y}{y+1} = \ln\frac{a+1}{b+1}.$

注 本题若不转化为二重积分，是很难计算的.

习 题 10

(A)

1. 填空题

(1) 设 $f(x)$ 为连续函数，$F(t) = \int_1^t \mathrm{d}y \int_y^t f(x)\mathrm{d}x$，则 $F'(2) = $ ____．

(2) 设 $D = \{(x,y) \mid x^2 + y^2 \leqslant 1, x \geqslant 0\}$，则 $\iint\limits_D \dfrac{xy}{1+x^2+y^2}\mathrm{d}\sigma = $ ____．

(3) 设 $V = \{(x,y,z) \mid x^2+y^2+z^2 \leqslant 1\}$，则 $\iiint\limits_V \dfrac{z\ln(x^2+y^2+z^2+1)}{x^2+y^2+z^2+1}\mathrm{d}v = $ ____．

2. 设 $f(x,y)$ 是连续函数，更换下列二次积分的次序：

(1) $\displaystyle\int_0^1 \mathrm{d}x \int_0^{x^2} f(x,y)\mathrm{d}y + \int_1^3 \mathrm{d}x \int_0^{\frac{1}{2}(3-x)} f(x,y)\mathrm{d}y$；

(2) $\displaystyle\int_0^1 \mathrm{d}y \int_{e^y}^{e} f(x,y)\mathrm{d}x$；

(3) $\displaystyle\int_0^1 \mathrm{d}y \int_{-\sqrt{y}}^{\sqrt{y}} f(x,y)\mathrm{d}x$；

(4) $\displaystyle\int_0^1 \mathrm{d}x \int_{1+\sqrt{1-x^2}}^{\sqrt{4-x^2}} f(x,y)\mathrm{d}y + \int_1^{\sqrt{3}} \mathrm{d}x \int_1^{\sqrt{4-x^2}} f(x,y)\mathrm{d}y$．

3. 计算下列二重积分：

(1) $\iint\limits_D xy\mathrm{d}\sigma$，其中 D 由曲线 $r = 1+\cos\theta(0 \leqslant \theta \leqslant \pi)$ 与极轴围成；

(2) $\iint\limits_D x^2\mathrm{d}\sigma$，其中 D 由直线 $x = 3y, y = 3x$ 及 $x+y = 8$ 围成；

(3) $\iint\limits_D (1+x^2\sin y)x\mathrm{d}x\mathrm{d}y$，其中积分区域 D 是圆周 $x^2+y^2 = 1$ 以外，矩形：$-1 \leqslant x \leqslant 2, -1 \leqslant y \leqslant 1$ 以内的平面图形；

(4) $\iint\limits_D |x-y|\mathrm{d}x\mathrm{d}y$，其中 $D = \{(x,y) \mid x^2+y^2 \leqslant R^2\}$；

(5) $\iint\limits_D (x+y)\mathrm{d}x\mathrm{d}y$ 其中 D 为由 $y = x^2, y = 4x^2, y = 1$ 围成的区域；

(6) $\iint\limits_D \dfrac{1}{\sqrt{2a-x}}\mathrm{d}x\mathrm{d}y$，其中 $D = \{(x,y) \mid 0 \leqslant x \leqslant a, 0 \leqslant y \leqslant a - \sqrt{2ax-x^2}, a > 0\}$；

(7) $\iint\limits_D e^{-(x^2+y^2-\pi)}\sin(x^2+y^2)\mathrm{d}x\mathrm{d}y$，其中 $D = \{(x,y) \mid x^2+y^2 \leqslant \pi\}$；

(8) $\iint\limits_D (xy)^2\mathrm{d}x\mathrm{d}y$，其中 $D = \{(x,y) \mid |x|+|y| \leqslant 1\}$；

(9) $\iint\limits_D \left(\dfrac{x^2}{a^2} + \dfrac{y^2}{b^2}\right)\mathrm{d}x\mathrm{d}y$，其中 $D = \{(x,y) \mid x^2+y^2 \leqslant R^2(a,b,R>0)\}$；

(10) $\displaystyle\iint\limits_{D}(x-y)\mathrm{d}x\mathrm{d}y$，其中 $D=\{(x,y)\mid(x-1)^{2}+(y-1)^{2}\leqslant 2,y\geqslant x\}$.

4. 计算下列二次积分：

(1) $\displaystyle\int_{0}^{3}\mathrm{d}y\int_{y^{2}}^{9}y\sin(x^{2})\mathrm{d}x$；　　(2) $\displaystyle\int_{\frac{1}{4}}^{\frac{1}{2}}\mathrm{d}y\int_{\frac{1}{2}}^{\sqrt{y}}\mathrm{e}^{\frac{y}{x}}\mathrm{d}x+\int_{\frac{1}{2}}^{1}\mathrm{d}y\int_{y}^{\sqrt{y}}\mathrm{e}^{\frac{y}{x}}\mathrm{d}x$.

5. 若 f 是连续函数，证明 $\displaystyle\iint\limits_{D}f(x-y)\mathrm{d}x\mathrm{d}y=\int_{-A}^{A}f(t)(A-\mid t\mid)\mathrm{d}t$，其中

10-A-5

$D=\left\{(x,y)\Big|\mid x\mid\leqslant\dfrac{A}{2},\mid y\mid\leqslant\dfrac{A}{2},A\text{ 为正的常数}\right\}$.

6. 证明 $\displaystyle\int_{a}^{b}\mathrm{d}x\int_{a}^{x}(x-y)^{n-2}f(y)\mathrm{d}y=\dfrac{1}{n-1}\int_{a}^{b}(b-y)^{n-1}f(y)\mathrm{d}y$，其中 $f(x)$ 为连续函数，n 为大于 1 的自然数.

7. 设 $f(x)$ 有连续导数，证明 $\displaystyle\int_{0}^{a}\mathrm{d}x\int_{0}^{x}\dfrac{f'(y)}{\sqrt{(a-x)(x-y)}}\mathrm{d}y=\pi[f(a)-$

10-A-7

$f(0)]\ (a>0)$.

8. 设 $f(x,y)$ 为连续函数，且 $f(x,y)=f(y,x)$，证明：

$$\int_{0}^{1}\left(\int_{0}^{x}f(x,y)\mathrm{d}y\right)\mathrm{d}x=\int_{0}^{1}\left(\int_{0}^{x}f(1-x,1-y)\mathrm{d}y\right)\mathrm{d}x.$$

9. 已知函数 $f(x,y)$ 具有二阶连续偏导数，且 $f(1,y)=0,f(x,1)=$ $0,\displaystyle\iint\limits_{D}f(x,y)\mathrm{d}\sigma=a$，其中 $D=\{(x,y)\mid 0\leqslant x\leqslant 1,0\leqslant y\leqslant 1\}$. 计算二重积分

10-A-9

$$\iint\limits_{D}xyf''_{xy}(x,y)\mathrm{d}x\mathrm{d}y.$$

10. 将三重积分 $\displaystyle\iiint\limits_{\Omega}f(x,y,z)\mathrm{d}x\mathrm{d}y\mathrm{d}z$ 分别在直角坐标系、柱面坐标系、球面坐标系下化为逐次积分，其中 f 是连续函数，$\Omega:x^{2}+y^{2}+z^{2}\leqslant 4,z\geqslant\sqrt{3(x^{2}+y^{2})}$.

11. 计算下列三重积分：

(1) $\displaystyle\iiint\limits_{\Omega}\mathrm{e}^{|z|}\mathrm{d}v$，其中 $\Omega:x^{2}+y^{2}+z^{2}\leqslant 1$；

(2) $\displaystyle\iiint\limits_{\Omega}\mathrm{e}^{\sqrt{\frac{x^{2}}{4}+\frac{y^{2}}{9}+z^{2}}}\mathrm{d}v$，其中 $\Omega:\dfrac{x^{2}}{4}+\dfrac{y^{2}}{9}+z^{2}\leqslant 1$；

(3) $\displaystyle\iiint\limits_{\Omega}(x+y+z)\mathrm{d}v$，其中 Ω 是由 $x+y+z=1$ 和三个坐标面所围成的区域；

(4) $\displaystyle\iiint\limits_{\Omega}\dfrac{\mathrm{e}^{z}}{\sqrt{x^{2}+y^{2}}}\mathrm{d}v$，其中 Ω 是由上半锥面 $z=\sqrt{x^{2}+y^{2}}$ 及平面 $z=1$ 和 $z=2$ 所围成的区域；

(5) $\displaystyle\iiint\limits_{\Omega}\sqrt{x^{2}+y^{2}}\mathrm{d}v$，其中 Ω 由平面 $y+z=4,x+y+z=1$ 与圆柱面 $x^{2}+y^{2}=1$ 所围成；

(6) $\iiint\limits_{\Omega} z^2 dv$，其中 Ω 为两球面 $x^2+y^2+z^2 \leqslant R^2$ 与 $x^2+y^2+z^2 \leqslant 2Rz$ 的公共部分；

(7) $\iiint\limits_{\Omega}(x^2+y^2+z)dv$，其中 Ω 是由 $x^2+y^2=2z$ 与平面 $z=4$ 所围成的区域；

(8) $\iiint\limits_{\Omega}(\sqrt{x^2+y^2})^3 dv$，其中 Ω 是以 $z=\sqrt{x^2+y^2}$ 为上盖. $z=0$ 为底,侧面是 $x^2+y^2=9, x^2+y^2=16$ 所围成的区域；

(9) $\iiint\limits_{\Omega} z dv$，其中 $\Omega=\{(x,y,z) \mid x^2+y^2+(z-a)^2 \leqslant a^2, x^2+y^2 \leqslant z^2\}$；

(10) $\iiint\limits_{\Omega}(x+z)dv$，其中 Ω 是由 $z=\sqrt{x^2+y^2}$ 和 $z=\sqrt{1-x^2-y^2}$ 围成的区域.

12. 计算 $\int_0^2 dx \int_0^{\sqrt{2x-x^2}} dy \int_0^{\sqrt{x^2+y^2}} z\sqrt{x^2+y^2}dz$.

13. 设 $f(x)$ 连续,证明：

(1) $\iiint\limits_{\Omega} f(z)dv = \int_{-1}^1 \pi f(z)(1-z^2)dz$，其中 $\Omega : x^2+y^2+z^2 \leqslant 1$；

(2) $\int_0^1 dx \int_x^1 dy \int_x^y f(x)f(y)f(z)dz = \frac{1}{3!}\Big[\int_0^1 f(t)dt\Big]^3$.

14. 曲面 $x^2+y^2+az=4a^2$，将球体 $x^2+y^2+z^2 \leqslant 4az \ (a>0)$ 分为两部分,求这两部分的体积比.

15. 计算密度函数为 $\mu(x,y,z)=z$ 的半球体 $x^2+y^2+z^2 \leqslant R^2, z \geqslant 0$ 的质心坐标 $(\bar{x}, \bar{y}, \bar{z})$.

16. 设密度为 1 的均匀物体 Ω 由曲面 $x^2+y^2-z^2=1$ 及平面 $z=0$, $z=1$ 所围成,求 Ω 关于 z 轴的转动惯量.

17. 求圆柱面 $z^2+y^2=2z$ 被锥面 $x^2=y^2+z^2$ 所截下部分的面积.

18. 设 $f(u)$ 连续, Ω 由 $0 \leqslant z \leqslant h, x^2+y^2 \leqslant t^2$ 所围成,若

$$F(t) = \iiint\limits_{\Omega}[z^2+f(x^2+y^2)]dv,$$

10-A-17

求 $\dfrac{dF}{dt}, \lim\limits_{t \to +0} \dfrac{F(t)}{t^2}$.

19. 设 Ω 为 $x+y+z=t(t>0)$ 与三个坐标面所围成的区域. 求

$$\lim\limits_{t \to 0^+} \frac{1}{t} \iiint\limits_{\Omega} \cos(\pi-x-y-z)dxdydz.$$

20. 设 f 连续, $F(t)=\int_0^t dx \int_0^x dy \int_0^y f(z)dz$，求 $F'''(t)$.

(B)

1. 选择题

(1) 设 D 是平面坐标 Oxy 上以 $(1,1), (-1,1)$ 和 $(-1,-1)$ 为顶点的三角形区域, D_1 是 D 在第一象限的部分,则 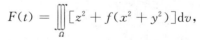 $\iint\limits_{D}(xy+\cos x \sin y)dxdy = ($ $)$.

(A) $2\iint\limits_{D_1}\cos x\sin y\mathrm{d}x\mathrm{d}y$ (B) $2\iint\limits_{D_1}xy\mathrm{d}x\mathrm{d}y$ (C) $4\iint\limits_{D_1}(xy+\cos x\sin y)\mathrm{d}x\mathrm{d}y$ (D) 0

(2) 设 $D:x^2+y^2\leqslant R^2;D_1:x^2+y^2\leqslant R^2,y\geqslant 0;D_2:x^2+y^2\leqslant R^2,x\geqslant 0,y\geqslant 0$,则( ).

(A) $\iint\limits_{D_1}f(x,y)\mathrm{d}\sigma=2\iint\limits_{D_2}f(x,y)\mathrm{d}\sigma$ (B) $\iint\limits_{D_1}xy^2\mathrm{d}\sigma=2\iint\limits_{D_2}xy^2\mathrm{d}\sigma$

(C) $\iint\limits_{D}xy^2\mathrm{d}\sigma=4\iint\limits_{D_2}xy^2\mathrm{d}\sigma$ (D) $\iint\limits_{D}x^2y^2\mathrm{d}\sigma=4\iint\limits_{D_2}x^2y^2\mathrm{d}\sigma$

(3) 已知 $\int_0^1f(x)\mathrm{d}x=\int_0^1xf(x)\mathrm{d}x$,则 $\iint\limits_{D}f(x)\mathrm{d}x\mathrm{d}y$(其中 $D:x+y\leqslant 1,x\geqslant 0,y\geqslant 0$)等于( ).

(A) 2 (B) 0 (C) $\dfrac{1}{2}$ (D) 1

(4) 设 $f(x,y)$ 连续,且 $f(x,y)=xy+\iint\limits_{D}f(u,v)\mathrm{d}u\mathrm{d}v$,其中 D 是由 $y=0,y=x^2$,$x=1$ 所围区域,则 $f(x,y)$ 等于( ).

(A) xy (B) $2xy$ (C) $xy+\dfrac{1}{8}$ (D) $xy+1$

(5) 设 D 是由摆线 $x=a(t-\sin t),y=a(1-\cos t)$ 的一拱与 Ox 轴所围成的区域,则二重积分 $\iint\limits_{D}y^2\mathrm{d}x\mathrm{d}y=$ ( ).

(A) $3\pi a^4$ (B) $\dfrac{35}{12}\pi a^4$ (C) $\dfrac{17}{6}\pi a^4$ (D) $\dfrac{33}{12}\pi a^4$

(6) 位于两圆 $r=2\sin\theta$ 与 $r=4\sin\theta$ 之间,质量分布均匀的薄板的重心坐标是( ).

(A) $\left(0,\dfrac{5}{3}\right)$ (B) $\left(0,\dfrac{6}{3}\right)$ (C) $\left(0,\dfrac{7}{3}\right)$ (D) $\left(0,\dfrac{8}{3}\right)$

2. 填空题

(1) 曲面 $z=0,x+y+z=1,x^2+y^2=1$ 所围立体的体积可用二重积分表示为_____.

(2) 一薄板位于坐标平面 Oxy 上,占有区域 D,板的面密度 $\mu=\mu(x,y)$,板的比热 $c=c(x,y)$,则温度从 t_1 到 t_2 时,薄板所得热量为_____.

(3) 若二元函数 $z(x,y)$ 在坐标平面 Oxy 上任一有界闭区域 D 内存在连续的偏导数,且 $\iint\limits_{D}\left(\dfrac{\partial z}{\partial x}\right)^2\mathrm{d}x\mathrm{d}y\equiv\iint\limits_{D}\left(2xz\dfrac{\partial z}{\partial x}-x^2z^2\right)\mathrm{d}x\mathrm{d}y$,则 $z(x,y)=$ _____.

(4) 若 $f(x,y)$ 在矩形域 $D:0\leqslant x\leqslant 1,0\leqslant y\leqslant 1$ 上连续,且 $x\left(\iint\limits_{D}f(x,y)\mathrm{d}x\mathrm{d}y\right)^2=f(x,y)-\dfrac{1}{2}$,则 $f(x,y)=$ _____.

(5) 二次积分 $\int_{-a}^{a}\mathrm{d}x\int_{a-\sqrt{a^2-x^2}}^{a+\sqrt{a^2-x^2}}f(x,y)\mathrm{d}y$ 化为极坐标系下的二次积分，应为_____．

3. 计算下列二重积分：

(1) $\iint\limits_{D}\sqrt{\left(1-\dfrac{x^2}{a^2}-\dfrac{y^2}{b^2}\right)\Big/\left(1+\dfrac{x^2}{a^2}+\dfrac{y^2}{b^2}\right)}\mathrm{d}x\mathrm{d}y$，其中 $D:\dfrac{x^2}{a^2}+\dfrac{y^2}{b^2}\leqslant 1\ (a,b>0)$；

(2) $\iint\limits_{D}(x-y)^2\sin^2(x+y)\mathrm{d}x\mathrm{d}y$，其中 D 是平行四边形闭区域，它的四个顶点是 $(\pi,0),(2\pi,\pi),(\pi,2\pi)$ 和 $(0,\pi)$；

(3) $\iint\limits_{D}\dfrac{xf_y-yf_x}{\sqrt{x^2+y^2}}\mathrm{d}x\mathrm{d}y$，其中 $D:x^2+y^2\leqslant 1$，f 是 D 上的连续可微函数；

(4) $\iint\limits_{D}(x^2+y^2)\mathrm{d}\sigma$，$D:x^4+y^4\leqslant 1$；

(5) $\iint\limits_{D}y\mathrm{d}x\mathrm{d}y$，其中 D 是由 $\sqrt{\dfrac{x}{a}}+\sqrt{\dfrac{y}{b}}=1\ (a,b>0)$ 与 x 轴、y 轴所围的区域．

10-B-3(3)　　　10-B-3(4)　　　10-B-3(5)

4. 求平面曲线 $y=f(x)$（见图 10-50），使其曲边梯形 $OABM$ 绕 x 轴旋转所形成的旋转体重心的横坐标等于 B 点横坐标的 $\dfrac{4}{5}$，其中 M 为 x 轴任一点$(M>0)$．

5. 设函数 $f(t)$ 在区间 $[0,+\infty)$ 上连续且满足方程

$$f(t)=\mathrm{e}^{4\pi t^2}+\iint\limits_{x^2+y^2\leqslant 4t^2}f\left(\dfrac{1}{2}\sqrt{x^2+y^2}\right)\mathrm{d}x\mathrm{d}y,$$

求 $f(t)$．

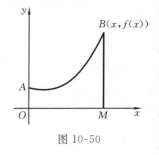

图 10-50

6. 证明由 $x=a,x=b\ (a<b)$，$y=f(x)$ 及 x 轴所围的平面图形绕 x 轴旋转一周所形成的立体对 x 轴的转动惯量 $J=\dfrac{\pi}{2}\int_a^b f^4(t)\mathrm{d}t$，其中 $f(x)$ 为连续的正值函数，立体密度 $\rho=1$．

部分答案与提示

（A）

1. (1) $f(2)$；　(2) 0；　(3) 0.

2. (1) $\int_0^1\mathrm{d}y\int_{\sqrt{y}}^{3-2y}f(x,y)\mathrm{d}x$；　(2) $\int_1^{\mathrm{e}}\mathrm{d}x\int_0^{\ln x}f(x,y)\mathrm{d}y$；　(3) $\int_{-1}^{1}\mathrm{d}x\int_{x^2}^{1}f(x,y)\mathrm{d}y$；

(4) $\int_1^2\mathrm{d}y\int_{\sqrt{2y-y^2}}^{\sqrt{4-y^2}}f(x,y)\mathrm{d}x$.

3. (1) $\dfrac{16}{15}$； (2) $\dfrac{416}{3}$； (3) 3 (提示:利用奇偶对称性)； (4) $\dfrac{4\sqrt{2}}{3}R^3$ (提示:分块积分去掉绝对值)；

(5) $\dfrac{2}{5}$； (6) $\left(2\sqrt{2}-\dfrac{8}{3}\right)a^{\frac{3}{2}}$； (7) $\dfrac{\pi}{2}(1+\mathrm{e}^{\pi})$； (8) $\dfrac{1}{45}$；

(9) $\dfrac{\pi R^4}{4}\left(\dfrac{1}{a^2}+\dfrac{1}{b^2}\right)$ (提示:利用轮换对称性)； (10) $-\dfrac{8}{3}$.

4. (1) $\dfrac{(1-\cos 81)}{4}$； (2) $\dfrac{3}{8}\mathrm{e}-\dfrac{1}{2}\sqrt{\mathrm{e}}$.

5. 提示:作变量代换 $y=x-t$,再交换积分次序待续.

6. 提示:交换积分次序证明.   **7.** 提示:作变量代换后再证明.   **9.** a

10. 柱坐标定限:$\displaystyle\int_0^{2\pi}\mathrm{d}\theta\int_0^1 r\mathrm{d}r\int_{\sqrt{3}r}^{\sqrt{4-r^2}}f(r\cos\theta,r\sin\theta,z)\mathrm{d}z$；

球坐标定限:$\displaystyle\int_0^{2\pi}\mathrm{d}\theta\int_0^{\frac{\pi}{6}}\mathrm{d}\varphi\int_0^2 \rho^2\sin\varphi f(\rho\sin\varphi\cos\theta,\rho\sin\varphi\sin\theta,\rho\cos\varphi)\mathrm{d}\rho.$

11. (1) 2π； (2) $24\pi(\mathrm{e}-2)$； (3) $\dfrac{1}{8}$； (4) $2\pi\mathrm{e}^2$； (5) 2π； (6) $\dfrac{59}{480}\pi R^5$； (7) $\dfrac{256}{3}\pi$；

(8) $\dfrac{3\,367}{3}\pi$； (9) $\dfrac{7}{6}\pi a^4$； (10) $\dfrac{\pi}{8}$.

12. $\dfrac{128}{75}$ (提示:化为在柱面坐标系下的逐次积分).

14. $37 : 27$.   **15.** $\bar{x}=\bar{y}=0,\bar{z}=\dfrac{8}{15}=R$.   **16.** $\dfrac{14}{15}\pi$.   **17.** 16.

18. $\dfrac{\mathrm{d}F}{\mathrm{d}t}=\dfrac{2}{3}\pi ht[h^2+3f(t^2)]$； $\displaystyle\lim_{t\to+0}\dfrac{F(t)}{t^2}=\dfrac{\pi}{3}h[h^2+3f(0)]$.   **19.** 0； **20.** $F'''(t)=f(t)$.

(B)

1. (1) (A)； (2) (D)； (3) (B)； (4) (C)； (5) (B)； (6) (C).

2. (1) $\displaystyle\iint\limits_{D}|1-x-y|\,\mathrm{d}x\mathrm{d}y,D:x^2+y^2\leqslant 1,x+y\leqslant 1$；

(2) $(t_2-t_1)\displaystyle\iint\limits_{D}c(x,y)\mu(x,y)\mathrm{d}\sigma$； (3) $z=c(y)\mathrm{e}^{\frac{x^2}{2}}$；

(4) $f(x,y)=\dfrac{1}{2}+x$； (5) $\displaystyle\int_0^{\pi}\mathrm{d}\theta\int_0^{2a\sin\theta}f(r\cos\theta,r\sin\theta)r\mathrm{d}r$.

3. (1) $\pi ab\left(\dfrac{\pi}{2}-1\right)$； (2) $\pi^4/3$； (3) 0； (4) $\pi/\sqrt{2}$； (5) $\dfrac{1}{30}ab^2$.

4. $y=cx^{3/2}$.   **5.** $(4\pi t^2+1)\mathrm{e}^{4\pi t^2}$.

第 11 章　曲线积分与曲面积分

11.1　基本要求

1. 理解两类线面积分的概念,掌握两类线面积分的性质.

2. 掌握两类线积分及两类面积分之间的联系和区别,会计算两类线面积分.

3. 熟练掌握格林(Green)公式,会用平面曲线积分与路径无关的条件.

4. 熟练掌握高斯(Gauss)公式、斯托克斯(Stokes)公式,会计算空间曲线积分.

5. 会用两类线面积分求一些几何量与物理量(如曲面面积、弧长、质量、重心、转动惯量、功等).

6. 了解散度、旋度、场论的概念及其计算方法.

11.2　知识点解析

【11-1】 第一型曲线积分的计算方法

首先选择合适的参数,将积分曲线用参数方程表示,根据不同的曲线方程变换相应的弧长微分 ds,将第一型曲线积分化为关于参数的定积分.

(1) 曲线 L 为平面曲线. 设其参数方程为 $\begin{cases} x = x(t), \\ y = y(t) \end{cases}$ $(\alpha \leqslant t \leqslant \beta)$,$x(t)$,$y(t)$ 在区间 $[\alpha, \beta]$ 上具有一阶连续导数,且 $x'^2(t) + y'^2(t) \neq 0$,则弧长微分 $ds = \sqrt{x'^2(t) + y'^2(t)}\,dt$,且

$$\int_L f(x, y)\,ds = \int_\alpha^\beta f(x(t), y(t))\,\sqrt{x'^2(t) + y'^2(t)}\,dt.$$

特别地,若曲线 L 的方程为 $y = y(x)$ $(a \leqslant x \leqslant b)$,便取 x 为参数,则 $ds = \sqrt{1 + y'^2(x)}\,dx$,且

$$\int_L f(x, y)\,ds = \int_a^b f(x, y(x))\,\sqrt{1 + y'^2(x)}\,dx.$$

同理,若曲线 L 的方程为 $x = x(y)$ $(c \leqslant y \leqslant d)$,则

$$\int_L f(x, y)\,ds = \int_c^d f(x(y), y)\,\sqrt{1 + x'^2(y)}\,dy.$$

若曲线 L 的方程为极坐标方程 $r = r(\theta)$ $(\alpha \leqslant \theta \leqslant \beta)$,便取 θ 为参数,则

$$\int_L f(x, y)\,ds = \int_\alpha^\beta f(r(\theta)\cos\theta, r(\theta)\sin\theta)\,\sqrt{r^2(\theta) + r'^2(\theta)}\,d\theta.$$

(2) 积分曲线 L 为空间曲线. 设其参数方程为 $x = x(t)$,$y = y(t)$,$z = z(t)$ $(\alpha \leqslant t \leqslant \beta)$,则弧长微分 $ds = \sqrt{x'^2(t) + y'^2(t) + z'^2(t)}\,dt$,且

$$\int_L f(x,y,z)\mathrm{d}s = \int_\alpha^\beta f(x(t),y(t),z(t))\sqrt{x'^2(t)+y'^2(t)+z'^2(t)}\,\mathrm{d}t.$$

需要注意的是,不管采用什么参数,也不管 L 是平面曲线还是空间曲线,总有 $\mathrm{d}s >$ 0. 因此上述关于参数的定积分中,上限始终大于下限.

【11-2】 第一型曲面积分的计算方法

首先选择合适的直角坐标变量,将曲面 S 用二元显函数表示,如 $z = z(x,y)$, $(x,y) \in D_{xy}$,然后做下列三件事.

(1)"一投" 将 S 投影到坐标平面 Oxy 上,得投影区域 D_{xy}.

(2)"二代" 将被积函数 $f(x,y,z)$ 中的 z 用 $z(x,y)$ 代替.

(3)"三换" 将面积微元 $\mathrm{d}S$ 用 $\sqrt{1+z_x^2+z_y^2}\,\mathrm{d}x\mathrm{d}y$ 替换.

这样,就将第一型曲面积分转化为如下的二重积分:

$$\iint_S f(x,y,z)\mathrm{d}S = \iint_{D_{xy}} f(x,y,z(x,y))\sqrt{1+z_x^2+z_y^2}\,\mathrm{d}x\mathrm{d}y.$$

当曲面 S 的方程是 $x = x(y,z)$ 或 $y = y(x,z)$ 时,可类似地将第一型曲面积分转化为相应投影区域上的二重积分.

【11-3】 关于第一型曲线积分的对称性

(1) 设平面曲线 L 关于 y 轴对称,L_1 为曲线 L 位于 y 轴右侧($x \geqslant 0$)的弧线段,$f(x,y)$ 在曲线 L 上连续,则

$$\int_L f(x,y)\mathrm{d}s = \begin{cases} 0, & f(-x,y) = -f(x,y), \\ 2\int_{L_1} f(x,y)\mathrm{d}s, & f(-x,y) = f(x,y). \end{cases}$$

若空间曲线 L 关于坐标平面 Oxy 对称,L_1 为曲线 L 位于坐标平面 Oxy 上方($z \geqslant 0$)的弧线段,$f(x,y,z)$ 在曲线 L 上连续,则

$$\int_L f(x,y,z)\mathrm{d}s = \begin{cases} 0, & f(x,y,-z) = -f(x,y,z), \\ 2\int_{L_1} f(x,y,z)\mathrm{d}s, & f(x,y,-z) = f(x,y,z). \end{cases}$$

平面曲线 L 关于 x 轴对称,空间曲线 L 关于坐标平面 Oxz 或关于坐标平面 Oyz 对称的有关结论,读者可用类似的方法写出.

(2) 设平面曲线 L 关于直线 $y = x$ 对称,$f(x,y)$ 在曲线 L 上连续,则

$$\int_L f(x,y)\mathrm{d}s = \int_L f(y,x)\mathrm{d}s.$$

特别地,

$$\int_L f(x)\mathrm{d}s = \int_L f(y)\mathrm{d}s.$$

若空间曲线 L 关于直线 $x = y = z$ 对称,即其方程关于 x,y,z 具有轮换对称性,且 $f(x,y,z)$ 在曲线 L 上连续,则 $\int_L f(x)\mathrm{d}s = \int_L f(y)\mathrm{d}s = \int_L f(z)\mathrm{d}s$.

【11-4】 关于第一型曲面积分的对称性

(1) 若曲面 S 关于坐标平面 Oxy 对称,曲面 S_1 为 S 位于坐标平面 Oxy 的上方部分,且 $f(x,y,z)$ 在曲面 S 上连续,则

$$\iint_S f(x,y,z)\mathrm{d}S = \begin{cases} 0, & f(x,y,-z)=-f(x,y,z), \\ 2\iint_{S_1} f(x,y,z)\mathrm{d}S, & f(x,y,-z)=f(x,y,z). \end{cases}$$

类似地,可写出 S 关于其他坐标面对称时的结论,此处略.

(2) 若曲面 S 关于直线 $x=y=z$ 对称,即其方程关于 x,y,z 具有轮换对称性, $f(x,y,z)$ 在曲面 S 上连续,则 $\iint_S f(x)\mathrm{d}S = \iint_S f(y)\mathrm{d}S = \iint_S f(z)\mathrm{d}S$.

【11-5】 **如何利用几何意义与重心公式计算第一型曲线及曲面积分**

与重积分类似,当积分曲线 L 或积分曲面 S 比较规则且被积函数比较特殊时,可以利用其几何意义或物理意义来计算.

几何意义 $\int_L \mathrm{d}s = L$ 的弧长; $\iint_S \mathrm{d}S = S$ 的面积.

形心公式 设 L 及 S 分别为均匀的曲线与曲面,不妨取密度函数为1,则由重心坐标公式

$$\bar{x} = \frac{1}{M}\int_L x\mathrm{d}x, \quad \bar{y} = \frac{1}{M}\int_L y\mathrm{d}y, \quad \bar{z} = \frac{1}{M}\int_L z\mathrm{d}z$$

得

$$\int_L x\mathrm{d}x = \bar{x}\int_L \mathrm{d}s, \quad \int_L y\mathrm{d}y = \bar{y}\int_L \mathrm{d}s, \quad \int_L z\mathrm{d}z = \bar{z}\int_L \mathrm{d}s.$$

曲面积分有类似的公式: $\iint_S x\mathrm{d}S = \bar{x} \cdot S$ 的面积,其中 $\bar{x}$ 是曲面 S 的形心 $(\bar{x},\bar{y},\bar{z})$ 的横坐标.

【11-6】 **将第二型曲线积分化为定积分的要点**

将第二型曲线积分化为定积分的要点是选择合适的参数,将积分曲线 L 用参数方程表示,如 $x=x(t),y=y(t),\alpha \leqslant t \leqslant \beta$,再按下列公式

$$\int_L P\mathrm{d}x + Q\mathrm{d}y = \int_\alpha^\beta \{P(x(t),y(t))x'(t) + Q(x(t),y(t))y'(t)\}\mathrm{d}t$$

化为关于参数的定积分,其中 α,β 分别对应曲线 L 的起点与终点.

需要注意的是,不管采用什么参数,也不管 L 是平面曲线还是空间曲线,第二型曲线积分化为关于参数的定积分时,上限始终对应于积分曲线的终点,下限对应于积分曲线的起点.

【11-7】 **如何选择第二型平面曲线积分的计算方法**

根据 $I = \int_L P\mathrm{d}x + Q\mathrm{d}y$ 的积分曲线和被积函数的特点,依以下条件选择.

(1) 若曲线 L 的参数方程容易得到,且代入参数后的被积函数容易积分,则直接化为定积分计算.

(2) 求出 P_y, Q_x.

情形一 若 $P_y = Q_x$,应注意其成立范围,按以下情况处理.

① 曲线 L 封闭,且在 L 所围区域 D 内 P_y, Q_x 连续且处处成立 $P_y = Q_x$,则由格林公式得 $I = 0$.

② 曲线 L 封闭,在 L 所围区域 D 内除点 M_0 以外 P_y,Q_x 连续且 $P_y = Q_x$,则考虑改变积分路径:

$$I = \int_{L_1} P\mathrm{d}x + Q\mathrm{d}y \text{（封闭曲线 } L_1 \text{ 包围点 } M_0 \text{ 且与 } L \text{ 同向）}.$$

值得注意的是,选择 L_1 的标准是使得其上的积分容易计算. 其次,以上公式的证明参见例 11-9,改变积分路径的关键条件是在曲线 L 和 L_1 所围的区域内满足 P_y,Q_x 连续,且 $P_y = Q_x$ 成立.

③ 曲线 L 不封闭,则可以考虑以下方案.

(a) "凑"出函数 $u(x,y)$,使其在曲线 L 上有 $\mathrm{d}u = P\mathrm{d}x + Q\mathrm{d}y$,则 $I = u(x,y)\big|_A^B$,其中 A,B 分别为曲线 L 的起点与终点.

(b) 改变积分路径. 例如,改变到使得积分函数变得简单的曲线或者折线 L_1,亦即

$$I = \int_{L_1} P\mathrm{d}x + Q\mathrm{d}y \text{（曲线 } L_1 \text{ 与 } L \text{ 有相同的起点与终点）}.$$

值得注意的是,上式成立需要在曲线 L_1 与 L 所围的区域内 P_y,Q_x 连续且 $P_y = Q_x$ 成立.

情形二 若 $P_y \neq Q_x$,则按以下情况处理.

① 曲线 L 封闭,且 P_y,Q_x 在曲线 L 所围区域 D 上连续,则使用格林公式将其转化为二重积分计算:

$$I = \iint_D (Q_x - P_y)\mathrm{d}x\mathrm{d}y, \text{其中 } L \text{ 为 } D \text{ 的边界正向（即逆时针指向）}.$$

② 曲线 L 不封闭,但可以添加一段有向曲线段 L_1,使 $L+L_1$ 封闭,且 P_y,Q_x 在曲线 $L+L_1$ 所围区域 D 上连续,则按照以下方式转化为情形 ① 及(1)处理如下:

$$I = \oint_{L+L_1} P\mathrm{d}x + Q\mathrm{d}y - \int_{L_1} P\mathrm{d}x + Q\mathrm{d}y.$$

通常,取曲线 L_1 为平行于坐标轴的直线或折线,在曲线 L_1 上的积分比在曲线 L 上的积分容易计算.

【11-8】 如何选择第二型空间曲线积分的计算方法

(1) 若空间曲线由参数方程给出或由参数方程容易得到,且被积函数容易求积,则直接化为定积分计算.

(2) 求出 $\nabla \times \boldsymbol{F} = \begin{vmatrix} \boldsymbol{i} & \boldsymbol{j} & \boldsymbol{k} \\ \dfrac{\partial}{\partial x} & \dfrac{\partial}{\partial y} & \dfrac{\partial}{\partial z} \\ P & Q & R \end{vmatrix}.$

情形一 若 $\nabla \times \boldsymbol{F} = \boldsymbol{0}$,按以下情况处理.

① 曲线 L 封闭,且 P,Q,R 在曲线 L 所围的某个曲面 S 上有连续偏导数且成立 $\nabla \times \boldsymbol{F} = \boldsymbol{0}$,则由斯托克斯公式得 $I = 0$.

② 曲线 L 不封闭,则可以考虑以下方案.

(a) "凑"出函数 $u(x,y,z)$,使得在曲线 L 上有 $\mathrm{d}u = P\mathrm{d}x + Q\mathrm{d}y + R\mathrm{d}z$,则 $I = u(x,y,z)\big|_A^B$,其中 A,B 分别为曲线 L 的起点与终点.

（b）选择另一适当的积分路径. 例如, 使得积分函数变得简单的曲线或者折线 L_1 作为积分曲线, 亦即

$$I = \int_{L_1} P\mathrm{d}x + Q\mathrm{d}y + R\mathrm{d}z \ (\text{曲线 } L_1 \text{ 与 } L \text{ 有相同的起点与终点}).$$

值得注意的是, 上式成立需要在曲线 L_1 与 L 所围的某个曲面上 P、Q、R 有连续偏导数且 $\nabla \times \boldsymbol{F} = \boldsymbol{0}$ 成立.

情形二 若 $\nabla \times \boldsymbol{F} \neq \boldsymbol{0}$, 且曲线 L 封闭, P, Q, R 在曲线 L 所围的某个曲面 S 上有连续偏导数, 则使用斯托克斯公式将其转化为曲面积分计算:

$$I = \iint\limits_{S} \begin{vmatrix} \mathrm{d}y\mathrm{d}z & \mathrm{d}z\mathrm{d}x & \mathrm{d}x\mathrm{d}y \\ \dfrac{\partial}{\partial x} & \dfrac{\partial}{\partial y} & \dfrac{\partial}{\partial z} \\ P & Q & R \end{vmatrix} = \iint\limits_{S} \nabla \times \boldsymbol{F} \cdot \boldsymbol{n}\mathrm{d}S,$$

曲面 S 与曲线 L 定向符合右手法则.

（3）若空间曲线方程为 $\begin{cases} F(x,y,z) = 0, \\ Ax + By + Cz + D = 0 \ (C \neq 0), \end{cases}$ 则可以考虑借助其中的平面方程替换掉曲线积分中的一个变量, 例如替换掉 z 后, 积分便化为坐标平面 Oxy 上的第二型线积分, 从而转换为稍简单的问题. 此方法称为"降维法".

【11-9】 将第二型曲面积分化为二重积分的要点

以对坐标 x,y 的曲面积分 $\iint\limits_{S} R(x,y,z)\mathrm{d}x\mathrm{d}y$ 为例, 首先将积分曲面 S 表示为 $z = z(x,y)$, 并确定曲面是上侧还是下侧, 然后做下列三件事.

（1）"一投" 将曲面 $z = z(x,y)$ 投影到坐标平面 Oxy 上, 得投影区域 D_{xy}.

（2）"二代" 将被积函数 $R(x,y,z)$ 中的 z 用 $z(x,y)$ 代替.

（3）"三定号" 由积分曲面 S 的侧确定面积微元前所带的正号或负号.

这样, 就将第一型曲面积分转化为如下的二重积分:

$$\iint\limits_{S} R(x,y,z)\mathrm{d}x\mathrm{d}y = \pm \iint\limits_{D_{xy}} R(x,y,z(x,y))\mathrm{d}x\mathrm{d}y.$$

其中当曲面 S 取上侧时, 取正号, 否则取负号.

类似地, 将曲面 S 表示为 $x = x(y,z)$, 则有

$$\iint\limits_{S} P(x,y,z)\mathrm{d}y\mathrm{d}z = \pm \iint\limits_{D_{yz}} P(x(y,z),y,z)\mathrm{d}y\mathrm{d}z,$$

其中当曲面 S 取前侧时, 取正号, 否则取负号.

将曲面 S 表示为 $y = y(x,z)$, 则有

$$\iint\limits_{S} Q(x,y,z)\mathrm{d}x\mathrm{d}z = \pm \iint\limits_{D_{xz}} Q(x,y(x,z),z)\mathrm{d}x\mathrm{d}z,$$

其中当曲面 S 取右侧时, 取正号, 否则取负号.

要注意利用曲面 S 与坐标平面的特殊位置关系简化计算: 当曲面 S 平行于坐标平面 Oxy 时, S 的法矢量既与 x 轴垂直又与 y 轴垂直, 因此

$$\iint\limits_{S}P(x,y,z)\mathrm{d}y\mathrm{d}z=\iint\limits_{S}Q(x,y,z)\mathrm{d}z\mathrm{d}x=0.$$

同理,当曲面 S 平行于坐标平面 Oxz 与坐标平面 Oyz 时,分别有

$$\iint\limits_{S}P(x,y,z)\mathrm{d}y\mathrm{d}z=\iint\limits_{S}R(x,y,z)\mathrm{d}x\mathrm{d}y=0,$$

$$\iint\limits_{S}Q(x,y,z)\mathrm{d}z\mathrm{d}x=\iint\limits_{S}R(x,y,z)\mathrm{d}x\mathrm{d}y=0.$$

【11-10】 两类曲面积分的关系

$$\iint\limits_{S}P(x,y,z)\mathrm{d}y\mathrm{d}z+Q(x,y,z)\mathrm{d}z\mathrm{d}x+R(x,y,z)\mathrm{d}x\mathrm{d}y$$

$$=\iint\limits_{S}[P(x,y,z)\cos\alpha+Q(x,y,z)\cos\beta+R(x,y,z)\cos\gamma]\mathrm{d}S,$$

其中 $\{\cos\alpha,\cos\beta,\cos\gamma\}$ 是有向曲面 S 在点 (x,y,z) 处的单位法矢量, P,Q,R 在曲面 S 上连续.

【11-11】 如何将组合式的第二型曲面积分化为单一式的第二型曲面积分

第二型曲面积分常以组合形式(指 P,Q,R 至少有两项不为零)出现,即

$$I=\iint\limits_{S}P(x,y,z)\mathrm{d}y\mathrm{d}z+Q(x,y,z)\mathrm{d}z\mathrm{d}x+R(x,y,z)\mathrm{d}x\mathrm{d}y,$$

其中曲面 S 为分片光滑的有向曲面, P,Q,R 在曲面 S 上连续.

如果曲面 S 的方程是 $z=z(x,y)$ (否则分割区域),则曲面 S 上的单位法矢量

$$\boldsymbol{n}=\{\cos\alpha,\cos\beta,\cos\gamma\}=\pm\left\{\frac{-z_x}{\sqrt{1+z_x^2+z_y^2}},\frac{-z_y}{\sqrt{1+z_x^2+z_y^2}},\frac{1}{\sqrt{1+z_x^2+z_y^2}}\right\}$$

(曲面 S 取上侧时取正号,取下侧时取负号). 因为

$$\mathrm{d}y\mathrm{d}z=\cos\alpha\mathrm{d}S,\quad \mathrm{d}z\mathrm{d}x=\cos\beta\mathrm{d}S,\quad \mathrm{d}x\mathrm{d}y=\cos\gamma\mathrm{d}S,$$

所以 $\quad\mathrm{d}y\mathrm{d}z=\dfrac{\cos\alpha}{\cos\gamma}\mathrm{d}x\mathrm{d}y=-z_x\mathrm{d}x\mathrm{d}y,\quad \mathrm{d}z\mathrm{d}x=\dfrac{\cos\beta}{\cos\gamma}\mathrm{d}x\mathrm{d}y=-z_y\mathrm{d}x\mathrm{d}y,$

从而

$$\iint\limits_{S}P(x,y,z)\mathrm{d}y\mathrm{d}z+Q(x,y,z)\mathrm{d}z\mathrm{d}x+R(x,y,z)\mathrm{d}x\mathrm{d}y=\iint\limits_{S}(-z_xP-z_yQ+R)\mathrm{d}x\mathrm{d}y,$$

这样,就将本应分别在三个坐标面投影处理的积分转化为只需向一个坐标面投影的积分.

当曲面 S 的方程是 $y=y(x,z)$ 及 $x=x(y,z)$ 时,其转化方法类似.

【11-12】 如何选择第二型曲面积分的计算方法

根据 $I=\iint\limits_{S}P(x,y,z)\mathrm{d}y\mathrm{d}z+Q(x,y,z)\mathrm{d}z\mathrm{d}x+R(x,y,z)\mathrm{d}x\mathrm{d}y$ 的积分区域和被积函数的特点,依以下条件选择.

(1) 若曲面 S 封闭,指向外侧,且 P,Q,R 在曲面 S 所围区域 V 上有连续偏导数,则使用高斯公式将其转化为三重积分计算:

$$I=\iiint\limits_{V}(P_x+Q_y+R_z)\mathrm{d}v\text{ (曲面 }S\text{ 指向内侧时,积分取负号).}$$

（2）若曲面 S 封闭,指向外侧,但是 P,Q,R 在曲面 S 所围区域 V 内除点 M_0 外有连续偏导数,且 $P_x + Q_y + R_z = 0$,则考虑更换积分曲面,即

$$I = \oiint\limits_{\Sigma} P\mathrm{d}y\mathrm{d}z + Q\mathrm{d}z\mathrm{d}x + R\mathrm{d}x\mathrm{d}y,$$

其中 Σ 为包围点 M_0 的任何与 S 同侧的封闭曲面.

（3）若曲面 S 不封闭,但添加一个简单的有向曲面 S_1 之后,两者连接(记为 $S+S_1$)形成封闭曲面且指向外侧(必要时可以首先调整 S 的定侧),且 P,Q,R 在封闭曲面 $S+S_1$ 所围区域 V 上有连续偏导数,则

$$I = \oiint\limits_{S+S_1} P\mathrm{d}y\mathrm{d}z + Q\mathrm{d}z\mathrm{d}x + R\mathrm{d}x\mathrm{d}y - \iint\limits_{S_1} P\mathrm{d}y\mathrm{d}z + Q\mathrm{d}z\mathrm{d}x + R\mathrm{d}x\mathrm{d}y$$

$$= \iiint\limits_{V} (P_x + Q_y + R_z)\mathrm{d}v - \iint\limits_{S_1} P\mathrm{d}y\mathrm{d}z + Q\mathrm{d}z\mathrm{d}x + R\mathrm{d}x\mathrm{d}y.$$

通常,取 S_1 为平行于坐标面的平面.

（4）若曲面 S 不封闭,且向某个坐标面的投影是一对一的,则可直接化为二重积分计算.

例如,设 S 的方程为 $z = z(x,y)$,$(x,y) \in D$,则有

$$I = \pm \iint\limits_{D} [P(x,y,z(x,y))(-z_x) + Q(x,y,z(x,y))(-z_y) + R(x,y,z(x,y))]\mathrm{d}x\mathrm{d}y$$

对于曲面 S 的上侧积分取正号,下侧取负号.

值得注意的是,该公式包含 P,Q,R 有缺失的情形,也涵盖了分项投影法.类似地,可以写出曲面 S 的方程为 $y = y(z,x)$ 或者 $x = x(y,z)$ 的情形的公式.

（5）若曲面 S 由单一方程 $F(x,y,z) = 0$ 给出,则也可以考虑将积分化为曲面 S 上数量函数的第一型曲面积分:

$$I = \iint\limits_{S} \{P,Q,R\} \cdot \boldsymbol{n}\mathrm{d}S,$$

其中,$\boldsymbol{n} = \{F_x,F_y,F_z\} / \sqrt{F_x^2 + F_y^2 + F_z^2}$ 是曲面 S 的沿指定侧的单位法矢量.此方法的优势在于可以借助第一型曲面积分的对称性、形心法等化简手段.

【11-13】 场的定义和性质

设 $\boldsymbol{F} = \{P,Q,R\}$ 为空间区域 Ω 内的矢量场,所出现的偏导数均存在.

（1）若在空间区域 Ω 内存在函数 $u(x,y,z)$,使 $\boldsymbol{F} = \mathbf{grad}u$,则称 $\boldsymbol{F}$ 为有势场或梯度场,称 $u(x,y,z)$ 为矢量场 $\boldsymbol{F}$ 的势函数.

（2）若矢量场 $\boldsymbol{F}$ 的旋度为零($\mathrm{rot}\boldsymbol{F} = \boldsymbol{0}$),则称 $\boldsymbol{F}$ 为无旋场.

（3）若曲线积分 $\int_L \boldsymbol{F} \cdot \mathrm{d}\boldsymbol{r}$ 与路径无关,则称矢量场 $\boldsymbol{F}$ 为保守场.

（4）若矢量场 $\boldsymbol{F}$ 的散度 $\mathrm{div}\boldsymbol{F} \equiv 0$,则称矢量场 $\boldsymbol{F}$ 为无源场或管型场.

若 Ω 是空间单连通域,$\boldsymbol{F} = \{P,Q,R\}$,$P,Q,R$ 在 Ω 有一阶连续偏导数,则以下五个条件互相等价:

（i）$\boldsymbol{F}$ 为无旋场;

(ii) F 为保守场;

(iii) $\oint_{\Gamma} F \cdot \mathrm{d}r = 0$ (Γ 是 Ω 内任何分段光滑闭曲线);

(iv) F 为有势场,即存在势函数 $u(x,y,z)$,使 $F = \mathrm{grad}u$;

(v) 存在原函数 $u(x,y,z)$,使 $\mathrm{d}u = P\mathrm{d}x + Q\mathrm{d}y + R\mathrm{d}z$,且

$$u(x,y,z) = \int_{(x_0,y_0,z_0)}^{(x,y,z)} P\mathrm{d}x + Q\mathrm{d}y + R\mathrm{d}z + C,$$

其中点 (x_0,y_0,z_0) 与点 (x,y,z) 分别是 Ω 中的定点与动点.

11.3 解 题 指 导

【题型 11-1】　第一型曲线积分的计算

应对　首先观察积分曲线与被积函数的特点,看能否利用对称性、代入法、质心坐标公式等进行化简,然后选择适当的参数方程化为定积分计算.

例 11-1　求解下列各题:

(1) 求 $I = \oint_L x\,\mathrm{e}^y \mathrm{d}s$,其中曲线 L 为 $|x|+|y|=a\ (a>0)$;

(2) 求 $I = \int_L x\mathrm{d}s$,其中曲线 L 为圆 $x^2+y^2=a^2\ (a>0)$ 上点 $A(0,a)$ 与点 $B\left(\dfrac{a}{\sqrt{2}}, -\dfrac{a}{\sqrt{2}}\right)$ 之间的弧段;

(3) 求 $I = \oint_L (x+y)\mathrm{d}s$,其中曲线 L 为以点 $O(0,0)$,$A(1,0)$,$B(0,1)$ 为顶点的三角形;

(4) 求心形线 $L : r = 1+\cos\theta$ 之弧长 s.

解　(1) 由于曲线 L 关于 y 轴对称,且被积函数是关于 x 的奇函数,所以由对称性得 $\oint_L x\,\mathrm{e}^y \mathrm{d}s = 0$.

注　此题若是利用化为定积分的方法计算,则需要分段计算,比较复杂.

(2) 被积函数是关于 x 的奇函数,但是由于曲线 L 不对称(见图 11-1),故不能用对称性公式化简,于是考虑化为定积分计算.

方法一　选 y 为参数,则

$$L : x = \sqrt{a^2-y^2}\ \left(-\frac{a}{\sqrt{2}} \leqslant y \leqslant a\right),$$

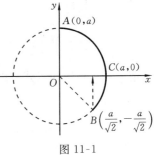

图 11-1

于是　$I = \int_{-\frac{a}{\sqrt{2}}}^{a} \sqrt{a^2-y^2} \cdot \sqrt{1+\left(\dfrac{-y}{\sqrt{a^2-y^2}}\right)^2}\,\mathrm{d}y = \int_{-\frac{a}{\sqrt{2}}}^{a} a\,\mathrm{d}y = \left(1+\dfrac{\sqrt{2}}{2}\right)a^2.$

方法二　取 L 的参数方程为 $\begin{cases} x = a\cos t, \\ y = a\sin t, \end{cases} -\dfrac{\pi}{4} \leqslant t \leqslant \dfrac{\pi}{2}$,则

$$\int_L x\,ds = \int_{-\frac{\pi}{4}}^{\frac{\pi}{2}} a\cos t\,\sqrt{(-a\sin t)^2 + (a\cos t)^2}\,dt = \int_{-\frac{\pi}{4}}^{\frac{\pi}{2}} a^2\cos t\,dt = \left(1 + \frac{\sqrt{2}}{2}\right)a^2.$$

注 化第一型曲线积分为定积分时,选择合适的参数方程是解题的关键.本题的方法二比较简便.注意若选 x 为参数,则需要将曲线分段方可化为定积分,较为烦琐.

(3) 化为定积分计算.因构成 L 的三段直线方程不同,因此需分段计算.

取 $L_1: y = 0$ $(0 \leqslant x \leqslant 1)$,$L_2: y = 1-x$ $(0 \leqslant x \leqslant 1)$,$L_3: x = 0$ $(0 \leqslant y \leqslant 1)$(见图 11-2),则

$$I = \int_{L_1}(x+y)\,ds + \int_{L_2}(x+y)\,ds + \int_{L_3}(x+y)\,ds$$
$$= \int_0^1 x\,dx + \int_0^1 [x + (1-x)]\sqrt{2}\,dx + \int_0^1 y\,dy = 1 + \sqrt{2}.$$

(4) 如图 11-3 所示,曲线 L 关于 x 轴对称,由几何意义及对称性得

$$s = \int_L ds = 2\int_0^\pi \sqrt{(1+\cos\theta)^2 + \sin^2\theta}\,d\theta = 4\int_0^\pi \left|\cos\frac{\theta}{2}\right|d\theta$$
$$\xlongequal{\diamondsuit\,\theta = 2t} 8\int_0^{\frac{\pi}{2}} \cos t\,dt = 8.$$

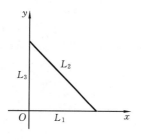

图 11-2

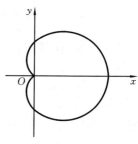

图 11-3

例 11-2 求下列曲线积分:

(1) $I = \displaystyle\int_L (2xy - 5yz)\,ds$,其中 L 是连接空间点 $(1,0,1)$ 和点 $(0,3,2)$ 的线段;

(2) $I = \displaystyle\oint_L x^2\,ds$,其中 L:$\begin{cases} x^2 + y^2 + z^2 = R^2, \\ x + y + z = 0. \end{cases}$

解 (1) 利用两点式直线方程,可得 $\dfrac{x-1}{-1} = \dfrac{y}{3} = \dfrac{z-1}{1}$,进而得到 L 的参数方程为

$\begin{cases} x = 1 - t, \\ y = 3t, \quad 0 \leqslant t \leqslant 1,\text{于是} \\ z = 1 + t, \end{cases}$

$$ds = \sqrt{x'^2(t) + y'^2(t) + z'^2(t)}\,dt = \sqrt{11}\,dt,$$

所以 $\quad I = \displaystyle\int_0^1 [2(1-t)\cdot 3t - 5\cdot 3t\cdot(1+t)]\sqrt{11}\,dt = -\dfrac{23\sqrt{11}}{2}.$

(2) 由于曲线 L 的方程关于 x,y,z 具有轮换对称性,所以结合代入法有

$$\oint_L x^2\,ds = \oint_L y^2\,ds = \oint_L z^2\,ds = \frac{1}{3}\oint_L (x^2 + y^2 + z^2)\,ds = \frac{1}{3}R^2\oint_L ds = \frac{2}{3}\pi R^3.$$

【题型 11-2】 第一型曲面积分的计算

应对 与计算第一型曲线积分类似,首先利用对称性、代入法或质心坐标公式等化简积分,再根据曲面特点选取适当的投影坐标面将其转换成二重积分.

例 11-3 求解下列各题:

(1) 求 $I = \iint\limits_S (x+y+z)\mathrm{d}S$,其中 S 为上半球面 $z = \sqrt{a^2 - x^2 - y^2}$;

(2) 求 $I = \iint\limits_S (x^2+y)\mathrm{d}S$,其中 S 为圆柱面 $x^2 + y^2 = a^2 (a > 0), 0 \leqslant z \leqslant h$;

(3) 证明 $\oiint\limits_S (x+y+z+\sqrt{3}a)\mathrm{d}S \geqslant 12\pi a^3 (a > 0)$,其中 S 是球面

$$(x-a)^2 + (y-a)^2 + (z-a)^2 = a^2.$$

解 (1) 分项积分得

$$I = \iint\limits_S x\mathrm{d}S + \iint\limits_S y\mathrm{d}S + \iint\limits_S z\mathrm{d}S = \iint\limits_S z\mathrm{d}S,$$

其中由于曲面 S 关于坐标平面 Oyz 和坐标平面 Oxz 对称(见图 11-4),使得

$$\iint\limits_S x\mathrm{d}S = \iint\limits_S y\mathrm{d}S = 0.$$

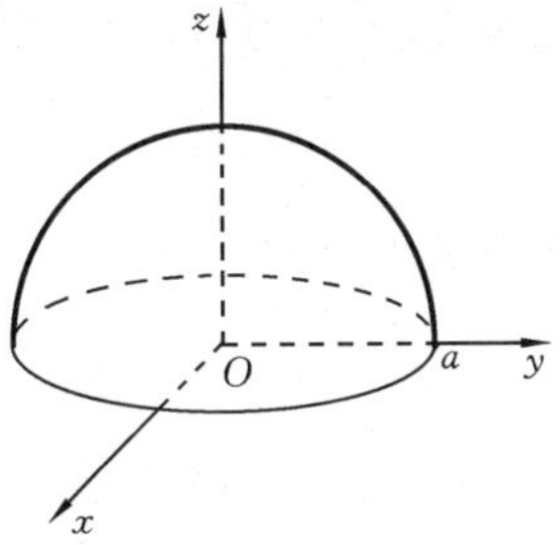

因曲面 S 在 Oxy 面上的投影区域为 $D_{xy}: x^2 + y^2 \leqslant a^2$,且 $z_x = -\dfrac{x}{z}, z_y = -\dfrac{y}{z}$,故

$$\mathrm{d}S = \sqrt{1 + z_x^2 + z_y^2}\,\mathrm{d}x\mathrm{d}y = \frac{a}{\sqrt{a^2 - x^2 - y^2}}\mathrm{d}x\mathrm{d}y,$$

图 11-4

因此 $\quad I = \iint\limits_S z\mathrm{d}S = \iint\limits_{D_{xy}} \sqrt{a^2 - x^2 - y^2}\,\frac{a}{\sqrt{a^2 - x^2 - y^2}}\mathrm{d}x\mathrm{d}y$

$$= \iint\limits_{D_{xy}} a\,\mathrm{d}x\mathrm{d}y = \pi a^3.$$

注 由于本题中半球壳的质心在点 $z = \dfrac{a}{2}$ 处,故也可以用形心公式计算,即

$$I = \iint\limits_S z\mathrm{d}S = \frac{a}{2} \cdot S \text{ 的面积} = \frac{a}{2} \cdot 2\pi a^2 = \pi a^3.$$

(2) 由于曲面 S 关于坐标平面 Oxz 对称,故 $\iint\limits_S y\mathrm{d}S = 0$. 由轮换对称性并结合代入法得

$$I = \iint\limits_S x^2\mathrm{d}S = \frac{1}{2}\iint\limits_S (x^2 + y^2)\mathrm{d}S = \frac{1}{2}\iint\limits_S a^2\mathrm{d}S = \frac{a^2}{2} \cdot 2\pi ah = \pi a^3 h.$$

(3) 曲面 S 不是对称图形,注意到被积函数包含一次函数,且 S 的形心 $(\bar{x}, \bar{y}, \bar{z})$ 为球心,故

$$\iint\limits_S (x+y+z+\sqrt{3}a)\mathrm{d}S = (\bar{x} + \bar{y} + \bar{z} + \sqrt{3}a)\,|S| \quad (|S| \text{ 记为 } S \text{ 的面积})$$

$$= (3+\sqrt{3})a \cdot 4\pi a^2 \geqslant 12\pi a^3.$$

例 11-4 如图 11-5 所示,设 S 为椭球面 $\dfrac{x^2}{2}+\dfrac{y^2}{2}+z^2=1$ 的上半部分,$P(x,y,z)$ $\in S$,π 为曲面 S 在点 P 处的切平面,$\rho(x,y,z)$ 为点 $O(0,0,0)$ 到平面 π 的距离,求 $I=$ $\displaystyle\iint\limits_{S}\dfrac{z}{\rho(x,y,z)}\mathrm{d}S.$

解 设 (X,Y,Z) 为平面 π 上的任意一点,则 π 的方程为 $\dfrac{x}{2}X+\dfrac{y}{2}Y+zZ=1$,由点到平面的距离公式知

$$\rho(x,y,z)=\left(\frac{x^2}{4}+\frac{y^2}{4}+z^2\right)^{-\frac{1}{2}}=\frac{1}{2}(4-x^2-y^2)^{-\frac{1}{2}}.$$

由 S 为上半椭球面 $z=\sqrt{1-\dfrac{x^2}{2}-\dfrac{y^2}{2}}$ 知

$$z_x=-\frac{x}{2\sqrt{1-\dfrac{x^2}{2}-\dfrac{y^2}{2}}},\quad z_y=-\frac{y}{2\sqrt{1-\dfrac{x^2}{2}-\dfrac{y^2}{2}}},$$

于是 $\mathrm{d}S=\sqrt{1+z_x^2+z_y^2}\,\mathrm{d}x\mathrm{d}y=\dfrac{\sqrt{4-x^2-y^2}}{2\sqrt{1-\dfrac{x^2}{2}-\dfrac{y^2}{2}}}\mathrm{d}x\mathrm{d}y.$

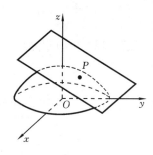

图 11-5

又因 S 在坐标平面 Oxy 上的投影为 $D_{xy}:x^2+y^2\leqslant 2$,故

$$I=\frac{1}{4}\iint\limits_{D_{xy}}(4-x^2-y^2)\mathrm{d}x\mathrm{d}y=\frac{1}{4}\int_0^{2\pi}\mathrm{d}\theta\int_0^{\sqrt{2}}(4-r^2)r\mathrm{d}r=\frac{3}{2}\pi.$$

【题型 11-3】 **第一型曲线积分与曲面积分的物理应用**

应对 设空间曲线 L 的线密度为 $\mu(x,y,z)$,则 L 的质量 $M=\displaystyle\int_L\mu\mathrm{d}s$,$L$ 的重心坐标 $(\bar{x},\bar{y},\bar{z})$ 为

$$\bar{x}=\frac{1}{M}\int_L\mu x\mathrm{d}s,\quad \bar{y}=\frac{1}{M}\int_L\mu y\mathrm{d}s,\quad \bar{z}=\frac{1}{M}\int_L\mu z\mathrm{d}s;$$

L 对坐标轴的转动惯量 J_x,J_y 和 J_z 分别为

$$J_x=\int_L\mu(y^2+z^2)\mathrm{d}s,\quad J_y=\int_L\mu(x^2+z^2)\mathrm{d}s,\quad J_z=\int_L\mu(x^2+y^2)\mathrm{d}s.$$

关于平面曲线 L 的重心坐标 $(\bar{x},\bar{y})$ 和它对 x 轴和 y 轴的转动惯量 J_x 和 J_y 可类比写出.

设曲面 S 的面密度为 $\mu(x,y,z)$,则 S 的质量 $M=\displaystyle\iint\limits_{S}\mu\mathrm{d}S$,$S$ 的重心坐标 $(\bar{x},\bar{y},\bar{z})$ 为

$$\bar{x}=\frac{1}{M}\iint\limits_{S}\mu x\mathrm{d}S,\quad \bar{y}=\frac{1}{M}\iint\limits_{S}\mu y\mathrm{d}S,\quad \bar{z}=\frac{1}{M}\iint\limits_{S}\mu z\mathrm{d}S;$$

S 对坐标轴的转动惯量 J_x,J_y 和 J_z 分别为

$$J_x=\iint\limits_{S}\mu(y^2+z^2)\mathrm{d}S,\quad J_y=\iint\limits_{S}\mu(x^2+z^2)\mathrm{d}S,\quad J_z=\iint\limits_{S}\mu(x^2+y^2)\mathrm{d}S.$$

例 11-5 求半径为 R、中心角为 2φ 的均匀圆弧 L 的重心及关于它的对称轴的转动惯量.

解 设 L 的圆心在坐标原点且关于 x 轴对称(见图 11-6),则 L 的参数方程为

$\begin{cases} x = R\cos\theta, \\ y = R\sin\theta, \end{cases} -\varphi \leqslant \theta \leqslant \varphi, \mathrm{d}s = R\mathrm{d}\theta.$ 由对称性知重心坐标为 $(\overline{x}, 0)$,不妨设 $\mu = 1$. 因

$$\overline{x} = \frac{\displaystyle\int_L x\,\mathrm{d}s}{\displaystyle\int_L \mathrm{d}s} = \frac{\displaystyle\int_{-\varphi}^{\varphi} R^2\cos\theta\mathrm{d}\theta}{\displaystyle\int_{-\varphi}^{\varphi} R\,\mathrm{d}\theta} = \frac{2R^2\sin\varphi}{2R\varphi} = \frac{R\sin\varphi}{\varphi},$$

故重心坐标为 $\left(\dfrac{R\sin\varphi}{\varphi}, 0\right)$. L 对 x 轴的转动惯量为

$$J_x = \int_L y^2\,\mathrm{d}s = \int_{-\varphi}^{\varphi} R^3\sin^2\theta\mathrm{d}\theta = R^3\int_0^{\varphi}(1-\cos2\theta)\mathrm{d}\theta = \frac{R^3}{2}(2\varphi - \sin2\varphi).$$

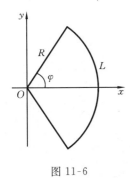

图 11-6

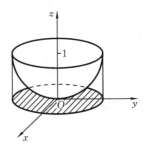

图 11-7

例 11-6 求旋转抛物面 $z = x^2 + y^2 (0 \leqslant z \leqslant 1)$ 对 z 轴的转动惯量,其中密度函数为 $\mu = 1$.

解 曲面 S 在坐标平面 Oxy 上的投影区域 $D_{xy}: x^2 + y^2 \leqslant 1$(见图 11-7),所以

$$J_z = \iint\limits_S (x^2 + y^2)\mathrm{d}S = \iint\limits_{D_{xy}} (x^2 + y^2)\sqrt{1 + 4(x^2 + y^2)}\,\mathrm{d}x\mathrm{d}y$$

$$= \int_0^{2\pi}\mathrm{d}\theta\int_0^1 r^2\sqrt{1 + 4r^2}\,r\mathrm{d}r = 2\pi\int_0^1 r^3\sqrt{1 + 4r^2}\,\mathrm{d}r = \frac{25\sqrt{5} + 1}{60}\pi.$$

【题型 11-4】 第二型平面曲线积分的计算

应对 详见知识点解析【11-7】.

例 11-7 求下列曲线积分:

(1) $I = \displaystyle\int_L xy\mathrm{d}x$,其中 L 是 $y^2 = x$ 上从点 $A(1, -1)$ 到点 $B(1, 1)$ 的弧线段;

(2) $I = \displaystyle\int_L [1 + (xy + y^2)\sin x]\mathrm{d}x + (x^2 + xy)\sin y\mathrm{d}y$,其中 L 为上半椭圆 $x^2 + xy + y^2 = 1 (y \geqslant 0)$ 从点 $(-1, 0)$ 到点 $(1, 0)$ 的弧线段.

解 (1) 因被积式 $P\mathrm{d}x + Q\mathrm{d}y$ 在代入曲线 L 的方程之后容易求积,故选择化定积分法.

方法一 以 x 为参数. 此时须将曲线 L 分成 AO、OB 两段弧,其中 $AO: y = -\sqrt{x}$,x 从 1 到 0,$OB: y = \sqrt{x}$,x 从 0 到 1(见图 11-8),于是

$$I = \int_1^0 x(-\sqrt{x})\mathrm{d}x + \int_0^1 x\sqrt{x}\mathrm{d}x = \frac{4}{5}.$$

方法二 以 y 为参数. 此时曲线 L 为 $x = y^2$, y 从 -1 到 1, 则 $\mathrm{d}x = 2y\mathrm{d}y$, 于是

$$I = \int_{-1}^{1} y^2 y \cdot 2y\mathrm{d}y = 4\int_{0}^{1} y^4 \mathrm{d}y = \frac{4}{5}.$$

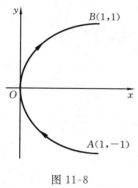

图 11-8

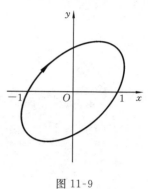

图 11-9

(2) 如图 11-9 所示, 注意到从曲线方程 $x^2 + xy + y^2 = 1$ 得出的

$$xy + y^2 = 1 - x^2, \quad x^2 + xy = 1 - y^2$$

可用来化简被积函数, 于是

$$I = \int_{L} [1 + (1 - x^2)\sin x]\mathrm{d}x + (1 - y^2)\sin y\,\mathrm{d}y,$$

此时曲线积分符合 $Q_x = P_y$, 于是可改变积分路径至 $y = 0$ $(-1 \leqslant x \leqslant 1)$, 再化作关于 x 的定积分计算, 即

$$I = \int_{-1}^{1} [1 + (1 - x^2)\sin x]\mathrm{d}x = \int_{-1}^{1}\mathrm{d}x + \int_{-1}^{1} [(1 - x^2)\sin x]\mathrm{d}x = 2.$$

注 (1) 适当选择参数有利于积分. 如例 11-7(1), 显然选择 y 为参数时, 计算更加简便.

(2) 利用积分曲线方程对被积函数化简有利于积分.

例 11-8 在过点 $O(0,1)$ 和 $A(\pi,0)$ 的曲线族 $y = a\sin x$ $(a > 0)$ 中, 求一条曲线 L, 使沿该曲线从点 O 到点 A 的积分 $\int_{L} (1 + y^3)\mathrm{d}x + (2x + y)\mathrm{d}y$ 的值最小.

解 取 $L: y = a\sin x$, x 由 0 变到 π, 于是

$$I(a) = \int_{0}^{\pi} [1 + a^3\sin^3 x + (2x + a\sin x)a\cos x]\mathrm{d}x = \pi - 4a + \frac{4}{3}a^3.$$

令 $I'(a) = 4(a^2 - 1) = 0$, 得 $a = 1$ ($a = -1$ 舍去), 且 $a = 1$ 是 $I(a)$ 在区间 $(0, +\infty)$ 内的唯一驻点. 又由于 $I''(1) = 8 > 0$, 所以 $I(a)$ 在点 $a = 1$ 处取得最小值. 因此所求曲线是

$$y = \sin x \ (0 \leqslant x \leqslant \pi).$$

例 11-9 求解下列各题:

(1) $I = \int_{L} \frac{1}{x}\arctan\frac{y}{x}\mathrm{d}x + \frac{2}{y}\arctan\frac{x}{y}\mathrm{d}y$, 其中曲线 L 为圆周 $x^2 + y^2 = 1$, $x^2 + y^2 = 4$ 与直线 $y = x$, $y = \sqrt{3}x$ 在第一象限所围区域的正向边界;

(2) $I = \oint_{L} (x^2 + y^2)\mathrm{d}x + (x^2 - y^2)\mathrm{d}y$, 其中曲线 L 是由点 $O(0,0), A(1,1),$

$B(0,2),C(-1,1)$ 为顶点的正方形的逆时针方向边界;

(3) $I=\oint_L xy^2\mathrm{d}y-x^2y\mathrm{d}x$,其中 $L:x^2+y^2=a^2$,取顺时针方向;

(4) 设 L 是取逆时针方向的圆周 $(x-a)^2+(y-a)^2=1$,$f(x)$ 为正值的连续函数,

证明:$\oint_L xf(y)\mathrm{d}y-\dfrac{y}{f(x)}\mathrm{d}x\geqslant 2\pi$.

解 (1) 因 L 为封闭曲线(见图 11-10),$P_y=\dfrac{1}{x^2+y^2}$,$Q_x=\dfrac{2}{x^2+y^2}$ 在 L 所围区域

上连续,故采用格林公式计算,即得

$$I=\iint\limits_D(Q_x-P_y)\mathrm{d}x\mathrm{d}y=\iint\limits_D\frac{1}{x^2+y^2}\mathrm{d}x\mathrm{d}y=\int_{\frac{\pi}{4}}^{\frac{\pi}{3}}\mathrm{d}\theta\int_1^2\frac{1}{r}\mathrm{d}r=\frac{\pi}{12}\ln2.$$

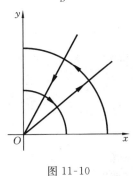

图 11-10

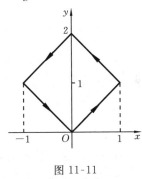

图 11-11

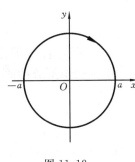

图 11-12

(2) 因 L 为封闭曲线(见图 11-11),$P_y=2y$,$Q_x=2x$ 在曲线 L 所围的区域上连续,

于是由格林公式得

$$I=\iint\limits_D(Q_x-P_y)\mathrm{d}x\mathrm{d}y=2\iint\limits_D(x-y)\mathrm{d}x\mathrm{d}y.$$

因 D 关于 y 轴对称,则 $\iint\limits_D x\mathrm{d}x\mathrm{d}y=0$,所以

$$I=-2\iint\limits_D y\mathrm{d}x\mathrm{d}y=-4\int_0^1\mathrm{d}x\int_x^{2-x}y\mathrm{d}y=-4(或\ I=-2\iint\limits_D y\mathrm{d}x\mathrm{d}y=-2\bar{y}\mid D\mid=-4).$$

(3) **方法一** 使用格林公式计算.L 为封闭曲线(见图 11-12),且 $P_y=-x^2$,$Q_x=$

y^2 在曲线 L 所围区域上连续,但 L 取顺时针方向,故先改为逆时针方向后,再利用格林

公式,即

$$I=-\oint_{-L}xy^2\mathrm{d}y-x^2y\mathrm{d}x=-\iint\limits_D(x^2+y^2)\mathrm{d}x\mathrm{d}y=-\int_0^{2\pi}\mathrm{d}\theta\int_0^a r^3\mathrm{d}r=-\frac{\pi}{2}a^4.$$

方法二 直接化为定积分.曲线 L 的参数方程为 $x=a\cos t,y=a\sin t$ $(0\leqslant t\leqslant$

$2\pi)$,故

$$I=\int_{2\pi}^0 2a^4\sin^2t\cos^2t\mathrm{d}t=-2a^4\cdot4\int_0^{\frac{\pi}{2}}\sin^2t(1-\sin^2t)\mathrm{d}t$$

$$=-8a^4\left(\int_0^{\frac{\pi}{2}}\sin^2t\mathrm{d}t-\int_0^{\frac{\pi}{2}}\sin^4t\mathrm{d}t\right)=-8a^4\left(\frac{\pi}{4}-\frac{3}{4}\times\frac{\pi}{4}\right)=-\frac{\pi}{2}a^4.$$

(4) 由格林公式得，$\oint_L xf(y)\mathrm{d}y - \dfrac{y}{f(x)}\mathrm{d}x = \iint\limits_D \Big[f(y) + \dfrac{1}{f(x)}\Big]\mathrm{d}x\mathrm{d}y.$

因为 D 具有轮换对称性，所以 $\iint\limits_D f(y)\mathrm{d}x\mathrm{d}y = \iint\limits_D f(x)\mathrm{d}x\mathrm{d}y$，于是

$$\text{左边} = \iint\limits_D \Big[f(x) + \dfrac{1}{f(x)}\Big]\mathrm{d}x\mathrm{d}y \geqslant \iint\limits_D 2\sqrt{f(x)} \cdot \dfrac{1}{\sqrt{f(x)}}\mathrm{d}x\mathrm{d}y = 2\pi.$$

注 (1) 例 11-9(1)、(2) 两题的曲线 L 由多条曲线组成，如果化为定积分计算需分段考虑，而用格林公式优势明显；但(3)的曲线方程易得，且函数容易积分，故直接化为定积分也是可行的.

(2) 例 11-9(3) 中的二重积分不能将曲线方程 $x^2 + y^2 = a^2$ 代入化简，其理由参见重积分知识点解析，即

$$\iint\limits_D (x^2 + y^2)\mathrm{d}x\mathrm{d}y \neq \iint\limits_D a^2 \mathrm{d}x\mathrm{d}y = \pi a^4.$$

例 11-10 若 L 是包围点 M_0 的分段光滑闭曲线，除在点 M_0 之外 $P(x,y)$，$Q(x,y)$，处处具有连续的一阶偏导数，且 $P_y = Q_x$，证明

$$\oint_L P(x,y)\mathrm{d}x + Q(x,y)\mathrm{d}y = \oint_{L_1} P(x,y)\mathrm{d}x + Q(x,y)\mathrm{d}y,$$

其中 L_1 是与 L 同向的包围点 M_0 的任何闭曲线.

证 不妨设 L, L_1 是包围点 M_0 的两条互不相交的分段光滑的正向闭曲线，L_1 在 L 的内部(见图 11-13)，则在由 L 与 $-L_1$ 所围的复连通区域 D 内，格林公式条件成立，且 $P_y = Q_x$，因而，

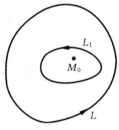

$$\oint_{L+(-L_1)} P(x,y)\mathrm{d}x + Q(x,y)\mathrm{d}y = \iint\limits_D (Q_x - P_y)\mathrm{d}x\mathrm{d}y = 0,$$

所以 $\oint_L P(x,y)\mathrm{d}x + Q(x,y)\mathrm{d}y = \oint_{L_1} P(x,y)\mathrm{d}x + Q(x,y)\mathrm{d}y.$

利用上述结论，可以根据被积函数的形式，适当选择积分路径，使积分简化.

图 11-13

例 11-11 求下列曲线积分：

(1) $I = \oint_L \dfrac{x\mathrm{d}y - y\mathrm{d}x}{x^2 + y^2}$，其中 L 为椭圆 $\dfrac{x^2}{2} + \dfrac{y^2}{3} = 1$ 所围区域的正向边界；

(2) $I = \oint_L \dfrac{y\mathrm{d}x - (x-1)\mathrm{d}y}{(x-1)^2 + y^2}$，其中 L 是任一条不经过点 $(1,0)$ 的正向简单闭曲线.

解 (1) 虽然 L 为封闭曲线，但 $P = -\dfrac{x}{x^2 + y^2}$，$Q = \dfrac{y}{x^2 + y^2}$ 在曲线 L 所围区域内的点 $(0,0)$ 处无定义，因此，不能直接使用格林公式. 注意到在除去原点 $(0,0)$ 的区域内，P_y, Q_x 连续，且 $P_y = \dfrac{y^2 - x^2}{(x^2 + y^2)^2} = Q_x$，故可将积分曲线更改为包含原点的圆 $C: x^2 + y^2 = 1$ 上，在将 $x^2 + y^2 = 1$ 代入分母之后，便有

$$I = \oint_{x^2+y^2=1} \dfrac{x\mathrm{d}y - y\mathrm{d}x}{x^2 + y^2} = \oint_{x^2+y^2=1} x\mathrm{d}y - y\mathrm{d}x = 2\iint\limits_{x^2+y^2\leqslant 1} \mathrm{d}x\mathrm{d}y = 2\pi.$$

(2) L 是封闭曲线,且除点 $(1,0)$ 外, P_y, Q_x 连续,且 $P_y = \dfrac{(x-1)^2 - y^2}{[(x-1)^2 + y^2]^2} = Q_x$.

因此,有以下几种情况.

(i) 若点 $(1,0)$ 在闭曲线所围区域 D 外部(见图 11-14(a)),则由格林公式得

$$I = \iint\limits_{D} (Q_x - P_y)\mathrm{d}\sigma = 0;$$

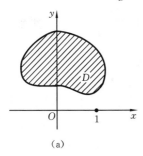 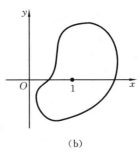

(a)   (b)

图 11-14

(ii) 若点 $(1,0)$ 在闭曲线所围区域 D 内部(见图 11-14(b)),注意到被积函数分母为 $(x-1)^2 + y^2$,故可用正向小圆 $C:(x-1)^2 + y^2 = \delta^2 (\delta > 0)$ 取代 L,得

$$I = \oint_C \frac{y\mathrm{d}x - (x-1)\mathrm{d}y}{(x-1)^2 + y^2} = \frac{1}{\delta^2}\oint_C y\mathrm{d}x - (x-1)\mathrm{d}y = \frac{1}{\delta^2}\iint\limits_{D_1}(-1-1)\mathrm{d}x\mathrm{d}y = -2\pi,$$

其中 $D_1:(x-1)^2 + y^2 \leqslant \delta^2$.

例 11-12 求下列曲线积分:

(1) $I = \displaystyle\int_L x\mathrm{d}y - 2y\mathrm{d}x$,其中曲线 L 为正向圆周 $x^2 + y^2 = 2$ 在第一象限中的部分;

(2) $I = \displaystyle\int_L (x^2 + y^2)\mathrm{d}x + (x^2 - y^2)\mathrm{d}y$,其中曲线 L 是 $y = 1 - |1 - x|$ 从点 $(0,0)$ 到点 $(2,0)$;

(3) $I = \displaystyle\int_L \frac{y^2}{\sqrt{x^2 + a^2}}\mathrm{d}x + [4x + 2y\ln(x + \sqrt{x^2 + a^2})]\mathrm{d}y$,其中曲线 L 是 $y = \sqrt{a^2 - x^2}$ 从点 $A(a,0)$ 到点 $B(-a,0)$ 的弧线段.

解 (1) **方法一** 直接化为定积分. 设 L 的参数方程为 $x = \sqrt{2}\cos t, y = \sqrt{2}\sin t$ $\left(0 \leqslant t \leqslant \dfrac{\pi}{2}\right)$,则

$$I = \int_0^{\frac{\pi}{2}} (2\cos^2 t + 4\sin^2 t)\mathrm{d}t = 6\int_0^{\frac{\pi}{2}} (2 + 2\sin^2 t)\mathrm{d}t$$
$$= \frac{3}{2}\pi.$$

方法二 通过添加曲线段,转移到封闭曲线上积分,以便使用格林公式. 为此,补 $L_1:y = 0(x$ 从 0 到 $\sqrt{2})$, $L_2:x = 0(y$ 从 $\sqrt{2}$ 到 $0)$,使 $L_1 + L + L_2$ 为封闭的正向曲线如图 11-15 所示. 又因 $Q_x = 1$, $P_y = -2$ 连续,于是

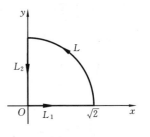

图 11-15

$$\oint_{L_1+L+L_2} x\mathrm{d}y - 2y\mathrm{d}x = 3\iint_D \mathrm{d}x\mathrm{d}y = \frac{3\pi}{2}.$$

而
$$\int_{L_1} x\mathrm{d}y - 2y\mathrm{d}x = 0, \quad \int_{L_2} x\mathrm{d}y - 2y\mathrm{d}x = 0,$$

所以
$$I = \oint_{L_1+L+L_2} x\mathrm{d}y - 2y\mathrm{d}x - \int_{L_1} x\mathrm{d}y - 2y\mathrm{d}x - \int_{L_2} x\mathrm{d}y - 2y\mathrm{d}x = \frac{3}{2}\pi.$$

(2) 方法一 $L: y = 1 - |1 - x| = \begin{cases} x, & 0 \leqslant x \leqslant 1, \\ 2-x, & 1 < x \leqslant 2, \end{cases}$ 其图形为折线段 OA 和

AB(见图 11-16),为了"封口",补直线 $BO: y = 0$(x 从 2 到 0),则 $L + BO$ 封闭,且取顺时针方向. 又因 $Q_x - P_y = 2(x - y)$,于是

$$\oint_{L+BO} (x^2 + y^2)\mathrm{d}x + (x^2 - y^2)\mathrm{d}y = -2\iint_D (x - y)\mathrm{d}x\mathrm{d}y = -2\int_0^1 \mathrm{d}y \int_y^{2-y} (x - y)\mathrm{d}x$$

$$= -4\int_0^1 (y - 1)^2 \mathrm{d}y = -\frac{4}{3} \left(\text{或者由} \iint_D (x - y)\mathrm{d}x\mathrm{d}y = (\bar{x} - \bar{y}) \mid D \mid \text{计算}\right).$$

而 $\int_{BO} (x^2 + y^2)\mathrm{d}x + (x^2 - y^2)\mathrm{d}y = \int_2^0 x^2 \mathrm{d}x = -\frac{8}{3}$,所以 $I = -\frac{4}{3} - \left(-\frac{8}{3}\right) = \frac{4}{3}$.

方法二 直接化作定积分.因 $\overrightarrow{OA}: y = x$($x$ 从 0 到 1),$\overrightarrow{AB}: y = 2 - x$($x$ 从 1 到 2),于是

$$I = \int_0^1 2x^2 \mathrm{d}x + \int_1^2 \{[x^2 + (2-x)^2]\mathrm{d}x + [x^2 - (2-x)^2](-\mathrm{d}x)\}$$

$$= \frac{2}{3} + \int_1^2 2(2-x)^2 \mathrm{d}x = \frac{2}{3} - \int_1^2 2(2-x)^2 \mathrm{d}(2-x) = \frac{2}{3} - \frac{2}{3}(2-x)^3 \Big|_1^2$$

$$= \frac{2}{3} + \frac{2}{3} = \frac{4}{3}.$$

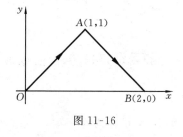

图 11-16

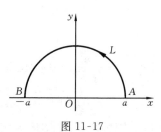

图 11-17

(3) 如图 11-17 所示,补直线段 $BA: y = 0$(x 从 $-a$ 到 a),则曲线 $L + BA$ 封闭,且取逆时针方向为正方向,又因

$$P_y = \frac{2y}{\sqrt{x^2 + a^2}}, \quad Q_x = 4 + \frac{2y}{\sqrt{x^2 + a^2}}, \quad Q_x - P_y = 4,$$

于是 $\oint_{L+BA} \frac{y^2}{\sqrt{x^2 + a^2}}\mathrm{d}x + [4x + 2y\ln(x + \sqrt{x^2 + a^2})]\mathrm{d}y = 4\iint_D \mathrm{d}x\mathrm{d}y = 2\pi a^2,$

而 $\int_{BA} \frac{y^2}{\sqrt{x^2 + a^2}}\mathrm{d}x + [4x + 2y\ln(x + \sqrt{x^2 + a^2})]\mathrm{d}y = 0$,所以 $I = 2\pi a^2$.

注 此例中的(3)若直接化为定积分计算则十分复杂,于是求助于格林公式化为

二重积分计算,但由于积分曲线不封闭,而采用添补线段法处理. 通常添补的辅助线是坐标轴上的线段或与坐标轴平行的线段. 这样沿辅助线段的积分至少有 $\mathrm{d}x=0$ 或 $\mathrm{d}y=0$,其上的曲线积分容易算出.

例 11-13 求下列曲线积分:

(1) $I=\displaystyle\int_{L}\mathrm{e}^{x}\sin y\,\mathrm{d}x+\mathrm{e}^{x}\cos y\,\mathrm{d}y$,其中 L 从原点 $O(0,0)$ 沿摆线 $\begin{cases}x=a(t-\sin t),\\ y=a(1-\cos t)\end{cases}$ 到 $A(\pi a,2a)$ (参数 t 从 0 到 π);

(2) $I=\displaystyle\int_{L}(3x^{2}y-2y)\mathrm{d}x+(x^{3}-2x)\mathrm{d}y$,其中 L 是从点 $A\left(-\dfrac{\pi}{2},1\right)$ 沿着曲线 $y=1+\cos x$ 到点 $B\left(\dfrac{\pi}{2},1\right)$.

解 (1) **方法一** 因 $Q_{x}=\mathrm{e}^{x}\cos y=P_{y}$,且 P_{y},Q_{x} 连续,所以积分与路径无关. 设 $B(\pi a,0)$,选取平行于坐标轴的折线 $OB:y=0(x$ 从 0 到 $\pi a)$ 及 $BA:x=\pi a(y$ 从 0 到 $2a)$ (见图 11-18) 路径积分,于是 $I=\displaystyle\int_{0}^{2a}\mathrm{e}^{\pi a}\cos y\,\mathrm{d}y=\mathrm{e}^{\pi a}\sin 2a$.

方法二 因 $Q_{x}=\mathrm{e}^{x}\cos y=P_{y}$,且 P_{y},Q_{x} 连续,所以被积函数式 $\mathrm{e}^{x}\sin y\,\mathrm{d}x+\mathrm{e}^{x}\cos y\,\mathrm{d}y$ 是某个二元可微函数 $u(x,y)$ 的全微分. "凑" 微分,得

$$\mathrm{e}^{x}\sin y\,\mathrm{d}x+\mathrm{e}^{x}\cos y\,\mathrm{d}y=\mathrm{d}(\mathrm{e}^{x}\sin y),\quad\text{即}\quad u(x,y)=\mathrm{e}^{x}\sin y,$$

于是由全微分式的积分公式得 $I=\mathrm{e}^{x}\sin y\Big|_{(0,0)}^{(\pi a,2a)}=\mathrm{e}^{\pi a}\sin 2a$.

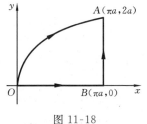

图 11-18

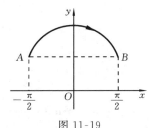

图 11-19

(2) **方法一** 因 $Q_{x}=3x^{2}-2=P_{y}$,且 P_{y},Q_{x} 连续,所以积分与路径无关. 取 $AB:y=1\left(x\text{ 从 }-\dfrac{\pi}{2}\text{ 到 }\dfrac{\pi}{2}\right)$ (见图 11-19),则

$$I=\int_{-\frac{\pi}{2}}^{\frac{\pi}{2}}(3x^{2}-2)\mathrm{d}x=2\int_{0}^{\frac{\pi}{2}}(3x^{2}-2)\mathrm{d}x=\frac{\pi^{3}}{4}-2\pi.$$

方法二 因 $(3x^{2}y-2y)\mathrm{d}x+(x^{3}-2x)\mathrm{d}y=(3x^{2}y\mathrm{d}x-x^{3}\mathrm{d}y)-(2y\mathrm{d}x+2x\mathrm{d}y)$

$$=\mathrm{d}(x^{3}y-2xy),$$

所以由全微分式的积分公式得 $I=(x^{3}y-2xy)\Big|_{(-\frac{\pi}{2},1)}^{(\frac{\pi}{2},1)}=\dfrac{\pi^{3}}{4}-2\pi$.

若 $Q_{x}\neq P_{y}$,即 $P\mathrm{d}x+Q\mathrm{d}y$ 不是全微分,可通过观察 $Q_{x}-P_{x}$ 的结果将积分化为路径无关部分和简单曲线积分两部分,以简化积分运算.

例 11-14 求下列曲线积分:

(1) $I=\displaystyle\oint_{L}(2xy-2y)\mathrm{d}x+(x^{2}-4x)\mathrm{d}y$,其中曲线 L 为取正向的圆周 $x^{2}+y^{2}=9$;

(2) $I = \int_L [\mathrm{e}^x \sin y - b(x+y)]\mathrm{d}x + (\mathrm{e}^x \cos y - ax)\mathrm{d}y$,其中 a,b 为正的常数,L 为从

点 $A(2a,0)$ 沿圆周 $y = \sqrt{2ax - x^2}$ 到点 $O(0,0)$ 的弧线段.

解 (1) **方法一** 因 $Q_x = 2x - 4$,$P_y = 2x - 2$,$Q'_x - P'_y = -2$,所以

$$I = \oint_L (2xy - 2y)\mathrm{d}x + (x^2 - 2x)\mathrm{d}y - \oint_L 2x\mathrm{d}y.$$

其中,第一项为全微分式的积分,第二项依格林公式计算,即

$$\oint_L (2xy - 2y)\mathrm{d}x + (x^2 - 2x)\mathrm{d}y = 0, \quad 2\oint_L x\mathrm{d}y = 2\iint_D \mathrm{d}x\mathrm{d}y = 18\pi,$$

故 $I = -18\pi$.

方法二 L 的参数方程为 $x = 3\cos t$,$y = 3\sin t$ $(0 \leqslant t \leqslant 2\pi)$,于是

$$I = \int_0^{2\pi} [(18\sin t\cos t - 6\sin t)(-3\sin t) + (9\cos^2 t - 12\cos t)(3\cos t)]\mathrm{d}t$$

$$= \int_0^{2\pi} (-54\sin^2 t\cos t + 18\sin^2 t + 27\cos^3 t - 36\cos^2 t)\mathrm{d}t = \int_0^{2\pi} (18\sin^2 t - 36\cos^2 t)\mathrm{d}t$$

$$= \int_0^{2\pi} [9(1 - \cos 2t) - 18(1 + \cos 2t)]\mathrm{d}t = -9 \times 2\pi = -18\pi.$$

(2) $[\mathrm{e}^x \sin y - b(x+y)]\mathrm{d}x + (\mathrm{e}^x \cos y - ax)\mathrm{d}y$

$$= \mathrm{e}^x \sin y\mathrm{d}x + \mathrm{e}^x \cos y\mathrm{d}y - bx\mathrm{d}x - by\mathrm{d}x - ax\mathrm{d}y$$

$$= \mathrm{d}\left(\mathrm{e}^x \sin y - \frac{b}{2}x^2\right) - (by\mathrm{d}x + ax\mathrm{d}y),$$

所以
$$I = \mathrm{e}^x \sin y - \frac{b}{2}x^2 \Big|_{(2a,0)}^{(0,0)} - \int_L by\mathrm{d}x + ax\mathrm{d}y = 2a^2 b - I_1.$$

取 L 的参数方程为 $\begin{cases} x = a + a\cos\theta, \\ y = a\sin\theta, \end{cases} 0 \leqslant \theta \leqslant \pi$(见图 11-20),则

$$I_1 = \int_0^\pi [-a^2 b\sin^2\theta + a^3(1 + \cos\theta)\cos\theta]\mathrm{d}\theta$$

$$= -2a^2 b\int_0^{\frac{\pi}{2}} \sin^2\theta\mathrm{d}\theta + a^3\int_0^\pi \cos\theta\mathrm{d}\theta + 2a^3\int_0^{\frac{\pi}{2}} \cos^2\theta\mathrm{d}\theta$$

$$= -2a^2 b \cdot \frac{1}{2} \cdot \frac{\pi}{2} + 0 + 2a^3 \cdot \frac{1}{2} \cdot \frac{\pi}{2}$$

$$= \frac{\pi}{2}a^2(a - b),$$

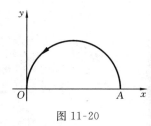

图 11-20

故
$$I = 2a^2 b - \frac{\pi}{2}a^2(a - b).$$

【题型 11-5】 利用曲线积分与路径无关的条件求函数

例 11-15 设点 $Q(x,y)$ 在坐标平面 Oxy 上具有一阶连续偏导数,曲线积分 $\int_L 2xy\mathrm{d}x + Q(x,y)\mathrm{d}y$ 在坐标平面 Oxy 上与路径无关,且对任意 t,恒有

$$\int_{(0,0)}^{(t,1)} 2xy\mathrm{d}x + Q(x,y)\mathrm{d}y = \int_{(0,0)}^{(1,t)} 2xy\mathrm{d}x + Q(x,y)\mathrm{d}y,$$

求 $Q(x,y)$.

解一 由曲线积分与路径无关知

$$\frac{\partial Q}{\partial x} = \frac{\partial}{\partial y}(2xy) = 2x \Rightarrow Q(x,y) = x^2 + C(y),$$

其中 $C(y)$ 为待定函数. 而

$$\int_{(0,0)}^{(t,1)} 2xy\,\mathrm{d}x + Q(x,y)\,\mathrm{d}y = \int_0^1 [t^2 + C(y)]\,\mathrm{d}y = t^2 + \int_0^1 C(y)\,\mathrm{d}y,$$

$$\int_{(0,0)}^{(1,t)} 2xy\,\mathrm{d}x + Q(x,y)\,\mathrm{d}y = \int_0^t [1^2 + C(y)]\,\mathrm{d}y = t + \int_0^t C(y)\,\mathrm{d}y,$$

由题设得 $t^2 + \int_0^1 C(y)\,\mathrm{d}y = t + \int_0^t C(y)\,\mathrm{d}y$,两边对 t 求导得 $2t = 1 + C(t)$,从而 $C(t) = 2t - 1$,即 $C(y) = 2y - 1$,故 $Q(x,y) = x^2 + 2y - 1$.

解二 由曲线积分与路径无关知,存在二元可微函数 $u(x,y)$,使

$$\mathrm{d}u(x,y) = 2xy\,\mathrm{d}x + Q(x,y)\,\mathrm{d}y = \mathrm{d}[x^2 y + \varphi(y)], \quad 即 \quad u(x,y) = x^2 y + \varphi(y).$$

于是

$$u(x,y)\Big|_{(0,0)}^{(t,1)} = u(x,y)\Big|_{(0,0)}^{(1,t)}, \quad 即 \quad t^2 + \varphi(1) = t + \varphi(t),$$

两边对 t 求导得 $\varphi'(t) = 2t - 1$ 或 $\varphi'(y) = 2y - 1$,所以

$$Q(x,y) = u_y(x,y) = x^2 + \varphi'(y) = x^2 + 2y - 1.$$

例 11-16 验证表达式 $(2x + 2y - 1)\mathrm{d}x + (2x - 3y^2)\mathrm{d}y$ 为某二元函数 $u(x,y)$ 的全微分,并求 $u(x,y)$.

解 记 $P(x,y) = 2x + 2y - 1$,$Q(x,y) = 2x - 3y^2$,因为 $P_y = 2 = Q_x$,所以 $(2x + 2y - 1)\mathrm{d}x + (2x - 3y^2)\mathrm{d}y$ 为某二元函数 $u(x,y)$ 的全微分. 求 $u(x,y)$ 的方法有下面三种.

(1) 凑全微分法. 因

$$\mathrm{d}u = (2x + 2y - 1)\mathrm{d}x + (2x - 3y^2)\mathrm{d}y = (2x - 1)\mathrm{d}x + 2y\,\mathrm{d}x + 2x\,\mathrm{d}y - 3y^2\,\mathrm{d}y$$

$$= \mathrm{d}(x^2 - x) + 2\mathrm{d}(xy) - \mathrm{d}y^3 = \mathrm{d}(x^2 - x + 2xy - y^3),$$

所以

$$u(x,y) = x^2 - x + 2xy - y^3 + C.$$

(2) 曲线积分法. 定义 $u(x,y)$ 为变终点的曲线积分,即

$$u(x,y) = \int_{(0,0)}^{(x,y)} (2x + 2y - 1)\mathrm{d}x + (2x - 3y^2)\mathrm{d}y + C,$$

其中点 $(0,0)$ 为任意取定的一点. 由于积分与路径无关,故可选取折线路径 $O(0,0) \to N(x,0) \to M(x,y)$,于是

$$u(x,y) = \int_0^x (2x - 1)\mathrm{d}x + \int_0^y (2x - 3y^2)\mathrm{d}y + C = x^2 - x + 2xy - y^3 + C.$$

(3) 不定积分法. 由 $\mathrm{d}u(x,y) = (2x + 2y - 1)\mathrm{d}x + (2x - 3y^2)\mathrm{d}y$ 知

$$u_x = 2x + 2y - 1, \quad u_y = 2x - 3y^2.$$

第一式对 x 求不定积分(把 y 看作常数),得

$$u(x,y) = \int (2x + 2y - 1)\mathrm{d}x = x^2 + 2xy - x + C(y).$$

上式中,$C(y)$ 起不定积分中的积分常数的作用,然后再将上式对 y 求偏导数,得 $u_y = 2x + C'(y)$,与 $u_y = 2x - 3y^2$ 比较,得 $C'(y) = -3y^2$,因此,

$$C(y) = -y^3 + C, \quad 即 \quad u(x,y) = x^2 + 2xy - x - y^3 + C.$$

【题型 11-6】　第二型曲面积分的计算

应对　第二型曲面积分常以组合形式

$$I = \iint_S P(x,y,z)\mathrm{d}y\mathrm{d}z + Q(x,y,z)\mathrm{d}z\mathrm{d}x + R(x,y,z)\mathrm{d}x\mathrm{d}y$$

出现,如果分项投影计算,势必烦琐.因此,第二型曲面积分多数情况是通过高斯公式转化为三重积分来计算,有时是根据题目条件将其转化为

$$I = \iint_S [P(-z_x) + Q(-z_y) + R]\mathrm{d}x\mathrm{d}y \ (其中\ z = z(x,y)\ 为\ S\ 的方程),$$

然后再投影到坐标平面上计算二重积分.

例 11-17　求下列曲面积分:

(1) $I = \oiint_S 2xz\,\mathrm{d}y\mathrm{d}z + yz\,\mathrm{d}z\mathrm{d}x - z^2\,\mathrm{d}x\mathrm{d}y$, 其中 S 是由 $z = \sqrt{x^2 + y^2}$ 与 $z = \sqrt{2 - x^2 - y^2}$ 所围立体表面的外侧;

(2) $I = \oiint_S y^2 z\,\mathrm{d}x\mathrm{d}y + xz\,\mathrm{d}y\mathrm{d}z + x^2 y\,\mathrm{d}z\mathrm{d}x$, 其中 S 是曲面 $z = x^2 + y^2$ 与 $x^2 + y^2 = 1$ 和坐标面在第一象限内所围成的空间区域 V 的内侧;

(3) 求 $I = \oiint_S x^3\,\mathrm{d}y\mathrm{d}z + y^2\,\mathrm{d}z\mathrm{d}x + z\,\mathrm{d}x\mathrm{d}y$, 其中 S 为球面 $x^2 + y^2 + z^2 = R^2$ 外侧.

解　(1) 因 S 为封闭曲面(见图 11-21),取外侧,且 $P_x = 2z, Q_y = z, R_z = -2z$ 在 S 围成的空间区域 V 上连续,由高斯公式知

$$I = \iiint_V (P_x + Q_y + R_z)\mathrm{d}v = \iiint_V z\,\mathrm{d}v = \int_0^{2\pi}\mathrm{d}\theta \int_0^{\frac{\pi}{4}}\mathrm{d}\varphi \int_0^{\sqrt{2}} \sin\varphi\cos\varphi r^3\,\mathrm{d}r = \frac{\pi}{2}.$$

(2) $P_x = z, Q_y = x^2, R_z = y^2$ 在 S 围成的空间区域 V(见图 11-22)上连续,但 S 为取内侧的封闭曲面,故先改为外侧后,再用高斯公式.

$$I = -\iiint_{-V} (z + x^2 + y^2)\mathrm{d}x\mathrm{d}y\mathrm{d}z = -\int_0^{\frac{\pi}{2}}\mathrm{d}\theta \int_0^1 r\,\mathrm{d}r \int_0^{r^2} (z + r^2)\mathrm{d}z = -\frac{\pi}{8}.$$

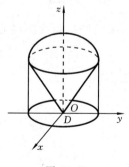

图 11-21

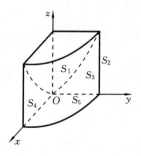

图 11-22

(3) 由高斯公式得

$$I = \iiint_V (3x^2 + 2y + 1)\mathrm{d}V = \iiint_V (x^2 + y^2 + z^2)\mathrm{d}V + 2\iiint_V y\,\mathrm{d}V + \iiint_V \mathrm{d}V$$

$$= \int_0^{2\pi} d\theta \int_0^{\pi} d\varphi \int_0^R \rho^4 \sin\rho\, d\rho + 0 + \iiint_V dV \quad \left(\text{由对称性知 } 2\iiint_V y\, dV = 0\right)$$

$$= \frac{4}{5}\pi R^5 + \frac{4}{3}\pi R^3.$$

注 (1) 例 11-13(2) 中曲面 S 由 5 个面组成,如果直接分项投影计算,需计算 15 个二重积分,高斯公式优势明显.

(2) 例 11-13(3) 在计算三重积分时,不能将曲面方程直接代入被积函数,即

$$\iiint_V (x^2 + y^2 + z^2)\, dV \neq \iiint_V R^2\, dV = R^2 \cdot \frac{4}{3}\pi R^3 = \frac{4}{3}\pi R^5.$$

例 11-18 求下列曲面积分:

(1) $I = \iint_S xz^2 dydz + yx^2 dzdx + zy^2 dxdy$,其中 S 为上半球面 $z = \sqrt{a - x^2 - y^2}$ 的下侧;

(2) $I = \iint_S (2x + z) dydz + z dxdy$,其中 S 为 $z = x^2 + y^2 (0 \leqslant z \leqslant 1)$,$S$ 的法矢量与 z 轴正向夹角为锐角;

(3) $I = \iint_S (x^3 \cos\alpha + y^2 \cos\beta + z\cos\gamma) dS$,其中 S 是柱面 $x^2 + y^2 = a^2$ 在 $0 \leqslant z \leqslant h$ 的部分,$\cos\alpha, \cos\beta, \cos\gamma$ 是 S 外法线的方向余弦.

解 (1) 积分曲面 S 不封闭. 为了使用高斯公式,需要添补曲面使其封闭. 因此,补上 $S_1: z = 0$ 的上侧,则 $S + S_1$ 封闭,且取内侧. 由代入法知

$$\iint_{S_1} xz^2 dydz + yx^2 dzdx + zy^2 dxdy = 0,$$

所以 $I = \oiint_{S+S_1} xz^2 dydz + yx^2 dzdx + zy^2 dxdy - \iint_{S_1} xz^2 dydz + yx^2 dzdx + zy^2 dxdy$

$$= -\iiint_V (x^2 + y^2 + z^2) dxdydz - 0 = -\int_0^{2\pi} d\theta \int_0^{\frac{\pi}{2}} d\varphi \int_0^a r^4 \sin\varphi dr = -\frac{2\pi a^5}{5}.$$

(2) 因 S 不封闭,为此补上 $S_1: z = 1$ 下侧(见图 11-23),则 $S + S_1$ 封闭,且取内侧. 于是

$$I_1 = \oiint_{S+S_1} (2x + z) dydz + z dxdy = -\iiint_V (2+1) dv$$

$$= -3 \int_0^{2\pi} d\theta \int_0^1 r dr \int_{r^2}^1 dz = -6\pi \int_0^1 r(1 - r^2) dr$$

$$= -\frac{3}{2}\pi.$$

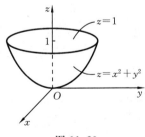

图 11-23

又因 $I_2 = \iint_{S_1} (2x + z) dydz + z dxdy = 0 + \iint_{S_1} z dxdy = -\iint_{x^2+y^2 \leqslant 1} dxdy = -\pi,$

故 $$I = I_1 - I_2 = -\frac{3}{2}\pi - (-\pi) = -\frac{\pi}{2}.$$

(3) 注意到所求曲面积分为第一型曲面积分,利用两类曲面积分之间的关系,得

$$I = \iint\limits_{\Sigma} (x^3\cos\alpha + y^2\cos\beta + z\cos\gamma)\,\mathrm{d}S = \iint\limits_{\Sigma} x^3\,\mathrm{d}y\mathrm{d}z + y^2\,\mathrm{d}z\mathrm{d}x + z\,\mathrm{d}x\mathrm{d}y.$$

补上 $S_1 : z = 0$, 取下侧; $S_2 : z = h$, 取上侧, 则 $S + S_1 + S_2$ 封闭, 且取外侧. 因为

$$\iint\limits_{S_1} x^3\,\mathrm{d}y\mathrm{d}z + y^2\,\mathrm{d}z\mathrm{d}x + z\,\mathrm{d}x\mathrm{d}y = 0,$$

$$\iint\limits_{S_2} x^3\,\mathrm{d}y\mathrm{d}z + y^2\,\mathrm{d}z\mathrm{d}x + z\,\mathrm{d}x\mathrm{d}y = \iint\limits_{S_2} z\,\mathrm{d}x\mathrm{d}y = h\iint\limits_{x^2+y^2\leqslant a^2} \mathrm{d}x\mathrm{d}y = \pi a^2 h,$$

$$\iint\limits_{S+S_1+S_2} x^3\,\mathrm{d}y\mathrm{d}z + y^2\,\mathrm{d}z\mathrm{d}x + z\,\mathrm{d}x\mathrm{d}y = \iiint\limits_{V} (3x^2 + 2y + 1)\,\mathrm{d}x\mathrm{d}y\mathrm{d}z$$

$$= 3\int_0^{2\pi}\mathrm{d}\theta\int_0^a r^3\cos^2\theta\,\mathrm{d}r\int_0^h \mathrm{d}z + \pi a^2 h = \frac{3\pi ha^4}{4} + \pi a^2 h \quad \left(\text{由对称性知}\iiint\limits_{V} 2y\,\mathrm{d}V = 0\right),$$

于是
$$I = \pi a^2 h + \frac{3\pi ha^4}{4} - \pi a^2 h = \frac{3\pi a^2 h}{4}.$$

注 添补曲面 S_1 的原则是: 在 S_1 上曲面积分简单, 因此一般选 S_1 为平行于坐标平面的平面, 同时沿封闭曲面 $S + S_1$ 的曲面积分利用高斯公式也容易算出.

例 11-19 计算 $I = \oiint\limits_{S} \dfrac{x\,\mathrm{d}y\mathrm{d}z + y\,\mathrm{d}z\mathrm{d}x + z\,\mathrm{d}x\mathrm{d}y}{(x^2 + y^2 + z^2)^{\frac{3}{2}}}$, 其中 S 为曲面 $2x^2 + 2y^2 + z^2 = 4$ 的外侧.

解 虽然 S 为封闭曲面, 但 P, Q, R 在 S 所围区域内的点 $(0,0,0)$ 处无定义, 因此不能直接使用高斯公式. 注意到当 $(x, y, z) \neq (0, 0, 0)$ 时, $P_x + Q_y + R_z = 0$, 被积函数分母含 $x^2 + y^2 + z^2$, 故可考虑更换积分曲面. 取 $S_1 : x^2 + y^2 + z^2 = r^2$ 的外侧, 则

$$I = \oiint\limits_{S-S_1} \frac{x\,\mathrm{d}y\mathrm{d}z + y\,\mathrm{d}z\mathrm{d}x + z\,\mathrm{d}x\mathrm{d}y}{(x^2 + y^2 + z^2)^{\frac{3}{2}}} + \oiint\limits_{S_1} \frac{x\,\mathrm{d}y\mathrm{d}z + y\,\mathrm{d}z\mathrm{d}x + z\,\mathrm{d}x\mathrm{d}y}{(x^2 + y^2 + z^2)^{\frac{3}{2}}}.$$

因 P_x, Q_y, R_z 在 S 与 S_1 之间部分连续, 且 $P_x + Q_y + R_z = 0$, 所以由高斯公式得

$$\oiint\limits_{S-S_1} \frac{x\,\mathrm{d}y\mathrm{d}z + y\,\mathrm{d}z\mathrm{d}x + z\,\mathrm{d}x\mathrm{d}y}{(x^2 + y^2 + z^2)^{\frac{3}{2}}} = \iiint\limits_{V} 0\,\mathrm{d}v = 0,$$

$$\oiint\limits_{S_1} \frac{x\,\mathrm{d}y\mathrm{d}z + y\,\mathrm{d}z\mathrm{d}x + z\,\mathrm{d}x\mathrm{d}y}{(x^2 + y^2 + z^2)^{\frac{3}{2}}} = \frac{1}{r^3}\oiint\limits_{S_1} x\,\mathrm{d}y\mathrm{d}z + y\,\mathrm{d}z\mathrm{d}x + z\,\mathrm{d}x\mathrm{d}y = \frac{1}{r^3}\iiint\limits_{x^2+y^2+z^2\leqslant r^2} 3\,\mathrm{d}v = 4\pi,$$

所以 $I = 4\pi$.

注 在沿 S_1 的曲面积分计算中, 先用曲面方程 $x^2 + y^2 + z^2 = r^2$ 化简被积函数, 然后使用高斯公式.

例 11-20 求 $I = \iint\limits_{S} x\,\mathrm{d}y\mathrm{d}z + y\,\mathrm{d}z\mathrm{d}x + z\,\mathrm{d}x\mathrm{d}y$, 其中 S 是上半球面 $x^2 + y^2 + z^2 = 1$ $(z \geqslant 0)$ 的上侧.

解一 化为第一型曲面积分.

因曲面 S 的单位法矢量 $\boldsymbol{n}^\circ = \{x, y, z\}$, 所以

$$I = \iint\limits_{S} (x\cos\alpha + y\cos\beta + z\cos\gamma)\,\mathrm{d}S = \iint\limits_{S} (x^2 + y^2 + z^2)\,\mathrm{d}S = \iint\limits_{S}\mathrm{d}S = 2\pi.$$

解二 利用高斯公式. 为此, 补上 $S_1 : z = 0$, 取下侧, 则 $S + S_1$ 封闭, 且取外侧.

因 $\iint\limits_{S_1} x\mathrm{d}y\mathrm{d}z + y\mathrm{d}z\mathrm{d}x + z\mathrm{d}x\mathrm{d}y = 0$，于是

$$I = \iint\limits_{S+S_1} x\mathrm{d}y\mathrm{d}z + y\mathrm{d}z\mathrm{d}x + z\mathrm{d}x\mathrm{d}y - \iint\limits_{S_1} x\mathrm{d}y\mathrm{d}z + y\mathrm{d}z\mathrm{d}x + z\mathrm{d}x\mathrm{d}y$$

$$= \iiint\limits_V 3\mathrm{d}x\mathrm{d}y\mathrm{d}z - 0 \quad (V: x^2 + y^2 + z^2 \leqslant 1, z \geqslant 0)$$

$$= 3 \times \frac{1}{2} \times \frac{4}{3}\pi = 2\pi.$$

解三 化组合型为单一型.

因上半球面 $z = \sqrt{1 - x^2 - y^2}$ 在坐标平面 Oxy 上的投影区域是圆域 $D_{xy}: x^2 + y^2 \leqslant 1, z_x = -\dfrac{x}{z}, z_y = -\dfrac{y}{z}$，于是

$$I = \iint\limits_S \left(x \cdot \frac{x}{z} + y \cdot \frac{y}{z} + z \right)\mathrm{d}x\mathrm{d}y = \iint\limits_{D_{xy}} \left(\frac{x^2 + y^2}{\sqrt{1 - x^2 - y^2}} + \sqrt{1 - x^2 - y^2} \right)\mathrm{d}x\mathrm{d}y$$

$$= \int_0^{2\pi} \mathrm{d}\theta \int_0^1 \frac{1}{\sqrt{1 - r^2}} r\mathrm{d}r = 2\pi.$$

例 11-21 求 $I = \iint\limits_S z\mathrm{d}y\mathrm{d}z + 2x\mathrm{d}z\mathrm{d}x + 2y\mathrm{d}x\mathrm{d}y$，其中 S 是上半球面 $x^2 + y^2 + z^2 = a^2 (a \geqslant 0, z \geqslant 0)$ 被柱面 $x^2 + y^2 = ax$ 截下部分的上侧.

解一 化组合型为单一型.

虽然这时 $P_x + Q_y + R_z = 0$，但不适合通过"补面"使之封闭，进而利用高斯公式计算. 根据题设知，若将组合形式的积分转化为单一的对坐标 x, y 的积分，可使计算较为简便.

因曲面 $z = \sqrt{a^2 - x^2 - y^2}$ 被柱面 $x^2 + y^2 = ax$ 截下部分在坐标平面 Oxy 上的投影区域是圆域 $D_{xy}: x^2 + y^2 \leqslant ax$（见图 11-24），$z_x = -\dfrac{x}{z}, z_y = -\dfrac{y}{z}$，于是

$$I = \iint\limits_S \left(z \cdot \frac{x}{z} + 2x \cdot \frac{y}{z} + 2y \right)\mathrm{d}x\mathrm{d}y$$

$$= \iint\limits_{D_{xy}} \left(x + \frac{2xy}{\sqrt{a^2 - x^2 - y^2}} + 2y \right)\mathrm{d}x\mathrm{d}y.$$

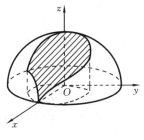

图 11-24

而 D_{xy} 关于 y 轴对称，所以 $\iint\limits_{D_{xy}} \left(\dfrac{2xy}{\sqrt{a^2 - x^2 - y^2}} + 2y \right)\mathrm{d}x\mathrm{d}y = 0$，故

$$I = 2\int_0^{\frac{\pi}{2}} \mathrm{d}\theta \int_0^{a\cos\theta} r\cos\theta \cdot r\mathrm{d}r = \frac{\pi}{8}a^3.$$

解二 化为第一型曲面积分.

因为曲面 S 的单位法矢量 $\boldsymbol{n}^\circ = \left\{ \dfrac{x}{a}, \dfrac{y}{a}, \dfrac{z}{a} \right\}$，且 $z_x = -\dfrac{x}{z}, z_y = -\dfrac{y}{z}$，于是

$$I = \iint\limits_S \frac{xz + 2xy + 2yz}{a}\mathrm{d}S$$

$$= \iint_{D_{xy}} \frac{xz + 2xy + 2yz}{a} \sqrt{1 + \left(-\frac{x}{z}\right)^2 + \left(-\frac{y}{z}\right)^2} \mathrm{d}x\mathrm{d}y \quad (D_{xy}:x^2 + y^2 \leqslant ax)$$

$$= \iint_{D_{xy}} \left(x + \frac{2xy}{\sqrt{a^2 - x^2 - y^2}} + 2y\right) \mathrm{d}x\mathrm{d}y.$$

接下来的做法同解一（略）.

【题型 11-7】 第二型空间曲线积分的计算

应对 参见知识点解析【11-8】.

例 11-22 求下列曲线积分：

(1) $I = \oint_L (y^2 - z^2)\mathrm{d}x + (z^2 - x^2)\mathrm{d}y + (x^2 - y^2)\mathrm{d}z$,其中 L 是球面三角形"$S:x^2 + y^2 + z^2 = 1, x, y, z \geqslant 0$"的边界,从 z 轴正向看去,L 取逆时针方向；

(2) $I = \oint_L yz(x - x^2)\mathrm{d}x + zx(y - y^2)\mathrm{d}y + xy(z - z^2)\mathrm{d}z$, 其 中 $L:$ $\begin{cases} x^2 + y^2 + z^2 = a^2, \\ x + y + z = 0, \end{cases}$ 从 z 轴正向看去,L 取逆时针方向.

解 （1）方法一 用参数方程化为定积分. 为此需分段处理:如图 11-25 所示,L_1, L_2, L_3 均为坐标平面上的曲线,参数方程 $\left(0 \leqslant t \leqslant \frac{\pi}{2}\right)$ 分别是

$$\begin{cases} x = \cos t, \\ y = \sin t, \\ z = 0; \end{cases} \quad \begin{cases} y = \cos t, \\ z = \sin t, \\ x = 0; \end{cases} \quad \begin{cases} z = \cos t, \\ x = \sin t, \\ y = 0. \end{cases}$$

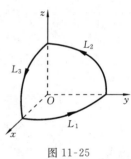

图 11-25

所以 $I = 3\int_0^{\frac{\pi}{2}} \left[\sin^2 t(-\sin t) + (-\cos^2 t)\cos t\right]\mathrm{d}t$

$$= -6\int_0^{\frac{\pi}{2}} \sin^3 t\mathrm{d}t \quad \left(\int_0^{\frac{\pi}{2}} \cos^n x\mathrm{d}x = \int_0^{\frac{\pi}{2}} \sin^n x\mathrm{d}x\right)$$

$$= -6 \times \frac{2}{3} = -4.$$

方法二 用斯托克斯公式转化为第二型曲面积分：

$$I = \iint_S \begin{vmatrix} \mathrm{d}y\mathrm{d}z & \mathrm{d}z\mathrm{d}x & \mathrm{d}x\mathrm{d}y \\ \dfrac{\partial}{\partial x} & \dfrac{\partial}{\partial y} & \dfrac{\partial}{\partial z} \\ y^2 - z^2 & z^2 - x^2 & x^2 - y^2 \end{vmatrix} \quad (其中 S 为 x^2 + y^2 + z^2 = 1 \ (x, y, z \geqslant 0) 的上侧)$$

$$= -2\iint_S (y + z)\mathrm{d}y\mathrm{d}z + (z + x)\mathrm{d}z\mathrm{d}x + (x + y)\mathrm{d}x\mathrm{d}y.$$

因曲面 $z = \sqrt{1 - x^2 - y^2}$ 在坐标平面 Oxy 上的投影是扇形 $D_{xy}:x^2 + y^2 \leqslant 1, x > 0$, $y > 0$,且 $z_x = -\dfrac{x}{z}, z_y = -\dfrac{y}{z}$,于是

$$I = -2\iint_S \left[(y + z)\frac{x}{z} + (z + x)\frac{y}{z} + x + y\right]\mathrm{d}x\mathrm{d}y = -4\iint_{D_{xy}} \left(\frac{xy}{\sqrt{1 - x^2 - y^2}} + x + y\right)\mathrm{d}x\mathrm{d}y$$

$$=-4\int_0^{\frac{\pi}{2}}\mathrm{d}\theta\int_0^1\left(\frac{r^2\cos\theta\sin\theta}{\sqrt{1-r^2}}+r\cos\theta+r\sin\theta\right)r\mathrm{d}r=-4.$$

（2）用代入法化简得

$$I=\oint_L xyz[\mathrm{d}x+\mathrm{d}y+\mathrm{d}z-(x\mathrm{d}x+y\mathrm{d}y+z\mathrm{d}z)].$$

因 L 满足 $x+y+z=0$ 及 $x^2+y^2+z^2=a^2$，所以

$$\mathrm{d}x+\mathrm{d}y+\mathrm{d}z=0,\quad x\mathrm{d}x+y\mathrm{d}y+z\mathrm{d}z=0.$$

于是 $I=0$.

例 11-23　求 $I=\int_L x^2\mathrm{d}x+y^2\mathrm{d}y+z^2\mathrm{d}z$，其中 L 是从点 $O(0,0,0)$ 到点 $A(a,b,c)$ 的空间曲线.

解　因为 $\begin{vmatrix} \boldsymbol{i} & \boldsymbol{j} & \boldsymbol{k} \\ \dfrac{\partial}{\partial x} & \dfrac{\partial}{\partial y} & \dfrac{\partial}{\partial z} \\ x^2 & y^2 & z^2 \end{vmatrix}=\boldsymbol{0}$，所以积分与路径无关，于是可用以下三种方法求 I.

方法一　选积分路径为直线段 OA，其参数方程为 $\begin{cases} x=at, \\ y=bt, & 0\leqslant t\leqslant 1, \\ z=ct, \end{cases}$ 故

$$I=(a^3+b^3+c^3)\int_0^1 t^2\mathrm{d}t=\frac{a^3+b^3+c^3}{3}.$$

方法二　被积函数式 $x^2\mathrm{d}x+y^2\mathrm{d}y+z^2\mathrm{d}z=\mathrm{d}\left(\dfrac{x^3+y^3+z^3}{3}\right)$，所以

$$I=\left(\frac{x^3+y^3+z^3}{3}\right)\Bigg|_{(0,0,0)}^{(a,b,c)}=\frac{a^3+b^3+c^3}{3}.$$

方法三　选择积分路径为折线 $O(0,0,0)\rightarrow A_1(a,0,0)\rightarrow A_2(a,b,0)\rightarrow A(a,b,c)$，于是

$$I=\int_0^a x^2\mathrm{d}x+\int_0^b y^2\mathrm{d}y+\int_0^c z^2\mathrm{d}z=\frac{a^3+b^3+c^3}{3}.$$

例 11-24　求 $I=\oint_L(y^2-z^2)\mathrm{d}x+(2z^2-x^2)\mathrm{d}y+(3x^2-y^2)\mathrm{d}z$，其中 L 为 $\begin{cases} x+y+z=2, \\ |x|+|y|=1, \end{cases}$ 从 z 轴正向看去，L 取逆时针方向.

解一　利用斯托克斯公式化为第二型曲面积分.

由于从 z 轴正向看去，L 取逆时针方向，依右手规则，取 L 所围成的平面 $x+y+z=2$ 的上侧为积分曲面 S，S 的单位法矢量为 $\boldsymbol{n}=\left\{\dfrac{1}{\sqrt{3}},\dfrac{1}{\sqrt{3}},\dfrac{1}{\sqrt{3}}\right\}$. 于是，由斯托克斯公式得

$$I=\frac{1}{\sqrt{3}}\iint_S \begin{vmatrix} 1 & 1 & 1 \\ \dfrac{\partial}{\partial x} & \dfrac{\partial}{\partial y} & \dfrac{\partial}{\partial z} \\ y^2-z^2 & 2z^2-x^2 & 3x^2-y^2 \end{vmatrix}\mathrm{d}S$$

$$= \frac{1}{\sqrt{3}} \iint_S (2y - 2x - 12) \mathrm{d}S \quad (\mathrm{d}S = \sqrt{3}\,\mathrm{d}x\mathrm{d}y) = -12 \iint_{D_{xy}} \mathrm{d}x\mathrm{d}y = -24$$

$$\left(D_{xy}: |x| + |y| \leqslant 1, \text{由对称性知} \iint_{D_{xy}} 2y\,\mathrm{d}x\mathrm{d}y = \iint_{D_{xy}} 2x\,\mathrm{d}x\mathrm{d}y = 0 \right).$$

解二 降维法,即消去 z 化为平面曲线的积分.

显然,L 在坐标平面 Oxy 上的投影曲线为 L_1:

$\begin{cases} |x| + |y| = 1, \\ z = 0, \end{cases}$ 且取逆时针方向(见图 11-26),L_1 所围

区域为 $D_{xy}: |x| + |y| \leqslant 1$,其面积为 2.

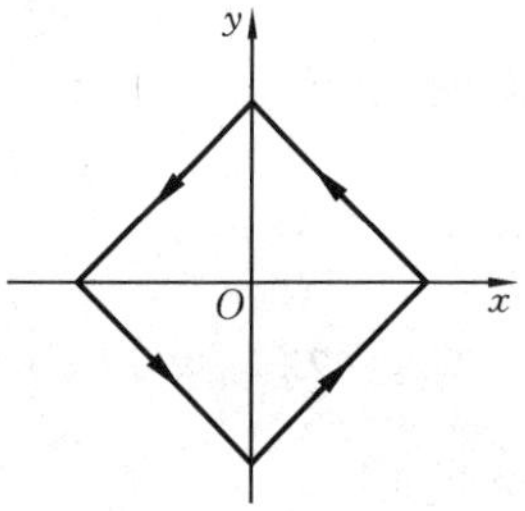

将 $z = 2 - x - y$ 及 $\mathrm{d}z = -\mathrm{d}x - \mathrm{d}y$ 代入 I 中,得

$$I = \oint_{L_1} [y^2 - (2 - x - y)^2]\mathrm{d}x + [2(2 - x - y)^2 - x^2]\mathrm{d}y$$
$$+ (3x^2 - y^2)(-\mathrm{d}x - \mathrm{d}y)$$

图 11-26

$$= \oint_{L_1} [2y^2 - 3x^2 - (2 - x - y)^2]\mathrm{d}x + [2(2 - x - y)^2 - y^2 - 4x^2]\mathrm{d}y.$$

因 $\quad Q_x - P_y = -8x - 4(2 - x - y) - 4y - 2(2 - x - y) = 2y - 2x - 12,$

由格林公式及 D_{xy} 的对称性,得

$$I = \iint_{D_{xy}} (2y - 2x - 12)\mathrm{d}x\mathrm{d}y = -12 \iint_{D_{xy}} \mathrm{d}x\mathrm{d}y = -24.$$

例 11-25 求 $I = \oint_L (z - y)\mathrm{d}x + (x - z)\mathrm{d}y + (x - y)\mathrm{d}z$,其中 L: $\begin{cases} x^2 + y^2 = 1, \\ x - y + z = 2, \end{cases}$

且从 z 轴正方向看,L 取顺时针方向.

解一 用参数方程直接化作定积分.

不难得到 L 的参数方程为 $\begin{cases} x = \cos t, \\ y = \sin t, \\ z = 2 - \cos t + \sin t, \end{cases}$ $0 \leqslant t \leqslant 2\pi$,所以

$$I = -\int_0^{2\pi} [(2 - \cos t)(-\sin t) + (2\cos t - \sin t - 2)\cos t + (\cos t - \sin t)(\sin t + \cos t)]\mathrm{d}t$$

$$= -\int_0^{2\pi} (-2\cos t - 2\sin t + 3\cos^2 t - \sin^2 t)\mathrm{d}t = -\int_0^{2\pi} (1 + 2\cos 2t)\mathrm{d}t = -2\pi.$$

解二 利用斯托克斯公式化为第二型曲面积分.

由于从 z 轴正向看去,L 取顺时针方向,依右手规则,取 L 所围成的平面 $x - y + z = 2$ 的下侧为积分曲面 S,S 的单位法矢量为 $\boldsymbol{n} = \left\{ -\frac{1}{\sqrt{3}}, \frac{1}{\sqrt{3}}, -\frac{1}{\sqrt{3}} \right\}$. 于是

$$I = -\frac{1}{\sqrt{3}} \iint_S \begin{vmatrix} 1 & -1 & 1 \\ \dfrac{\partial}{\partial x} & \dfrac{\partial}{\partial y} & \dfrac{\partial}{\partial z} \\ z - y & x - z & x - y \end{vmatrix} \mathrm{d}S \quad (\mathrm{d}S = \sqrt{3}\,\mathrm{d}x\mathrm{d}y) = -\frac{1}{\sqrt{3}} \iint_{x^2 + y^2 \leqslant 1} 2\sqrt{3}\,\mathrm{d}x\mathrm{d}y = -2\pi.$$

解三 代入平面方程化成平面曲线积分.

记 L_1 为 L 在坐标平面 Oxy 上的投影,取顺时针方向,将 $z=2-x+y$ 代入,得

$$I = \oint_{L_1}(2-x+y-y)\mathrm{d}x + (x-2+x-y)\mathrm{d}y + (x-y)(-\mathrm{d}x+\mathrm{d}y)$$

$$= \oint_{L_1}(2-2x+y)\mathrm{d}x + (3x-2-2y)\mathrm{d}y = -\iint_{x^2+y^2\leqslant 1}(3-1)\mathrm{d}x\mathrm{d}y = -2\pi.$$

【题型 11-8】 **第二型线、面积分的物理应用举例**

应对 主要有以下两个应用公式.

(1) 质点沿有向曲线 L 从起点运动到终点时,变力 $\boldsymbol{F}=\{P,Q,R\}$ 所做的功为

$$W = \int_L \boldsymbol{F} \cdot \mathrm{d}\boldsymbol{r} = \int_L P\mathrm{d}x + Q\mathrm{d}y + R\mathrm{d}z;$$

(2) 矢量场 $\boldsymbol{A}=\{P,Q,R\}$ 流过曲面 S 指定侧的通量(或流量)为

$$\Phi = \iint_S \boldsymbol{A} \cdot \mathrm{d}\boldsymbol{S} = \iint_S \boldsymbol{A} \cdot \boldsymbol{n}\mathrm{d}S = \iint_S P\mathrm{d}y\mathrm{d}z + Q\mathrm{d}z\mathrm{d}x + R\mathrm{d}x\mathrm{d}y,$$

其中 P,Q,R 具有连续的一阶偏导数,$\boldsymbol{n}$ 为 S 上点 (x,y,z) 处指定侧的单位法矢量.

例 11-26 设有一力场的大小与作用点到 z 轴的距离成反比(比例系数为 k),方向垂直于 z 轴并指向轴 z,试求一质点沿圆弧 $x=\cos t, y=1, z=\sin t$ 从点 $(1,1,0)$ 沿增加的方向移动到点 $(0,1,1)$ 时力场所做的功.

解 由题设知,力 $\boldsymbol{F}$ 的大小 $|\boldsymbol{F}|=\dfrac{k}{\sqrt{x^2+y^2}}$,方向与 $\boldsymbol{n}^\circ=\left\{\dfrac{-x}{\sqrt{x^2+y^2}},\dfrac{-y}{\sqrt{x^2+y^2}},0\right\}$ 一致,因此 $\boldsymbol{F}=\left\{\dfrac{-kx}{x^2+y^2},\dfrac{-ky}{x^2+y^2},0\right\}$. 记 $\mathrm{d}\boldsymbol{r}=\{\mathrm{d}x,\mathrm{d}y,\mathrm{d}z\}$,当从点 $(1,1,0)$ 到点 $(0,1,1)$ 时,t 从 0 到 $\dfrac{\pi}{2}$,所以

$$W = \int_L \boldsymbol{F} \cdot \mathrm{d}\boldsymbol{r} = -k\int_L \frac{x\mathrm{d}x+y\mathrm{d}y}{x^2+y^2} = -k\int_0^{\pi/2}\frac{\cos x(-\sin t)\mathrm{d}t}{\cos^2 t+1}$$

$$= -\frac{k}{2}\int_0^{\pi/2}\frac{\mathrm{d}(\cos^2 t+1)}{\cos^2 t+1} = \frac{k}{2}\ln 2.$$

例 11-27 求向量 $\boldsymbol{A}=\{yz,xz,xy\}$ 穿过圆柱 $x^2+y^2=a^2 (0\leqslant z\leqslant h)$ 的全表面外侧的通量 Φ.

解 设 Σ_1 为圆柱 $x^2+y^2=a^2$ 夹在两平面 $z=0$ 和 $z=h$ 之间的表面外侧,Σ_2,Σ_3 分别为平面 $z=0$(取下侧)和 $z=h$(取上侧)在圆柱 $x^2+y^2=a^2$ 内的部分,则 $\Sigma=\Sigma_1 + \Sigma_2 + \Sigma_3$ 为取外侧的封闭曲面. 由高斯公式

$$\iint_\Sigma \boldsymbol{A} \cdot \mathrm{d}\boldsymbol{S} = \iint_\Sigma yz\mathrm{d}y\mathrm{d}z + zx\mathrm{d}z\mathrm{d}x + xy\mathrm{d}x\mathrm{d}y = \iiint_\Omega 0\mathrm{d}v = 0,$$

因此所求通量为

$$\Phi = \iint_{\Sigma_1} yz\mathrm{d}y\mathrm{d}z + zx\mathrm{d}z\mathrm{d}x + xy\mathrm{d}x\mathrm{d}y = -\iint_{\Sigma_2+\Sigma_3} yz\mathrm{d}y\mathrm{d}z + zx\mathrm{d}z\mathrm{d}x + xy\mathrm{d}x\mathrm{d}y.$$

又 Σ_2,Σ_3 垂直于坐标平面 Oyz 和 Oxz,故

$$\iint_{\Sigma_2} yz\mathrm{d}y\mathrm{d}z = \iint_{\Sigma_3} yz\mathrm{d}y\mathrm{d}z = \iint_{\Sigma_2} xz\mathrm{d}x\mathrm{d}z = \iint_{\Sigma_3} xz\mathrm{d}x\mathrm{d}z = 0.$$

又 Σ_2, Σ_3 在坐标平面 Oxy 上的投影区域相同,记为 D_{xy},故

$$\iint\limits_{\Sigma_2} xy\mathrm{d}x\mathrm{d}y = -\iint\limits_{D_{xy}} xy\mathrm{d}x\mathrm{d}y, \quad \iint\limits_{\Sigma_3} xy\mathrm{d}y\mathrm{d}x = \iint\limits_{D_{xy}} xy\mathrm{d}x\mathrm{d}y,$$

即 $\iint\limits_{\Sigma_2+\Sigma_3} xy\mathrm{d}y\mathrm{d}x = -\iint\limits_{\Sigma_2} xy\mathrm{d}x\mathrm{d}y + \iint\limits_{\Sigma_3} xy\mathrm{d}x\mathrm{d}y = 0$,亦即 $\Phi = 0$.

【题型 11-9】 梯度、散度、旋度的综合计算

应对 (1) 设函数(数量场)$u(x,y,z)$ 具有一阶连续偏导数,称矢量

$$\mathbf{grad}u = u_x\boldsymbol{i} + u_y\boldsymbol{j} + u_z\boldsymbol{k} = \nabla u$$

为数量场 u 的梯度,其中 $\nabla = \left\{\dfrac{\partial}{\partial x}, \dfrac{\partial}{\partial y}, \dfrac{\partial}{\partial z}\right\}$ 为 Hamilton 算子;

(2) 设矢量场 $\boldsymbol{F} = P(x,y,z)\boldsymbol{i} + Q(x,y,z)\boldsymbol{j} + R(x,y,z)\boldsymbol{k}$ 的各分量具有一阶连续偏导数,称数量

$$\mathrm{div}\boldsymbol{F} = P_x + Q_y + R_z = \nabla \cdot \boldsymbol{F}$$

为矢量场 $\boldsymbol{F}$ 的散度;称矢量

$$\mathrm{rot}\boldsymbol{F} = \begin{vmatrix} \boldsymbol{i} & \boldsymbol{j} & \boldsymbol{k} \\ \dfrac{\partial}{\partial x} & \dfrac{\partial}{\partial y} & \dfrac{\partial}{\partial z} \\ P & Q & R \end{vmatrix} = \nabla \times \boldsymbol{F}$$

为矢量场 $\boldsymbol{F}$ 的旋度.

例 11-28 设 $r = \sqrt{x^2+y^2+z^2}$,求 $\mathrm{div}(\mathbf{grad}r)\big|_{(1,-2,2)}$.

解 由公式 $\mathbf{grad}r = \dfrac{\partial r}{\partial x}\boldsymbol{i} + \dfrac{\partial r}{\partial y}\boldsymbol{j} + \dfrac{\partial r}{\partial z}\boldsymbol{k}$,有 $\mathrm{div}(\mathbf{grad}r) = \dfrac{\partial^2 r}{\partial x^2} + \dfrac{\partial^2 r}{\partial y^2} + \dfrac{\partial^2 r}{\partial z^2}$. 因

$$\frac{\partial r}{\partial x} = \frac{x}{\sqrt{x^2+y^2+z^2}} = \frac{x}{r}, \quad \frac{\partial r}{\partial y} = \frac{y}{r}, \quad \frac{\partial r}{\partial z} = \frac{z}{r},$$

$$\frac{\partial^2 r}{\partial x^2} = \frac{r^2-x^2}{r^3}, \quad \frac{\partial^2 r}{\partial y^2} = \frac{r^2-y^2}{r^3}, \quad \frac{\partial^2 r}{\partial z^2} = \frac{r^2-z^2}{r^3},$$

所以 $\mathrm{div}(\mathbf{grad}r)\big|_{(1,-2,2)} = \dfrac{3r^2-(x^2+y^2+z^2)}{r^3}\bigg|_{(1,-2,2)} = \dfrac{2}{3}$.

例 11-29 设 $f(x,y,z), g(x,y,z)$ 具有二阶连续偏导数,证明 $\mathrm{div}(\nabla f \times \nabla g) = 0$.

证 因 $\nabla f = \{f_x, f_y, f_z\}, \quad \nabla g = \{g_x, g_y, g_z\}$,

$$\nabla f \times \nabla g = \begin{vmatrix} \boldsymbol{i} & \boldsymbol{j} & \boldsymbol{k} \\ f_x & f_y & f_z \\ g_x & g_y & g_z \end{vmatrix} = \{(f_y g_z - f_z g_y), (f_x g_z - f_z g_x), (f_x g_y - f_y g_x)\},$$

故 $\mathrm{div}(\nabla f \times \nabla g) = \dfrac{\partial}{\partial x}(f_y g_z - f_z g_y) + \dfrac{\partial}{\partial y}(f_x g_z - f_z g_x) + \dfrac{\partial}{\partial z}(f_x g_y - f_y g_x) = 0$.

例 11-30 设 Σ 是空间有界闭区域 Ω 的整个边界曲面,$u(x,y,z), v(x,y,z)$ 在 Σ 上有二阶连续的偏导数,$\dfrac{\partial u}{\partial n}, \dfrac{\partial v}{\partial n}$ 分别表示 $u(x,y,z), v(x,y,z)$ 沿 Σ 的外法线的方向导数. 证明:

(1) $\iiint\limits_{\Omega} u \Delta v \mathrm{d}x\mathrm{d}y\mathrm{d}z = \oiint\limits_{\Sigma} u \frac{\partial v}{\partial \boldsymbol{n}}\mathrm{d}S - \iiint\limits_{\Omega} (\nabla u \cdot \nabla v)\mathrm{d}x\mathrm{d}y\mathrm{d}z;$

(2) $\iiint\limits_{\Omega} (u\Delta v - v\Delta u)\mathrm{d}x\mathrm{d}y\mathrm{d}z = \oiint\limits_{\Sigma} \left(u \frac{\partial v}{\partial n} - v \frac{\partial u}{\partial n} \right)\mathrm{d}S,$

其中 $\Delta = \frac{\partial^2}{\partial x^2} + \frac{\partial^2}{\partial y^2} + \frac{\partial^2}{\partial z^2}$ 为三维拉普拉斯算子.

证　(1)　$\quad \frac{\partial v}{\partial n} = \frac{\partial v}{\partial x}\cos\alpha + \frac{\partial v}{\partial y}\cos\beta + \frac{\partial v}{\partial z}\cos\gamma = \nabla v \cdot \boldsymbol{n}^{\circ},$

$$\oiint\limits_{\Sigma} u \frac{\partial v}{\partial n}\mathrm{d}S = \oiint\limits_{\Sigma} u \, \nabla v \cdot \boldsymbol{n}^{\circ}\mathrm{d}S = \iiint\limits_{\Omega} \mathrm{div}(u \, \nabla v)\mathrm{d}x\mathrm{d}y\mathrm{d}z$$

$$= \iiint\limits_{\Omega} \left[u\,\mathrm{div}(\nabla v) + \nabla v \cdot \nabla u \right]\mathrm{d}x\mathrm{d}y\mathrm{d}z$$

$$= \iiint\limits_{\Omega} u \Delta v \mathrm{d}x\mathrm{d}y\mathrm{d}z + \iiint\limits_{\Omega} (\nabla u \cdot \nabla v)\mathrm{d}x\mathrm{d}y\mathrm{d}z,$$

所以 $\quad \iiint\limits_{\Omega} u \Delta v \mathrm{d}x\mathrm{d}y\mathrm{d}z = \oiint\limits_{\Sigma} u \frac{\partial v}{\partial n}\mathrm{d}S - \iiint\limits_{\Omega} (\nabla u \cdot \nabla v)\mathrm{d}x\mathrm{d}y\mathrm{d}z.$

(2) $\oiint\limits_{\Sigma} \left(u \frac{\partial v}{\partial n} - v \frac{\partial u}{\partial n} \right)\mathrm{d}S = \oiint\limits_{\Sigma} (u \, \nabla v - v \, \nabla u) \cdot \boldsymbol{n}\mathrm{d}S$

$$= \iiint\limits_{\Omega} \mathrm{div}(u \, \nabla v - v \, \nabla u)\mathrm{d}x\mathrm{d}y\mathrm{d}z$$

$$= \iiint\limits_{\Omega} \mathrm{div}(u \, \nabla v)\mathrm{d}x\mathrm{d}y\mathrm{d}z - \iiint\limits_{\Omega} \mathrm{div}(v \, \nabla u)\mathrm{d}x\mathrm{d}y\mathrm{d}z$$

$$= \iiint\limits_{\Omega} (u\Delta v - v\Delta u)\mathrm{d}x\mathrm{d}y\mathrm{d}z.$$

例 11-31　确定常数 λ，使在右半平面 $x > 0$ 上的矢量函数 $\boldsymbol{A}(x,y) = 2xy(x^4 - y^2)^{\lambda}\boldsymbol{i} - x^2(x^4 + y^2)^{\lambda}\boldsymbol{j}$ 为某二元函数 $u(x,y)$ 的梯度，并求 $u(x,y)$.

解　因　$P = \frac{\partial u}{\partial x} = 2xy(x^4 + y^2)^{\lambda}, \quad Q = \frac{\partial u}{\partial y} = -x^2(x^4 + y^2)^{\lambda},$

$P_y = 2x(x^4 + y^2)^{\lambda-1}(x^4 + y^2 + 2\lambda y^2), \quad Q_x = -2x(x^4 + y^2)^{\lambda-1}(x^4 + y^2 + 2\lambda x^4),$

由于 $x^4 + y^2 + 2\lambda y^2 = -(x^4 + y^2) - 2\lambda x^4 \Rightarrow \lambda = -1$，所以

$$P = \frac{2xy}{x^4 + y^2}, \quad Q = \frac{-x^2}{x^4 + y^2}.$$

于是 $\quad u(x,y) = \int_{(1,0)}^{(x,y)} P\mathrm{d}x + Q\mathrm{d}y = \int_{0}^{y} \frac{-x^2}{x^4 + y^2}\mathrm{d}y = -\arctan\frac{y}{x^2} + C.$

11.4　知 识 扩 展

1. 利用曲线积分求二重积分

应对　区域 D 的边界曲线以参数方程的形式给出，或区域 D 的形状不规则需分域计算时，可以考虑利用曲线积分来求二重积分. 特别地，由格林公式易求得平面区域 D 的面积 σ 为

$$\sigma = \iint\limits_{D} \mathrm{d}x\mathrm{d}y = \frac{1}{2}\oint_{L} x\mathrm{d}y - y\mathrm{d}x \text{ 或 } \sigma = \iint\limits_{D} \mathrm{d}x\mathrm{d}y = \oint_{L} x\mathrm{d}y \text{ 或 } \sigma = \iint\limits_{D} \mathrm{d}x\mathrm{d}y = \oint_{L} (-y)\mathrm{d}x,$$

其中 L 为 D 的分段光滑的正向边界曲线.

例 11-32 求解下列各题:

(1) 求由星型线 $\begin{cases} x = a\cos^3 t, \\ y = a\sin^3 t \end{cases}$ 所围成的平面区域的面积 σ;

(2) $I = \iint\limits_{D} y^2\mathrm{d}x\mathrm{d}y$, 其中 D 是由摆线 $x = a(t-\sin t), y = a(1-\cos t)$ 的一拱与 x 轴所围成的区域.

解 (1) 如图 11-27 所示, 记 L 为星型线 $\begin{cases} x = a\cos^3 t, \\ y = a\sin^3 t \end{cases}$, 取逆时针方向, 则

$$\sigma = \iint\limits_{D} \mathrm{d}x\mathrm{d}y = \oint_{L} x\mathrm{d}y = \int_0^{2\pi} a\cos^3 t \,\mathrm{d}(a\sin^3 t) = 3a^2\int_0^{2\pi} \sin^2 t\cos^4 t\,\mathrm{d}t$$

$$= 12a^2\int_0^{\frac{\pi}{2}} \cos^4 t(1-\cos^2 t)\,\mathrm{d}t \text{ (见例 6-10)}$$

$$= 12a^2\left(\frac{3}{4}\times\frac{1}{2}\times\frac{\pi}{2} - \frac{5}{6}\times\frac{3}{4}\times\frac{1}{2}\times\frac{\pi}{2}\right) = \frac{3}{8}\pi a^2.$$

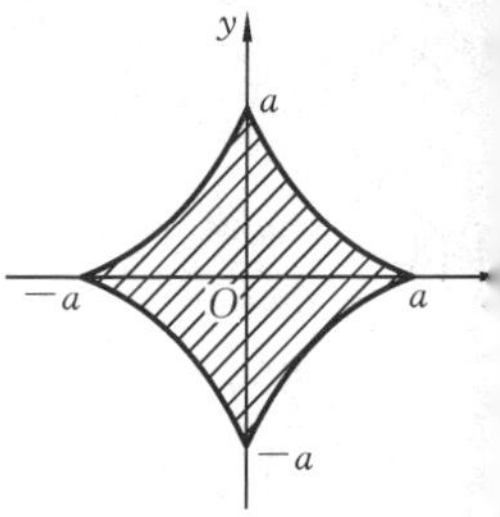

(2) 记 L 是摆线 $x = a(t-\sin t), y = a(1-\cos t)$ ($0 \leqslant t \leqslant 2\pi$), L_1 是 $y = 0$(x 从 $2\pi a$ 到 0), 则 $L+L_1$ 为取顺时针方向的封闭曲线. 由格林公式得

图 11-27

$$I = \iint\limits_{D} y^2\mathrm{d}x\mathrm{d}y = -\frac{1}{3}\oint_{L+L_1} (-y^3)\,\mathrm{d}x = \frac{1}{3}\oint_{L+L_1} y^3\,\mathrm{d}x.$$

因 $\int_{L_1} y^3\,\mathrm{d}x = 0$, 所以直接化为定积分, 得

$$I = \frac{1}{3}\int_{L} y^3\,\mathrm{d}x = \frac{1}{3}\int_0^{2\pi} a^3(1-\cos t)^3\,\mathrm{d}[a(t-\sin t)] = \frac{1}{3}a^4\int_0^{2\pi} (1-\cos t)^4\,\mathrm{d}t$$

$$= a^4\int_0^{2\pi} \left(2\sin^2\frac{t}{2}\right)^4\,\mathrm{d}t = \frac{16}{3}a^4\int_0^{2\pi} \sin^8\frac{t}{2}\,\mathrm{d}t = 32a^4\int_0^{\pi} \sin^8 u\,\mathrm{d}u \left(\text{令 } u = \frac{t}{2}\right)$$

$$= \frac{64}{3}a^4\int_0^{\frac{\pi}{2}} \sin^8 u\,\mathrm{d}u \left(\text{由}\int_0^{\pi} f(\sin x)\,\mathrm{d}x = 2\int_0^{\frac{\pi}{2}} f(\sin x)\,\mathrm{d}x\right)$$

$$= \frac{64}{3}a^4\times\frac{7}{8}\times\frac{5}{6}\times\frac{3}{4}\times\frac{1}{2}\times\frac{\pi}{2} = \frac{35}{12}\pi a^4.$$

2. 牛顿-莱布尼兹公式、格林公式、高斯公式、斯托克斯公式有什么共同点

对于牛顿-莱布尼兹公式, 其积分域是区间 $[a,b]$, 边界仅仅是两个点 $x = a, x = b$, $\int_a^b f'(x)\,\mathrm{d}x = f(b)-f(a)$ 建立了导数 $f'(x)$ 在区间 $[a,b]$ 上的积分与 $f(x)$ 在 $x = a, x = b$ 两点处的函数值之间的联系.

对于格林公式、高斯公式、斯托克斯公式, 在区域的边界上的积分形式分别为

$$\oint_{L} P\mathrm{d}x + Q\mathrm{d}y, \quad \oiint\limits_{\Sigma} P\mathrm{d}y\mathrm{d}z + Q\mathrm{d}z\mathrm{d}x + R\mathrm{d}x\mathrm{d}y, \quad \oint_{\Gamma} P\mathrm{d}x + Q\mathrm{d}y + R\mathrm{d}z.$$

而在区域上的积分形式分别为

$$\iint_D (Q_x - P_y)\mathrm{d}x\mathrm{d}y, \quad \iiint_V (P_x + Q_y + R_z)\mathrm{d}v,$$

$$\iint_\Sigma (R_y - Q_z)\mathrm{d}y\mathrm{d}z + (P_z - R_x)\mathrm{d}z\mathrm{d}x + (Q_x - P_y)\mathrm{d}x\mathrm{d}y.$$

其被积式中所涉及的函数都与 P,Q,R 的一阶偏导数有关,这一点与牛顿 - 莱布尼兹公式是一致的.

另外,可以改写牛顿 - 莱布尼兹公式为 $\int_a^b \mathrm{d}f(x) = f(x)\big|_a^b$.

对于平面曲线积分 $\int_{L(AB)} P\mathrm{d}x + Q\mathrm{d}y$ 及空间曲线积分 $\int_{L(AB)} P\mathrm{d}x + Q\mathrm{d}y + R\mathrm{d}z$,同样考虑 $P\mathrm{d}x + Q\mathrm{d}y$ 或 $P\mathrm{d}x + Q\mathrm{d}y + R\mathrm{d}z$ 是否为全微分表达式,即能否找到函数 $u(x,y)$ 或 $u(x,y,z)$ 使 $\mathrm{d}u = P\mathrm{d}x + Q\mathrm{d}y$ 或 $\mathrm{d}u = P\mathrm{d}x + Q\mathrm{d}y + R\mathrm{d}z$. 格林公式及斯托克斯公式解决了这个问题.

如果 L 所围区域为平面(空间)的单连通域,由格林公式得出 $P\mathrm{d}x + Q\mathrm{d}y$ 为全微分表达式的充分必要条件为 $P_y = Q_x$,此时 $\int_{L(AB)} P\mathrm{d}x + Q\mathrm{d}y$ 与路径无关,且

$$\int_{L(AB)} P\mathrm{d}x + Q\mathrm{d}y = u(x,y)\big|_A^B.$$

由斯托克斯公式得出 $P\mathrm{d}x + Q\mathrm{d}y + R\mathrm{d}z$ 是全微分表达式的充分必要条件为

$$R_y = Q_z, \quad P_z = R_x, \quad Q_x = P_y,$$

且此时 $\int_{L(AB)} P\mathrm{d}x + Q\mathrm{d}y + R\mathrm{d}z$ 与路径无关,同时

$$\int_{L(AB)} P\mathrm{d}x + Q\mathrm{d}y + R\mathrm{d}z = u(x,y,z)\big|_A^B.$$

以上二式统一表示为

$$\int_A^B \mathrm{d}u = u(B) - u(A),$$

其中 $\int_A^B$ 表示沿以 A、B 为端点的任一曲线弧的积分.这与牛顿 - 莱布尼兹公式的形式完全一致.

习 题 11

(A)

1. 选择题

(1) 就曲线积分 $\int_L \sin(x-y)\mathrm{d}s$ 而言,当 L 取作下述(　　)时,积分可解释为 L 的质量.

(A) $x + y = 1, \ |x| \leqslant 1$　　　　　　(B) $x + y = -1, \ |x| \leqslant 1$

(C) $x - y = 1, \ |x| \leqslant 1$　　　　　　(D) $x - y = -1, \ |x| \leqslant 1$

(2) 设 $I = \int_L \dfrac{1}{\sqrt{x^2 + y^2}}\mathrm{d}s$,其中 $L: x = -\sqrt{R^2 - y^2}$,则 I 的值为(　　).

(A) 2π (B) -2π (C) π (D) $-\pi$

(3) 设 L 是由点 $A(2,-2)$ 到点 $B(-2,2)$ 的直线段,则 $\displaystyle\int_L \cos y\,\mathrm{d}x - \sin x\,\mathrm{d}y$ 的值为（ ）.

(A) $2\sin2$ (B) $-2\sin2$ (C) $2\cos2$ (D) $-2\cos2$

(4) 已知曲线积分 $\displaystyle\int_{\overline{AB}} F(x,y)(y\mathrm{d}x + x\mathrm{d}y)$ 与路径无关,则 $F(x,y)$ 必满足（ ）.

(A) $xF_y = yF_x$ (B) $xF_y + yF_x = 0$ (C) $yF_y = xF_x$ (D) $yF_y + xF_x = 0$

(5) 设 L 为 $x^2 + y^2 = R^2$ 的逆时针方向,则 $\displaystyle\oint_L xy^2\mathrm{d}y - yx^2\mathrm{d}x = （ ）$.

(A) πR^2 (B) $\dfrac{2}{3}\pi R^2$ (C) $\dfrac{1}{2}\pi R^4$ (D) πR^4

(6) 设 $\mathrm{d}u = (2x\cos y - y^2\sin x)\mathrm{d}x + (2y\cos x - x^2\sin y)\mathrm{d}y$,则而原函数 $u(x,y)$ 的表达式为（ ）.

(A) $(x^2 + y^2)(\cos x + \cos y) + C$ (B) $(x^2 + y^2) + C$

(C) $x^2\cos y + y^2\cos x + C$ (D) $x^2\sin y + y^2\sin x + C$

(7) 设曲面 Σ 为半球面 $x^2 + y^2 + z^2 = a^2(z \geqslant 0)$,$\Sigma_1$ 为 Σ 在第一卦限中的部分,则有（ ）.

(A) $\displaystyle\iint_{\Sigma} x\mathrm{d}S = 4\iint_{\Sigma_1} x\mathrm{d}S$ (B) $\displaystyle\iint_{\Sigma} y\mathrm{d}S = 4\iint_{\Sigma_1} x\mathrm{d}S$

(C) $\displaystyle\iint_{\Sigma} z\mathrm{d}S = 4\iint_{\Sigma_1} x\mathrm{d}S$ (D) $\displaystyle\iint_{\Sigma} xyz\mathrm{d}S = 4\iint_{\Sigma_1} xyz\mathrm{d}S$

(8) 已知 $f(x,y,z)$ 在光滑曲面 $\Sigma:z = \varphi(x,y)$ 上连续,D_{xy} 为 Σ 在坐标平面 Oxy 上的投影,Σ 取下侧,则 $I_1 = \displaystyle\iint_{\Sigma} f(x,y,z)\mathrm{d}x\mathrm{d}y$ 与 $I_2 = \displaystyle\iint_{D_{xy}} f[x,y,\varphi(x,y)]\mathrm{d}x\mathrm{d}y$ 的关系为（ ）.

(A) $I_1 = I_2$ (B) $I_1 = -I_2$ (C) $I_1 = \pm I_2$ (D) A,B,C 都不对

(9) 矢量场 $\boldsymbol{F} = xy^2\boldsymbol{i} + x^2y\boldsymbol{j} - (x^2 + y^2)z\boldsymbol{k}$,则 $\mathrm{div}\boldsymbol{F} = （ ）$.

(A) 0 (B) 1 (C) $x^2 + y^2$ (D) $2(x^2 + y^2)$

(10) 设 $\boldsymbol{F} = y\boldsymbol{i} + z\boldsymbol{j} + x\boldsymbol{k}$,则 $\mathrm{rot}\boldsymbol{F} = （ ）$.

(A) $\boldsymbol{i} + \boldsymbol{j} + \boldsymbol{k}$ (B) $-(\boldsymbol{i} + \boldsymbol{j} + \boldsymbol{k})$ (C) $\boldsymbol{i} - \boldsymbol{j} + \boldsymbol{k}$ (D) $\boldsymbol{i} - \boldsymbol{j} - \boldsymbol{k}$

2. 填空题

(1) 已知曲线 $L:y = x^2(0 \leqslant x \leqslant \sqrt{2})$,则 $\displaystyle\int_L x\mathrm{d}s = $ _____.

(2) 设 L 为椭圆 $\dfrac{x^2}{4} + \dfrac{y^2}{3} = 1$ 周长为 a,则 $\displaystyle\oint_L (2xy + 3x^2 + 4y^2)\mathrm{d}s = $ _____.

(3) 设 L 为正向圆周 $x^2 + y^2 = 2$ 在第一象限中的部分,则 $\displaystyle\int_L x\mathrm{d}y - 2y\mathrm{d}x = $ _____.

(4) 设曲面 $\Sigma: |x| + |y| + |z| = 1$,则 $\displaystyle\oiint_{\Sigma} (x + |y|)\mathrm{d}S = $ _____.

(5) 设曲面 $\Sigma: z = \sqrt{4 - x^2 - y^2}$ 的上侧, 则 $\iint\limits_{\Sigma} xy\,\mathrm{d}y\mathrm{d}z + x\mathrm{d}z\mathrm{d}x + x^2\mathrm{d}x\mathrm{d}y = $ _____.

(6) 设 Σ 是锥面 $z = \sqrt{x^2 + y^2}$ $(0 \leqslant z \leqslant 1)$ 的下侧, 则 $\iint\limits_{\Sigma} x\mathrm{d}y\mathrm{d}z + 2y\mathrm{d}z\mathrm{d}x$ $+ 3(z-1)\mathrm{d}x\mathrm{d}y = $ _____.

(7) 设 Σ 是由 $z = \sqrt{x^2 + y^2}$ 与半球面 $z = \sqrt{R^2 - x^2 - y^2}$ 围成的外侧, 则 $\iint\limits_{\Sigma} x\mathrm{d}y\mathrm{d}z + y\mathrm{d}z\mathrm{d}x + z\mathrm{d}x\mathrm{d}y = $ _____.

(8) 设数量场 $u = \ln\sqrt{x^2 + y^2 + z^2}$, 则 $\mathrm{div}(\mathbf{grad}\,u) = $ _____.

3. 计算下列对弧长的曲线积分:

(1) $\displaystyle\int_L (x+y)\,\mathrm{d}s$, 其中 $L: x^2 + y^2 = a^2\ (x \geqslant 0)$;

(2) $\displaystyle\oint_L \sqrt{x^2 + y^2}\,\mathrm{d}s$, 其中 $L: x^2 + y^2 = a^2\ (a > 0)$;

(3) $\displaystyle\oint_L x\,\mathrm{d}s$, 其中 L 由 $y = x$ 与 $y = x^2$ 所成的区域的整个边界;

(4) $\displaystyle\oint_\Gamma \sqrt{2y^2 + z^2}\,\mathrm{d}s$, 其中 $\Gamma: x^2 + y^2 + z^2 = a^2$ 与平面 $y = x$ 的交线.

4. 计算 $\displaystyle\int_\Gamma \mathbf{u} \cdot \mathbf{n}\,\mathrm{d}s$, 其中 $\Gamma: \begin{cases} x = 2t + 1, \\ y = t^2, \qquad (0 \leqslant t \leqslant 1), \mathbf{n} \text{ 为 } \Gamma \text{ 的沿参数增大方向的单} \\ z = t^3 + 1 \end{cases}$

位切矢量, 且 $\mathbf{u} = x\mathbf{i} + y\mathbf{j} + z\mathbf{k}$.

5. 求 $\displaystyle\oint_L \frac{\partial f}{\partial \mathbf{n}}\,\mathrm{d}s$, 其中 L 是 $2x^2 + y^2 = 1$ 且取正向, $\mathbf{n}$ 为 L 的外法线矢量,

$f(x, y) = (x - 2)^2 + y^2$.

11-A-5

6. 设螺旋形弹簧一圈的方程为 $\begin{cases} x = a\cos t, \\ y = a\sin t, \quad (0 \leqslant t \leqslant 2\pi), \text{ 它的线密度} \\ z = kt \end{cases}$

为 $f(x, y, z) = x^2 + y^2 + z^2$, 求 (1) 它关于 z 轴的转动惯量; (2) 它的重心.

7. 计算下列对坐标的曲线积分:

(1) $\displaystyle\int_L y\mathrm{d}x - x\mathrm{d}y$, 其中点 $A(1,1), B(2,4)$, 并设 (i) L 为直线段 $\overline{AB}$, (ii) L 为抛物

线段 $y = x^2 (1 \leqslant x \leqslant 2)$, (iii) L 为折直线段 $\overline{AC} + \overline{CB}$, 其中 $C(2,1)$;

(2) $\displaystyle\int_L \cos y\mathrm{d}x - \sin x\mathrm{d}y$ 其中 L 是由 $A(2, -2)$ 到 $B(-2, 2)$ 的直线段;

(3) $\displaystyle\oint_L y\mathrm{d}x$, 其中 L 是由直线 $x = 0, y = 0, x = 2, y = 4$ 围成的正向矩形回路;

(4) $\displaystyle\int_\Gamma y^2\mathrm{d}x + z^2\mathrm{d}y + x^2\mathrm{d}z$, 其中 $\Gamma: \begin{cases} x = a\cos t, \\ y = b\sin t, \quad (a, b, c > 0) \text{ 从点 } A(a, 0, 0) \text{ 到点} \\ z = ct \end{cases}$

$B(a, 0, 2\pi c)$ 的弧线段.

8. 设力场 $\boldsymbol{F} = \{(x - 2xy^2), (y - 2x^2y)\}$，当质点沿曲线 $L: y = x^2$ 从点 $A(0,0)$ 到点 $B(1,1)$ 时，求此力场所做的功.

9. 设 L 是从 (x_1, y_1) 到 (x_2, y_2) 的直线段，证明：$\displaystyle\int_L x\,\mathrm{d}y - y\,\mathrm{d}x = \begin{vmatrix} x_1 & x_2 \\ y_1 & y_2 \end{vmatrix}$.

10. 设多边形的顶点按边界正向顺次为 $(x_1, y_1), (x_2, y_2), \cdots, (x_n, y_n)$，证明多边形的面积为 $A = \dfrac{1}{2}\left(\begin{vmatrix} x_1 & x_2 \\ y_1 & y_2 \end{vmatrix} + \begin{vmatrix} x_2 & x_3 \\ y_2 & y_3 \end{vmatrix} + \cdots + \begin{vmatrix} x_{n-1} & x_n \\ y_{n-1} & y_n \end{vmatrix} + \begin{vmatrix} x_n & x_1 \\ y_n & y_1 \end{vmatrix} \right)$.

11. 用曲线积分计算下列曲线围成的面积：

(1) 星型线 $x = a\cos^3 t,\ y = a\sin^3 t$ $(0 \leqslant t \leqslant 2\pi)$；

(2) 抛物线 $(x + y)^2 = ax$ $(a > 0)$ 和 x 轴.

12. 计算 $\displaystyle\oint_L (yx^3 + \mathrm{e}^y)\,\mathrm{d}x + (xy^3 + x\mathrm{e}^y - 2y)\,\mathrm{d}y$，其中 $L: x^2 + y^2 = a^2$ 逆时针方向.

13. 求 $\displaystyle\oint_L (x^2 y\cos x + 2xy\sin x - y^2 \mathrm{e}^x)\,\mathrm{d}x + (x^2\sin x - 2y\mathrm{e}^x)\,\mathrm{d}y$，其中 $L: x^{\frac{2}{3}} + y^{\frac{2}{3}} = a^{\frac{2}{3}}, a > 0$.

14. 计算 $\displaystyle\oint_L \mathrm{e}^{x^3 + y^3}(x^2 - y)\,\mathrm{d}x + \mathrm{e}^{3xy}(y^2 - x)\,\mathrm{d}y$，其中 $L: x^3 + y^3 = 3xy$ 在第一象限部分正向一周.

11-A-14

15. 计算 $\displaystyle\int_L (x^2 + y^2)\,\mathrm{d}x + 2xy\,\mathrm{d}y$，其中 $L: r = 2(1 - \sin\theta)$ 上从 $\theta = 0$ 到 $\theta = \dfrac{\pi}{2}$ 上的一段弧.

16. 求指数 λ，使曲线积分 $\displaystyle\int_{(1,1)}^{(0,2)} \dfrac{x}{y}r^\lambda\,\mathrm{d}x - \dfrac{x^2}{y^2}r^\lambda\,\mathrm{d}y$ $(r = \sqrt{x^2 + y^2})$ 在 $y > 0$ 的区域内与路径无关，并求此曲线积分.

17. 计算 $\displaystyle\int_L (x^2 y + 3x\mathrm{e}^x)\,\mathrm{d}x + \left(\dfrac{x^3}{3} - y\sin y\right)\mathrm{d}y$，其中 $L: \begin{cases} x = t - \sin t, \\ y = 1 - \cos t \end{cases}$ 从点 $O(0,0)$ 到点 $A(\pi, 2)$ 的弧线段.

18. 已知 $\varphi(\pi) = 1$，试确定函数 $\varphi(x)$，使曲线积分 $\displaystyle\int_L \left[\sin x - \varphi(x)\right]\dfrac{y}{x}\,\mathrm{d}x + \varphi(x)\,\mathrm{d}y$ 在 $x > 0$ 的区域内与路径无关，并求由点 $A(1,0)$ 到点 $B(\pi, \pi)$ 的上述积分.

19. 设 $f(x)$ 具有二阶连续导数，$f(0) = f'(0) = 0$，确定 $f(x)$ 使曲线积分

$$I = \int_{A(0,0)}^{B(1,1)} [f'(x) + 2f(x) + \mathrm{e}^x]y\,\mathrm{d}x + f'(x)\,\mathrm{d}y$$

与路径无关，并求曲线积分.

11-A-19

20. 若 $f(u)$ 为连续函数，且 L 为分段光滑的闭曲线，证明：曲线积分

$$\oint_L f(x^2 + y^2)(x\,\mathrm{d}x + y\,\mathrm{d}y) = 0.$$

21. 计算下列对面积的曲面积分：

(1) $\displaystyle\iint_\Sigma y\,\mathrm{d}S$，其中 $\Sigma: 3x + 2y + z = 6$ 位于第一卦限的部分；

(2) $\iint\limits_{\Sigma}(x^2+y^2+z^2)\mathrm{d}S$，其中 Σ：$x=0$，$y=0$，$x^2+y^2+z^2=a^2$ $(x\geqslant 0,y\geqslant 0)$ 所围成的封闭曲面；

(3) $\iint\limits_{\Sigma}z\mathrm{d}S$，其中 Σ：$z=\sqrt{x^2+y^2}$ 介于 $z=1$，$z=2$ 之间的部分；

(4) $\iint\limits_{\Sigma}\dfrac{\mathrm{d}S}{x^2+y^2+z^2}$，其中 Σ：$x^2+y^2=R^2$ 介于 $z=0$，$z=H$ 之间的部分；

(5) $\iint\limits_{\Sigma}(xy+yz+xz)\mathrm{d}S$，其中 Σ：$z=\sqrt{x^2+y^2}$ 被 $x^2+y^2=2ax$ 所截得部分.

22. 求密度为常数 ρ 的均匀球壳 $z=\sqrt{a^2-x^2-y^2}$ 的重心坐标及对于 z 轴的转动惯量.

23. 计算 $\iint\limits_{\Sigma}xyz\mathrm{d}x\mathrm{d}y$，其中 Σ：$x^2+y^2+z^2=1$ $(x\geqslant 0,y\geqslant 0)$ 的外侧.

24. 计算 $\iint\limits_{\Sigma}x\mathrm{d}y\mathrm{d}z+y\mathrm{d}z\mathrm{d}x+z\mathrm{d}x\mathrm{d}y$，$\Sigma$ 是柱面 $x^2+y^2=1$ 被 $z=0$，$z=3$ 所截得的第一卦限部分的前侧.

25. 计算 $\iint\limits_{\Sigma}x^2z^2\mathrm{d}y\mathrm{d}z$，其中 Σ：$z=\sqrt{R^2-x^2-y^2}$ 的上侧.

26. 计算 $\iint\limits_{\Sigma}(z^2+x)\mathrm{d}y\mathrm{d}z-z\mathrm{d}x\mathrm{d}y$，其中 Σ：$z=\dfrac{1}{2}(x^2+y^2)$ 介于 $z=0$，$z=2$ 两平面之间部分的下侧.

27. 利用高斯公式计算下列曲面积分：

(1) $\oiint\limits_{\Sigma}2xz\mathrm{d}y\mathrm{d}z+yz\mathrm{d}z\mathrm{d}x-z^2\mathrm{d}x\mathrm{d}y$，其中 Σ：$z=\sqrt{x^2+y^2}$，与 $z=\sqrt{2-x^2-y^2}$ 所围的立体表面外侧；

(2) 计算 $\iint\limits_{\Sigma}(x^2\cos\alpha+y^2\cos\beta+z^2\cos\gamma)\mathrm{d}S$，其中 Σ：$z=\sqrt{x^2+y^2}$ 与 $z=h$ $(h>0)$ 围成的闭曲面外侧，$\cos\alpha$，$\cos\beta$，$\cos\gamma$ 是 Σ 外法线的方向余弦；

(3) $\iint\limits_{\Sigma}(x^3+az^2)\mathrm{d}y\mathrm{d}z+(y^3+ax^2)\mathrm{d}z\mathrm{d}x+(z^3+ay^2)\mathrm{d}x\mathrm{d}y$，其中 Σ 为曲面 $z=\sqrt{a^2-x^2-y^2}$ 的上侧.

28. 计算 $\iint\limits_{\Sigma}2x^3\mathrm{d}y\mathrm{d}z+2y^3\mathrm{d}z\mathrm{d}x+3(z^2-1)\mathrm{d}x\mathrm{d}y$，其中 Σ 是曲面 $z=1-x^2-y^2$ $(z\geqslant 0)$ 的上侧.

29. 计算 $\iint\limits_{\Sigma}-y\mathrm{d}z\mathrm{d}x+(z+1)\mathrm{d}x\mathrm{d}y$，其中 Σ 是 $x^2+y^2=4$ 被平面 $x+z=2$ 和 $z=0$ 所截部分的外侧.

30. 计算 $\oint_{\Gamma}(y+x^2)\mathrm{d}x+(z^2+y)\mathrm{d}y+(x^3+\sin z)\mathrm{d}z$，$\Gamma$ 是曲线 $\begin{cases} x^2+y^2=1, \\ z=2xy \end{cases}$ 从 z

轴正向往负向看为逆时针方向.

31. 计算 $\oint_{\Gamma} yz\,\mathrm{d}x + 3xz\,\mathrm{d}y - xy\,\mathrm{d}z$,其中曲线 $\Gamma:\begin{cases} x^2 + y^2 = 4y, \\ 3y - z + 1 = 0 \end{cases}$ 从 z 轴

正向看 Γ 为顺时针方向.

32. 设 $y = f(x) \geqslant 0$ $(a \leqslant x \leqslant b)$ 是单调曲线,将此曲线绕 x 轴旋转 11-A-31

一周的曲面为 Σ,试用曲面积分求面积的方法证明曲面 Σ 的面积为

$$S = 2\pi \int_a^b f(x)\,\mathrm{d}s \quad (\mathrm{d}s = \sqrt{1 + f'^2(x)}\,\mathrm{d}x).$$

(B)

1. 设 $L:x^2 + y^2 = a^2 (x \geqslant 0, a > 0)$,计算 $\int_L y\,\mathrm{d}s$ 与 $\int_L |y|\,\mathrm{d}s$.

2. 设 $\Gamma:\begin{cases} x^2 + y^2 + z^2 = 1, \\ x + y + z = 0, \end{cases}$ 计算 $\oint_{\Gamma} x\,\mathrm{d}s, \oint_{\Gamma} x^2\,\mathrm{d}s, \oint_{\Gamma} xy\,\mathrm{d}s$.

3. 设 L 为坐标平面 Oxy 内的一条曲线,在点 (x,y) 处它的线密度为 $\rho(x,y)$,用第一型曲线积分表示:

(1) 曲线 L 对 x 轴、y 轴的转动惯量 I_x, I_y;

(2) 曲线 L 的重心坐标 $(\bar{x}, \bar{y})$.

4. 计算 $I = \int_L \sqrt{x^2 + y^2}\,\mathrm{d}s$,其中 $L:x^2 + y^2 = -2y$.

5. 计算 $I = \oint_L |y|\,\mathrm{d}x + |x|\,\mathrm{d}y$,其中 L 是以 $A(1,0), B(0,1), C(-1,0)$ 为顶点的三角形的正向边界曲线.

6. 计算曲线积分 $I = \oint_L \dfrac{x\,\mathrm{d}y - y\,\mathrm{d}x}{4x^2 + y^2}$,其中 L 是以点 $(1,0)$ 为中心、R $(R > 1)$ 为半径的圆周,取逆时针方向.

7. 设函数 $f(x)$ 在区间 $(-\infty, +\infty)$ 内具有一阶连续偏导数,L 是上半平面 $(y > 0)$ 内的有向分段光滑曲线,其起点为 (a,b),终点 (c,d),且

$$I = \int_L \frac{1}{y}[1 + y^2 f(xy)]\,\mathrm{d}x + \frac{x}{y^2}[y^2 f(xy) - 1]\,\mathrm{d}y.$$

(1) 证明曲线积分 I 与路径 L 无关;

(2) 当 $ab = cd$ 时,求 I 的值.

8. 已知平面区域 $D = \{(x,y) \mid 0 \leqslant x \leqslant \pi, 0 \leqslant y \leqslant \pi\}$,$L$ 为 D 的正向边界,试证:

(1) $\oint_L x\,\mathrm{e}^{\sin y}\,\mathrm{d}y - y\,\mathrm{e}^{-\sin x}\,\mathrm{d}x = \oint_L x\,\mathrm{e}^{-\sin y}\,\mathrm{d}y - y\,\mathrm{e}^{\sin x}\,\mathrm{d}x$;

(2) $\oint_L x\,\mathrm{e}^{\sin y}\,\mathrm{d}y - y\,\mathrm{e}^{-\sin x}\,\mathrm{d}x \geqslant 2\pi^2$.

9. 计算曲面积分 $I = \iint_{\Sigma}(x^2 + y^2 + z^2)\,\mathrm{d}S, \Sigma: x^2 + y^2 + z^2 = 2ax$ $(a > 0)$.

10. 计算 $I = \iint_{\Sigma}(x + y + z)\,\mathrm{d}S, \Sigma$ 为平面 $y + z = 5$ 被柱面 $x^2 + y^2 = 25$ 所截得部分.

11. 设 P 为椭球面 $S: x^2 + y^2 + z^2 - yz = 1$ 上的动点,若 S 在 P 处的切平面与 Oxy 面垂直,求点 P 的轨迹 C,并计算曲面积分 $I = \iint\limits_{\Sigma} \dfrac{(x+\sqrt{3})\,|\,y - 2z\,|}{\sqrt{4 + y^2 + z^2 - 4yz}}\mathrm{d}S$,其中 Σ 是椭球面 S 位于曲线 C 上方的部分.

12. 有一密度均匀的半球面,半径为 R,面密度为 ρ,求它对位于球心处质量为 m 的质点的引力.

13. 设 Σ 是不过原点的任一简单闭曲面的外侧,$\boldsymbol{n}$ 是 Σ 的外法向矢量,$\boldsymbol{r} = x\boldsymbol{i} + y\boldsymbol{j} + z\boldsymbol{k}$,计算 $I = \iint\limits_{\Sigma} \dfrac{\cos(\widehat{\boldsymbol{r},\boldsymbol{n}})}{r^2}\mathrm{d}S.$

11-B-13

14. 计算 $I = \iint\limits_{\Sigma} \dfrac{z^2}{x^2 + y^2}\mathrm{d}x\mathrm{d}y$,$\Sigma$ 为 $z = \sqrt{2ax - x^2 - y^2}\ (a > 0)$ 在圆柱面 $x^2 + y^2 = a^2$ 的外面部分的上侧.

15. 设 Ω 是立体 $0 \leqslant x \leqslant a, 0 \leqslant y \leqslant b, 0 \leqslant z \leqslant c$,$\Sigma$ 为 Ω 的表面外侧,$f(x), g(y), h(z)$ 均为连续函数,求 $I = \oiint\limits_{\Sigma} f(x)\mathrm{d}y\mathrm{d}z + g(y)\mathrm{d}z\mathrm{d}x + h(z)\mathrm{d}x\mathrm{d}y.$

16. 求 $I = \oiint\limits_{\Sigma} (x^2 - yz)\mathrm{d}y\mathrm{d}z + (y^2 - xz)\mathrm{d}z\mathrm{d}x + (z^2 - xy)\mathrm{d}x\mathrm{d}y$,$\Sigma$ 为

11-B-15

球面 $(x-a)^2 + (y-b)^2 + (z-c)^2 = R^2$ 的外侧.

17. 求 $I = \iint\limits_{\Sigma} \dfrac{(x-a)\mathrm{d}y\mathrm{d}z + y\mathrm{d}z\mathrm{d}x + z\mathrm{d}x\mathrm{d}y}{[(x-a)^2 + y^2 + z^2]^{\frac{3}{2}}}$,其中 Σ 为曲面 $z = \sqrt{4a^2 - x^2 - y^2}$ 上侧.

11-B-17

18. 计算 $I = \oint\limits_{\Gamma} (z^2 - y^2)\mathrm{d}x + (x^2 - z^2)\mathrm{d}y + (y^2 - x^2)\mathrm{d}z$,其中 Γ 为立方体 $0 \leqslant x \leqslant 1, 0 \leqslant y \leqslant 1, 0 \leqslant z \leqslant 1$ 的表面被平面 $x + y + z = \dfrac{3}{2}$ 所截的曲线,曲线的正方向为从 x 轴正向看为逆时针方向.

19. 求 $I = \oint\limits_{\Gamma} (y^2 + z^2)\mathrm{d}x + (x^2 + z^2)\mathrm{d}y + (x^2 + y^2)\mathrm{d}z$,其中 Γ 是球面 $x^2 + y^2 + z^2 = 4x\ (z \geqslant 0)$ 与柱面 $x^2 + y^2 = 2x$ 的交线从 z 轴正向看去为逆时针方向.

20. 设半空间 $x > 0$ 内任意光滑有向闭曲面 Σ 都有 $\oiint\limits_{\Sigma} xf(x)\mathrm{d}y\mathrm{d}z - xyf(x)\mathrm{d}z\mathrm{d}x - \mathrm{e}^{2x}z\mathrm{d}x\mathrm{d}y = 0$,其中 $f(x)$ 在区间 $(0, +\infty)$ 内具有连续的一阶导数,且 $\lim\limits_{x \to 0^+} f(x) = 1$,求 $f(x)$.

部分答案与提示

(A)

1. (1) (C); (2) (C); (3) (B); (4) (C); (5) (C); (6) (C); (7) (C); (8) (B); (9) (A); (10) (B).

2. (1) $\dfrac{13}{6}$; (2) $12a$; (3) $\dfrac{3}{2}\pi$; (4) $\dfrac{4}{3}\sqrt{3}$; (5) 4π; (6) 2π; (7) $(2-\sqrt{2})\pi R^3$;

(8) $\dfrac{1}{x^2+y^2+z^2}$.

3. (1) $2a^2$; (2) $2\pi a^2$; (3) $\dfrac{6\sqrt{2}+5\sqrt{5}-1}{12}$; (4) $2\pi a^2$.   **4.** 6.   **5.** $2\sqrt{2}\pi$.

6. (1) $Ma^2,\dfrac{2}{3}\pi\sqrt{a^2+k^2}(3a^2+4\pi^2 k^2)$;

(2) $\bar{x}=\dfrac{6ak^2}{3a^2+4k^2\pi^2},\bar{y}=\dfrac{-6\pi ak^2}{3a^2+4k^2\pi^2},\bar{z}=\dfrac{3\pi k(a^2+2\pi^2 k^3)}{3a^2+4k^2\pi^2}$.

7. (1) (i) -2,(ii) $-\dfrac{7}{3}$,(iii) -5; (2) $-2\sin2$; (3) -8; (4) $4\pi cb^2+\pi ca^2$.

8. 0.   **9.** 提示:利用 L 的参数方程 $\begin{cases} x=x_1+(x_2-x_1)t, \\ y=y_1+(y_2-y_1)t, \end{cases} t:0\to1.$

11. (1) $\dfrac{3\pi a^2}{8}$; (2) $\dfrac{a^2}{6}$.   **12.** 0.   **13.** 0.   **14.** 0.   **15.** $-\dfrac{8}{3}$.   **16.** $\lambda=-1$; $1-\sqrt{2}$.

17. $3(\pi e^\pi - e^\pi+1)+\dfrac{2\pi^3}{3}+2\cos2-\sin2$.   **18.** $\varphi(x)=\dfrac{\pi-1-\cos x}{x}$; π.

19. $f(x)=\dfrac{1}{6}e^{-x}+\dfrac{1}{3}e^{2x}-\dfrac{1}{2}e^x$; $-\dfrac{1}{6}e^{-1}+\dfrac{2}{3}e^2-\dfrac{1}{2}e$.

21. (1) $3\sqrt{14}$; (2) $\dfrac{3\pi a^4}{2}$; (3) $\dfrac{14\sqrt{2}}{3}\pi$; (4) $2\pi\arctan\dfrac{H}{R}$; (5) $\dfrac{64\sqrt{2}}{15}a^4$.

22. $\left(0,0,\dfrac{a}{2}\right)$; $\dfrac{4}{3}\pi a^4\rho$.   **23.** $\dfrac{2}{15}$.   **24.** $\dfrac{3\pi}{2}$.   **25.** 0.   **26.** 8π.

27. (1) $\dfrac{\pi}{2}$; (2) $\dfrac{\pi h^4}{2}$; (3) $\dfrac{29}{20}\pi a^5$.

28. $-\pi$ （提示:补面后用高斯公式）.   **29.** -8π （提示:补面后用高斯公式）.

30. $-\pi$ （提示:利用斯托克斯公式）.   **31.** -8π （提示:利用斯托克斯公式）.

(B)

1. $0,2a^2$.   **2.** 0; $\dfrac{2\pi}{3}$; $-\dfrac{\pi}{3}$.

3. (1) $I_x=\displaystyle\int_L y^2\rho(x,y)\mathrm{d}s,I_y=\int_L x^2\rho(x,y)\mathrm{d}s$; (2) $\bar{x}=\dfrac{\displaystyle\int_L x\rho(x,y)\mathrm{d}s}{\displaystyle\int_L \rho(x,y)\mathrm{d}s},\bar{y}=\dfrac{\displaystyle\int_L y\rho(x,y)\mathrm{d}s}{\displaystyle\int_L \rho(x,y)\mathrm{d}s}$.

4. 8.   **5.** -1.   **6.** 当 $R<1$ 时 $I=0$,当 $R>1$ 时 $I=\pi$.

7. $I=\dfrac{c}{d}-\dfrac{a}{b}$.   **9.** $8\pi a^4$.   **10.** $125\sqrt{2}\pi$.   **11.** 2π.   **12.** $\boldsymbol{F}=-k\rho m\pi\boldsymbol{k}$($k$ 为引力常数）.

13. $I=0$,若 Σ 不包含原点,否则 $I=4\pi$.   **14.** $\left(\pi-\dfrac{3\sqrt{3}}{2}\right)a^2$.

15. $abc\left[\dfrac{f(a)-f(0)}{a}+\dfrac{g(b)-g(0)}{b}+\dfrac{h(c)-h(0)}{c}\right]$.

16. $\dfrac{8\pi R^3}{3}(a+b+c)$.   **17.** 2π.   **18.** $\dfrac{9}{2}$.   **19.** 4π.   **20.** $f(x)=\dfrac{e^x}{x}(e^x-1)$.

第 12 章　无 穷 级 数

12.1　基 本 要 求

1. 理解无穷级数收敛、发散及收敛级数的和的概念.了解无穷级数收敛的必要条件及基本性质.

2. 掌握几何级数与 p 级数的收敛性.

3. 掌握正项级数的比较判别法、比值判别法和根值判别法.

4. 掌握交错级数的莱布尼兹判别法.

5. 了解绝对收敛与条件收敛的概念及绝对收敛与收敛的关系.

6. 了解函数项级数的收敛域及和函数的概念.

7. 掌握简单的幂级数的收敛区间和收敛域的求法.

8. 了解幂级数在收敛区间内的一些基本性质.

9. 了解函数展开成泰勒级数的条件.会利用 $1/(1-x)$、e^x、$\sin x$、$\cos x$、$\ln(1+x)$ 的麦克劳林(Maclaurin)级数展开式及幂级数的基本性质将一些简单的函数展开成幂级数.

10. 会利用幂级数的基本性质及一些已知幂级数的和函数求一些简单幂级数在收敛域内的和函数.

11. 了解幂级数在近似计算上的简单应用.

12. 了解函数展开为傅里叶(Fourier)级数的狄利克雷(Dirichlet)条件,会将定义在区间 $(-\pi,\pi)$ 和 $(-l,l)$ 上的函数展开为傅里叶级数,会将定义在区间 $(0,\pi)$ 和 $(0,l)$ 上的函数展开为正弦和余弦级数.

12.2　知识点解析

【12-1】　添加括号是否改变级数的敛散性

要视原级数的敛散性而定.无穷级数定义为无穷个数的形式和,分为收敛和发散两类.

对于收敛的级数,任意地添加括号,不会改变级数的收敛性与和,于是,若加括号后的级数发散,则原级数一定发散.

对于发散的变号级数,添加括号可能会使其变为收敛级数,例如,对发散级数 $\sum_{n=1}^{\infty}(-1)^{n-1}$,两两加括号后便成为收敛级数:$(1-1)+(1-1)+\cdots$.

对于发散的正项级数,添加括号后依然是发散级数.因此,对于正项级数,加括号后不会改变其敛散性.

【12-2】 通项趋于零的级数是否一定收敛

不一定,例如,级数 $\sum\limits_{n=1}^{\infty} \dfrac{1}{n}$ 发散,但 $\lim\limits_{n\to 0} \dfrac{1}{n} = 0$.

通项趋于零是级数收敛的必要条件,但不是充分条件. 通项不趋于零时,级数必发散,如级数 $\sum\limits_{n=1}^{\infty} \sqrt[n]{2}$ 发散.

【12-3】 如何判定正项级数的敛散性

判别正项级数 $\sum\limits_{n=1}^{\infty} a_n$ 的敛散性,一般遵循以下思路:首先检查通项的极限,若通项的极限不为零,则级数发散. 在通项极限为零时,若极限 $\lim\limits_{n\to\infty} \dfrac{a_{n+1}}{a_n}$ 或 $\lim\limits_{n\to\infty} \sqrt[n]{a_n}$ 存在且不为 1,就用比值判别法、根值判别法来判断级数的敛散性;否则考虑比较判别法(将通项 a_n 与 p- 级数或几何级数的通项对比),或者积分判别法.

【12-4】 如何判定变号级数的敛散性

判定变号级数 $\sum\limits_{n=1}^{\infty} a_n$ 的敛散性可参照以下流程:首先判定通项 a_n 是否趋于零,不趋于零时级数发散,否则便调用正项级数判别法来考察绝对值级数 $\sum\limits_{n=1}^{\infty} |a_n|$ 的敛散性. 当 $\sum\limits_{n=1}^{\infty} |a_n|$ 收敛时,称 $\sum\limits_{n=1}^{\infty} a_n$ 绝对收敛,否则可依据以下方法来判定 $\sum\limits_{n=1}^{\infty} a_n$ 自身的敛散性:

(1) Leibniz 判别法.

(2) 分拆通项 $a_n = b_n + c_n$,转而考察 $\sum\limits_{n=1}^{\infty} b_n$ 与 $\sum\limits_{n=1}^{\infty} c_n$ 的敛散性.

(3) 依据定义,考察部分和序列 $\{S_n\}$ 是否收敛.

注意,在收敛情形,必须指明是条件收敛还是绝对收敛.

【12-5】 通项为等价无穷小的两个级数是否有相同的敛散性

对于两个正项级数,在通项为等价无穷小时,其敛散性相同. 这就是正项级数的比较判别法的极限形式的要点.

对于两个变号级数,在通项为等价无穷小时,其敛散性则不一定相同. 例如,级数 $\sum\limits_{n=1}^{\infty} \dfrac{(-1)^n}{\sqrt{n}}$ 与 $\sum\limits_{n=1}^{\infty} \left[\dfrac{(-1)^n}{\sqrt{n}} + \dfrac{1}{n} \right]$ 的通项满足

$$\lim_{n\to\infty} \frac{b_n}{a_n} = \lim_{n\to\infty} \left[\frac{(-1)^n}{\sqrt{n}} + \frac{1}{n} \right] \Big/ \frac{(-1)^n}{\sqrt{n}} = \lim_{n\to\infty} \left[1 + \frac{(-1)^n}{\sqrt{n}} \right] = 1,$$

但 $\sum\limits_{n=1}^{\infty} \dfrac{(-1)^n}{\sqrt{n}}$ 收敛,而 $\sum\limits_{n=1}^{\infty} \left[\dfrac{(-1)^n}{\sqrt{n}} + \dfrac{1}{n} \right]$ 发散(它是收敛级数 $\sum\limits_{n=1}^{\infty} \dfrac{(-1)^n}{\sqrt{n}}$ 与发散级数 $\sum\limits_{n=1}^{\infty} \dfrac{1}{n}$ 之和).

由此说明,应用级数的敛散性判别法时要特别注意级数是正项级数还是变号级数.

【12-6】 通项趋于零,但不是单调减少的交错级数是否不收敛

可能收敛. 例如,交错级数 $\displaystyle\sum_{n=2}^{\infty} \frac{(-1)^n}{n+(-1)^n}$,通项 $a_n = \dfrac{1}{n+(-1)^n}$ 不是单调减少的,但是,注意到通项可以分拆为 $\dfrac{(-1)^n}{n+(-1)^n} = (-1)^n \dfrac{n}{n^2-1} - \dfrac{1}{n^2-1}$,而级数 $\displaystyle\sum_{n=2}^{\infty}(-1)^n \frac{n}{n^2-1}$,$\displaystyle\sum_{n=2}^{\infty} \frac{1}{n^2-1}$ 都收敛,故作为和级数,$\displaystyle\sum_{n=2}^{\infty} \frac{(-1)^n}{n+(-1)^n}$ 收敛.

【12-7】 两个收敛的变号级数之和的收敛性判定问题

两个绝对收敛的级数之和一定是绝对收敛. 事实上:设 $\displaystyle\sum_{n=1}^{\infty}a_n$ 与 $\displaystyle\sum_{n=1}^{\infty}b_n$ 绝对收敛,即 $\displaystyle\sum_{n=1}^{\infty}|a_n|$ 与 $\displaystyle\sum_{n=1}^{\infty}|b_n|$ 收敛,所以 $\displaystyle\sum_{n=1}^{\infty}(|a_n|+|b_n|)$ 收敛,又 $|a_n+b_n| \leqslant |a_n|+|b_n|$,由正项级数的比较判别法知 $\displaystyle\sum_{n=1}^{\infty}|a_n+b_n|$ 收敛,即 $\displaystyle\sum_{n=1}^{\infty}(a_n+b_n)$ 绝对收敛.

用反证法可以证明:绝对收敛的级数与条件收敛的级数之和为条件收敛.

两个条件收敛的级数之和一定是收敛级数,可能是条件收敛,也可能是绝对收敛. 例如,$\displaystyle\sum_{n=1}^{\infty} \frac{(-1)^n}{n}$ 与 $\displaystyle\sum_{n=1}^{\infty} \frac{(-1)^n}{n}$ 都条件收敛,其和 $\displaystyle\sum_{n=1}^{\infty} \frac{2(-1)^n}{n}$ 仍然是条件收敛;再如 $\displaystyle\sum_{n=1}^{\infty} \frac{(-1)^n}{n}$ 与 $\displaystyle\sum_{n=1}^{\infty} \frac{(-1)^{n+1}}{n+1}$ 都条件收敛,其和 $\displaystyle\sum_{n=1}^{\infty} \frac{(-1)^n}{n(n+1)}$ 却是绝对收敛.

【12-8】 如何求幂级数的收敛半径

幂级数 $\displaystyle\sum_{n=0}^{\infty}a_n(x-x_0)^n$ 的收敛区间形如 (x_0-R, x_0+R),其中 R 称为收敛半径,x_0 称为收敛中心,将收敛的端点并入收敛区间后得到收敛域.

对于标准幂级数 $\displaystyle\sum_{n=0}^{\infty}a_n(x-x_0)^n (a_n \neq 0)$,收敛半径的计算公式为

$$R = \lim_{n\to\infty}\left|\frac{a_n}{a_{n+1}}\right| \quad (\text{或 } R = \lim_{n\to\infty}1/\sqrt[n]{|a_n|}).$$

对于含缺项的幂级数 $\displaystyle\sum_{n=0}^{\infty}u_n(x)$,上述公式不能套用,此时求收敛半径的方法有以下两种.

(1) 直接计算极限 $\displaystyle\lim_{n\to\infty}\left|\frac{u_{n+1}(x)}{u_n(x)}\right| = \rho(x)$,由 $\rho(x)<1$ 解出 x 的范围,它便是收敛区间,于是可以确定级数的收敛半径. 例如 $\displaystyle\sum_{n=0}^{\infty} \frac{1}{4^n}x^{2n+1}$,由 $\displaystyle\lim_{n\to\infty}\left|\frac{u_{n+1}(x)}{u_n(x)}\right| = \frac{x^2}{4}<1$,得 $|x|<2$,故收敛半径为 2.

(2) 通过变量代换将级数转换为不缺项的标准幂级数 $\displaystyle\sum_{n=0}^{\infty}a_n t^n$,然后用公式求其收敛半径,再代回原变量推算原级数的收敛半径. 例如对 $\displaystyle\sum_{n=0}^{\infty} \frac{1}{4^n}x^{2n}$,可以令 $x^2 = t$,然后用

公式求出标准幂级数 $\sum\limits_{n=0}^{\infty} \dfrac{1}{4^n} t^n$ 的收敛半径为 4,即收敛区间为 $-4 < t < 4$,换回原变量,即 $-2 < x < 2$,故原级数的收敛半径为 2.

【12-9】 如果幂级数 $\sum\limits_{n=0}^{\infty} a_n x^n$ 和 $\sum\limits_{n=0}^{\infty} b_n x^n$ 的收敛半径分别为 R_1, R_2,它们的和级数 $\sum\limits_{n=0}^{\infty} (a_n + b_n) x^n$ 的收敛半径一定为 $R = \min\{R_1, R_2\}$ 吗

不一定. 例如,幂级数 $\sum\limits_{n=1}^{\infty} (-1)^{n-1} x^n$ 和 $\sum\limits_{n=1}^{\infty} (-1)^n x^n$ 的收敛半径都为 1,而它们的和 $\sum\limits_{n=1}^{\infty} [(-1)^{n-1} + (-1)^n] x^n$ 的收敛半径却是 $+\infty$. 一般地,$\sum\limits_{n=0}^{\infty} (a_n + b_n) x^n$ 的收敛半径 R 满足 $R \geqslant \min\{R_1, R_2\}$.

【12-10】 幂级数经逐项求导或逐项积分后收敛半径、收敛区间和收敛域会变化吗

幂级数 $\sum\limits_{n=0}^{\infty} a_n (x - x_0)^n$ 经逐项求导或逐项积分后的新级数与原级数有相同的收敛半径 R,因而收敛区间(即开区间 $(x_0 - R, x_0 + R)$)也不变,但是收敛域可能会变. 这是因为在区间的两个端点处的敛散性可能改变. 例如,由 $\sum\limits_{n=1}^{\infty} \dfrac{x^n}{n}$ 逐项求导得 $\sum\limits_{n=0}^{\infty} x^n$,逐项积分得 $\sum\limits_{n=1}^{\infty} \dfrac{x^{n+1}}{n(n+1)}$,它们的收敛半径都是 1,但它们的收敛域分别是 $[-1, 1)$,$(-1, 1)$,$[-1, 1]$. 一般来说,求导运算不会增加原级数的收敛点,积分运算不会减少原级数的收敛点.

【12-11】 $f(x)$ 的泰勒级数在收敛域内一定处处收敛于 $f(x)$ 吗

不一定. 例如 $f(x) = \begin{cases} \mathrm{e}^{-\frac{1}{x^2}}, & x \neq 0 \\ 0, & x = 0 \end{cases}$,在 $x = 0$ 处有任意阶导数,且 $f^{(n)}(0) = 0 (n = 0, 1, 2, \cdots)$,于是 $f(x)$ 在 $x = 0$ 的泰勒级数是 $0 + 0 \cdot x + \cdots + 0 \cdot \dfrac{x^n}{n!} + \cdots$,该级数的收敛域是 $(-\infty, +\infty)$,和函数 $S(x) = 0$. 很明显,$f(x)$ 与其泰勒级数仅在 $x = 0$ 处相同.

注 与此类似,$f(x)$ 的傅里叶级数虽然处处收敛,但是也不一定处处收敛于 $f(x)$.

【12-12】 如何理解函数的幂级数展开式的唯一性

如果函数 $f(x)$ 在 x_0 处无限次可导,且能展成幂级数 $f(x) = \sum\limits_{n=0}^{\infty} a_n (x - x_0)^n$,则这个展开式是唯一的,其系数由公式 $a_n = \dfrac{f^{(n)}(x_0)}{n!}$ 完全确定. 该幂级数就是函数 $f(x)$ 在 x_0 点的泰勒级数 $\sum\limits_{n=0}^{\infty} \dfrac{f^{(n)}(x_0)}{n!} (x - x_0)^n$. 但是同一个函数在不同点的泰勒级数是不同形式的. 例如,函数 e^x 在 0 处的泰勒级数为 $\sum\limits_{n=0}^{\infty} \dfrac{x^n}{n!}$,即 $\mathrm{e}^x = \sum\limits_{n=0}^{\infty} \dfrac{x^n}{n!}$,$-\infty < x < +\infty$,它

在 1 处的泰勒级数为 $\sum_{n=0}^{\infty} \dfrac{\mathrm{e}(x-1)^n}{n!}$，即 $\mathrm{e}^x = \sum_{n=0}^{\infty} \dfrac{\mathrm{e}(x-1)^n}{n!}$，$-\infty < x < +\infty$.

【12-13】 傅里叶级数与幂级数的比较

幂级数是用于表示可微性很好的函数，傅里叶级数表示的是具有周期性的可积函数. $f(x)$ 对应的泰勒级数 $\sum_{n=0}^{\infty} \dfrac{f^{(n)}(x_0)}{n!}(x-x_0)^n$ 在其收敛区间内会收敛到 $f(x)$；而对满足狄立克莱条件的函数 $f(x)$，对应的傅里叶级数的和函数依收敛定理与 $f(x)$ 在间断点会有差别.

12.3 解题指导

【题型 12-1】 计算数项级数的部分和与数项级数的和

应对 数项级数求部分和是基本计算，通常采用"拆项求和"法：将通项变形为差式 $a_n = u_n - u_{n+1}$，利用前后抵消求部分和，对部分和式求极限就得到级数的和. 有的通项可与等比数列的通项联系，利用等比数列求和公式求部分和.

例 12-1 求下列数项级数的部分和与数项级数的和：

(1) $\dfrac{1}{1 \cdot 6} + \dfrac{1}{6 \cdot 11} + \cdots + \dfrac{1}{(5n-4)(5n+1)} + \cdots$；

(2) $\sum_{n=1}^{\infty} \dfrac{(-1)^{n-1}}{n(n+2)}$；　　(3) $\sum_{n=1}^{\infty} \arctan \dfrac{1}{n^2+n+1}$；　　(4) $\sum_{n=1}^{\infty} \arctan \dfrac{2}{n^2}$.

解 (1) 通项可变形为 $a_n = \dfrac{1}{5}\left(\dfrac{1}{5n-4} - \dfrac{1}{5n+1}\right)$，部分和为

$$S_n = \dfrac{1}{5}\left[\left(\dfrac{1}{1} - \dfrac{1}{6}\right) + \left(\dfrac{1}{6} - \dfrac{1}{11}\right) + \cdots + \left(\dfrac{1}{5n-4} - \dfrac{1}{5n+1}\right)\right] = \dfrac{1}{5}\left(1 - \dfrac{1}{5n+1}\right),$$

于是
$$S = \lim_{n\to\infty} S_n = \dfrac{1}{5}.$$

(2) 通项可变形为 $a_n = \dfrac{(-1)^{n-1}}{2}\left(\dfrac{1}{n} - \dfrac{1}{n+2}\right)$，部分和为

$$S_n = \dfrac{1}{2}\left[\left(\dfrac{1}{1} - \dfrac{1}{3}\right) - \left(\dfrac{1}{2} - \dfrac{1}{4}\right) + \cdots + (-1)^{n-1}\left(\dfrac{1}{n} - \dfrac{1}{n+2}\right)\right]$$
$$= \dfrac{1}{2}\left(1 - \dfrac{1}{2} + \dfrac{(-1)^{n-1}}{n+1} - \dfrac{(-1)^{n-1}}{n+2}\right),$$

于是
$$S = \lim_{n\to\infty} S_n = \dfrac{1}{4}.$$

(3) 因为 $\arctan \dfrac{1}{n^2+n+1} = \arctan \dfrac{(n+1)-n}{1+(n+1)n}$，利用等式 $\arctan \dfrac{(n+1)-n}{1+(n+1)n} = \arctan(n+1) - \arctan n$ 变形通项（此等式验证可通过两边取正切得到），部分和为

$$S_n = (\arctan 2 - \arctan 1) + (\arctan 3 - \arctan 2) + \cdots + (\arctan(n+1) - \arctan n)$$
$$= \arctan(n+1) - \arctan 1,$$

于是
$$S = \lim_{n\to\infty} S_n = \lim_{n\to\infty} \arctan(n+1) - \dfrac{\pi}{4} = \dfrac{\pi}{2} - \dfrac{\pi}{4} = \dfrac{\pi}{4}.$$

(4) 因为 $\arctan \dfrac{2}{n^2} = \arctan \dfrac{(n+1)-(n-1)}{1+(n+1)(n-1)} = \arctan(n+1) - \arctan(n-1)$,

级数的部分和为

$$S_n = (\arctan 2 - \arctan 0) + (\arctan 3 - \arctan 1) + \cdots + (\arctan(n+1) - \arctan(n-1))$$
$$= \arctan(n+1) + \arctan n - \arctan 1,$$

于是

$$S = \lim_{n \to \infty} S_n = \frac{\pi}{2} + \frac{\pi}{2} - \frac{\pi}{4} = \frac{3\pi}{4}.$$

例 12-2 求下列数项级数的部分和与数项级数的和:

(1) $\displaystyle\sum_{n=1}^{\infty} \frac{\ln^n 3}{3^n}$;　　　　(2) $\displaystyle\sum_{n=1}^{\infty} \frac{2n-1}{2^n}$.

解 (1) $S_n = \dfrac{\ln 3}{3} + \dfrac{\ln^2 3}{3^2} + \dfrac{\ln^3 3}{3^3} + \cdots + \dfrac{\ln^n 3}{3^n} = \dfrac{\dfrac{\ln 3}{3}\left(1 - \dfrac{\ln^n 3}{3^n}\right)}{1 - \dfrac{\ln 3}{3}} = \dfrac{\ln 3}{3 - \ln 3}\left(1 - \dfrac{\ln^n 3}{3^n}\right)$,

由于 $\lim\limits_{n \to \infty} \dfrac{\ln^n 3}{3^n} = 0$, 故 $\lim\limits_{n \to \infty} S_n(x) = \dfrac{\ln 3}{3 - \ln 3}$.

(2) 通项与 $\dfrac{1}{2^n}$ 联系, 前 n 项部分和为 　　　$S_n = \dfrac{1}{2} + \dfrac{3}{2^2} + \dfrac{5}{2^3} + \cdots + \dfrac{2n-1}{2^n}$,

两边除以 2 得 　　　$\dfrac{1}{2} S_n = \dfrac{1}{2^2} + \dfrac{3}{2^3} + \cdots + \dfrac{2n-3}{2^n} + \dfrac{2n-1}{2^{n+1}}$,

两式相减有 　　　$\dfrac{1}{2} S_n = \dfrac{1}{2} + \dfrac{2}{2^2} + \cdots + \dfrac{2}{2^n} - \dfrac{2n-1}{2^{n+1}}$,

即 　　　$S_n = 1 + 2\left(\dfrac{1}{2} + \dfrac{1}{2^2} + \cdots + \dfrac{1}{2^{n-1}}\right) - \dfrac{2n-1}{2^n}$,

利用等比数列求和 $S_n = 3 - \dfrac{1}{2^{n-2}} - \dfrac{2n-1}{2^n}$, 于是 $S = \lim\limits_{n \to \infty} S_n = 3$.

【题型 12-2】 利用数项级数的性质讨论级数的敛散性

应对 数项级数的主要性质有以下几点:

(1) 若 $\displaystyle\sum_{n=1}^{\infty} a_n$、$\displaystyle\sum_{n=1}^{\infty} b_n$ 均收敛, 则 $\displaystyle\sum_{n=1}^{\infty} (a_n \pm b_n)$ 也收敛; 若 $\displaystyle\sum_{n=1}^{\infty} a_n$ 收敛, $\displaystyle\sum_{n=1}^{\infty} b_n$ 发散, 则 $\displaystyle\sum_{n=1}^{\infty} (a_n \pm b_n)$ 发散.

(2) 改变 (或增减) $\displaystyle\sum_{i=1}^{n} a_n$ 的有限项, 不改变其敛散性.

(3) 若 $\displaystyle\sum_{n=1}^{\infty} a_n$ 收敛, 则任意加括号后的新级数仍收敛; 若加括号后的级数发散, 则原级数必发散.

(4) 若 $\displaystyle\sum_{n=1}^{\infty} a_n$ 收敛, 则 $\lim\limits_{n \to \infty} a_n = 0$; 若 $\lim\limits_{n \to \infty} a_n \neq 0$, 则 $\displaystyle\sum_{n=1}^{\infty} a_n$ 必发散.

例 12-3 讨论下列级数的敛散性:

(1) $\displaystyle\sum_{n=1}^{\infty} \sin n$;　　　　(2) $\displaystyle\sum_{n=1}^{\infty} \left(\dfrac{n}{n+1}\right)^n$.

解 (1) $n \to \infty$ 时,通项 $\sin n$ 无极限,故级数发散.

(2) 因为 $\lim\limits_{n \to \infty} \left(\dfrac{n}{n+1} \right)^n = \lim\limits_{n \to \infty} \dfrac{1}{\left(1+\dfrac{1}{n}\right)^n} = \dfrac{1}{\mathrm{e}} \neq 0$,故级数发散.

例 12-4 若 $\sum\limits_{n=1}^{\infty} a_n$ 收敛,$\sum\limits_{n=1}^{\infty} b_n$ 发散,讨论下列级数的敛散性:

(1) $\sum\limits_{n=1}^{\infty} (\lambda a_n \pm \mu b_n)$;　　(2) $\sum\limits_{n=1}^{\infty} (a_n + a_{n+1})$;　　(3) $\sum\limits_{n=1}^{\infty} (b_{2n-1} + b_{2n})$.

解 (1) 由级数 $\sum\limits_{n=1}^{\infty} a_n$ 收敛知,$\sum\limits_{n=1}^{\infty} \lambda a_n$ 收敛. 当 $\mu = 0$ 时,所讨论的级数就是 $\sum\limits_{n=1}^{\infty} \lambda a_n$,

故收敛;当 $\mu \neq 0$ 时,由级数 $\sum\limits_{n=1}^{\infty} b_n$ 发散知,$\sum\limits_{n=1}^{\infty} \mu b_n$ 发散,故 $\sum\limits_{n=1}^{\infty} (\lambda a_n \pm \mu b_n)$ 发散.

(2) 级数 $\sum\limits_{n=1}^{\infty} a_{n+1}$ 是从 $\sum\limits_{n=1}^{\infty} a_n$ 中删去了第一项的,由定义知它与 $\sum\limits_{n=1}^{\infty} a_n$ 有相同的敛散

性即收敛,从而 $\sum\limits_{n=1}^{\infty} (a_n + a_{n+1})$ 收敛.

(3) $\sum\limits_{n=1}^{\infty} (b_{2n-1} + b_{2n})$ 是将发散级数 $\sum\limits_{n=1}^{\infty} b_n = b_1 + b_2 + \cdots + b_n + \cdots$ 的相邻两项添加

括号而得,它可能收敛,也可能发散. 如级数 $1 - 1 + 1 - 1 + 1 - 1 + \cdots$ 发散,添加括号为

$\sum\limits_{n=1}^{\infty} (1-1)$ 成为收敛级数;而 $1 + \dfrac{1}{2} + 1 + \dfrac{1}{4} + 1 + \dfrac{1}{6} + \cdots + 1 + \dfrac{1}{2n} + \cdots$ 发散(因为通

项无极限),加括号为 $\sum\limits_{n=1}^{\infty} \left(1 + \dfrac{1}{2n} \right)$ 仍然发散(因为通项极限是 1 不为零).

【题型 12-3】 **用比值法或根值法判别正项级数的敛散性**

应对 设 $\sum\limits_{n=1}^{\infty} a_n$ 为正项级数. 若 $\lim\limits_{n \to \infty} \dfrac{a_{n+1}}{a_n} = l$ 或 $\lim\limits_{n \to \infty} \sqrt[n]{a_n} = l$,则 $l < 1$ 时级数收敛,

$l > 1$ 时级数发散;$l = 1$ 时需要另法判定.

当通项含有连乘积或阶乘时,常使用比值法,通项出现 n 次幂时,常使用根值法.

求极限时常用的结论有 $\lim\limits_{n \to \infty} q^n = 0 \, (0 < q < 1)$,$\lim\limits_{n \to \infty} \sqrt[n]{a} = 1 \, (a > 0)$,$\lim\limits_{n \to \infty} \sqrt[n]{n} = 1$ 等.

例 12-5 判别下列级数的敛散性:

(1) $\sum\limits_{n=1}^{\infty} \dfrac{a^n}{(1+a)(1+a^2)\cdots(1+a^n)} \, (a > 0)$;

(2) $\sum\limits_{n=1}^{\infty} \dfrac{(n!)^2}{(2n)!}$;　　(3) $\sum\limits_{n=1}^{\infty} \dfrac{a^n n!}{n^n} \, (a > 0)$.

解 (1) $l = \lim\limits_{n \to \infty} \dfrac{a_{n+1}}{a_n} = \lim\limits_{n \to \infty} \dfrac{a^{n+1}/(1+a)(1+a^2)\cdots(1+a^{n+1})}{a^n/(1+a)(1+a^2)\cdots(1+a^n)} = \lim\limits_{n \to \infty} \dfrac{a}{1+a^{n+1}}$,当

$0 < a < 1$ 时,$l = a < 1$;当 $a = 1$ 时,$l = \dfrac{1}{2} < 1$;当 $a > 1$ 时,$l = 0 < 1$. 故任给 $a >$

0,均有 $l < 1$,级数收敛.

(2) $l = \lim\limits_{n \to \infty} \dfrac{a_{n+1}}{a_n} = \lim\limits_{n \to \infty} \dfrac{((n+1)!)^2}{(2(n+1))!} \cdot \dfrac{(2n)!}{(n!)^2} = \lim\limits_{n \to \infty} \dfrac{(n+1)^2}{(2n+2)(2n+1)} = \dfrac{1}{4} < 1$,故

级数收敛.

(3) $l = \lim\limits_{n \to \infty} \dfrac{a_{n+1}}{a_n} = \lim\limits_{n \to \infty} \dfrac{a^{n+1}(n+1)!}{(n+1)^{(n+1)}} \cdot \dfrac{n^n}{a^n n!} = \lim\limits_{n \to \infty} \dfrac{a}{\left(1+\dfrac{1}{n}\right)^n} = \dfrac{a}{\mathrm{e}}$,当 $0 < a < \mathrm{e}$ 时,

$l < 1$,级数收敛;当 $a > \mathrm{e}$ 时,$l > 1$,级数发散;而当 $a = \mathrm{e}$ 时,$l = 1$,比值判别法失效,但

是 $\dfrac{a_{n+1}}{a_n} = \dfrac{\mathrm{e}}{\left(1+\dfrac{1}{n}\right)^n} > 1$(因为数列 $\left(1+\dfrac{1}{n}\right)^n$ 单调增加趋于 e),通项 a_n 单调增加不会趋

于 0,故级数发散.

例 12-6 判别下列级数的敛散性:

(1) $\sum\limits_{n=1}^{\infty} \left(\dfrac{2n}{3n-2}\right)^n$;   (2) $\sum\limits_{n=1}^{\infty} \dfrac{n^2 2^n}{3^n}$;   (3) $\sum\limits_{n=1}^{\infty} \dfrac{2n+(-1)^n}{3^n}$.

解 (1) 因 $l = \lim\limits_{n \to \infty} \sqrt[n]{a_n} = \lim\limits_{n \to \infty} \dfrac{2n}{3n-2} = \dfrac{2}{3} < 1$,所以级数收敛.

(2) 因 $l = \lim\limits_{n \to \infty} \sqrt[n]{a_n} = \lim\limits_{n \to \infty} \dfrac{2}{3}(\sqrt[n]{n})^2 = \dfrac{2}{3} < 1$,所以级数收敛.

(3) 因为 $1 \leqslant \sqrt[n]{2n+(-1)^n} \leqslant \sqrt[n]{3n} \to 1 (n \to \infty)$,$l = \lim\limits_{n \to \infty} \sqrt[n]{a_n} = \lim\limits_{n \to \infty} \dfrac{1}{3}\sqrt[n]{2n+(-1)^n}$

$= \dfrac{1}{3} < 1$,所以级数收敛.

【题型 12-4】 用比较判别法及其极限形式判别正项级数的敛散性

应对 (1) 比较判别法:若从某项起有 $a_n \leqslant b_n$,则当 $\sum\limits_{n=1}^{\infty} b_n$ 收敛时,$\sum\limits_{n=1}^{\infty} a_n$ 也收敛,

当 $\sum\limits_{n=1}^{\infty} a_n$ 发散时,$\sum\limits_{n=1}^{\infty} b_n$ 也发散. 即通项较大的级数收敛,则通项较小的级数必收敛;通项

较小的级数发散,则通项较大的级数必发散.

使用比较判别法时通常将等比级数 $\sum\limits_{n=1}^{\infty} aq^n$ 或 p- 级数 $\sum\limits_{n=1}^{\infty} \dfrac{1}{n^p}$ 作为比较对象,利用不

等关系是使用比较判别法的关键.

(2) 比较判别法极限形式的最常用情形:若 $n \to \infty$ 时,a_n 与 b_n 为同阶无穷小量,则

$\sum\limits_{n=1}^{\infty} a_n$ 与 $\sum\limits_{n=1}^{\infty} b_n$ 有相同的敛散性. 识别 a_n 与 b_n 的关系时可以利用常用的等价无穷小公

式、泰勒公式等.

例 12-7 判别下列级数的敛散性:

(1) $\sum\limits_{n=1}^{\infty} \dfrac{2+(-1)^n}{3^n}$;(2) $\sum\limits_{n=1}^{\infty} \dfrac{1}{n} \int_0^1 \sin^n x \, \mathrm{d}x$; (3) $\sum\limits_{n=1}^{\infty} \dfrac{1}{n} \int_0^{\frac{\pi}{4}} \tan^n x \, \mathrm{d}x$;(4) $\sum\limits_{n=1}^{\infty} \dfrac{n}{2^n} \cos \dfrac{\pi}{4n}$.

解 (1) 因为 $0 < \dfrac{2+(-1)^n}{3^n} \leqslant \dfrac{3}{3^n} = \dfrac{1}{3^{n-1}}$,而几何级数 $\sum\limits_{n=1}^{\infty} \dfrac{1}{3^{n-1}}$ 收敛,故由比较判

别法知原级数收敛.

(2) 利用不等式 $\sin x < x (x > 0)$,得(用 a_n 表示通项,下同)

$$0 < a_n \leqslant \frac{1}{n}\int_0^1 x^n \mathrm{d}x = \frac{1}{n(n+1)} < \frac{1}{n^2},$$

而级数 $\sum\limits_{n=1}^{\infty} \dfrac{1}{n^2}$ 收敛,故由比较判别法知原级数收敛.

(3) 令 $\tan x = t$,则 $\displaystyle\int_0^{\frac{\pi}{4}} \tan^n x \,\mathrm{d}x = \int_0^1 \frac{t^n}{1+t^2}\mathrm{d}t < \int_0^1 t^n \mathrm{d}t = \frac{1}{n+1}$. 于是 $0 < a_n \leqslant$

$\dfrac{1}{n(n+1)} < \dfrac{1}{n^2}$,而级数 $\sum\limits_{n=1}^{\infty} \dfrac{1}{n^2}$ 收敛,故由比较判别法知原级数收敛.

(4) $0 < a_n < \dfrac{n}{2^n} = b_n$,而 $l = \lim\limits_{n\to\infty}\sqrt[n]{b_n} = \lim\limits_{n\to\infty}\dfrac{1}{2}\sqrt[n]{n} = \dfrac{1}{2} < 1$,级数 $\sum\limits_{n=1}^{\infty} b_n$ 收敛,故由比较判别法知原级数收敛.

例 12-8 判别下列级数的敛散性:

(1) $\sum\limits_{n=1}^{\infty} \arctan \dfrac{1}{n^2+n+1}$;

(2) $\sum\limits_{n=1}^{\infty} \left(1 - \cos\sqrt{\dfrac{\pi}{n}}\right)^2$;

(3) $\sum\limits_{n=1}^{\infty} n^\lambda \sin \dfrac{\pi}{2\sqrt{n}}$;

(4) $\sum\limits_{n=1}^{\infty} \left(\dfrac{\pi}{n} - \sin\dfrac{\pi}{n}\right)$.

解 (1) 利用 $\arctan x \sim x\,(x\to 0)$,有 $a_n \sim \dfrac{1}{n^2+n+1} \sim \dfrac{1}{n^2}\,(n\to\infty)$(用 a_n 表示通项,下同),由于 p- 级数 $\sum\limits_{n=1}^{\infty} \dfrac{1}{n^2}$ 收敛,故原级数也收敛.

(2) 利用 $1 - \cos x \sim \dfrac{1}{2}x^2\,(x\to 0)$,有 $a_n \sim \dfrac{\pi^2}{4}\dfrac{1}{n^2}\,(n\to\infty)$,由于 p- 级数 $\sum\limits_{n=1}^{\infty} \dfrac{1}{n^2}$ 收敛,故原级数也收敛.

(3) 利用 $\sin x \sim x\,(x\to 0)$,有 $a_n \sim \dfrac{\pi}{2}\dfrac{1}{n^{\frac{1}{2}-\lambda}}\,(n\to\infty)$. 对比 p- 级数 $\sum\limits_{n=1}^{\infty} \dfrac{1}{n^p}$ 即知,当 $p = \dfrac{1}{2} - \lambda > 1$ 即 $\lambda < -\dfrac{1}{2}$ 时原级数收敛;当 $p = \dfrac{1}{2} - \lambda \leqslant 1$ 即 $\lambda \geqslant -\dfrac{1}{2}$ 时原级数发散.

(4) 利用 $x - \sin x \sim \dfrac{x^3}{6}\,(x\to 0)$,有 $a_n \sim \dfrac{\pi^3}{6}\dfrac{1}{n^3}\,(n\to\infty)$,故原级数收敛.

例 12-9 判别级数 $\sum\limits_{n=1}^{\infty} \left(\sqrt[n]{a} - \sqrt{1+\dfrac{1}{n}}\right)(a>0)$ 的敛散性.

解 利用泰勒公式

$$\mathrm{e}^x = 1 + x + x^2/2 + o(x^2), \quad (1+x)^\alpha = 1 + \alpha x + \frac{1}{2}\alpha(\alpha-1)x^2 + o(x^2),$$

有 $\sqrt[n]{a} = \mathrm{e}^{\frac{1}{n}\ln a} = 1 + \dfrac{1}{n}\ln a + \dfrac{1}{2n^2}\ln^2 a + o\left(\dfrac{1}{n^2}\right)$, $\quad \sqrt{1+\dfrac{1}{n}} = 1 + \dfrac{1}{2n} - \dfrac{1}{8n^2} + o\left(\dfrac{1}{n^2}\right)$,

故
$$a_n = \left(\ln a - \frac{1}{2}\right)\frac{1}{n} + \left(\frac{1}{2}\ln^2 a + \frac{1}{8}\right)\frac{1}{n^2} + o\left(\frac{1}{n^2}\right).$$

当 $\ln a - \dfrac{1}{2} \neq 0$，即 $a \neq \sqrt{e}$ 时，$a_n \sim \left(\ln a - \dfrac{1}{2}\right)\dfrac{1}{n}(n \to \infty)$ 且不变号，而 $\displaystyle\sum_{n=1}^{\infty}\dfrac{1}{n}$ 发散，故

原级数发散；当 $\ln a - \dfrac{1}{2} = 0$ 即 $a = \sqrt{e}$ 时，$a_n \sim \dfrac{1}{4n^2}(n \to \infty)$，原级数收敛.

【题型 12-5】 用积分判别法判别正项级数的敛散性

应对 积分判别法 设 $f(x)$ 在 $[1, +\infty)$ 上非负且单调减，$a_n = f(n)(n = 1, 2, \cdots)$，

则 $\displaystyle\sum_{n=1}^{\infty} a_n$ 收敛的充要条件是反常积分 $\displaystyle\int_1^{+\infty} f(x)\mathrm{d}x$ 收敛.

使用这个判别法时，首先将单调减少非负数列 a_n 对应为函数 $f(x)$，然后通过判定

$\displaystyle\int_1^{+\infty} f(x)\mathrm{d}x$ 的敛散性，得到 $\displaystyle\sum_{n=1}^{\infty} a_n$ 的敛散性.

例 12-10 判别下列级数的敛散性：

(1) $\displaystyle\sum_{n=3}^{\infty} \dfrac{1}{n(\ln n)^p}(p > 0)$; (2) $\displaystyle\sum_{n=3}^{\infty} \dfrac{\ln n}{n^p}(p > 1)$.

解 (1) 显然 $x \geqslant 3$ 时，$f(x) = \dfrac{1}{x(\ln x)^p}$ 是正值单调减少函数，$a_n = f(n)$，

$$\int_3^{+\infty} f(x)\mathrm{d}x = \int_3^{+\infty}\dfrac{1}{x(\ln x)^p}\mathrm{d}x = \begin{cases} \dfrac{1}{p-1}(\ln 3)^{1-p}, & p > 1, \\ +\infty, & p \leqslant 1, \end{cases}$$

故当 $p > 1$ 时，积分 $\displaystyle\int_3^{+\infty} f(x)\mathrm{d}x$ 收敛，由积分判别法知原级数收敛；当 $0 < p \leqslant 1$ 时，积

分 $\displaystyle\int_3^{+\infty} f(x)\mathrm{d}x$ 发散，故由积分判别法知原级数发散.

(2) 令 $f(x) = \dfrac{\ln x}{x^p}$，当 $x \geqslant 3$ 时，$f'(x) = \dfrac{1 - p\ln x}{x^{p+1}} < 0(p > 1)$，故 $f(x)$ 在

$[3, +\infty)$ 为正值单调减少函数，$a_n = f(n)$，因

$$\int_3^{+\infty} f(x)\mathrm{d}x = \int_3^{+\infty}\dfrac{\ln x}{x^p}\mathrm{d}x = \dfrac{3^{1-p}}{(p-1)^2} + \dfrac{1}{p-1}\dfrac{\ln 3}{3^{p-1}}$$

收敛，故由积分判别法知原级数收敛.

例 12-11 判别级数 $\displaystyle\sum_{n=3}^{\infty} \dfrac{1}{n^\alpha \ln^\beta n}(\alpha > 0, \beta > 0)$ 的敛散性.

解 当 $\alpha > 1$ 时，因 $n \geqslant 3$，$\ln^\beta n > 1$，$a_n < \dfrac{1}{n^\alpha}$，由比较判别法知原级数收敛；

当 $\alpha = 1$ 时，$a_n = \dfrac{1}{n\ln^\beta n}$，由例 12-10(1) 知，当 $\beta > 1$ 时，级数 $\displaystyle\sum_{n=3}^{\infty}\dfrac{1}{n\ln^\beta n}$ 收敛；当 $0 <$

$\beta \leqslant 1$ 时，级数 $\displaystyle\sum_{n=3}^{\infty}\dfrac{1}{n\ln^\beta n}$ 发散；

当 $0 < \alpha < 1$ 时，取正数 $\gamma: \alpha < \gamma < 1$，因为 $\lim\limits_{n\to\infty} a_n n^\gamma = \lim\limits_{n\to\infty} n^{\gamma-\alpha}/\ln^\beta n = +\infty$，又 $\displaystyle\sum_{n=3}^{\infty}\dfrac{1}{n^\gamma}$

发散，由比较判别法极限形式知原级数发散.

【题型 12-6】 判定变号级数 $\sum\limits_{n=1}^{\infty} u_n$（或者称为任意项级数）的敛散性

应对 参见知识点解析【12-4】.

例 12-12 判别下列级数的敛散性：

(1) $\sum\limits_{n=2}^{\infty} (-1)^n \dfrac{1}{\sqrt{n}\ln n}$；(2) $\sum\limits_{n=1}^{\infty} \dfrac{(-1)^n}{n-\ln n}$；(3) $\sum\limits_{n=1}^{\infty} (-1)^{n-1} \dfrac{n}{2^n}$；(4) $\sum\limits_{n=1}^{\infty} (-1)^{n-1} \dfrac{3^n n!}{n^n}$.

解 (1) 绝对值级数 $\sum\limits_{n=2}^{\infty} \dfrac{1}{n^\alpha \ln n} \left(\alpha = \dfrac{1}{2}\right)$ 是发散的（参见例 12-11），它自身又是莱布尼兹型交错级数，即 $\dfrac{1}{\sqrt{n}\ln n}$ 单调减少趋于零，所以原级数收敛，是条件收敛.

(2) 因为 $\dfrac{1}{n-\ln n} > \dfrac{1}{n}$，所以绝对值级数 $\sum\limits_{n=1}^{\infty} \dfrac{1}{n-\ln n}$ 发散. 记 $f(x) = x - \ln x$，$f'(x) = 1 - \dfrac{1}{x} > 0 (x > 1)$，所以 $f(x)$ 在 $x > 1$ 时是单调增加的，从而 $b_n = n - \ln n$ 是单调增加的，而 $\dfrac{1}{n-\ln n}$ 单调减少趋于零，所以由莱布尼兹判别法知原级数收敛，是条件收敛.

(3) 绝对值级数为 $\sum\limits_{n=1}^{\infty} \dfrac{n}{2^n}$，因为 $\sqrt[n]{\dfrac{n}{2^n}} = \dfrac{1}{2}\sqrt[n]{n} \to \dfrac{1}{2} < 1$，所以收敛，原级数为绝对收敛.

(4) 绝对值级数为 $\sum\limits_{n=1}^{\infty} \dfrac{3^n n!}{n^n}$，因为其相邻项的比的极限 $\lim\limits_{n \to \infty} \dfrac{a_{n+1}}{a_n} = \lim\limits_{n \to \infty} \dfrac{3}{\left(1 + \dfrac{1}{n}\right)^n} = \dfrac{3}{e} > 1$，所以发散. 此时 a_n 单调增加不趋于零，原级数的通项也不趋于零，故原级数发散.

例 12-13 判别级数 $\sum\limits_{n=1}^{\infty} \sin\pi \sqrt{n^2 + 1}$ 的敛散性.

解 通项变形为

$$u_n = (-1)^n \sin\left[\pi \sqrt{n^2+1} - n\pi\right] = (-1)^n \sin \dfrac{\pi}{\sqrt{n^2+1}+n},$$

可见，原级数是交错级数. 因为 $\sin \dfrac{\pi}{\sqrt{n^2+1}+n} \sim \dfrac{\pi}{\sqrt{n^2+1}+n} \sim \dfrac{\pi}{2n}$，而 $\sum\limits_{n=1}^{\infty} \dfrac{\pi}{2n}$ 发散，故绝对值级数 $\sum\limits_{n=1}^{\infty} \sin \dfrac{\pi}{\sqrt{n^2+1}+n}$ 发散. 又 $\sin \dfrac{\pi}{\sqrt{n^2+1}+n}$ 是单调减少趋于零的，所以 $\sum\limits_{n=1}^{\infty} (-1)^n \sin \dfrac{\pi}{\sqrt{n^2+1}+n}$ 是收敛的，即原级数为条件收敛.

例 12-14 判别级数 $\sum\limits_{n=2}^{\infty} \dfrac{(-1)^n}{(-1)^n + \sqrt{n}}$ 的敛散性.

解 记 $a_n = \dfrac{1}{(-1)^n + \sqrt{n}}$，因为 $a_n \sim \dfrac{1}{\sqrt{n}}$，而 $\sum\limits_{n=1}^{\infty} \dfrac{1}{\sqrt{n}}$ 发散，所以绝对值级数

$\sum\limits_{n=2}^{\infty}\dfrac{1}{(-1)^n+\sqrt{n}}$ 发散. 又 a_n 不是单调减少的,所以不能使用莱布尼兹判别法判定原级数的敛散. 利用泰勒公式分解原级数的通项:

$$u_n=(-1)^n a_n=\dfrac{(-1)^n}{\sqrt{n}}\cdot\dfrac{1}{1+(-1)^n/\sqrt{n}}=\dfrac{(-1)^n}{\sqrt{n}}\left[1-\dfrac{(-1)^n}{\sqrt{n}}+o\left(\dfrac{1}{\sqrt{n}}\right)\right]$$

$$=\dfrac{(-1)^n}{\sqrt{n}}-\dfrac{1}{n}+o\left(\dfrac{1}{n}\right).$$

记 $b_n=\dfrac{1}{n}+o\left(\dfrac{1}{n}\right)\sim\dfrac{1}{n}$,因而 $\sum\limits_{n=1}^{\infty}b_n$ 是发散的,而 $\sum\limits_{n=1}^{\infty}\dfrac{(-1)^n}{\sqrt{n}}$ 为莱布尼兹型交错级数,是收敛的,又 $u_n=\dfrac{(-1)^n}{\sqrt{n}}-b_n$,故原级数 $\sum\limits_{n=1}^{\infty}u_n$ 作为收敛级数与发散级数的和是发散的.

注 本题通项也可采用如下变形:$u_n=(-1)^n\dfrac{\sqrt{n}-(-1)^n}{n-1}=(-1)^n\dfrac{\sqrt{n}}{n-1}-\dfrac{1}{n-1}$,再说明 $\sum\limits_{n=2}^{\infty}(-1)^n\dfrac{\sqrt{n}}{n-1}$ 收敛(是莱布尼兹型交错级数),$\sum\limits_{n=2}^{\infty}\dfrac{1}{n-1}$ 发散,故原级数发散.

例 12-15 判别级数 $\sum\limits_{n=1}^{\infty}\ln\left(1+\dfrac{(-1)^{n-1}}{n^p}\right)(p>0)$ 的敛散性.

解 此级数要讨论绝对值级数的敛散性并不容易,所以用泰勒公式分解通项:

$$u_n=\ln\left(1+\dfrac{(-1)^{n-1}}{n^p}\right)=\dfrac{(-1)^{n-1}}{n^p}-\dfrac{1}{2}\dfrac{1}{n^{2p}}+o\left(\dfrac{1}{n^{2p}}\right),$$

记 $$b_n=\dfrac{1}{2}\dfrac{1}{n^{2p}}+o\left(\dfrac{1}{n^{2p}}\right)\sim\dfrac{1}{2}\dfrac{1}{n^{2p}},u_n=\dfrac{(-1)^{n-1}}{n^p}-b_n.$$

当 $p>1$ 时,$\sum\limits_{n=1}^{\infty}\dfrac{(-1)^{n-1}}{n^p}$ 绝对收敛,$\sum\limits_{n=1}^{\infty}b_n$ 收敛,故 $\sum\limits_{n=1}^{\infty}u_n$ 绝对收敛;

当 $0<p\leqslant\dfrac{1}{2}$ 时,$\sum\limits_{n=1}^{\infty}\dfrac{(-1)^{n-1}}{n^p}$ 条件收敛,$\sum\limits_{n=1}^{\infty}b_n$ 发散,故 $\sum\limits_{n=1}^{\infty}u_n$ 发散;

当 $\dfrac{1}{2}<p\leqslant1$ 时,$\sum\limits_{n=1}^{\infty}\dfrac{(-1)^{n-1}}{n^p}$ 条件收敛,$\sum\limits_{n=1}^{\infty}b_n$ 收敛,故 $\sum\limits_{n=1}^{\infty}u_n$ 条件收敛.

【题型 12-7】 证明包含有抽象的通项的数项级数的敛散性

应对 证明级数敛散性的常用方法有:

(1) 定义或基本性质(适合于任意项级数);

(2) 比较判别法及其极限形式(适合于正项级数).

例 12-16 两个正项级数 $\sum\limits_{n=1}^{\infty}a_n$,$\sum\limits_{n=1}^{\infty}b_n$ 满足 $\dfrac{a_{n+1}}{a_n}\leqslant\dfrac{b_{n+1}}{b_n}$,若 $\sum\limits_{n=1}^{\infty}b_n$ 收敛,证明 $\sum\limits_{n=1}^{\infty}a_n$ 也收敛.

证明 条件可变为 $\dfrac{a_{n+1}}{b_{n+1}}\leqslant\dfrac{a_n}{b_n}$,表明数列 $\dfrac{a_n}{b_n}$ 是单调减少的,故 $\dfrac{a_n}{b_n}\leqslant\dfrac{a_1}{b_1}$,即 $a_n\leqslant\dfrac{a_1}{b_1}b_n$,由 $\sum\limits_{n=1}^{\infty}b_n$ 收敛及比较判别法知 $\sum\limits_{n=1}^{\infty}a_n$ 也收敛.

例 12-17 设数列 $\{a_n\}$ 单调减少有正数下界 c,证明:(1) $\sum\limits_{n=1}^{\infty}(a_n-a_{n+1})$ 收敛,

(2) $\sum\limits_{n=1}^{\infty}\left(1-\dfrac{a_{n+1}}{a_n}\right)$ 收敛.

证明 (1) 由题设条件知 $a_n-a_{n+1}\geqslant 0$,正项级数的部分和 $S_n=\sum\limits_{k=1}^{n}(a_k-a_{k+1})=$ $a_1-a_{n+1}<a_1$ 有界,故级数收敛.

(2) 由题设条件知 $\lim\limits_{n\to\infty}a_n$ 存在,设为 A,则 $A\geqslant c>0$,因为 $\left(1-\dfrac{a_{n+1}}{a_n}\right)\Big/(a_n-a_{n+1})=$ $\dfrac{1}{a_n}\to\dfrac{1}{A}$,利用(1)的结论及比较判别法的极限形式知 $\sum\limits_{n=1}^{\infty}\left(1-\dfrac{a_{n+1}}{a_n}\right)$ 收敛.

例 12-18 设有方程 $x^n+nx-1=0$,其中 n 为正整数,试证此方程存在唯一正实根 x_n,并证明当 $\alpha>1$ 时,级数 $\sum\limits_{n=1}^{\infty}x_n^{\alpha}$ 收敛.

证 记 $f_n(x)=x^n+nx-1$,当 $x>0$ 时,$f_n'(x)=nx^{n-1}+n>0$,故 $f_n(x)$ 在区间 $[0,+\infty)$ 上单调增加.而 $f_n(0)=-1<0$,$f_n(1)=n>0$,由连续函数的介值定理知,方程 $x^n+nx-1=0$ 存在唯一正实根 $x_n\in(0,1)$ 且 $0<x_n=\dfrac{1-x_n^n}{n}<\dfrac{1}{n}$.

当 $\alpha>1$ 时,$\sum\limits_{n=1}^{\infty}\dfrac{1}{n^{\alpha}}$ 收敛,又 $0<x_n^{\alpha}<\dfrac{1}{n^{\alpha}}$,故 $\sum\limits_{n=1}^{\infty}x_n^{\alpha}$ 收敛.

例 12-19 设 $\lim\limits_{n\to\infty}n^pu_n=A$,证明:

(1) 当 $p>1$ 时,$\sum\limits_{n=1}^{\infty}u_n$ 绝对收敛;

(2) 当 $p=1,A\neq 0$ 时,$\sum\limits_{n=1}^{\infty}u_n$ 发散.并讨论当 $p=1,A=0$ 时,$\sum\limits_{n=1}^{\infty}u_n$ 的敛散性.

证 (1) 由题设条件知 $\lim\limits_{n\to\infty}n^p\mid u_n\mid=\mid A\mid$,而 $p>1$ 时,$\sum\limits_{n=1}^{\infty}\dfrac{1}{n^p}$ 收敛,由比较判别法极限形式知 $\sum\limits_{n=1}^{\infty}\mid u_n\mid$ 收敛,故 $\sum\limits_{n=1}^{\infty}u_n$ 绝对收敛.

(2) 当 $p=1,A\neq 0$ 时,不妨设 $A>0$,则对充分大的 n,有 $nu_n>0$,即 $u_n>0$,又 $\dfrac{u_n}{1/n}\to A>0$,而 $\sum\limits_{n=1}^{\infty}\dfrac{1}{n}$ 发散,由比较判别法极限形式知 $\sum\limits_{n=1}^{\infty}u_n$ 发散.

当 $p=1,A=0$ 时,$\sum\limits_{n=1}^{\infty}u_n$ 可能收敛(如 $\sum\limits_{n=1}^{\infty}\dfrac{1}{n^2}$),也可能发散(如 $\sum\limits_{n=2}^{\infty}\dfrac{1}{n\ln n}$).

例 12-20 设偶函数 $f(x)$ 的二阶导数 $f''(x)$ 在 $x=0$ 的某邻域 $N(0,r)$ 内连续,且 $f(0)=1$,$f''(0)=2$,证明:级数 $\sum\limits_{n=1}^{\infty}\left[f\left(\dfrac{1}{n}\right)-1\right]$ 收敛.

证 由 $f(x)$ 是偶函数得 $f'(0)=0$,所以 $f(x)$ 在 $x=0$ 处二阶泰勒公式为
$$f(x)=f(0)+f'(0)x+\dfrac{1}{2!}f''(0)x^2+o(x^2)=1+x^2+o(x^2),$$

于是
$$f\left(\frac{1}{n}\right)-1=1+\frac{1}{n^2}+o\left(\frac{1}{n^2}\right)-1=\frac{1}{n^2}+o\left(\frac{1}{n^2}\right),$$

由此知级数是正项级数,且 $f\left(\dfrac{1}{n}\right)-1\sim\dfrac{1}{n^2}(n\to\infty)$,因为 $\displaystyle\sum_{n=1}^{\infty}\dfrac{1}{n^2}$ 收敛,故 $\displaystyle\sum_{n=1}^{\infty}\left[f\left(\dfrac{1}{n}\right)-1\right]$ 收敛.

例 12-21 设函数 $f(x)$ 在 $x=0$ 的某邻域 $N(0,r)$ 内具有二阶连续导数,且 $\lim\limits_{x\to0}\dfrac{f(x)}{x}=0$,证明:级数 $\displaystyle\sum_{n=1}^{\infty}f\left(\dfrac{1}{n}\right)$ 绝对收敛.

证 由 $\lim\limits_{x\to0}\dfrac{f(x)}{x}=0$ 知 $f(0)=f'(0)=0$,所以 $f(x)$ 在 $x=0$ 处二阶泰勒公式为

$$f(x)=f(0)+f'(0)x+\frac{1}{2!}f''(\xi)x^2=\frac{1}{2}f''(\xi)x^2(\xi\text{ 介于 } 0 \text{ 与 } x \text{ 之间}),$$

又由 $f''(x)$ 在 $x=0$ 的某邻域 $N(0,r)$ 内具有连续性知,$\exists M>0$,使得 $|f''(x)|\leqslant M$,于是 $|f(x)|\leqslant\dfrac{1}{2}|f''(\xi)|x^2\leqslant\dfrac{M}{2}x^2$,令 $x=\dfrac{1}{n}$,得 $\left|f\left(\dfrac{1}{n}\right)\right|\leqslant\dfrac{M}{2}\dfrac{1}{n^2}$.因为 $\displaystyle\sum_{n=1}^{\infty}\dfrac{1}{n^2}$ 收敛,故级数 $\displaystyle\sum_{n=1}^{\infty}f\left(\dfrac{1}{n}\right)$ 绝对收敛.

【题型 12-8】 求幂级数收敛半径及收敛域

应对 求收敛半径与收敛域的要点如下:

(1) 求收敛半径.套用公式 $R=\lim\limits_{n\to\infty}\left|\dfrac{a_n}{a_{n+1}}\right|$ 或 $R=\lim\limits_{n\to\infty}\dfrac{1}{\sqrt[n]{|a_n|}}$,或者对绝对值级数使用比值法(参见知识点解析).

(2) 写收敛区间 (x_0-R,x_0+R),讨论端点的敛散性.

注 逐项求导与逐项积分不改变收敛半径.

例 12-22 求下列幂级数的收敛半径与收敛域:

(1) $\displaystyle\sum_{n=1}^{\infty}\dfrac{(x-3)^n}{n\cdot3^n}$; (2) $\displaystyle\sum_{n=1}^{\infty}\left(1+\dfrac{1}{2}+\cdots+\dfrac{1}{n}\right)x^n$;

(3) $\displaystyle\sum_{n=1}^{\infty}\dfrac{3^n+(-2)^n}{n}(x-1)^n$; (4) $\displaystyle\sum_{n=1}^{\infty}\dfrac{1}{n4^n}(x-2)^{2n}$.

解 (1) 记 $a_n=\dfrac{1}{n\cdot3^n}$,则 $R=\lim\limits_{n\to\infty}\left|\dfrac{a_n}{a_{n+1}}\right|=\lim\limits_{n\to\infty}\dfrac{(n+1)3^{n+1}}{n3^n}=3$,收敛区间为 $(0,6)$,在端点 0 处,级数为 $\displaystyle\sum_{n=1}^{\infty}(-1)^n/n$,收敛,在端点 6 处,级数为 $\displaystyle\sum_{n=1}^{\infty}\dfrac{1}{n}$,发散,故收敛域为 $[0,6)$.

(2) 记 $a_n=1+\dfrac{1}{2}+\cdots+\dfrac{1}{n}$,因为 $1<\sqrt[n]{a_n}<\sqrt[n]{n}\to1(n\to\infty)$,所以 $R=\lim\limits_{n\to\infty}\dfrac{1}{\sqrt[n]{|a_n|}}=1$,收敛区间为 $(-1,1)$,在端点 $x=\pm1$ 处,由于级数的通项不趋于零,故发散,从而收敛域也是 $(-1,1)$.

（3）原级数为两个幂级数 $\sum\limits_{n=1}^{\infty} \dfrac{3^n}{n}(x-1)^n$，$\sum\limits_{n=1}^{\infty} \dfrac{(-2)^n}{n}(x-1)^n$ 的和，分别求得它们

的收敛半径为 $\dfrac{1}{3}$ 与 $\dfrac{1}{2}$，故原级数的收敛半径为 $\min\left\{\dfrac{1}{3}, \dfrac{1}{2}\right\} = \dfrac{1}{3}$，收敛区间为 $\left(\dfrac{2}{3}, \dfrac{4}{3}\right)$，

在 $x = \dfrac{2}{3}$ 处，级数为 $\sum\limits_{n=1}^{\infty} \dfrac{(-1)^n}{n} + \sum\limits_{n=1}^{\infty} \dfrac{2^n}{n 3^n}$，收敛，在 $x = \dfrac{4}{3}$ 处，级数为 $\sum\limits_{n=1}^{\infty} \dfrac{1}{n} +$

$\sum\limits_{n=1}^{\infty} \dfrac{(-2)^n}{n 3^n}$，发散，故收敛域是 $\left[\dfrac{2}{3}, \dfrac{4}{3}\right)$.

（4）**方法一** 记 $u_n = \dfrac{1}{n 4^n}(x-2)^{2n}$，则

$$l = \lim_{n\to\infty}\left|\frac{u_{n+1}}{u_n}\right| = \lim_{n\to\infty}\frac{n(x-2)^2}{4(n+1)} = (x-2)^2/4,$$

当 $l < 1$ 即 $|x-2| < 2$ 时，原级数绝对收敛；当 $l > 1$ 即 $|x-2| > 2$ 时，原级数发散.

所以幂级数的收敛半径为 2，收敛区间为 $(0,4)$，在端点 0 和 4 处，级数都为 $\sum\limits_{n=1}^{\infty} 1/n$，发散，故收敛域也是 $(0,4)$.

方法二 作代换 $y = (x-2)^2$，级数变为 $\sum\limits_{n=1}^{\infty} \dfrac{y^n}{n 4^n}$，容易求得它的收敛半径为 4，即 $y = (x-2)^2 < 4$ 时原级数绝对收敛，故原级数的收敛区间为 $(0,4)$.

例 12-23 求下列函数项级数的收敛域（即收敛点的全体）：

（1）$\sum\limits_{n=1}^{\infty} \dfrac{(-1)^n}{n}\left(\dfrac{x}{2x+1}\right)^n$； （2）$\sum\limits_{n=1}^{\infty} \dfrac{1}{1+x^n}$； （3）$\sum\limits_{n=1}^{\infty}\left(1 - \cos\dfrac{1}{n^x}\right)$.

解 这些级数均不是幂级数，但是可以转化为幂级数，从而确定收敛域.

（1）令 $y = \dfrac{x}{2x+1}$，用比值法求极限：

$$\lim_{n\to\infty}\left|\frac{u_{n+1}}{u_n}\right| = \lim_{n\to\infty}\left|\frac{\dfrac{(-1)^{n+1}}{n+1} y^{n+1}}{\dfrac{(-1)^n}{n} y^n}\right| = |y|,$$

所以，当 $|y| < 1$ 时，级数绝对收敛；当 $|y| > 1$ 时，由于级数的通项单调增，所以发散.

解不等式 $-1 < \dfrac{x}{2x+1} < 1$，得 $x < -1$ 或 $x > -\dfrac{1}{3}$. 当 $x = -1$ 时，级数为 $\sum\limits_{n=1}^{\infty} \dfrac{(-1)^n}{n}$，

收敛；当 $x = -\dfrac{1}{3}$ 时，级数为 $\sum\limits_{n=1}^{\infty} \dfrac{1}{n}$，发散. 故收敛域为 $x \leqslant -1$ 或 $x > -\dfrac{1}{3}$.

（2）因 $\quad \lim_{n\to\infty}\left|\dfrac{u_{n+1}}{u_n}\right| = \lim_{n\to\infty}\left|\dfrac{1+x^n}{1+x^{n+1}}\right| = \begin{cases} \dfrac{1}{|x|}, & |x| > 1, \\ 1, & -1 < x \leqslant 1, \\ \text{不存在}, & x = -1, \end{cases}$

所以，当 $|x| > 1$ 时，$\dfrac{1}{|x|} < 1$，级数绝对收敛. 又因为

$$\lim_{n \to \infty} \frac{1}{1+x^n} = \begin{cases} 1, & |x| < 1, \\ \dfrac{1}{2}, & x = 1, \\ 不存在, & x = -1, \end{cases}$$

由级数收敛的必要条件知,当 $|x| \leqslant 1$ 时,级数 $\displaystyle\sum_{n=1}^{\infty} \frac{1}{1+x^n}$ 发散.故 $\displaystyle\sum_{n=1}^{\infty} \frac{1}{1+x^n}$ 的收敛域为 $(-\infty, -1) \bigcup (1, +\infty)$.

（3）因 $1 - \cos\dfrac{1}{n^x} \sim \dfrac{1}{2} \cdot \dfrac{1}{n^{2x}}(n \to \infty)$,所以 $\displaystyle\sum_{n=1}^{\infty}\left(1 - \cos\dfrac{1}{n^x}\right)$ 与 $\displaystyle\sum_{n=1}^{\infty}\dfrac{1}{n^{2x}}$ 敛散性相同,当 $x > \dfrac{1}{2}$ 时收敛,当 $x \leqslant \dfrac{1}{2}$ 时发散,故收敛域为 $\left(\dfrac{1}{2}, +\infty\right)$.

例 12-24 设幂级数 $\displaystyle\sum_{n=1}^{\infty} a_n x^n$ 的收敛半径为 2,求幂级数 $\displaystyle\sum_{n=1}^{\infty} \dfrac{a_n}{n}(x-1)^{2n}$ 的收敛区间.

解 对幂级数 $\displaystyle\sum_{n=1}^{\infty} a_n x^{n-1}$ 逐项积分得 $\displaystyle\sum_{n=1}^{\infty} \dfrac{a_n}{n} x^n$,它的收敛半径也为 2,故 $\displaystyle\sum_{n=1}^{\infty} \dfrac{a_n}{n} x^{2n}$ 的收敛半径为 $\sqrt{2}$,从而 $\displaystyle\sum_{n=1}^{\infty} \dfrac{a_n}{n}(x-1)^{2n}$ 的收敛区间为 $(1 - \sqrt{2}, 1 + \sqrt{2})$.

例 12-25 设级数 $\displaystyle\sum_{n=1}^{\infty} a_n(x+1)^n$ 在 $x = 1$ 处条件收敛,求 $\displaystyle\sum_{n=1}^{\infty} na_n(x-1)^n$ 的收敛区间.

解 幂级数的条件收敛点必为收敛区间的端点,考虑 $\displaystyle\sum_{n=1}^{\infty} a_n(x+1)^n$ 的收敛区间: -1 为中心点,1 为端点,故收敛半径为 2.同上题,$\displaystyle\sum_{n=1}^{\infty} na_n(x-1)^n$ 的收敛半径也为 2,收敛区间为 $(-1, 3)$.

【题型 12-9】　将函数展开为幂级数

应对　主要是使用间接展开法.即将要展开的目标函数转化为基本展开式中的函数,然后利用已知结果展开函数.基本展开式是指以下公式:

（1）$\dfrac{1}{1-x} = \displaystyle\sum_{n=0}^{\infty} x^n$, $|x| < 1$;

（2）$\mathrm{e}^x = \displaystyle\sum_{n=0}^{\infty} \dfrac{x^n}{n!}$, $|x| < +\infty$;

（3）$\sin x = \displaystyle\sum_{n=0}^{\infty} (-1)^n \dfrac{x^{2n+1}}{(2n+1)!}$, $|x| < +\infty$;

（4）$\cos x = \displaystyle\sum_{n=0}^{\infty} (-1)^n \dfrac{x^{2n}}{(2n)!}$, $|x| < +\infty$;

（5）$\ln(1+x) = \displaystyle\sum_{n=0}^{\infty} (-1)^n \dfrac{x^{n+1}}{n+1}$, $-1 < x \leqslant 1$;

(6) $\arctan x = \sum\limits_{n=0}^{\infty}(-1)^{n}\dfrac{x^{2n+1}}{2n+1}, -1 \leqslant x \leqslant 1.$

转化手法包括变量替换、加减运算、幂级数的逐项求导与逐项求积公式.

考虑到上述基本展开式均是 x 的幂级数(即在原点的展开式),如果需要将函数展开为 $x-x_0$ 的幂级数(即在点 x_0 处的展开式),可以作变量替换 $t = x-x_0$,转化为 t 的幂级数问题.

注 在用间接法求幂级数展开式时,要记得写出展开式成立的条件.它是从基本展开式的变化范围中推算出来的.

例 12-26 将下列函数展开为 x 的幂级数:

(1) $f(x) = \dfrac{1}{(1+x)(2+x)}$;   (2) $f(x) = \dfrac{1}{(1+x)^2}$;

(3) $f(x) = \dfrac{1}{1+x+x^2}$;   (4) $f(x) = \ln(1+x+x^2+x^3)$.

解 (1) 先将所给有理函数化为最简分式的和,再利用基本展开式展开.

$$f(x) = \frac{1}{1+x} - \frac{1}{2+x} = \frac{1}{1+x} - \frac{1}{2}\cdot\frac{1}{1+x/2} = \sum_{n=0}^{\infty}(-1)^{n}x^{n} - \frac{1}{2}\sum_{n=0}^{\infty}(-1)^{n}\frac{x^{n}}{2^{n}}$$

$$= \sum_{n=0}^{\infty}(-1)^{n}\left(1 - \frac{1}{2^{n+1}}\right)x^{n}, \quad |x| < 1.$$

(2) 所给函数已经是最简分式,注意 $\dfrac{1}{(1+x)^2} = -\left(\dfrac{1}{1+x}\right)'$,所以

$$f(x) = -\left(\sum_{n=0}^{\infty}(-1)^{n}x^{n}\right)' = \sum_{n=1}^{\infty}(-1)^{n+1}nx^{n-1}, \quad |x| < 1.$$

(3) 所给函数可以变成基本展开式中的形式:

$$f(x) = \frac{1-x}{1-x^3} = (1-x)\sum_{n=0}^{\infty}x^{3n} = \sum_{n=0}^{\infty}x^{3n} - \sum_{n=0}^{\infty}x^{3n+1}, \quad |x| < 1.$$

(4) 所给函数适当变形,便变成基本展开式中的形式:

$$f(x) = \ln(1+x)(1+x^2) = \ln(1+x) + \ln(1+x^2)$$

$$= \sum_{n=1}^{\infty}(-1)^{n-1}\frac{x^{n}}{n} + \sum_{n=1}^{\infty}(-1)^{n-1}\frac{x^{2n}}{n}, -1 < x \leqslant 1.$$

例 12-27 将下列函数展开为 x 的幂级数:

(1) $f(x) = \cos^4 x + \sin^4 x$;   (2) $f(x) = \int_0^x t\cos t\,dt.$

解 (1) 将三角函数变形,使之靠近基本展开式:

$$f(x) = 1 - 2\cos^2 x\sin^2 x = 1 - \frac{1}{2}\sin^2 2x = \frac{3}{4} + \frac{1}{4}\cos 4x,$$

由 $\cos x = \sum\limits_{n=0}^{\infty}(-1)^{n}\dfrac{x^{2n}}{(2n)!}, |x| < +\infty$ 得

$$f(x) = \frac{3}{4} + \frac{1}{4}\sum_{n=0}^{\infty}\frac{(-1)^{n}}{(2n)!}4^{2n}x^{2n}, \quad -\infty < x < +\infty.$$

(2) 利用逐项积分性质,将被积函数展开之后再积分:

$$f(x) = \int_0^x t\cos t \,dt = \int_0^x t \sum_{n=0}^\infty \frac{(-1)^n}{(2n)!}t^{2n}\,dt = \sum_{n=0}^\infty \frac{(-1)^n}{(2n)!}\int_0^x t^{2n+1}\,dt$$

$$= \sum_{n=0}^\infty \frac{(-1)^n}{(2n+2)(2n)!}x^{2n+2}, \quad -\infty < x < +\infty.$$

例 12-28 将函数 $f(x) = \arctan\dfrac{1-2x}{1+2x}$ 展开为 x 的幂级数,并求级数 $\sum\limits_{n=0}^\infty \dfrac{(-1)^n}{2n+1}$ 的和.

解 因为函数 $f(x)$ 不属于基本展开式中的函数,考虑其导函数

$$f'(x) = \frac{1}{1+\left(\dfrac{1-2x}{1+2x}\right)^2}\left(\frac{1-2x}{1+2x}\right)' = -\frac{2}{1+4x^2},$$

这属于基本展开式中的函数,于是借助牛顿-莱布尼兹公式得出的恒等式 $f(x) = f(0) + \int_0^x f'(t)\,dt$,便可以通过导函数的展开式得到函数的展开式:

$$f(x) = \frac{\pi}{4} - 2\int_0^x \frac{1}{1+4t^2}\,dt = \frac{\pi}{4} - 2\int_0^x \sum_{n=0}^\infty (-1)^n 4^n t^{2n}\,dt$$

$$= \frac{\pi}{4} - \sum_{n=0}^\infty (-1)^n 2^{2n+1} x^{2n+1}/(2n+1), \quad |2x| < 1.$$

$x = \dfrac{1}{2}$ 时,$\sum\limits_{n=0}^\infty (-1)^n 2^{2n+1} x^{2n+1}/(2n+1) = \sum\limits_{n=0}^\infty \dfrac{(-1)^n}{2n+1}$,收敛.

所以 $f(x)$ 的展开式的收敛域为 $\left(-\dfrac{1}{2}, \dfrac{1}{2}\right]$,且 $f(x)$ 在 $x = \dfrac{1}{2}$ 处连续. 故 $f\left(\dfrac{1}{2}\right) = \dfrac{\pi}{4} \sum\limits_{n=0}^\infty \dfrac{(-1)^n}{2n+1}$,而 $f\left(\dfrac{1}{2}\right) = 0$. 所以 $\sum\limits_{n=0}^\infty \dfrac{(-1)^n}{2n+1} = \dfrac{\pi}{4}$.

例 12-29 将下列函数展开为 $x - x_0$ 的幂级数:

(1) $f(x) = \dfrac{1}{(x+1)(x+2)}$, $x_0 = 1$; (2) $f(x) = \sin^2 x$, $x_0 = \dfrac{\pi}{4}$.

解 (1) 分项化简函数 $f(x) = \dfrac{1}{1+x} - \dfrac{1}{2+x}$,作变量代换 $t = x - 1$,便有

$$f(x) = \frac{1}{2+t} - \frac{1}{3+t},$$

而

$$\frac{1}{2+t} = \frac{1}{2} \cdot \frac{1}{1+t/2} = \frac{1}{2} \sum_{n=0}^\infty (-1)^n \frac{t^n}{2^n}, \quad |t| < 2,$$

$$\frac{1}{3+t} = \frac{1}{3} \cdot \frac{1}{1+t/3} = \frac{1}{3} \sum_{n=0}^\infty (-1)^n \frac{t^n}{3^n}, \quad |t| < 3,$$

所以

$$f(x) = \sum_{n=0}^\infty (-1)^n \left(\frac{1}{2^{n+1}} - \frac{1}{3^{n+1}}\right)(x-1)^n, \quad |x-1| < 2.$$

(2) 化简函数 $f(x) = \sin^2 x = \dfrac{1}{2}(1-\cos 2x)$,作变量代换 $t = x - \dfrac{\pi}{4}$,便有

$$f(x) = \frac{1}{2} + \frac{1}{2}\sin 2t = \frac{1}{2} + \frac{1}{2}\sum_{n=0}^\infty \frac{(-1)^n}{(2n+1)!}2^{2n+1}t^{2n+1}, \quad -\infty < t < +\infty$$

$$= \frac{1}{2} + \frac{1}{2} \sum_{n=0}^{\infty} \frac{(-1)^n}{(2n+1)!} 2^{2n+1} \left(x - \frac{\pi}{4}\right)^{2n+1}, \quad -\infty < x < +\infty.$$

【题型 12-10】 求幂级数的和函数

应对 利用基本展开式推出以下基本求和公式:

$$(1) \sum_{n=0}^{\infty} x^n = \frac{1}{1-x}, \quad |x| < 1; \qquad (2) \sum_{n=0}^{\infty} \frac{x^n}{n!} = e^x, \quad |x| < +\infty;$$

$$(3) \sum_{n=1}^{\infty} n x^n = \frac{x}{(1-x)^2}, \quad |x| < 1; \qquad (4) \sum_{n=1}^{\infty} \frac{x^n}{n} = -\ln(1-x), \quad -1 \leqslant x < 1;$$

$$(5) \sum_{n=0}^{\infty} (-1)^n \frac{x^{2n+1}}{(2n+1)!} = \sin x, \quad |x| < +\infty;$$

$$(6) \sum_{n=0}^{\infty} (-1)^n \frac{x^{2n}}{(2n)!} = \cos x, \quad |x| < +\infty.$$

借助分拆系数、变量代换、逐项求导与逐项求积性质,可以将所求级数转换为上述基本求和公式中的级数.有时可以建立以和函数为未知函数的微分方程,通过解方程来得到和函数.

例 12-30 求下列幂级数的和函数 $S(x)$:

$$(1) \sum_{n=1}^{\infty} \frac{n}{n+1} x^n; \qquad\qquad (2) \sum_{n=1}^{\infty} n(2n+1) x^n;$$

$$(3) \sum_{n=0}^{\infty} \frac{n+1}{2^n \cdot n!} x^n; \qquad\qquad (4) \sum_{n=0}^{\infty} (-1)^n \frac{n+1}{(2n+1)!} x^{2n+1}.$$

解 (1) 首先可以确定出收敛域为 $(-1, 1)$. 为了套用基本求和公式,考虑分拆系数: $\frac{n}{n+1} = 1 - \frac{1}{n+1}$, 便将所给幂级数化为两个简单一些的幂级数之和.

$$S(x) = \sum_{n=1}^{\infty} \left(1 - \frac{1}{n+1}\right) x^n = \sum_{n=1}^{\infty} x^n - \frac{1}{x} \sum_{n=1}^{\infty} \frac{x^{n+1}}{n+1} \quad (x \neq 0)$$

$$= \left(\frac{1}{1-x} - 1\right) - \frac{1}{x} (-\ln(1-x) - x) = \frac{1}{1-x} + \frac{\ln(1-x)}{x}, \quad 0 < |x| < 1.$$

容易看出 $S(0) = 0$,故和函数为

$$S(x) = \begin{cases} \dfrac{1}{1-x} + \dfrac{\ln(1-x)}{x}, & 0 < |x| < 1, \\ 0, & x = 0. \end{cases}$$

注 求和时要注意级数的起始项. 由于 $\sum\limits_{n=0}^{\infty} x^n = \dfrac{1}{1-x}$ 中的 n 是从 0 开始的,故 $\sum\limits_{n=1}^{\infty} x^n = \dfrac{1}{1-x} - 1$, $|x| < 1$. 同理 $\sum\limits_{n=1}^{\infty} \dfrac{x^{n+1}}{n+1} = \sum\limits_{n=2}^{\infty} \dfrac{x^n}{n} = -\ln(1-x) - x$, $-1 \leqslant x < 1$.

(2) 首先可以确定出收敛域为 $(-1, 1)$. 为方便套用逐项求导公式,将系数分拆为 $n(2n+1) = 2(n+1)n - n$,于是

$$S(x) = \sum_{n=1}^{\infty} (2n(n+1) - n) x^n = 2x \sum_{n=1}^{\infty} (n+1) n x^{n-1} - \sum_{n=1}^{\infty} n x^n$$

$$= 2x \left(\sum_{n=1}^{\infty} x^{n+1} \right)'' - \frac{x}{(1-x)^2} = \frac{3x+x^2}{(1-x)^3}, \quad |x|<1.$$

（3）收敛域为$(-\infty,+\infty)$. 分为两项之后将系数缩并处理：

$$S(x) = \sum_{n=1}^{\infty} \frac{n}{2^n \cdot n!} x^n + \sum_{n=0}^{\infty} \frac{1}{2^n \cdot n!} x^n = \frac{x}{2} \sum_{n=1}^{\infty} \frac{1}{(n-1)!} \left(\frac{x}{2} \right)^{n-1} + \sum_{n=0}^{\infty} \frac{1}{n!} \left(\frac{x}{2} \right)^n$$

$$= \frac{x}{2} e^{\frac{x}{2}} + e^{\frac{x}{2}} = e^{\frac{x}{2}} \left(1 + \frac{x}{2} \right), \quad -\infty < x < +\infty.$$

（4）收敛域为$(-\infty,+\infty)$. 套用逐项求导公式处理：

$$S(x) = \frac{1}{2} \sum_{n=0}^{\infty} (-1)^n \frac{2n+2}{(2n+1)!} x^{2n+1} = \frac{1}{2} \left(\sum_{n=0}^{\infty} (-1)^n \frac{1}{(2n+1)!} x^{2n+2} \right)'$$

$$= \frac{1}{2} (x \sin x)' = \frac{1}{2} (\sin x + x \cos x), \quad -\infty < x < +\infty.$$

例 12-31 求级数 $\sum_{n=0}^{\infty} \frac{x^{2n}}{(2n)!}$ 的和函数.

解 方法一（线性运算） 利用

$$\sum_{n=0}^{\infty} \frac{x^n}{n!} = e^x, \ |x|<+\infty, \quad \sum_{n=0}^{\infty} \frac{(-1)^n x^n}{n!} = e^{-x}, \quad |x|<+\infty,$$

两式相加除以 2 得 $\quad \sum_{n=0}^{\infty} \frac{x^{2n}}{(2n)!} = \frac{e^x + e^{-x}}{2}, \quad |x|<+\infty.$

方法二（微分方程） 易求级数的收敛域为$(-\infty,+\infty)$，设和函数为$S(x)$，则

$$S(x) = \sum_{n=0}^{\infty} \frac{x^{2n}}{(2n)!}, \quad S'(x) = \sum_{n=1}^{\infty} \frac{x^{2n-1}}{(2n-1)!},$$

所以 $S'(x)+S(x) = \sum_{n=0}^{\infty} \frac{x^n}{n!} = e^x$，又$S(0)=1$，解一阶微分方程可得$S(x) = \frac{e^x + e^{-x}}{2}$，$|x| < +\infty.$

注 方法二中和函数再求导有 $S''(x) = \sum_{n=1}^{\infty} \frac{x^{2n-2}}{(2n-2)!}$，也可建立二阶微分方程 $S''(x)=S(x), S(0)=1, S'(0)=0$，同样可求得和函数.

【题型 12-11】 利用幂级数求数项级数的和

应对 将数项级数 $\sum b_n$ 看作某个幂级数 $\sum a_n x^n$ 在收敛域内某点 $x=x_0$ 时的结果，求出该幂级数的和函数，进而得到数项级数的和.

例 12-32 求下列数项级数的和：

（1）$\sum_{n=0}^{\infty} \frac{1}{n+1} \left(\frac{\sqrt{2}}{2} \right)^{n+1}$;

（2）$\sum_{n=0}^{\infty} \frac{1}{(4n+1)(4n+3)}$;

（3）$\sum_{n=1}^{\infty} \frac{2n-1}{2^n}$;

（4）$\sum_{n=1}^{\infty} \frac{(-1)^{n-1} n}{(2n-1)!}.$

解 （1）因为 $S(x) = \sum_{n=0}^{\infty} \frac{1}{n+1} x^{n+1} = \sum_{n=1}^{\infty} \frac{1}{n} x^n = -\ln(1-x)$，$-1 \leqslant x < 1$，故

数项级数的和为 $S\left(\frac{\sqrt{2}}{2} \right) = -\ln\left(1 - \frac{\sqrt{2}}{2} \right),$

(2) $S = \dfrac{1}{2} \displaystyle\sum_{n=0}^{\infty} \left(\dfrac{1}{4n+1} - \dfrac{1}{4n+3} \right) = \dfrac{1}{2} \left(1 - \dfrac{1}{3} + \dfrac{1}{5} - \dfrac{1}{7} + \dfrac{1}{9} - \cdots \right)$,

因为 $S(x) = \dfrac{1}{2} \displaystyle\sum_{n=0}^{\infty} \dfrac{(-1)^n}{2n+1} x^{2n+1} = \dfrac{1}{2} \arctan x, -1 \leqslant x \leqslant 1$, 所以 $S = S(1) = \dfrac{\pi}{8}$.

(3) 记 $S(x) = \displaystyle\sum_{n=1}^{\infty} (2n-1) x^{2n-2}$, 则

$$S(x) = \left(\sum_{n=1}^{\infty} x^{2n-1} \right)' = \left(\dfrac{x}{1-x^2} \right)' = \dfrac{1+x^2}{(1-x^2)^2}, \quad -1 < x < 1.$$

故 $\qquad S\left(\dfrac{1}{\sqrt{2}} \right) = \displaystyle\sum_{n=1}^{\infty} (2n-1) \dfrac{1}{2^{n-1}}, \quad \displaystyle\sum_{n=1}^{\infty} \dfrac{2n-1}{2^n} = \dfrac{1}{2} S\left(\dfrac{1}{\sqrt{2}} \right) = 3.$

(4) 因为 $\displaystyle\sum_{n=1}^{\infty} \dfrac{(-1)^{n-1} n}{(2n-1)!} = \dfrac{1}{2} \displaystyle\sum_{n=1}^{\infty} \dfrac{(-1)^{n-1} \left[(2n-1)+1 \right]}{(2n-1)!}$

$$= \dfrac{1}{2} \left\{ \sum_{n=1}^{\infty} \dfrac{(-1)^{n-1}}{(2n-2)!} + \sum_{n=1}^{\infty} \dfrac{(-1)^{n-1}}{(2n-1)!} \right\},$$

而 $\qquad \displaystyle\sum_{n=1}^{\infty} \dfrac{(-1)^{n-1}}{(2n-2)!} = \displaystyle\sum_{n=0}^{\infty} \dfrac{(-1)^n}{(2n)!} = \displaystyle\sum_{n=0}^{\infty} \dfrac{(-1)^n x^{2n}}{(2n)!} \bigg|_{x=1} = \cos 1,$

$$\sum_{n=1}^{\infty} \dfrac{(-1)^{n-1}}{(2n-1)!} = \sum_{n=1}^{\infty} \dfrac{(-1)^{n-1} x^{2n-1}}{(2n-1)!} \bigg|_{x=1} = \sin 1,$$

所以 $\qquad\qquad\qquad\qquad S = \dfrac{1}{2} (\cos 1 + \sin 1).$

例 12-33 设银行存款的年利率为 $r = 0.05$, 并依年复利计算. 某基金会希望通过存款 A 万元实现第一年提取 19 万元, 第二年提取 28 万元, $\cdots$, 第 n 年提取 $(10 + 9n)$ 万元, 并能按此规律一直提取下去, 问 A 至少应为多少万元?

解 若第一年末提取 p_1 万元, 则应存入的金额为 $A_1 = p_1 \cdot \dfrac{1}{1+r}$ 万元; 第二年末提取 p_2 万元, 则应存入的金额为 $A_2 = p_2 \cdot \dfrac{1}{(1+r)^2}$ 万元; $\cdots$; 第 n 年末提取 p_n 万元, 则应存入的金额为 $A_n = p_n \cdot \dfrac{1}{(1+r)^n}$ 万元; 因此, $A = \displaystyle\sum_{n=1}^{\infty} A_n = \displaystyle\sum_{n=1}^{\infty} \dfrac{p_n}{(1+r)^n}.$

按上述分析可得, $A = \displaystyle\sum_{n=1}^{\infty} A_n = \displaystyle\sum_{n=1}^{\infty} \dfrac{10+9n}{(1+r)^n} = 10 \displaystyle\sum_{n=1}^{\infty} \dfrac{1}{(1+r)^n} + 9 \displaystyle\sum_{n=1}^{\infty} \dfrac{n}{(1+r)^n},$

级数 $\displaystyle\sum_{n=1}^{\infty} \dfrac{1}{(1+r)^n}$ 是等比级数, 和为 $\dfrac{\dfrac{1}{1.05}}{1 - \dfrac{1}{1.05}} = \dfrac{1}{0.05} = 20.$

为求级数 $\displaystyle\sum_{n=1}^{\infty} \dfrac{n}{(1+r)^n}$ 的和, 设 $S(x) = \displaystyle\sum_{n=1}^{\infty} n x^n, x \in (-1, 1)$, 因为

$$S(x) = x \left(\sum_{n=1}^{\infty} x^n \right)' = x \left(\dfrac{1}{1-x} - 1 \right)' = \dfrac{x}{(1-x)^2}, \quad x \in (-1, 1),$$

所以 $S\left(\dfrac{1}{1+r} \right) = S\left(\dfrac{1}{1.05} \right) = 420$, 故 $A = 10 \times 20 + 9 \times 420 = 3980$, 即至少应存入 3980

万元.

注 本题是一个很好的数学模型. 它可以应用于教育基金、养老基金等多方面.

【题型 12-12】 将区间 $[-\pi,\pi]$ 上的函数展开为傅里叶级数

应对 利用以下公式计算（注意奇偶函数的积分特点）傅里叶系数

$$a_n = \frac{1}{\pi}\int_{-\pi}^{\pi} f(x)\cos nx\,\mathrm{d}x,\ n=0,1,2,\cdots,\quad b_n = \frac{1}{\pi}\int_{-\pi}^{\pi} f(x)\sin nx\,\mathrm{d}x,\quad n=1,2,\cdots,$$

写出傅里叶级数 $\dfrac{a_0}{2} + \displaystyle\sum_1^{\infty}(a_n\cos nx + b_n\sin nx)$，再由收敛定理给出和函数.

在计算系数时，注意利用以下结论简化计算：

(1) $\cos n\pi = (-1)^n, \sin n\pi = 0\quad$（$n$ 为整数）；

(2) $\cos\dfrac{n\pi}{2} = \begin{cases} 0, & n=2k+1 \\ (-1)^k, & n=2k \end{cases}, \sin\dfrac{n\pi}{2} = \begin{cases} 0, & n=2k \\ (-1)^k, & n=2k+1 \end{cases}$；

(3) 若 $f(x)$ 是以 T 为周期的连续函数，则 $\displaystyle\int_0^T f(x)\mathrm{d}x = \int_{-\frac{T}{2}}^{\frac{T}{2}} f(x)\mathrm{d}x.$

例 12-34 设 $f(x) = \begin{cases} x, & -\pi \leqslant x < 0, \\ 1, & x=0, \\ 2x, & 0 < x \leqslant \pi, \end{cases}$ 在 $[-\pi,\pi]$ 上展开 $f(x)$ 为傅里叶级数.

解 应用系数公式得

$$a_0 = \frac{1}{\pi}\int_{-\pi}^{0} x\,\mathrm{d}x + \frac{1}{\pi}\int_0^{\pi} 2x\,\mathrm{d}x = \frac{\pi}{2};$$

$$a_n = \frac{1}{\pi}\int_{-\pi}^{0} x\cos nx\,\mathrm{d}x + \frac{1}{\pi}\int_0^{\pi} 2x\cos nx\,\mathrm{d}x = \frac{1}{n\pi}\int_{-\pi}^{0} x\,\mathrm{d}(\sin nx) + \frac{1}{n\pi}\int_0^{\pi} 2x\,\mathrm{d}(\sin nx)$$

$$= \frac{1}{n\pi}\left[x\sin nx\,\Big|_{-\pi}^{0} - \int_{-\pi}^{0}\sin nx\,\mathrm{d}x + 2x\sin nx\,\Big|_0^{\pi} - 2\int_0^{\pi}\sin nx\,\mathrm{d}x \right]$$

$$= \frac{1}{n^2\pi}(\cos n\pi - 1) = \frac{1}{n^2\pi}[(-1)^n - 1]\ (n=1,2,\cdots);$$

$$b_n = \frac{1}{\pi}\int_{-\pi}^{0} x\sin nx\,\mathrm{d}x + \frac{1}{\pi}\int_0^{\pi} 2x\sin nx\,\mathrm{d}x = -\frac{1}{n\pi}\int_{-\pi}^{0} x\,\mathrm{d}(\cos nx) - \frac{1}{n\pi}\int_0^{\pi} 2x\,\mathrm{d}(\cos nx)$$

$$= \frac{1}{n\pi}\left[x\cos nx\,\Big|_{-\pi}^{0} - \int_{-\pi}^{0}\cos nx\,\mathrm{d}x + 2x\cos nx\,\Big|_0^{\pi} - 2\int_0^{\pi}\cos nx\,\mathrm{d}x \right]$$

$$= \frac{3}{n}(-1)^{n+1}\ (n=1,2,\cdots),$$

故 $f(x)$ 的傅里叶级数为 $\dfrac{\pi}{4} + \displaystyle\sum_{n=1}^{\infty}\left[\frac{(-1)^n - 1}{n^2\pi}\cos nx + \frac{3(-1)^{n+1}}{n}\sin nx \right].$

该级数处处收敛，其和函数 $S(x)$ 以 2π 为周期. 依据收敛定理，从函数 $f(x)$ 的图形（见图 12-1）中可以推出 $S(x)$ 在 $[-\pi,\pi]$ 上的形式为

$$S(x) = \begin{cases} x, & -\pi < x < 0, \\ 2x, & 0 < x < \pi, \\ 0, & x=0, \\ \dfrac{\pi}{2}, & x = \pm\pi. \end{cases}$$

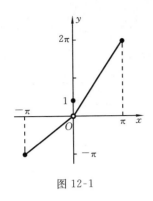

图 12-1

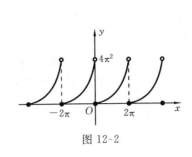

图 12-2

例 12-35 设 $f(x)$ 是以 2π 为周期的函数. 在区间 $[0,2\pi)$ 上 $f(x)=x^2$, 将其展开成傅里叶级数, 并求级数 $\displaystyle\sum_{n=1}^{\infty}\frac{1}{n^2}$ 的和.

解 因为 $f(x)$ 以 2π 为周期, 故系数公式中被积函数以 2π 为周期, 从而有

$$a_n=\frac{1}{\pi}\int_0^{2\pi}f(x)\cos nx\,\mathrm{d}x\ (n=0,1,2,\cdots),\quad b_n=\frac{1}{\pi}\int_0^{2\pi}f(x)\sin nx\,\mathrm{d}x\quad(n=1,2,\cdots),$$

故

$$a_0=\frac{1}{\pi}\int_0^{2\pi}x^2\,\mathrm{d}x=\frac{8\pi^2}{3},$$

$$a_n=\frac{1}{\pi}\int_0^{2\pi}x^2\cos nx\,\mathrm{d}x=-\frac{2}{n\pi}\int_0^{2\pi}x\sin nx\,\mathrm{d}x=\frac{2}{n^2\pi}x\cos nx\,\Big|_0^{2\pi}-\frac{2}{n^2\pi}\int_0^{2\pi}\cos nx\,\mathrm{d}x=\frac{4}{n^2},$$

$$b_n=\frac{1}{\pi}\int_0^{2\pi}x^2\sin nx\,\mathrm{d}x=\frac{-1}{n\pi}x^2\cos nx\,\Big|_0^{2\pi}+\frac{2}{n\pi}\int_0^{2\pi}x\cos nx\,\mathrm{d}x=-\frac{4\pi}{n}.$$

因此, $f(x)$ 的傅里叶级数为 $\dfrac{4\pi^2}{3}+4\displaystyle\sum_{n=1}^{\infty}\frac{\cos nx}{n^2}-4\pi\sum_{n=1}^{\infty}\frac{\sin nx}{n}$, 根据函数 $f(x)$ 的图形(见图 12-2) 可以推出和函数 $S(x)$ 在 $[-\pi,\pi]$ 上的形式为

$$S(x)=\begin{cases}f(x),&x\in[-\pi,0)\bigcup(0,\pi],\\2\pi^2,&x=0.\end{cases}$$

在该级数中令 $x=0$, 有

$$\frac{4\pi^2}{3}+4\sum_{n=1}^{\infty}\frac{1}{n^2}=S(0)=2\pi^2,$$

故 $\displaystyle\sum_{n=1}^{\infty}\frac{1}{n^2}=\frac{\pi^2}{6}$.

【题型 12-13】 将区间 $[0,\pi]$ 上的函数展开为正弦(或余弦)级数

应对 若 $f(x)$ 是 $[-\pi,\pi]$ 上的奇函数, 则 $f(x)\cos nx$ 与 $f(x)\sin nx\ (n\geqslant 0)$ 在 $[-\pi,\pi]$ 上分别是奇函数和偶函数, 于是

$$a_n=0\ (n=0,1,2,\cdots),$$

$$b_n=\frac{2}{\pi}\int_0^{\pi}f(x)\sin nx\,\mathrm{d}x\ (n=1,2,\cdots),$$

得到的傅里叶级数中就只有正弦函数, 称为正弦级数. 类似地, 若 $f(x)$ 是 $[-\pi,\pi]$ 上的偶函数, 则

$$a_n = \frac{2}{\pi} \int_0^\pi f(x) \cos nx \, \mathrm{d}x \ (n = 0,1,2,\cdots), \quad b_n = 0 \ (n = 1,2,\cdots),$$

得到的傅里叶级数中就只有余弦函数,称为余弦级数.

若函数 $f(x)$ 仅在区间 $[0,\pi]$ 上有定义,而要将它展成正弦(或余弦)级数,则先将 $f(x)$ 延拓为区间 $[-\pi,\pi]$ 上的奇(或偶)函数,再由上述公式求系数,写出正弦(或余弦)级数,并由收敛定理给出和函数即可.

例 12-36 将 $f(x) = \sin \dfrac{x}{2}, x \in [0,\pi]$ 展开为余弦级数.

解 将 $f(x)$ 作偶延拓,令 $g(x) = \begin{cases} \sin \dfrac{x}{2}, & 0 \leqslant x \leqslant \pi, \\ -\sin \dfrac{x}{2}, & -\pi \leqslant x < 0. \end{cases}$

在 $[-\pi,\pi]$ 上展开 $g(x)$,有 $b_n = 0 \ (n = 1,2,3,\cdots)$,

$$a_0 = \frac{2}{\pi} \int_0^\pi \sin \frac{x}{2} \mathrm{d}x = \frac{4}{\pi},$$

$$a_n = \frac{2}{\pi} \int_0^\pi \sin \frac{x}{2} \cos nx \, \mathrm{d}x = \frac{1}{\pi} \int_0^\pi \left[\sin\left(n + \frac{1}{2}\right)x - \sin\left(n - \frac{1}{2}\right)x \right] \mathrm{d}x$$

$$= \frac{1}{\pi} \left(\frac{1}{n+1/2} - \frac{1}{n-1/2} \right) = \frac{-4}{\pi} \frac{1}{4n^2 - 1},$$

又因 $(g(-\pi+0) + g(\pi-0))/2 = 1 = g(\pm\pi)$,故

$$g(x) = \frac{2}{\pi} - \frac{4}{\pi} \sum_{n=1}^{\infty} \frac{1}{4n^2 - 1} \cos nx, \quad x \in [-\pi,\pi],$$

从而 $$\sin \frac{x}{2} = \frac{2}{\pi} - \frac{4}{\pi} \sum_{n=1}^{\infty} \frac{1}{4n^2 - 1} \cos nx, \quad x \in [0,\pi],$$

其中余弦级数的和函数图形如图 12-3 所示.

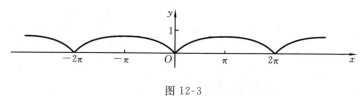

图 12-3

例 12-37 将 $f(x) = \dfrac{\pi - x}{2}, x \in [0,\pi]$ 展成正弦级数,并求级数 $\displaystyle\sum_{n=1}^{\infty} \frac{(-1)^{n-1}}{2n-1}$ 的和.

解 将 $f(x)$ 作奇延拓,并作图(见图 12-4).由图 12-4 易看出,$f(x)$ 在 $(0,\pi]$ 上连续,在 $x = 0$ 处间断.因此,$f(x)$ 的傅里叶级数在 $(0,\pi]$ 上收敛于 $f(x)$,在 $x = 0$ 处收敛于 0.因

$$a_n = 0 \ (n = 0,1,2,\cdots), \quad b_n = \frac{2}{\pi} \int_0^\pi \frac{\pi - x}{2} \sin nx \, \mathrm{d}x = \frac{1}{n} \ (n = 1,2,\cdots),$$

故 $f(x) = \displaystyle\sum_{n=1}^{\infty} \frac{1}{n} \sin nx, \quad x \in (0,\pi]$,其中正弦级数的和函数图形如图 12-4 所示.

令 $x = \dfrac{\pi}{2}$,得 $$\sum_{n=1}^{\infty} \frac{(-1)^{n-1}}{2n-1} = \frac{\pi}{4}.$$

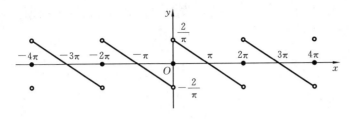

图 12-4

例 12-38 证明 $\sum\limits_{n=1}^{\infty}\dfrac{\cos 2nx}{4n^2-1}=\dfrac{1}{2}-\dfrac{\pi}{4}\sin x,\quad x\in[0,\pi].$

证 将 $f(x)=\sin x,\quad x\in[0,\pi]$ 展成余弦级数,于是有

$$b_n=0\ (n=1,2,\cdots),\quad a_0=\dfrac{2}{\pi}\int_0^{\pi}\sin x\mathrm{d}x=\dfrac{4}{\pi},\quad a_1=\dfrac{2}{\pi}\int_0^{\pi}\sin x\cos x\mathrm{d}x=0,$$

$$a_n=\dfrac{2}{\pi}\int_0^{\pi}\sin x\cos nx\,\mathrm{d}x=\dfrac{1}{\pi}\int_0^{\pi}[\sin(n+1)x-\sin(n-1)x]\mathrm{d}x$$

$$=\dfrac{1}{(n+1)\pi}[1-\cos(n+1)\pi]-\dfrac{1}{(n-1)\pi}[1-\cos(n-1)\pi]$$

$$=\begin{cases}0, & n=2k-1\ (k=1,2,\cdots),\\ -\dfrac{4}{(n^2-1)\pi}, & n=2k\ (k=1,2,\cdots).\end{cases}$$

又 $f(x)$ 在 $[0,\pi]$ 上处处连续,因此

$$\sin x=\dfrac{2}{\pi}-\dfrac{4}{\pi}\sum_{n=1}^{\infty}\dfrac{1}{4n^2-1}\cos 2nx,\quad x\in[0,\pi].$$

从而结论成立.

【题型 12-14】 将区间 $[-l,l]$ 上的函数展开为傅里叶级数以及将区间 $[0,l]$ 上的函数展开为正弦(或余弦)级数

应对 这是一般区间上的傅里叶展开问题,方法类似于前面两个题型. 相应的公式为

$$a_n=\dfrac{1}{l}\int_{-l}^{l}f(x)\cos\dfrac{n\pi x}{l}\mathrm{d}x\ (n=0,1,2,\cdots),\quad b_n=\dfrac{1}{l}\int_{-l}^{l}f(x)\sin\dfrac{n\pi x}{l}\mathrm{d}x\ (n=1,2,\cdots),$$

其傅里叶级数为 $\dfrac{a_0}{2}+\sum\limits_{1}^{\infty}\left(a_n\cos\dfrac{n\pi x}{l}+b_n\sin\dfrac{n\pi x}{l}\right)$,该级数处处收敛,依据收敛定理,其和函数 $S(x)$ 以 $2l$ 为周期.

例 12-39 将函数 $f(x)=2+|x|\ (-1\leqslant x\leqslant 1)$ 展开以 2 为周期的傅里叶级数,并由此求级数 $\sum\limits_{n=1}^{\infty}\dfrac{1}{n^2}$ 的和.

解 依题意可知,$2l=2,l=1$. 因 $f(x)=2+|x|$ 为区间 $[-1,1]$ 上的偶函数,故,

$$b_n=0\ (n=1,2,\cdots),\quad a_0=\dfrac{2}{l}\int_0^{l}f(x)\mathrm{d}x=2\int_0^{1}(2+x)\mathrm{d}x=5,$$

$$a_n=\dfrac{2}{l}\int_0^{l}f(x)\cos\dfrac{n\pi x}{l}\mathrm{d}x=2\int_0^{1}(2+x)\cos n\pi x\mathrm{d}x=\dfrac{4}{n\pi}\sin n\pi x\Big|_0^1+2\int_0^1 x\cos n\pi x\mathrm{d}x$$

$$=\dfrac{2}{n^2\pi^2}[(-1)^n-1]\ (n=1,2,\cdots).$$

由于 $f(x)$ 在区间 $[-1,1]$ 上满足收敛定理条件,且没有间断点,因此在区间 $[-1,1]$ 上有展开式:

$$2+|x| = \frac{5}{2} + \sum_{n=1}^{\infty} \frac{2[(-1)^n - 1]}{n^2\pi^2}\cos n\pi x = \frac{5}{2} - \frac{4}{\pi^2}\sum_{k=1}^{\infty} \frac{1}{(2k-1)^2}\cos(2k-1)\pi x.$$

特别地,在 $x=0$ 处,$2 = \frac{5}{2} - \frac{4}{\pi^2}\sum_{k=1}^{\infty}\frac{1}{(2k-1)^2}$,故 $\sum_{k=1}^{\infty}\frac{1}{(2k-1)^2} = \frac{\pi^2}{8}$.

又因 $\sum_{n=1}^{\infty}\frac{1}{n^2} = \sum_{n=1}^{\infty}\frac{1}{(2n-1)^2} + \sum_{n=1}^{\infty}\frac{1}{(2n)^2} = \sum_{n=1}^{\infty}\frac{1}{(2n-1)^2} + \frac{1}{4}\sum_{n=1}^{\infty}\frac{1}{n^2}$,

所以
$$\sum_{n=1}^{\infty}\frac{1}{n^2} = \frac{4}{3}\sum_{n=1}^{\infty}\frac{1}{(2n-1)^2} = \frac{\pi^2}{6}.$$

例 12-40 设 $f(x) = x - 1 \ (0 \leqslant x \leqslant 2)$,将 $f(x)$ 展开周期为 4 的正弦级数,并讨论其敛散性.

解 依题意可知,$2l = 4, l = 2$. 对 $f(x)$ 作奇延拓,并作图(见图 12-5). 由图 12-5 易看出,$f(x)$ 在 $(0,2)$ 内处处连续,因此,$f(x)$ 的傅里叶级数在 $(0,2)$ 内处处收敛于 $f(x)$,在 $x=0$ 及 $x=2$ 处收敛于 0. 因

$$a_n = 0 \ (n = 0,1,2,\cdots),$$

$$b_n = \frac{2}{2}\int_0^2 (x-1)\sin\frac{n\pi x}{2}\mathrm{d}x = -\frac{2}{n\pi}(x-1)\cos\frac{n\pi x}{2}\Big|_0^2 + \frac{2}{n\pi}\int_0^2 \cos\frac{n\pi x}{2}\mathrm{d}x$$

$$= \frac{-2}{n\pi}[1+(-1)^n] = \begin{cases} 0, & n = 2k+1 \ (k=0,1,2,\cdots), \\ -\dfrac{2}{k\pi}, & n = 2k \ (k=1,2,\cdots). \end{cases}$$

所以得其展开式为 $f(x) = -\sum_{n=1}^{\infty}\frac{2}{n\pi}\sin n\pi x, \ x \in (0,2)$. 正弦级数的和函数图形如图 12-5 所示.

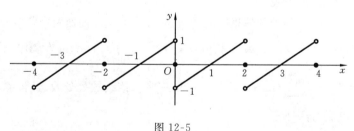

图 12-5

【题型 12-15】 求 $f(x)$ 的傅里叶级数的和函数

应对 先考察函数 $f(x)$ 满足狄利克雷收敛定理的条件,以及在该点处是否连续(可通过画出 $f(x)$ 的图形考察),然后根据不同情况,使用不同的算式求值:

$$S(x) = \begin{cases} f(x), & x \text{ 是 } f(x) \text{ 的连续点}, \\ \dfrac{f(x-0)+f(x+0)}{2}, & x \text{ 是 } f(x) \text{ 的间断点}, \\ \dfrac{f(\pi-0)+f(-\pi+0)}{2}, & x \text{ 是端点}. \end{cases}$$

这时不必求傅里叶系数.

例 12-41 设 $f(x) = \begin{cases} 1, & -\pi < x \leqslant 0, \\ 2+x^2, & 0 < x \leqslant \pi, \end{cases}$ 则其展开的以 2π 为周期的傅里叶级

数(1) 在点 $x = \pi$ 收敛于 _____;(2) 在点 $x = 0$ 收敛于 _____;(3) 在点 $x = 1$ 收敛于

_____.

解 作出 $f(x)$ 的图形(见图 12-6).由图 12-6 易看出,$f(x)$ 满足收敛定理的条件,于是

(1) $x = \pi$ 是区间的端点,从而级数收敛于 $\dfrac{1}{2}[f(\pi-0)+f(-\pi+0)] = \dfrac{3}{2}+\dfrac{\pi^2}{2}$;

(2) $x = 0$ 是 $f(x)$ 的间断点,从而级数收敛于 $\dfrac{1}{2}[f(0-0)+f(0+0)] = \dfrac{3}{2}$;

(3) $x = 1$ 是 $f(x)$ 的连续点,从而级数收敛于 $f(1) = 3$.

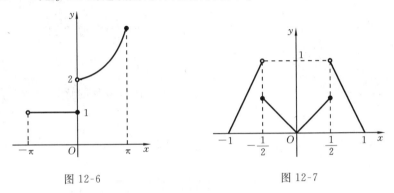

图 12-6　　　　　　图 12-7

例 12-42 设 $f(x) = \begin{cases} x, & 0 \leqslant x \leqslant 1/2, \\ 2-2x, & 1/2 < x \leqslant 1, \end{cases}$ $S(x) = \dfrac{a_0}{2}+\sum_{1}^{\infty} a_n\cos n\pi x,\ a_n =$

$2\int_0^1 f(x)\cos n\pi x \mathrm{d}x$,求 $S(-5/2)$.

解 由题设中的公式知,这是将区间 $[0,1]$ 上定义的函数 $f(x)$ 延拓为 $[-1,1]$ 上的偶函数 $g(x)$(其图形见图 12-7)之后,并展开为余弦级数.$S(x)$ 为该余弦级数的和函数.因 $S(x)$ 是以 2 为周期的偶函数,有 $S\left(-\dfrac{5}{2}\right) = S\left(-\dfrac{1}{2}\right) = S\left(\dfrac{1}{2}\right) = \dfrac{3}{4}$.

注 一定要根据对称区间上的被展开函数的图形、和函数的周期性等,来确定和函数在具体点的值.

12.4 知识扩展

微分方程的幂级数求解方法
若一个微分方程的解函数可以用幂级数来表示,就可以用幂级数方法来求解微分方程.

例 12-43 求解方程 $(1-x^2)y'' + 2y = 0$,其中 $y(0) = 0, y'(0) = 1$.

解 设 $y = \sum_{n=0}^{\infty} a_n x^n$,则初始条件对应 $a_0 = 0, a_1 = 1$,将幂级数逐项求导 $y'' =$

$\sum\limits_{n=2}^{\infty}n(n-1)a_nx^{n-2}$,代入方程得

$$(1-x^2)\sum_{n=2}^{\infty}n(n-1)a_nx^{n-2}+2\sum_{n=0}^{\infty}a_nx^n=0,$$

即 $$\sum_{n=2}^{\infty}n(n-1)a_nx^{n-2}-\sum_{n=2}^{\infty}n(n-1)a_nx^n+2\sum_{n=0}^{\infty}a_nx^n=0,$$

亦即 $$\sum_{n=0}^{\infty}(n+2)(n+1)a_{n+2}x^n-\sum_{n=0}^{\infty}n(n-1)a_nx^n+2\sum_{n=0}^{\infty}a_nx^n=0,$$

或 $$\sum_{n=0}^{\infty}\{(n+2)(n+1)a_{n+2}-n(n-1)a_n+2a_n\}x^n=0,$$

所以 $(n+2)(n+1)a_{n+2}-n(n-1)a_n+2a_n=0$, 即 $a_{n+2}=\dfrac{n-2}{n+2}a_n$.

由 $a_0=0,a_1=1$ 得 $a_2=a_4=a_6=\cdots=a_{2n}=\cdots=0$,

$$a_{2n+1}=\frac{2n-3}{2n+1}a_{2n-1}=\frac{2n-3}{2n+1}\cdot\frac{2n-5}{2n-1}\cdot\frac{2n-7}{2n-3}\cdot\cdots\cdot\frac{3}{7}\cdot\frac{1}{5}\cdot\frac{-1}{3}a_1=\frac{-1}{(2n+1)(2n-1)},$$

因此 $y=-\sum\limits_{n=0}^{\infty}\dfrac{1}{(2n-1)(2n+1)}x^{2n+1}(\,|\,x\,|<1)$ 为微分方程的解.

习 题 12

(A)

1. 选择题

(1) 若级数 $\sum\limits_{n=1}^{\infty}u_n$ 收敛于 S,则级数 $\sum\limits_{n=1}^{\infty}(u_n+u_{n+1})($).

(A) 收敛于 $2S$　(B) 收敛于 $2S+u_1$　(C) 收敛于 $2S-u_1$　(D) 发散

(2) 下列选项中正确的是( ).

(A) 若正项级数 $\sum\limits_{n=1}^{\infty}a_n$ 发散,则 $a_n>\dfrac{1}{n}$

12-A-1(2)

(B) 若 $\sum\limits_{n=1}^{\infty}a_n$ 收敛,且 $a_n\geqslant b_n$,则 $\sum\limits_{n=1}^{\infty}b_n$ 也收敛

(C) 若 $\sum\limits_{n=1}^{\infty}a_n^2$ 和 $\sum\limits_{n=1}^{\infty}b_n^2$ 都收敛,则 $\sum\limits_{n=1}^{\infty}(a_n+b_n)^2$ 收敛

(D) 若 $\sum\limits_{n=1}^{\infty}|a_nb_n|$ 收敛,则 $\sum\limits_{n=1}^{\infty}a_n^2$ 与 $\sum\limits_{n=1}^{\infty}b_n^2$ 都收敛

(3) 若 $\lim\limits_{n\to\infty}b_n=+\infty$,则 $\sum\limits_{n=1}^{+\infty}(-1)^{n-1}\left(\dfrac{1}{b_n}+\dfrac{1}{b_{n+1}}\right)($).

(A) 一定发散　(B) 敛散性不定　(C) 必收敛于 0　(D) 必收敛于 $\dfrac{1}{b_1}$

(4) 若级数 $\sum\limits_{n=1}^{\infty}a_n$ 与级数 $\sum\limits_{n=1}^{\infty}b_n$ 都发散,则以下级数一定发散的是( ).

(A) $\displaystyle\sum_{n=1}^{\infty}(a_n+b_n)$ 　(B) $\displaystyle\sum_{n=1}^{\infty}a_nb_n$ 　(C) $\displaystyle\sum_{n=1}^{\infty}(\mid a_n\mid+\mid b_n\mid)$ 　(D) $\displaystyle\sum_{n=1}^{\infty}(a_n^2+b_n^2)$

(5) 设 $\displaystyle\sum_{n=1}^{\infty}a_n$ 为正项级数,则以下结论正确的是(　　).

12-A-1(5)

(A) 若 $\lim\limits_{n\to\infty}na_n=0$,则 $\displaystyle\sum_{n=1}^{\infty}a_n$ 收敛 　　(B) 若 $\lim\limits_{n\to\infty}na_n=1$,则 $\displaystyle\sum_{n=1}^{\infty}a_n$ 发散

(C) 若 $\displaystyle\sum_{n=1}^{\infty}a_n$ 收敛,则 $\lim\limits_{n\to\infty}n^2a_n=0$ 　　(D) 若 $\displaystyle\sum_{n=1}^{\infty}a_n$ 发散,则 $\lim\limits_{n\to\infty}na_n=a\neq0$

(6) 设正项级数 $\displaystyle\sum_{n=1}^{\infty}a_n$ 发散,而 $\displaystyle\sum_{n=1}^{\infty}(-1)^{n-1}a_n$ 收敛,则(　　).

(A) $\displaystyle\sum_{n=1}^{\infty}a_{2n-1}$ 收敛, $\displaystyle\sum_{n=1}^{\infty}a_{2n}$ 发散 　　(B) $\displaystyle\sum_{n=1}^{\infty}a_{2n-1}$ 发散, $\displaystyle\sum_{n=1}^{\infty}a_{2n}$ 收敛

(C) $\displaystyle\sum_{n=1}^{\infty}(a_{2n-1}+a_{2n})$ 收敛 　　(D) $\displaystyle\sum_{n=1}^{\infty}(a_{2n-1}-a_{2n})$ 收敛

(7) 设 $p_n=\dfrac{a_n+\mid a_n\mid}{2}$, $q_n=\dfrac{a_n-\mid a_n\mid}{2}$,则以下推理正确的是(　　).

(A) 若 $\displaystyle\sum_{n=1}^{\infty}a_n$ 条件收敛,则 $\displaystyle\sum_{n=1}^{\infty}p_n$ 与 $\displaystyle\sum_{n=1}^{\infty}q_n$ 都收敛

(B) 若 $\displaystyle\sum_{n=1}^{\infty}a_n$ 绝对收敛,则 $\displaystyle\sum_{n=1}^{\infty}p_n$ 与 $\displaystyle\sum_{n=1}^{\infty}q_n$ 都收敛

(C) 当 $\displaystyle\sum_{n=1}^{\infty}a_n$ 条件收敛时, $\displaystyle\sum_{n=1}^{\infty}p_n$ 与 $\displaystyle\sum_{n=1}^{\infty}q_n$ 敛散性不定

(D) 当 $\displaystyle\sum_{n=1}^{\infty}a_n$ 绝对收敛时, $\displaystyle\sum_{n=1}^{\infty}p_n$ 与 $\displaystyle\sum_{n=1}^{\infty}q_n$ 敛散性不定

(8) 若级数 $\displaystyle\sum_{n=1}^{\infty}a_n(x-2)^n$ 在 $x=-1$ 处条件收敛,则此级数的收敛半径(　　).

(A) $R=1$ 　　(B) $R=3$ 　　(C) $R\leqslant1$ 　　(D) $R>3$

2. 填空题

(1) 已知级数 $\displaystyle\sum_{n=1}^{\infty}(-1)^{n-1}a_n=2$, $\displaystyle\sum_{n=1}^{\infty}a_{2n-1}=5$,则级数 $\displaystyle\sum_{n=1}^{\infty}a_n=$ ＿＿＿＿；

(2) 若级数 $\displaystyle\sum_{n=1}^{\infty}\dfrac{(-1)^{n-1}+a}{n}$ 收敛,则 $a=$ ＿＿＿＿；

(3) 设 $\{a_n\}$ 是公差不为 0 的等差数列,则幂级数 $\displaystyle\sum_{n=1}^{\infty}a_nx^n$ 的收敛半径为＿＿＿＿；

(4) 级数 $\displaystyle\sum_{n=1}^{\infty}a_nx^n$ 的收敛半径为 1 ,则 $\displaystyle\sum_{n=1}^{\infty}na_n(x-1)^n$ 的收敛区间为＿＿＿＿；

(5) $f(x)=\begin{cases}2,-1<x<0,\\x^3,0<x\leqslant1\end{cases}$ 在区间 $[-1,1]$ 上的傅里叶级数在点 $x=1$ 处收敛

＿＿＿＿；

(6) 设 $f(x)=x^2$, $0<x<1$,而 $S(x)=\displaystyle\sum_{n=1}^{\infty}b_n\sin n\pi x$, $b_n=2\displaystyle\int_0^1 f(x)\sin n\pi x\mathrm{d}x$,则

$S(-1/2)$ _____.

3. 求下列级数的部分和与和:

(1) $\displaystyle\sum_{n=1}^{\infty}\frac{1}{(3n-1)(3n+2)}$;　　　　　　(2) $\displaystyle\frac{1}{2!}+\frac{2}{3!}+\cdots+\frac{n}{(n+1)!}+\cdots$;

(3) $\displaystyle\sum_{n=1}^{\infty}\frac{1}{n(n+1)(n+2)}$;　　　　　　(4) $\displaystyle\sum_{n=1}^{\infty}\arctan\frac{1}{2n^2}$.

4. 判别下列级数的敛散:

(1) $\displaystyle\sum_{n=2}^{\infty}n\tan\frac{\pi}{2^n}$;　　(2) $\displaystyle\sum_{n=1}^{\infty}n^a\sin\frac{\pi}{2\sqrt{n}}$;　　　　(3) $\displaystyle\sum_{n=1}^{\infty}\frac{(n!)^2}{(2n)!}$;

(4) $\displaystyle\sum_{n=1}^{\infty}\frac{n^2}{\left(2+\frac{1}{n}\right)^n}$;　(5) $\displaystyle\sum_{n=1}^{\infty}\int_0^{1/n}\frac{x^a}{\sqrt{1+x^2}}\,\mathrm{d}x\ (\alpha>0)$;　(6) $\displaystyle\sum_{n=1}^{\infty}\frac{1}{n}\int_0^{\pi/4}\tan^n x\,\mathrm{d}x$.

5. 利用泰勒公式对通项分离无穷小,进而判别下列级数的敛散:

(1) $\displaystyle\sum_{n=1}^{\infty}\left[n(\sqrt[n]{e}-1)-1\right]$;　　　　　(2) $\displaystyle\sum_{n=1}^{\infty}\left[n\left(1-\cos\frac{1}{n}\right)-\frac{1}{2n}\right]$.

6. 求下列幂级数的和函数:

12-A-5(2)

(1) $\displaystyle\sum_{n=1}^{\infty}(-1)^{n-1}n^2 x^n$; (2) $\displaystyle\sum_{n=1}^{\infty}\frac{1}{n^2+n}x^n$; (3) $\displaystyle\sum_{n=1}^{\infty}\frac{(-1)^{n-1}}{4n^2-1}x^{2n-1}$; (4) $\displaystyle\sum_{n=0}^{\infty}\frac{x^{3n}}{(3n)!}$.

7. 将下列函数展开为 x 的幂级数:

(1) $\sin^2 x$;　　　　　　　(2) $\ln(1-x-2x^2)$;　　　　　(3) $\dfrac{1}{1-x+x^2}$;

(4) $\ln(x+\sqrt{1+x^2})$;　　(5) $\arctan\dfrac{1+x}{1-x}$;　　　　(6) $\displaystyle\int_0^x \mathrm{e}^{-t^2}\,\mathrm{d}t$.

8. 将下列函数在指定点展开为幂级数:

(1) $f(x)=\dfrac{1}{x^2+4x+3}$, $\quad x_0=1$;　　　　(2) $f(x)=\dfrac{1}{x^2+2x+1}$, $\quad x_0=1$

(3) $f(x)=\ln(2+2x+x^2)$, $\quad x_0=-1$;　　(4) $f(x)=\cos x$, $\quad x_0=\pi/3$.

9. 将函数 $f(x)=\dfrac{x^2}{2}, 0\leqslant x\leqslant\pi$ 展开为正弦级数.

10. 将函数 $f(x)=\begin{cases}\sin x, & 0\leqslant x\leqslant\pi/2,\\ 0, & \pi/2\leqslant x\leqslant\pi\end{cases}$ 展开为余弦级数.

12-A-10

(B)

1. 选择题

(1) 若 $b>0$,则级数 $\displaystyle\sum_{n=0}^{\infty}\frac{(-1)^n}{1+nb}$(　　).

(A) 是发散的　　　(B) 是收敛的　　　(C) $b\geqslant 1$ 时发散　　　(D) $b<1$ 时发

(2) 设 $p>0$,则当 $r\geqslant 1$ 时级数 $\displaystyle\sum_{n=1}^{\infty}\frac{r^n}{n^p}$(　　).

(A) $p>1$ 时都收敛　　　　　　　　(B) $p\leqslant 1$ 时都发散

(C) $p \geqslant 1$ 时都收敛   (D) $p > 0$ 时都发散

(3) 若 $\displaystyle\sum_{n=1}^{\infty} u_n$ 是条件收敛的, 级数 $\displaystyle\sum_{n=1}^{\infty} u'_n \, (u'_n > 0)$ 及 $\displaystyle\sum_{n=1}^{\infty} u''_n \, (u''_n < 0)$ 分别是级数 $\displaystyle\sum_{n=1}^{\infty} u_n$ 中全体正项与全体负项构成的级数, 则(   ).

(A) $\displaystyle\sum_{n=1}^{\infty} u'_n$ 和 $\displaystyle\sum_{n=1}^{\infty} u''_n$ 都收敛   (B) $\displaystyle\sum_{n=1}^{\infty} u'_n$ 和 $\displaystyle\sum_{n=1}^{\infty} u''_n$ 都发散

(C) $\displaystyle\sum_{n=1}^{\infty} u'_n$ 收敛, $\displaystyle\sum_{n=1}^{\infty} u''_n$ 发散   (D) $\displaystyle\sum_{n=1}^{\infty} u'_n$ 发散, $\displaystyle\sum_{n=1}^{\infty} u''_n$ 收敛

(4) 已知级数 $\displaystyle\sum_{k=1}^{\infty} 2^{-\lambda \ln k}$ 是收敛的, 则必有(   ).

(A) $\lambda > \ln 2$ (B) $\lambda = 1$ (C) $\lambda > (\ln 2)^{-1}$ (D) $\lambda = 0$

2. 填空题

(1) 设 $\lambda > 0$, 且级数 $\displaystyle\sum_{n=1}^{\infty} a_n^2$ 收敛, 则级数 $\displaystyle\sum_{n=1}^{\infty} (-1)^n \dfrac{|a_n|}{\sqrt{n^2 + \lambda}}$ 的敛散性是_____;

(2) 设 $u_n = (-1)^n \ln\left(1 + \dfrac{1}{\sqrt{n}}\right)$, 则级数 $\displaystyle\sum_{n=1}^{\infty} u_n$ 的敛散性是_____, $\displaystyle\sum_{n=1}^{\infty} u_n^2$ 的敛散性是_____;

(3) 使级数 $\displaystyle\sum_{n=1}^{\infty} \dfrac{nx^2}{n^4 + x^{2n}}$ 收敛的参数 x 的取值范围是_____;

(4) 设幂级数 $\displaystyle\sum_{n=1}^{\infty} a_n x^n$ 的收敛半径为 3, 则幂级数 $\displaystyle\sum_{n=1}^{\infty} n a_n (x-1)^{n+1}$ 的收敛区间为_____.

3. 设 $u_n > 0, v_n > 0, n = 1, 2, \cdots$, 且对一切 n 有 $v_n \dfrac{u_n}{u_{n+1}} - v_{n+1} \geqslant a > 0$, 其中 a 为常数, 证明级数 $\displaystyle\sum_{n=1}^{\infty} u_n$ 收敛.

4. 设数列 $\{a_n\}$ 满足 $a_1 = 1, 2a_{n+1} = a_n + \sqrt{a_n^2 + u_n}$, 其中 $u_n > 0$, 证明级数 $\displaystyle\sum_{n=1}^{\infty} u_n$ 收敛的充要条件是数列 $\{a_n\}$ 收敛.

12-B-4

5. 讨论级数 $\displaystyle\sum_{n=1}^{\infty} (-1)^{n-1} \dfrac{2^n \sin^{2n} x}{n}$ 的敛散性.

6. 求幂级数 $\displaystyle\sum_{n=1}^{\infty} \dfrac{n! x^n}{n^n}$ 的收敛域.

7. 求幂级数 $\displaystyle\sum_{n=1}^{\infty} \dfrac{2n+1}{n!} x^{2n}$ 的和函数.

8. 将下列函数在指定点 x_0 处展为幂级数:

(1) $\dfrac{x^2 + 1}{(x^2 - 1)^2}$, $x_0 = 0$;   (2) $\dfrac{1}{x^2}$, $x_0 = 2$;   (3) $\dfrac{x}{\sqrt{1 - 2x}}$, $x_0 = 0$.

9. 证明:在区间$[-\pi,\pi]$上下列等式成立:

$$\sum_{n=1}^{\infty}\frac{(-1)^{n-1}}{n^2}\cos nx = \frac{\pi^2}{12}-\frac{x^2}{4},$$

并求级数$\displaystyle\sum_{n=1}^{\infty}\frac{(-1)^{n-1}}{n^2}$的和.

12-B-9

10. 设$\displaystyle S(x)=\sum_{n=1}^{\infty}b_n\sin nx$ $(-\pi<x<\pi)$,且

$$\frac{\pi-x}{2}=\sum_{n=1}^{\infty}b_n\sin nx \quad (0<x<\pi),$$

试求b_n及$S(x)$.

部分答案与提示

(A)

1. (1) (C); (2) (C); (3) (D); (4) (C); (5) (B); (6) (D); (7) B; (8) (B).

2. (1) 8; (2) 0; (3) 1; (4) (0,2); (5) 3/2; (6) $-1/4$.

3. (1) 部分和为$S_n=\dfrac{1}{3}\left(\dfrac{1}{2}-\dfrac{1}{3n+2}\right)$,和为$S=\dfrac{1}{6}$;

(2) 部分和为$S_n=1-\dfrac{1}{(n+1)!}$,和为$S=1$;

(3) 部分和为$S_n=\dfrac{1}{4}-\dfrac{1}{2(n+1)(n+2)}$,和为$S=1/4$;

(4) $\arctan\dfrac{1}{2n^2}=\arctan\dfrac{(2n+1)-(2n-1)}{1+(2n+1)(2n-1)}=\arctan(2n+1)-\arctan(2n-1)$,部分和为$S$

$=\arctan(2n+1)-\dfrac{\pi}{4}$,和为$S=\dfrac{\pi}{4}$.

4. (1) 收敛; (2) 当$\alpha<-\dfrac{1}{2}$时收敛,当$\alpha\geqslant-\dfrac{1}{2}$时发散;

(3) 收敛; (4) 收敛; (5) 收敛 $\left(\text{提示}:a_n\leqslant\displaystyle\int_0^{1/n}x^\alpha \mathrm{d}x=\dfrac{1}{\alpha+1}\dfrac{1}{n^{\alpha+1}}\right)$;

(6) 收敛 $\left(\text{提示}:a_n=\dfrac{1}{n}\displaystyle\int_0^1\dfrac{t^n}{1+t^2}\mathrm{d}t\leqslant\dfrac{1}{n}\int_0^1 t^n\mathrm{d}t=\dfrac{1}{n(n+1)}\right)$.

5. (1) 发散 $\left(\text{提示}:a_n=n\left[1+\dfrac{1}{n}+\dfrac{1}{2n^2}+o\left(\dfrac{1}{n^2}\right)-1\right]-1=\dfrac{1}{2n}+o\left(\dfrac{1}{n}\right)\right)$;

(2) 收敛 $\left(\text{提示}:a_n=n\left[1-\left(1-\dfrac{1}{2n^2}+\dfrac{1}{4!n^4}+o\left(\dfrac{1}{n^4}\right)\right)\right]-\dfrac{1}{2n}=-\dfrac{1}{24n^3}+o\left(\dfrac{1}{n^3}\right)\right)$.

6. (1) $S(x)=\dfrac{x-x^2}{(1+x)^3}$,$|x|<1$;

(2) $S(x)=1+\dfrac{1-x}{x}\ln(1-x)$,$0<|x|<1$,$S(0)=0$,$S(1)=1$,$S(-1)=1-2\ln 2$;

(3) $S(x)=\dfrac{1}{2}\arctan x+\dfrac{1}{2x^2}(\arctan x-x)$,$0<|x|<1$,$S(0)=0$;

(4) $S(x)=\dfrac{2}{3}\mathrm{e}^{-\frac{x}{2}}\cos\dfrac{\sqrt{3}}{2}x+\dfrac{1}{3}\mathrm{e}^x$ (提示:$S''(x)+S'(x)+S(x)=\mathrm{e}^x$).

7. (1) $\displaystyle\sum_{n=1}^{\infty}\frac{(-1)^{n-1}}{(2n)!}2^{2n-1}x^{2n}$，$|x|<+\infty$； (2) $\displaystyle\sum_{n=1}^{\infty}\frac{(-1)^{n-1}-2^n}{n}x^n$，$-1/2\leqslant x<1/2$；

(3) $\displaystyle\sum_{n=0}^{\infty}(-1)^nx^{3n}+\sum_{n=0}^{\infty}(-1)^nx^{3n+1}$，$|x|<1$；

(4) $\displaystyle\sum_{n=0}^{\infty}\frac{\binom{-1/2}{n}}{2n+1}x^{2n+1}=x+\sum_{n=1}^{\infty}\frac{(-1)^n(2n-1)!!}{n!(2n+1)2^n}x^{2n+1}$，$|x|<1$；

(5) $\displaystyle\frac{\pi}{4}+\sum_{n=0}^{\infty}\frac{(-1)^n}{2n+1}x^{2n+1}$，$-1\leqslant x<1$； (6) $\displaystyle\sum_{n=0}^{\infty}\frac{(-1)^n}{(2n+1)n!}x^{2n+1}$，$|x|<+\infty$.

8. (1) $\displaystyle\sum_{n=0}^{\infty}\frac{(-1)^n}{2}\Big[\frac{1}{2^{n+1}}-\frac{1}{4^{n+1}}\Big](x-1)^n$，$|x-1|<2$；

(2) $\displaystyle\sum_{n=1}^{\infty}\frac{(-1)^{n-1}n}{2^{n+1}}(x-1)^{n-1}$，$|x-1|<2$； (3) $\displaystyle\sum_{n=1}^{\infty}\frac{(-1)^{n-1}}{n}(x+1)^{2n}$，$|x+1|\leqslant1$；

(4) $\displaystyle\frac{1}{2}\sum_{n=0}^{\infty}\frac{(-1)^n}{(2n)!}\Big(x-\frac{\pi}{3}\Big)^{2n}-\frac{\sqrt{3}}{2}\sum_{n=0}^{\infty}\frac{(-1)^n}{(2n+1)!}\Big(x-\frac{\pi}{3}\Big)^{2n+1}$，$|x|<+\infty$.

9. $f(x)=\pi\displaystyle\sum_{n=1}^{\infty}\frac{(-1)^{n+1}}{n}\sin nx-\frac{4}{\pi}\sum_{n=1}^{\infty}\frac{\sin(2n-1)x}{(2n-1)^3}$，$0\leqslant x<\pi$. 当 $x=\pi$ 时级数收敛于 0.

10. $f(x)=\dfrac{1}{\pi}+\dfrac{1}{\pi}\cos x+\dfrac{2}{\pi}\displaystyle\sum_{n=1}^{\infty}\frac{n\sin\frac{n\pi}{2}-1}{n^2-1}\cos nx$ $(0\leqslant x\leqslant\pi,x\neq\pi/2)$. 当 $x=\pi/2$ 时级数收敛于 $1/2$.

(B)

1. (1) (B)； (2) (B)； (3) (B)； (4) (C).

2. (1) 绝对收敛； (2) 条件收敛,发散； (3) $-\infty<x<+\infty$； (4) $(-2,4)$.

3. 提示：因 $u_nv_n-u_{n+1}v_{n+1}\geqslant au_{n+1}>0$ $(n=1,2,\cdots)$，作和有
$$u_1v_1-u_{n+1}v_{n+1}\geqslant a(u_2+u_3+\cdots+u_{n+1}).$$

4. 提示：由归纳法知 a_n 单调增且 $a_n>1$ $(n=2,\cdots)$，又因 $a_{n+1}(a_{n+1}-a_n)=u_n/4$，从而
$$a_{n+1}>a_n>1,\quad 0<a_{n+1}-a_n<\frac{u_n}{4}<a_{n+1}^2-a_n^2.$$

5. 当 $2\sin^2x\leqslant1$ 时,级数收敛；当 $2\sin^2x>1$ 时,级数发散.

6. $(-\mathrm{e},\mathrm{e})$，注意 $|x|=\mathrm{e}$ 时 $\dfrac{|u_{n+1}|}{|u_n|}=\dfrac{\mathrm{e}}{\Big(1+\dfrac{1}{n}\Big)^n}>1$.

7. $2x^2\mathrm{e}^{x^2}+\mathrm{e}^{x^2}-1$，$|x|<+\infty$.

8. (1) $\dfrac{x^2+1}{(x^2-1)^2}=\displaystyle\sum_{n=1}^{\infty}(2n-1)x^{2n-2}$，$|x|<1$；

(2) $\dfrac{1}{x^2}=\displaystyle\sum_{n=0}^{\infty}\frac{(-1)^n(n+1)}{2^{n+2}}(x-2)^n$，$0<x<4$；

(3) $\dfrac{x}{\sqrt{1-2x}}=x+\displaystyle\sum_{n=1}^{\infty}\frac{(2n-1)!!}{n!}x^{n+1}$，$-\dfrac{1}{2}\leqslant x<\dfrac{1}{2}$.

9. $\dfrac{\pi^2}{12}$.

10. $b_n=\dfrac{1}{n}$ $(n=1,2,\cdots)$，$S(x)=\begin{cases}-\dfrac{\pi+x}{2}, & -\pi\leqslant x<0,\\[2mm] 0, & x=0,\\[2mm] \dfrac{\pi-x}{2}, & 0<x<\pi.\end{cases}$